BIM mit Archicad®

Katharina Fischer · Frank Fischer

BIM mit Archicad®

Das IFC-Modell als Grundlage einer softwareübergreifenden Zusammenarbeit

Katharina Fischer
Ketsch, Deutschland

Frank Fischer
Ketsch, Deutschland

ISBN 978-3-658-49670-8 ISBN 978-3-658-49671-5 (eBook)
https://doi.org/10.1007/978-3-658-49671-5

Die Deutsche Nationalbibliothek verzeichnet diese Publikation in der Deutschen Nationalbibliografie; detaillierte bibliografische Daten sind im Internet über https://portal.dnb.de abrufbar.

Planung/Lektorat: Karina Danulat
Springer Vieweg ist ein Imprint der eingetragenen Gesellschaft Springer Fachmedien Wiesbaden GmbH und ist ein Teil von Springer Nature.
Die Anschrift der Gesellschaft ist: Abraham-Lincoln-Str. 46, 65189 Wiesbaden, Germany

Vorwort

In diesem Buch werden zahlreiche Abbildungen, Bilder und Grafiken verwendet. Soweit die jeweiligen Abbildungsbezeichnungen keine Abbildungsquelle nennen, sind die Abbildungen der Software Archicad der Firma GRAPHISOFT entnommen. Die Quellen der weiteren Abbildungen werden mit den jeweiligen Abbildungen aufgeführt.

Zur besseren Lesbarkeit wird in diesem Buch das generische Maskulinum verwendet. Die verwendeten Personen- und Berufsbezeichnungen beziehen sich – sofern nicht anders kenntlich gemacht – auf alle Geschlechter.

Dieses Buch entstand auf der Grundlage unserer eigenen Erfahrungen aus verschiedenen Projekten. Sicherlich würde sich der Inhalt nach weiteren Projekten unterscheiden. Unserer Lösungen spiegeln unsere Praxis wider und sollen Ihnen beim Finden Ihrer eigenen Lösungen helfen. Die Entwicklung der Software und der IFC-Schnittstelle ist rasant. Wege, die heute richtig sind, mögen morgen bereits überholt sein. Es wird immer auch andere Lösungen geben, vielleicht bessere. Und manche Wege sind für Ihr Projekt vielleicht gänzlich falsch.

„Kannst du mir schnell eine 4.0 mit LOG 300 und den Properties aus den AIAs senden?“ Wer hätte es gedacht, dass dieser Satz tatsächlich einen Sinn ergibt!

Zum Zeitpunkt unserer Ausbildung, war es noch selbstverständlich Bleistift, Buntstift und Tuschestift zum Anlegen von Plänen zu nutzen, die wir von Hand, für jede einzelne Sicht des Projektes, erstellt haben. Diese Zeiten sind vorbei: CAD und weiterführend 3D-Modellierung und die BIM-Methodik haben den Arbeitsalltag grundlegend verändert.

Zugegeben, es ist nicht einfacher geworden. Vor allem die BIM-Methode zwingt zu einem sehr organisierten und strukturierten Arbeiten. Die Vorteile eines Projektes, das nach der BIM-Methode erstellt wurde, überwiegen jedoch und spätestens bei der ersten Planungsänderung freuen wir uns über die Effizienz dieser Arbeitsweise.

Immer mehr Fachplaner steigen in die BIM-Projekte ein, das Austausch-Format *.ifc spielt eine immer wichtigere Rolle in dieser Zusammenarbeit. Und schnell stellt man fest, dass eine *.ifc-Datei nicht gleich einer *.ifc-Datei ist.

Manchmal erhalten wir Dateien, die so groß sind, dass ein Rechner bereits beim Öffnen in die Knie geht bzw. Minuten zum Öffnen dieser Dateien benötigt. Dann sind die Daten zwar im Projekt, lassen sich jedoch nicht bearbeiten, da jeder Klick, jedes Zoom eine gefühlte Ewigkeit in Anspruch nimmt. Frustrierend!

Auch das Gegenteil ist immer wieder der Fall. Schlanke Dateien, die sich schnell importieren lassen, um dann festzustellen, dass die wichtigsten Informationen fehlen.

Mittlerweile helfen AIAs und/ oder BAPs dabei, einen „Standard" für den Austausch innerhalb eines Projektes festzulegen. Diese Festlegungen lassen sich jedoch üblicherweise nicht mit einem einfachen Sichern als *.ifc erfüllen.

Wenn Sie die geforderten Vorgaben für den Austausch lesen, haben Sie dann schon eine Idee, wie Sie diese umsetzen wollen? Wissen Sie, wie Sie den Elementen eigene Attribute zuordnen oder eine Datei schlanker gestalten, indem Sie nur die notwendigen Informationen exportieren?

Wenn Ihnen hier die Ideen fehlen, kann Ihnen dieses Buch dabei helfen Ihre IFC so zu gestalten, wie Sie es benötigen und nicht bloß nach einer standardisierten Software-Vorlage.

Dieses Buch richtet sich an Archicad-Nutzer, die bereits Erfahrungen mit den Archicad-Werkzeugen und Projektstrukturen mitbringen. Im Fokus stehen die Befehle, Menüs und Werkzeugeinstellungen, die eine unmittelbare Auswirkung auf die zu exportierende IFC-Datei haben.

Es werden die technischen Aspekte der BIM-Methode (z.B. Modellierungsrichtlinien, Datenmenge, Detaillierung usw.) behandelt.

Inhaltsverzeichnis

1 Einleitung

Geht man unvoreingenommen an die Aufgabe, so ist eine erste IFC-Datei einfach zu erstellen: Im vorhandenen Projekt wird ***Speichern unter*** aktiviert, der Dateityp IFC-Datei (*.ifc) gewählt, die Vorgabe vom Übersetzer ignoriert, der Dateipfad vorgegeben und der Button OK geklickt. Fertig.

Ablage → Speichern unter...

Solange keine weiteren Ansprüche an die Daten gestellt werden, ist es tatsächlich so einfach. Die ersten Unstimmigkeiten erscheinen dann aber beim Zusammenfügen einzelner IFC-Dateien (Fachmodelle) des gleichen Projektes von unterschiedlichen Projektbeteiligten, häufig sind diese Teilmodelle so weit voneinander weg, dass sie nicht im gleichen Arbeitsfenster zu sehen sind. Weitere Fragen kommen dann von der Qualitätssicherung bei der Prüfung mit einer ***Model-Checker-Software***: „wo sind die ***BaceQuantities***?" oder „Die ***Raumgrenzen*** fehlen, bitte um Ergänzung". Zusätzlich kann man feststellen, dass die Datei trotz einer überschaubaren Anzahl an erstellten Elementen, relativ groß ist. Daneben stellt sich die Frage, warum das Projekt in einem **IFC-Viewer** nur sehr abstrakt dargestellt wird, obwohl es doch detailliert modelliert wurde?

Der Export einer IFC-Datei kann genau gesteuert werden. Diese Steuerung erfolgt durch ***Übersetzer***. Durch festgelegte Vorgaben, die die zu exportierende Daten in ihrer Geometrie und ihrem Informationsgehalt dem und Export-Punkt steuern können. Innerhalb eines Projektes können mehrere Übersetzer verwendet werden, denn für jede Aufgabe (z.B. BIM-Anwendungsfall) kann auch eine passgenaue IFC-Datei exportiert werden. Der Bauherr betrachtet sein Gebäude gerne so detailliert wie möglich, während ein Tragwerksplaner sich freut, wenn alle Elemente, die nichts mit seiner Aufgabe zu tun haben, gar nicht erst in sein Projekt gelangen. Für manche Aufgaben reicht der Standard-Export nicht aus. Bei einem Programm zur Berechnung der passiven Wärmegewinnung durch Fensterflächen werden beispielsweise Fenster in einer Glasfassade nicht erkannt und müssen gesondert angepasst werden. In diesem Buch wird gezeigt, wie eigene ***Übersetzer*** erstellt werden, welche Wirkung einzelne Voreinstellungen haben, und an welcher Stelle unterschiedliche Informationen an Elemente „angeheftet" werden können.

Um die einzelnen Schritte nachvollziehen zu können, wird empfohlen, neben Archicad unterschiedliche ***IFC Viewer*** zu nutzen, um den jeweiligen Export besser nachvollziehen zu können. Zudem zeigen sich in der Darstellung Unterschiede.

K. Fischer und F. Fischer, *BIM mit Archicad®*,
https://doi.org/10.1007/978-3-658-49671-5_1

Es lassen sich kostenfreie IFC-Viewer finden.

Ein ***Viewer*** ist ein Programm in dem ein IFC-Modell nicht nur dargestellt, sondern auch die Informationen, die an ein Objekt angeheftet sind, sichtbar gemacht werden. Je nach ***Viewer*** kann ein Modell eher abstrakt nach Funktion der Bauobjekte (z.B. Wände in Pink, Türen in Türkis usw.) oder entsprechend der Baumaterialien (z.B. Beton in Grau, Mauerwerk in Rot) dargestellt werden. Mit welchem ***Viewer*** man besser zurecht kommt, entscheiden die eigenen Vorlieben. In unserem Büro werden die IFC Dateien grundsätzlich in mindestens zwei Viewern betrachtet. Einer davon ist Solibri Anywhere[1], da die IFC-Dateien unserer letzten Projekte überwiegend in Solibri (Model-Checker)geprüft wurden. Da es sich um einen Viewer aus der gleichen Familie handelt, erhält man eine bessere Vorstellung der Sicht des Modell-Prüfers.

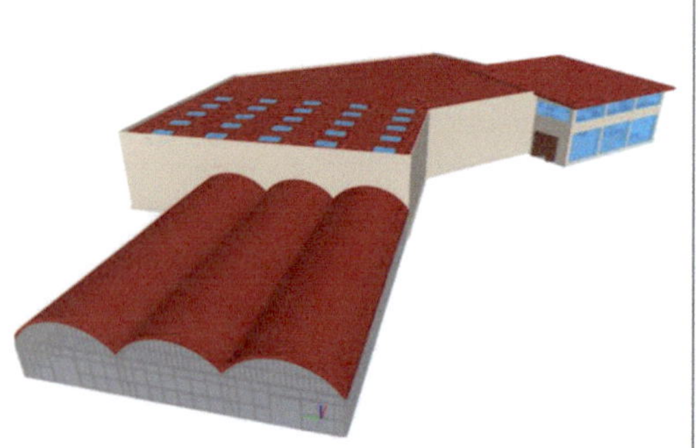

Darstellung nach Klassifizierung

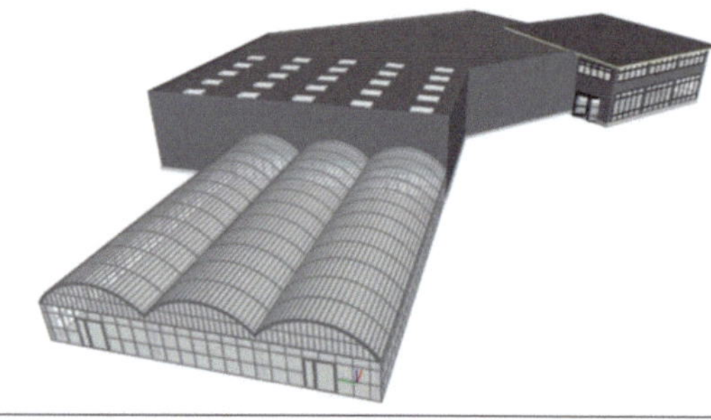

Darstellung nach Baustoffen

Abbildung 1-1 Unterschiedliche Darstellungen eines Projektes in der Software BIMvision

Die ***IFC-Viewer*** stellen die Daten nach einem ähnlichen Prinzip dar: Es gibt ein großes Vorschaufenster, in dem die Geometrie des Projektes zu sehen ist. In diesem Fenster kann das Projekt frei im Raum gedreht werden, um es anschauen zu können. Auf einer der Seiten des Bildschirmes befindet sich die ***IFC-Struktur*** des Projektes, häufig in Form eines Baumdiagramms. Wird ein Element dieses Diagramms angeklickt, wird es im Vorschaufenster farblich hervorgehoben und an einer anderen Stelle erscheinen - in tabellarischer Form - die Informationen, die dieses Element beinhaltet. Es kann sein, dass die Informationen zusätzlich innerhalb von Karteireitern (***Property-Sets***) thematisch zusammengefasst werden.

[1] Vgl. https://www.solibri.com/de/ (Stand 04.07.2025)

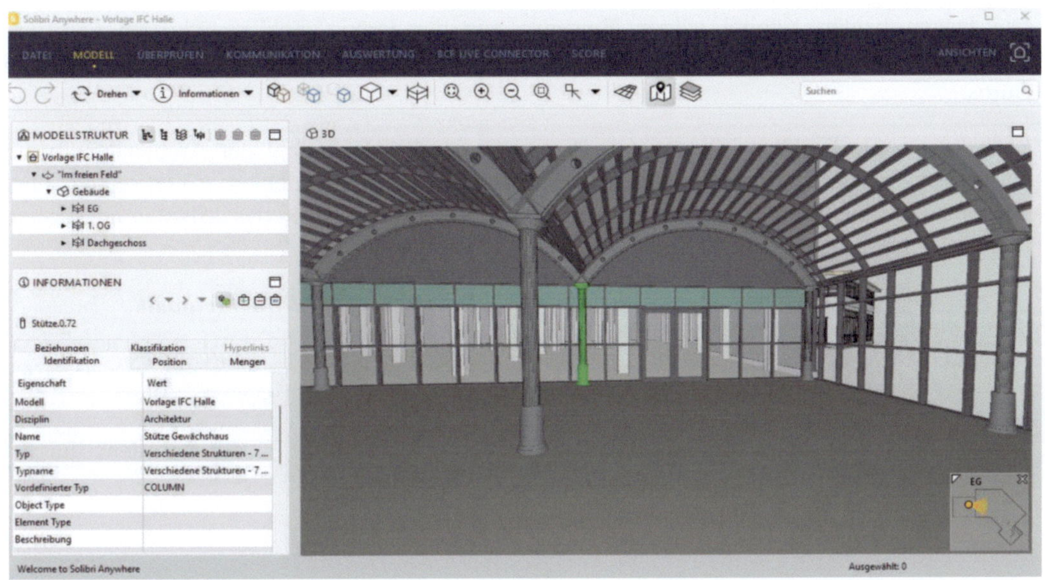

Abbildung 1-2 Arbeitsoberfläche Solibri Anywhere

Das Buch richtet sich nicht an eine bestimmte Archicad-Version, denn die Herangehensweise ist vergleichbar. Deswegen werden in diesem Buch Screenshots, die die Arbeitsfenster unterschiedlicher Versionen wiedergeben, verwendet. Ältere Versionen fordern zwar gelegentlich manuelle Eingaben, die neuere Versionen automatisch erstellen. Da jedoch nicht jeder Auftraggeber in der Lage sein wird, Dateien zu liefern, die den Automatismen zu Grunde liegen, ist die Kenntnis der manuellen Eingabe sinnvoll.

Das Buch ist so aufgebaut, dass Sie Schritt für Schritt, mit Fortschreiten des Projektes, Daten, gemäß den Anforderungen der Auftraggeber, aufbauen und mit den IFCs, die Sie erhalten werden, arbeiten können.

Zuerst werden grundlegende Begriffe im Zusammenhang mit IFC erklärt. Danach wird erklärt, wie Sie den erstellten Elementen ihre Aufgaben innerhalb der IFC-Struktur zuordnen können. Es folgt eine Erläuterung zu den einzelnen Werkzeugen und ihren Besonderheiten in Bezug auf IFC-Export. Nachdem Sie Elemente modelliert und bestimmten Bauelementen zugeordnet haben, wird ausführlich auf den Bereich „Darstellung von Elementen innerhalb eines IFC-Modells" eingegangen.

Es folgt ein Kapitel zur Qualitätssicherung. Wie werden erstellte Daten überprüft und sichergestellt, dass nur kontrollierte Informationen und Geometrien exportiert werden? Desweiteren werden die Export-Übersetzer und ihre Einstellungen erklärt, so dass Sie die Daten, die Sie erstellt haben, gemäß den Anforderungen der weiteren Projektbeteiligten, bedarfsorientiert, exportieren können.

Neben dem Export ist der richtige Import von IFC-Dateien anderer Fachplaner wesentlich. Ein unüberlegter Import kann eine Strukturveränderung in ihrem eigenen Projekt hervorrufen. So wird ausführlich auf die Import-Übersetzer und ihre Einstellungen eingegangen.

Die letzten beiden Kapitel zeigen Beispiele aus der Praxis, Fehlermeldungen und ihre möglichen Ursachen und geben Hinweise zur Projektdokumentationen innerhalb des eigenen Büros.

Es werden viele Fachbegriffe aus den Bereichen der IFC-Welt und der Archicad-Software verwendet. Weiterhin werden Pfade zu unterschiedlichen Befehlen, Werkzeugen und Anwendungen angegeben. Entsprechende Darstellungen sollen Ihnen das Arbeiten mit diesem Buch erleichtern.

- Begriffe: ***Archicad-Werkzeuge, Befehle, Begriffe aus der BIM-Methodik***.
- *So werden die Pfade → zu einzelnen → Befehlen → oder Werkzeugen dargestellt.*
- *So werden Elemente des IFC-Standards dargestellt*.
- Falls bestimmte Buttons erwähnt werden, wird der Text, der auf dem Button geschrieben ist, grau hervorgehoben.

2 Grundlagen

Ein wesentlicher Punkt ist ein gemeinsames Vokabular. Es finden sich zahlreiche unterschiedliche Definitionen des Fachvokabulars der ***BIM-Methodik*** im Internet. Für ein besseres Verständnis sind diese folgend kurz erläutert.

2.1 BIM

Building Information Modeling[2], ist eine Arbeitsmethode, die ein Bauprojekt als eine modellbasierte Datenbank erstellt und mit Hilfe klarer Regeln und Vorgaben, die für das Bauprojekt relevanten Informationen verwaltet. Ein weiteres Hauptmerkmal der Arbeitsmethode ist die Zusammenarbeit unterschiedlicher Projektbeteiligter auf Basis unterschiedlicher Software.

Die Bauelemente werden nicht nur in 3D modelliert, sondern erhalten zusätzlich Informationen, die nicht nur die ***Geometrie***, sondern auch andere ***Eigenschaften*** (***Attribute, Properties***) beinhalten können. Die Informationen befindet sich nur an einer Stelle, am Objekt („one source of truth") und können auf verschiedene Weisen „abgerufen" werden. In Plänen werden Informationen in ***Textblöcken*** der ***Etiketten*** (vgl. 5.3 Etiketten) sichtbar gemacht. Ändert sich die Information am Objekt, passen sich diese referenzierten Textblöcke automatisch an. Die Pläne stellen somit immer den aktuellen Stand der Planung dar.

Hier unterscheidet sich die ***BIM-Methode*** von einer konventionellen Arbeitsweise. Bei dieser werden unterschiedliche Sichten auf das Projekt (Grundrisse, Schnitte, Ansichten usw.) in ***CAD*** gezeichnet und in den Plänen durch manuelle Beschriftungen mit zusätzlichen Informationen (z.B. Brandschutz, Baustoff…) angereichert. Ändern sich Informationen, müssen die Pläne manuell überprüft und angepasst werden.

Die Vorteile der ***BIM-Methodik*** liegen auf der Hand: Die Informationen befinden sich dort, wo sie gebraucht werden – direkt am Objekt und nicht an einer unabhängigen Stelle. Wenn alle Projektbeteiligten an einer Datei arbeiten, werden ***Kollisionen*** und Unstimmigkeiten bereits im Vorfeld (vor Baubeginn) erkannt, besprochen und beseitigt.

---

[2] Vgl. https://de.wikipedia.org/wiki/Building_Information_Modeling, oder https://www.bimdeutschland.de/ (Stand 04.07.2025)

K. Fischer und F. Fischer, *BIM mit Archicad®*,
https://doi.org/10.1007/978-3-658-49671-5_2

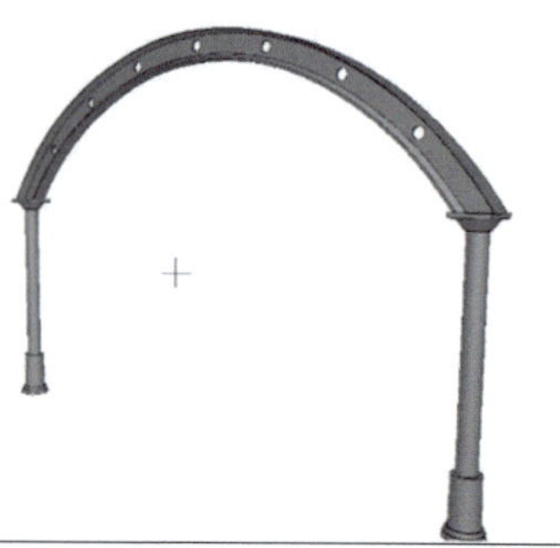

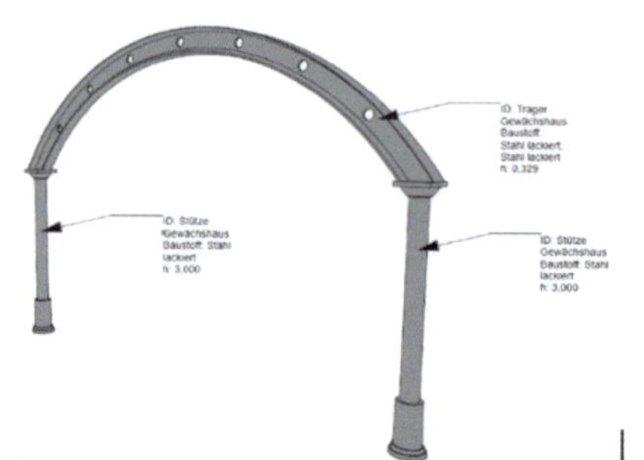

3D-Objekt; erst im Plan werden die Informationen in einem Textfeld beschrieben	Objekt, erstellt mit der BIM-Methode; die Informationen sind direkt mit dem Objekt verknüpft und können mit Referenz-Werkzeugen (z.B. Etikett) für die Pläne sichtbar gemacht.

Abbildung 2-1 Unterschied zw. 3D-Elementen und BIM-Objekten

Beim Arbeiten nach der BIM-Methode wird eine modellbasierte Datenbank erstellt, die (theoretisch) über den kompletten Lebenszyklus des Gebäudes Informationen speichert. Die organisatorischen Abläufe zur Aktualität dieser Datenbank müssen abgesprochen und eingehalten werden.

	Closed	Open
BIG	• Mehrere Bereiche • Unterschiedliche Gewerke • Innerhalb eines CAD-Systems	• Mehrere Bereiche • Unterschiedliche Gewerke • Unterschiedliche CAD-Systeme • Datenaustausch notwendig
Little	• Ein Bereich • Ein Gewerk • Innerhalb eines CAD-Systems	• Ein Bereich • Ein Gewerk • Unterschiedliche CAD-Systeme • Datenaustausch notwendig

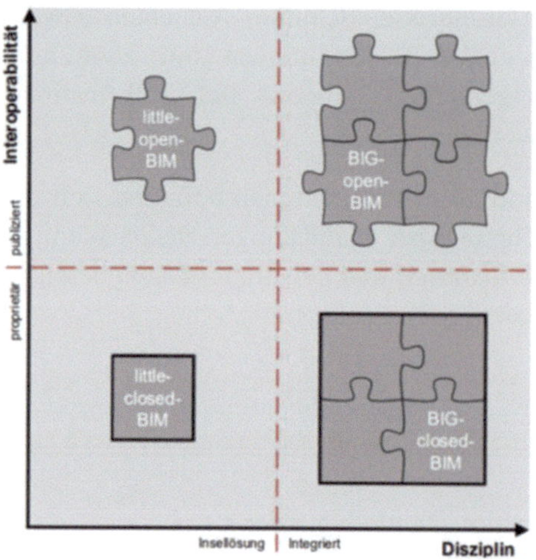

Abbildung 2-2 Abgrenzung von BIM-Einsatzformen hinsichtlich der Verwendung (Wimmer, 2020)

Im Zusammenhang mit dem Begriff BIM erscheinen zwei Attributgruppen ***Big/Little*** und ***Closed/Open***. Diese beiden Gruppen können auch kombiniert werden, z.B. ***Big Open BIM***.

Little/Big beschreibt den Umfang der BIM-Methode innerhalb eines Projektes, von ***Little***, für einzelne Bereiche oder einzelne Gewerke, die nach BIM-Methode bearbeitet werden bis zu ***Big*** als Bearbeitung des kompletten Projekts.

Closed und ***Open*** beschreiben die Software-Umgebung, in der das Projekt bearbeitet wird. Bei ***Closed***-Projekten bleibt die Bearbeitung innerhalb einer Software-Familie und ermöglicht somit den Austausch der Dateien im nativen Datenformat (z.B. *.pln). Die Beteiligten müssen festlegen, mit welcher Version gearbeitet wird und wie und wann die Updates der Software während des Projektes durchgeführt und koordiniert werden sollen.

Die Projekte, bei denen Beteiligte in unterschiedlichen Software-Familien arbeiten, werden als ***Open*** bezeichnet. Die Koordination solcher Projekte benötigt ein Datenaustauschformat. Die aus dem 2D-und 3D-Bereich bekannten Austausch-Formate reichen für dieses Arbeiten nicht aus. Die neben den Geometrie-Informationen vorhandene Daten (Attribute) werden bei diesen nicht weitergegeben. Der aktuelle Standard für einen solchen Austausch ist das Dateiformat *.ifc (oder IFC).

Je nach Projekt kann auch der Umfang der BIM-Methode variieren von ***Little Closed BIM***, z.B. wenn nur einer der Beteiligten ein Fachmodell erstellt und somit nur in seiner nativen Software-Umgebung bleibt, bis hin zu ***Big Open BIM***, bei dem das gesamte Projekt von allen Beteiligten, die in unterschiedlichen Software–Umgebungen ihre Fachmodelle erstellen, modelliert wird.

Mittlerweile wird die Abkürzung BIM auch für ***Building Information Management*** verwendet und beschreibt die Aufgabe der Steuerung der BIM-Prozesse und Erfüllung der ***BIM-Ziele***. Im Rahmen eines BIM-Projektes entwickelten sich Rollen (z.B. ***BIM-Manager***), die Aufgaben übernehmen, die bei konventionellen Projektabläufen noch nicht vorhanden waren.

2.2 Fachmodell

Ein ***Fachmodell*** ist ein für einen Bereich oder ein Gewerk erstelltes Modell des Projektes nach BIM-Methode. Das ***Fachmodell*** wird im Laufe der Planung weiterentwickelt und mit Daten angereichert. Jeder der Beteiligten ist für sein ***Fachmodell*** verantwortlich. Werden alle Fachmodelle eines Projektes zusammengefügt, entsteht ein ***Gesamtmodell***.

2.3 IFC

Industry Foundation Classes ist ein offener Standard, der von ***buildingSMART International*** standardisiert und dokumentiert wird. ***buildingSMART International*** hat in vielen Ländern ihre „Chapter[3]“, so auch in Deutschland das „buildingSMART Germany“.

Der IFC-Standard wird fortlaufend weiterentwickelt. Somit gibt es unterschiedliche Versionen dieses Formates. Es muss im Vorfeld geklärt werden, mit welcher Version innerhalb des Projektes gearbeitet wird.

Nicht jede Software „versteht“ dieses Format auf gleiche Weise, deswegen gibt es Möglichkeiten den Export einer IFC für die jeweilige Software zu optimieren. In Archicad wird diese Optimierung im Rahmen der Einstellung des eigenen Übersetzers (vgl. Abschnitt 6.2 Eigener Übersetzer) durchgeführt.

Die 3D-Objekte erhalten eine ***Klassifizierung***, ***Quantities*** und ***Properties*** und werden dadurch zu „intelligenten“ Elementen, und zu Bestandteilen einer modellbasierten Datenbank.

2.4 Klassifizierung

Jedes Element erhält eine Zuordnung – eine „Aufgabe“ innerhalb des Bauwerkes. Die Namen der Klassifizierungen klingen vertraut, denn sie stammen aus Bauvokabular.

Eine IFC-Entität kann man sich als „grobe“ Klassifizierung vorstellen, die die einzelnen Elemente bereits in größere Gruppen vorsortiert – wie z.B. Decke (*IfcSlab*), Wand (*IfcWall*) oder Fundament (*IfcFooting*).

Bei mehreren Klassifizierungen kann die Zuordnung der Bauelemente zu den Gruppen detaillierter durchgeführt werden, indem eine *Entität* durch das Attribut *PredefinedType* ergänzt wird. So wird aus einer Wand (*IfcWall*) durch Zusatz *PLUMBINGWALL* eine Installationswand.

2.5 Eigenschaften/ Attribute

Eigenschaften (engl. *Properties*) oder auch Attribute sind ergänzende Informationen, die den Objekten „angehängt“ werden. Diese Eigenschaften können sehr vielseitig sein, wie z.B. eine Auflistung der Baustoffe, die im Bauelement eingesetzt wurden, Angaben zum Brandschutz oder zur Arbeitssicherheit oder Intervallvorgaben von Wartungsarbeiten. Welche Attribute oder Eigenschaften den Weg in Ihre IFC-Elemente finden, hängt von den Anforderungen des Auftraggebers bzw. von den Absprachen mit den Projektbeteiligten ab. Je nachdem, ob die Attribute ihre Informationen aus der Modellierung entnehmen können, oder ob diese manuell eingegeben werden müssen, verbirgt sich an dieser Stelle eine der zeitaufwendigeren

[3] Vgl. https://www.buildingsmart.de/buildingsmart (Stand 04.07.2025)

Leistungen, sowohl beim Erstellen der Elemente als auch bei der Qualitätssicherung des Projektes.

Die Attribute stellen den wesentlichen Bestandteil der **LOI (Level Of Information)** dar. Sie werden projektspezifisch schon in ***AIAs (Auftraggeber Informations Anforderungen)***[4] festgelegt und in einem ***BAP (BIM-Abwicklungsplan)*** detaillierter beschrieben.

Die Attribute können thematisch (z.B. vom Auftraggeber speziell festgelegt) zu einem ***Property-Set*** zusammengefasst werden. Die allgemein festgelegten Sets haben das Kürzel Pset_. Bei eigenen Sets sollte dieses Kürzel nicht verwendet werden.

Abbildung 2-3 Property-Sets BaceQuantities und Pset_XXXCommon in Solibri Anywhere

Die zwei wichtigsten Property-Sets sind ***Qto_XXXBaceQuantities*** und ***Pset_XXXCommon***, wobei unter ***XXX*** der Name der jeweiligen Entität steht (Bsp.: bei einer Wand *IfcWall* ist es *Qto_WallBaceQantities* und *Pset_WallCommon*). Diese beiden ***Property-Sets*** beinhalten die notwendigsten Informationen, die von den unterschiedlichen Softwares verstanden werden und die Grundlage zur digitalen Modellprüfung bilden.

Welche ***Attribute*** in den jeweiligen ***Sets*** enthalten sein müssen, hängt von der IFC-Version ab. Die genaue Auflistung aller Klassifizierungen und ihrer Eigenschaften für die jeweilige IFC-Version liegt in den Standards von buildingSmart[5] vor und wird dort ggf. aktualisiert.

Ob und wie die Sets in der IFC-Datei exportiert werden, steuert in Archicad die Einstellung der IFC-Übersetzer (vgl. Kapitel 6 IFC Export Übersetzer)

2.6 IDS

Eine ***Information Delivery Specification*** ist eine Datei, die in einer eigenen Software erstellt wird. Sie beinhaltet alle für den Auftraggeber notwendige Anforderungen an das ***IFC-Modell***. Die Anforderungen können zum Beispiel spezielle ***Klassifizierungen*** oder ***Eigenschaften*** beinhalten und sollen zukünftig ein Teil der Auftraggeber Informations-Anforderungen und somit Vertragsgrundlage werden. Archicad-Software neuerer Versionen können die ***IDS***-

[4] Vgl. https://www.bimdeutschland.de/service/downloads BIM4Infra Handreichung Teil2: Leitfaden und Muster für Auftraggeber S. 32 „8. Modellstruktur und Modellinhalte" (Stand 04.07.2025)

[5] Vgl. Index of /IFC/RELEASE (buildingsmart.org) (Stand 04.07.2025)

Dateien importieren und die Projektdatei gemäß diesen Anforderungen anpassen, in dem sie zum Beispiel die geforderten Eigenschaften im richtigen Daten-Typ erstellen.

2.7 Model-Checker (Software) und BCF

Das Datenaustauschformat **IFC** ermöglicht neben dem Austausch der Informationen zwischen den Projektbeteiligten auch diverse digital durchgeführte Prüfungen des Modells, um frühzeitig Fehler zu finden.

Die Softwares, die solche Prüfungen durchführen können, gehören zu der Gruppe der ***Model Checker***-Softwares. Einer solchen Software liegen Abfragepakete zugrunde. Es gibt Vorlagepakete, die an die eigenen Anforderungen angepasst und erweitert werden müssen. Diese Prüfungen können unterschiedlicher Natur sein. Die wohl bekannteste ist die ***Kollisionsprüfung***. Dabei wird geprüft, ob es Bereiche gibt, in denen Objekte eines oder mehrerer ***Fachmodelle*** sich miteinander verschneiden oder überlagern. Das Programm erkennt diese Kollision und zeigt sie auf.

Abbildung 2-4 Kollision der Leitungen mit der Wand/ Solibri

Eine weitere Prüfung kann beispielsweise die korrekte Benennung der Räume gemäß der Vorgaben kontrollieren. Es kann geprüft werden, ob alle Räume eine Verbindung zur Verkehrsfläche haben, also mindestens eine Tür aufweisen, oder ob z.B. geplante Fertigelement-Stützen die maximale Transportlänge der eigenen LKWs nicht überschreiten.

Um eine vernünftige Prüfung durchzuführen, benötigen solche Programme Daten, die schon bauliche Zusammenhänge aufweisen.

Erst wenn ein Zusammenspiel zwischen vertikalen Elementen (z.B. Wände und Säulen), horizontalen Elementen (z.B. Decken, Fundamente), Ausstattungen (z.B. Bodenbeläge) und Räumen vorhanden ist, ergeben diese digitalen Prüfungen Sinn.

Zum Beispiel ist eine Wand (auch eine geneigte) ein vertikales Element und jedes vertikale Element benötigt oben und unten Kontakt (Abschluss) zu einem horizontalen Objekt. Dieses horizontale Objekt kann z.B. ein Fundament (unten), eine Rohdecke (oben), ein Träger (oben und unten) oder eine Abhangdecke (oben) sein.

Die digital festgestellten Fehler oder Hinweise werden den Beteiligten ebenso digital in Form eines ***BCF***-Protokolls (**B**IM-**C**ollaborations **F**ormat)[6] zur Verfügung gestellt. Der Vorteil dieses Protokolls: Sie arbeiten mit eindeutigen (einmaligen) IDs der Elemente (***GUID*** oder ***Global Unique ID***) – und die entsprechenden Elemente werden direkt im Protokoll hervorgehoben. Das mühsame Suchen des festgestellten Fehlers entfällt, der Fehler kann direkt bearbeitet werden. Der Umgang mit BCF-Protokollen wird im Kapitel der Qualitätssicherung genauer beschrieben (vgl. Abschnitt 5.10 BCF-Protokolle).

2.8 Issues

Die im ***BCF-Protokoll*** festgestellte Fehler oder Hinweise werden als ***Issues*** bezeichnet. Innerhalb von Archicad können die BCF-Protokolle in einen ***Issue-Organisator*** importiert, dort verwaltet, bearbeitet und zurückgespielt werden.

2.9 GUID

Diese Eindeutige, zweiundzwanzig-stellige Nummer wird jedem Element beim Erstellen automatisch vergeben (***Global Unique Identifire***)[7]. Sie kann nicht verändert werden, und wird im IFC-Projektmanager in Archicad grau dargestellt.

Für Archicad gibt es, bezogen auf ***GUID***, nur ein „Neues“ Projekt. Dieses erhält in Archicad28 immer die GUID 34407vlCcWH8qAEnwJDjSU. Egal, wo dieses Projekt erstellt wird. Erst mit Vergabe einer eigenen ***Projekt ID*** in der ***Projekt-Info*** erzeugt Archicad eine neue, diesem Projekt zugeordnete ***GUID***. Da dieser Schritt wohl eher selten stattfindet, gibt es sicherlich tausende Projekte, die die ***GUID*** 34407vlCcWH8qAEnwJDjSU haben. Gleiches gilt für die ***GUIDs*** des Geländes (Grundstück) und des Gebäudes. Auch hier sollten Sie in der ***Projekt-Info*** eigene IDs (diese können Sie frei wählen und müssen keinesfalls einen 22-stelligen Code eintragen) vergeben.

[6] Vgl. https://de.wikipedia.org/wiki/BIM_Collaboration_Format oder Modellbasierter Nachrichtenaustausch mit BCF | Integrales Planen | Standardisierung | Baunetz_Wissen (baunetzwissen.de) (Stand 04.07.2025)

[7] Vgl. https://technical.buildingsmart.org/resources/ifcimplementationguidance/ifc-guid/ (Stand 04.07.2025)

Da die BCF-Protokolle an die ***GUIDs*** geknüpft werden, kann eine Fehlerkorrektur nur dann nachvollzogen werden, wenn die beteiligten Elemente noch vorhanden sind. Wurden diese gelöscht, kann die Fehlerkorrektur nicht digital überprüft werden. Dieser Fehler bleibt dann in der Fehlersammlung als „Sackgasse" und die Prüfung muss erneut durchgeführt werden.

Abbildung 2-5 Kommunikationsbereich in Solibri, ein gut sichtbares Dreieck als Zeichen, dass die Verbindung zw. Issue und Objekt besteht/Solibri

Aus diesem Grund sollte man erstellte Elemente immer ändern und anpassen und nicht löschen und neu erstellen. Damit bleibt das Element im Projekt erhalten.

Dies ist einer der wesentlichen Unterschiede der BIM-Methode gegenüber der konventionellen Bearbeitung eines Projektes in 3D.

Innerhalb Archicad werden zwei unterschiedliche IFC-IDs vergeben.

IFC Typ	IfcSite	
Archicad IFC ID	2OFpTZCqJy2vhVJYtjulce	
Attribute		
GlobalId	2OFpTZCqJy2vhVJYtjulce	IfcGloballyUniqueI(

Abbildung 2-6 Archicad IFC-ID und GUID eines Elementes

Wurde ein Element im Projekt erstellt, so ist seine ***GlobalId*** gleichzeitig ***Archicad IFC ID***. Erst wenn ein Objekt aus einer externen IFC-Datei dazu geladen wird, behält dieses seine ***GlobalId*** und erhält zusätzlich eine eindeutige ***Archicad IFC ID***.

Element ID und ***GUID*** sind zwei unterschiedliche IDs und haben unterschiedliche Funktionen. Während eine ***GUID*** eindeutig ist und automatisch vergeben ist, kann eine Element-ID bei mehreren Objekten gleich sein und wird manuell durch den Projektbearbeiter vergeben. Die ***Element ID*** ist ein ***Attribut*** eines Objektes und kann nachträglich geändert werden. Vergleichen kann man eine ***Element ID*** mit dem Namen und eine ***GUID*** mit dem Gencode. Es gibt viele Menschen, die Albert heißen, aber nur einen Albert, der einen bestimmten Gencode hat.

ID UND KATEGORIEN	
Element ID	WI
Tragende Funktion	Tragende Elemente
Lage	Innen

Abbildung 2-7 Eintrag der Element ID im Grundeinstellungs-Kommunikationsfenster des Objektes

IFC Typ	IfcWall
Archicad IFC ID	0UFYLspIDBXhQIbGvqKx7c
GlobalId (Attribut)	0UFYLspIDBXhQIbGvqKx7c
Name (Attribut)	**WI**
Tag (Attribut)	**1E3E2576-CEF3-4B86-B6AF-950E7453B1E6**
PredefinedType (Attribut)	PARTITIONING

Abbildung 2-8 Die vergebene Element ID erscheint in der IFC als Attribut "Name"

3 Erste Schritte

In diesem Kapitel werden die ersten Zusammenhänge zwischen dem Erstellen eines Objektes in Archicad und seiner Erscheinung in einer IFC-Datei gezeigt. Das Augenmerk liegt dabei im Erstellen eigener Elemente. Der ***Import*** fremder IFC-Dateien oder Fehlermeldungen im ***Model Checker*** werden in den weiteren Kapiteln behandelt.

Viele wichtige Funktionen im Zusammenhang mit dem Erstellen einer IFC-Datei befinden sich im Menü Ablage.

Ablage → Interoperabilität → IFC

Die im oben genannten Untermenü vorhandenen Funktionen lassen sich als Symbolleiste an der Arbeitsoberfläche anheften.

Fenster → Symbolleisten → IFC

Abbildung 3-1 Symbolleiste IFC

3.1 IfcProject, IfcSite, IfcBuilding

Wird ein neues, leeres Archicad Projekt geöffnet, so sind, bereits die ersten Elemente einer IFC Datei vorhanden. Um diese Elemente zu sehen, wird der ***IFC Projekt Manager*** geöffnet.

Ablage → Interoperabilität→IFC→ IFC Projekt Manager...

Es erscheint ein Kommunikationsfenster, das während der Arbeit am Projekt geöffnet bleiben kann. Die Arbeitsoberfläche ist in drei Bereiche aufgeteilt. Im oben links befindlichen Fenster ist die Struktur des neuen Projektes dargestellt. Diese besteht bereits aus drei IFC-Objekten. Projekt (*IfcProject*), Gelände (*IfcSite*) und Gebäude (*IfcBuilding*). Diese drei Objekte sind in einem ineinander verschachtelten Baumdiagramm dargestellt.

*„Ein **Projekt** besteht aus einem **Grundstück** auf dem ein **Gebäude** steht“.*

So können die Zusammenhänge einfach beschrieben werden.

K. Fischer und F. Fischer, *BIM mit Archicad®*,
https://doi.org/10.1007/978-3-658-49671-5_3

Obwohl in der Archicad-Datei, innerhalb der ***Projekt-Mappe*** bereits drei Geschosse vorhanden sind, erscheinen diese, solange der Filter mit dem Auge und Trichter-Icon aktiviert ist, noch nicht in der Baumstruktur der IFC-Datei.

Wird ein Element auf dem jeweiligen Geschoss modelliert, wird das Geschoss sichtbar. Bei deaktiviertem Filter werden auch leere Geschosse angezeigt (siehe Abschnitt 3.6 IFC-Manager).

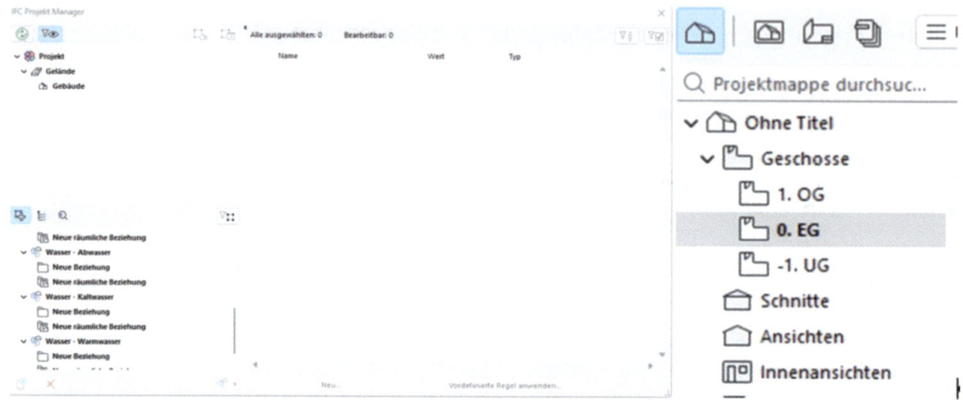

Abbildung 3-2 Struktur einer leeren Datei

Wird diese leere Archicad-Datei exportiert (***Sichern unter…*** *.ifc Datei) und in einem Viewer geöffnet, so bleibt das Vorschaufenster leer, während diese Elemente innerhalb der IFC-Struktur im Bereich der Datenauflistung bereits zu sehen sind. Klickt man sie nun einzeln an, so erscheinen im Informationsfenster die dazugehörigen Daten (***Eigenschaften***).

Erkennbar sind die drei Elemente, Projekt, Gelände und Gebäude, ihre Namen, ihre GUIDs, ihre Klassifizierungen und die Zusammenhänge untereinander. Beim Gelände sind Koordinaten zur Position erkennbar.

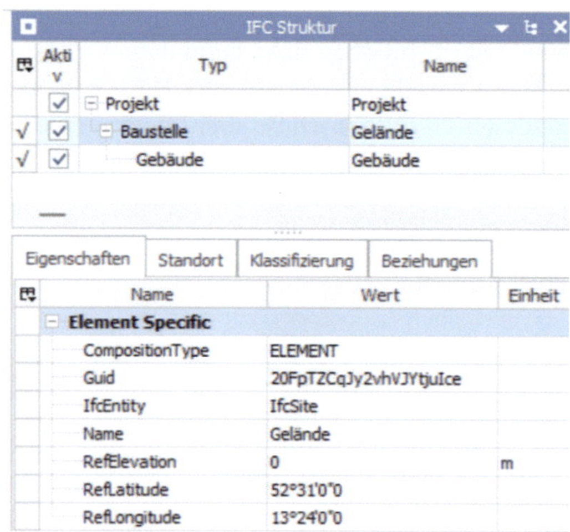

Abbildung 3-3 Struktur einer leeren IFC-Datei / BIMvision

3.2 Projekt-Info

Beim Arbeiten mit Archicad empfiehlt es sich die Möglichkeiten der ***Projekt-Info*** zu nutzen – eine Tabelle mit den wichtigsten Informationen zum Projekt (z.B. Projektname, Status), Grundstück (z.B. Flurstücknummer, Adresse), Gebäude (Gebäudename, Beschreibung), Planer (Büro, Planer) sowie zum Auftraggeber (Name, Adresse).

Anlage → Info → Projekt-Info…

Diese Daten werden häufig als ***AutoTexte*** zur Planbeschriftung verwendet. Der Vorteil dabei: Anstatt jeden einzelnen Plan zu beschriften, werden die Beschriftungen aller Pläne auf eine einzige Quelle referenziert. Wird die Quelle geändert, passen sich alle Beschriftungen der Pläne automatisch an.

Die Informationen, die in die ***Projekt-Info*** eingetragen werden, werden diesen drei – bereits vorhandenen – Objekten zugeordnet. Je vollständiger die Projekt-Info, desto mehr Information erhalten die Elemente (vgl. Kapitel 10 Daten der Projekt-Info in der IFC,).

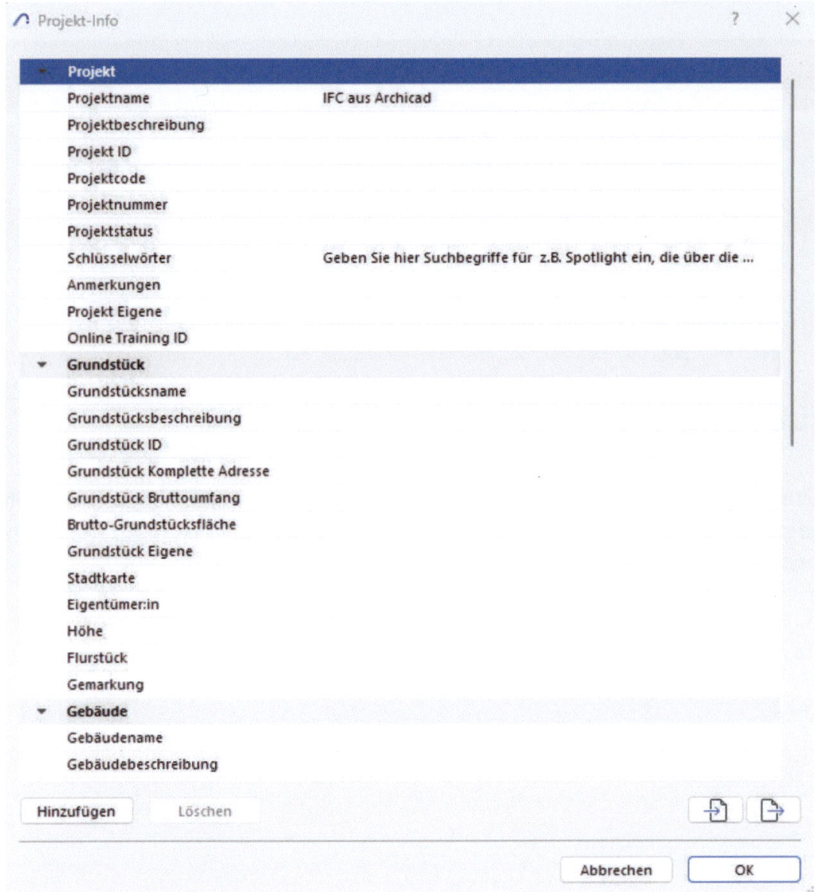

Abbildung 3-4 Kommunikationsfenster Projekt-Info

Nicht alle Informationen werden in den gängigen Viewern abgebildet, obwohl sie innerhalb des IFC-Codes vorhanden sind. Wird eine IFC-Datei in einem ***Editor*** geöffnet, wird sichtbar, welche Informationen tatsächlich exportiert wurden. Besteht der Bedarf diese im Viewer zugängig zu machen, können sie als Attribute mit einem Element (z.B. Verbindungspunkt) verknüpft werden.

3.3 GUID bei IfcProject, IfcSite und IfcBuilding

Öffnet man mehrere leere Archicad Dateien und die jeweiligen ***IFC-Manager***, so stellt man fest, dass die GUIDs aller *IfcProjects*, aller *IfcSites* und aller *IfcBuildings* gleich sind. Wie kann das sein, wo doch eine ***GUID*** eindeutig sein soll? Hierzu ist es wichtig zu wissen, dass die ***GUIDs*** für diese drei IFC-Elemente mit der jeweiligen ID in der Projektinfo verknüpft sind. Ein leeres Projekt hat bei diesen drei IDs noch keine Eingabe, somit öffnet man aus der Sicht der Software immer das gleiche Projekt „Neu". Erst mit der Vergabe der IDs innerhalb der ***Projekt-Info*** wird daraus ein eigenständiges, eindeutig identifizierbares Projekt.

IFC Typ	IfcProject	
Archicad IFC ID	34407vlCcwH8q...	
Attribute		
GlobalId	34407vlCcwH8q...	IfcGloballyUniqueI(
☑ Name	Projekt	IfcLabel
☐ Description		IfcText
☐ ObjectType		IfcLabel
☐ LongName		IfcLabel
☐ Phase		IfcLabel

Abbildung 3-5 Das IfcProject einer leeren Datei hat immer die gleiche GlobalID

3.4 Klassifizierung zuordnen

Bevor tiefer in die Grundlagen der Struktur des Erstellens und der Zusammenhänge innerhalb einer IFC-Datei eingegangen wird, gilt es den Vorgang der Klassifizierung zu erklärt, da er für alle Elemente gleich ist.

Hierzu wird das Grundeinstellungs-Kommunikationsfenster eines beliebigen Elementes geöffnet. Dort wird das Teilfenster ***Klassifizierung und Eigenschaften*** geöffnet.

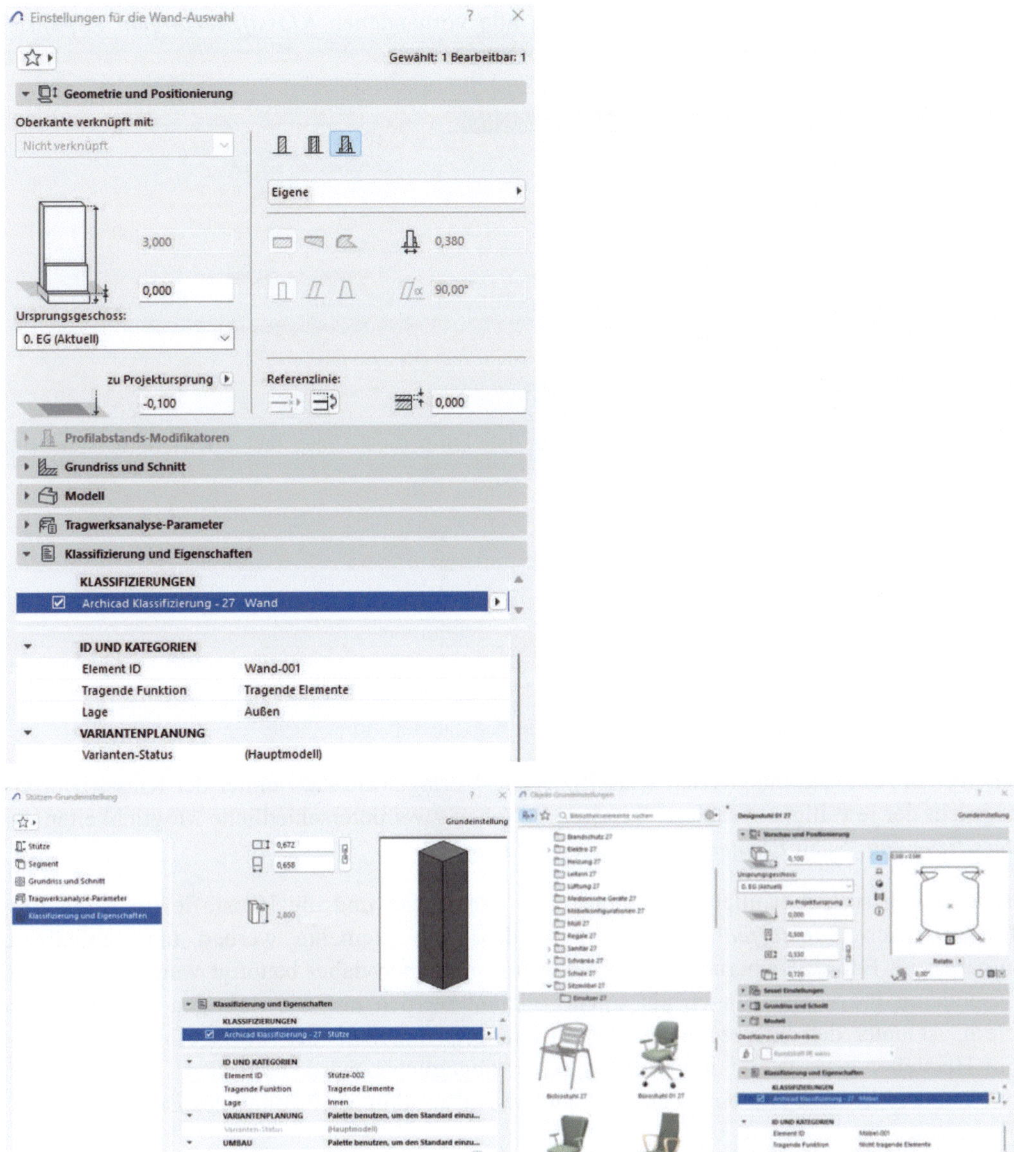

Abbildung 3-6 Lage der Teilfenster Klassifizierung und Eigenschaften bei verschiedenen Werkzeugen

Dieses Teilfenster ist zusätzlich in zwei Bereiche aufgeteilt. Im oberen Bereich des Teilfensters wird die ***Klassifizierung***, also die Aufgabe für dieses Element innerhalb des Projektes, festgelegt. Links der Klassifizierungsversion muss das Häkchen gesetzt sein, um die Klassifizierungsgrundlage zu aktivieren. Im dazugehörigen Pull-Down-Menüs (Pfeil-Button rechts der aktuellen ***Klassifizierung)*** werden alle vorhandenen ***Klassifizierungen*** aufgelistet und können dort ausgewählt werden.

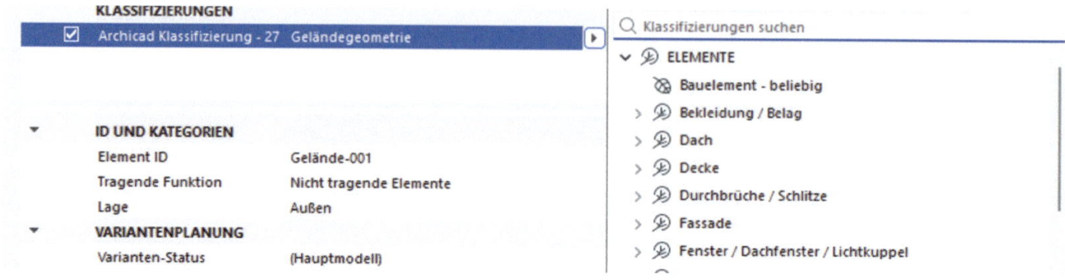

Abbildung 3-7 Klassifizierung eines Elementes

Falls die gewünschte Klassifizierung bekannt ist, kann diese über das Suchfenster schneller ausgewählt werden.

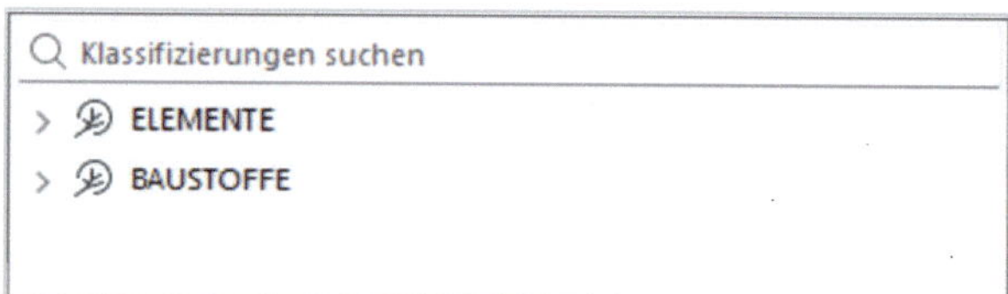

Abbildung 3-8 Unterschiedliche Möglichkeit der Klassifizierung

Bei einer in Archicad integrierten Klassifizierung-Vorlage (die Zahl hinter der Klassifizierung entspricht der jeweiligen Archicad-Version) bestehen zwei unterschiedliche Möglichkeiten zur ***Klassifizierung***: Nach ***Elementen*** oder nach ***Baustoffen***.

Grundsätzlich sollten bauliche Elemente nach ***Elementen*** und die Baustoffe im ***Baustoffe-Manager*** nach ***Baustoffen*** klassifiziert werden. Die Elemente werden unterschiedliche Aufgaben im Bauwerk übernehmen. Welche Informationen dabei benötigt werden, damit sie von anderen Programmen auch als solche erkannt werden und die richtigen Informationen liefern, ist unter der entsprechenden Klassifizierung, innerhalb der Vorlage, die regelmäßig vom Hersteller geprüft und mit ***buildingSmart*** abgeglichen wird, hinterlegt. Abweichungen vom Standard bedeuten automatisch zusätzlichen Aufwand in der Prüfung des Exportes.

Möglicherweise wurde für ein bestimmtes Projekt eine eigene, vom Auftraggeber vorgegebene, Klassifizierung festgelegt, oder Sie arbeiten an einem länderübergreifenden Projekt und müssen zusätzlich nach anderen Standards klassifizieren (vgl. Abschnitt 6.4.2 Typ-Zuordnung). In diesem Fall wird die externe Klassifizierung zum Projekt hinzugefügt.

Optionen → Klassifizierungs-Manager…

Es erscheint ein Kommunikationsfenster, in dem die aktuell im Projekt geladenen Klassifizierungen dargestellt sind (vgl. Abschnitt 4.3.3 Klassifizierungs-Manager).

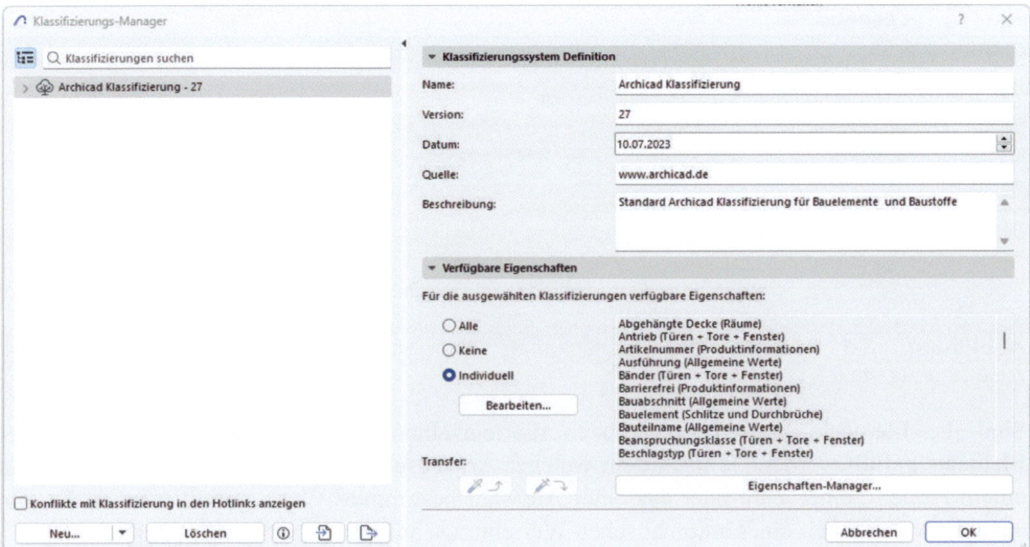

Abbildung 3-9 Klassifizierungs-Manager

Hier kann entweder eine eigene neue Klassifizierungsvorlage erstellt oder eine bereits vorhandene über ***Importieren*** hinzugefügt werden. Für jede neue Klassifizierung werden Attribute, die für die jeweiligen Elemente benötigt werden, im Teilfenster ***Verfügbare Eigenschaften***, zugeordnet.

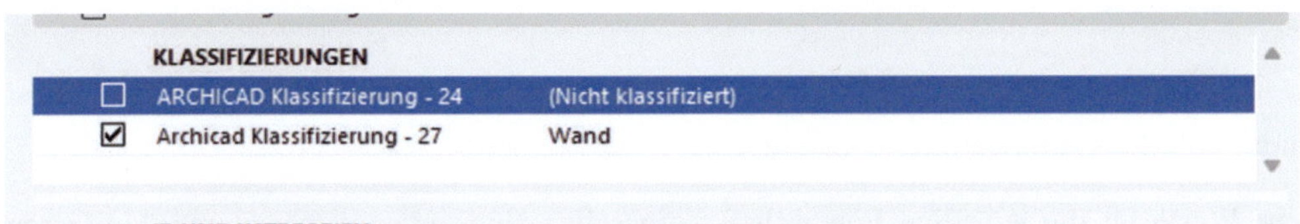

Abbildung 3-10 Mehrere Klassifizierungen im Projekt

Alle im Projekt vorhandenen ***Klassifizierungen*** sind im Bereich ***Klassifizierungen*** zu sehen. Langjährige Archicad-Nutzer könnten an dieser Stelle Vorlagen aus unterschiedlichen Archicad Versionen sehen. Dies geschieht beim Öffnen mit einer älteren Vorlagedatei(*.tpl). Nach dem Migrieren der Datei bleibt die ältere Klassifizierung immer noch vorhanden.

Wird nur eine Klassifizierung benötigt, so sollte die CAD-Datei bereinigt und die unnötigen Klassifizierungen gelöscht werden, um Fehlerquellen und unnötige Daten zu vermeiden. Hierzu wird die zu löschende Klassifizierung im ***Klassifizierungs-Manager*** angeklickt und mit Klicken des Buttons Löschen aus der Datei entfernt.

Die jeweiligen Einträge der Klassifizierung können im unteren Bereich des Teilfensters eingesehen werden. Unterschiede der Klassifizierungen zeigen sich in der Auflistung der ***Allgemeinen Werte*** und der ***Produktinformationen***. Weiter unten im Teilfenster werden für jedes Objekt unter ***IFC-Eigenschaften*** kurz die wichtigsten Eigenschaften zusammengefasst.

Abbildung 3-11 Unter IFC-Eigenschaften werden die wichtigsten Informationen zusammengestellt

Sind die Elemente klassifiziert, können die einzelnen ***Eigenschaften*** (***Attribute***) dieses Elements gefüllt werden. Je nach dem welcher Art diese Eigenschaften sind, können sie mit einem Freitext, einer Zahl oder aus einer Auswahl bestimmter Werte gefüllt werden. Es gibt auch die Möglichkeit eines automatischen Werteintrags auf Grund hinterlegter Berechnung.

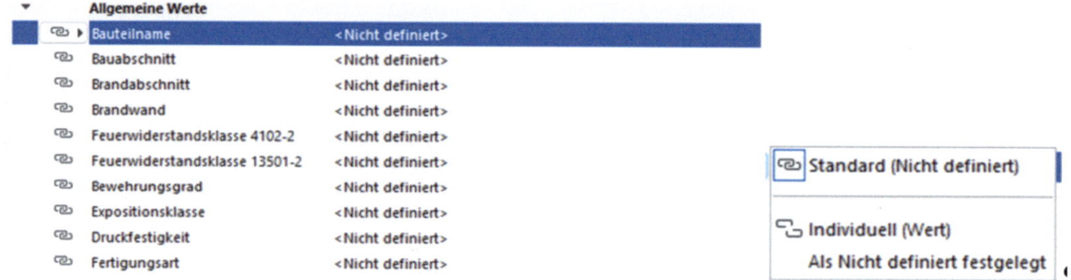

Abbildung 3-12 Verknüpfungssymbol und seine Einstellungen

Welche Werte für die jeweilige Eigenschaft vorgesehen sind, erkennt man durch Aktivieren des ***Attributes***. Hierzu wird das gewünschte Attribut im Teilfenster ***Klassifizierung und Eigenschaften*** an dem links abgebildeten Ketten-Symbol angeklickt.

Wählt man nun die Vorgabe ***Individuell***, erscheint entweder ein Feld in den ein Text oder eine Zahl eingetragen werden kann, oder es erscheint ein Pfeil zur Auswahl eines Wertes.

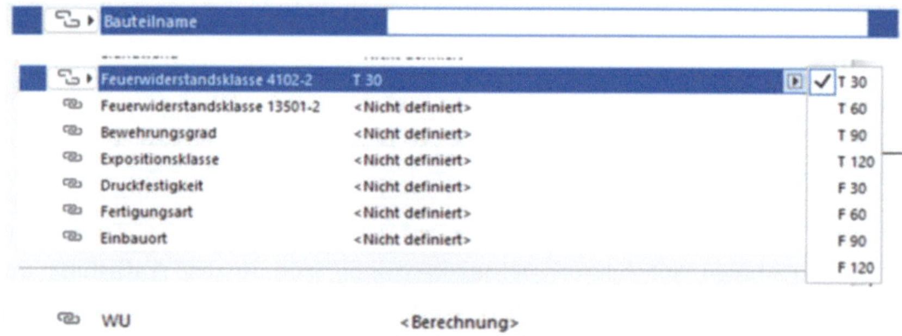

Abbildung 3-13 Unterschiedliche Eingabemöglichkeiten der Werte

Bei Attributen, denen eine Berechnung zu Grunde liegt, erscheint statt einem Wert das Wort <***Berechnung***>. in eckigen Klammern

Wie man diese ***Attribute*** ergänzt, wie man eigene Attribute erstellt, welche Möglichkeiten ***Berechnungen*** bieten und welche Bedeutung sich hinter den eckigen Klammern verbirgt, wird in einem separaten Abschnitt (vgl. Abschnitt 4.3 Attribute/ Eigenschaften) beschrieben. Für die ersten Schritte zum Erstellen einer IFC-Datei sind diese Werte noch nicht entscheidend.

Die Klassifizierung der ***Baustoffe*** und ihre Auswirkung auf den ***Export*** einer IFC-Datei wird in den Abschnitten Komplexe Elemente (Abschnitt 3.5.19 und Baustoffe (Abschnitt 4.2 genauer erläutert.

3.5 Besonderheiten baulicher Elemente

In diesem Abschnitt werden die bereits erstellten Objekte – Gelände (*IfcSite*) und Gebäude (*IfcBuilding*) gefüllt. Die *IfcSite* erhält die Geometrie des Grundstücks und die *IfcBuilding* wird weiter in Geschosse und Bauelemente strukturiert.

3.5.1 IfcSite/Geländegeometrie/Freifläche

Die Geländegeometrie bildet den wichtigsten Informationsbereich der *IfcSite* und wird meist mit dem Werkzeug ***Freifläche*** erstellt. Dabei kann die Freifläche mit Hilfe der ***Geometrie-*** und ***Konstruktionsmethoden*** erstellt werden und danach, durch Eingabe der Z-Werte (Höhenwerte) an vorgegebenen Punkten in ihrer Topografie ausmodelliert werden.

Eine Freifläche lässt sich aber auch aus Vermesser-Daten automatisch modellieren. Die Vermesser-Daten müssen hierzu als *.txt oder als *.xyz Datei vorliegen.

Im Untermenü Interoperabilität befindet sich der entsprechende Befehl.

Ablage → Interoperabilität → Freifläche aus Vermesser-Daten erstellen…

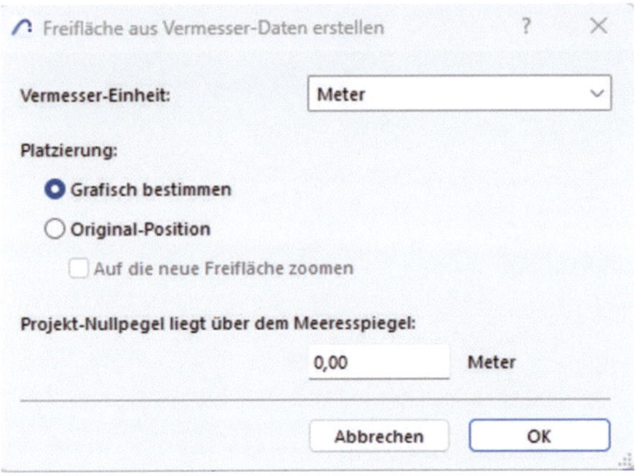

Abbildung 3-14 Kommunikationsfenster zum Import einer Vermesser-Datei

Es erscheint ein Kommunikationsfenster, in dem der Pfad zur Vermesser-Datei vorgegeben wird. Nach dem Bestätigen mit OK erscheint ein weiteres Kommunikationsfenster, in dem grundlegende Informationen überprüft bzw. angepasst werden (z.B. Einheit). Danach wird die Freifläche erstellt und kann positioniert bzw. ausgerichtet werden.

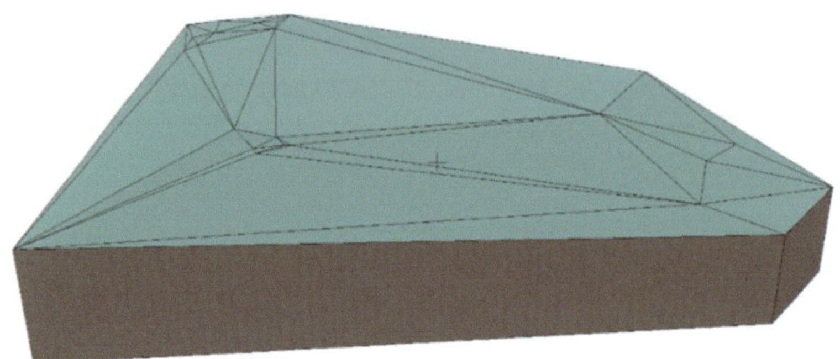

Abbildung 3-15 Freifläche aus einer *.xyz Datei

Beim Werkzeug ***Freifläche*** ist standardmäßig die Klassifizierung Geländegeometrie voreingestellt. Falls nicht, kann die Freifläche auch nachträglich klassifiziert werden (vgl. Klassifizierung zuordnen, Abschnitt 3.4).

Im Teilfenster ***Klassifizierung und Eigenschaften***, im Untermenü ***IFC-Eigenschaften*** sind folgende Eigenschaften grau hinterlegt und können nicht manuell geändert werden: ***IFC Typ*** (Wert der Klassifizierung), ***Archicad-IFC-ID***, ***GlobalID***, ***Element ID*** als Name, ***Description*** (Grundstückbeschreibung aus ***Projekt-Info***), ***CompositionType***, und ***RefElevation*** (Höhe NHN aus der ***Projekt-Info***).

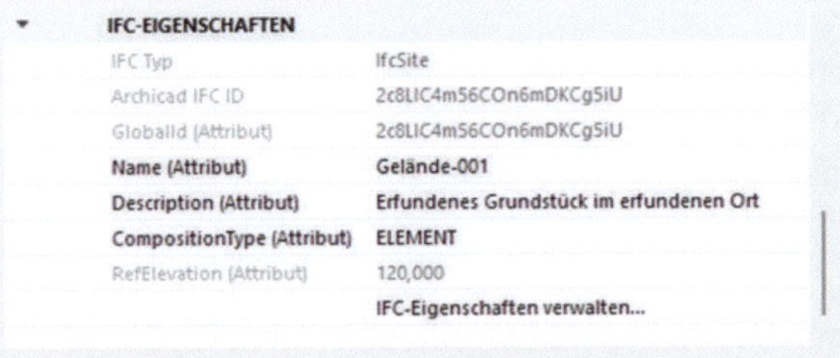

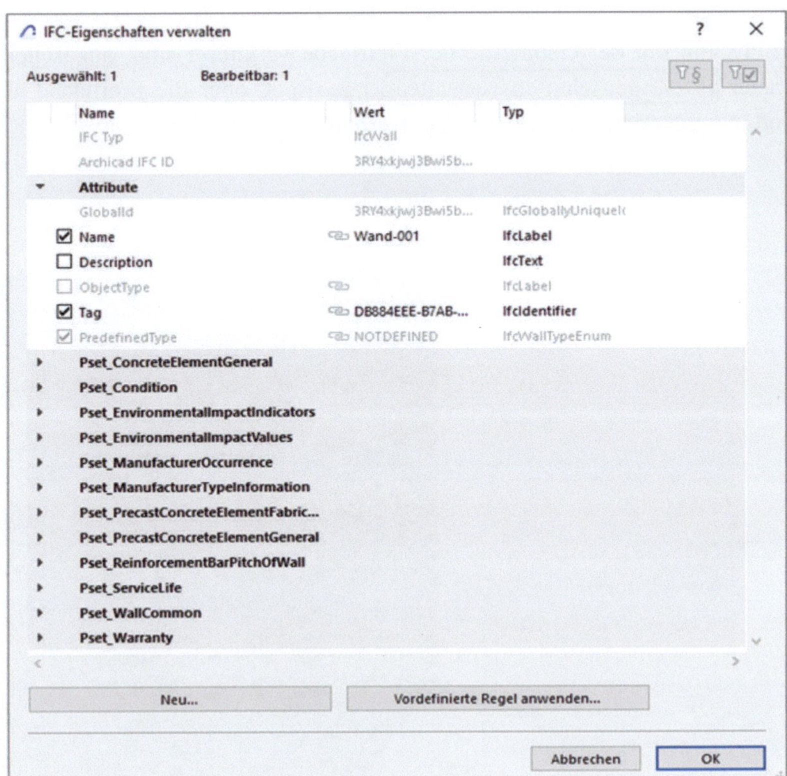

Abbildung 3-16 IFC-Eigenschaften der aktuellen Freifläche/ IFC-Eigenschaften verwalten...

Beim Klick in die Zeile IFC-Eigenschaften verwalten... erscheint ein Kommunikationsfenster, das der rechten Seite des ***IFC-Managers*** entspricht. Hier können einzelne Informationen dieses Objekts ergänzt werden. Es ist zu überlegen, ob Ergänzungen an Attributen nicht besser über zentrale Stellen gesteuert werden. Eine Ausnahme bildet die Eigenschaft *Description* (vgl. Abschnitt 3.6.1 Description).

Versucht man die Freifläche im ***IFC-Manager*** zu betrachten, erscheint eine Fehlermeldung, denn das Element *IfcSite* besitzt keine Entität. Als Test kann die Freifläche kurzfristig anders klassifiziert werden (z.B. ***Bauelement-beliebig***). Das neu klassifizierte Objekt erscheint in der Struktur der IFC.

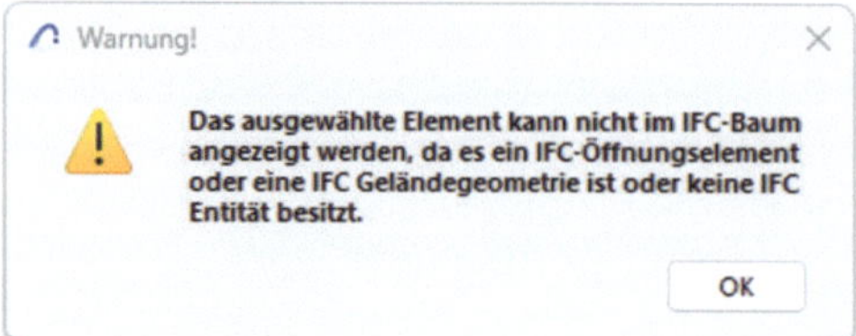

Abbildung 3-17 Fehlermeldung beim Versuch eine Geländegeometrie im IFC-Manager zu betrachten

Um die Eigenschaften, die nun mit der Geometrie der Freifläche verknüpft sind, anzusehen, kann entweder das Fenster IFC-Eigenschaften verwalten... geöffnet, oder die Freifläche als *.ifc Datei exportiert und in einem der Viewer betrachtet werden.

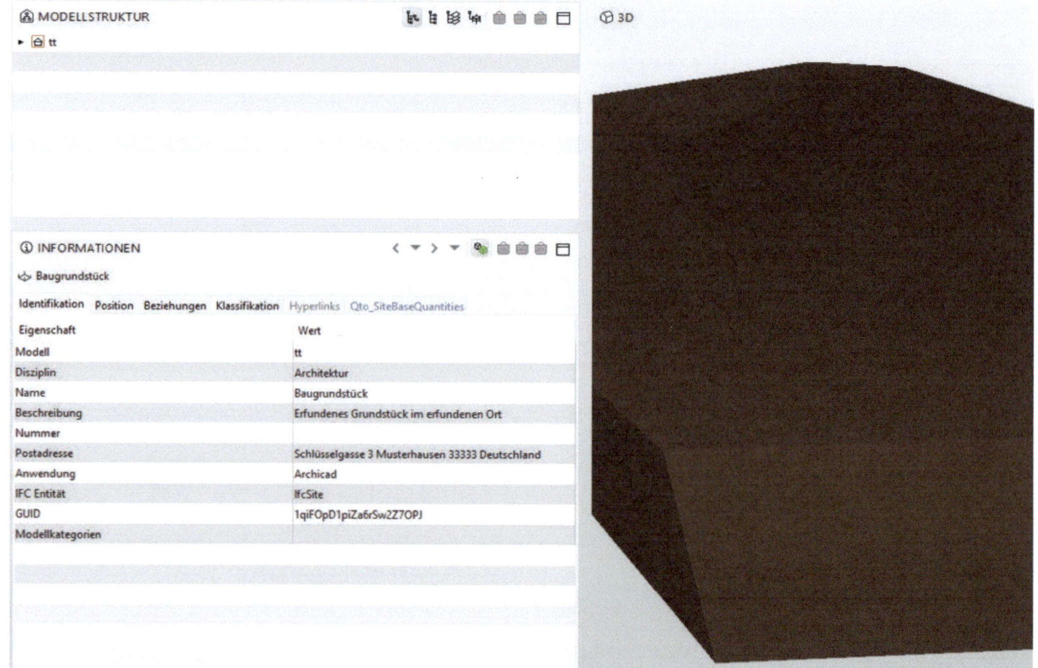

Abbildung 3-18 IfcSite /Solibri Anywhere

Die Darstellung der Elemente im Viewer wird durch die 3D-Darstellung der Baustoffe gesteuert (Vgl. Abschnitt 4.2 Baustoffe).

3.5.1.1 Qto_SiteBaceQuantities

Unter dem Karteireiter *Qto_SiteBaceQuantities* befinden sich die grundlegenden Eigenschaften des Grundstückes: Brutto-Fläche und Brutto-Umfang. Diese beiden Attribute gehören zu den wenigen Angaben, die manuell ermittelt werden müssen. Die Information wird aus der ***Projekt-Info*** übertragen (vgl. Kapitel 10 Daten der Projekt-Info in der IFC). Wie diese Daten entstehen, ist für die Software irrelevant – Angaben des Auftraggebers, des Vermessers, eine Schätzung oder eine eigene Berechnung.

3.5.1.2 Weitere Bearbeitung der Freifläche

Wahrscheinlich wird die Freifläche im Rahmen des Projektes weiterbearbeitet, Verkehrswege werden hinzugefügt, teilweise werden Bereiche abgetragen oder aufgefüllt. Die Modellierung wird möglicherweise zur Abbildung der Baugrube verwendet. Die Gestaltung der Freifläche ist individuell und entspricht den Anforderungen an das Projekt bzw. den internen Vorgaben des Büros.

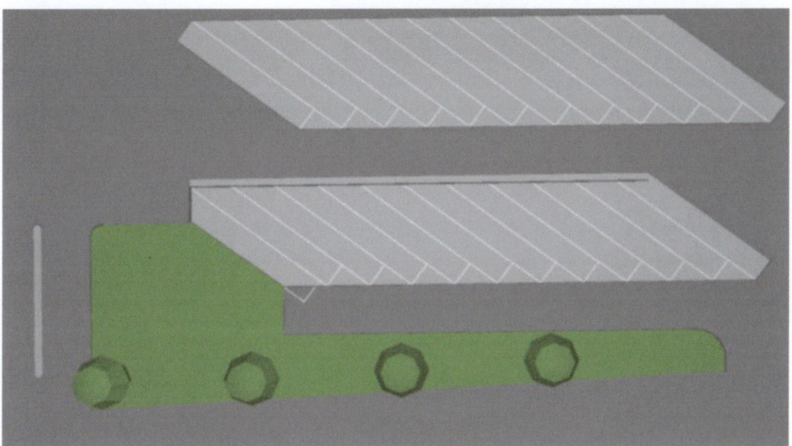

Abbildung 3-19 Detaillierter ausgearbeitete Freifläche

3.5.2 Elemente des Gebäudes

Das Gebäude (*IfcBuilding*) besteht aus mehreren Geschossen (*IfcBuildingStorey*) die unterschiedliche Bauelemente beinhalten. Den Bauelementen können verschiedene ***Eigenschaften*** (***Attribute***) zugeordnet werden.

Das Modellieren der Elemente richtet sich nach dem späteren Bauprozess. Sollte z.B. eine Stütze in einem Punktfundament einbetoniert werden, so wird diese in ihrer vollständigen Höhe modelliert, obwohl das einbetonierte Teil später nicht mehr sichtbar ist.

Wie das Bauen im realen Leben verschiedenen Gesetzen folgt (Schwerkraft, Gewicht einzelner Elemente, Trocknungszeiten), so haben auch die digitalen Modelle unterschiedliche Vorgaben, wie die Objekte zu erstellen, zu klassifizieren und zu attributieren sind. Befolgt man diese Vorgaben, entstehen Modelle, die digital prüfbar sind und für alle Beteiligten einen „Sinn" ergeben.

Der Software-Hersteller empfiehlt für das Erstellen der Projekte seine eigenen ***Modellierungsrichtlinien***. Beim Öffnen einer leeren Archicad-Datei erscheint auf der Arbeitsoberfläche ein Willkommensbild mit dem Link zu den eigenen Richtlinien als *.pdf Format. Diese Richtlinien bilden die Grundlage auch dieses Buches, zusätzlich werden einzelne Zusammenhänge zwischen den Elementen, ihren Klassifizierungen und dazu gehörenden Attributen anhand von Beispielen genauer erklärt.

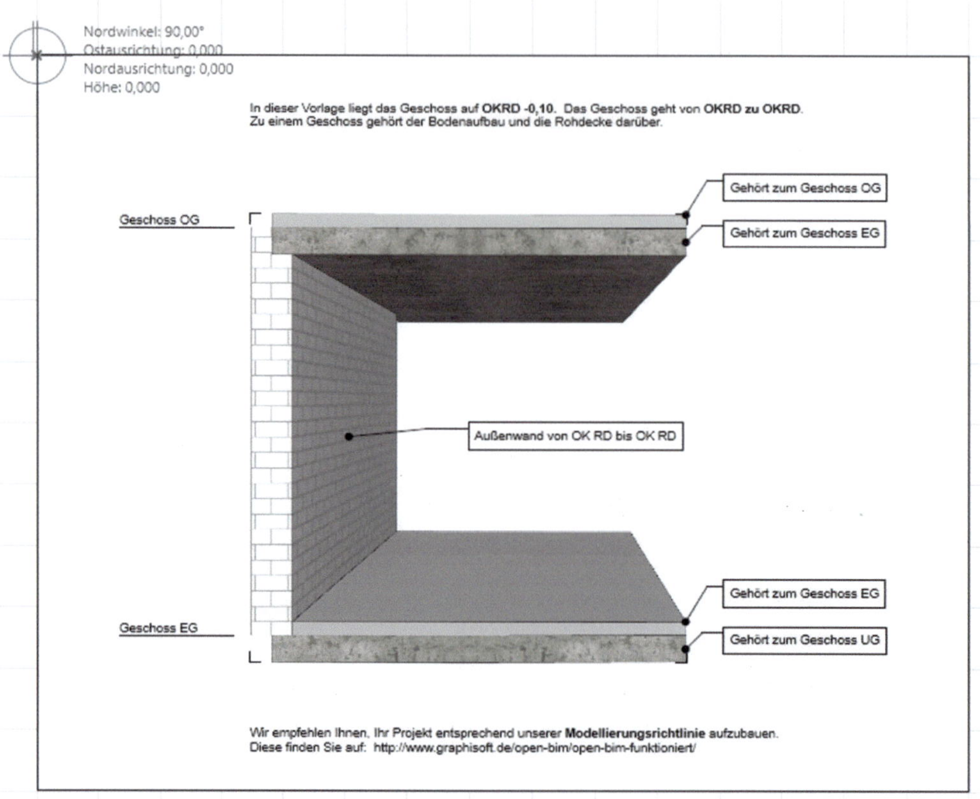

Abbildung 3-20 Willkommensbild auf der Arbeitsoberfläche

Bei den Elementen eines Gebäudes können – ähnlich einer Freifläche – mehrere Klassifizierungsgrundlagen vorliegen. Unterschiedliche Klassifizierungen können Auswirkungen auf Mengenermittlung haben.

Im Bereich ***Berechnungsregeln*** werden die Abzugsregeln für ***Konditional-Berechnungen*** anhand der ***Baustoff-Klassifizierungen*** festgelegt.

Optionen→ Projekt-Präferenzen →Berechnungsregeln

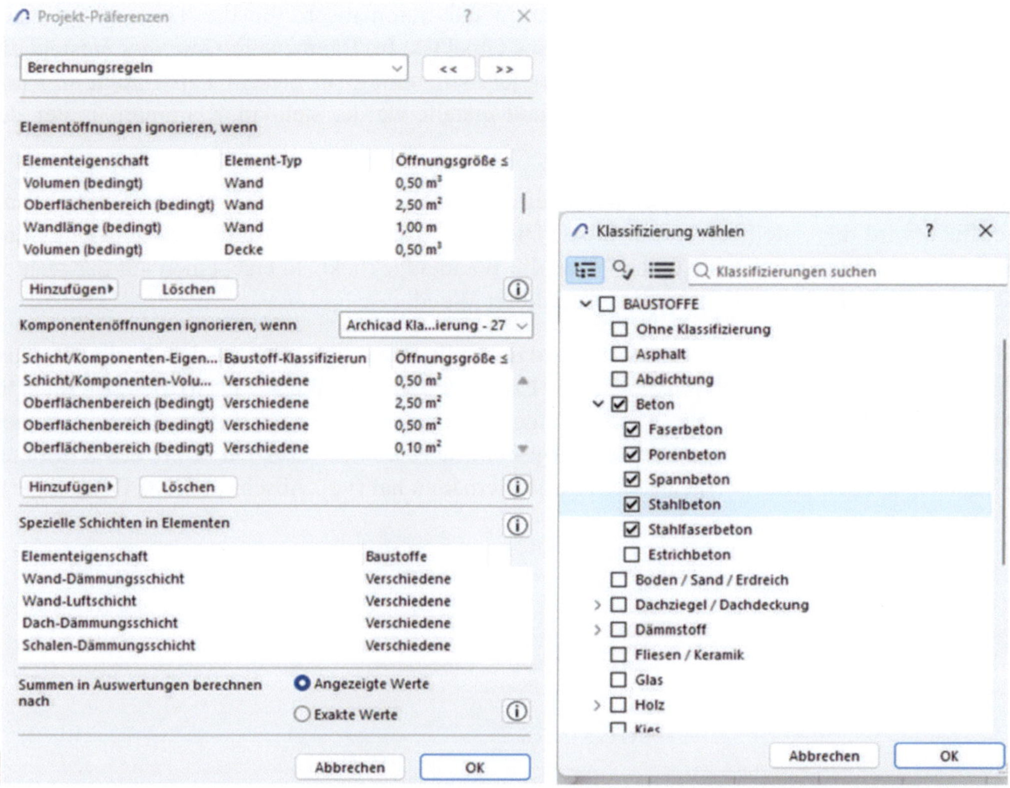

Projekt-Präferenzen

Berechnungsregeln

Elementöffnungen ignorieren, wenn

Elementeigenschaft	Element-Typ	Öffnungsgröße ≤
Volumen (bedingt)	Wand	0,50 m³
Oberflächenbereich (bedingt)	Wand	2,50 m²
Wandlänge (bedingt)	Wand	1,00 m
Volumen (bedingt)	Decke	0,50 m³

Hinzufügen Löschen

Komponentenöffnungen ignorieren, wenn Archicad Kla...ierung - 27

Schicht/Komponenten-Eigen...	Baustoff-Klassifizierun	Öffnungsgröße ≤
Schicht/Komponenten-Volu...	Verschiedene	0,50 m³
Oberflächenbereich (bedingt)	Verschiedene	2,50 m²
Oberflächenbereich (bedingt)	Verschiedene	0,50 m²
Oberflächenbereich (bedingt)	Verschiedene	0,10 m²

Hinzufügen Löschen

Spezielle Schichten in Elementen

Elementeigenschaft	Baustoffe
Wand-Dämmungsschicht	Verschiedene
Wand-Luftschicht	Verschiedene
Dach-Dämmungsschicht	Verschiedene
Schalen-Dämmungsschicht	Verschiedene

Summen in Auswertungen berechnen nach: Angezeigte Werte / Exakte Werte

Abbrechen OK

Klassifizierung wählen

Klassifizierungen suchen

- BAUSTOFFE
  - Ohne Klassifizierung
  - Asphalt
  - Abdichtung
  - Beton
    - Faserbeton
    - Porenbeton
    - Spannbeton
    - Stahlbeton
    - Stahlfaserbeton
    - Estrichbeton
  - Boden / Sand / Erdreich
  - Dachziegel / Dachdeckung
  - Dämmstoff
  - Fliesen / Keramik
  - Glas
  - Holz
  - Kies

Abbrechen OK

Abbildung 3-21 Konditional-Berechnungen hängen von der Klassifizierung ab

Bei mehreren Klassifizierungen innerhalb des Projektes muss geprüft werden, ob die Berechnungen weiterhin ein richtiges Ergebnis liefern.

Beispiel – Erstellen einer Wand: Eine Wand, die erstellt wird, muss noch keine endgültige Stärke, oder einen definierten Baustoff haben, ebenso muss noch nicht geklärt sein, welche Aufgaben diese Wand später übernehmen wird. Im ersten Schritt wird die Wand lediglich ihrem Ursprungsgeschoss zugeordnet und mit einem Geschoss (üblicherweise dem Geschoss darüber) verknüpft. Die Länge der Wand ist vorerst unwichtig.

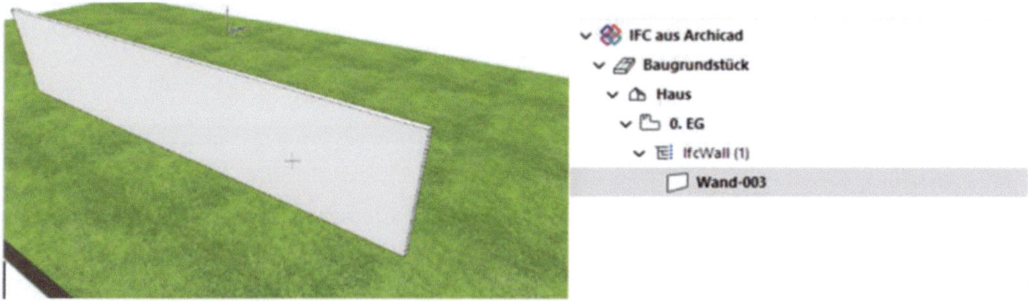

Abbildung 3-22 Die erste Wand und ihre Auswirkung auf die IFC-Struktur

Im ***IFC-Manager*** sorgt das Erstellen der Wand automatisch für die Darstellung eines Geschosses – des ***Ursprungsgeschosses*** dieses Objektes. Im Baumzweig ***Geschoss*** entsteht ein Unterordner, in dem alle Elemente gleicher Klassifizierung (in diesem Fall Entität *IfcWall*) zusammengefasst werden. Da nur eine Wand erstellt wurde, steht in Klammern hinter der Ordner-Bezeichnung, die Zahl 1.

Wird der Ordner mit einem Doppelklick oder dem Anklicken des Pfeils links der Bezeichnung geöffnet, wird die erstellte Wand sichtbar. Die neue Wand hat den Namen „Wand-Zahl" und entspricht der ***Element ID*** der Wand. Wird die Wand angeklickt, so erscheinen auf der rechten Seite des ***IFC-Managers*** Informationen zu dieser Wand.

Manche Werte der Attribute werden nicht dargestellt. Man sieht die Art des Attributes (z.B. *IfcBoolean*, dies ist ein Attribut, dass als Ergebnis Ja/Nein (Wahr/Falsch) liefert). Manche Attribute stellen ihre Ergebnisse dar: Name, *PredefinedType* usw. Links neben manchen Attributen ist ein Verkettungs-Symbol dargestellt, als Zeichen, dass der Wert des Attributes vorhanden ist, und seine Werte aus dem Projekt erhalten hat (vgl. Abschnitt 3.6 IFC-Manager).

Attribut	Wert	Typ
GlobalId	2t3Zw9UMXF1fd...	IfcGloballyUniqueI(
☑ Name	Wand-003	IfcLabel
☐ Description		IfcText
☐ ObjectType		IfcLabel
☑ Tag	B70E3E89-7968-4...	IfcIdentifier
☑ PredefinedType	NOTDEFINED	IfcWallTypeEnum
Pset_ConcreteElementGeneral		
Pset_Condition		
Pset_EnvironmentalImpactIndicators		
Pset_EnvironmentalImpactValues		
Pset_ManufacturerOccurrence		
Pset_ManufacturerTypeInformation		
Pset_PrecastConcreteElementFabric...		
Pset_PrecastConcreteElementGeneral		
Pset_ReinforcementBarPitchOfWall		
Pset_ServiceLife		
Pset_WallCommon		
☐ AcousticRating		IfcLabel
☐ Combustible		IfcBoolean
☐ Compartmentation		IfcBoolean
☐ ExtendToStructure		IfcBoolean

Abbildung 3-23 Attribute der erstellten Wand im IFC-Manager

3.5.3 Element ID

Unter ***Element-ID*** versteht sich der Name des jeweiligen Elements. Der ***Name*** wird nach dem Prinzip „Werkzeug"- „Nummer" vergeben. Dabei werden die Nummern fortlaufend, automatisch vergeben und hängen von der Anzahl der Änderungen der Einstellungen bzw. dem Wechsel der Werkzeuge ab. Um die Objekte später sicher finden zu können, sollte die ***Element-ID*** (der Name des Elements) selbst nach klaren Richtlinien vergeben werden. Die

Element-ID muss nicht unbedingt einmalig sein. Möglicherweise gibt es Vorgaben vom Auftraggeber, der spezielle Baustellen-Begriffe benötigt, oder Büro-Vorgaben, die die Bezeichnung der Elemente bereits vordefiniert haben (z.B. spezielle Kürzel). Falls es diesbezüglich keine Vorgaben gibt, könnte man das Arbeiten mit der Palette ***Suchen und Aktivieren*** zugrunde legen und überlegen, mit welchem Begriff innerhalb der ***Element ID*** das Element/die Elemente am einfachsten gefunden werden können.

3.5.4 PredefinedType

Mit dem ersten baulichen Element einer Wand, wurde ein Objekt erstellt, an dem sich die Anwendung des Attributes *PredefinedType* gut zeigen lässt.

Betrachtet man im ***IFC-Manager*** die Informationen zur erstellten Wand, so ist diese – voreingestellt – als Wand (*IfcWall*) klassifiziert. In den IFC-Eigenschaften ist als *PredefinedType NOTDEFINED* zu sehen.

Solange nichts vorgegeben ist, kann eine Wand genauso klassifiziert bleiben. Im weiteren Verlauf des Projektes bzw. mit der Vertiefung der Planung und spätestens bei einer Zusammenarbeit am Modell mit anderen Fachplanern, entsteht üblicherweise der Bedarf, die Wände genauer zu beschreiben.

Zum Beispiel erleichtert es die Arbeit eines HKLSE-Planers, zu wissen, welche Wände für ihn als Installationswände vorgesehen sind. Für einen Ausstattungsplaner ist es wichtig zu wissen, welche Wände mobil sind, um so die eigenen Planungen auf die unterschiedliche Größe der Räume auszulegen.

Eine Möglichkeit ist, den Planern durch die entsprechende Benennung der Elemente zu helfen. Eine weitere Möglichkeit, die zusätzliche Vorteile beim digitalen Prüfen bietet, besteht darin, die Klassifizierung um ein weiteres Attribut zu ergänzen, einem *PredefinedType.* Je nachdem, welche Klassifizierung gewählt wurde, sind für dieses Attribut bereits mehrere unterschiedliche Werte voreingestellt.

Welche Werte für welche Klassifizierung möglich sind, wird in der Standard-Dokumentation jeder einzelnen IFC-Version festgehalten. Die Standard-Dokumentationen werden seitens ***buildingSMART*** gepflegt[8].

In der unten aufgelisteten Tabelle befinden sich beispielhaft die Werte des *PredefinedType* der Wand für IFC 4.0 jeweils mit einer Erklärung zur Verwendung.

[8] Index of /IFC/RELEASE (buildingsmart.org)

Bezeichnung	PredefinedType	Verwendung
Elementwand	ELEMENTEDWALL	Ständerwand, Fachwerkwand mit Platten unterschiedlicher Materialien beschichtet
Vorwand/ Installationswand	PLUMBING	Wände, die zur Führung der HLS-Elemente dient
Bewegliche Wand	MOVABLE	z.B. mobile Wände, stellen überwiegend keine Raumgrenzen dar und sind eher mit Möbeln zu vergleichen
Brüstung	PARAPET	Wand, die als Absturzsicherung dient (z.B. Balkon)
Trennwand	PARTITONING	Leichte Wände, häufig Sandwich-Konstruktion mit Gips-Karton, überwiegend nicht tragend. Zum Abtrennen einzelner Räume

Abbildung 3-24 Mögliche Eigenschaften des Attributes PredefinedType

Dieses Attribut wird automatisch nach der Auswahl des entsprechenden Wertes im Klassifizierungszweig angepasst und kann im Grundeinstellungs-Kommunikationsfenster der Wand überprüft werden.

Abbildung 3-25 Änderung des PredefinedType nach der Wandklassifizierung als Installationswand

So wird aus einer *IfcWall* mit dem zusätzlichen Attributwert *PLUMBINGWALL* eine Installationswand, und aus einer *IfcWall* mit dem zusätzlichen Attribut *MOVABLE* eine bewegliche Trennwand in einem Saal.

Durch diesen Vorgang wird der Informationsgehalt (***Level of Information***) dieser Wand erhöht, ihre Geometrie (***Level of Geometry***) bleibt unverändert. Die Wand sieht immer noch so aus, wie vorher.

3.5.4.1 Qto_XXXBaceQuantities

Wie bereits sowohl im Kapitel der Grundlagen als auch beim Erstellen des Geländemodells erklärt, beinhaltet dieses ***Set*** im Standard festgelegte Eigenschaften (***Properties***). Diese Eigenschaften geben die geometrischen Werte des Objektes wieder.

In der Tabelle sind beispielhaft die vorgegebenen Eigenschaften einer Wand aufgelistet.

Eigenschaft/Attribut	Beschreibung	Wert
Bauteil.Width	Bauteilstärke (durchschnittliche)	Zahl + Einheit
GrossFootprintArea	Brutto Fläche der Unterseite	Zahl + Einheit
GrossSideArea	Brutto Fläche einer Seite	Zahl + Einheit
GrossVolume	Brutto Volumen	Zahl + Einheit
Height	Höhe der Wand	Zahl + Einheit
Length	Länge der Wand	Zahl + Einheit
NetFootprintArea	Netto Fläche der Unterseite	Zahl + Einheit
NetSideArea	Netto Fläche einer Seite	Zahl + Einheit
NetVolume	Netto Volumen	Zahl + Einheit
Widht	Stärke der Wand	Zahl + Einheit

Abbildung 3-26 Auflistung der Attribute innerhalb der BaceQuantities

3.5.4.2 Pset_XXXCommon

In diesem weiteren standardmäßig festgelegten ***Set*** werden die ***Attribute*** – also Eigenschaften, die sich nicht auf Geometrie des Objektes beziehen – zusammengefasst. Für unterschiedliche Elemente werden unterschiedliche Attribute festgelegt. In der folgenden Tabelle sind die Attribute einer Wand aufgelistet.

Eigenschaft/Attribut	Beschreibung	Wert
IsExternal*	Lage im Projekt	Wahr (Außen)/Falsch (innen)
LoadBearing*	Tragende Funktion	Wahr (Tragend)/Falsch (nicht tragend)
Status*	Umbaustatus dieses Elementes	EXSISTING -Bestand DEMOLISCH-Abbruch NEW-Neubau
Reference	Bezeichnung zur Zusammenfassung gleichartiger Bauteile zu einem Bauteiltyp	Text
AccoustingRating	Schallschutzklasse/Schallschutzanforderung	Text
Fire Rating	Feuerwiderstandsklasse	Text
Compustible	Brennbares Material innerhalb des Bauteils	Wahr(vorhanden)/Falsch (nicht vorhanden)
SurfaceSpreadOfFlame	Brandverhalten	Text
ThermalTransmittance	U-Wert	Zahl
ExtendToStructure	Angabe, ob die Wand raumhoch ist	Wahr (ja)/ Falsch (nein)
Compratmentation	Angabe, ob die Wand ein Brandabschnitt begrenzt	Wahr (ja)/ Falsch (nein)

Abbildung 3-27 Auflistung der Attribute innerhalb des Pset_WallCommon

Die mit * gekennzeichneten Attribute sind Kategorie- und Umbau-Status Attribute. Sie sind bei allen Elementen in Archicad schon voreingestellt und werden immer exportiert. Deswegen ist es notwendig, diese zu prüfen, denn es besteht die Gefahr, falsche Informationen zu exportieren. Hierzu kann vor dem Export eine Qualitätssicherung durchgeführt werden (vgl. Kapitel 5 Qualitätssicherung).

Sind die ***Attribute*** nicht bearbeitet worden, also haben einen Wert <Nicht definiert>, kann es bei, entsprechenden Exporteinstellungen sein, dass diese nicht exportiert werden und somit in der Auflistung der Elemente der IFC fehlen. Wird das Attribut bearbeitet und erhält einen „richtigen" Wert, erscheint es nach dem Export im Property-Set.

Wird die IFC-Datei ausschließlich als Geometrie-Referenz verwendet, ist es möglich, die IFC-Elemente auch ohne diese beiden ***Property-Sets*** zu erzeugen (vgl. Kapitel 6 IFC Export Übersetzer). Anderenfalls werden diese beiden Sets benötigt, um das Minimum an Information weiterzugeben.

Alle anderen Eigenschaften können projektabhängig in weiteren Sets, gemäß Anforderungen, zusammengestellt werden.

3.5.5 IfcBuildingElementProxy

Passt keine der ***Klassifizierungen*** zum baulichen Element, wird es zu den „allgemeinen Gebäudeelementen" zugeordnet. Es gibt viele haustechnische Komponenten, die so klassifiziert werden und erst durch den *PredefinedType*, also durch die weiteren Eigenschaften, genauer definiert werden. Die Baustoffe sind standardmäßig ebenso als *IfcBuildingElementProxy* klassifiziert. Da diese Klassifizierung so vage ist, sollte man diese Klassifizierung innerhalb der tragenden Bauelemente vermeiden.

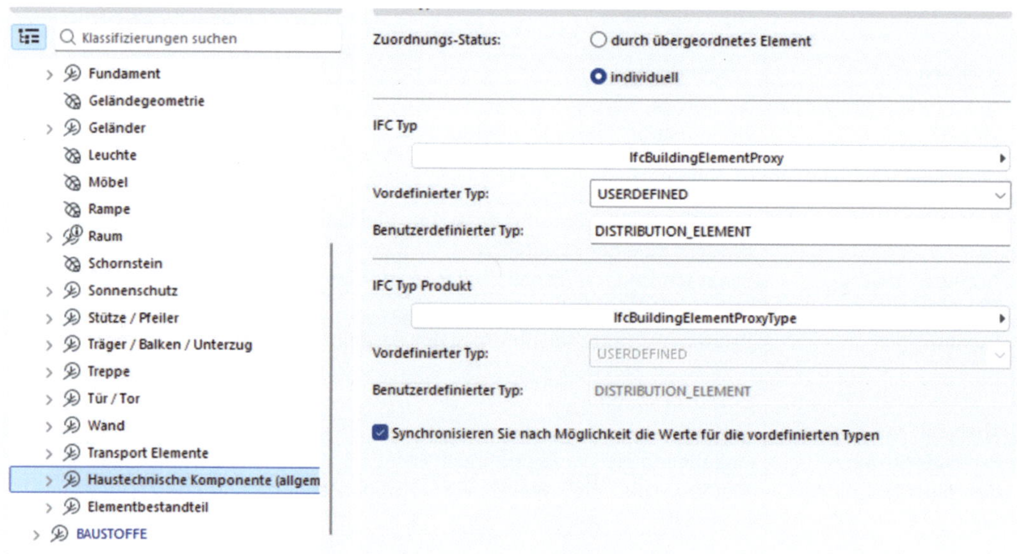

Abbildung 3-28 Erst durch eine zusätzliche Eigenschaft werden die Elemente spezifiziert

3.5.6 Wand

Grundsätzlich werden die Wände nach dem beschriebenen Prinzip klassifiziert und nach Bedarf mit dem *PredefinedType* in ihrer Funktion genauer beschrieben.

Bei der Modellierung mit den unterschiedlichen ***Geometriemethoden*** sollte man auf folgende Besonderheiten achten:

Bei der ***Geometriemethode Gebogen*** wird die Wand in der IFC-Datei in Segmente zerlegt und auch so in einem Viewer dargestellt, obwohl sie in Archicad rund erscheint.

Bei der ***Geometriemethode Trapez*** wird in den ***BaceQuantities*** als ***Stärke*** die dickere Seite der Wand angegeben, die ***Grundfläche*** wird korrekt wiedergegeben Bei der ***Wandfläche*** wird die Seite an der ***Referenzlinie*** berechnet.

Bei der ***Geometriemethode Polygon*** kann der Eindruck entstehen, dass die Angaben der Parameter und Attribute in den ***BaceQuantities*** eher Näherungsangaben sind. Zum Beispiel wird die ***Breite*** einer solchen Wand nicht gemessen, sondern es wird der Wert der letzten erstellten geraden Wand übernommen. Die ***Länge*** und die ***Seitenfläche*** liefern eher ungenaue Ergebnisse. An dieser Stelle empfiehlt es sich mit den Beteiligten zu sprechen, um zu klären, wie mit solchen Wänden umzugehen ist und, zum Beispiel bei Mengenermittlung einen Zuschlag einzuplanen.

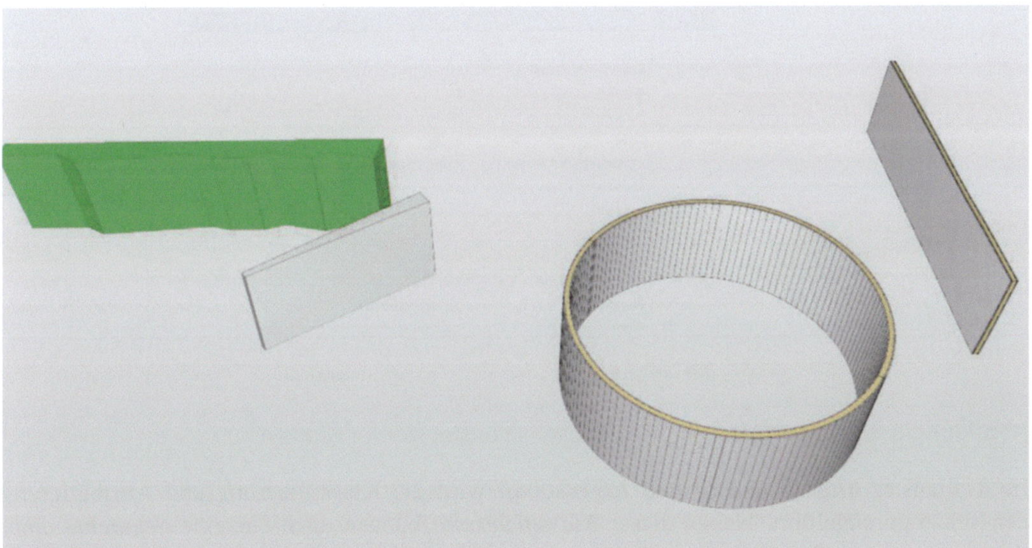

Abbildung 3-29 Wände unterschiedlicher Geometriemethoden /Solibri Anywhere

Grundsätzlich empfehlen sich die ersten Exporte, solange noch nicht viele Elemente im Projekt sind, im ***Viewer*** zu betrachten und nachzuvollziehen. Insbesondere bzgl. der Werte der Massen und der in der Software hinterlegten Berechnungsgrundlagen.

3.5.7 Stütze

Die Stütze stellt ein weiteres vertikales Objekt innerhalb einer Projektstruktur da.

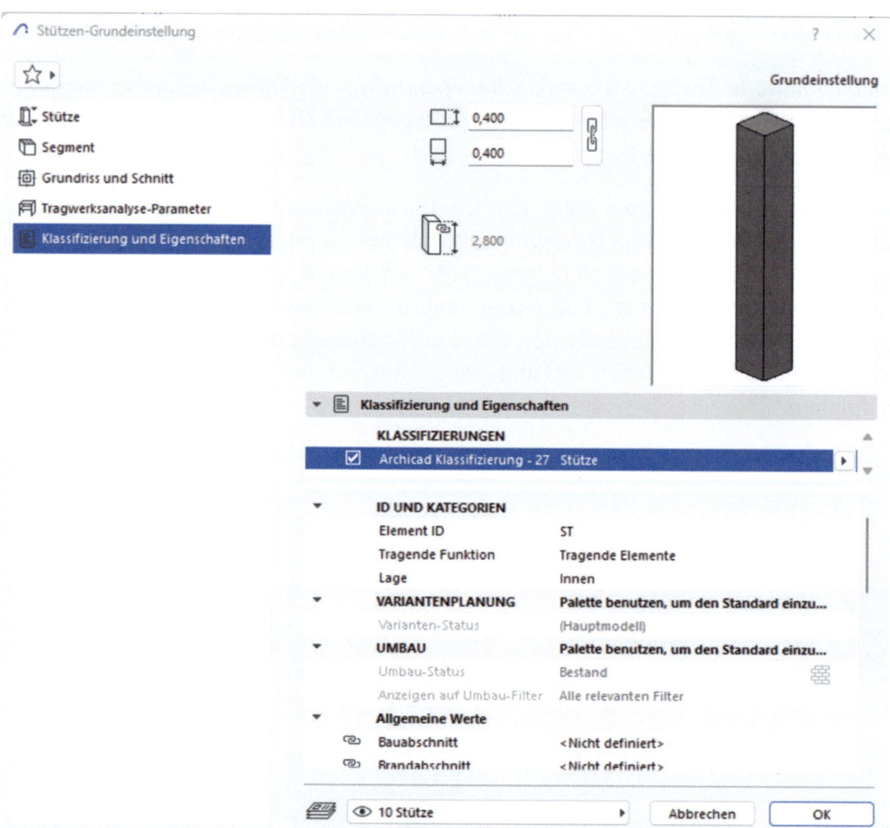

Abbildung 3-30 Grundeinstellungs- Kommunikationsfenster für Stützen

Im Teilfenster ***Klassifizierung und Eigenschaft*** wird die Klassifizierung und Attributierung der Stütze durchgeführt. Neben dieser ***Klassifizierung*** können auch einzelne ***Segmente*** einer Stütze genauer definiert werden. Segmentierte Stützen sind Stützen, die in ihrem Verlauf unterschiedliche Querschnitte aufweisen. Je nach Einstellung der ***IFC-Übersetzer*** (vgl. Abschnitt 6.4.3 Geometriekonvertierung) erhält die Stütze in der IFC-Struktur einen Unterpunkt mit einzelnen Gebäudekomponenten, den Segmenten (*IfcBuildingElementPart*). Die Anzahl dieser Gebäudekomponenten entspricht der Anzahl der Segmente.

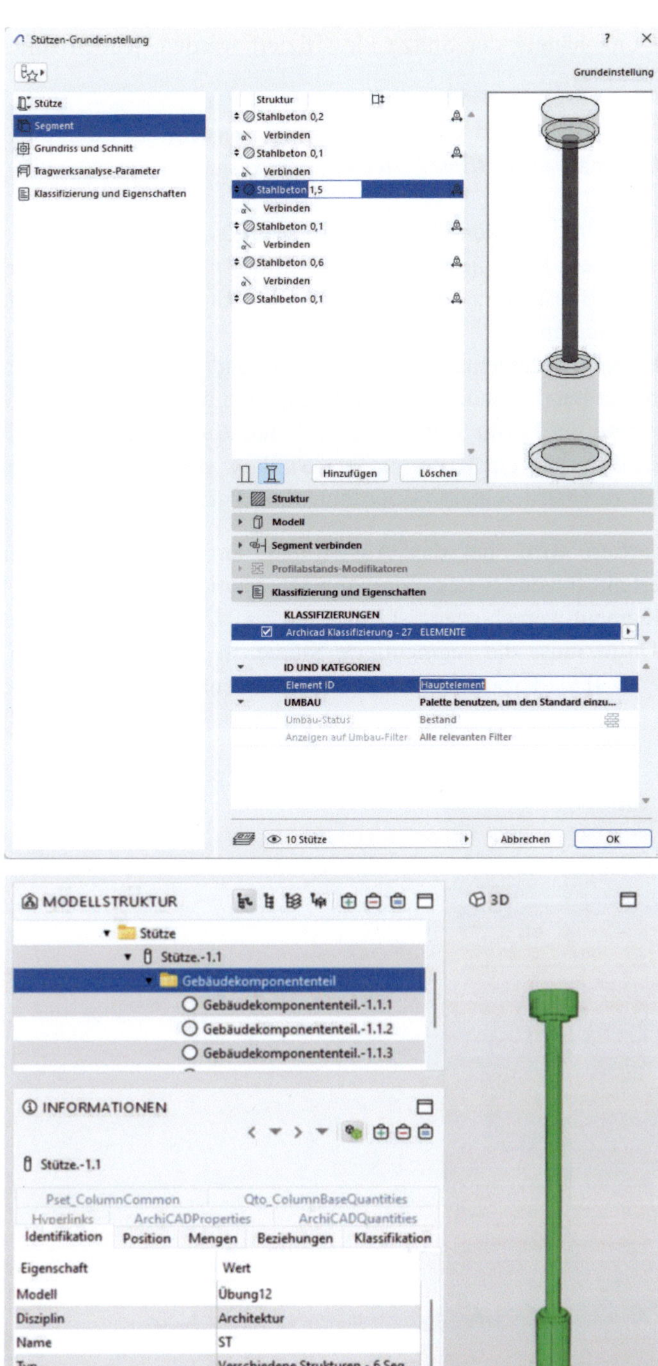

Abbildung 3-31 Segmentierte Stütze und ihre Struktur in IFC, unten Darstellung Solibri Anywhere

Einzelnen Segmente können zwar unabhängig der Stütze klassifiziert werden, jedoch sollte folgendes berücksichtigt werden:

- die Segmente und die Stütze sollten nicht gleich klassifiziert werden, das könnte bei den Auswertungen – filtert man nach ***Klassifizierung*** *IfcColumn* – die doppelten Mengen liefern.
- Auch wenn die Segmente als Stützen klassifiziert wurden, werden sie als *IfcBuildingElementPart* exportiert. Falls die Segmente als „Stützen" exportiert werden sollen, ist es sinnvoller, einen Baustoff zu erstellen und diesen zu klassifizieren (vgl. Abschnitt 3.5.19 Komplexe Elemente)
- Die Attribute Lage, Tragende Elemente, Umbau-Status und Variante werden automatisch aus den Eigenschaften der Stütze von den Segmenten übernommen.
- Die ***Element ID*** der Segmente wird zwar nicht in die IFC übertragen, sie ist jedoch trotzdem im Projekt sinnvoll, da sie ein Kriterium bei ***Suchen und aktivieren*** sein kann und bei Auswertungen zu einer leichteren Zuordnung beiträgt.

Je nachdem wie die Stütze exportiert wird, hat das Auswirkung auf die Inhalte ihrer *BaceQuantities*. Bei den segmentierten Stützen ist es so, dass die Informationen, zum Beispiel die Grundfläche, die für jedes Segment verschieden ist, in den *BaceQuantities* einzelner Segmente separat aufgelistet ist. Dafür muss die segmentierte Stütze, in Einzelteile zerlegt, exportiert werden (vgl. Kapitel 6 IFC Export Übersetzer), anderenfalls fehlen diese Informationen.

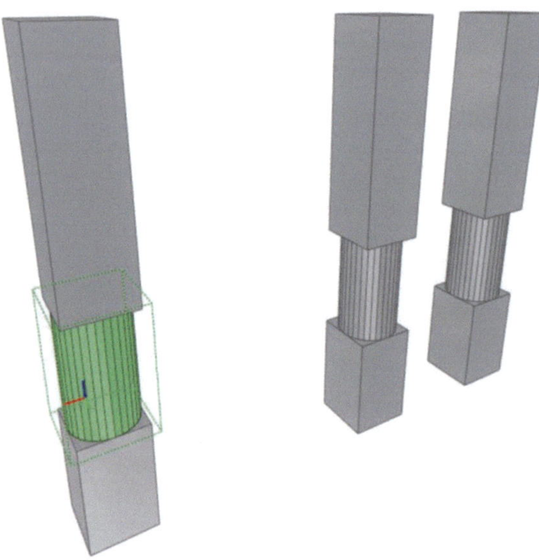

Abbildung 3-32 Segmentierte Stütze/ BIMvision

Bei rechteckigen Segmenten werden die Breite und die Höhe des Querschnittes, bei zylinderförmigen Segmenten der Durchmesser angegeben.

Das Gewicht des Segmentes wird auf Grundlage des gewählten ***Baustoffs*** berechnet. Im ***Baustoffkatalog*** ist die Dichte des Baustoffes hinterlegt. Diese wird zur Berechnung verwendet.

Bereits in diesem frühen Stadium der IFC-Datei enthält sie detaillierte Informationen, wie beispielsweise das Gewicht einer Stütze. Falls zu diesem Zeitpunkt noch keine Aussage zu eben dem Gewicht oder z.B. zum enthaltenen CO_2 getroffen werden soll, kann ein eigener Baustoff, ohne Angaben dieser Werte, hilfreich sein (vgl. Abschnitt 4.2 Baustoffe). Der Export lässt sich so einstellen, dass alle baustoffbezogenen Informationen ignoriert werden (vgl. Kapitel 6 IFC Export Übersetzer).

Manche ***Viewer*** erzeugen interne ***Properties-Sets***, die einer eigenen Darstellung und eigenen Berechnungsregeln folgen. Zum Beispiel erzeugt ***Solibri*** ein Attribut *Fläche der Unterseite* im Set ***Mengen***. Betrachtet man die Informationen einer Stütze, die als komplexes Profil erstellt wurde, so fallen bei der Flächenangabe des Querschnittes bei *GrossSectionArea* (*BaceQuantities*) und der *Fläche der Unterseite* Unterschiede auf. Die Angaben aus dem Set *BaceQuantities* sind genau. An dieser Stelle besteht kein weiterer Handlungsbedarf.

Grundriss	GrossSectionArea	Fläche der Unterseite
Stütze, erstellt mit einem Profil	Gibt die exakte Fläche des Profils wieder (sollte im Viewer 0,00m² stehen, kann es sein, dass die Fläche kleiner als eine Darstellungseinheit ist → Kommastellen des Viewers anpassen)	Gibt die Fläche der Außenkanten des Profils wieder und weicht somit ab von der ermittelten Fläche in den *BaceQuantities*

Abbildung 3-33 Unterschiedliche Flächenwerte einer Stütze in Solibri

3.5.8 Decke

Decke ist ein vielseitig einsetzbares Werkzeug, das überwiegend zum Erstellen von horizontalen Elementen des Bauwerkes verwendet wird. Viele davon sind tragende Elemente. So z.B. die Fundamente, Bodenplatten oder Rohdecken. Bodenbeläge oder abgehängte Decken dagegen gehören zu den nicht tragenden Elementen.

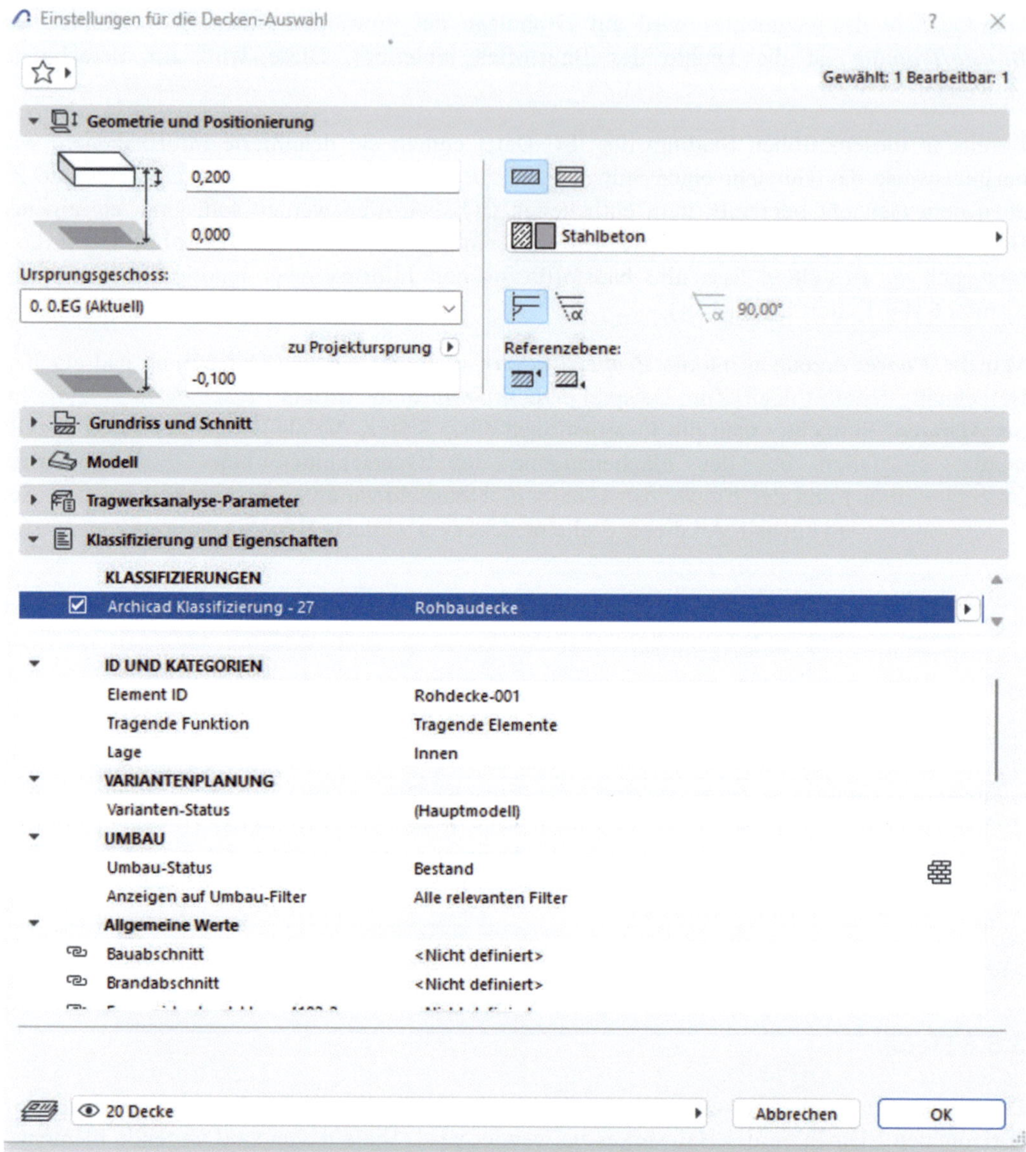

Abbildung 3-34 Grundeinstellungs-Kommunikationsfenster Decke

Die Elemente dieses Werkzeuges können obere und untere Abschlüsse von vertikalen Elementen bilden. Das ist wichtig zu wissen. Häufig liefert das ***BCF-Protokoll*** eine entsprechende Fehlermeldung zu fehlenden Abschlüssen von Wänden oder Stützen.

Durch Modellieren mit Hilfe eines ***Polygonzuges*** können Decken mit komplexen Formen erstellt werden. Bei *BaceQuantities* werden die Breite und Länge der Decken nur dann angegeben, wenn die Decke die Form eines Rechteckes aufweist, andernfalls werden diese beiden Parameter nicht im Set erscheinen.

Beim Modellieren der Decken gibt es zwei Besonderheiten, die genauer betrachtet werden müssen, da sie zu möglichen Fehlermeldungen beim Prüfen der der IFC-Modelle führen können.

Je nachdem bei welcher Version von Archicad Sie eingestiegen sind, erzeugen Sie Durchbrüche in der Decke möglicherweise noch mit der ***Abzug-Methode*** aus der ***PET-Palette*** des Deckenwerkzeuges.

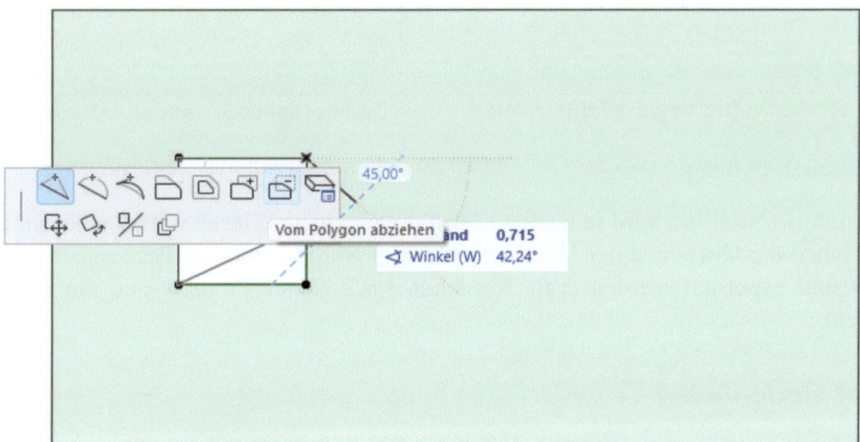

Abbildung 3-35 Vom Polygon abziehen

Mittlerweile gibt es in Archicad ein ***Öffnungs***-Werkzeug, das zum Erstellen der Öffnungen unterschiedlicher Größen in vertikalen, geneigten und horizontalen Elementen vorgesehen ist. Die Modellierungsrichtlinie von Archicad empfiehlt die Verwendung dieses Werkzeuges für kleinere Durchbrüche. Für größere Öffnungen der Decke (z.B. Treppenauge), ist die Abzug-Methode empfehlenswert.

Aus eigenen Modellierungserfahrungen empfehlen wir, für alle Durchbrüche und Öffnungen das ***Öffnungs***-Werkzeug zu verwenden. In einem unserer Projekte haben die Baustoffe der Rohdecke den Abzug aller anderen Baustoffe im Bereich des Durchbruchs verursacht. Dieses Beispiel haben wir unter „Beispiel: Elemente im Deckendurchbruch werden nicht dargestellt“, im Abschnitt 9.8 genauer beschrieben.

Solche Situationen sind selten, sie können nach wie vor mit der von Ihnen bevorzugten Methode arbeiten. Kontrollieren Sie jedoch Ihre IFC-Dateien, um ggf. auf eine fehlerhafte Wiedergabe des Modells zu reagieren.

In beiden Fällen wird in der IFC ein *IfcOpening* für den entsprechenden Durchbruch erstellt.

Die zweite Besonderheit ist der Umgang mit den Kanten einer Decke. Eine, mehrere oder alle Kanten einer Decke können bei Verjüngungen geneigt dargestellt werden. Um diese Neigungen der Kanten korrekt zu exportieren, muss ***BREP*** und nicht ***Geometrieexport Extrudiert/rotiert*** eingestellt werden (vgl. Abschnitt 6.4.3 Geometriekonvertierung), anderenfalls werden die Ecken der Decke „verschluckt“.

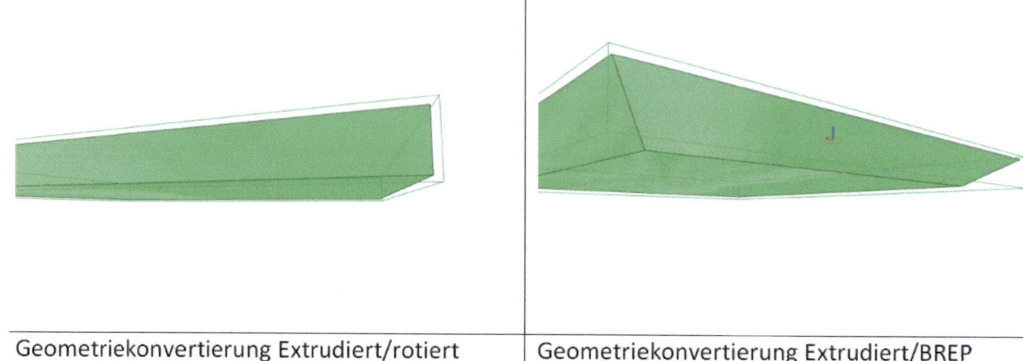

Abbildung 3-36 Auswirkung der Geometriekonvertierung auf den Export/BIMvision

Bei den *BaceQuantities* wird in beiden Fällen die maximale Fläche wiedergegeben. Sollten die Oberflächen der Ober- und der Unterseite benötigt werden, müssen diese separat als ***Attribute*** erstellt und exportiert werden (vgl. Abschnitt 3.6.2 Neues Property-Set, ein neues Attribut erstellen).

3.5.8.1 Bodenbelag

Bodenbeläge sollten nicht zusammen mit der Rohdecke, sondern separat modelliert werden. Die ***Klassifizierung*** ist, vergleichbar mit der Abhangdecke, im Zweig der ***Bekleidung/Belag*** zu finden. Der Bodenbelag sollte nach Möglichkeit raumweise modelliert werden. Hierzu kann das Werkzeug Zauberstab verwendet werden.

Planung → Zauberstab

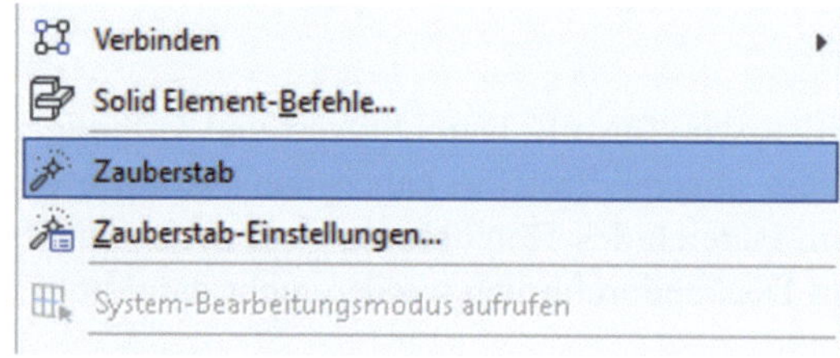

Abbildung 3-37 Zauberstab

Die Bodenverläufe im Bereich der Türen, bodenstehenden Fenster und Heizungsnischen müssen manuell ergänzt werden.

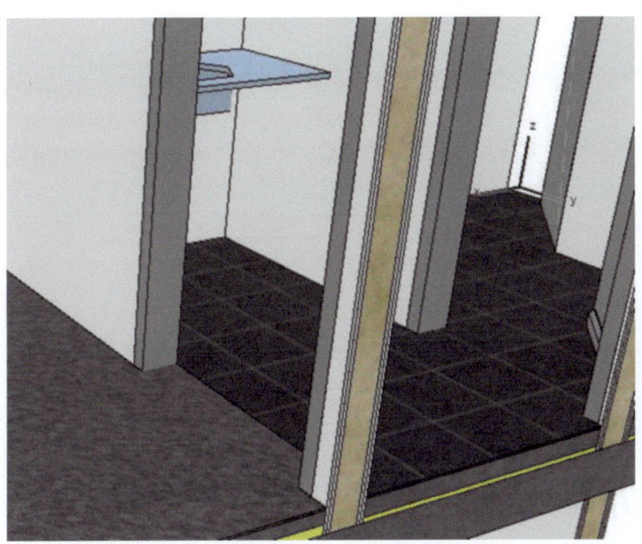

Abbildung 3-38 Verlauf des Bodenbelages

Die Bodenbeläge sind am Anfang des Projektes noch nicht vollständig definiert, man hat möglicherweise nur eine Vorstellung, wo Übergänge im Belag stattfinden werden. Erst im weiteren Verlauf werden die Bodenbeläge genauer definiert (Oberfläche, Estrich, Trittschalldämmung usw.) und die ursprünglich einfachen Strukturen werden zu ***mehrschichtigen Bauteilen***, die unterschiedliche Besonderheiten aufweisen. Der Export dieser Elemente wird genauer in den Abschnitten Komplexe Elemente 3.5.19 , Strukturdarstellung 4.1.2 und 6 IFC Export Übersetzer beschrieben.

3.5.8.2 Abgehängte Decke

Die Modellierung von abgehängten Decken kann entweder – bei Abhangdecken mit einem geringen Detaillierungsgrad, zum Beispiel Glattdecken aus Gipskarton – mit dem Werkzeug „***Decke***" erstellt werden oder – bei komplexeren Abhangdecken, z.B. Systemdecken, mit dem Werkzeug „***Fassade***" (vgl. Abschnitt 3.5.15 Fassade).

Die BIM-Modelle werden von ***Model-Checker*** Programmen auf „Nicht verwendete Flächen" geprüft. Das bedeutet Flächen, die weder mit einem ***Baustoff*** noch mit einem ***Raum*** gefüllt sind. Häufig wird vergessen, dass oberhalb der abgehängten Decken ein Luftraum vorhanden ist, der zum Beispiel für die Verlegung von Leitungen verwendet wird. Wird der Raum nicht gefüllt, wird er eine Fehlermeldung verursachen.

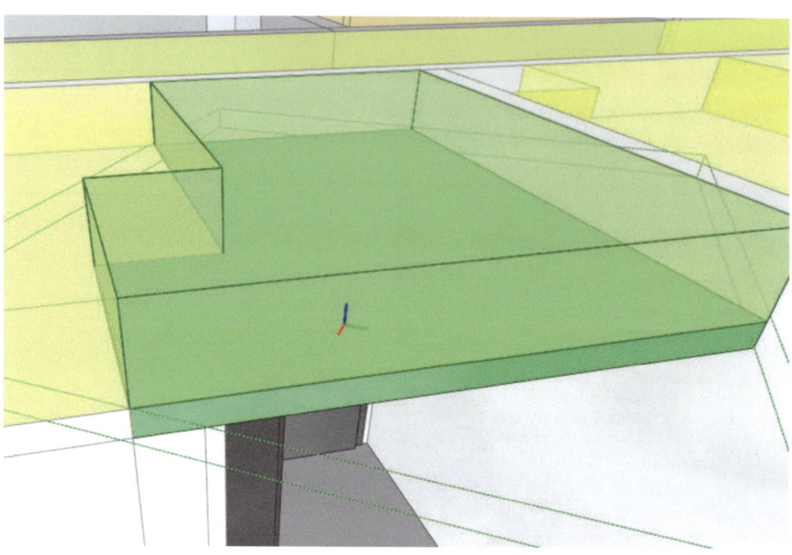

Abbildung 3-39 Abgehängte Decke als mehrschichtiges Bauteil/BIMvision

Der Bereich oberhalb der abgehängten Decke kann durch Erstellen einer abgehängten Decke als ***Mehrschichtiges Bauteil*** gelöst werden. Dabei wird der Raum oberhalb der Deckenkonstruktion mit einem eigenen ***Baustoff*** „Luft“ oder „leer“ gefüllt. Für unterschiedliche Höhen der Decken werden unterschiedliche mehrschichtige Bauteile erstellt. Wie die einzelnen Schichten solcher Decken exportiert werden, hängt von den Anforderungen der Auftraggeber ab (vgl. Abschnitt 3.5.19 Komplexe Elemente).

Abbildung 3-40 Volumen oberhalb der abgehängten Decke als Raum/BIMvision

Eine weitere Möglichkeit das Volumen oberhalb der abgehängten Decke zu füllen, besteht darin, einen ***Morph*** oder einen ***Raum*** zu modellieren. Die Objekte dieser beiden Werkzeuge werden dann als Raumvorschlag klassifiziert. Beim Raum muss man darauf achten, dass dieser kein Raum nach NUF ist und somit nicht in die Flächenberechnungen einfließen darf. Eine Abtrennung kann zum Beispiel durch die Verwendung unterschiedlicher Ebenen erfolgen.

3.5.9 Träger

Das Arbeiten mit dem Werkzeug ***Träger*** erinnert an den Umgang mit den Stützen, obwohl der Träger zu den horizontalen Elementen gehört.

Neben Unterzügen und Trägern können mit dem Werkzeug ***Träger auch*** Fundamente modelliert werden. Wie auch bei den Stützen kann ein Träger in mehrere ***Segmente*** aufgeteilt werden.

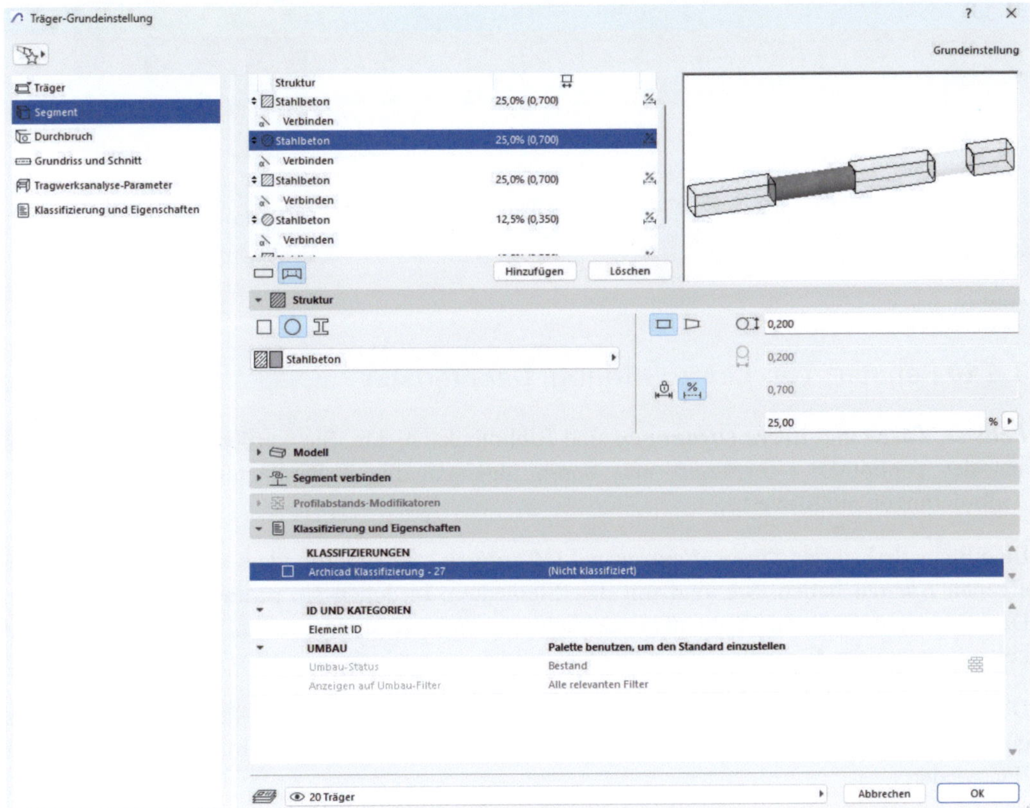

Abbildung 3-41 Grundeinstellungs-Kommunikationsfenster Träger

Je nachdem, wie die Segmente eines Trägers exportiert werden, erscheinen sie in der IFC-Datei als *IfcBuildingElementPart* oder auch als Träger (vgl. Abschnitt 3.5.19 Komplexe Elemente).

Bei Trägern mit Segmenten werden die *BaceQuantities* aufgesplittet. Die allgemeinen Informationen werden unter *IfcBeam* (Träger) aufgelistet, die Abmessungen und Querschnitte in den Informationen zu den einzelnen Segmenten.

Abbildung 3-42 IfcBeam /Solibri Anywhere

3.5.10 Fenster, Tür, Leere Öffnung, Dachfenster

Fenster, ***Türen*** und ***Leere Öffnungen*** sind Bibliotheksobjekte. Sie werden in ihrer Grundform aus der Bibliothek referenziert und durch unterschiedliche Parameter entsprechend den Anforderungen modifiziert.

Eine Besonderheit der ***Türen***, ***Fenster*** und ***Öffnungen*** besteht darin, dass sie in Archicad keine eigenen ***Ebenen*** haben. Sie sind mit den Elementen, in denen sie positioniert sind (Wände, Dach), verknüpft. Somit kann man sie nicht separat ausblenden, wenn man im IFC-Export keine Fenster oder Türblätter haben möchte.

Der Export aus dem 3D-Fenster mit den herausgefilterten Fenstern und Türen liefert nicht das gewünschte Ergebnis, die im 3D-Fenster nicht vorhandenen Fenster (Türen) erscheinen in der IFC wieder.

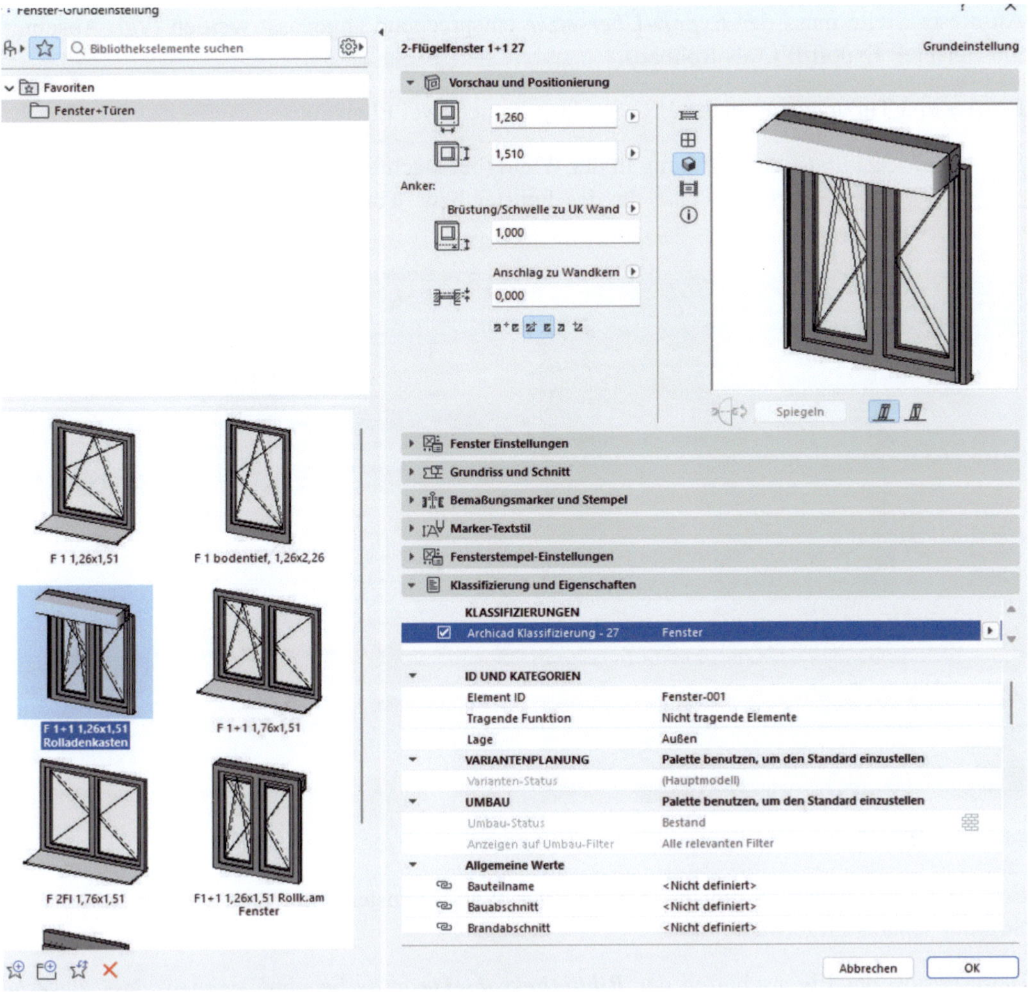

Fenster-Grundeinstellung

Bibliothekselemente suchen

Favoriten

Fenster+Türen

F 1 1,26x1,51

F 1 bodentief, 1,26x2,26

F 1+1 1,26x1,51 Rolladenkasten

F 1+1 1,76x1,51

F 2Fl 1,76x1,51

F1+1 1,26x1,51 Rollk.am Fenster

2-Flügelfenster 1+1 27

Grundeinstellung

Vorschau und Positionierung

1,260

1,510

Anker:

Brüstung/Schwelle zu UK Wand

1,000

Anschlag zu Wandkern

0,000

Spiegeln

Fenster Einstellungen

Grundriss und Schnitt

Bemaßungsmarker und Stempel

Marker-Textstil

Fensterstempel-Einstellungen

Klassifizierung und Eigenschaften

KLASSIFIZIERUNGEN	
Archicad Klassifizierung - 27	Fenster
ID UND KATEGORIEN	
Element ID	Fenster-001
Tragende Funktion	Nicht tragende Elemente
Lage	Außen
VARIANTENPLANUNG	**Palette benutzen, um den Standard einzustellen**
Varianten-Status	(Hauptmodell)
UMBAU	**Palette benutzen, um den Standard einzustellen**
Umbau-Status	Bestand
Anzeigen auf Umbau-Filter	Alle relevanten Filter
Allgemeine Werte	
Bauteilname	<Nicht definiert>
Bauabschnitt	<Nicht definiert>
Brandabschnitt	<Nicht definiert>

Abbrechen OK

Abbildung 3-43 Grundeinstellungs-Kommunikationsfenster-Fenster

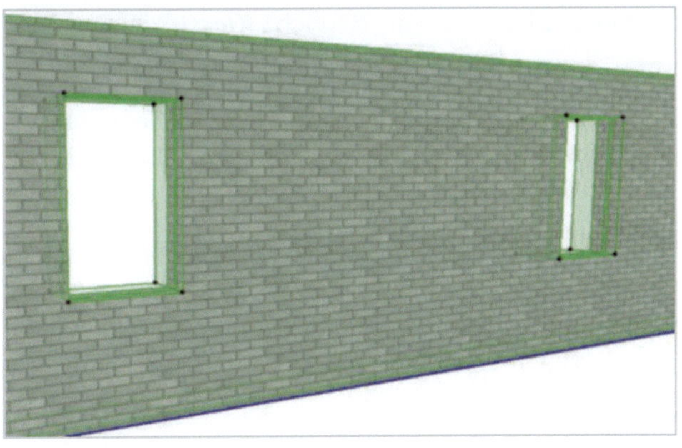

Abbildung 3-44 3D-Fenster mit ausgeblendeten Fenstern

An dieser Stelle muss der ***Export-Übersetzer*** entsprechend angepasst werden (vgl. Abschnitt 9.6 Beispiel: Export/IFC als Rohbau).

Fenster und Tür erzeugen in der IFC-Struktur immer zwei Elemente:

- *IfcOpening* – eine Öffnung in der Wand (bei Dachfenstern im Dach)
- *IfcWindow* bzw. *IfcDoor* für das Fenster bzw. Tür, die in diese Öffnung eingebaut wird.

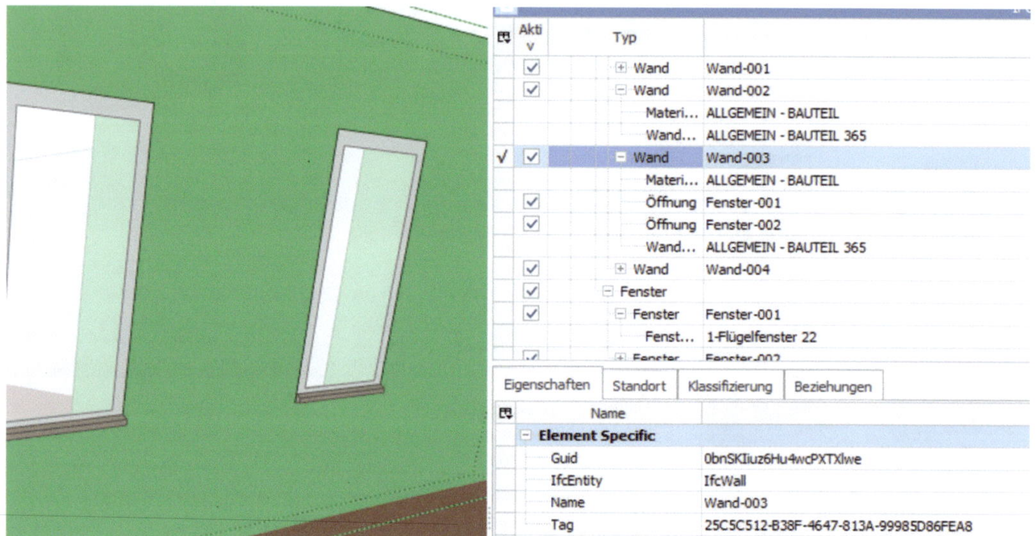

Abbildung 3-45 Das Fenster erzeugt eine Öffnung in der Wand/BIMvision

Ein *IfcOpening* gehört in die IFC-Struktur der Wand. Fenster und Türen werden in der IFC-Struktur separat aufgelistet.

Beim Export der Eigenschaften der ***Bibliotheksobjekte*** muss beachtet werden, dass diese an zwei Orten, ***Klassifizierung und Eigenschaften*** und ***Fenster/Tür Einstellungen*** verwaltet werden. Zum Beispiel werden die Materialien der Rahmen, Türblätter oder Griffe im Bereich der ***Einstellungen*** und die Preise einzelner Elemente im Bereich ***Klassifizierung und Eigenschaften*** definiert.

Bei der ***Eigenschaften-Zuordnung*** eigener ***Übersetzer*** müssen– je nachdem welche Eigenschaften benötigt werden– unterschiedliche Inhalts-Quellen gewählt werden. (Eigenschaften-Zuordnung, Abschnitt 6.4.5 und Beispiel: IFC-Import, Eigenschaften in Eigenschaften-Zuordnung , Abschnitt 9.25).

Je nach Anwendungsfall, für den das Modell genutzt werden soll, kann es erforderlich sein, dass die Fensterverschattungen separat klassifiziert werden sollen. Der Sonnenschutz wird üblicherweise im Bibliothekselement durch Eigenschaften beschrieben und ist damit ein Bestandteil des Fensters.

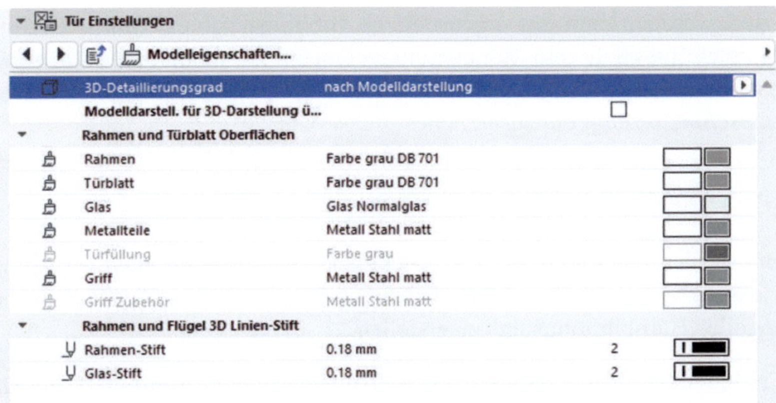

Abbildung 3-46 Eigenschaften aus dem Bereich Einstellungen

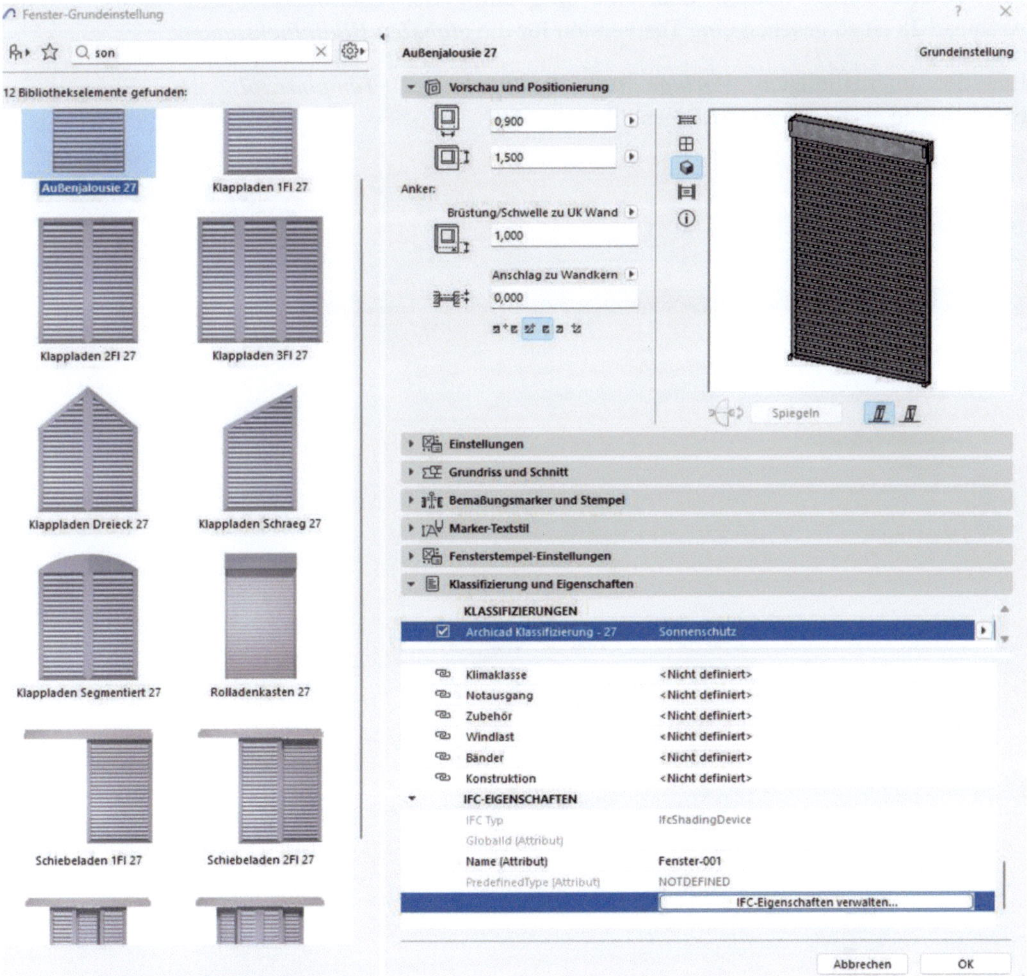

Abbildung 3-47 Objekt Sonnenschutz

Soll er separat klassifiziert werden, kann das eigenständige Bibliotheksobjekt ***Sonnenschutz*** genutzt werden. Es ist auch möglich, ein Sonnenschutzelement zu modellieren (***Morph, Träger, Decke***) und dieses entsprechend zu klassifizieren (z.B. IFC 4.0 *IfcShadingDevice*). Das Bibliotheksobjekt ***Sonnenschutz*** erzeugt ein zusätzliches *IfcOpening*.

3.5.11 Bibliotheken, Bibliothekenmanager

Alle ***Bibliothekselemente*** werden in Ordnern der im Projekt geladenen ***Bibliotheken*** verwaltet. Im Projekt können viele unterschiedliche ***Bibliotheken*** vorhanden sein. Sie haben die Möglichkeit eigene, spezielle „Bürobibliotheken" zu erstellen.

Seit Archicad 28 ist es möglich, neben den länderspezifischen auch ***globale Bibliothekspakete*** zu nutzen. Diese enthalten alle von Archicad erstellten Objekte, die bisher einzelnen Ländern zugeordnet waren. Die Vorteile sollen darin liegen, dass die ***globalen Bibliotheken*** versionsunabhängig werden und eine ***Migration*** der Bibliotheksobjekte damit entfällt. Archicad 28 ist so gesehen eine Testversion für die ***globalen Bibliothekspakete***.

Bei der internationalen ***Vorlage (00 Archicad INT Template.tpl)*** sind die globalen Bibliotheken als Standard voreingestellt.

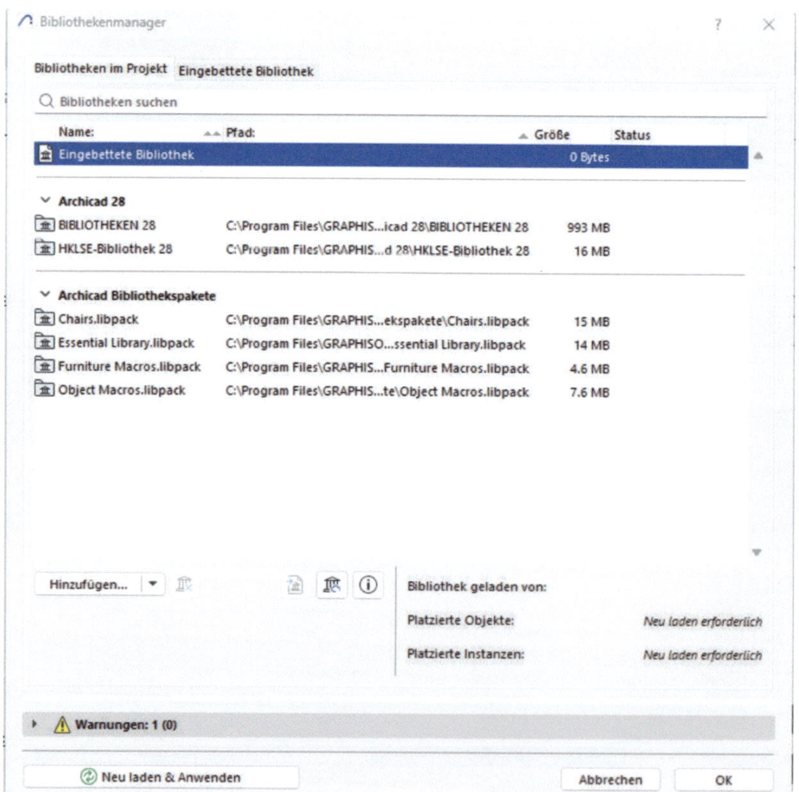

Abbildung 3-48 Unterschiedliche Bibliotheken im Bibliotheken-Manager

Bei den länderspezifischen Vorlagedateien ist die Versionsbibliothek standardmäßig geladen. Die ***Bibliothekspakete*** können jedoch auch nachträglich hinzugefügt werden, denn sie werden mit der Software heruntergeladen und im Programm-Ordner abgelegt. Durch Anklicken des Buttons Hinzufügungen... erscheint ein Kommunikationsfenster, in dem der Pfad zum Bibliotheken-Ordner eingegeben wird.

Es ist empfehlenswert, entweder versionsabhängige oder globale Bibliotheken zu verwenden. Die Objekte versionsabhängiger Bibliotheken sind auch in den globalen Bibliotheken enthalten, somit würde man doppelte Bibliothekselemente erzeugen.

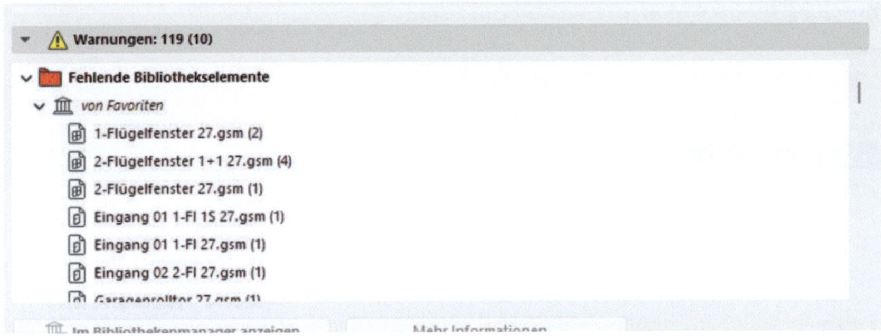

Abbildung 3-49 Warnungen bei dem Wechsel von Bibliotheken

Bei der Umstellung von versionsabhängigen auf globale Bibliotheken können im ersten Schritt noch ein paar Warnmeldungen erscheinen. Denn falls im Projekt ***Favoriten*** verwendet werden, sind diese (noch) mit versionsabhängigen Objekten verknüpft. Die ***Favoriten*** müssen entsprechend neu definiert werden (vgl. Abschnitt 5.2 Favoriten).

3.5.12 Durchbrüche

Die Durchbrüche und Schlitze für die Leitungen werden im Projekt mit den Elementen des Werkzeuges ***Öffnung*** erstellt.

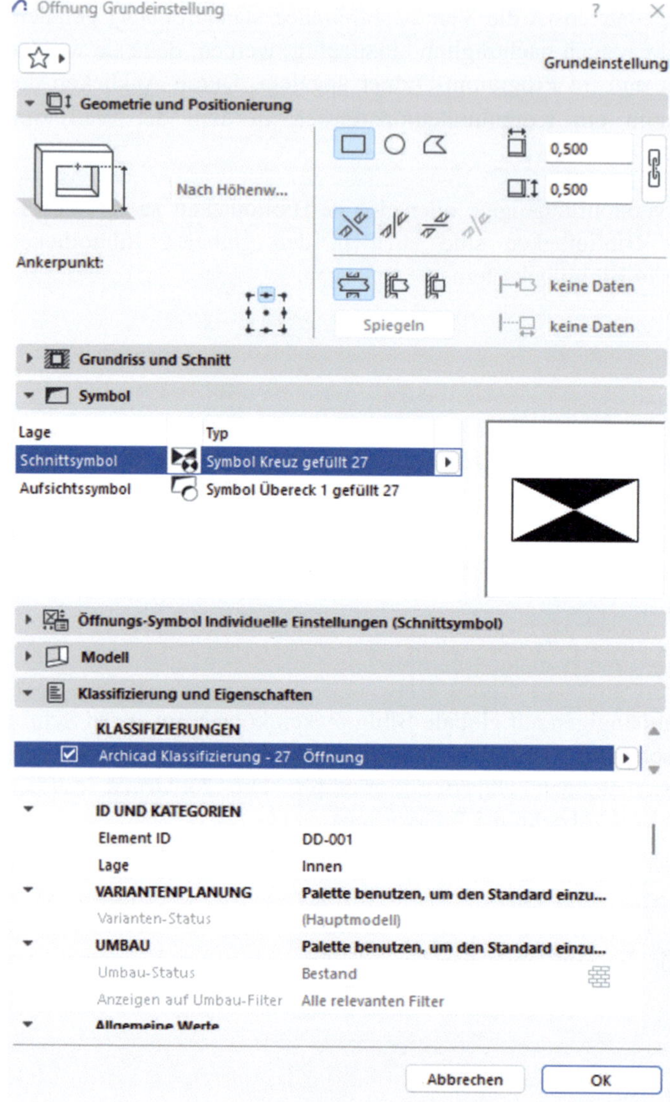

Abbildung 3-50 Kommunikationsfenster Öffnung

Dieses Werkzeug kann in vertikalen, in horizontalen und in geneigten Bauteilen Durchbrüche erzeugen.

Beim Arbeiten an ***Big Open BIM***-Projekten stellt die gemeinsame Planung der Durchbrüche und Schlitze eine wesentliche Aufgabe dar. Deshalb gibt es zu den möglichen und gut funktionierenden Arbeitsabläufen Dokumentationen, z.B. von buildingSMART.

3.5.13 Raum

Die Elemente des Werkzeuges ***Raum*** verbinden die Elemente innerhalb der ***BIM-Projekte***. Erst wenn die Geometrien des Gebäudes mit den Raumvolumen gefüllt sind, können viele digitale Auswertungen überhaupt stattfinden.

Die Räume sind assoziativ und sollten nach Möglichkeit mit der Konstruktionsmethoden Innenkante oder Referenzlinie erstellt werden. Das vereinfacht die Aktualisierung der Räume während der Bearbeitung des Projektes.

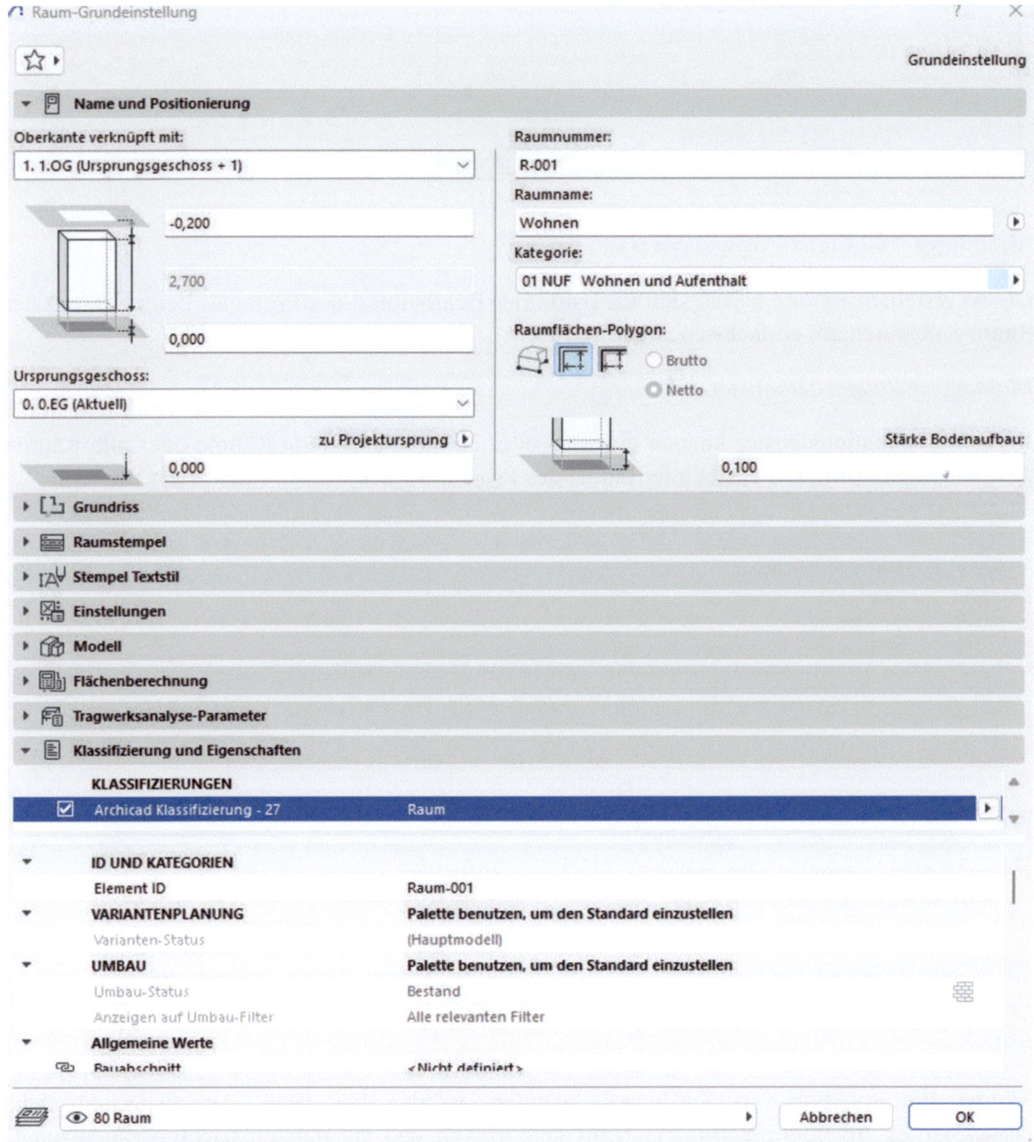

Abbildung 3-51 Grundeinstellungs-Kommunikationsfenster Raum

Ob der Raum mit einer der bevorzugten Konstruktionsmethoden erstellt wurde, erkennt man an einem kleinen Kreuz-Punkt, der an der Stelle erscheint, an der der Raum abgesetzt wurde.

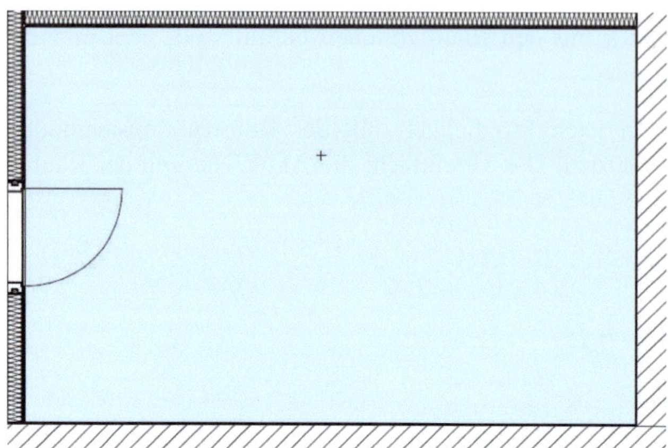

Abbildung 3-52 Kreuz-Punkt in der Raumfläche

Die so erstellten Räume lassen sich im Laufe der Bearbeitung des Projektes beim Ändern der Raum-Kubaturen am einfachsten aktualisieren.

Planung → Räume aktualisieren...

Im Kommunikationsfenster können einzelne oder mehrere aktivierte Räume oder alle Räume des Geschosses (im 3D-Fenster alle Räume des Projektes) gleichzeitig aktualisiert werden.

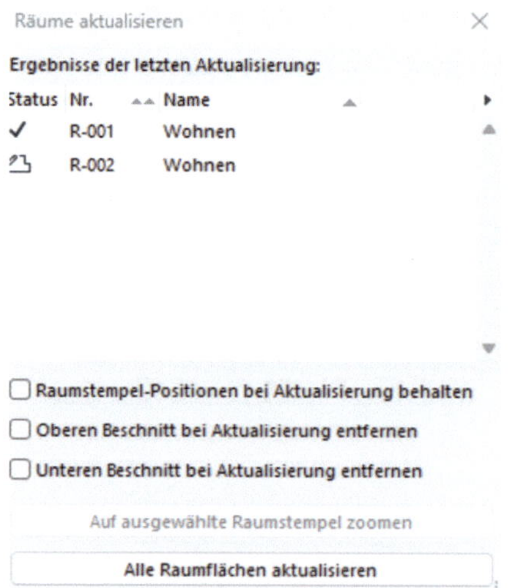

Abbildung 3-53 Aktualisierung der Räume

Räume, die mit Polygonzügen erstellt wurden, werden bei dieser Aktualisierung nicht berücksichtigt. In ihrem ***Status*** erscheint kein Haken und sie müssen nachträglich manuell geprüft und ggf. angepasst werden.

Soweit Sie weitere Änderungen am Raum vorgenommen haben – insbesondere bei den hinterlegten Flächenberechnungen – werden diese erst nach einer Aktualisierung übernommen und in den Auswertungen richtig angezeigt.

Es wird immer wieder empfohlen, die IFC-Daten aus dem 3D-Fenster zu exportieren. Betrachtet man jedoch das Projekt im 3D-Fenster, wird man zunächst, obwohl die entsprechende ***Ebene*** aktiv ist, keine Räume sehen. Standardmäßig ist die Sichtbarkeit der Räume in diesem Fenster ausgeschaltet.

Ansicht →Elemente in 3D →Elemente in 3D filtern und schneiden

Abbildung 3-54 Filter der Elemente in 3D

Wird rechts neben dem Raum der Haken für die Sichtbarkeit aktiviert, so werden die Räume im 3D-Fenster sichtbar.

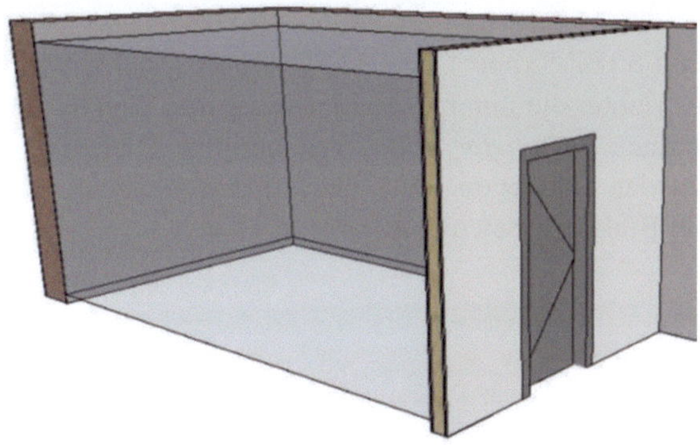

Abbildung 3-55 Raum im 3D-Fenster

Auch wenn die Räume in Grundrissen farblich gem. der ***NUF Kategorie*** dargestellt sind, werden diese im 3D-Fenster und in einer IFC bläulich wiedergegeben. Dies hängt an der Oberfläche, mit der die Räume modelliert werden.

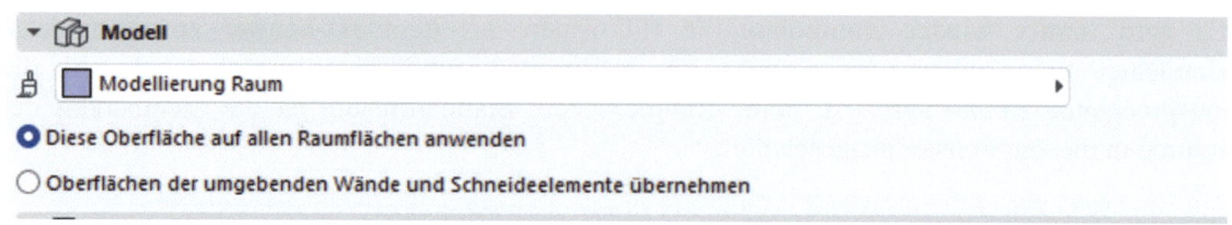

Abbildung 3-56 Darstellung der Räume

Werden unterschiedlich farbige Räume im IFC-Modell benötigt, so können hierfür unterschiedliche ***Oberflächen*** erstellt werden. Unterschiedlich gefärbte Räume lassen sich auch über eine ***Graphische Überschreibung*** erstellen. Hier wird die Raumoberfläche z.B. nach ***Kategorien*** überschrieben (vgl. Abschnitt 4.1.4 Graphische Überschreibung).

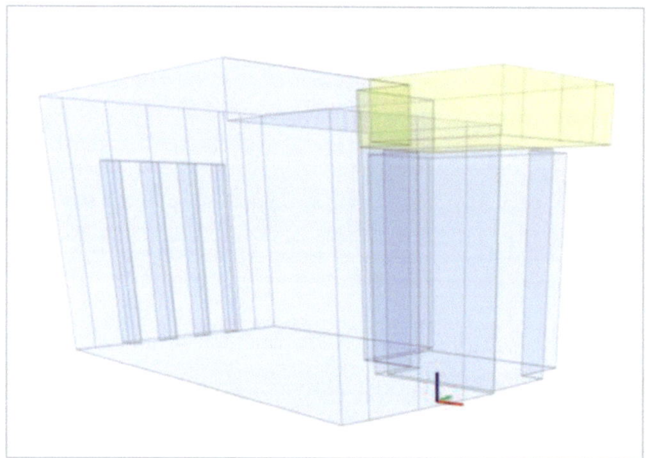

Abbildung 3-57 Unterschiedlich farbige Räume im IFC-Modell/BIMvision

Beim ***Export*** der Eigenschaften (Abschnitt 6 IFC Export Übersetzer) verhalten sich die Räume ähnlich wie Bibliothekselemente. Die Attribute, die unter ***Klassifizierung und Eigenschaften*** hinterlegt werden, stammen aus dem Bereich ***Parameter und Eigenschaften***. Diejenigen, die im ***Raumstempel*** hinterlegt sind, werden hingegen aus dem ***Bibliotheksparameter...*** entnommen denn ein Raumstempel ist ein Bibliothekselement.

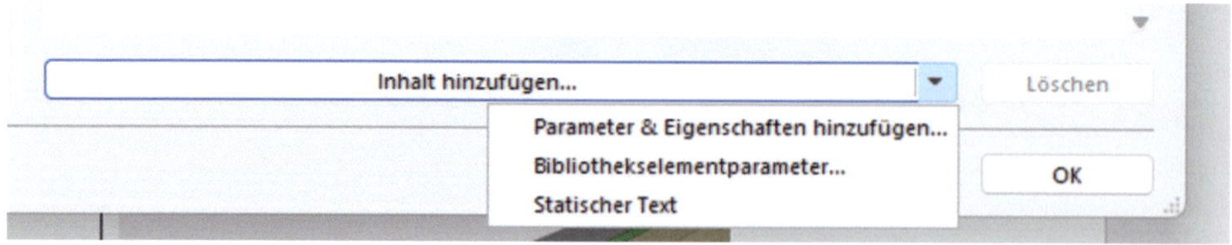

Abbildung 3-58 Eigenschaften-Zuordnung im Übersetzer

Die Höhe der Räume spielt eine wichtige Rolle beim Navigieren innerhalb des IFC-Modells. Falsche Raumhöhen können das Steuern des Modells nach Geschossen verhindern (vgl. Abschnitt 9.2 Fehlermeldung: Das Gebäude lässt sich nicht nach Geschossen steuern).

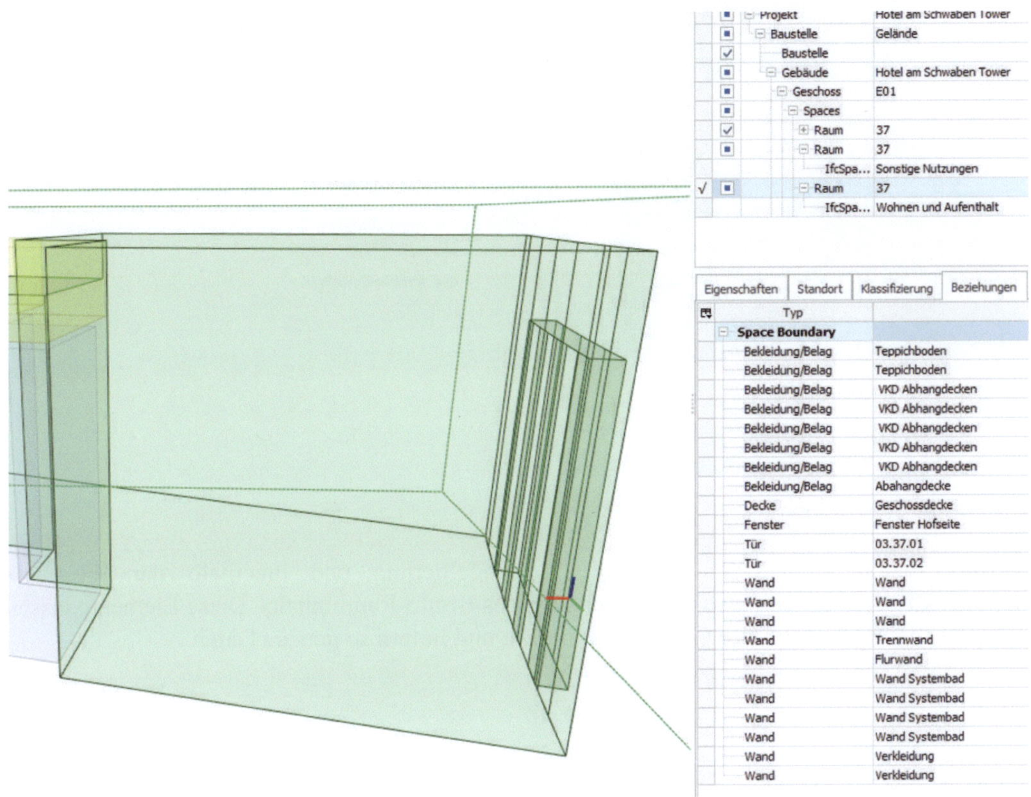

Abbildung 3-59 Beziehungen eines Raums/ BIMvision

Sind die Räume assoziativ, und werden die Raumgrenzen exportiert, werden die Elemente, die die Raumbegrenzung (*Boundary*) darstellen (Wände, Fenster, Türen) im Bereich ***Beziehungen*** (***Viewer***) aufgelistet.

3.5.14 Morph

Morph ist ein sehr mächtiges Werkzeug, wenn es darum geht, komplexe Formen zu modellieren. Innerhalb der Projekte, die als IFC-Modelle weitergegeben werden ist es jedoch zu empfehlen, die Elemente, die mit ***Morph*** modelliert werden, nur nach Absprache zu verwenden. Denn diese Elemente können nur sehr wenige Information zur Geometrie und anderen Eigenschaften innerhalb standardisierter Property-Sets wiedergeben.

Sollen anhand der *BaceQuantities* und *PsetCommons* Berechnungen durchgeführt werden, fehlen dem ***Morph*** notwendige Informationen. Hier sind andere Lösungen zu entwickeln.

Abbildung 3-60 Element, erstellt mit Morph und als Wand klassifiziert/BIMvision

Morphs finden ihre Anwendung in der Modellierung und innerhalb der IFCs als Volumenkörper beispielsweise zur Berechnung des Brutto-Rauminhalts. Diese Elemente lassen sich exakt an die Kubatur des Gebäudes anpassen und liefern so genaue Daten.

3.5.15 Fassade

Das Werkzeug ***Fassade*** wird überwiegend dafür eingesetzt, Pfosten-Riegel-Fassaden zu modellieren. Es lassen sich aber auch andere Elemente, z.B. abgehängte Decken oder Fliesenspiegel in einer Küche damit konstruieren.

Abbildung 3-61 Grundeinstellungs-Kommunikationsfenster Fassade

Fassaden können entweder als ein einzelnes Element exportiert werden oder als eine Kombination der Einzelteile (Pfosten, Riegel, Paneel usw.). Wie die Fassade exportiert wird, steuert die ***Geometriekonvertierung*** der ***Übersetzer***.

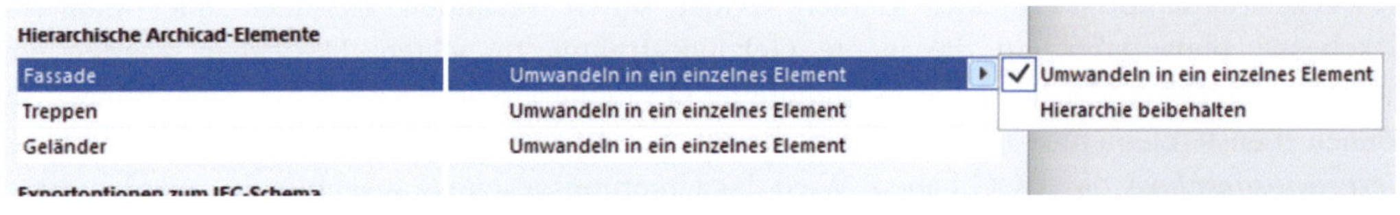

Abbildung 3-62 Export einer Fassade

Werden Einzelteile exportiert, müssen diese im ***Grundeinstellungs-Kommunikationsfenster*** für jede Profilklasse und jedes Paneel separat klassifiziert werden.

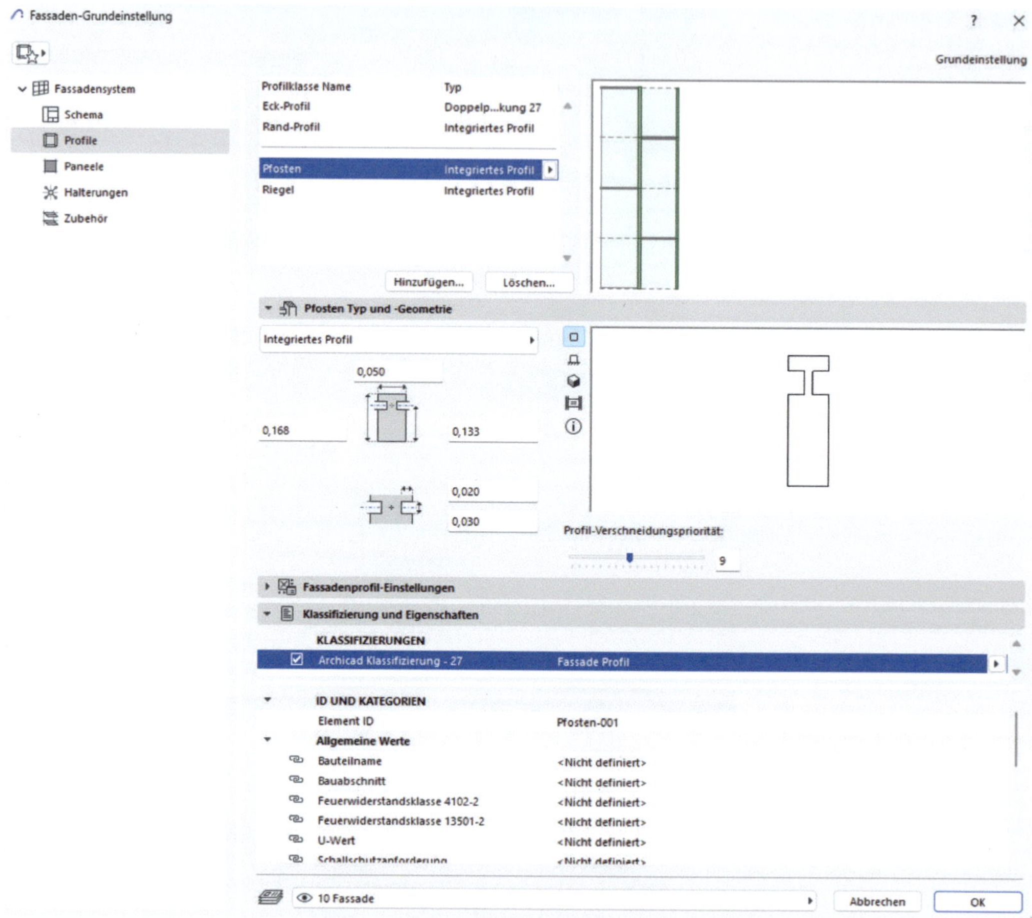

Abbildung 3-63 Grundeinstellungs-Kommunikationsfenster Bereich Profile

Tür- und Fensterpanelle können entweder als Paneele oder als Türen und Fenster klassifiziert werden.

Werden mit dem Werkzeug ***Fassade*** abgehängte Decken oder Fliesenspiegel modelliert, werden diese entsprechend dem Bauelement klassifiziert.

Die Modellierung einer Pfosten-Riegel-Fassade muss sich nicht unbedingt an die Geschossstruktur des Projektes richten. Nicht selten verlaufen Fassaden über mehrere Geschosse, ohne dabei auf die innere Gebäudestruktur zu achten. Deswegen werden ein Fassadenelement und alle seine Bestandteile nur dem Ursprungsgeschoss zugeordnet. So können Fensterelemente, die in einem Raum im 4.OG zu sehen sind, immer noch als ***Ursprungsgeschoss*** das 1.OG haben. Wird das Ursprungsgeschoss ausgeblendet, werden diese Elemente – obwohl sie eigentlich in einem anderen Geschoss sichtbar wären – nicht dargestellt. Diese Besonderheit kann bei manchen Projekten zu Verwirrung führen. An dieser

Stelle sollte man mit dem Auftraggeber Rücksprache halten, wie die Fassade zu modellieren ist und welche ***BIM-Anwendungsfälle*** bzw. Schnittstellen zu weiterer Software davon betroffen sein können.

3.5.16 Treppe

Die ***Treppe*** gehört zu einem weiteren Werkzeug dessen Elemente sowohl als einzelnes Element „Treppe" oder als eine Treppe mit vielen unterschiedlichen Bestandteilen, wie Treppenstufe, Holm, Tritt- und Setzstufen usw., exportiert werden können.

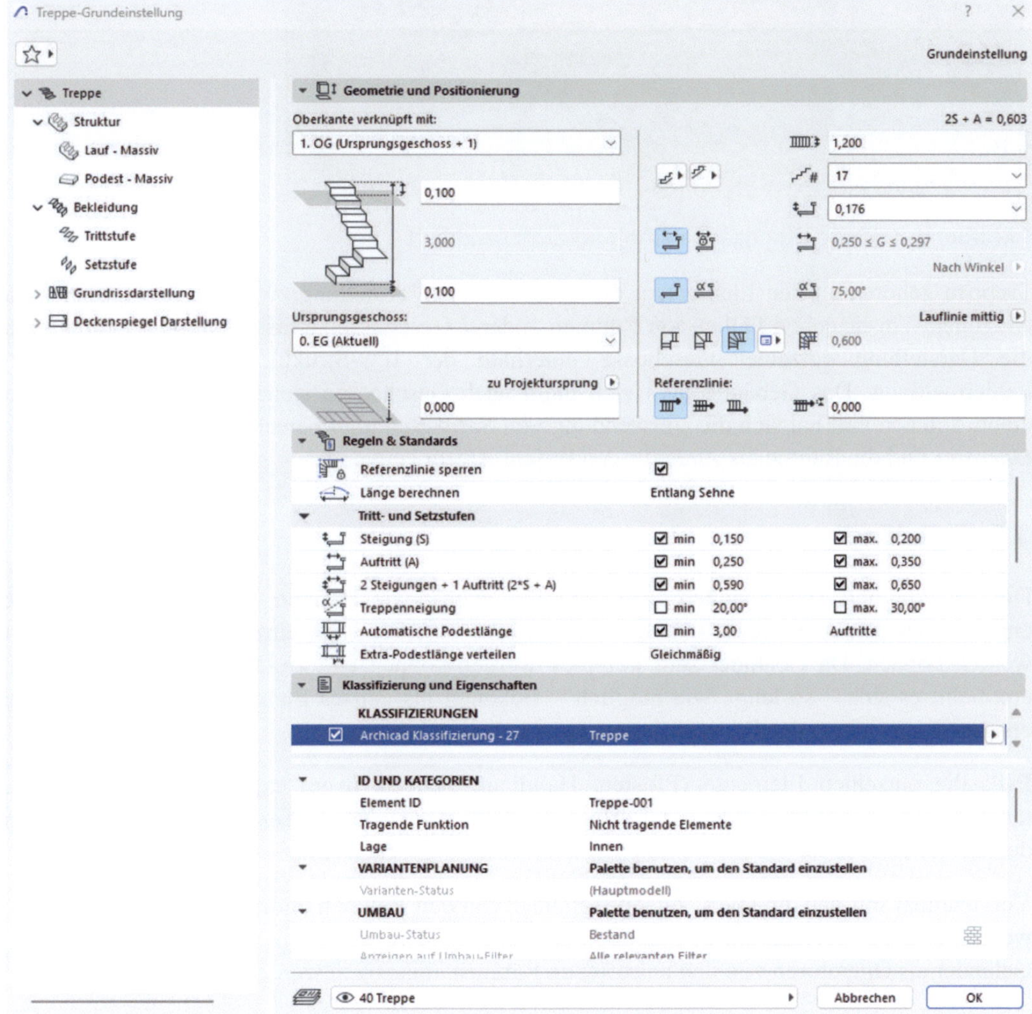

Abbildung 3-64 Grundeinstellungs-Kommunikationsfenster Treppe

Die gesamte Treppe wird im Bereich ***Treppe*** klassifiziert. Einzelne Elemente befinden sich in den jeweils für ihre Einstellungen vorgesehenen Bereichen. Der halbtransparente Körper der

Durchgangshöhe wird nicht in eine IFC-Datei mit exportiert, auch wenn dieser in der ***Modelldarstellung*** sichtbar ist.

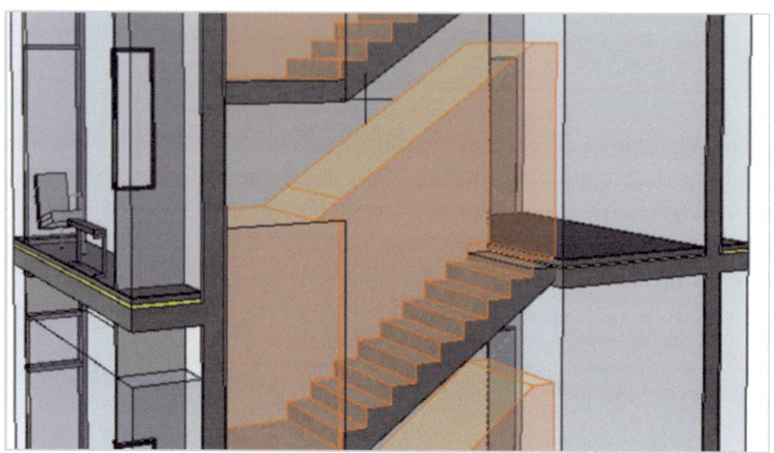

Abbildung 3-65 Die Durchgangshöhe wird nicht exportiert

Treppen gehören zu den Elementen, die – da sie eine Verbindung zwischen den Geschossen darstellen – in manchen Fällen von Räumen anderer Geschosse „erfasst" werden und dadurch die Darstellung einzelner Geschosse innerhalb der IFC-Struktur stören können (vgl. Fehlermeldung: Das Gebäude lässt sich nicht nach Geschossen steuern, Abschnitt 9.2). In einem solchen Fall hat sich die Verwendung von ***Solid-Befehlen*** bewehrt. Die Treppe wird als ***Operator*** und die Räume als ***Ziele*** für den Befehl ***Abzug*** verwendet.

3.5.17 Geländer

Die Geländer und Absturzsicherungen gehören – ebenso wie Treppen – zu den Elementen, die entweder als ganzes Element (z.B. *IfcRailing*) oder bestehend aus einzelnen Teilen exportiert werden können. Da Geländer sehr komplex werden können und viele Einzelteile aufweisen, empfiehlt es sich – so lange wie möglich – Geländer als ganzes Element zu exportieren und erst bei Bedarf einen detaillierten Export vorzunehmen.

Falls die einzelnen Elemente (Pfosten, Handlauf, Paneele usw.) exportiert werden sollen, müssen sie klassifiziert werden. Das erfolgt im ***Grundeinstellungs-Kommunikationsfenster*** in den Bereichen, die für die Einstellung der Elemente vorgesehen sind.

Vergleichbar mit den Treppen können Geländer von den Räumen anderer Geschosse „erfasst" werden und die Navigation zwischen den Geschossen stören. Auch in diesem Fall können die Geländer als Operatoren von den betroffenen Räumen abgezogen werden.

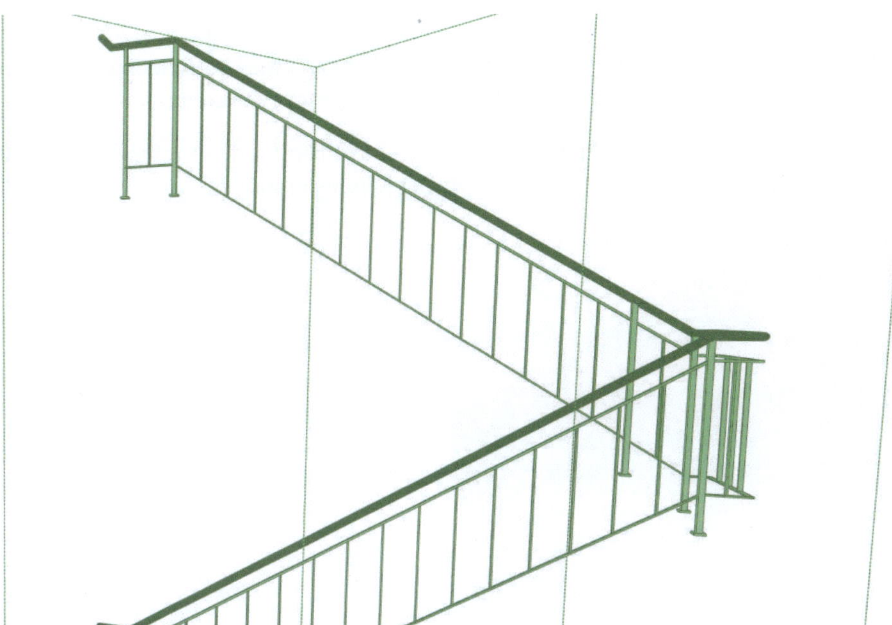

Abbildung 3-66 Geländer / BIMvision

3.5.18 Objekte, Wandabschluss und Lichtquellen

Das Werkzeug ***Objekte*** gehört, vergleichbar mit ***Türen*** und ***Fenstern*** zu den ***Bibliothekselementen***. Vor Allem bei den Objekten, die zur Möblierung der Räume verwendet werden, sollte man darauf achten, wie detailliert sie dargestellt werden sollen (vgl. Abschnitt 5.12 Der Umgang mit Datenmengen).

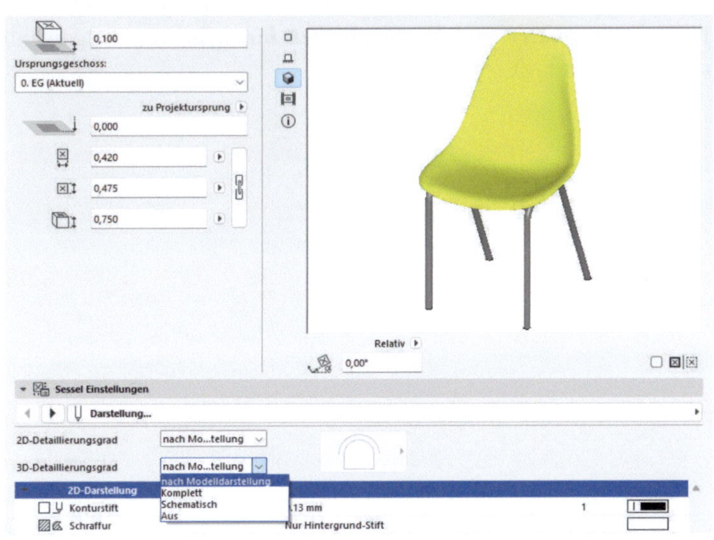

Abbildung 3-67 Steuerung der Detaillierung einzelner Objekte

Nach Möglichkeit sollte man Objekte verwenden, deren Detaillierung der 3D-Darstellung sich steuern lässt. In Archicad kann die 3D-Darstellung softwareeigener Elemente entweder über die ***Modelldarstellung*** oder an jedem einzelnen Element gesteuert werden.

Bei ***Wandabschlüssen*** muss beachtet werden, dass – unabhängig der Verbindung zur Wand – die Abschlüsse separat ***klassifiziert*** werden (z.B. Bekleidung) müssen.

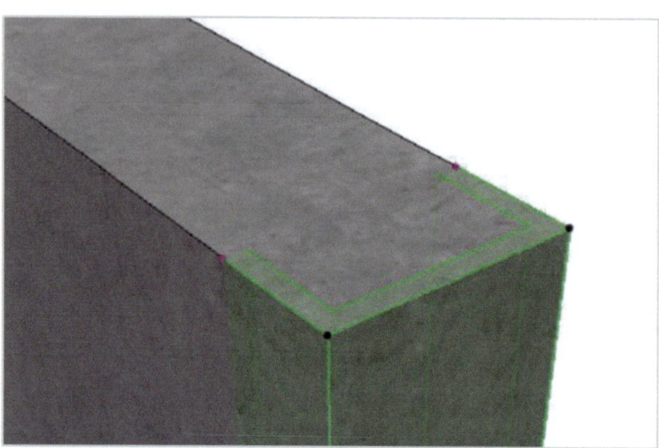

Abbildung 3-68 Wandabschluss

Wandabschlüsse können ***Kollisionen*** verursachen. Sie werden von ***Solid-Befehlen*** weder als ***Ziele*** noch als ***Operatoren*** erkannt. Im Fall einer Kollision muss der Anschluss genauer betrachtet und eine individuelle Modellierungslösung entwickelt werden.

Vergleichbar mit den Fenstern und Türen werden die Attribute der Bibliothekselemente bei der ***Eigenschaften-Zuordnung*** aus unterschiedlichen Quellen zugeordnet. Die Eigenschaften, die im Bereich der ***Individuellen Einstellungen*** verwaltet werden, werden aus ***Bibliotheksparameter...*** und die Eigenschaften, die im Bereich ***Klassifizierung und Eigenschaften*** verwaltet werden aus ***Parameter und Eigenschaften hinzufügen...*** ausgewählt (vgl. Abschnitt 6.4.5 Eigenschaften-Zuordnung).

3.5.19 Komplexe Elemente

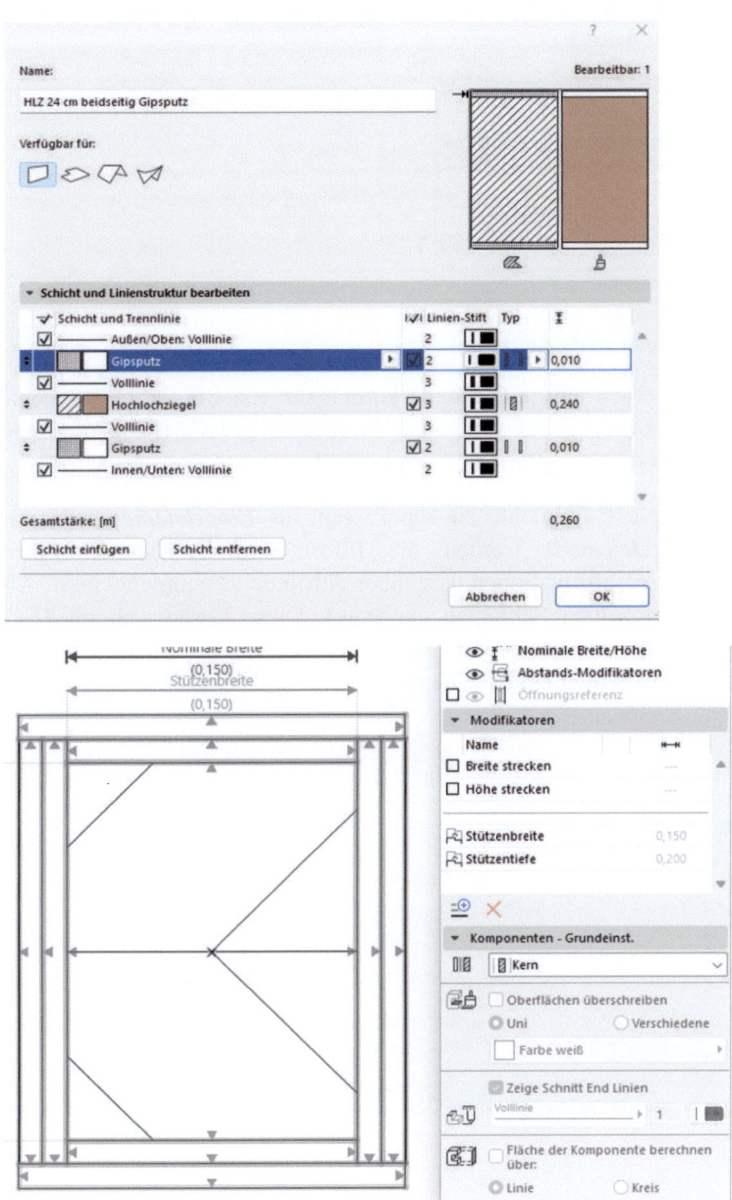

Abbildung 3-69 Typzuordnung bei Mehrschichtigen Bauteilen bzw. Profilen

Unter komplexen Elementen werden Mehrschichtige Bauteile und komplexe Profile verstanden. Bei den komplexen Bauteilen lassen sich einzelne Schichten und Komponenten separat klassifizieren. Zudem lässt sich die Funktion innerhalb des komplexen Elements steuern. Hierfür stehen die Möglichkeiten ***Kern, Bekleidung*** und ***Andere*** zur Verfügung. Die Zuordnung erfolgt im ***Profil-Manager*** und im Manager der ***Mehrschichtigen Bauteile***. Die

Zuordnung ermöglicht im späteren Verlauf die Darstellung der Elemente zu steuern. Es ließe sich beispielsweise ein Rohbaumodell erzeugen, bei dem lediglich der ***Kern*** angezeigt wird (vgl. Strukturdarstellung, Abschnitt 4.1.2).

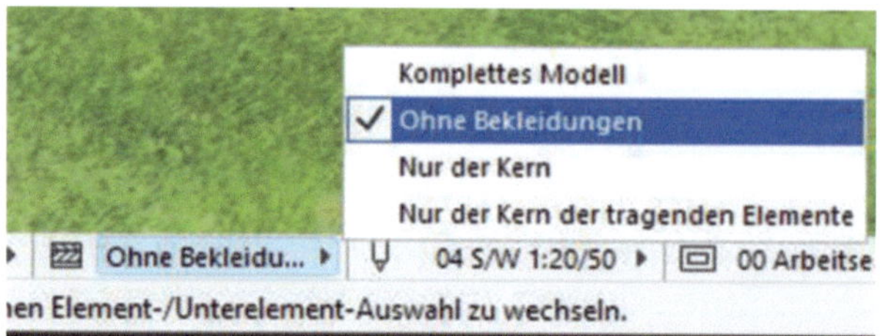

Abbildung 3-70 Strukturdarstellung im 3D-Fenster

Mit Fortschreiten des Projektes werden einige Elemente komplexer. Sie werden in Segmente zerlegt, in Dämmung eingepackt oder in mehrschichtige Strukturen geändert. Entsprechend können die Exporteinstellungen für die ***IFC-Datei*** angepasst werden.

Es gibt zwei Möglichkeiten komplexe Elemente zu exportieren, als ***Einzelelement*** oder als ***Komplexes Element***. Als ***Einzelelement*** werden die Information zu den einzelnen Bestandteilen, deren Stärke, Baustoffinformationen usw. über Attribute zusammengefasst. Als ***Komplexes Bauteil*** werden die einzelnen Schichten exportiert. Diese lassen sich im ***IFC-Modell*** einzeln anwählen und beinhalten die schichtbezogenen Informationen zur Beschaffenheit und Geometrie. Sie erhalten eine eigene ***GUID***.

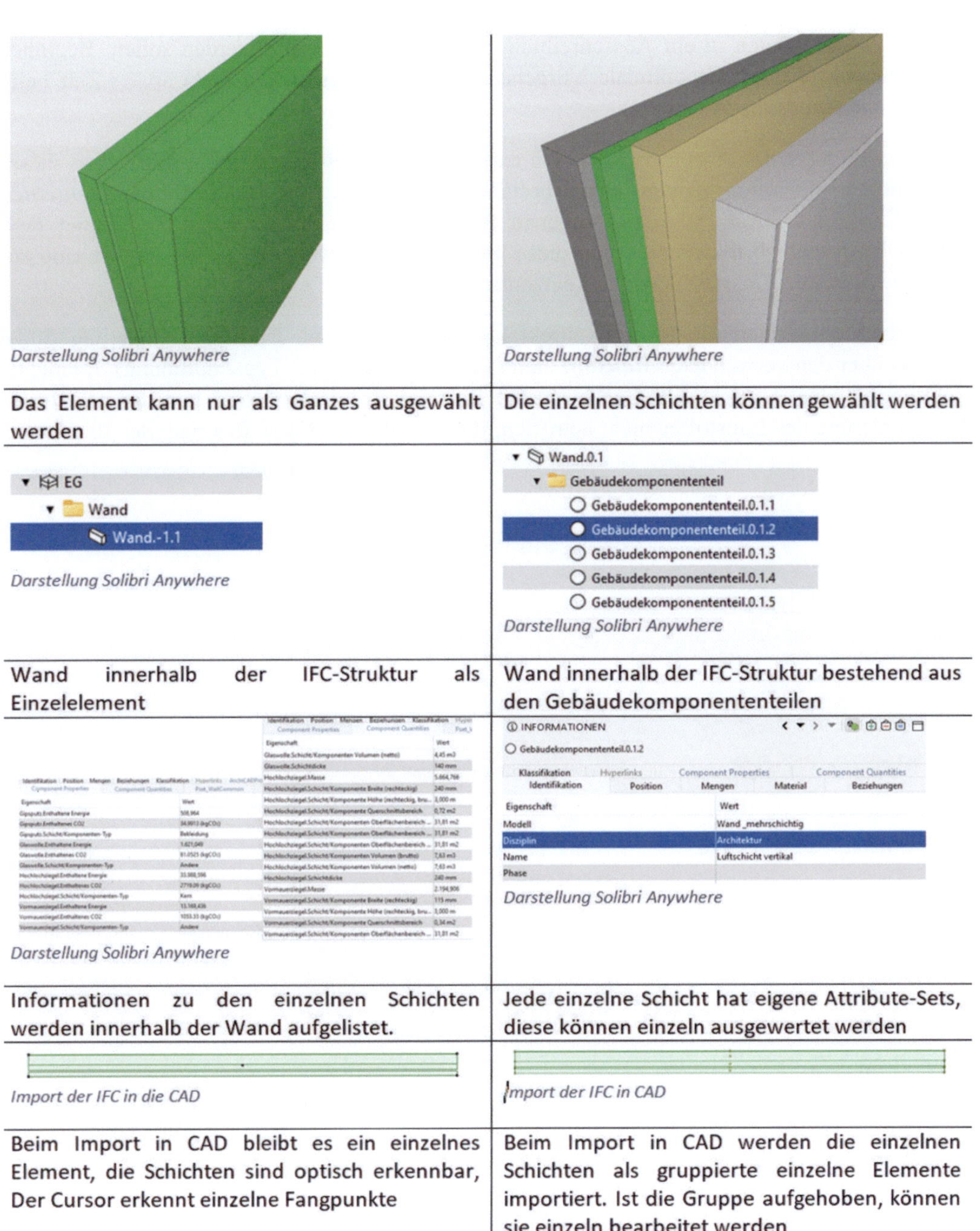

Abbildung 3-71 Unterschiedliche Möglichkeiten des IFC-Exportes von komplexen Elementen

Die Art des Exportes ergibt sich durch die gewünschten ***Anwendungsfälle*** und der notwendigen Form der Daten, die üblicherweise in den ***AIAs*** (***Auftraggeber-Informations-Anforderungen***) beschrieben sind. Bestehen keine Vorgaben des Auftraggebers, sollte man zuvor intern prüfen, für welche Zwecke die Daten benötigt werden. Es wäre z.B. zu klären, in welcher Art die Daten in ein Ausschreibungsprogramm übermittelt werden sollen. Beginnen Sie frühzeitig, die für Sie optimale Vorgehensweise festzulegen, um nicht später Zeit beim Ändern und Anpassen zu verlieren.

Wird ein Element mit einzelnen Schichten exportiert, ist es zwar nachvollziehbar, dass dieses Element aus mehreren Komponenten besteht, die Bezeichnung ***Gebäudekomponententeil*** (*IfcBuildingElementPart*) ist jedoch ungenau. Eine einzelne Schicht, z.B. eine Dämmung, lässt sich nicht so einfach lokalisieren, um diese mengenmäßig auszuwerten. Sinnvoll ist eine zur Aufgabe passende ***Klassifizierung*** der einzelnen Schichten.

Die Schichten können (noch) nicht direkt klassifiziert werden. Eine Klassifizierung findet indirekt über den verwendeten ***Baustoff*** statt (vgl. Abschnitt 6.4.2 Typ-Zuordnung). Elemente, die aus nur einer Schicht bestehen, wie zum Beispiel ***Rohdecken***, sind von der geänderten Klassifizierung des Baustoffes nicht betroffen, für sie sticht die Klassifizierung des Elementes.

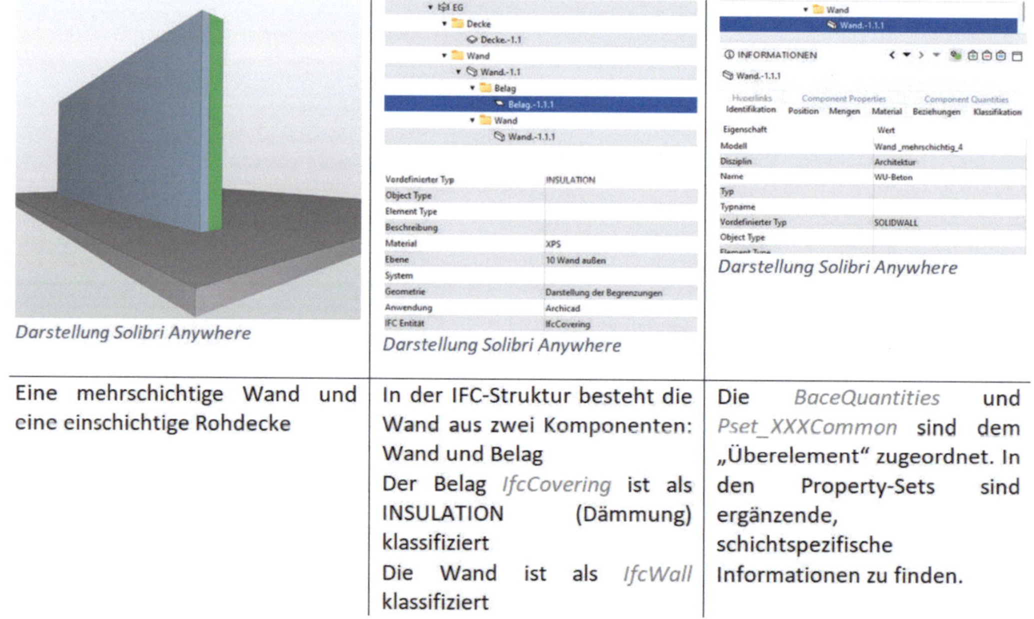

Eine mehrschichtige Wand und eine einschichtige Rohdecke	In der IFC-Struktur besteht die Wand aus zwei Komponenten: Wand und Belag Der Belag *IfcCovering* ist als INSULATION (Dämmung) klassifiziert Die Wand ist als *IfcWall* klassifiziert	Die *BaceQuantities* und *Pset_XXXCommon* sind dem „Überelement" zugeordnet. In den Property-Sets sind ergänzende, schichtspezifische Informationen zu finden.

Abbildung 3-72 Klassifizierung einzelner Schichten der Wand

3.6 IFC-Manager

Die ***IFC-Struktur***, die ***IFC-Elemente*** und ihre ***Eigenschaften*** können während des Arbeitens innerhalb Archicad mit Hilfe des ***IFC-Managers*** betrachtet und ggf. angepasst werden. Hierfür muss keine IFC-Datei exportiert werden.

Ablage→Interoperabilität →IFC →IFC-Projekt Manager...

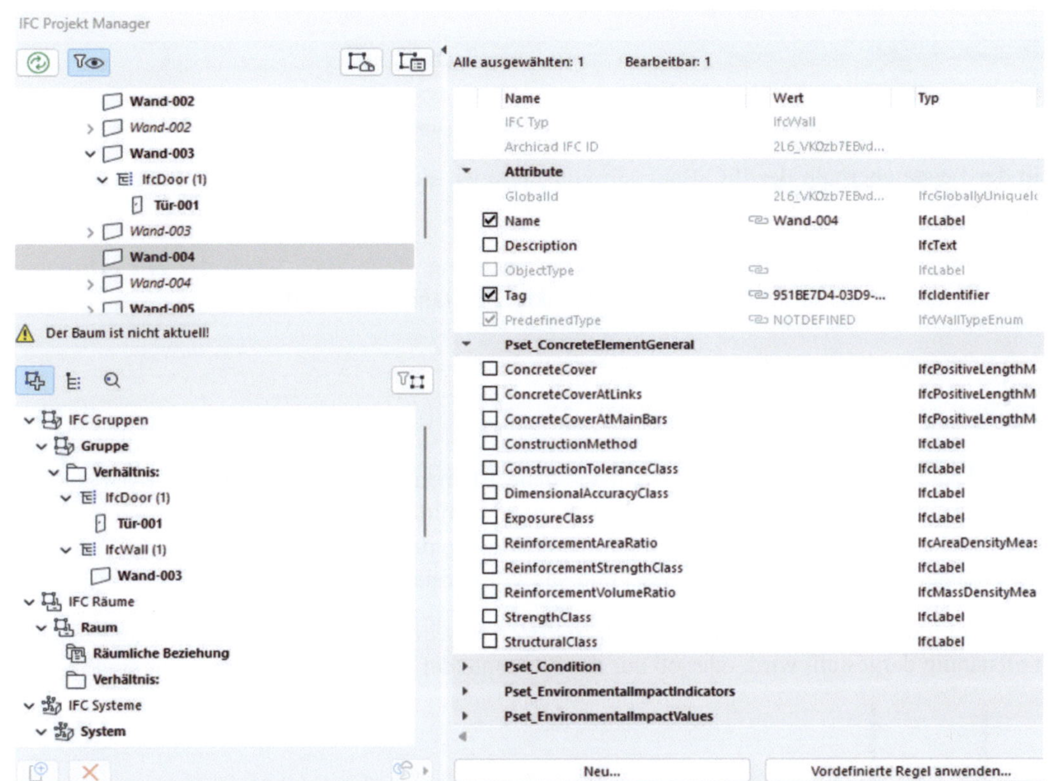

Abbildung 3-73 Oberfläche IFC-Manager

Das Fenster des IFC-Managers kann während des Arbeitens in Archicad geöffnet bleiben.

Die Oberfläche des Kommunikationsfensters ist in drei Bereiche aufgeteilt. Oben links befindet sich das ***Navigationsfenster***, in dem die IFC-Daten in Form eines ***Baumdiagramms*** dargestellt werden. Unten links befindet sich ein ***Zuordnungsfenster***, in dem es möglich ist, einzelne Elemente thematisch zu unterschiedlichen Gruppen zusammen zu fassen. Im großen Fenster rechts werden alle Eigenschaften des gewählten Elementes dargestellt.

Der ***IFC-Manager*** stellt die Struktur der aktuellen IFC-Datei mit allen ***Eigenschaften*** der Elemente dar. Außerdem können ***Eigenschaften*** für einzelne Elemente erstellt werden, die entweder frei definiert, oder aus den bereits vorhandenen ***Regeln*** entnommen werden können. Elemente können nicht nur in der IFC-Baumstruktur eingeordnet werden, sie können zusätzlich zu unterschiedlichen Gruppen zusammengefasst werden, um die funktionalen Zusammenhänge innerhalb des Projektes besser abzubilden.

Ein Projekt besteht aus vielen Elementen und diese Elemente weisen in der Regel viele Eigenschaften auf. Um die Elemente trotzdem so schnell wie möglich finden zu können, gibt es innerhalb des ***IFC- Mangers*** mehrere Darstellungs-Filter, die durch Ein- und Ausschalten mehr oder weniger Elemente oder Eigenschaften darstellen.

Abbildung 3-74 Steuerung der Sichtbarkeit von Elementen innerhalb vom IFC-Manager

In der Leiste oberhalb der IFC-Baumstruktur befinden sich vier Icons, die die Sichtbarkeit der Elemente steuern.

Mit dem linken Icon aktualisieren Sie die Darstellung, denn auch wenn der ***IFC-Manager*** geöffnet bleiben kann, wird nicht immer der aktuelle Stand dargestellt.

 **Der Baum ist nicht aktuell!**

Abbildung 3-75 Aktualität des IFC-Schemas

Jede Änderung eines Elementes und jedes neue Element sorgen dafür, dass der dargestellte Stand des Projektes nicht mehr aktuell ist. Dies wird mittels eines ***Warndreiecks*** unterhalb der IFC-Baumstruktur kommuniziert. Erst durch Anklicken des Icons ***Aktualisieren*** wird der Stand des Managers an das Projekt angepasst und das Warndreieck wieder ausgeblendet.

Mit dem Icon, rechts neben dem Icon ***Aktualisieren***, wird gesteuert, ob die IFC-Baumstruktur vollständig dargestellt wird, oder ob nur die Elemente der aktiven Ebenen zu sehen sind.

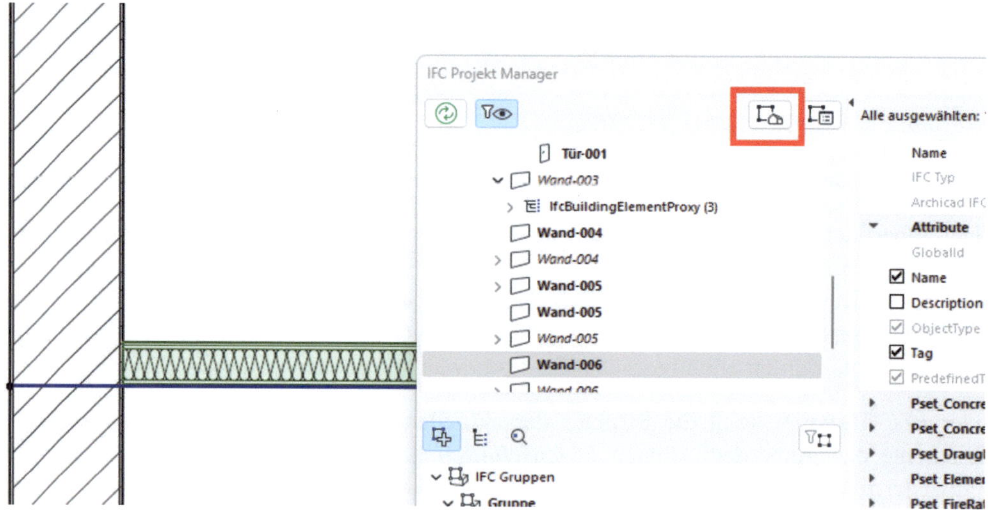

Abbildung 3-76 Navigation vom Listenelement zu Arbeitsfenster

Mit den beiden Buttons rechts oben kann man zwischen einem Baumdiagramm und dem Projekt-Arbeitsfenster navigieren.

Ein Element wird innerhalb der Baumstruktur angeklickt und der Button ***Zeige Listenauswahl im Modell*** geklickt. Dadurch wird das Arbeitsfenster auf die Darstellung dieses Elementes optimiert.

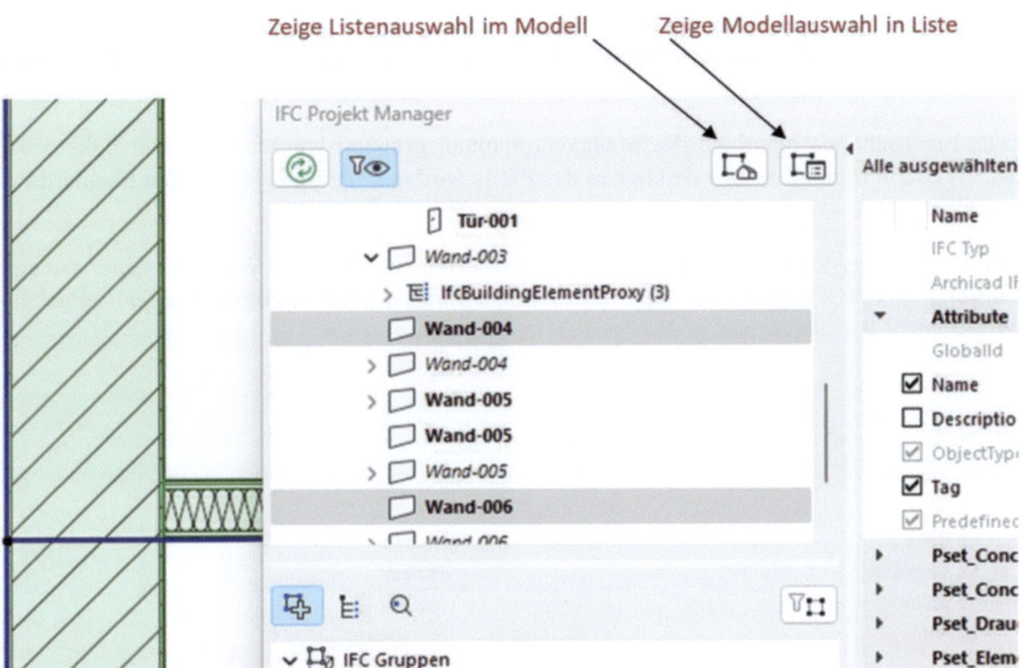

Abbildung 3-77 Darstellung der Elemente in der Liste

Soll ein (oder mehrere) Element(e) des CAD-Arbeitsfensters innerhalb der IFC-Baumstruktur betrachtet werden, wird es (sie) im CAD-Arbeitsfenster markiert und der Button ***Zeige Modellauswahl in Liste*** angeklickt.

Die ausgewählten Elemente erscheinen innerhalb des ***IFC-Baumstruktur-Diagramms*** farblich hinterlegt.

Abbildung 3-78 Steuerung der Sichtbarkeit der Eigenschaften

Klickt man auf eines der Elemente im Struktur-Diagramm, erscheinen im rechten Fenster die für das Element vorhandenen Eigenschaften. Mit den beiden Filtern kann die Sichtbarkeit der Eigenschaften gesteuert werden.

Im ersten Fall (linkes Icon Abbildung 3-78) wird die Sichtbarkeit der Eigenschaften auf die des ***Vorschau-Übersetzers*** (vgl. Abschnitt 6.1 Übersetzer als Vorschau) eingeschränkt.

Durch Aktivieren des rechten Icons werden nur die Eigenschaften dargestellt, die einen Wert haben. Der Wert ***<Nicht definiert>*** ist kein Wert im Sinne dieses Filters und die ***Eigenschaften*** mit diesem Wert werden ausgeblendet.

Alle Eigenschaften oder Elemente, die innerhalb des IFC-Managers bearbeitet werden können, werden in schwarzer, teilweise **fetter** Schrift dargestellt.

Alle Eigenschaften, die nicht bearbeitet werden können, werden hell grau dargestellt. Elemente, die nicht bearbeitet werden können (z.B. Bestandteile eines ***Hotlinks***) werden schwarz *kursiv* dargestellt.

Falls Eigenschaften innerhalb des Managers manuell geändert wurden, erscheint links neben dem Wert ein roter Pfeil. Mit Anklicken des Pfeils wird der Wert wieder auf den Standardwert zurückgesetzt.

Ein Verkettungssymbol links neben dem Wert zeigt an, dass der Wert aus einer anderen Einstellung (z.B. Eigenschaft aus ***Grundeinstellungs-Kommunikationsfenster***) abgeleitet wird.

Name	Wert	Typ
IFC Typ	IfcWall	
Archicad IFC ID	2L6_VKOzb7EBvd...	
Attribute		
GlobalId	2L6_VKOzb7EBvd...	IfcGloballyUniqueI(
Name	Wand-004	IfcLabel
Description		IfcText
ObjectType	NOTDEFINED	IfcLabel
Tag	951BE7D4-03D9-...	IfcIdentifier
PredefinedType	USERDEFINED	IfcWallTypeEnum
Pset_ConcreteElementGeneral		
ConcreteCoverAtLinks	0,000	IfcPositiveLengthM
ConcreteCoverAtMainBars		IfcPositiveLengthM
ConstructionToleranceClass		IfcLabel

Abbildung 3-79 Unterschiedliche Darstellung der Eigenschaften

Soll eine ***Eigenschaft*** bearbeitet werden, wird links neben dem Namen der Eigenschaft im Auswahlkästchen der Haken gesetzt, um festzulegen, dass diese Eigenschaft einen Wert erhält. In der Spalte Wert wird der entsprechende Wert eingetragen. Dabei muss darauf geachtet werden, dass der eingetragene Wert dem vorgegebenen ***Typ*** entspricht.

Auf diese Weise werden die Eigenschaften individuell bearbeitet (zum Beispiel nur eine bestimmte Wand). Sollten alle Elemente gleicher ***Klassifizierung*** eine bestimmte ***Eigenschaft*** erhalten, die nach bestimmten ***Regeln*** definiert werden kann, so sollte die ***Eigenschaften-Zuordnung*** des Export-Übersetzers entsprechend angepasst werden (vgl. Abschnitt 6.4.5 Eigenschaften-Zuordnung).

3.6.1 Description

Description ist eine ***Eigenschaft***, die es ermöglicht, einem Objekt eine nähere Beschreibung hinzuzufügen. Zum Beispiel werden die ***Projekt-***, ***Grundstücks-*** und ***Gebäudebeschreibungen*** der Projekt-Info automatisch als ***Description*** für *IfcProject*, *IfcSite* und *IfcBuilding* übernommen.

Description ist eine Textzeile (*IfcText*), die sowohl Texte als auch Sonderzeichen und Zahlen zulässt und für jedes einzelne Element individuell verwendet werden kann. Für Objekte verwenden wir im eigenen Arbeitsalltag ***Description*** nur, um besonders wichtige Informationen hervorzuheben. Zum Beispiel Besonderheiten im Aufmaß. Bei sich wiederholenden Informationen ziehen wir es vor, eine eigene Eigenschaft mit ***Optionen-Set*** zu nutzen.

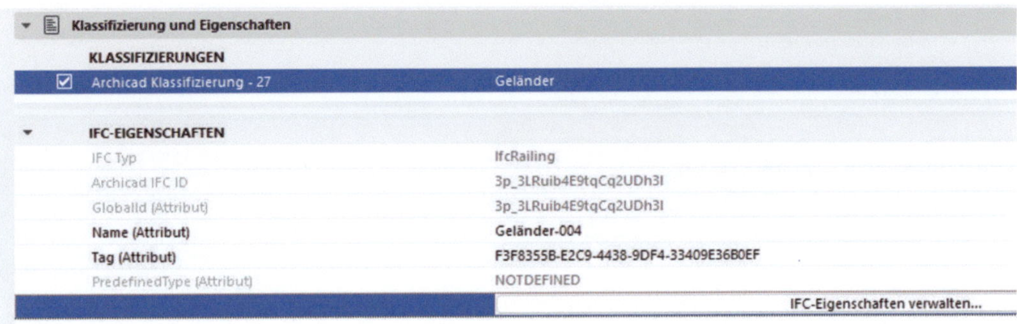

Abbildung 3-80 IFC Eigenschaften verwalten

Die ***Deskription*** wird übermittelt, wenn sie in den ***IFC-Eigenschaften*** des Elementes aktiviert wurde. Hierzu wird entweder der Button IFC-Eigenschaften verwalten... des Objektes aktiviert (***Grundeinstellungs-Kommunikationsfenster*** des Elementes, Bereich ***Klassifizierung und Eigenschaften***, bis nach unten zu ***IFC-EIGENSCHAFTEN*** scrollen), oder im ***IFC-Manager*** das Objekt ausgewählt und im ***Eigenschaften***-Fenster des Objektes (rechter Arbeitsbereich) aktiviert.

Abbildung 3-81 Description aktivieren

Wird in der Zeile ein Text eingegeben, so erscheint links davon ein roter Pfeil, als Möglichkeit diese Eigenschaft wieder auf den Standardwert (***Description*** aus) umzustellen.

3.6.2 Neues Property-Set, ein neues Attribut erstellen

Innerhalb des ***IFC-Managers*** können neue ***Eigenschaften*** und neue ***Eigenschaften-Sets*** erstellt werden. Hierzu wird der Button Neu... angeklickt. Es erscheint ein Kommunikationsfenster, in dem der ***Name*** der neuen Eigenschaft, die Zuordnung zu einem ***Property-Set*** oder der Name eines neuen Sets, ***Eigenschaften-Set*** und der ***Wertetyp*** eingegeben werden.

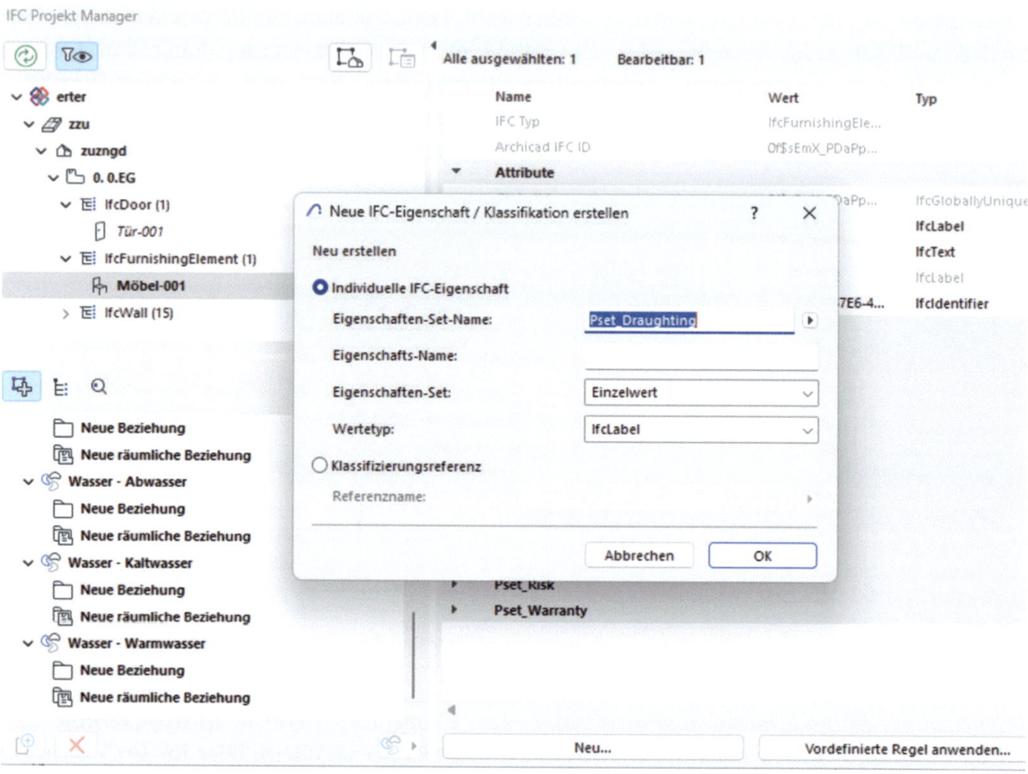

Abbildung 3-82 Neue Eigenschaft erstellen

Mit OK wird das Fenster geschlossen. Im Manager erscheint, dem gewählten Set untergeordnet, die gewünschte Eigenschaft, deren Wert direkt bearbeitet werden kann.

Abbildung 3-83 neue Eigenschaft

Die ***Eigenschaften*** oder ***Eigenschaften-Sets***, die innerhalb des IFC-Managers gelöscht werden können, erkennt man durch ein rotes X. Durch Klicken auf dieses Symbol wird die entsprechende Eigenschaft bzw. das entsprechende Set gelöscht.

Um die ***Eigenschaften***, die für ein Element erstellt wurden, auch für andere Elemente dieser ***Klassifizierung*** zu übernehmen, wird der ***IFC-Übersetzer*** geöffnet (Abschnitt 6 IFC Export Übersetzer). In den ***Umwandlungs-Voreinstellungen*** des jeweils auf der linken Seite gewählten Export Übersetzers wird im Bereich ***Eigenschaften-Zuordnung*** (vgl. Abschnitt 6.4.5 Eigenschaften-Zuordnung) eine eigene Zuordnung erstellt. Vorhandene Zuordnungen sollten dabei unverändert bleiben. Durch Klicken des ...-Buttons wird ein Kommunikationsfeld geöffnet, in dem die Möglichkeit besteht, eine neue Zuordnung zu erstellen. Über den Button IFC-Eigenschaften zuordnen zum Export... gelangt man in ein Arbeitsfenster zur Zuordnung der Eigenschaften.

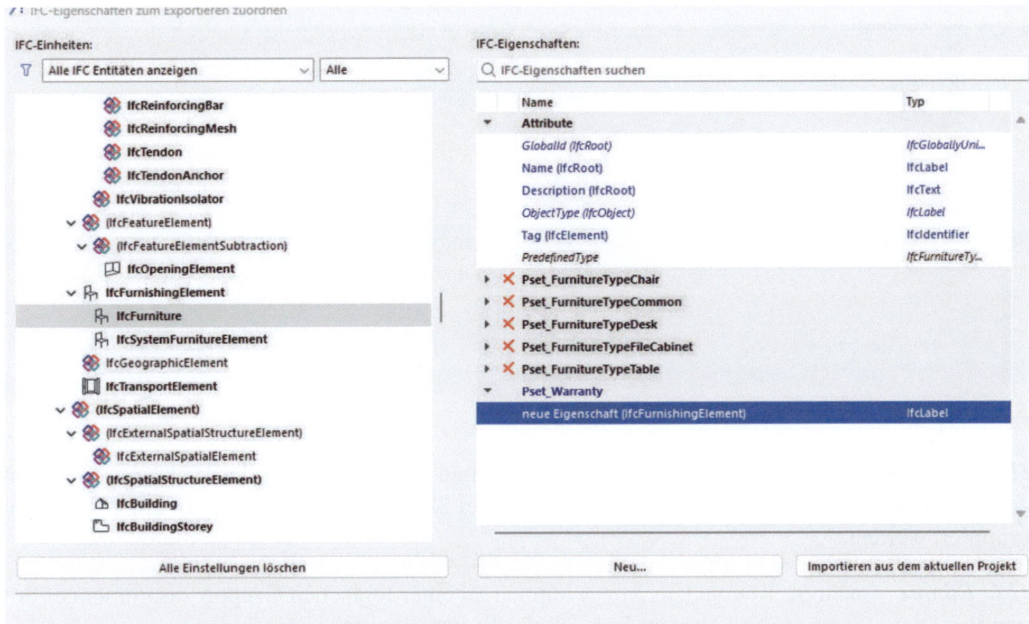

Abbildung 3-84 Eigenschaft eines Objektes wurde für alle Elemente übertragen

Im mittleren Bereich des Arbeitsfensters befindet sich der Button Importieren aus dem aktuellen Projekt. Dieser Befehl sorgt dafür, dass die im IFC-Manager erstellten Eigenschaften bei allen Elementen dieser Klassifizierung erscheinen. Hier können auch ***Regeln*** festgelegt werden, um den Wert der Eigenschaft automatisch zu erstellen (z.B. eine Raumzuordnung).

3.6.3 Zuordnung der Elemente

Neben dem IFC-Strukturdiagramm im IFC-Manager können Zusammenhänge zwischen einzelnen Elementen des IFC-Modells auch durch die thematische Zuweisung in Beziehungsordnern deutlich gemacht werden. Für die logische Zuordnung stehen unterschiedliche Beziehungsordner zur Verfügung. Welche Elemente in welchen Ordner abgelegt werden, hängt von der Art der Zuordnung ab.

Jede Zuordnung ist in der Dokumentation der entsprechenden Version von IFC beschrieben. Jede IFC-Version hat unterschiedliche Zuordnungsmöglichkeiten. Die nachfolgend aufgelisteten Beispiele geben nur einen kleinen Einblick für den Einsatz der Zuordnungen.

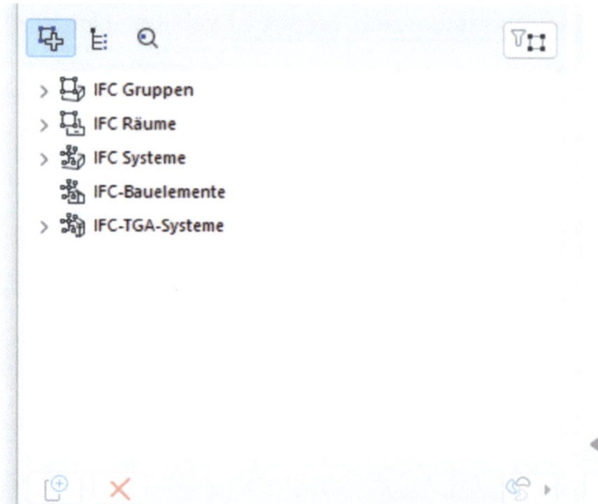

Abbildung 3-85 Zuordnung der Elemente

IFC-Gruppen – alle Elemente des Projektes können hier zu einer oder mehreren Gruppen zusammengefügt werden. Zum Beispiel können zwei Stützen und ein Träger zu einem Rahmen gruppiert werden.

IFC-Räume – mehrere Räume (*IfcSpace*) können zu einer logischen Gruppe zusammengeführt werden. Diese Gruppen sind eher im Bereich der Energiebewertung zu finden.

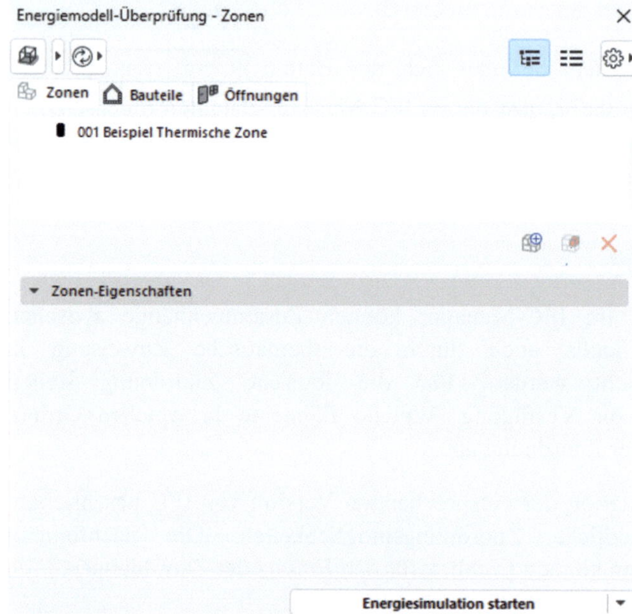

Abbildung 3-86 Energiebewertung-Manger

IFC-Systeme – hier können räumliche Elemente mit dazugehörenden Objekten gruppiert werden. Ein Beispiel, das auch von der Archicad-Hilfe aufgeführt wird, sind Fahrstühle. Zum

Beispiel können mehrere Fahrstühle mit ihren Schächten, Lüftungssystemen usw. zu Systemen wie „Personentransport" und „Lastentransport“ zusammengefasst werden.

IFC-Bauelemente – hier können Elemente zu einer neuen Gebäudeausrüstung-Zuordnung zusammengeführt werden. Zum Beispiel Treppenlauf A und Geländer B sind zwei zusammengehörende Elemente, die zusammen mit dem Treppenlauf C und dem Geländer D eine vertikale Verbindung zwischen dem Erdgeschoss und dem 1. Obergeschoss ergeben.

IFC-HKLSE-Systeme – können Verteilungssysteme abbilden. Hierzu werden Elemente, die mit HKLSE-Werkzeugen erstellt werden, zu unterschiedlichen ***Systemen*** zusammengeführt. Bei Erstellung der Beziehungen in diesem Bereich werden unten rechts die entsprechenden Zuordnungsmöglichkeiten aktiv, und die benötigte kann ausgewählt werden.

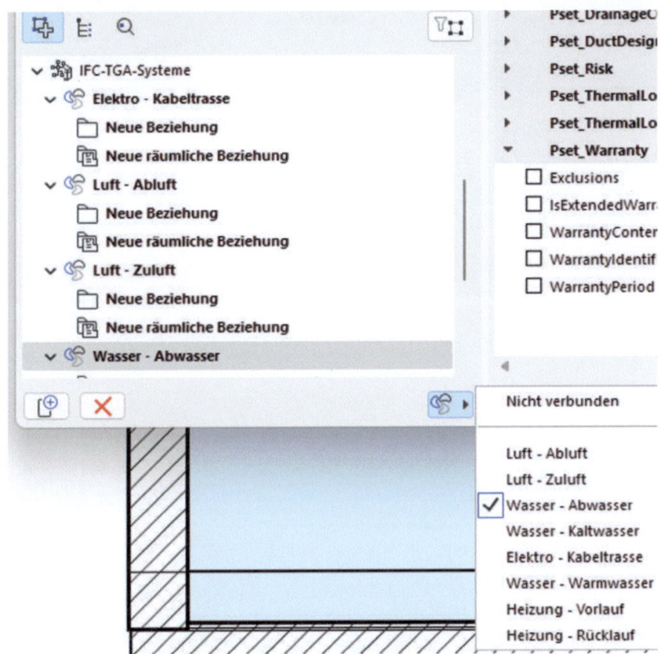

Abbildung 3-87 Zuordnung HKLSE-Systeme

Das Erstellen einer ***Zuordnung*** läuft immer nach dem gleichen Prinzip ab: Unterhalb des Zuweisungsfensters befinden sich zwei Buttons für ***Neu*** und ***Löschen***. Zuerst wird die gewünschte Zuweisungsgruppe im IFC-Projekt Manager-Fenster, im Bereich links unten angeklickt. Dadurch werden die beiden Buttons ***Neu*** und ***Löschen*** aktiv. Durch Klicken des Buttons ***Neu*** wird ein neuer Ordner generiert. Bei dem Ordner handelt es sich um ein Objekt mit eigener ***Klassifizierung*** und eigener *GUID*. Man kann dem Ordner auch ***Property-Sets*** zuordnen.

Alle Zuordnungen, mit Ausnahme der Zuordnung IFC-Gruppen erhalten automatisch eine ***Räumlich Beziehung***. Dabei handelt es sich ebenfalls um ein eigenständiges IFC-Objekt mit eigener ***Klassifizierung***, *GUID* und eigenen ***Attributen***. Weiterhin erhalten die Zuordnungen einen Ordner, „***Verhältnis***“ bzw. einen Ordner „***Beziehung***“ (in Abhängigkeit der

Archicadversion). Auch dieser Ordner hat seine eigene Klassifizierung, *GUID* und ***Eigenschaften***. Die IFC-Elemente lassen sich per Drag und Drop aus der IFC-Struktur im oberen Fenster in den Ordner „***Beziehung***“ referenzieren. Nicht alle Elemente können zu allen Beziehungsordnern referenziert werden. Soweit eine Referenz nicht möglich ist, erscheint ein X am Cursor.

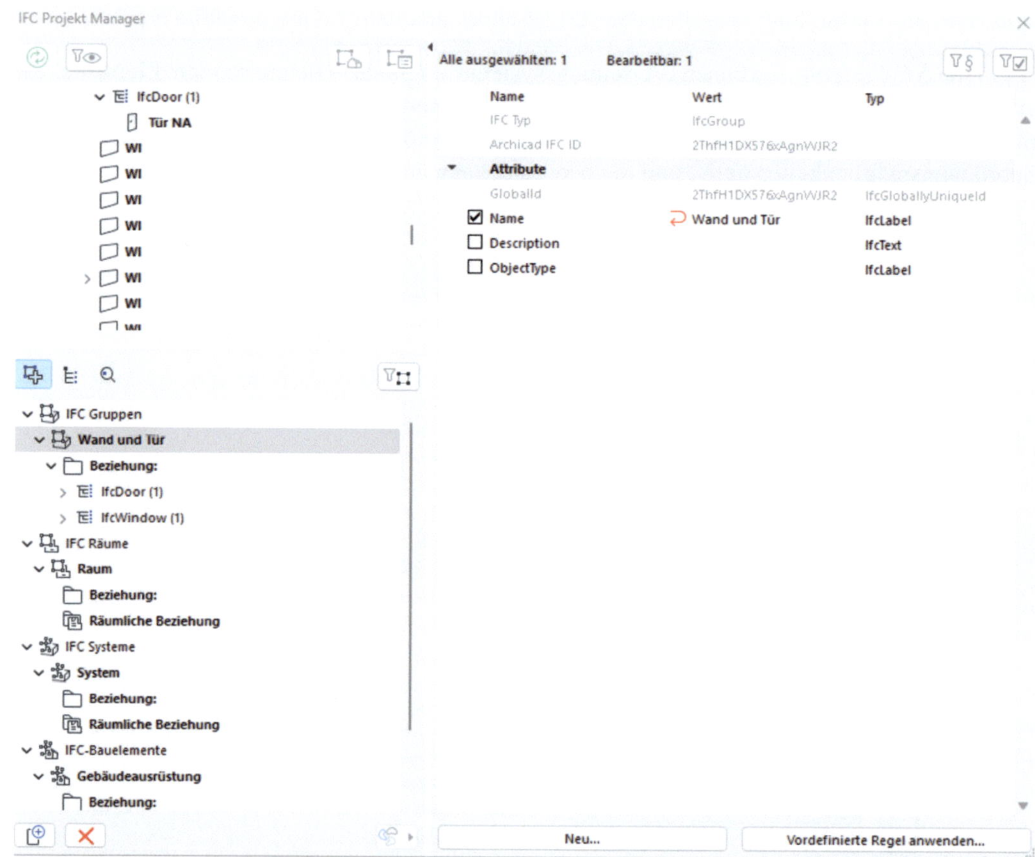

Abbildung 3-88 Beschriftung einer Zuweisung

Zur besseren Übersicht können die ***Zuweisungen*** umbenannt werden. Hierzu wird die entsprechende Zuweisung angeklickt und im rechten Fenster des ***Managers*** umbenannt. Neben dem neuen Namen erscheint ein roter Pfeil als Zeichen, dass der Name auf die Standardeinstellung zurückgestellt werden kann.

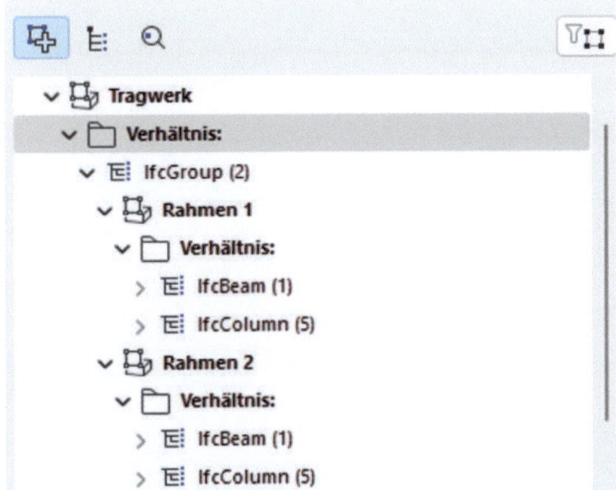

Abbildung 3-89 Untergruppierung innerhalb der Zuweisung

Es ist auch möglich verschachtelte ***Zuweisungen*** zu erzeugen. Zum Beispiel eine Gruppe „Tragwerk", die aus mehreren Gruppen „Rahmen" besteht, deren Rahmen wiederum aus Stützen und Trägern bestehen.

Hierzu wird die neu erstellte Gruppe angeklickt und mit dem Button Neu eine Untergruppe erstellt.

Wird die Gruppe gelöscht, werden alle Untergruppen mit gelöscht.

4 Vorbereitung Export

Bisher wurden einzelnen Objekte erstellt und ihre Funktion innerhalb der IFC-Struktur und deren einzelne ***Attribute*** (z.B. *PredefinedTyp*) kurz erklärt. In diesem Kapitel wird nun auf das Erstellen einer individuellen IFC-Datei eingegangen.

Es werden die Möglichkeiten der Darstellung der Elemente (Farbe, Transparenz, Detaillierung) dargestellt und erklärt, wie ***Attribute***, die nicht schon standardmäßig vorhanden sind, angelegt werden.

Archicad bietet unterschiedliche Darstellungs-Filter, die das Aussehen der Daten in einer IFC-Datei steuern. Da an ein, nach der BIM-Methode bearbeitetes Projekt vielfältige Anforderungen gestellt werden, ist es notwendig, die erzeugten Daten spezifisch darzustellen.

Beispiel: Für ein fotorealistisches Rendering soll ein Fenster so detailreich wie möglich dargestellt werden. Der Tragwerksplaner benötigt hingegen lediglich die leere Öffnung mit ihrer Lage und Größe. Somit müssen aus demselben Projekt unterschiedliche Daten erzeugt werden. Man spricht in diesem Zusammenhang auch von „Anwendungsfällen“.

Abbildung 4-1 Je nach Anforderung werden unterschiedliche Daten benötigt/BIMvision

Die Darstellungs-Filter finden, fernab vom IFC-Export, auch im Bereich der Planerstellung Anwendung.

Vergleichbar mit den ***Ausschnitten***, die für die Planerstellung benötigt werden, können für den ***IFC-Export*** ebenfalls Ausschnitte angelegt werden. Die Ausschnitte werden überwiegend die Sicht auf die 3D-Arbeitsfenster beinhalten.

K. Fischer und F. Fischer, *BIM mit Archicad®*,
https://doi.org/10.1007/978-3-658-49671-5_4

Im ***3D-Fenster*** lässt sich am einfachsten nachvollziehen, ob alle notwendigen Elemente exportiert werden.

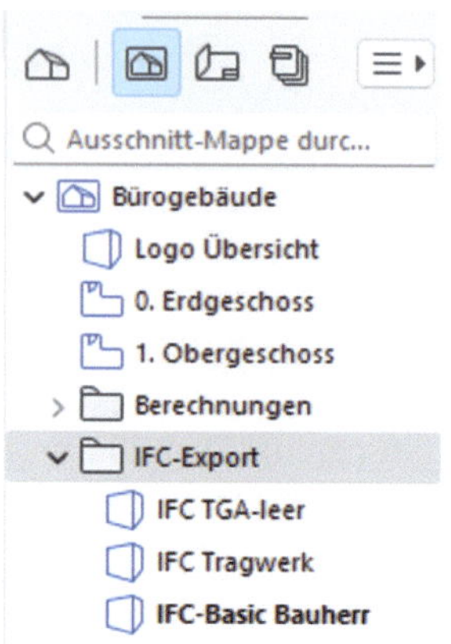

Abbildung 4-2 IFC Export-Ausschnitte in einem Ausschnitt-Set

Die ***Ausschnitte*** speichern ***Ebenen-Kombinationen***, ***Modell-*** und ***Strukturdarstellung***, ***Graphische Überschreibungen***, ***Umbau-*** und ***Variantenfilter***. Das sind genau die Vorgaben, die die Bestandteile und deren Darstellung steuern.

Für jede Anforderungen können auch mehrere ***Ausschnitte*** erstellt werden. Die ***Ausschnitte*** sollten so früh wie möglich angelegt werden. Vergleichbar mit Plan-***Ausschnitten*** spart diese Vorgehensweise Zeit (die Filtereinstellungen müssen nur einmal gemacht werden) und sorgt dafür, dass keine der Voreinstellungen vergessen wird. Diese ***Ausschnitte*** können, verknüpft mit dem ***Publisher-Set***, auf Knopfdruck mehrere IFC-Dateien unterschiedlicher Vorgaben erzeugen. Mit dem ***Publisher-Set*** lässt sich ebenfalls Zeit sparen und dafür sorgen, dass die Daten immer auf die gleiche Weise, an die vorgegebene Stelle gespeichert werden (vgl. Abschnitt 9.24 Beispiel: Anlegen eines Publisher-Sets). Zur besseren Übersicht können die ***Ausschnitte*** für den IFC-Export in einem entsprechenden ***Ausschnitt-Set*** abgelegt werden.

4.1 Ausschnitt erstellen

Ein ***Ausschnitt*** wird aus dem ***Projekt-Mappe***-Bereich heraus erzeugt. Die ***Projekt-Mappe*** kann mit dem Windows-Explorer verglichen werden. Hier werden alle Sichten auf das Projekt (Grundrisse, Schnitte, Ansichten, 3D-Modelle, Berechnungen usw.) verwaltet. Wird eine der Sichten in der ***Projekt-Mappe*** gelöscht, ist sie im Projekt nicht mehr vorhanden. Alle mit dieser Sicht verbundenen ***Ausschnitte*** werden automatisch gelöscht. Diese Löschvorgänge können nicht mehr rückgängig gemacht werden.

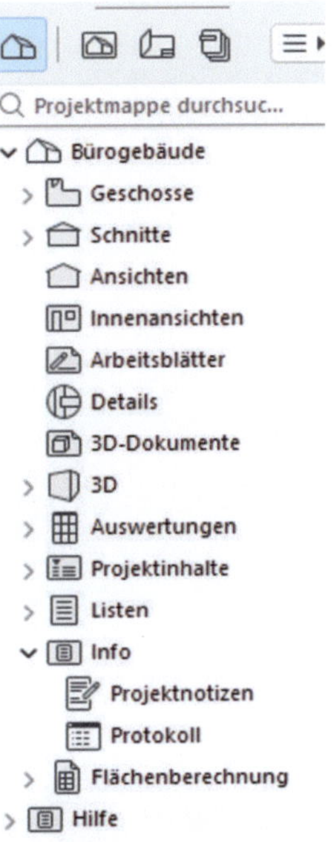

Abbildung 4-3 Projekt-Mappe

Betrachtet man das Projekt als modellbasierte Datenbank, so befinden sich in der ***Projekt-Mappe*** alle Daten, die zu diesem Projekt vorhanden sind. Wie auch bei der Arbeit mit anderen Datenbanken, kann man durch Filtern Daten nach Bedarf aufbereiten. Diese Filterfunktion übernehmen in Archicad die ***Ausschnitte***. Sie bilden die Grundlage für die Pläne (***Ausschnitt***e werden auf den Plan-Layouts platziert), können jedoch noch viel mehr. Ausschnitte können beispielsweise unterschiedliche Arbeitsbereiche mit jeweils eigenen Vorgaben speichern und somit beim schnellen „Springen" zwischen unterschiedlichen Bereichen des Projektes, den Arbeitsalltag erleichtern. Da sie ein Abbild der ***Projekt-Mappe*** darstellen, sind sie immer aktuell.

Um einen ***Ausschnitt*** zu erstellen, wird die entsprechende Sicht in der ***Projekt-Mappe*** mit der rechten Maustaste angeklickt und der Befehl ***Aktuellen Ausschnitt sichern…*** gewählt. Nach einem Klick erscheint ein Kommunikationsfenster, in dem der ***Ausschnitt*** benannt und seine Voreinstellungen festgelegt werden. Mit Bestätigen wird das Fenster geschlossen und der neue Ausschnitt wird in der Ausschnitt-Mappe erstellt. Der Ausschnitt kann dann innerhalb der Mappe verschoben werden.

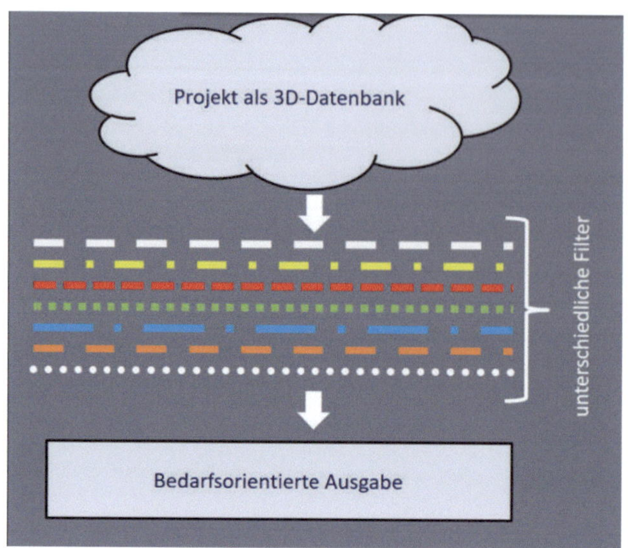

Abbildung 4-4 Funktionsprinzip eines Ausschnittes/Fischer

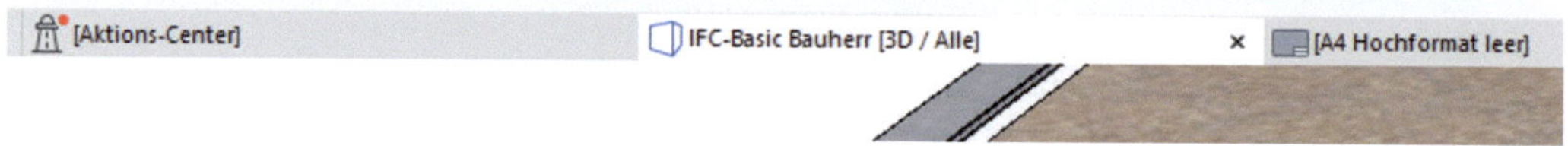

Abbildung 4-5 Name des aktiven Arbeitsfensters

Eine weitere Möglichkeit einen ***Ausschnitt*** zu erstellen, funktioniert mit einem Klick mit der rechten Maustaste in den Namen des aktuellen Arbeitsfensters.

Im Teilfenster ***Identifizierung*** werden eine ***ID*** und der ***Name*** für den ***Ausschnitt*** vergeben. Als Standard wird sowohl ***ID*** als auch der ***Name*** aus der ***Projekt-Mappe*** übernommen. Je nachdem, wie viele Ausschnitte einer Sicht erstellt werden, werden nach Standard benannte Ausschnitte immer schwerer zu finden. Eine Möglichkeit Ausschnitte derselben Sicht voneinander zu unterscheiden, besteht darin, unter ***ID*** den Zweck des Ausschnittes erkennbar zu machen. Das kann z.B. ein Kürzel sein (z.B. IFC-HKLSE). Der ***Name*** sollte eindeutig und ausgeschrieben werden. Mit dem Namen können die ***Ausschnitte*** auf den Plänen beschriftet werden.

Im Teilfenster ***Allgemein*** befindet sich eine Zusammenstellung der Filter, die die Darstellung des Projektes steuern. Jeder Filter hat einen eigenen Manager, in dem dieser zuerst definiert und eindeutig benannt wird. Die Strukturdarstellung besitzt zwar auch einen Manager, bei diesem können jedoch nur vorhandene Möglichkeiten ausgewählt werden. Es kann keine eigene Strukturdarstellung erzeugt werden (vgl. Abschnitt 4.1.2 Strukturdarstellung). Weist das aktuelle Arbeitsfenster Einstellungen auf, die keinem der definierten Filter zugeordnet ist, so erscheint an der Stelle des Filternamens die Einstellung ***Individuell***.

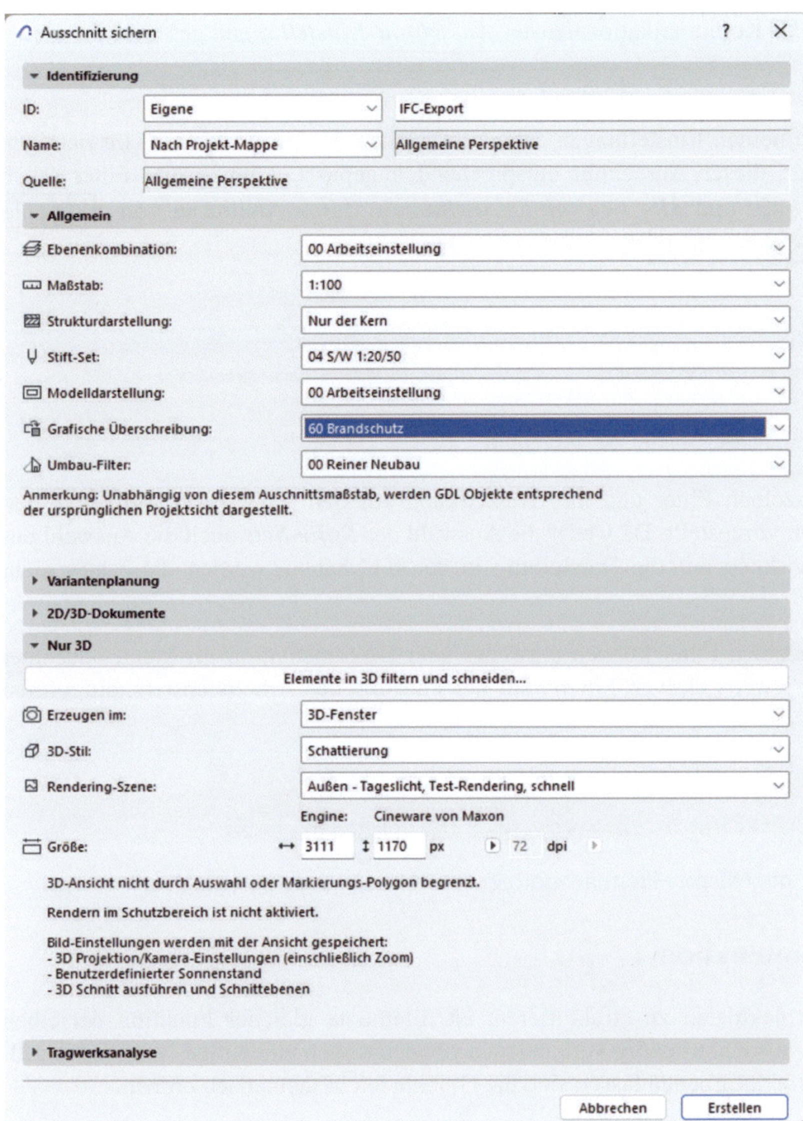

Abbildung 4-6 Kommunikationsfenster Ausschnitt sichern

Achten Sie darauf, dass keiner Ihrer ***Ausschnitte*** auf ***Individuell*** steht. Diese Einstellung ist nicht steuerbar. Sie können nicht wissen, ob alle Vorgaben, die Sie benötigen, tatsächlich auch vorhanden sind und werden damit gezwungen, die ***Ausschnitte*** trotzdem zu kontrollieren. Die zwei größten Vorteile der ***Ausschnitte*** – Zeitersparnis und Qualitätssicherung – gehen verloren.

Die aktuellen Einstellungen können im Filter-Manager erstellt und benannt werden. Der ***Ausschnitt*** kann entweder später erstellt oder seine Einstellungen nachträglich angepasst werden.

Zum Anpassen wird das Kommunikationsfenster ***Ausschnitt-Einstellungen*** geöffnet.

Ausschnitt-Mappe → Ausschnitt → rechte Maustaste → Ausschnitt-Einstellungen…

Hier können die allgemeinen Einstellungen angepasst werden. Befindet man sich im richtigen Ausschnitt und wurde dieser Ausschnitt entsprechend angepasst, können alle Filter (auch ***Zoom***, ***Grundriss-Schnitt*** und ***3D- Fenster Einstellungen***) durch Anklicken von „Aktuelle Fenster-Einstellungen übernehmen" gespeichert werden.

Abbildung 4-7 Ausschnitt-Einstellungen anpassen

Die Manager der einzelnen Filter und ihre Auswirkung auf den IFC-Export werden in den folgenden Abschnitten vorgestellt. Da weder die Auswahl des ***Stifte-Sets*** noch die Auswahl des ***Maßstabs*** eine Auswirkung auf die Darstellung in der IFC haben, werden diese hier nicht behandelt.

Die Manager der einzelnen Filter können entweder über Dokumentation im Menü oder über den Button links des jeweils aktiven Filters, auf der Fußzeile des Arbeitsfensters, aufgerufen werden.

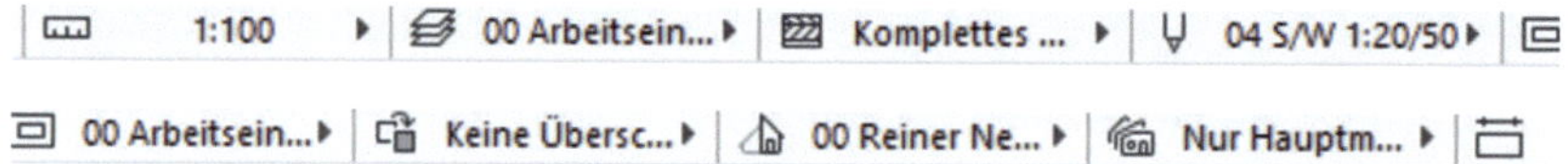

Abbildung 4-8 Leiste mit Filtern/ Filtermanagern in der Fußzeile des Arbeitsbildschirms

4.1.1 Ebenen-Kombination

Eine Möglichkeit, Projektdaten zu strukturieren, ist, Elemente gleicher Funktion derselben ***Ebene*** zuzuweisen. Die standartmäßig vorhandenen Ebenen tragen eindeutige Namen wie z.B. ***Wand außen***. Mit Hilfe der Ebenen lassen sich die Objekte leicht thematisch ordnen.

Da die Ebenen separat an- und ausgeschalten werden können, kann hiermit auch der Inhalt einer IFC-Datei gesteuert werden. Es ließen sich z.B. Trockenbauwände in einer Datei für den Tragwerksplaner ausblenden, in dem die Ebene Trockenbauwände ausgeschalten würde.

Außerdem können einzelne ***Ebenen*** ge- oder entsperrt werden, um die enthaltenen Elemente vor ungewolltem Bearbeiten zu schützen. Projektachsen sollten immer geschützt werden. Die Ebenen werden innerhalb des ***Ebenen-Managers*** gesteuert.

Dokumentation → Ebenen → Ebenen-Manager…

oder über den Button, links neben der aktuell aktiven Ebenen-Kombination

Abbildung 4-9 Icon für Ebenen-Manager

Das Ebenen-Kommunikations-Fenster ist in zwei Bereiche unterteilt ist. Im rechten Bereich sind alle im Projekt vorhandenen ***Ebenen*** aufgeführt.

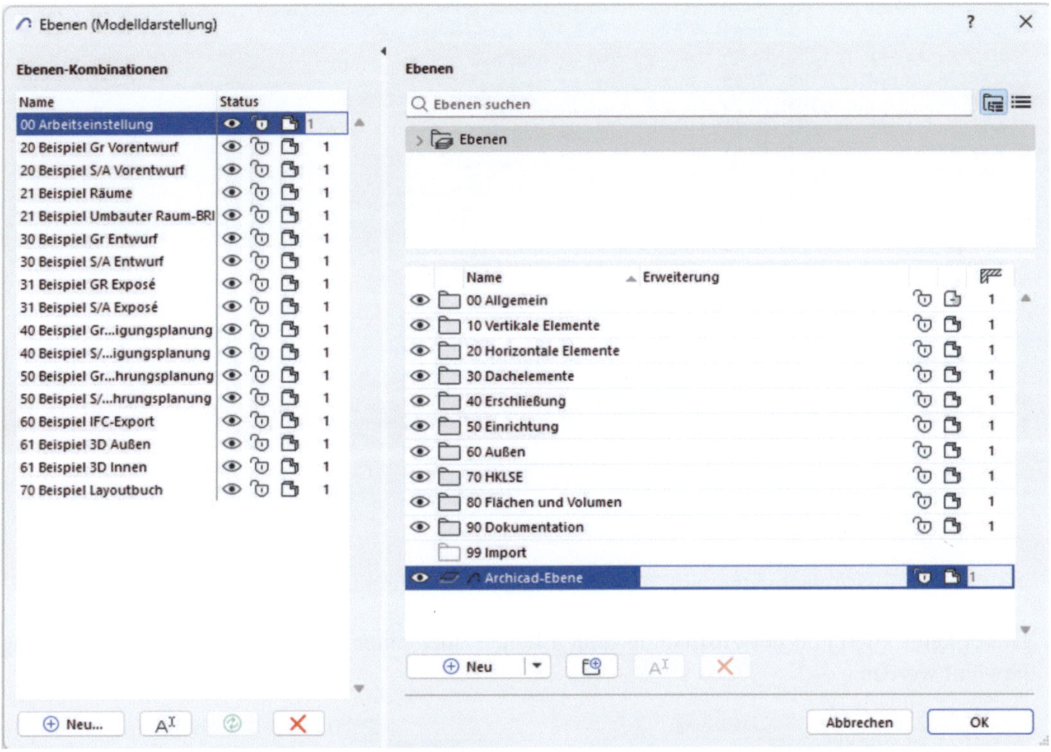

Ebenen (Modelldarstellung)

Ebenen-Kombinationen

Name	Status
00 Arbeitseinstellung	1
20 Beispiel Gr Vorentwurf	1
20 Beispiel S/A Vorentwurf	1
21 Beispiel Räume	1
21 Beispiel Umbauter Raum-BRI	1
30 Beispiel Gr Entwurf	1
30 Beispiel S/A Entwurf	1
31 Beispiel GR Exposé	1
31 Beispiel S/A Exposé	1
40 Beispiel Gr...igungsplanung	1
40 Beispiel S/...igungsplanung	1
50 Beispiel Gr...hrungsplanung	1
50 Beispiel S/...hrungsplanung	1
60 Beispiel IFC-Export	1
61 Beispiel 3D Außen	1
61 Beispiel 3D Innen	1
70 Beispiel Layoutbuch	1

Neu...

Ebenen

Ebenen suchen

Ebenen

Name	Erweiterung	
00 Allgemein		1
10 Vertikale Elemente		1
20 Horizontale Elemente		1
30 Dachelemente		1
40 Erschließung		1
50 Einrichtung		1
60 Außen		1
70 HKLSE		1
80 Flächen und Volumen		1
90 Dokumentation		1
99 Import		
Archicad-Ebene		1

Neu

Abbrechen OK

Abbildung 4-10 Thematische Auflistung der Ebenen im Ebenen-Manager

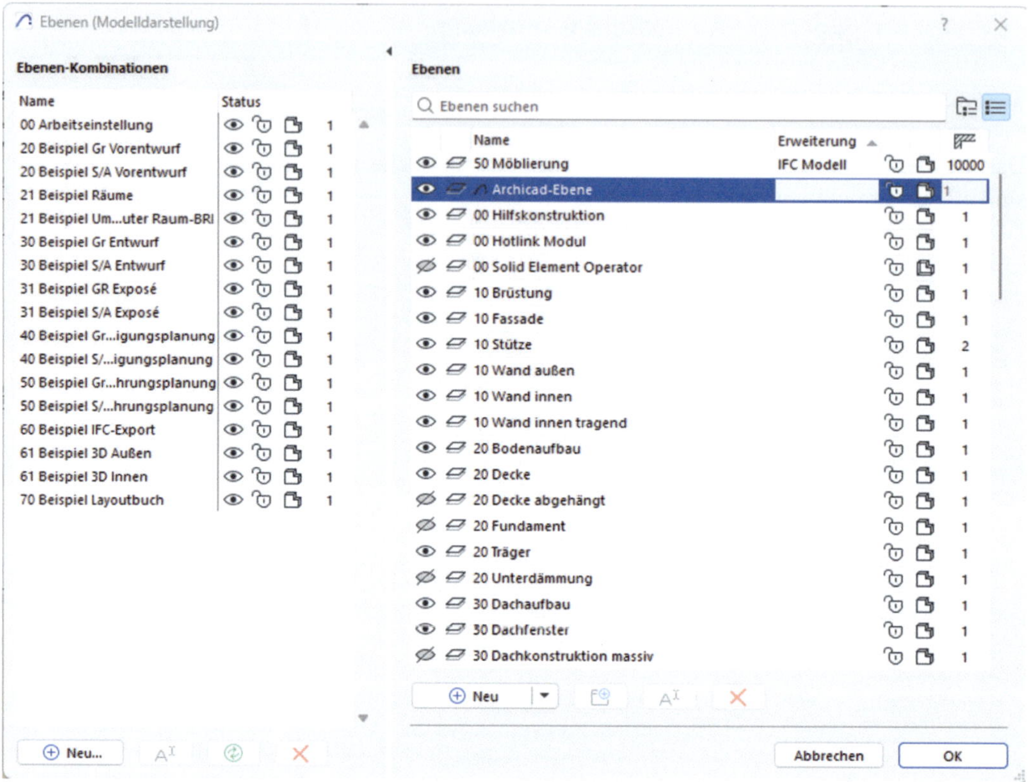

Ebenen (Modelldarstellung)

Ebenen-Kombinationen

Name	Status
00 Arbeitseinstellung	1
20 Beispiel Gr Vorentwurf	1
20 Beispiel S/A Vorentwurf	1
21 Beispiel Räume	1
21 Beispiel Um...uter Raum-BRI	1
30 Beispiel Gr Entwurf	1
30 Beispiel S/A Entwurf	1
31 Beispiel GR Exposé	1
31 Beispiel S/A Exposé	1
40 Beispiel Gr...igungsplanung	1
40 Beispiel S/...igungsplanung	1
50 Beispiel Gr...hrungsplanung	1
50 Beispiel S/...hrungsplanung	1
60 Beispiel IFC-Export	1
61 Beispiel 3D Außen	1
61 Beispiel 3D Innen	1
70 Beispiel Layoutbuch	1

Neu...

Ebenen

Ebenen suchen

Name	Erweiterung	
50 Möblierung	IFC Modell	10000
Archicad-Ebene		1
00 Hilfskonstruktion		1
00 Hotlink Modul		1
00 Solid Element Operator		1
10 Brüstung		1
10 Fassade		1
10 Stütze		2
10 Wand außen		1
10 Wand innen		1
10 Wand innen tragend		1
20 Bodenaufbau		1
20 Decke		1
20 Decke abgehängt		1
20 Fundament		1
20 Träger		1
20 Unterdämmung		1
30 Dachaufbau		1
30 Dachfenster		1
30 Dachkonstruktion massiv		1

Neu

Abbrechen OK

Abbildung 4-11 Auflistungen aller Ebenen im Ebenen-Manager

Dabei kann zwischen der Auflistung aller Ebenen oder einer thematischen Ordnerdarstellung gewählt werden.

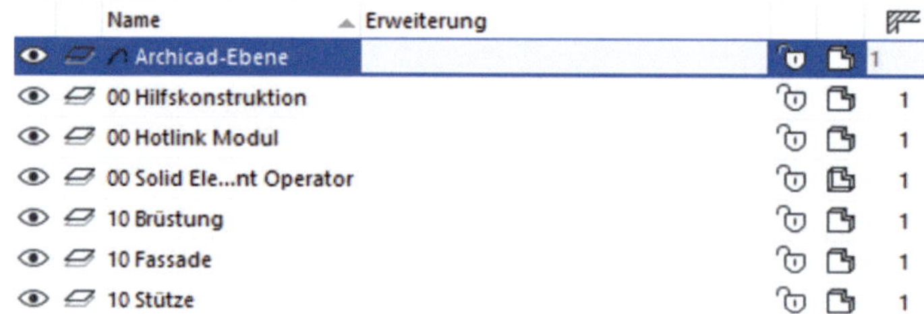

Abbildung 4-12 Ebenen Auflistung

Durch Anklicken lassen sich die Steuermöglichkeiten der Ebenen einstellen.

Icon	Funktion
	Wie werden die Objekte im 3D-Fenster angezeigt? Es besteht die Wahl zwischen einem Drahtmodellen oder soliden Körpern.
	Sichtbarkeit der Elemente im Projekt. Ein offenes Auge bedeutet, die Elemente sind sichtbar, ein geschlossenes Auge, die Elemente werden ausgeblendet.
	Bei aktiviertem Schloss bleiben die Elemente zwar sichtbar, können jedoch nicht bearbeitet (verschoben, gespiegelt, gedreht) werden. Sie können aber weiterhin als Punkte zur Projektbearbeitung (Fangpunkt, Bemaßungspunkt,...) genutzt werden.

Abbildung 4-13 Steuermöglichkeiten einer Ebene

In der Zeile der ***Erweiterung*** können zusätzliche freie Informationen eingetragen werden. Beim Import von IFC-Dateien sind die Erweiterungen sinnvoll, denn sie können Hinweise zu den IFC-Quellen beinhalten und so helfen den Überblick zwischen mehreren IFC-Dateien im Projekt, zu behalten (vgl. Abschnitt 7.1.5 Ebenenkonvertierung). Eine ähnliche Aufgabe können die ***Erweiterungen*** beim Einsatz von ***Hot-Links*** übernehmen.

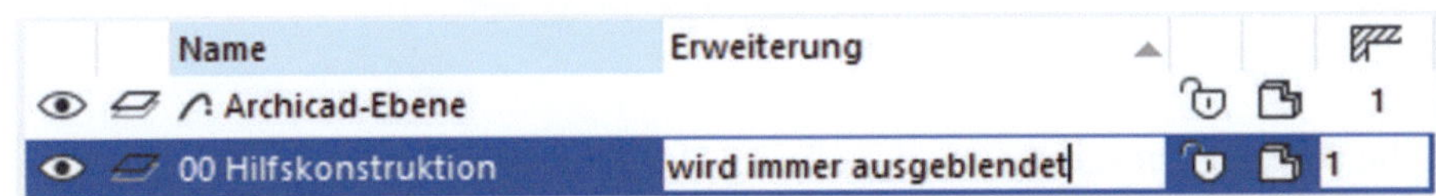

Abbildung 4-14 Erweiterung einer Ebene

Der Text der ***Erweiterung*** sollte so kurz wie möglich sein, denn er wird bei der Auswahl der Ebene dargestellt. Da die Breite des Auswahlfeldes begrenzt ist, wird der Teil des Textes, der die Breite überschreitet, nicht dargestellt.

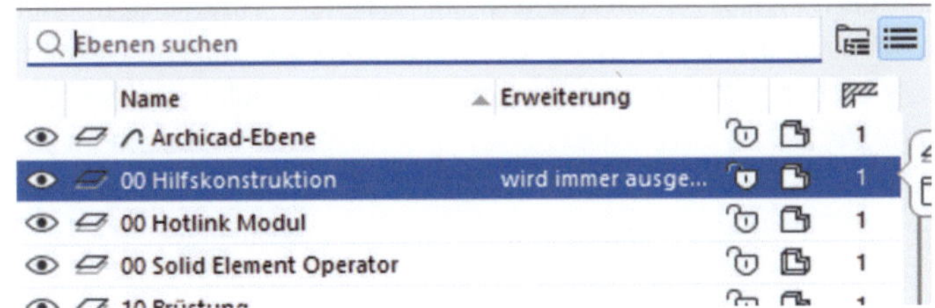

Abbildung 4-15 Auswahlfeld mit begrenzter Breite

Vielleicht kennen Sie das nachfolgend dargestellte Phänomen schon: Obwohl die Ebene der links an die Stütze angeschlossenen Wand ausgeschaltet ist, wird die Stütze „gespalten" dargestellt.

Abbildung 4-16 "gespalten" dargestellte Stütze (links)

Viele der Verschneidungen der Elemente innerhalb des Projektes werden in Archicad durch die ***Baustoffe*** gesteuert (vgl. Abschnitt 4.2 Baustoffe). Die resultierende ***Verschneidungsreihenfolge*** kann man nur umgehen, indem die Präferenz einer Ebene geändert wird.

Voreingestellt ist ***Präferenz*** 1 für alle Ebenen. Diese kann durch eine beliebige natürliche Zahl ersetzt werden. Elemente der ***Ebenen*** mit unterschiedlichen ***Präferenzen*** werden nicht verschnitten. Werden Verschneidungen zwischen Elementen der ***Ebenen*** unterschiedlicher ***Präferenzen*** trotzdem gewünscht, müssen diese mit Hilfe der ***Solid-Befehle*** erstellt werden. Elemente auf den ***Ebenen*** gleicher Präferenzen verschneiden sich nach der Verschneidungshierarchie der ***Baustoffe***.

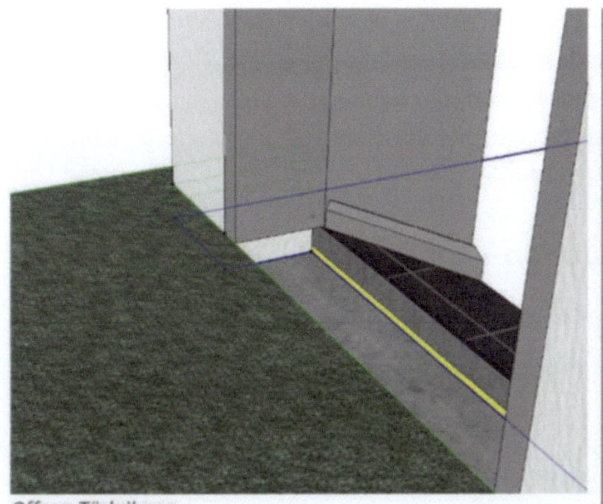	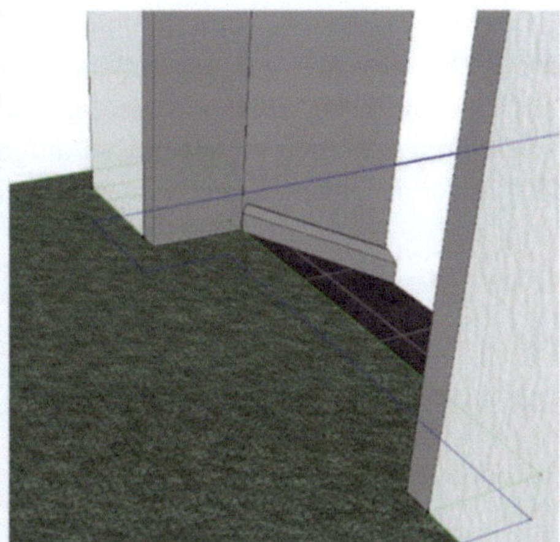
Offene Türlaibung	*Geschlossene Türlaibung*
Obwohl der Bodenbelag in der Türlaibung modelliert ist, wird er nicht dargestellt, weil die Verschneidungspriorität der Wand-Baustoffe höher ist.	Wird die Ebenen-Präferenz des Bodenbelages geändert, wird auch der modellierte Teil in der Laibung dargestellt

Abbildung 4-17 Auswirkung der Ebenen-Präferenzen auf die Modellierung

Grundsätzlich empfiehlt es sich, zumindest die baulichen Elemente mit gleicher ***Ebenen-Präferenz*** zu erstellen und die ***Verschneidung*** der ***Baustoffe*** zu nutzen. Verschneidungskörper, Vorlagen für eigene Elemente wie Türblätter und Fassaden-Paneele können auf einer Ebene mit einer abweichenden Präferenz liegen, um die Projektstrukturen nicht zu stören.

Die ***Präferenz*** einer ***Ebene*** wird in der ***Ebenen-Kombination*** gespeichert und kann somit innerhalb des Projektes variieren.

Ebenen können ein- und ausgeblendet, gesperrt und entriegelt oder mit einer anderen ***Präferenz*** dargestellt werden. Die Einstellungen der ***Ebenen*** werden in den ***Ebenen-Kombinationen*** gespeichert. Es können beliebig viele ***Ebenen-Kombinationen*** erstellt werden. Es ist wichtig, ***Ebenen-Kombinationen*** eindeutig zu benennen. Hierfür sollte ein Bürostandard verfügbar sein.

4.1.1.1 Neue Ebenen-Kombination

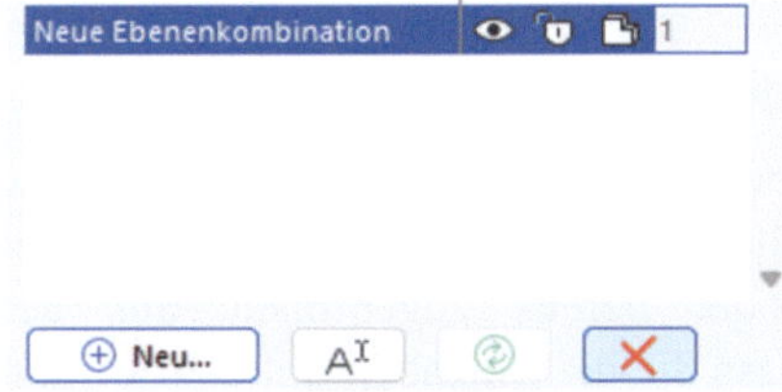

Abbildung 4-18 Neue Ebenen-Kombination

Die ***Ebenen*** werden so voreingestellt, wie sie in der neuen ***Ebenen-Kombination*** benötigt werden. Danach wird auf der linken Seite des Kommunikationsfensters der Button Neu angeklickt. Die neue ***Ebenen-Kombination*** muss dann noch benannt werden. Die ***Ebenen-Kombinationen*** werden alphabethisch aufgelistet. Um die Reihenfolge zu steuern, kann eine Zahl (ID) vor den eigentlichen Namen gestellt werden.

4.1.1.2 Ebenen-Einstellung in der Ebenen-Kombination ändern

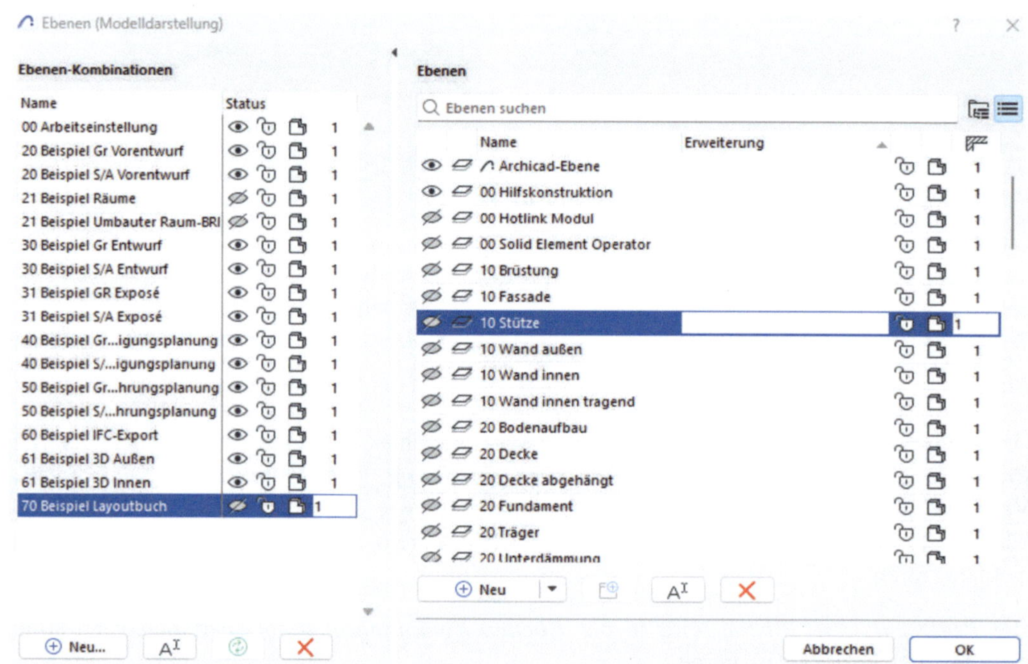

Abbildung 4-19 Status der Ebenen in der jeweiligen Ebenen-Kombinationen

Um eine ***Ebenen***-Einstellung innerhalb einer ***Ebenen-Kombination*** zu ändern, wird die entsprechende ***Ebene*** auf der rechten Seite des ***Ebenen-Managers*** angeklickt und ihr Status über die vorhandenen Icons im Bereich der ***Ebenen-Kombination*** angepasst. Sie können die Einstellungen auch direkt bei den Ebenen vornehmen. Dann müssen Sie anschließend den Button ***Aktualisierungsstatus*** klicken. Dies ist dann sinnvoll, wenn gleichzeitig mehrere Ebenen geändert werden sollen.

4.1.1.3 Änderung der Ebenen-Kombination

Die erstellte Ebenen-Kombination kann entweder umbenannt oder gelöscht werden. Die entsprechenden Icons befinden sich unterhalb des Teilfensters. Der ***Ebenen-Kombination*** können auch weitere Ebenen zugeordnet werden, oder bereits zugeordnete aus der Kombination entfernt werden. Wichtig ist dabei immer, dass Sie die Eingaben mit dem Button ***Aktualisierungsstatus*** abschließen, da Ihre Änderungen ansonsten verworfen werden.

4.1.1.4 Dokumentation der Ebenen/ Ebenen-Kombinationen

Grundsätzlich sollte geklärt sein, welche Elemente auf welcher ***Ebene*** liegen und welchen ***Status*** eine ***Ebene*** in den unterschiedlichen ***Ebenen-Kombinationen*** haben soll. Ein Abweichen von diesen Vorgaben führt zu einer falschen Darstellung des Projektes in den Plänen, fehlerhaften Berechnungen, einem falschen Export der IFC-Daten, usw. Zur Dokumentation können Sie die Informationen aus dem Projekt in ein Tabellen-Programm (z.B. Excel) übertragen (vgl. Abschnitt 9.13 Beispiel: Dokumentation Ebenen/ Ebenen-Kombinationen).

4.1.2 Strukturdarstellung

Die ***Strukturdarstellung*** wird relevant, wenn im Projekt mit ***Mehrschichtigen Bauteilen*** oder komplexen ***Profilen*** gearbeitet wird.

Der ***Strukturdarstellung-Manager*** kann vom Nutzer weder angepasst werden, noch können zusätzliche ***Strukturdarstellungen*** erstellt werden. Es stehen nur vier Struktur-Darstellungen zur Verfügung: ***Komplettes Modell***, ***Ohne Bekleidung***, ***Nur den Kern*** und ***Nur der Kern der tragenden Elemente***.

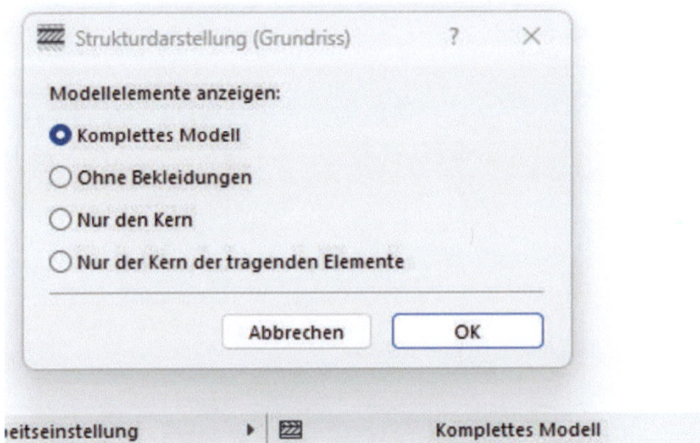

Abbildung 4-20 Strukturdarstellung

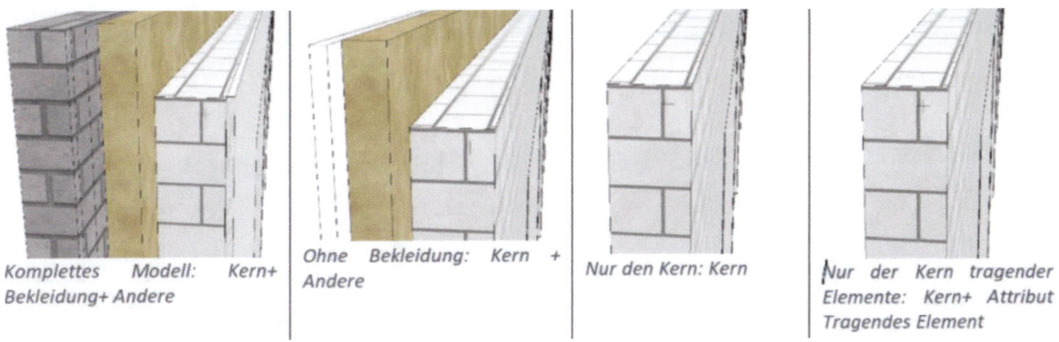

Abbildung 4-21 Unterschiedliche Strukturdarstellungen

Die Bemaßungswerkzeuge reagieren auf die ***Strukturdarstellung***. Die Bemaßungen werden immer nur in der ***Strukturdarstellung*** gezeigt, in der sie auch erstellt sind. So können ***Ausschnitte*** für mehrere Gewerke erstellt werden, ohne dabei die Anzahl der ***Ebenen*** zu erhöhen. Die Struktur des Projektes bleibt damit übersichtlicher und schlanker.

4.1.2.1 Zuordnung zur Struktur

Grundsätzlich haben alle Elemente, die mit Struktur ***Einfach*** erstellt wurden, unabhängig des Baustoffes oder der Funktion, die Zuordnung als ***Kern***. Diese Zuordnung kann nicht geändert werden.

Die Steuerung der ***Strukturdarstellung*** ist nur dann sinnvoll, wenn Elementen unterschiedliche ***Komponenten-Typen*** zugeordnet wurden. Die ***Komponenten-Typen*** sind nicht abhängig von den Baustoffen.

4.1.2.2 Mehrschichtige Bauteile

Mehrschichtige Bauteile werden im gleichnamigen Manager erstell und verwaltet.

Optionen → Element-Attribute →Mehrschichtige Bauteile...

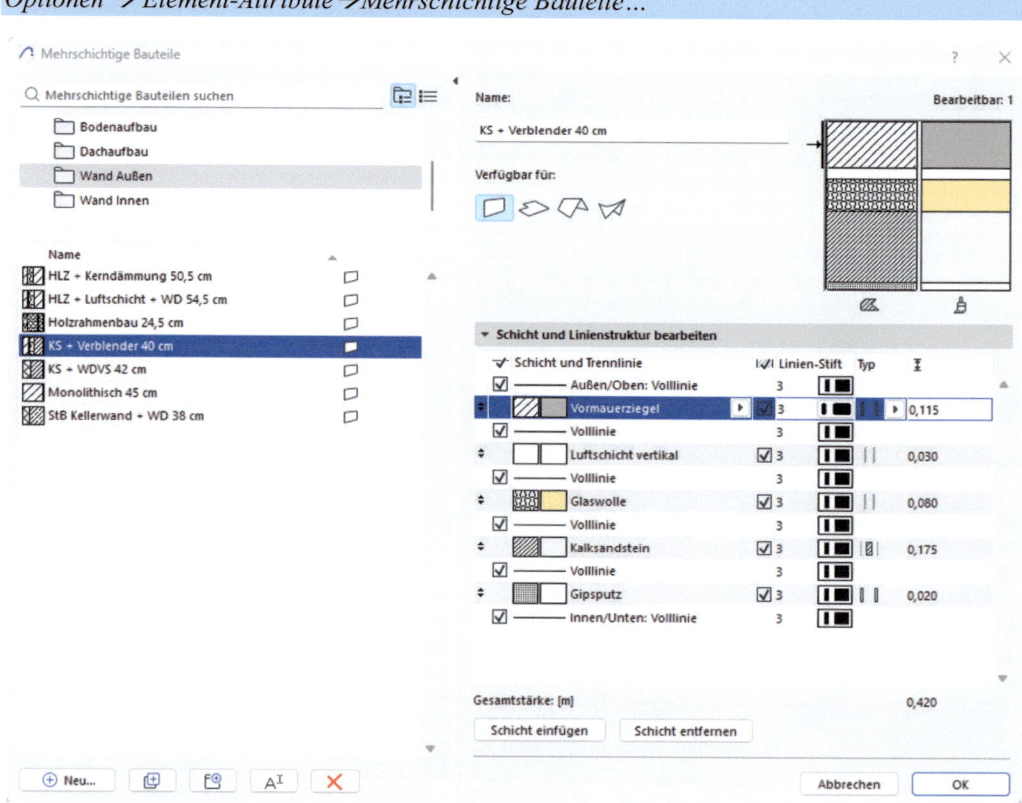

Abbildung 4-22 Mehrschichtige-Bauteile Manager

Bei der Benennung eines ***Mehrschichtigen Bauteils*** sollte darauf geachtet werden, dass der Name als *Typ* bzw. *Typname* in einer exportierten IFC mit ausgegeben wird.

Abbildung 4-23 Verfügbarkeit

Im Unterpunkt ***Verfügbar für:*** Wird festgelegt, für welche Werkzeuge dieses Bauteil zur Verfügung steht. Zur besseren Übersicht sollten sie nur den Werkzeugen zugeordnet werden, bei denen sie auch verwendet werden.

Im Bereich ***Schicht und Linienstruktur bearbeiten*** wird ein mehrschichtiges Bauteil zusammengestellt. Durch Anklicken der beiden Buttons Schicht einfügen oder Schicht entfernen erhält das Bauteil die gewünschte Anzahl an Schichten. Den einzelnen Schichten wird dann der gewünschte ***Baustoff*** zugeordnet. Der ***Linien-Stift*** definiert den Konturstift der jeweiligen Schicht. In der rechten Spalte wird die Stärke der jeweiligen Schicht eingegeben.

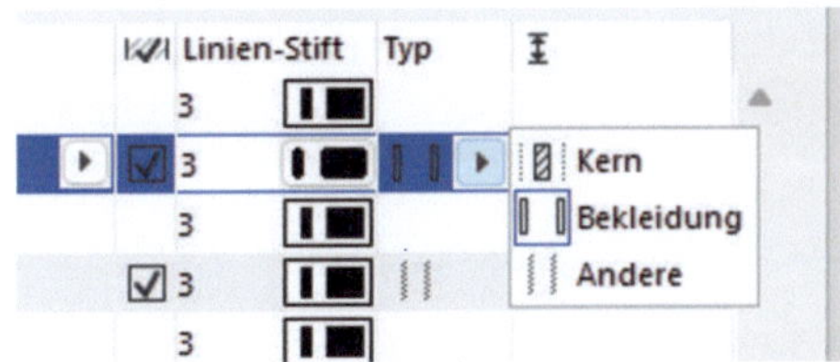

Abbildung 4-24 Zuweisung des Typs

In der Spalte ***Typ*** kann jeder Schicht die Eigenschaft ***Kern***, ***Bekleidung*** oder ***Andere*** zugeordnet werden. Dies ist die Grundlage einer späteren strukturellen Darstellung, z.B. der eines Rohbaumodells.

Bei mehrschichtigen Bauteilen wird unter ***Kern*** – eine solide Struktur z.B. Mauerwerk oder Stahlbeton verstanden. Als ***Bekleidung*** sind die sichtbaren Oberflächen an den Außenseiten gemeint. Das können z.B. Klinker, Putz, Teppich oder Ziegel sein. Alle anderen Schichten, wie Luftschichten oder Dämmschichten werden als ***Andere*** definiert.

Sind alle ***Typ***-Einstellungen vorgenommen und gespeichert, folgt das mehrschichtige Bauteil den Vorgaben der ***Strukturdarstellung***.

4.1.2.3 Komplexe Profile

Profile werden im gleichnamigen Manager erstellt und bearbeitet.

Optionen → Element-Attribute → Profile

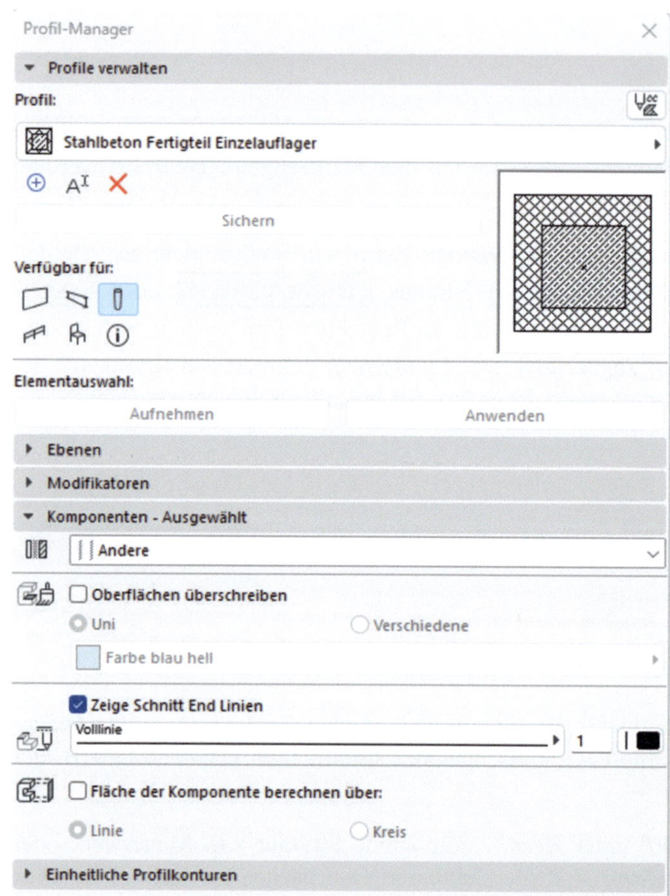

Abbildung 4-25 Kommunikationsfenster des Profil-Managers

Mit den Icons unterhalb des Namens wird ein neues ***Profil*** erstellt, ein vorhandenes ***Profil*** umbenannt oder gelöscht. Der Name des ***Profils*** sollte sinnvoll gewählt werden, da er in der exportierten IFC unter ***Typ*** bzw. ***Typname*** als Attribut erscheint.

Unter ***Verfügbar für:*** Wird durchs Anklicken der Icons festgelegt, für welche Werkzeuge dieses Profil zur Verfügung steht. In der Vorschau wird der Querschnitt des ***Profils*** dargestellt. Dieser wird später bei der Auswahl im Kommunikationsfenster des jeweiligen Werkzeuges sichtbar.

Ein ***Profil*** muss aus ***Schraffuren*** bestehen. ***Linien***, ***Polylinien*** und ***Splines*** können als Hilfskonstruktionen genutzt werden. Zur besseren Strukturierung werden diese den profileigenen ***Ebenen*** (nicht mit Projekt-***Ebenen*** verwechseln) zugeordnet. Diese ***Ebenen*** können weder gelöscht noch können ***Ebenen*** hinzugefügt werden.

Im Teilfenster ***Modifikatoren*** wird das Verhalten des ***Profil***s gesteuert, wenn der Querschnitt nicht an fixe Größen gebunden ist, sondern skalierbar sein soll.

Abbildung 4-26 Die Auswahl der Komponenten-Typen im Profilmanager

Unter ***Komponenten-Ausgewählt*** wird auch der ***Struktur-Typ*** festgelegt. Wie bei mehrschichtigen Bauteilen stehen drei Auswahlmöglichkeiten zur Verfügung: ***Kern***, ***Bekleidung*** und ***Andere***. Es gelten die gleichen Zuordnungsregeln wie bei den mehrschichtigen Bauteilen. Der ***Struktur-Typ*** wird den einzelnen Schraffuren, die für im Profil verwendete ***Baustoffe*** stehen, zugeordnet.

Damit lässt sich ein ***Profil*** durch die ***Struktur-Darstellung*** steuern.

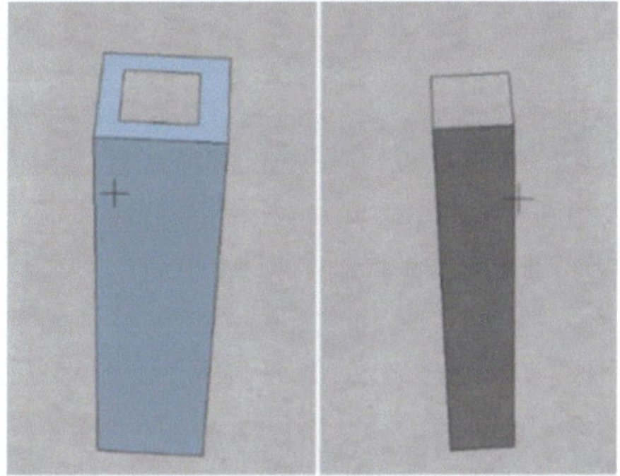

Abbildung 4-27 links Strukturdarstellung **Komplettes Modell**, rechts Strukturdarstellung **Nur Kern**

Bezogen auf den Datenaustausch mit einem Tragwerksplaner gibt es zu beachtende Besonderheiten.

Die einzelnen Schichten können jeweils separiert oder als mehrschichtiges Element in die **IFC-Datei** exportiert werden. Einzelne Schichten werden beim Import zu einzelnen Elementen mit der Struktur ***Einfach***. Damit haben alle Schichten für die Strukturdarstellung den Typ ***Kern***.

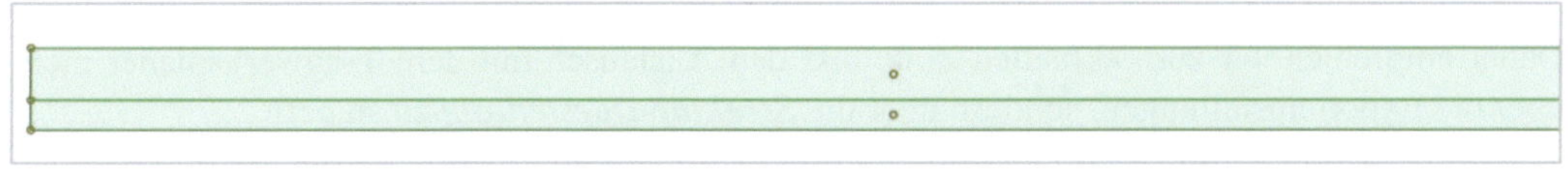

Abbildung 4-28 Schichten der Wand sind als einzelne Elemente importiert

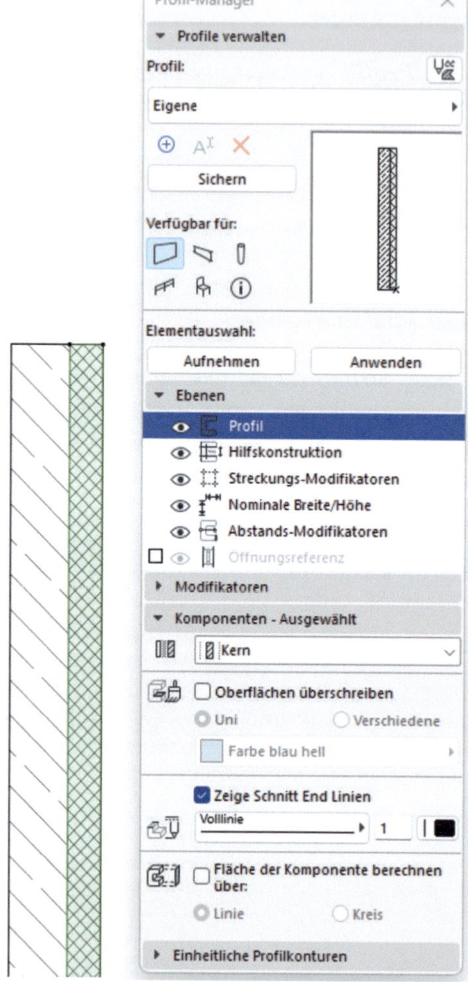

Abbildung 4-29 Schichten der Wand sind als einzelne Elemente importiert

Die Elemente können auch als mehrschichtige Elemente exportiert werden die anschließend wieder als zusammenhängendes Element importiert werden (vgl. Abschnitt 6.4.3 Eigener Übersetzer, Geometriekonvertierung). Diese Elemente werden mit der Struktur ***Komplexes-Profil*** importiert. Die einzelnen Schichten werden dabei aber dem Typ ***Kern*** zugeordnet. Diese müssen manuell angepasst und das ***Profil*** muss neu abgespeichert werden. Zudem muss dieses ***Profil*** wieder den Elementen zugeordnet werden.

Daher empfehlen wir zum aktuellen Zeitpunkt den Austausch mit dem Tragwerksplaner nicht über die Exporteinstellungen, sondern über die ***Struktur-Darstellung*** zu steuern.

4.1.3 Modelldarstellung

Mit der ***Modelldarstellung*** wird der Detaillierungsgrad verschiedener Elemente gesteuert. Z.B. lässt sich festlegen, ob Tür- oder Fenstergriffe dargestellt werden oder wie eine Glasfassade im Modell erscheinen soll. Sollen einzelne Profile zu sehen sein oder nur das Raster, sollen eigene Paneele ausmodelliert sein oder nur abstrakt angedeutet werden?

Die ***Modelldarstellungen*** werden in einem gleichnamigen Manager verwaltet.

Dokumentation →Modelldarstellung... → Modelldarstellung erstellen...

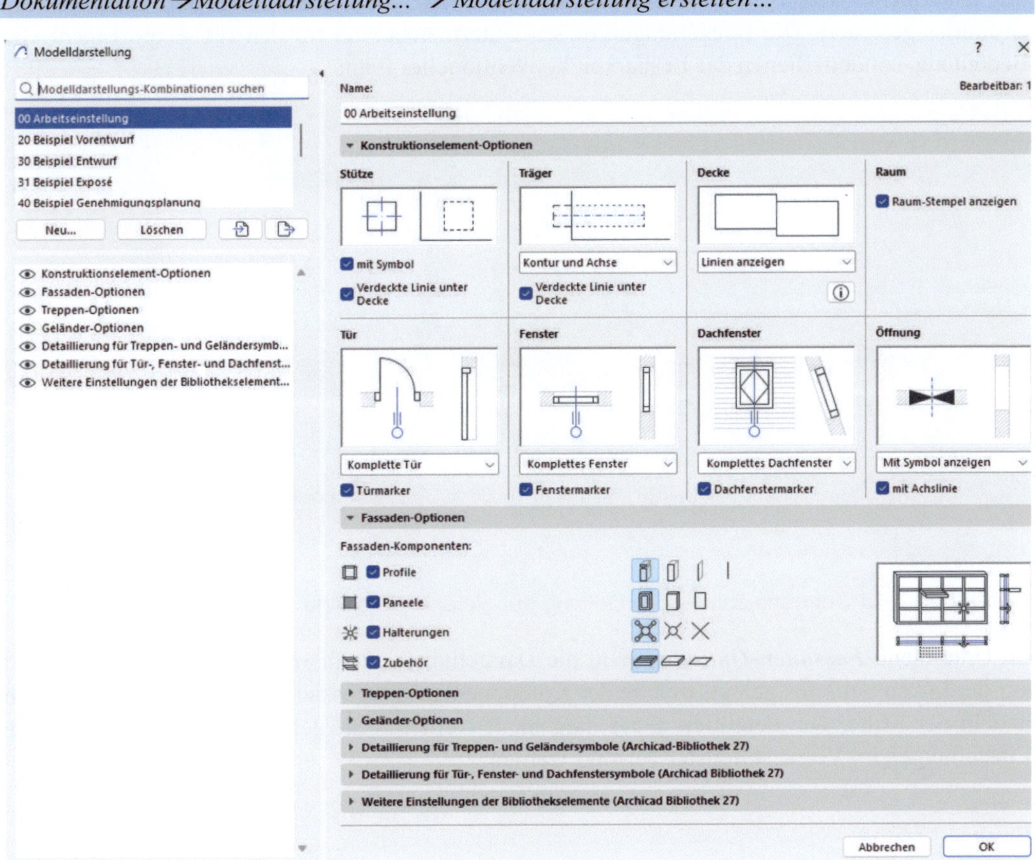

Abbildung 4-30 Modelldarstellung

Das Kommunikationsfenster lässt sich auch durch Klicken des entsprechenden Icons in der Filter-Leiste, an der Unterkante des Arbeitsfensters, öffnen.

Auf der linken Seite sind alle im Projekt vorhandenen Modelldarstellungen aufgelistet. Neue ***Modelldarstellungen*** können erstellt oder vorhandene angepasst werden. Die vorhandenen ***Modelldarstellungen*** werden alphabetisch aufgelistet, um sie in ihrer Reihenfolge anzupassen, können Sie Zahlen-IDs vergeben.

4.1.3.1 Neue Modelldarstellung

Bei einer Neuerstellung einer ***Modelldarstellung*** wird diese zuerst erzeugt, dann benannt. Erst danach werden ihre Einstellungen auf der rechten Seite des Managers angepasst.

Die Einstellungen innerhalb des Managers beziehen sich auf alle Elemente, die mit einem bestimmten Werkzeug erstellt wurden. Die Darstellung bezieht sich auf das entsprechende Werkzeug, nicht auf seine ***Klassifizierung***.

Im Untermenü ***Konstruktionselement-Optionen*** wird die Darstellung der Elemente im Grundriss gesteuert. Die Einstellungen dieses Untermenüs sind für den IFC-Export nicht von Bedeutung, sondern dienen der Lesbarkeit konventioneller Pläne.

Abbildung 4-31 Unterschiedliche Darstellung der gleichen Fassade

Im Untermenü ***Fassaden-Optionen*** wird die Darstellung von ***Fassaden*** gesteuert. Dabei wird auf der linken Seite festgelegt, welche der Komponenten der Fassaden angezeigt werden sollen und in der Mitte, wie detailliert diese dargestellt werden. Auf der rechten Seite können die Einstellungen im Vorschaufenster verfolgt werden.

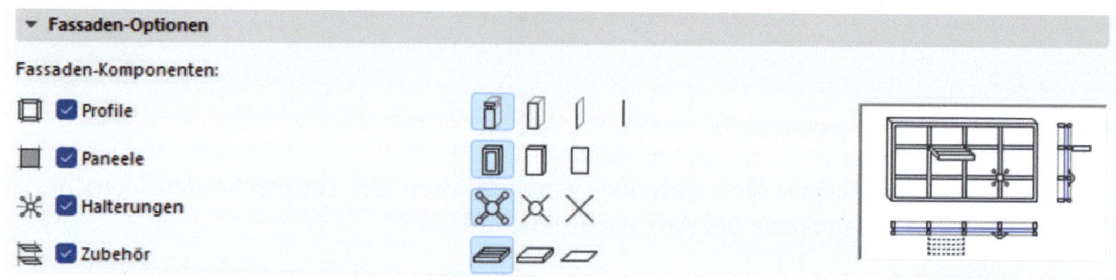

Abbildung 4-32 Fassaden-Optionen

Falls im Projekt eigene Fassadenprofile oder -Paneele verwendet werden, sind diese nur sichtbar, wenn der jeweilige Detaillierungsgrad auf Detailliert eingestellt ist.

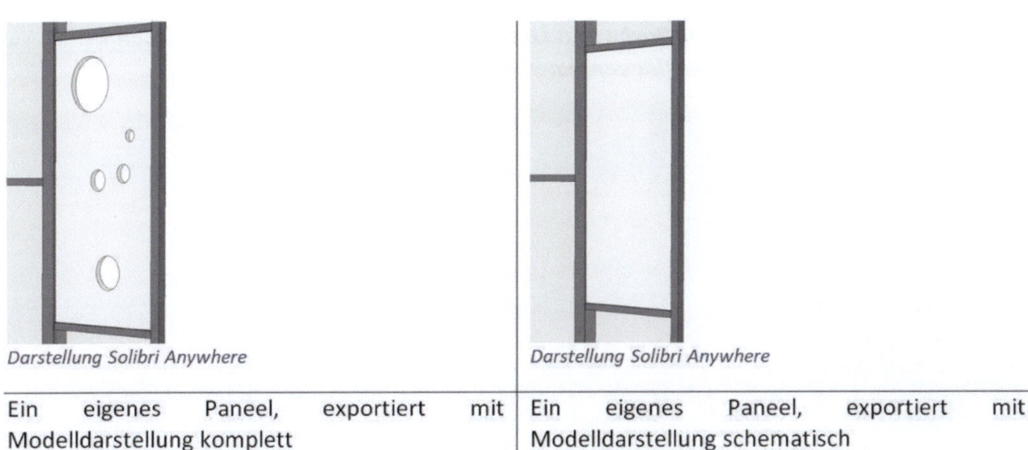

Abbildung 4-33 Unterschiedliche Darstellungen eines eigenen Paneels

Im Untermenü ***Treppen-Optionen*** wird die Darstellung der Treppen gesteuert.

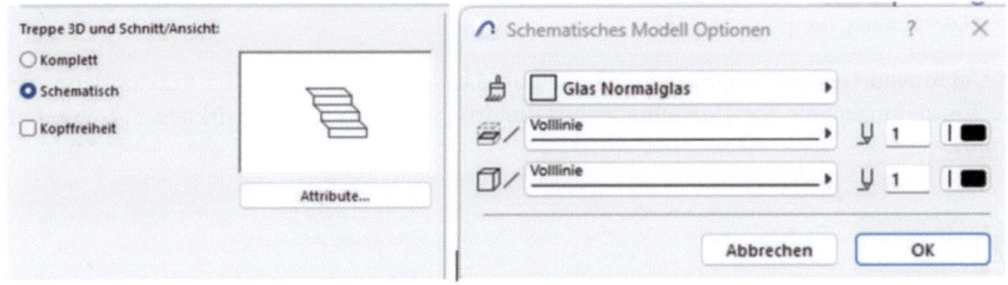

Abbildung 4-34 Einstellung zur Treppendarstellung

Auf der linken Seite der Eingabemaske wird definiert, ob die ***Treppe*** komplett – mit Treppenkonstruktion, Tritt- und Setzstufen – oder nur schematisch in ihrem Verlauf, dargestellt werden soll. Die Auswirkungen der Einstellungen können anhand einer Beispieltreppe im Vorschaufenster überprüft werden. Die Einstellung ***Kopffreiheit*** wird nicht mit in ein ***IFC-Modell*** exportiert. Wird die Modelldarstellung schematisch gewählt, wird der Button Attribute... aktiv.

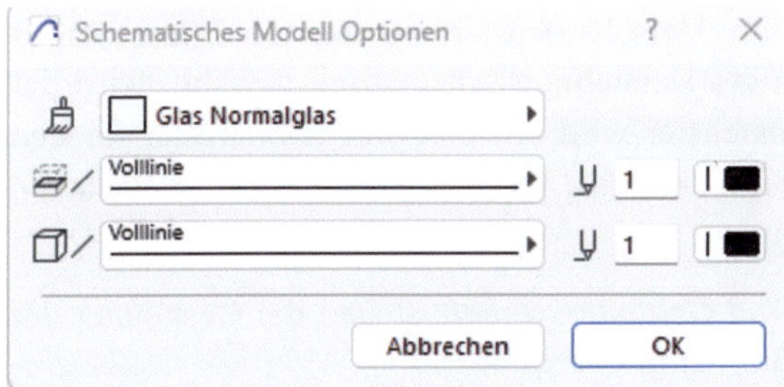

Abbildung 4-35 Attribute...

Unter ***Attribute*** verbirgt sich ein Kommunikationsfenster, in dem die Darstellung der schematischen Treppe durch ***Stiftfarbe*** und ***Oberflächenmaterial*** festgelegt werden kann. Auf den IFC-Export hat nur das ***Oberflächenmaterial*** eine Auswirkung.

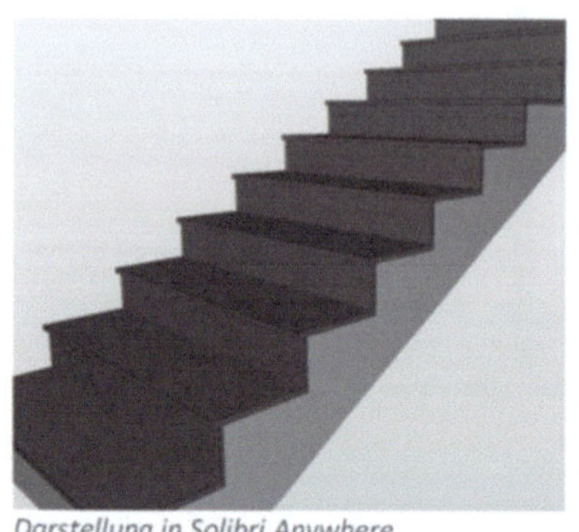 *Darstellung in Solibri Anywhere*	*Darstellung in Solibri Anywhere*
Eine Treppe exportiert mit ***Modelldarstellung komplett***	Eine Treppe exportiert mit ***Modelldarstellung schematisch***, Oberflächenmaterial Glas

Abbildung 4-36 Unterschiedliche Darstellungen derselben Treppe in Abhängigkeit der Modelldarstellung

Im Untermenü ***Geländer-Optionen*** lässt sich die Darstellung der Geländer exakter definieren. Die Einstellungen für die Darstellung im Grundriss haben keine Auswirkung auf den ***IFC-Export***.

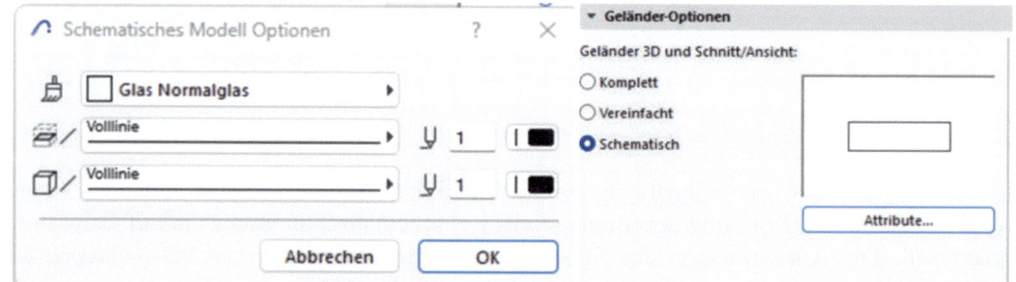

Abbildung 4-37 Untermenü Geländer-Optionen und Attribute

Auf der rechten Seite des Dialogs kann man sich zwischen den Darstellungen ***Komplett***, ***Vereinfacht*** und ***Schematisch*** entscheiden. Im Vorschaufenster werden die Einstellungen anhand eines Beispielgeländers gezeigt. Wird die Darstellung schematisch gewählt, wird der Button [Attribute...] aktiv. Im Kommunikationsfenster wird das ***Oberflächenmaterial*** für den schematischen Verlauf der Geländer festgelegt und, die für den ***IFC-Export*** irrelevanten ***Stiftfarben*** für Konturen und Schnittlinien definiert.

Das Untermenü ***Detaillierung für Treppen- und Geländersymbole*** steuert die Gestaltung der Grundrisssymbole und hat keine Auswirkung auf den IFC-Export.

Die weiteren Untermenü-Punkte beziehen sich teilweise auf die verwendete Archicad-Version bzw. sind versionsunabhängig. Ab Archicad 28 ist es möglich, nicht nur eine landesspezifische ***Bibliothek*** zu nutzen, sondern alle von Archicad erstellten Elemente zu verwenden (vgl. Abschnitt 3.5.11 Bibliotheken, Bibliothekenmanager). Beim Starten eines neuen Projektes wird die entsprechende Vorlagedatei gewählt.

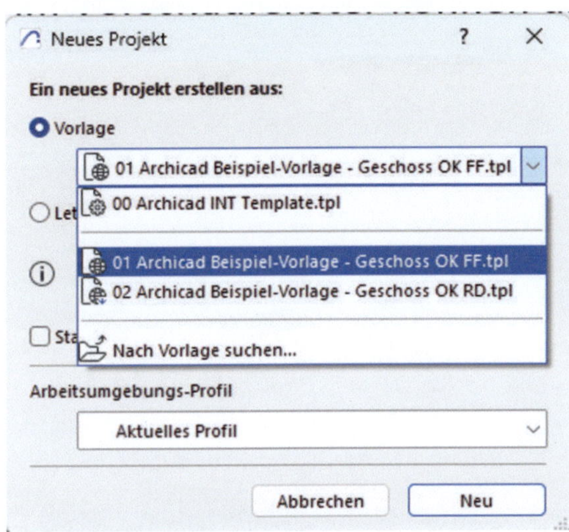

Abbildung 4-38 Auswahl der Vorlagedatei

Werden im Projekt ***globale Bibliothekspakete*** verwendet, erhält der ***Modelldarstellungs-Manager*** neue Untermenüpunkte, die die Darstellung dieser Objekte steuern. Untermenü-Punkte, die versionsabhängige Bibliotheken steuern, erhalten im Titel den Versionshinweis.

Im Untermenü ***Detaillierung für Tür- Fenster-Dachfenster Symbole*** wird neben der Vorgabe für die entsprechenden Symbole, die Detaillierung der jeweiligen Elemente im ***3D-Fenster*** definiert. Die ***Grundrisssymbole*** sind für IFC-Dateien nur dann relevant, wenn sie als IFC-2D-Elemente exportiert werden sollen (vgl. Abschnitt 6.4.3 Geometriekonvertierung). Die Darstellung im ***3D-Fenster*** steuert das Erscheinungsbild der Objekte in der exportieren IFC-Datei.

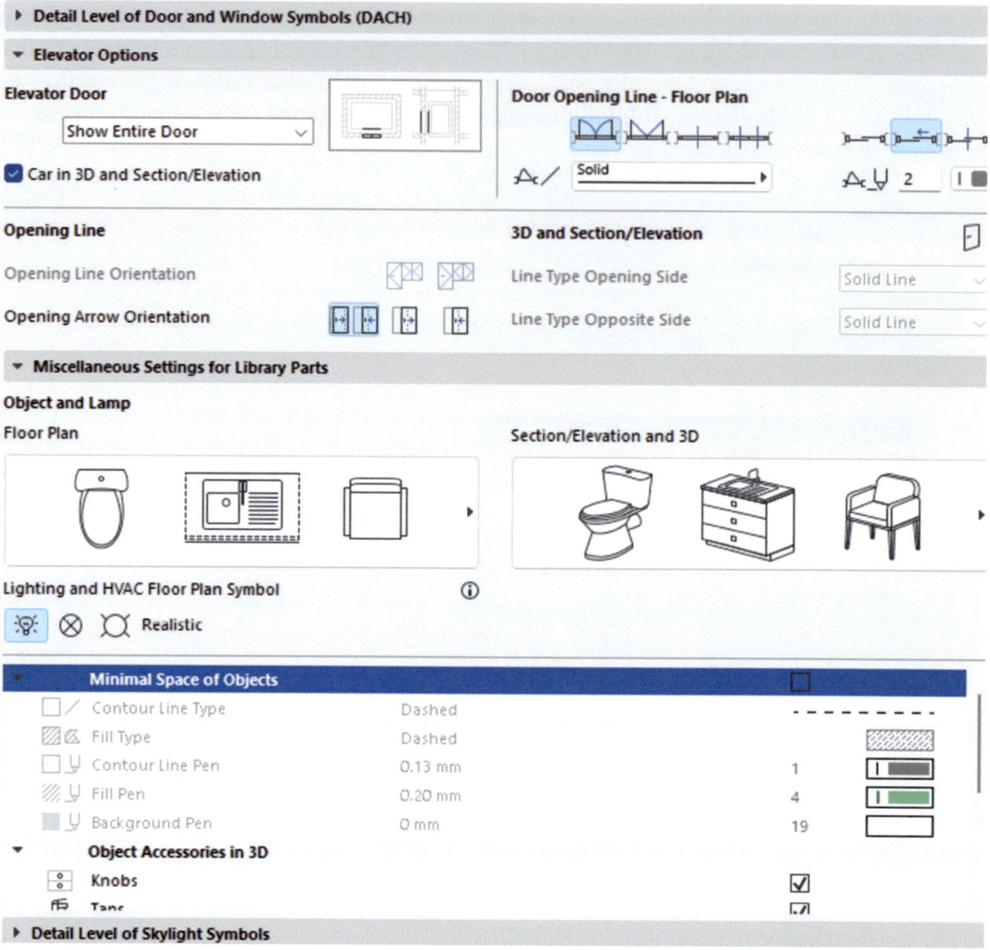

Abbildung 4-39 Abweichende Untermenüpunkte des Modelldarstellungs-Managers

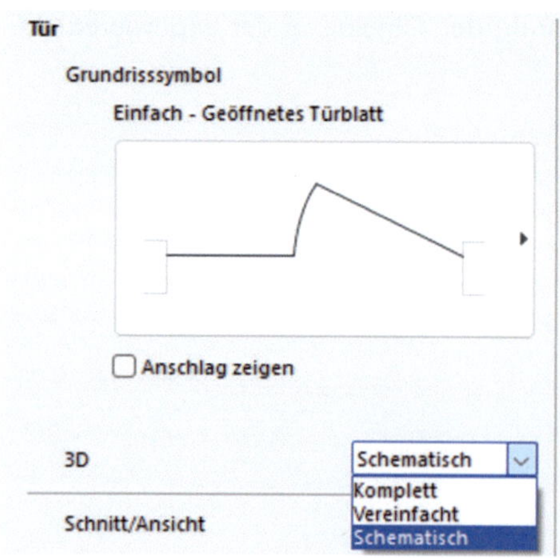

Abbildung 4-40 Festlegung der Darstellung für 3D-Fenster

Während die Darstellung im Grundriss und im Schnitt durch die Vorschaubilder veranschaulicht wird, findet man die Vorgabe für die ***3D-Fenster*** unterhalb des ***Grundrisssymbols*** als ein kleines Pull-Down Menü. Zur Auswahl stehen ***Komplett***, ***Vereinfacht*** und ***Schematisch***.

Wird ein IFC-Modell benötigt, das den Rohbauzustand abbildet, reicht es nicht die Türen, Fenster oder Dachfenster auf ***Schematisch*** umzustellen und dann zu exportieren. Türblätter, Fensterrahmen und -Scheiben werden nicht ausgeblendet, sondern lediglich in einer einfacheren Form dargestellt (vgl. Abschnitt 9.6 Beispiel: Export/IFC als Rohbau).

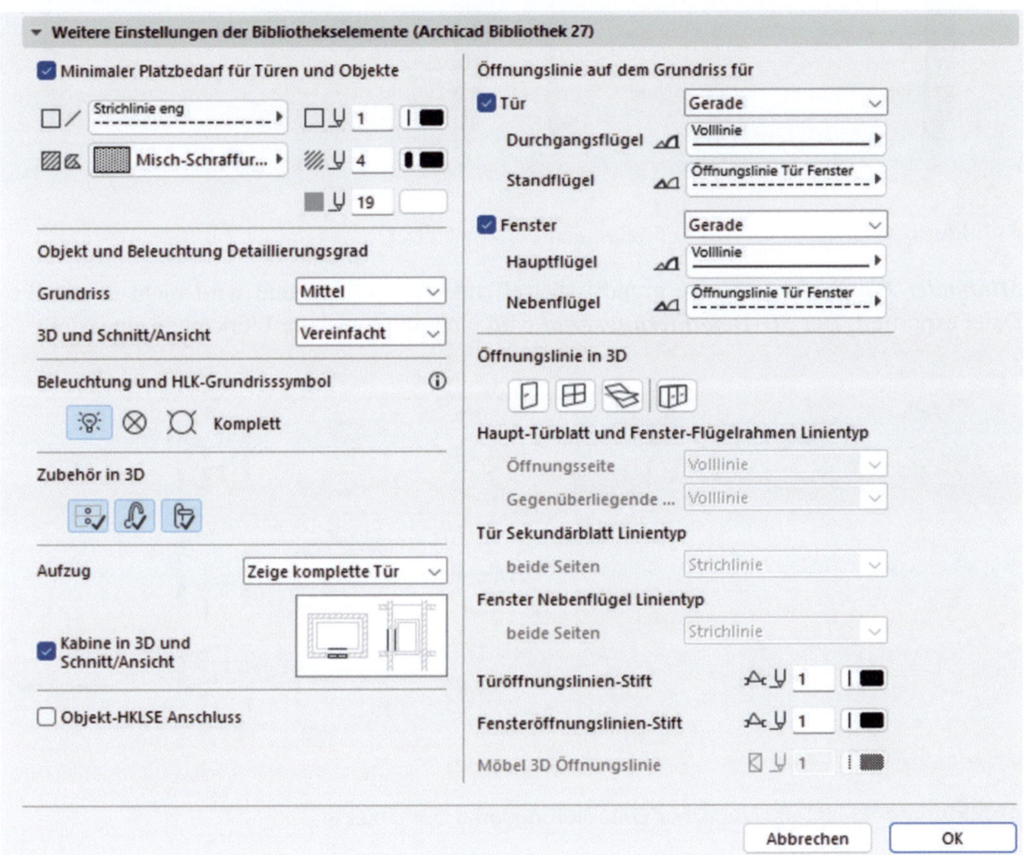

Abbildung 4-41 Untermenüpunkt zur Darstellung der Bibliothekselemente

Im Untermenüpunkt ***Weitere Einstellungen der Bibliothekselemente*** wird die Darstellung der Elemente der Werkzeuge Objekte, Lichtquellen und diverser Werkzeuge aus dem Bereich HLK gesteuert.

Abbildung 4-42 Zubehör in 3D-Fenster sichtbar/unsichtbar

Minimaler Platzbedarf ist eine grundrissbetreffende Darstellung und wird nicht in die IFC-Datei exportiert. Der ***3D-Detaillierungsgrad*** wird einheitlich für alle Werkzeuge eingestellt.

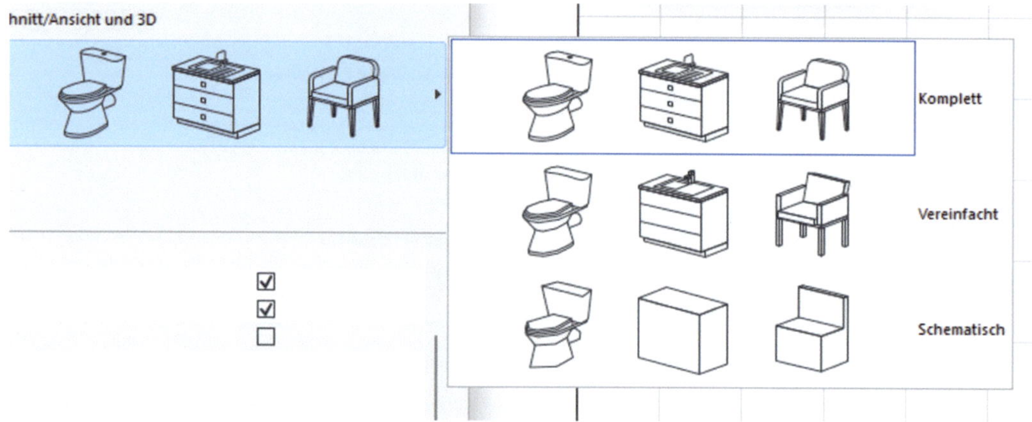

Abbildung 4-43 Unterschiedlicher Detaillierungsgrad der Objekte

Es kann jedoch sein, dass Sie den Detaillierungsgrad als ***Komplett*** definieren, und die einzelnen Details der Objekte, wie Wasserhähne oder Griffe der Küchenschränke werden trotzdem nicht dargestellt.

Abbildung 4-44 Einstellung der Sichtbarkeit

Wahrscheinlich liegt es daran, dass diese in den Modelldarstellungen nicht aktiviert wurden, denn diese Details der Objekte werden separat gesteuert.

Bei globalen Bibliothekspaketen gibt es keine Buttons zum Anklicken, sondern Auswahlkästchen im Untermenü ***Object Accesories in 3D***.

Die Darstellung der ***Bibliothekselemente*** kann über die ***Modelldarstellung*** nur gesteuert werden, wenn die entsprechende Einstellung des ***Detaillierungsgrades*** beim Bibliothekselement vorgenommen wurde.

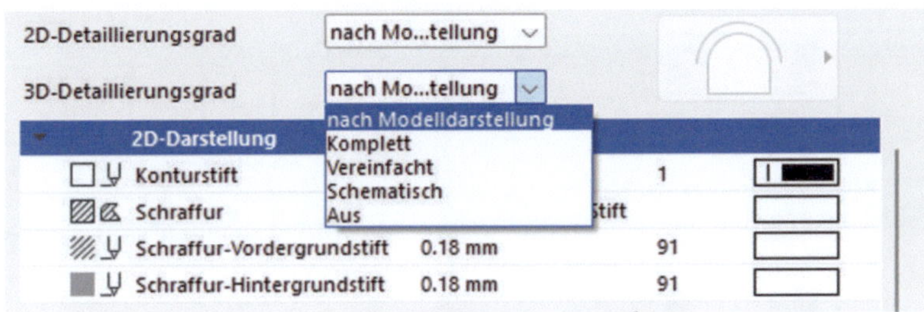

Abbildung 4-45 Steuerung der Bibliothekselemente

Je nachdem, wie das Element programmiert ist, findet man diese Einstellung an unterschiedlichen Stellen.

Wird der Detaillierungsgrad ***nach Modelldarstellung*** eingestellt, reagieren die Elemente gemäß der Vorgaben der Modelldarstellung. Wird der Detaillierungsgrad auf einen bestimmten Wert eingestellt, bleibt die Darstellung des Elementes gleich, unabhängig der Vorgabe der ***Modelldarstellung***.

Abbildung 4-46 Dasselbe Objekt benötigt durch unterschiedliche Darstellungen unterschiedlich viel Speicherplatz

Je nachdem, welche Funktion ein Bibliothekselement erfüllt, kann es sinnvoll sein, dieses immer schematisch darzustellen und so die benötigte Datenmenge zu reduzieren (vgl. Abschnitt 5.12 Der Umgang mit Datenmenge).

4.1.4 Graphische Überschreibung

Die ***Graphische Überschreibung*** kann für unterschiedliche Zwecke eingesetzt werden. Das grundsätzliche Funktionsprinzip dieses Filters ist es, die Oberfläche, die Konturen oder Schraffuren bestimmter Elemente durch nutzerdefinierte Einstellungen zu ersetzen. Hiermit können die Daten in den Plänen unterschiedlich, z.B. technisch oder grafisch, hervorgehoben werden. Dadurch wird der Filter zu einem wichtigen Helfer der ***Qualitätssicherung*** (vgl. Abschnitt 5.5 Graphische Überschreibung und Beispiel: Überschreibungsstil bei der Qualitätssicherung).

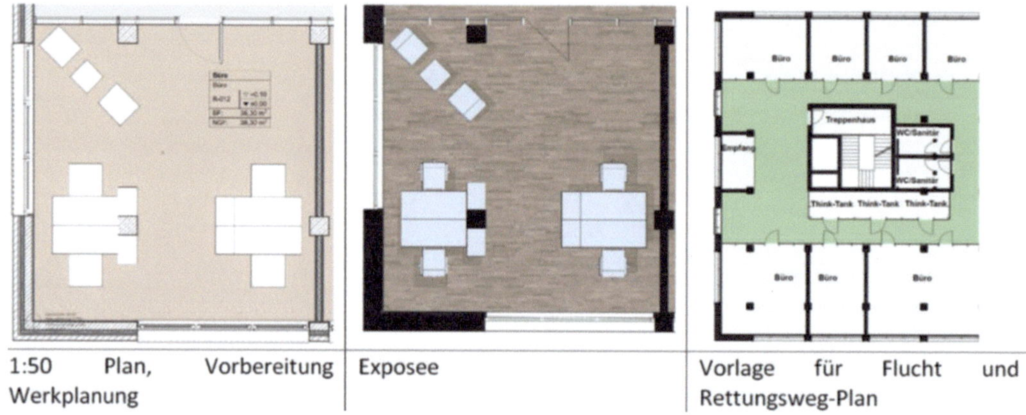

Abbildung 4-47 Unterschiedliche Darstellung gleicher Informationen mit Hilfe von Überschreibungen

Ein Beispiel: Ein Grundriss in der Entwurfsphase kann schon, vorbereitend für die Werkplanung, in der Detailplanung fortgeschritten sein und z.B. mehrschichtige Bauteile enthalten. Mit Hilfe der Graphischen Überschreibung können die gleichen Daten für Exposee-Pläne mit nur angedeuteten schwarzgefärbten Wänden und fotorealistischen Bodenbelägen erscheinen oder gem. Vorgaben einer Vorlage für Flucht- und Rettungswegplänen dienen.

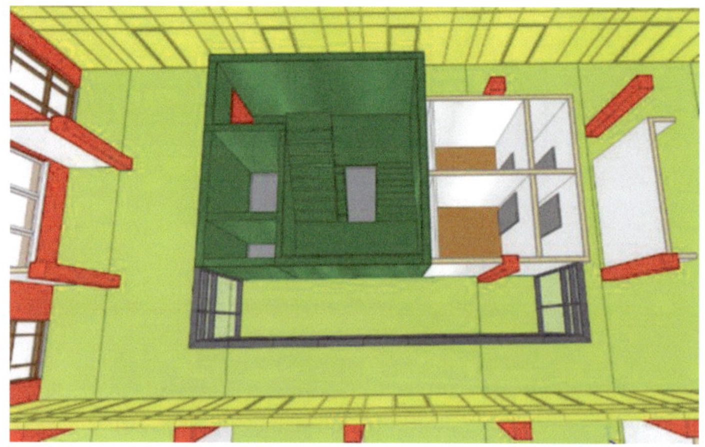

Abbildung 4-48 Graphische Überschreibung in der IFC/BIMvision

Für den IFC-Export werden ***Graphische Überschreibungen*** überwiegend im Bereich der ***Qualitätssicherung*** eingesetzt. Hier wird gerne mit Signalfarben gearbeitet, um einen bestimmten Attributwert oder sein Fehlen hervorzuheben.

Für manche Anwendungsfälle ist es notwendig die eingesetzten Baustoffe farblich hervorzuheben. Elemente, die beispielsweise für ein Brandschutzkonzept relevant sind, können nach ihrer Feuerwiderstandsklasse unterschiedlich gefärbt exportiert werden.

Wurden die Oberflächen der Fenster oder Böden noch nicht bemustert, können diese mit einer Signalfarbe hervorgehoben werden, um die noch fehlenden Angaben nicht zu vergessen.

Alle ***Graphischen Überschreibungen*** werden im gleichnamigen Manager verwaltet. Dieser kann entweder über Menü ***Dokumentationen*** oder direkt über das entsprechende Icon in der unteren Leiste des Arbeitsfensters aufgerufen werden.

Dokumentation → Graphische Überschreibung → Graphische Überschreibung erstellen...

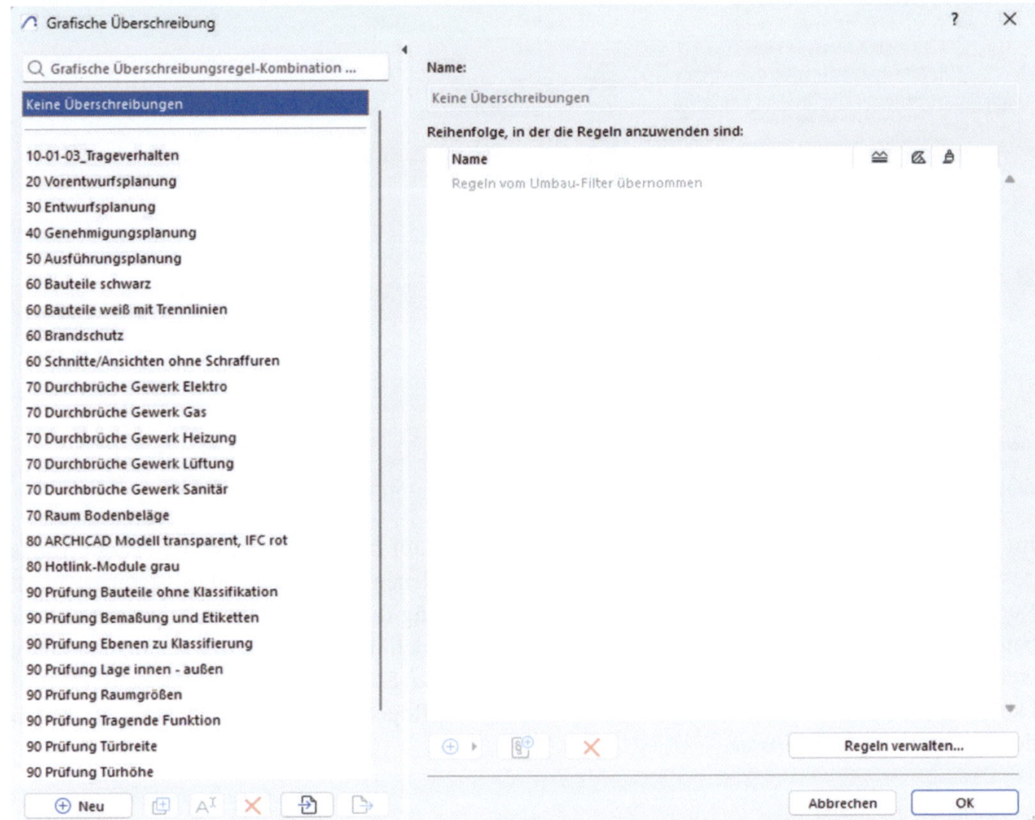

Abbildung 4-49 Manager für graphische Überschreibungen

Das Kommunikationsfenster des Managers ist in zwei Bereiche aufgeteilt. Auf der linken Seite sind alle im Projekt vorhandenen ***Überschreibungen*** aufgelistet. Die Überschreibungen werden in alphabetischer Reihenfolge aufgelistet. Um die Überschreibungen einfacher zu verwalten, kann vor dem Namen der Überschreibung eine Nummer (ID) gesetzt werden. Hierdurch lässt sich die Auflistung anpassen.

In diesem Fensterbereich können neue ***Überschreibungen*** erstellt und bestehende ***Überschreibungen*** geändert, umbenannt oder gelöscht werden.

Eine ***Graphische Überschreibung*** beinhaltet immer mindestens eine ***Regel***, die die Darstellung steuert. Eine ***Graphische Überschreibung*** kann mehrere Regeln beinhalten. Dabei werden diese entsprechend der Reihenfolge abgearbeitet. Die Regeln werden im ***Regeln-Manager*** verwaltet. Um eine ***Regel*** einer Überschreibung hinzuzufügen, wird auf der rechten Seite des Überschreibungs-Managers der Plus-Button angeklickt. Dadurch werden alle im Projekt vorhandenen ***Regeln*** aufgelistet. Durch Anklicken einer ***Regel*** und drücken des Buttons Hinzufügen wird die Regel der Überschreibung hinzugefügt.

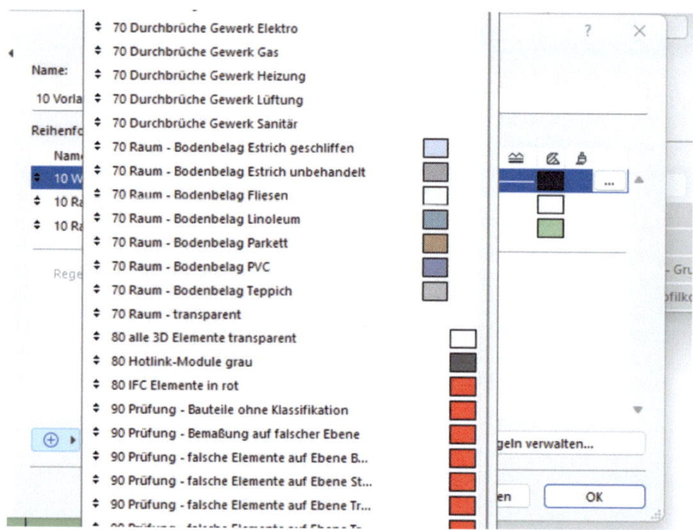

Abbildung 4-50 Eine Regel zur graphischen Überschreibung hinzufügen

Im ***Überschreibungs-Manager*** wird die gewählte ***Regel*** auf der rechten Seite dargestellt. Links des Namens erscheinen zwei Pfeile (oben/unten) mit denen die Reihenfolge gesteuert wird. Rechts des Namens wird grob dargestellt, welche Wirkung diese Regel auf die Darstellung der betroffenen Elemente hat. Die Symbol-***Linie*** zeigt, wie sich die Konturen der Elemente ändern werden, die Symbol-***Schraffur*** zeigt die Änderungen der Schnitt- oder Oberflächenschraffur. Der in Farbe getunkte ***Pinsel*** zeigt die Auswirkung der Regel auf die ***Oberflächenmaterialien*** der Elemente im ***3D-Fenster***.

Abbildung 4-51 Informationen zu einer Regel innerhalb des Überschreibungs-Managers

Wurde keine entsprechend Überschreibungsvorgabe erstellt, gibt es auch keine „Vorschau". Mit dem Drücken des Buttons [...] wird das Kommunikationsfenster des ***Regeln-Managers*** mit den Einstellungen der aktuellen ***Regel*** geöffnet. Hier können die Kriterien und Grundlagen der Regel überprüft und gegebenenfalls geändert werden.

Durch Anklicken des Paragraphensymbols kann eine neue ***Regel*** erstellt werden. Dabei wird das Kommunikationsfenster des ***Regeln-Managers*** geöffnet.

Durch Anklicken des X-Zeichens wird die ***Regel*** aus der Überschreibung, jedoch nicht aus dem Projekt gelöscht.

Falls man sich nicht sicher ist, ob eine gewünschte ***Regel*** bereits vorhanden ist oder ob bereits vorhandene ***Regeln*** zu dem gewünschten Effekt führt, kann der ***Regeln-Manager*** durch den Buttons [Regeln verwalten...] geöffnet werden.

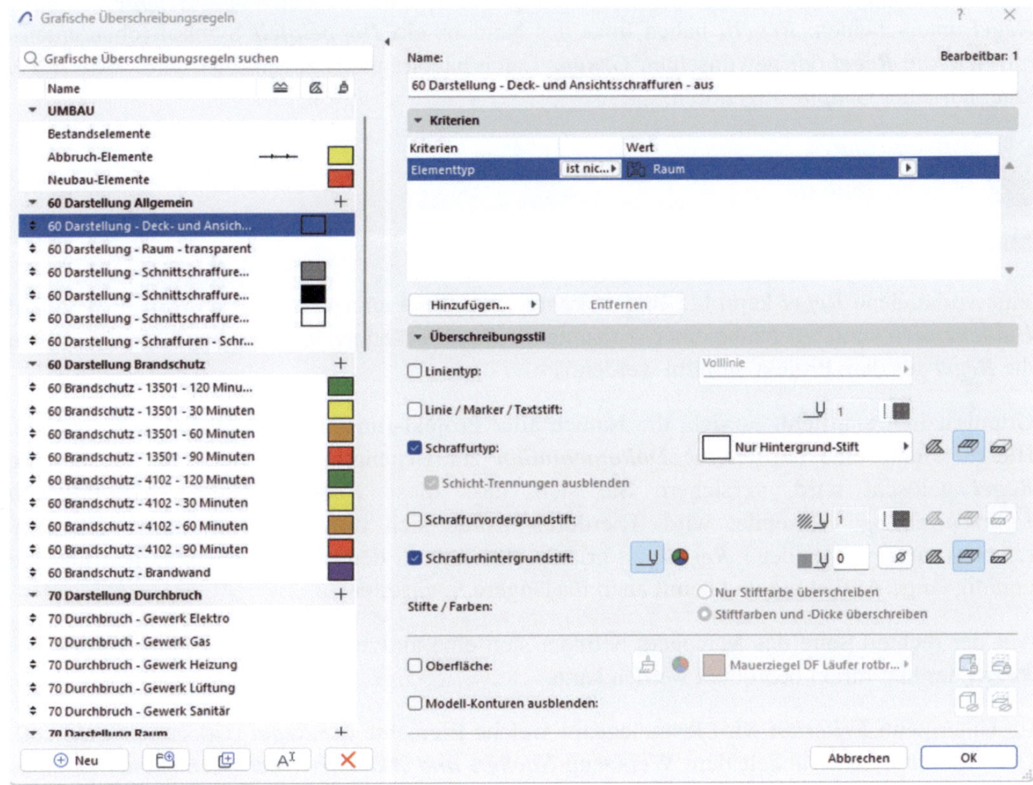

Abbildung 4-52 Graphische Überschreibungsregeln-Manager

Das Kommunikationsfenster des ***Graphische Überschreibungsregeln-Managers*** ist vergleichbar mit den bisher beschriebenen Managern aufgebaut: Links befindet sich eine Auflistung aller im Projekt vorhandener Regeln. Klickt man eine der Regeln an, so werden auf der rechten Seite des Mangers die Kriterien und die Überschreibungsstile dieser Regel dargestellt und können bearbeitet werden.

Mit dem Button Neu wird eine neue leere ***Regel*** erstellt.

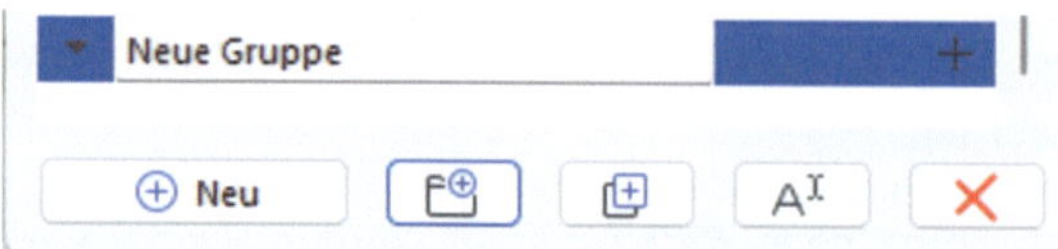

Abbildung 4-53 Eine neue Gruppe

Im Laufe des Projektes wird die Anzahl der Überschreibungsstiele steigen.

Um den Überblick nicht zu verlieren können ***Regeln*** thematisch mit dem Ordner-Plus-Symbol gruppiert werden. In der Auflistung der Regeln können diese ***Gruppen*** dann „geschlossen" werden, um die Regeln dieser Gruppe auszublenden.

Links des Namens einer ***Gruppe*** ist ein Pfeil abgebildet, damit lässt sich eine ***Gruppe*** von einer ***Regel*** unterscheiden. ***Regeln*** haben links des Namens ein ***Doppelpfeil*** Symbol (oben/unten), mit dem die ***Regel*** der gewünschten ***Gruppe*** (auch nachträglich) zugeordnet wird. Jede ***Regel*** kann nur einer ***Gruppe*** zugehören.

Abbildung 4-54 Regel kopieren

Eine vorhandene ***Regel*** kann bei Bedarf kopiert und dann angepasst werden. Mit dem Befehl ***Umbenennen*** kann der Name einer vorhandenen ***Regel*** geändert, und mit dem Befehl ***Löschen*** die ***Regel*** aus dem Projekt entfernt werden.

Grundsätzlich empfiehlt es sich, die Namen aller Projekt-Einstellungen eindeutig zu wählen. Hierzu könnte eine bürointerne ***Dokumentation*** zur Benennung hilfreich sein. Bevor eine ***Regel*** gelöscht wird, versichern Sie sich, dass diese ***Regel*** in keiner ***Graphischen Überschreibung*** verwendet wird. Hierdurch würde sich die ***Überschreibung*** verändern. Löschen nicht verwendeter ***Regeln*** ist prinzipiell sinnvoll, denn diese Regeln sorgen für eine unnötig lange Auflistung und somit auch für längere Suchzeiten.

Auf der rechten Seite des Managers befindet sich eine aktive Textzeile mit dem ***Namen der Regel,*** der hier direkt bearbeitet werden kann.

Im Untermenü ***Kriterien*** wird festgelegt für welche Elemente die ***Regel*** wirksam werden soll. Das Auswahlfenster ähnelt dem Werkzeug ***Suchen und Aktivieren*** oder dem Erstellen eines ***Schemas*** bei Auswertungen.

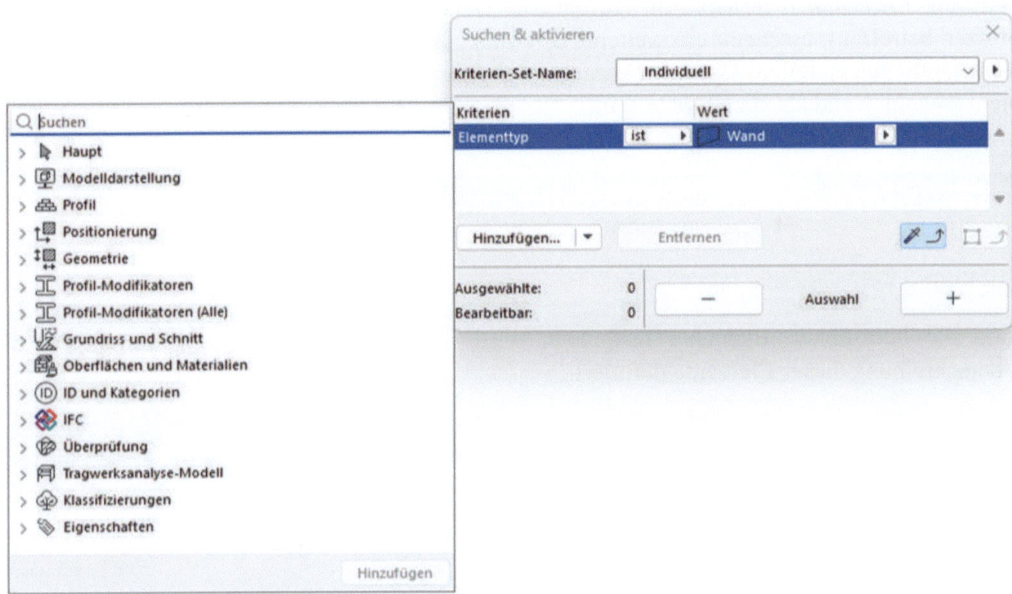

Abbildung 4-55 Kriterien für eine Regel

Durch den Button Hinzufügen werden ein oder mehrere ***Kriterien*** hinzugefügt. Wird ein vorhandenes ***Kriteriums*** ausgewählt der Button Entfernen angeklickt, wird dieses ***Kriterium*** aus der Auswahl gelöscht.

Die zur Verfügung stehenden ***Kriterien*** sind thematisch in Gruppen zusammengefasst. Mit dem jeweiligen Pfeilsymbol wird die gewünschte Gruppe geöffnet und die dort enthaltenen ***Kriterien*** aufgelistet. Soweit der Name des ***Kriteriums*** bekannt ist, lässt sich dieses schneller über das Suchfenster auffinden.

Die ***Kriterien*** innerhalb des Arbeitsfensters, werden mit Hilfe der ***Operatoren*** in eine logische Abfrage eingebunden, durch die die Auswahl der betroffenen Elemente definiert wird. Sollen z.B. alle Wände schwarz dargestellt werden, wird dem ***Elementtyp*** der Wert „***Wand***" und dem ***Operator*** der Wert „***ist***" zugeordnet.

Abbildung 4-56 Kriterienauswahl für eine Regel, die alle Wände betreffen soll

Weitere ***Kriterien*** lassen sich durch zusätzliche ***Attribute*** ergänzen. Z.B. kann die Auswahl durch die Ergänzung des ***Attributs „Ebene"*** weiter präzisiert werden. Die Reihenfolge der ***Kriterien*** wird über die Pfeilsymbole festgelegt. Hierdurch wird die Bearbeitungsreihenfolge der Abfrage gesteuert.

Wird ein ***Kriterium*** mehrfach hinzugefügt (die Darstellung soll z.B. sowohl Wände als auch Stützen betreffen), erscheint ein weiterer ***Operator „und/oder"***, mit dem sich weitere logische Verknüpfungen erstellen lassen. Im vorgestellten Beispiel ist es ein ***oder***, denn ein Objekt kann nicht sowohl Wand als auch Stütze sein.

Abbildung 4-57 Operator und/oder

Sind die betroffenen Elemente festgelegt, wird im Untermenü ***Überschreibungsstile*** die Überschreibung dieser Elemente definiert.

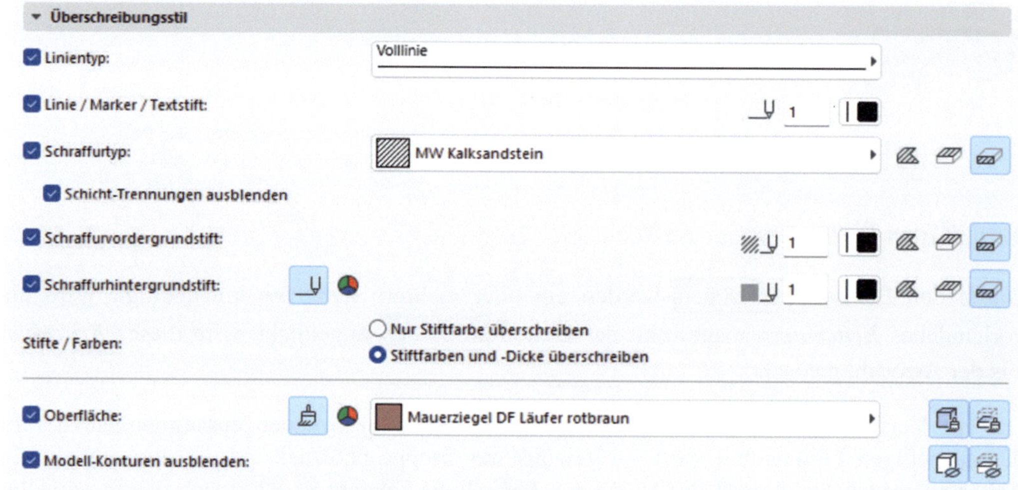

Abbildung 4-58 Einstellungen der Überschreibungsstile

Die Einstellungen der ***Linien*** und der ***Schraffuren*** sind für die Darstellung der Elemente im Schnitt oder im Grundriss relevant. In der Auswahlmaske werden der ***Linientyp*** und die ***Linienfarbe*** für die Konturen der Elemente festgelegt. Die Einstellungen der Schraffur betreffen nicht nur den ***Typ***, sowie ***Vorder***- und ***Hintergrundstift***, sondern auch, ob es sich um eine ***Schnitt-***, ***Zeichnungs-*** oder ***Deckschraffur*** handelt. Zudem können die Trennlinien einzelner Schichten bei Profilen und mehrschichtigen Bauteilen ausgeblendet werden.

Unterhalb dieser Einstellmöglichkeiten befinden sich die Überschreibungsstile für die Darstellung im 3D-Fenster.

Abbildung 4-59 Konturen des Models ausblenden

Oberfläche:
Mauerziegel DF Läufer rotbraun

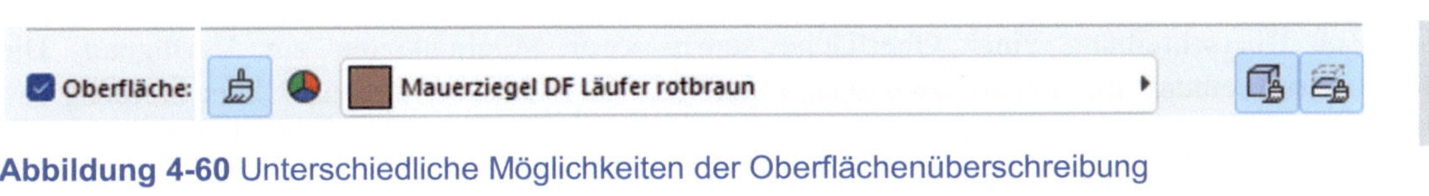

Abbildung 4-60 Unterschiedliche Möglichkeiten der Oberflächenüberschreibung

Oberfläche:
Durchlässigkeit
0

Abbildung 4-61 Unterschiedliche Möglichkeiten der Oberflächenüberschreibung

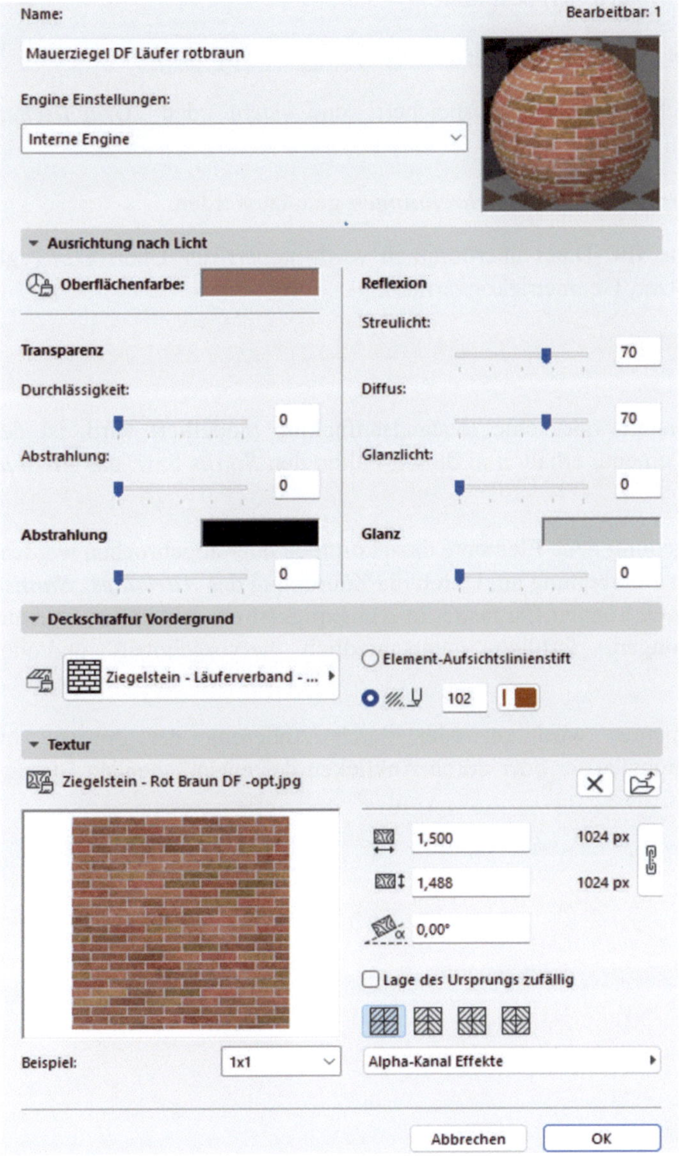
Name:
Bearbeitbar: 1
Mauerziegel DF Läufer rotbraun
Engine Einstellungen:
Interne Engine
Ausrichtung nach Licht
Oberflächenfarbe:
Reflexion
Streulicht:
70
Transparenz
Durchlässigkeit:
0
Diffus:
70
Abstrahlung:
0
Glanzlicht:
0
Abstrahlung
0
Glanz
0
Deckschraffur Vordergrund
Ziegelstein - Läuferverband - ...
Element-Aufsichtslinienstift
102
Textur
Ziegelstein - Rot Braun DF -opt.jpg
1,500
1024 px
1,488
1024 px
0,00°
Lage des Ursprungs zufällig
Beispiel:
1x1
Alpha-Kanal Effekte
Abbrechen
OK

Abbildung 4-62 Zusammensetzung eines Oberflächenmaterials

Zur Überschreibung einer Oberfläche stehen zwei Möglichkeiten zur Verfügung. Die Überschreibung mit einem ***Oberflächenmaterial*** (Icon Pinsel) und die Überschreibung mit einer Farbe (Icon RGB). Die ***Transparenz*** wird im ersten Fall durch die Lichtdurchlässigkeit des Materials (Oberflächenmaterialien-Manager) und im zweiten Fall durch eine manuelle Eingabe der ***Durchlässigkeit*** definiert. Durch die Würfel-Icons wird vorgegeben, ob die Überschreibung für ungeschnittene, für geschnittene oder für beide Oberflächen gilt.

Für den ***IFC-Export*** sind beide Varianten möglich. Bei der Überschreibung mit einem Material wird die Oberfläche des Elementes im ***IFC-Modell*** nicht durch die ***Texturvorlage*** (Foto), sondern durch die ***Oberflächenfarbe*** (RGB) bestimmt.

Optionen→ Element-Attribute→ Oberflächenmaterialien...

Mit OK wird der Überschreibungsstil gespeichert und steht den ***Graphischen Überschreibungen*** zur Verfügung.

Eine Regel kann für mehreren ***Graphische Überschreibungen*** genutzt werden.

Ob eine Überschreibung in eine IFC-Datei übernommen wird, steuert der Übersetzer (vgl. Abschnitt 6.4.3 Eigener Übersetzer, Geometriekonvertierung).

4.1.5 Umbau-Filter

Solange ein Neubau-Projekt erstellt oder eine Bestandsaufnahme modelliert wird, ist der Umbau-Filter irrelevant. Alle Elemente erhalten in diesen Fällen den ***Status*** bzw. das ***Attribut „Bestand***".

Erst wenn in einer Bestandsumgebung neue Elemente dazu kommen oder abgebrochen werden, bietet sich der ***Umbau-Filter*** zur Bearbeitung an. Durch die Zuordnung des ***Attributes „Status***" in ***Bestand, Neubau*** oder ***Abbruch*** können Elemente, in Abhängigkeit des gewählten Umbau-Filters und dessen Einstellungen, farblich unterschiedlich hervorgehoben und/oder ausgeblendet werden.

Der Umbaustatus eines Elementes wird entweder durch Änderung der Angabe im Grundeinstellungs-Kommunikationsfenster oder durch Anklicken des entsprechenden Buttons in der ***Umbau-Palette***, angepasst.

Fenster→Paletten→ Umbau-Palette

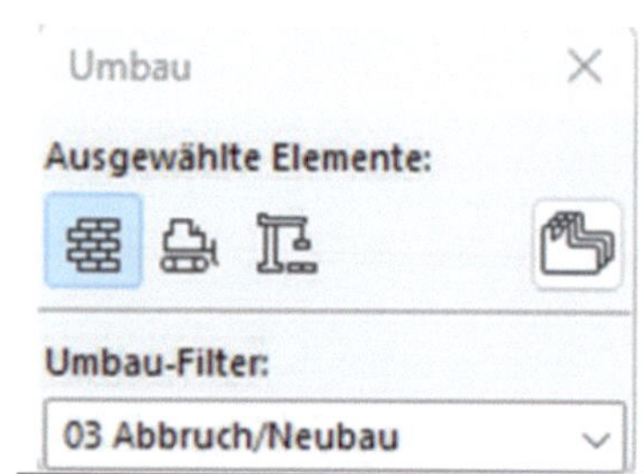

Abbildung 4-63 Änderung des Umbau-Status bei einem Element

Die ***Umbau-Palette*** ermöglicht es, den Umbaustatus bereits beim Erstellen und nicht erst nachträglich, zuzuweisen. Vor dem Erstellen des Elementes wird hierzu der gewünschte ***Umbau-Status*** aktiviert. Alle Elemente, die dann erstellt werden, erhalten automatisch den voreingestellten Wert.

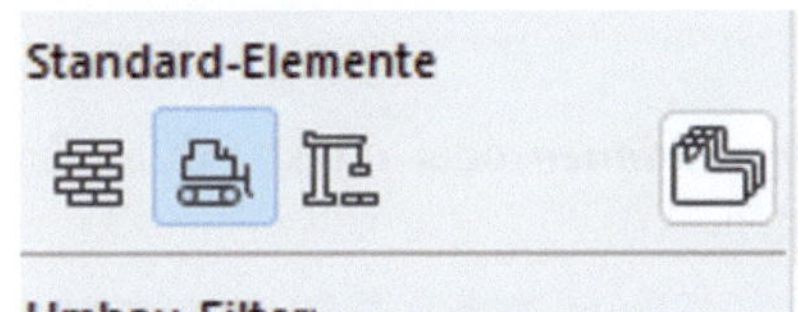

Abbildung 4-64 Status der Elemente, die erstellt werden

Im jeweiligen Umbaufilter werden diese Elemente dann angezeigt oder ausgeblendet bzw. in Rot (Neubau) oder in Gelb (Abbruch) dargestellt. Die ***Anzeige auf Umbau-Filter***-Einstellung im Grundeinstellungsdialog bietet bezüglich des Ein- und Ausblendens von Elementen zusätzliche Möglichkeiten. Wird z.B. ein Neubauelement auf allen Filtern angezeigt, auf denen der Neubau aktiv ist (Reiner Neubau, Abbruch/Neubau, Neubau, Endzustand), kann hier dem Element ein einziger Filter zugewiesen werden. So könnte ein Neubauelement z.B. nur auf dem Filter Endzustand angezeigt werden.

Im folgenden Beispiel wird der Filter „Abbruch/Neubau" auf eine Wand mit einer neuen Tür und einer zugemauerten Tür angewendet.

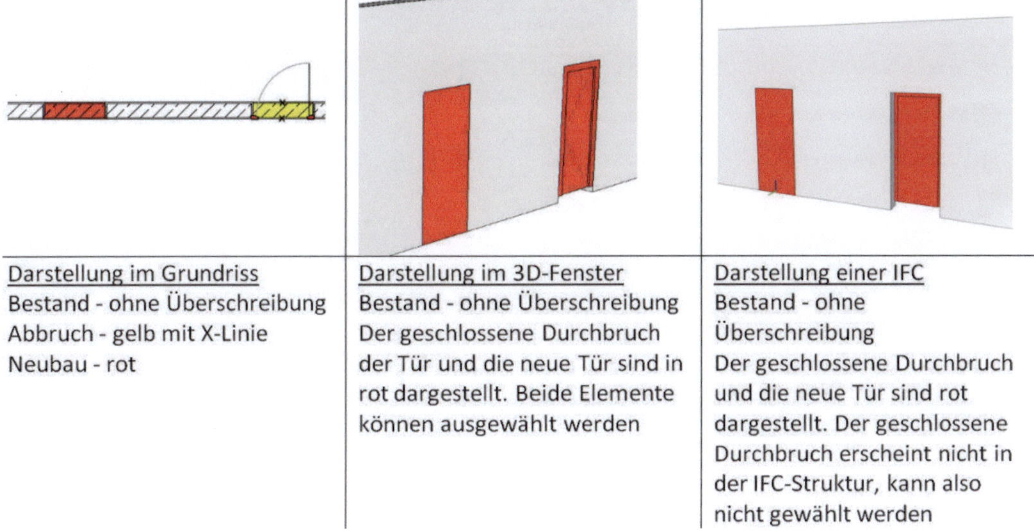

Darstellung im Grundriss	Darstellung im 3D-Fenster	Darstellung einer IFC
Bestand - ohne Überschreibung Abbruch - gelb mit X-Linie Neubau - rot	Bestand - ohne Überschreibung Der geschlossene Durchbruch der Tür und die neue Tür sind in rot dargestellt. Beide Elemente können ausgewählt werden	Bestand - ohne Überschreibung Der geschlossene Durchbruch und die neue Tür sind rot dargestellt. Der geschlossene Durchbruch erscheint nicht in der IFC-Struktur, kann also nicht gewählt werden

Abbildung 4-65 Auswirkung des Umbau-Filters „Abbruch/Neubau" auf die Darstellung in Grundriss, 3D-Fenster und einem IFC Viewer/BIMvision

Bezogen auf ein ***IFC-Modell*** steuert der ***Umbau-Filter*** welche Elemente exportiert und wie diese exportiert werden. Je nach Anforderungen an das ***IFC-Modell*** lassen sich auf diese Weise unterschiedliche Umbaustatus generieren.

Wesentlich beim Export ist, dass obwohl die ***Überschreibung*** eines Elementes optisch erkennbar ist – es in Abhängigkeit der Exporteinstellungen nicht innerhalb der ***IFC-Struktur*** erscheint.

In der Standardvorlage von Archicad sind bereits verschiedene ***Umbau-Filter*** angelegt. Diese können angepasst und ergänzt werden.

Der ***Umbau-Filter-Manager*** wird über das Menü ***Dokumentationen*** oder direkt mit einem Klick auf das entsprechende Icon im Arbeitsfenster aufgerufen.

Dokumentation → Umbau → Umbau-Filter Optionen…

Es öffnet sich ein Kommunikationsfenster, in dem die einzelnen Filter aufgelistet werden. Der weitere Bereich des Kommunikationsfensters dient der Steuerung der Überschreibung.

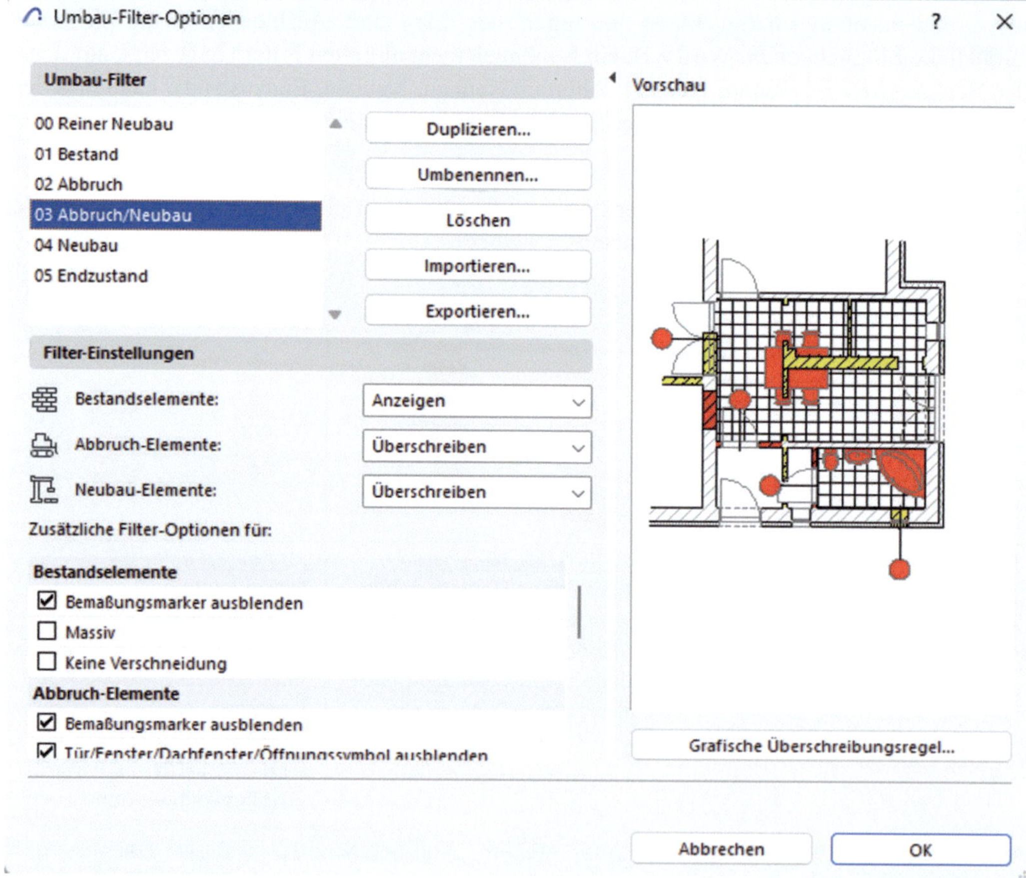

Abbildung 4-66 Umbau-Filter-Manager

Das Kommunikationsfenster ist in drei Bereiche aufgeteilt: Den ***Umbau-Filter***, in dem die bestehenden Filter verwaltet, neu erstellt oder gelöscht werden; die ***Filter-Einstellungen***, in denen das Verhalten der Elemente gesteuert wird und den ***Vorschau-Bereich*** in dem die Auswirkungen der Filter-Einstellungen dargestellt werden.

Bei der Darstellung der Elemente stehen drei Auswahlmöglichkeiten zur Verfügung: ***Anzeigen***, ***Überschreiben*** und ***Ausblenden***.

Anzeigen bedeutet, die Elemente werden unverändert angezeigt. Beim ***Überschreiben*** werden Elemente nach bestimmten ***Regeln*** überschrieben. Standardmäßig wird der Abbruch gelb mit einer X-Linie als Kontur, ohne Überschreibung des Schraffur-Typs dargestellt. Der Neubau wird rot dargestellt.

Diese Überschreibungen können den eigenen Bedürfnissen angepasst werden. Durch Drücken des Buttons Grafische Überschreibungsregeln... wird das Kommunikationsfenster des ***Überschreibungsregeln-Managers*** geöffnet.

Im Ordner ***UMBAU*** werden die Überschreibungsregeln des ***Umbau-Filters*** verwaltet. Die Kriterien Auswahl dieser Regeln sind grau hinterlegt und können nicht geändert werden. Die ***Überschreibungsstile*** können jedoch, vergleichbar mit anderen ***Überschreibungsregeln***, bearbeitet werden (vgl. Abschnitt 4.1.5).

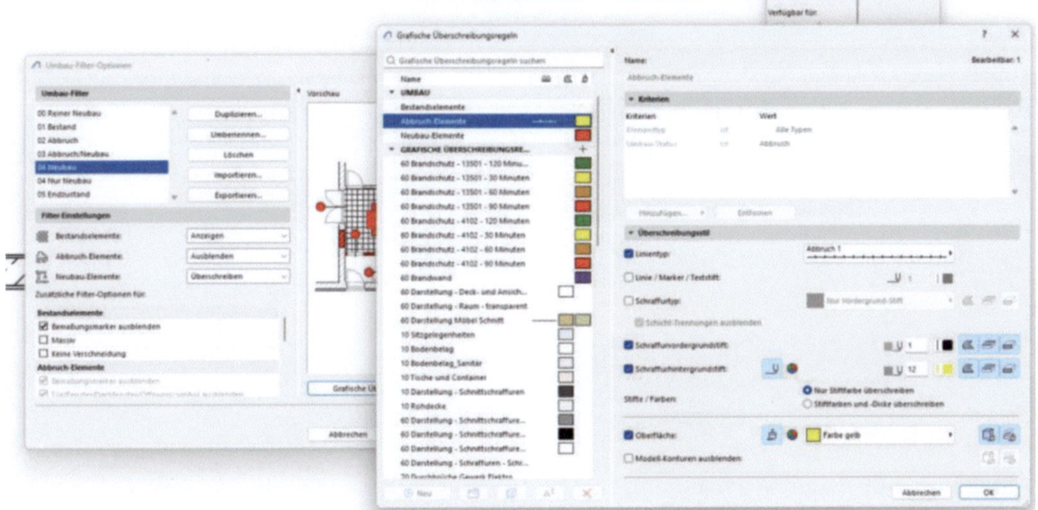

Abbildung 4-67 Überschreibungsstile des Umbau-Filters

Im Bereich der ***zusätzlichen Filter-Optionen*** kann die 2D-Darstellung der Elemente und deren Marker angepasst werden. Diese Einstellungen haben keine weitere Auswirkung auf den IFC-Export.

Befinden sich Elemente (z.B. Durchbruch, Fenster, Tür) mit den Werten ***Neubau*** oder ***Abbruch*** in einer bestehenden Wand und werden die Bestandselemente ausgeblendet, so werden auch diese, unabhängig ihres Wertes, ausgeblendet.

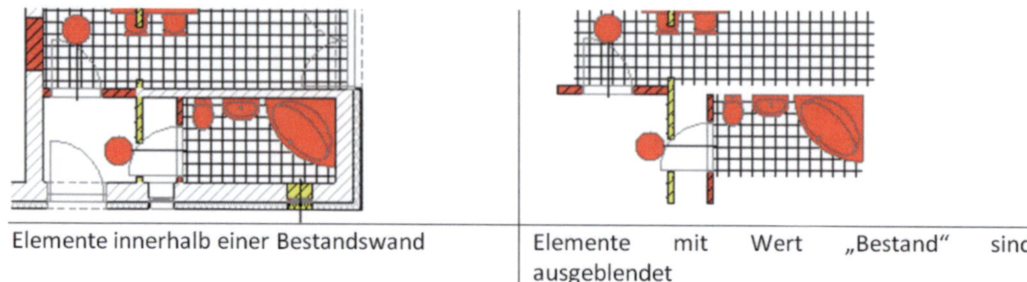

Elemente innerhalb einer Bestandswand	Elemente mit Wert „Bestand“ sind ausgeblendet

Abbildung 4-68 Auswirkung des Ausblendens der Bestandselemente auf unterschiedliche Elemente

Beim Exportieren von ***IFC-Dateien***, die Elemente mit unterschiedlichen Werten des ***Attributes Umbau-Status*** beinhalten, treten regelmäßig ***Export-Warnungen*** auf. Bei der Überprüfung stellt man fest, dass dies keine Fehlermeldung ist, sondern lediglich ein Hinweis. Logischerweise werden Elemente, die ausgeblendet sind keine Geometrie aufweisen und können nicht exportiert werden. Die Export-Warnungen sollte man trotzdem nachvollziehen. Im Bereich Best Praxis wird anhand eines Beispiels die Entstehung einer solchen Fehlermeldung gezeigt (vgl. Abschnitt 9.7 Beispiel: Export-Warnung bei IFC).

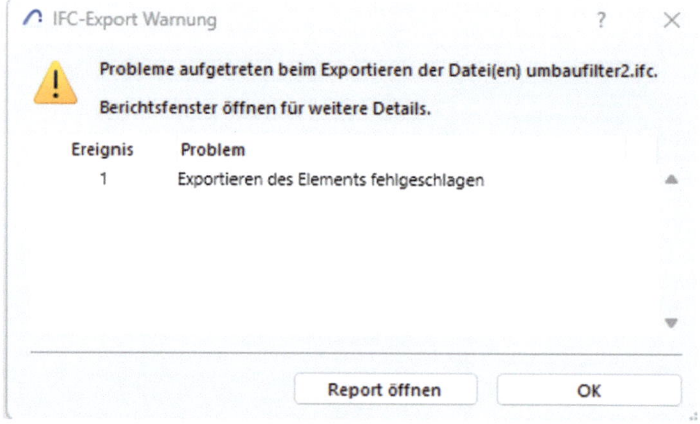

Abbildung 4-69 Export-Warnung

Wie die Elemente exportiert werden – ob z.B. der verschlossene Durchbruch durch Umrisse erkennbar bleibt, ob dieser mit der Überschreibungs-Oberfläche dargestellt wird, oder mit der Wand vereint wird – wird im ***Übersetzer*** gesteuert (vgl. Abschnitt 6.4.3 Eigener Übersetzer, Geometriekonvertierung und Abschnitt 6.4.7 Datenkonvertierung).

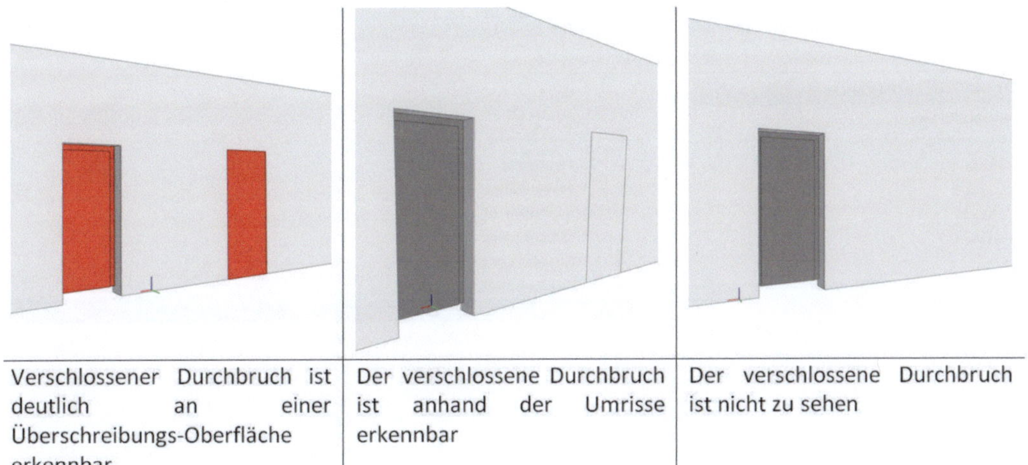

Abbildung 4-70 Unterschiedliche Darstellung der gleichen Situation durch die Einstellungen im Übersetzer/BIMvision

In allen Fällen wird der verschlossene Durchbruch nicht in der IFC-Struktur berücksichtigt. Es lassen sich keine Mengen ermitteln. Falls hier Berechnungen benötigt werden, muss dies im Rahmen der Attributierung berücksichtigt werden. Hierzu sind Attribute mit eigenen Berechnungen zu erstellen (vgl. Abschnitt 4.3 Attribute/ Eigenschaften).

4.1.6 Varianten

Soweit die Planung zu Beginn der Eingabe in die CAD noch nicht final steht, wird es immer wieder die Notwendigkeit geben, verschiedene Varianten zu erstellen. Archicad bietet die Möglichkeit, unterschiedliche Varianten innerhalb der CAD durchzuspielen und die endgültige Lösung ins Projekt einzubinden.

In einer ***IFC-Datei*** kann jeweils nur eine Varianten-Kombination exportiert werden. Möchte man diese ***Varianten*** gegenüberstellen, kann man das entweder in einem Model-Checker Programm, oder man benötigt zwei native CAD-Dateien, die dann mit dem internen ***Modellabgleich*** betrachten werden können. In 2D können die Varianten abgeglichen werden, in dem die zu vergleichende Variante als ***Ausschnitt*** gespeichert und als ***Transparentpause*** aktiviert wird.

Der ***Varianten-Manager*** kann über das Menü ***Dokumentationen*** oder mit einem Klick auf das entsprechende Icon in der Leiste am unteren Rand des Arbeitsfensters aufgerufen werden.

Dokumentation → Variantenplanung → Varianten-Manager

Dabei öffnet sich ein Kommunikationsfenster, das in zwei Bereiche aufgeteilt ist: Die Varianten-Kombination und die Varianten-Sets.

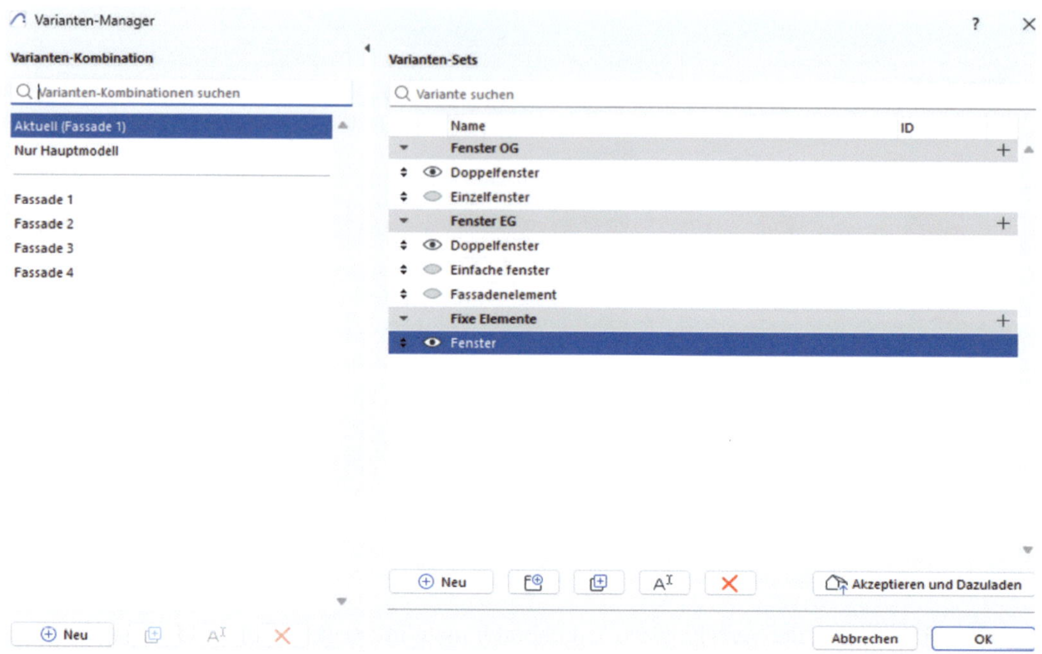

Abbildung 4-71 Varianten-Manager

Das Arbeiten mit dem ***Varianten-Manager*** erinnert an das Arbeiten mit ***Ebenen*** und den ***Ebenen-Kombinationen***.

Solange nichts anderes eingestellt wird, werden alle Elemente dem ***Hauptmodell*** zugeordnet. Mit dem Erstellen der ersten ***Variante*** können dann beliebige Elemente dieser ***Variante*** zugeordnet werden.

Mehrere Varianten können thematisch mit dem Ordner-Plus-Symbol zu einem ***Varianten-Set*** zusammengefasst werden. Neben jeder ***Variante*** befindet sich ein Auge-Icon. Mit diesem wird die Sichtbarkeit der Elemente, die einer ***Variante*** zugeordnet sind, gesteuert. Die Sichtbarkeit aller ***Varianten*** kann in einer ***Varianten-Kombination*** hinterlegt und in einem Ausschnitt gespeichert werden.

Für eine neue ***Varianten-Kombination*** wird zuerst eine neue Kombination durch Drücken des Buttons Neu erstellt und eindeutig benannt. Im Anschluss wird die Sichtbarkeit aller ***Varianten*** in der aktiven ***Varianten-Kombination*** eingestellt.

Sowohl ***Varianten*** als auch die ***Varianten-Sets*** und ***Varianten-Kombinationen*** können nachträglich kopiert, umbenannt oder gelöscht werden.

Die Schwierigkeit der ***Varianten*** liegt weniger in der Erstellung, vielmehr in der Zuordnung der Elemente zu diesen ***Varianten***. Werden die ***Varianten*** – ähnlich den ***Ebenen*** – nach Werkzeugen erstellt, wie zum Beispiel Wände, Stützen oder Decken? Oder nach Bereichen, wie zum Beispiel Anbau I oder Anbau II? Hier erfordert jedes Projekt eine individuelle Betrachtung.

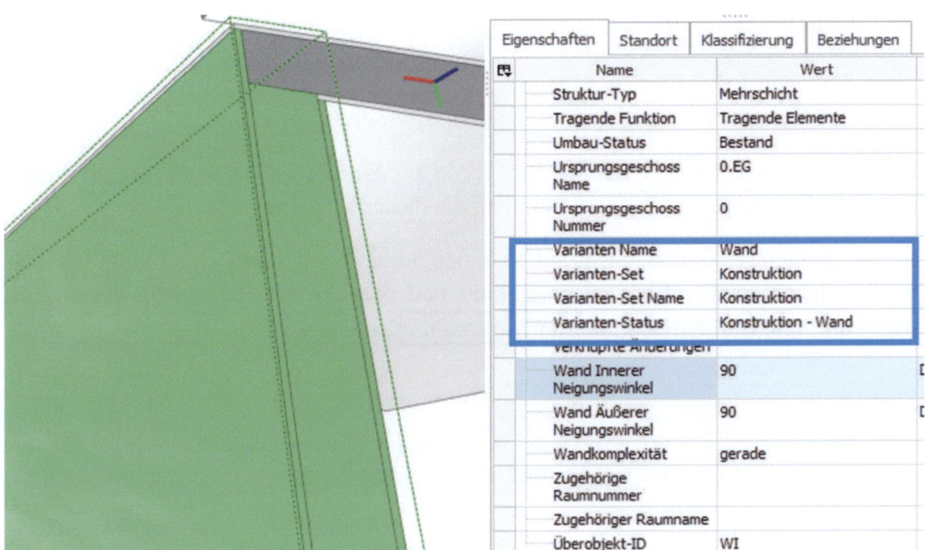

Abbildung 4-72 Varianten und Varianten-Set können in die IFC exportiert werden/BIMvision

Die ***Varianten*** und ***Varianten-Sets*** können in der ***IFC-Datei*** exportiert werden, entsprechend ist eine eindeutige Benennung sinnvoll. Im ***Varianten-Status*** werden sowohl das ***Set*** als auch der ***Varianten-Name*** zusammengefasst.

Die ***Varianten-Palette*** erleichtert das Arbeiten mit den ***Varianten***.

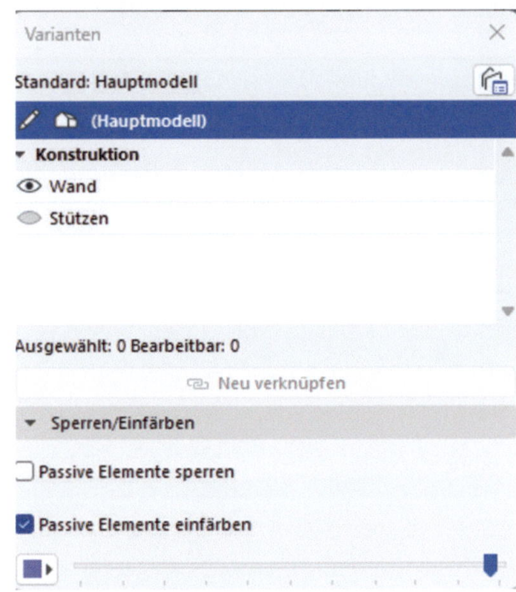

Abbildung 4-73 Varianten-Palette

Fenster → Paletten → Varianten-Palette

Rechts oben in der Palette befindet sich der Button, um den ***Varianten-Manager*** zu öffnen.

Auf der linken Seite wird die ***Variante*** benannt, der die neu erstellten Elemente zugeordnet werden. Standardmäßig werden die Elemente dem ***Hauptmodell*** zugeordnet.

Durch einen Doppelklick auf eine ***Variante*** wird diese zur ***Standard-Variante***. Alle ab diesem Zeitpunkt erstellten Elemente werden jetzt automatisch dieser Variante zugeordnet.

Bereits erstellte Elemente können nachträglich einer anderen Variante zugeordnet werden. Hierzu wird das entsprechende Element angeklickt und dann in der Palette die gewünschte Variante ausgewählt und mit dem Button Neu verknüpfen bestätigt.

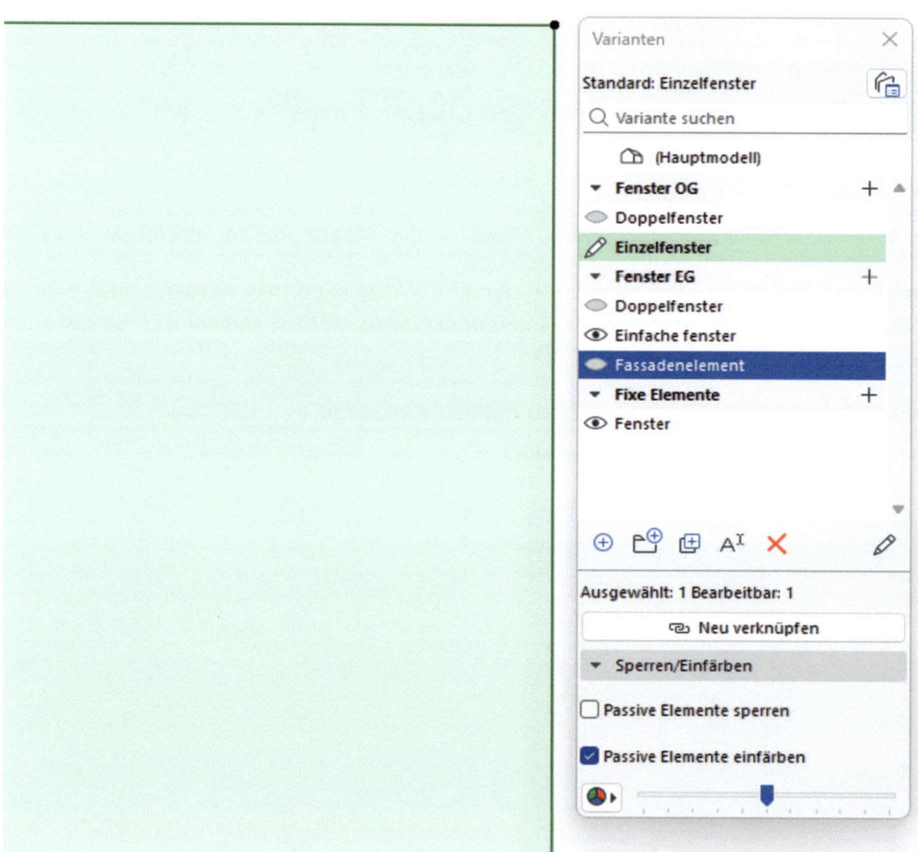

Abbildung 4-74 Verknüpfen eines Elementes mit einer Variante

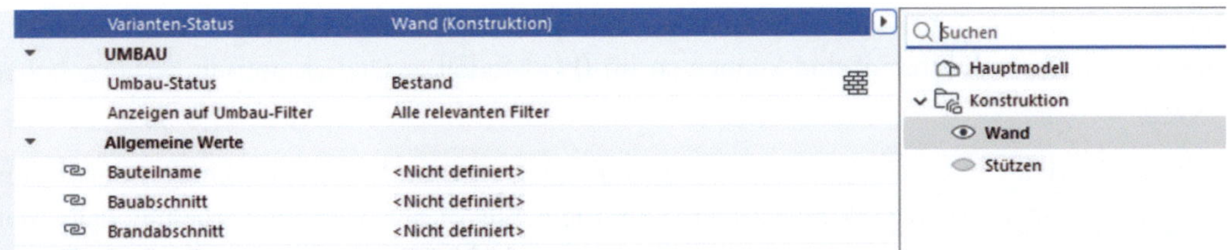

Abbildung 4-75 Variantenzuordnung im Grundeinstellungs-Kommunikationsfenster

Eine weitere Möglichkeit der Neu-Zuordnung ist es, das Element zu aktivieren und die gewünschte ***Variante*** innerhalb des ***Grundeinstellungs-Kommunikationsfensters*** auszuwählen.

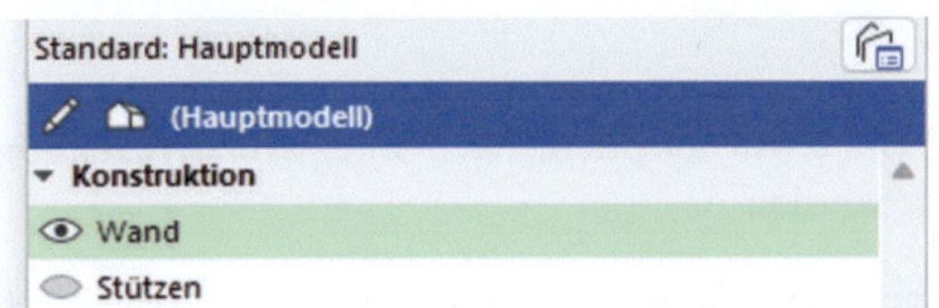

Abbildung 4-76 zugeordnete Variante

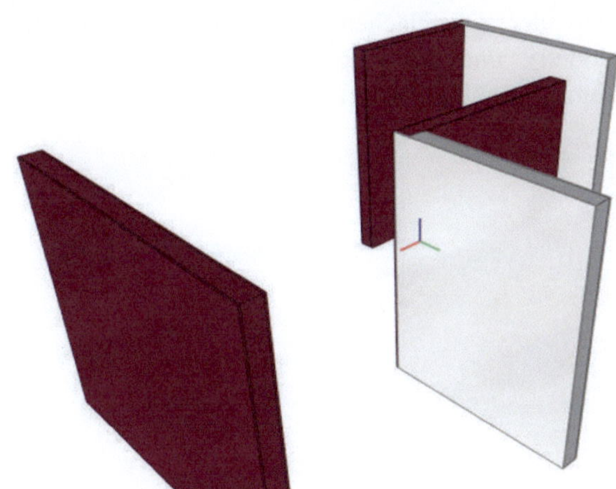

Abbildung 4-77 Farblich hervorgehobene Elemente/BIMvision

Die Verknüpfung eines Elementes mit einer Variante wird in der Palette durch eine grüne Einfärbung verdeutlicht.

Elemente, die nicht zur ***Standard-Variante*** gehören, sind ***Passive Elemente*** und werden zur besseren Übersicht hellgrau dargestellt. Die Darstellung der ***Passiven Elemente*** kann im unteren Feld der Palette angepasst werden. Der Button mit dem Farbfeld öffnet eine Farbpalette, aus der die gewünschte Farbe ausgesucht werden kann. Mit dem Regler rechts des Buttons wird die Transparenz der Elemente gesteuert.

Die Färbung bzw. die Transparenz der ***Passiven Elemente*** hat keine Auswirkung auf den IFC-Export.

Die Elemente der Varianten reagieren auf die Überschreibungsstile (vgl. Abschnitt 4.1.4 Graphische Überschreibung) und können so im IFC-Modell zusätzlich optisch hervorgehoben werden.

Soll eine Variante in das Projekt übernommen werden, wird im Varianten-Manager der Button Akzeptieren und Dazuladen angeklickt. Die Elemente dieser ***Variante*** erhalten dann den ***Status Hauptmodell*** und werden in das Projekt eingegliedert.

Sollen nur einzelne Elemente der Variante in das Projekt übernommen werden, kann das über Neu verknüpfen zum Hauptmodell in der ***Varianten-Palette*** durchgeführt werden.

4.2 Baustoffe

Die Elemente einer ***IFC-Datei*** können im ***IFC-Viewer*** farblich, nach ihrer ***Klassifizierung*** oder nach dem verwendeten ***Baustoff*** dargestellt werden.

Grundsätzlich werden keine ***Bildtexturen***, wie zum Beispiel Mauerwerksteine exportiert. Ebenso wenig werden ***vektorielle Schraffuren*** der Baustoffe exportiert. Lediglich die ***Oberflächenfarbe*** wird beim Export berücksichtigt. Dabei sind die Einstellungen des Export-Übersetzers, mögliche Überschreibungen der Oberflächen aus dem Grundeinstellungs-Kommunikationsfenster (Untermenü Modell), und die Farben der aktuellen Graphischen Überschreibung (vgl. Abschnitt 6.4.3 Geometriekonvertierung) zu berücksichtigen.

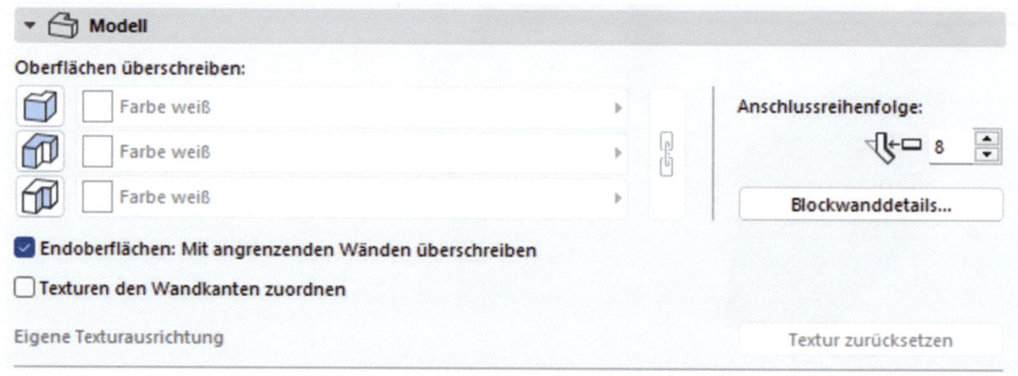

Abbildung 4-78 Die Überschreibung der Oberflächen kann optisch exportiert werden

Neben der reinen optischen Darstellung in der IFC können den ***Baustoffen*** unterschiedliche Attribute (z.B. Dichte, Hersteller) oder ***Klassifizierungen*** zugeordnet werden. So kann zum Beispiel die Dämmung in einem ***Mehrschichtigen Bauteil*** auch als solche ausgewertet werden.

Abbildung 4-79 Projekt-Präferenzen

Die ***Baustoffe*** liefern die Grundlage für die konditionalen Berechnungen (z.B. übermessen der Öffnungen <2,5m² in den Wänden). Beim Erstellen eigener ***Baustoffe*** muss geprüft werden, ob die ***Baustoffe*** mit den Berechnungen verknüpft sind. Die ***Berechnungsregel***n sind im Menü Optionen zu finden.

Optionen →Projekt-Präferenzen→Berechnungsregeln...

Im Kommunikationsfenster können die ***Berechnungsregeln*** überprüft, bzw. angepasst werden.

Im Untermenü ***Komponentenöffnungen ignorieren, wenn*** werden die Berechnungsregeln für die konditionalen Berechnungen verwaltet.

Sollten mehr als eine ***Klassifizierung*** innerhalb des Projekts genutzt werden, kann hier die ***Klassifizierung***, die für die Berechnungen genutzt werden soll, ausgewählt werden.

Komponentenöffnungen ignorieren, wenn — Archicad Kla...ierung - 27 / Archicad Klassifizierung - 27

Schicht/Komponenten-Eig...	Baustoff-Klassifizi...	
Schicht/Komponenten-Volu...	Verschiedene	0,50 m³
Oberflächenbereich (bedingt)	Verschiedene	2,50 m²
Oberflächenbereich (bedingt)	Verschiedene	0,50 m²
Oberflächenbereich (bedingt)	Verschiedene	0,10 m²

Abbildung 4-80 Klassifizierung für die Berechnungen

Mit den Buttons Hinzufügen und Löschen werden neue ***Regeln*** aufgestellt oder vorhandene gelöscht. Bei Hinzufügen besteht die Wahl zwischen Flächenberechnungen (***Oberflächenbereich (bedingt)***) und Volumenberechnungen (***Schicht/ Komponenten-Volumen (bedingt)***).

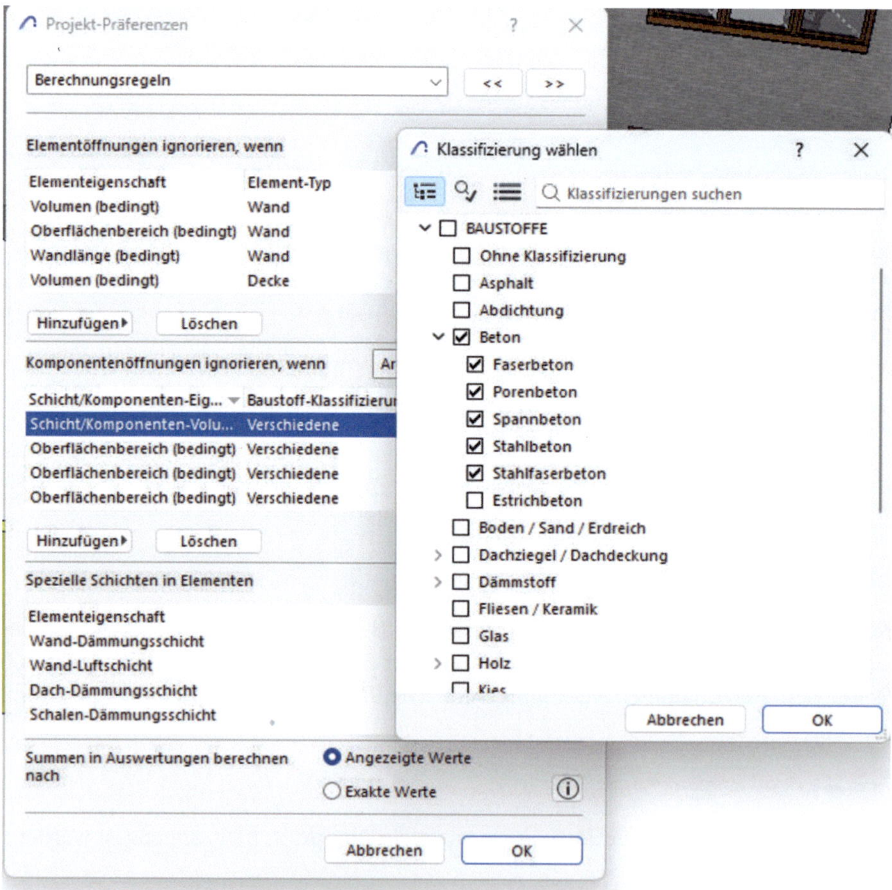

Abbildung 4-81 Anpassung der Berechnungsgrundlagen

Klickt man in die Zeile ***Baustoff-Klassifizierungen***, erscheint neben dem Begriff ***Verschiedene*** ein Button ....

Mit Klick auf diesen Button erscheint eine Klassifizierungstabelle, in der die Auswahl der ***Baustoffe*** für die jeweilige Berechnung überprüft und geändert werden kann.

Insbesondere bei der Erstellung eigener Berechnungen sollten diese durch Tests überprüft werden, da nur so Fehler in den ***Auswertungen*** rechtzeitig erkannt werden und verlässliche Ergebnisse sichergestellt werden.

Verwaltet werden die ***Baustoffe*** im ***Baustoff-Manager***.

Optionen → Element-Attribute → Baustoffe

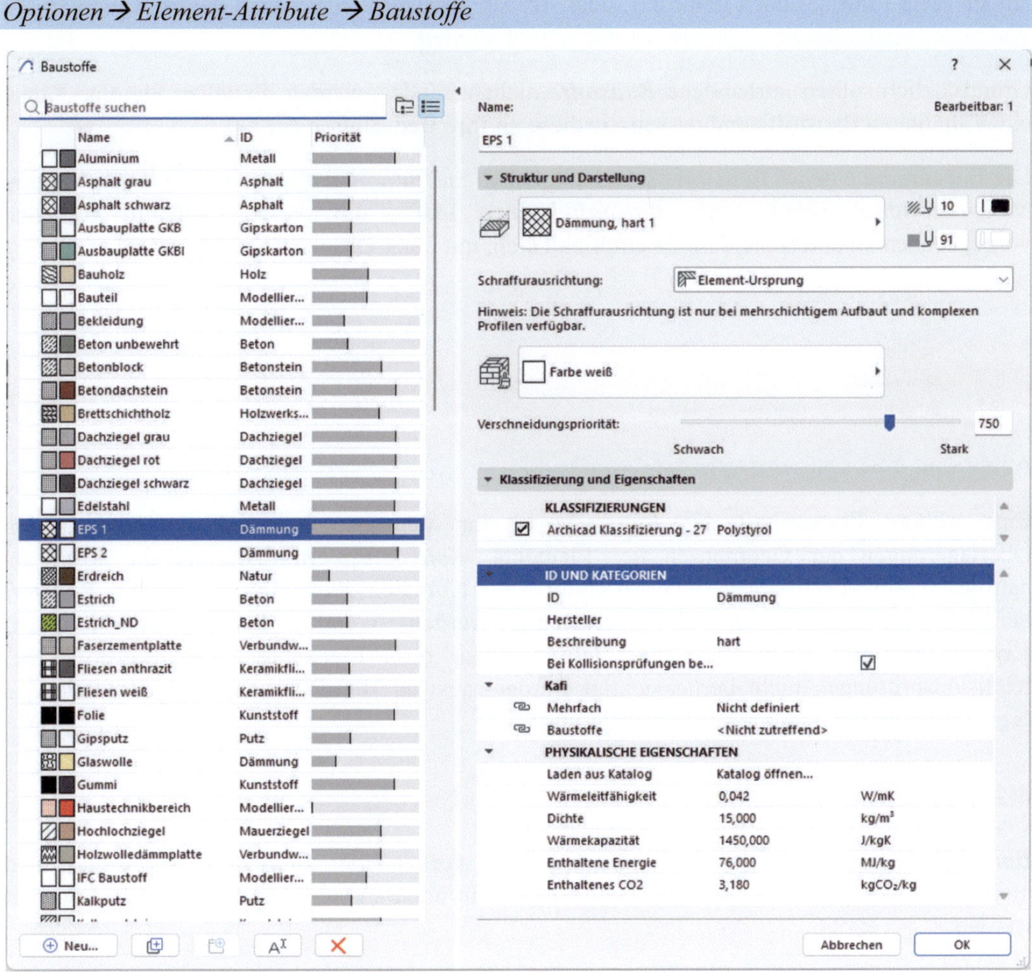

Abbildung 4-82 Baustoffe-Manager

Bei Exporten der ***Baustoffe*** sollten nur diejenigen baustoffspezifischen Informationen berücksichtigt werden, die auch gewollt und geprüft sind. Um nicht standardmäßig alle hinterlegten Informationen mitzuexportieren können im ***Export-Übersetzer*** entsprechende Einstellungen vorgenommen werden (vgl. Abschnitt 6.4.7 Datenkonvertierung).

Die enthaltenen ***Baustoffe*** sind bereits klassifiziert, folgen einer definierten Darstellung der Oberflächen und haben zugeordnete physikalische Eigenschaften.

Die ***Klassifizierungen*** der ***Baustoffe*** können dazu verwendet werden, einzelne Komponenten der ***Mehrschichtigen Bauteile*** nicht als *IfcBuildingElementPart*, sondern als separate Bauteile zu exportieren (vgl. Abschnitt 3.5.19 Komplexe Elemente und Abschnitt 6.4.2 Typ-Zuordnung) Solange keine weiteren Angaben zu den verwendeten Baustoffen benötigt werden bzw. bekannt sind, reichen die vorhandenen ***Baustoffe*** innerhalb Archicad meist aus. Werden jedoch reale Informationen gefordert, oder werden ***Baustoffe*** verwendet, die im Katalog nicht vorhanden sind, können eigene Baustoffe erstellt werden.

Grundsätzlich sollten vorhandene ***Baustoffe*** nicht verändert werden. Erstellen Sie eine Kopie eines ähnlichen Baustoffs und passen Sie diese an Ihre Bedürfnisse an.

Die Benennung eigener Baustoffe sollte möglichst eindeutig und allgemein verständliche sein. Möglicherweise erhalten Ihre ***Baustoffe*** einen Index, um diesen eindeutig von den vorgegebenen zu unterscheiden. Es empfiehlt sich, mit einer Ordnerstruktur zu arbeiten.

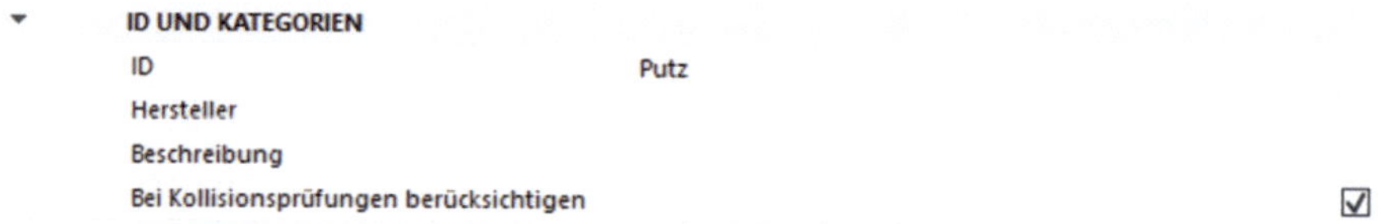

▾ ID UND KATEGORIEN		
ID	Putz	
Hersteller		
Beschreibung		
Bei Kollisionsprüfungen berücksichtigen		☑

Abbildung 4-83 Kollisionsverhalten

Eine weitere Eigenschaft der ***Baustoffe*** ist ihr Verhalten bei ***Kollisionen***, also den Überlagerungen der Geometrien der Elemente. ***Kollisionsprüfungen*** sind die wohl am häufigsten Modellprüfungen (vgl. Abschnitt 5.8.1 Kollisionserkennung...). Soll ein ***Baustoff*** bei einer Kollisionsprüfung nicht berücksichtigt werden, erzeugt er keine Fehlermeldungen. ***Export-Übersetzer*** können so eingestellt werden, dass Elemente, deren Baustoffe bei Kollisionsprüfungen nicht berücksichtigt werden, aus der IFC-Datei ausgeschlossen werden (vgl. Abschnitt 6.4.3 Geometriekonvertierung).

4.2.1 Baustoff erstellen

Baustoffe können neu erstellt werden oder ein vorhandener ***Baustoff*** kann kopiert und modifiziert werden. Ein vorhandener ***Baustoff*** kann auch aus einer anderen Datei importiert werden.

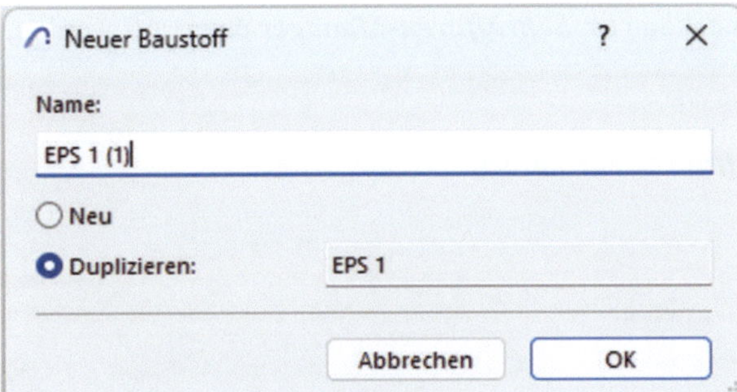

Abbildung 4-84 Neuer Baustoff

Zum Erstellen und Kopieren wird der Button Neu angeklickt. In dem dabei erscheinenden Kommunikationsfenster werden der Name des neuen ***Baustoffes*** und die Erstellung (komplett ***neu***, oder durch ***Duplizieren*** eines bereits vorhandenen Baustoffes) festgelegt.

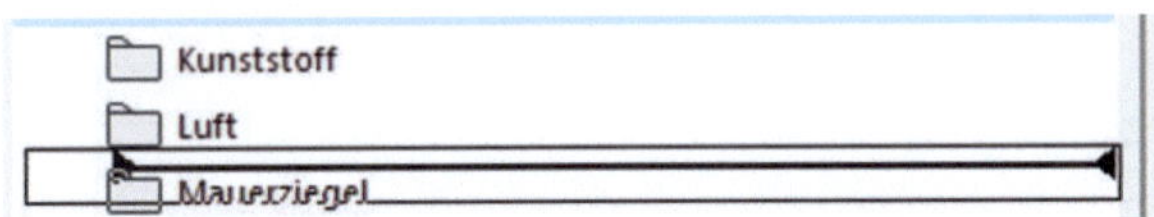

Abbildung 4-85 Verschieben der Baustoffe

Grundsätzlich kann der ***Baustoff*** in jeden beliebigen Ordner des ***Baustoff-Managers*** abgelegt und nachträglich dem gewünschten Ordner zugeordnet werden. Hierzu wird der ***Baustoff*** mit der rechten Maustaste angeklickt und mit dem Cursors zum gewünschten Ordner verschoben.

Auf der rechten Seite des ***Managers*** werden die weiteren Informationen des ***Baustoffes*** erstellt bzw. angepasst.

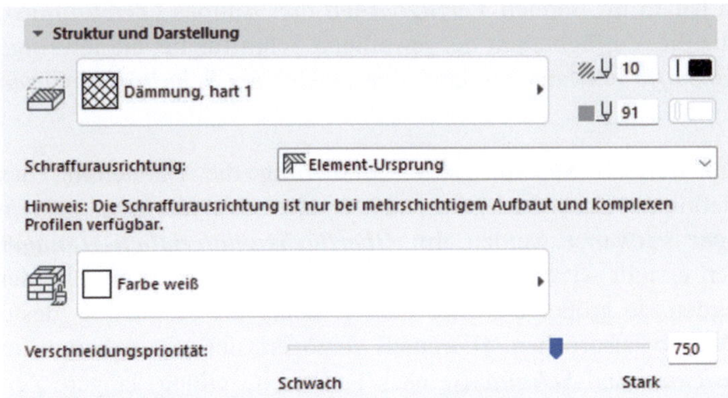

Abbildung 4-86 Bereich Struktur und Darstellung

Im Bereich ***Struktur und Darstellung*** wird festgelegt, wie der ***Baustoff*** in den Schnittflächen (in Grundrissen, in Schnitten-, Ansichten- und Detailfenstern) dargestellt wird. Es stehen alle ***Schnittschraffuren*** zur Verfügung. Daneben können die ***Vorder-*** und ***Hintergrundfarbe*** der ***Schraffur*** definiert werden.

Ob eine Schraffur eine ***Schnittschraffur*** ist, kann im ***Schraffuren-Manager*** überprüft werden.

Optionen → Element-Attribute → Schraffuren...

Hier kann nach Bedarf eine eigene ***Schraffur*** erstellt werden.

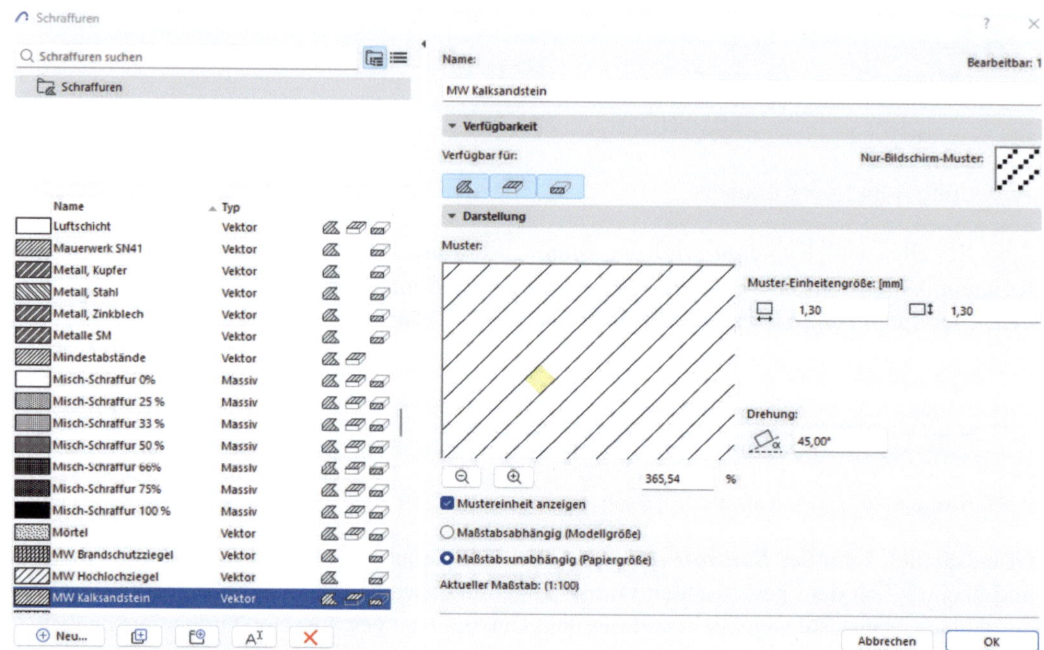

Abbildung 4-87 Schraffuren-Manager

Alle dort gelisteten Schraffuren haben im Bereich ***Verfügbarkeit*** drei Buttons (***Zeichnungs-, Deck-*** und S***chnittschraffur***), die die Verfügbarkeit der jeweiligen Schraffur für die jeweilige Anwendung steuern. Die für ***Baustoffe*** relevanten Schraffuren müssen als ***Schnittschraffuren*** verfügbar sein.

Neben der ***Schraffur*** wird im Bereich ***Struktur und Darstellung*** die Darstellung des Baustoffes im 3D-Fensters definiert. Zur Verfügung stehen alle ***Oberflächen***, die im ***Oberflächenmaterialien-Manager*** verwaltet werden. Im ***Oberflächenmaterialien-Manager*** können auch eigene Oberflächen erstellt werden. Dabei sollte unbedingt die Dateigröße der ***Oberflächentextur*** beachtet werden. Je größer das Bild oder je höher die Auflösung, desto mehr Speicherplatz wird die Datei beanspruchen. Hierdurch verzögert sich das Arbeiten im 3D-Fenster. Zudem können ***Ansichten*** und ***Schnitte*** (je nach Fenstereinstellung) längere Zeit zum Aufbau benötigen. Nehmen Sie die vorhandenen Oberflächen und Größen der Bilddateien zur Orientierung.

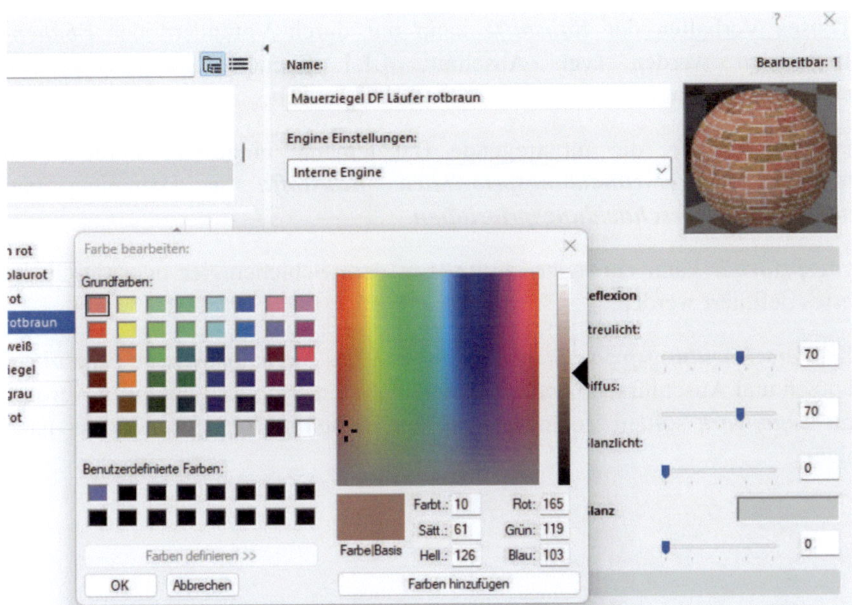

Abbildung 4-88 Oberflächenmaterialien

Für den ***IFC-Export*** ist nur die ***Oberflächenfarbe*** relevant. Um diese zu wählen, wird die Fläche mit der Farbe angeklickt. Es erscheint eine Farbpalette, die die Auswahl und Anpassung der gewünschten Oberflächenfarbe ermöglicht.

Abbildung 4-89 Verschneidungspriorität

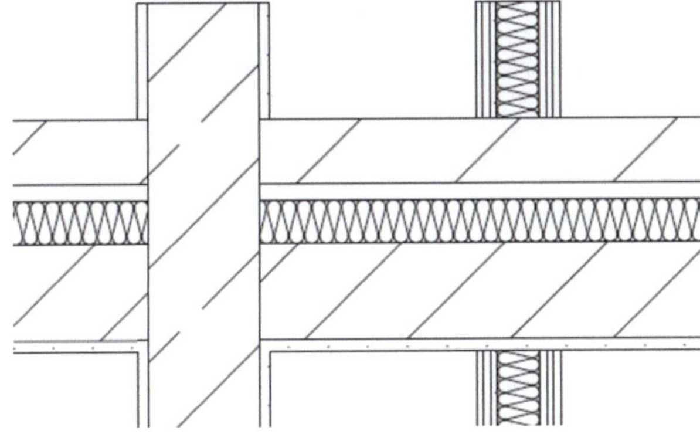

Abbildung 4-90 Verhalten der Baustoffe bei Verschneidungen

Wichtig für die Arbeit mit ***Baustoffen*** ist die ***Verschneidungspriorität***. Die Verschneidungspriorität regelt das Verhalten der Elemente im Bereich der Anschlüsse. Je höher die ***Priorität*** eines ***Baustoffes***, desto dominanter verhält sich das Element bei einer

Verschneidung. Dieses Verhalten der ***Baustoffe*** kann nur durch Verändern der ***Ebenen-Präferenzen*** unterbunden werden (vgl. Abschnitt 4.1.1 Ebenen-Kombination). Die ***Verschneidungspriorität*** wird mit Hilfe eines Schiebereglers gesteuert.

In der Regel haben ***Baustoffe***, die für tragende Bauelemente eingesetzt werden, und Abdichtungsbaustoffe hohe ***Verschneidungsprioritäte***n. ***Baustoffe*** für Dämmung und Trockenbau haben niedrigere ***Verschneidungsprioritäten***.

Die ***Verschneidungspriorität*** kann entweder intuitiv mit dem Schieberegler oder durch die Eingabe eines Wertes definiert werden.

Verändert man die ***Verschneidungspriorität***, verändert sich das Verhalten dieses ***Baustoffes*** bei allen Verbindungen und Anschlüssen. Änderungen sollten immer optisch überprüft werden. Beim Arbeiten mit ***Teamwork*** sollten Veränderungen der ***Verschneidungspriorität*** nur nach Rücksprache erfolgen.

Abbildung 4-91 Darstellung einer Attika bei falscher Verschneidungspriorität/Solibri

Die Geometrien der Elemente in der IFC-Datei hängen unmittelbar mit der ***Verschneidungspriorität*** zusammen. Manche Ergebnisse kann man im 3D-Fenster von Archicad nicht nachvollziehen. Es ist hilfreich, Bilder des BCF-Protokolls aus diesem Blickwinkel zu prüfen (s. Abschnitt 9.8 Beispiel: Elemente im Deckendurchbruch werden nicht dargestellt).

Verschneidungsprioritäten haben Auswirkungen auf das gesamte Projekt.

Im Bereich ***Klassifizierung und Eigenschaften*** werden die Informationen bearbeitet, die beim Export zu ***Baustoff-Eigenschafte***n werden. Der Vorgang der ***Klassifizierung*** ist vergleichbar mit der ***Klassifizierung*** der Bauelemente. Der neue ***Baustoff*** wird einer vorhandenen Kategorie zugeordnet. Daraufhin erscheinen im Bereich der ***Baustoff-Eigenschaften*** die der ***Klassifizierung*** zugewiesenen Eigenschaften. Die Anzahl der Eigenschaften kann je nach ***Baustoff*** variieren.

ID	Putz	
Hersteller		
Beschreibung		
Bei Kollisionsprüfungen berücksichtigen		☑
Baustoff-Eigenschaften		
Putz - Mörtelgruppe	MG I	
Putz - Oberfläche	Stucco Lustro	
PHYSIKALISCHE EIGENSCHAFTEN		
Laden aus Katalog	Katalog öffnen...	
Wärmeleitfähigkeit	0,400	W/mK
Dichte	1000,000	kg/m^3
Wärmekapazität	1000,000	J/kgK
Enthaltene Energie	1,600	MJ/kg
Enthaltenes CO2	0,110	kgCO_2/kg

Abbildung 4-92 Die Eigenschaften variieren je nach Baustoff

ID UND KATEGORIEN		
ID	Putz	
Hersteller		
Beschreibung		
Bei Kollisionsprüfungen berücksichtigen		☑
Baustoff-Eigenschaften		
Beton - Fertigung	<Nicht definiert>	
Beton - Sichtbetonklasse	<Nicht definiert>	
Beton - Bewehrungsgrad	<Nicht definiert>	
PHYSIKALISCHE EIGENSCHAFTEN		
Laden aus Katalog	Katalog öffnen...	
Wärmeleitfähigkeit	0,400	W/mK
Dichte	1000,000	kg/m^3
Wärmekapazität	1000,000	J/kgK
Enthaltene Energie	1,600	MJ/kg
Enthaltenes CO2	0,110	kgCO_2/kg

Abbildung 4-93 Die Eigenschaften variieren je nach Baustoff

ID UND KATEGORIEN		
ID	Putz	
Hersteller		
Beschreibung		
Bei Kollisionsprüfungen berücksichtigen		☑
PHYSIKALISCHE EIGENSCHAFTEN		
Laden aus Katalog	Katalog öffnen...	
Wärmeleitfähigkeit	0,400	W/mK
Dichte	1000,000	kg/m^3
Wärmekapazität	1000,000	J/kgK
Enthaltene Energie	1,600	MJ/kg
Enthaltenes CO2	0,110	kgCO_2/kg

Abbildung 4-94 Die Eigenschaften variieren je nach Baustoff

Sind die ***Eigenschaften*** definiert und ist im Übersetzer der Export der Baustoff-Eigenschaften aktiv, werden diese Informationen bei den Bauelementen hinterlegt. Bei mehrschichtigen Bauelementen sind die Eigenschaften bei den Materialeigenschaften der Komponente zu finden. Achtung, manche ***IFC-Viewer*** stellen diese Information nicht dar.

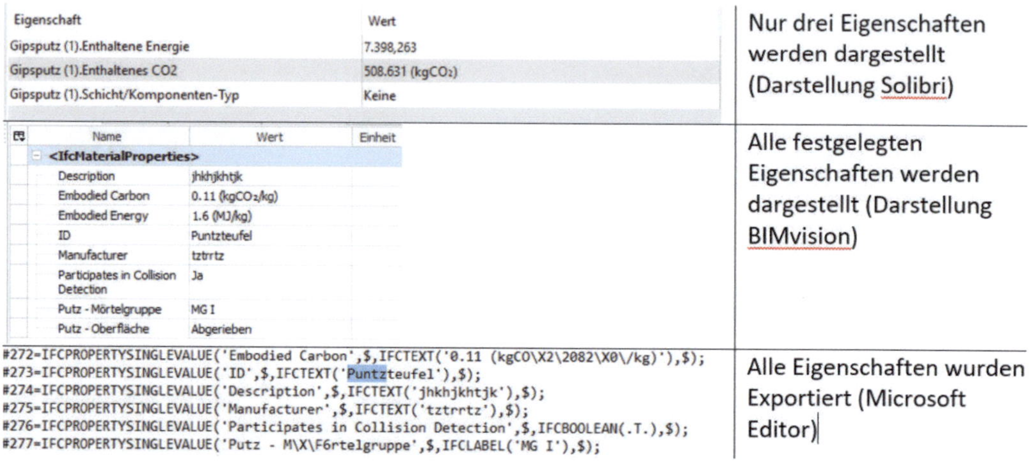

Eigenschaft	Wert
Gipsputz (1).Enthaltene Energie	7.398,263
Gipsputz (1).Enthaltenes CO2	508.631 (kgCO₂)
Gipsputz (1).Schicht/Komponenten-Typ	Keine

Nur drei Eigenschaften werden dargestellt (Darstellung Solibri)

Name	Wert	Einheit
<IfcMaterialProperties>		
Description	jhkhjkhtjk	
Embodied Carbon	0.11 (kgCO₂/kg)	
Embodied Energy	1.6 (MJ/kg)	
ID	Puntzteufel	
Manufacturer	tztrrtz	
Participates in Collision Detection	Ja	
Putz - Mörtelgruppe	MG I	
Putz - Oberfläche	Abgerieben	

Alle festgelegten Eigenschaften werden dargestellt (Darstellung BIMvision)

```
#272=IFCPROPERTYSINGLEVALUE('Embodied Carbon',$,IFCTEXT('0.11 (kgCO\X2\2082\X0\/kg)'),$);
#273=IFCPROPERTYSINGLEVALUE('ID',$,IFCTEXT('Puntzteufel'),$);
#274=IFCPROPERTYSINGLEVALUE('Description',$,IFCTEXT('jhkhjkhtjk'),$);
#275=IFCPROPERTYSINGLEVALUE('Manufacturer',$,IFCTEXT('tztrrtz'),$);
#276=IFCPROPERTYSINGLEVALUE('Participates in Collision Detection',$,IFCBOOLEAN(.T.),$);
#277=IFCPROPERTYSINGLEVALUE('Putz - M\X\F6rtelgruppe',$,IFCLABEL('MG I'),$);
```

Alle Eigenschaften wurden Exportiert (Microsoft Editor)

Abbildung 4-95 Unterschiedliche Informationswiedergabe in den Viewern und im IFC-Skript

Zur Prüfung, ob alle geforderten Informationen in der IFC-Datei vorhanden sind, empfiehlt es sich, mehrere IFC-Viewer zu nutzen und gegebenenfalls das IFC-Skript zu kontrollieren.

▾ Wärmedämmung - Kunststoffschaum					
EPS 1	0,0420	15,0000	1450,0000	76,0000	3,1800
EPS 2	0,0360	25,0000	1450,0000	86,6000	3,2900
Exp. Kunststoff 1	0,0330	25,0000	1400,0000	83,4000	3,2900
Exp. Kunststoff 2	0,0360	25,0000	1400,0000	86,4000	3,4300
Exp. Kunststoff 3	0,0400	25,0000	1400,0000	88,7000	3,5300
Polyfoam	0,0350	30,0000	1450,0000	102,1000	4,8400
XPS	0,0320	28,0000	1450,0000	87,4000	3,4200
▸ Wärmedämmung - Mehrschichtiger Aufbau					

Abbildung 4-96 Auszug aus dem Baustoffkatalog

Im Bereich der ***Physikalischen Eigenschaften*** können Informationen für weitere Berechnungen eingetragen und überprüft werden. Für bestimmte Materialien sind diese Daten bereits in einem hinterlegten Katalog vorhanden. Wird der Button Katalog öffnen... angeklickt erscheint die Auflistung dieser ***Baustoffe***. Ist der gewünschte ***Baustoff*** aufgelistet, reicht ein Doppelklick auf die entsprechende Zeile. Die Informationen werden dann automatisch als Werte der Eigenschaften übernommen.

Ist der notwendige ***Baustoff*** nicht aufgelistet, müssen die Daten recherchiert und die Eigenschaften manuell eingetragen werden.

Dieser neu erstellte ***Baustoff*** kann für weitere Projekte bzw. als Bürovorlage genutzt werden. ***Baustoffe*** lassen sich aus bereits bestehenden Projekten importieren.

Hierzu wird der ***Attribute-Manager*** benötigt.

Optionen→ Element-Attribute→ Attribute-Manager…

Im Kommunikationsfenster können die jeweiligen ***Attribute*** durch die Wahl des entsprechenden Karteireiters aufgelistet werden.

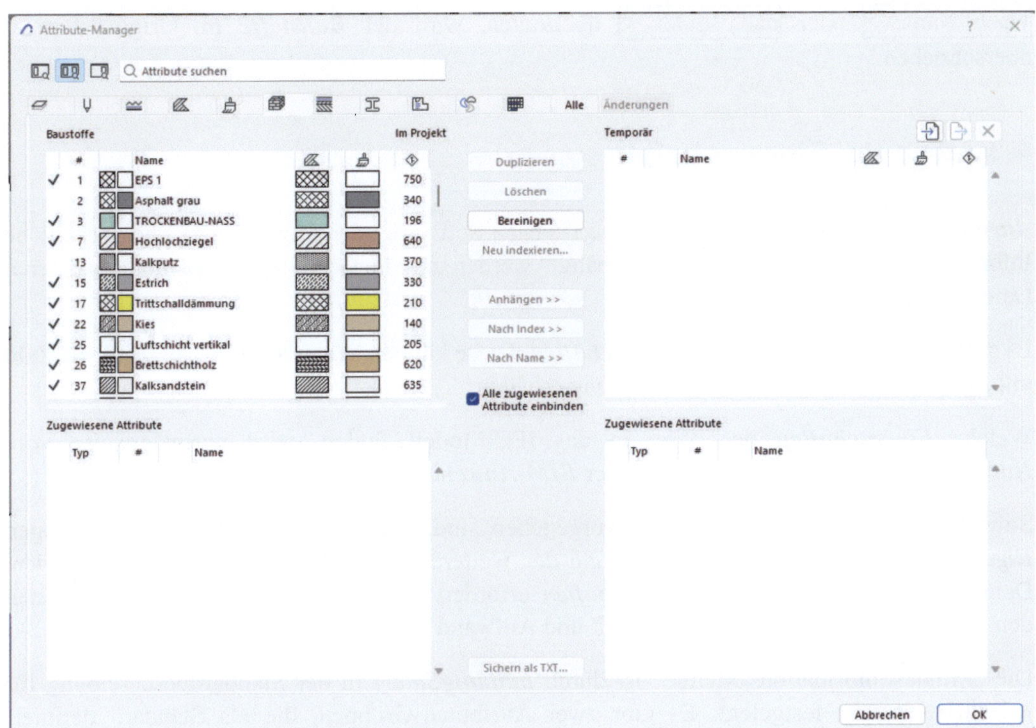

Abbildung 4-97 Attribute-Manager, Ansicht Baustoffe

Auf der rechten Seite im Bereich ***Temporär*** werden die ***Baustoffe*** eines anderen Projektes hinzugefügt, indem der Button Importieren aktiviert und der Pfad des Projektes angegeben wird.

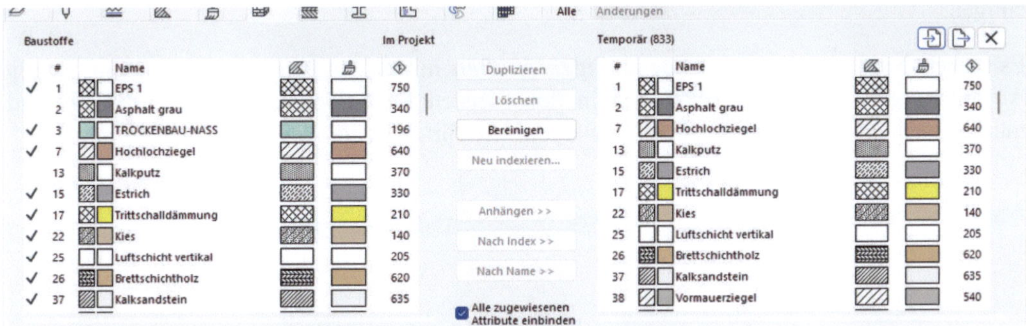

Abbildung 4-98 Baustoffe können nun ex- oder importiert werden

Der Austausch der ***Baustoffe*** kann nun in beide Richtungen durchgeführt werden. Hierzu wird in einem der Fenster der gewünschte ***Baustoff*** angeklickt und einem der Projekte hinzugefügt. Dabei besteht die Möglichkeit diesen anzuhängen. Der Baustoff wird der Liste hinzugefügt und erhält eine neue ID. Die anderen Baustoffe sind dadurch nicht betroffen. Wird der Baustoff Nach Name>> oder nach Index>> übertragen, wird der ***Baustoffe*** im Original-Projekt überschrieben.

4.3 Attribute/ Eigenschaften

Attribute, ***Eigenschaften*** oder ***Properties*** (je nach Software oder Anwendung) sind zusätzliche Informationen, die einem Objekt „angehängt" werden und die Grundlage einer modellbasierten Datenbank bilden.

Es gibt verschiedene Arten von ***Eigenschaften***. Diese können Werte als Text, als Zahl, als Zahl mit Einheit oder in Form einer Berechnung erhalten.

Welche ***Eigenschaften*** den Weg in das IFC-Modell finden, wird normalerweise vom Auftraggeber, unter Berücksichtigung der ***BIM-Anwendungsfälle***, festgelegt.

Soweit keine ***Eigenschaften*** bereits vorgegeben sind, sollten im Vorfeld die notwendigen ***Eigenschaften*** mit dem Auftraggeber und den weiteren Projektbeteiligten festgelegt werden. Denn das Erstellen einzelner ***Eigenschaften*** erfordert Aufwand. Die ***Eigenschaften*** können den Projektbeteiligten aber auch viel Zeit und Aufwand sparen.

Die „Mindestinformations-Menge" ist durch ***buildingSmart*** in der Standardbeschreibung für jedes Bauelement festgelegt. Es gibt zwei Attributen-Gruppen, die als Standard definiert wurden: *BaceQuantities*, die die grundlegenden Attribute zu den Mengen beinhalten (z.B. Querschnittfläche) und *Pset_XXXCommon*, der die grundlegenden Attribute zu den Eigenschaften des Elementes beinhaltet (z.B. Feuerwiderstandsklasse). Welche Attribute in diesen Sets zusammengefasst sind, hängt von der ***IFC-Version*** ab, die als Grundlage für den Datenaustausch innerhalb des Projektes genutzt wird. Wenn in den Anforderungen des Auftraggebers keine ***IFC-Version*** genannt wird, sollte man sich im Vorfeld auf eine Version einigen.

Es stehen bereits viele verschiedene ***Eigenschaften*** in der Software zur Verfügung. Da die Anforderungen an die Informationen in den meisten Fällen jedoch projektspezifisch sind, müssen auch eigene ***Attribute*** angelegt werden. Hierfür dient der ***Eigenschaften-Managers***.

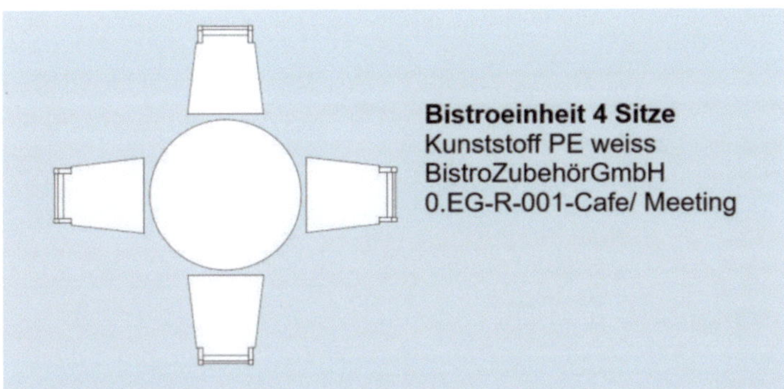

Abbildung 4-99 Beschriftung durch Darstellen der Eigenschaften

Die ***Eigenschaften*** dienen verschiedenster Auswertung. Mithilfe der ***Eigenschaften*** lassen sich aber auch z.B. Pläne beschriften. Hierzu wird statt des ***Text-Werkzeug***, das ***Werkzeug Etikett*** verwendet. Das ***Etikett*** ist ein referenziertes Werkzeug und mit dem zugeordneten Objekt verknüpft. Die Informationen zur Beschriftung werden nicht durch Schreiben eines Textes, sondern durch Darstellen der hinterlegten ***Eigenschaften*** angezeigt. Der Vorteil liegt auf der Hand: Die jeweilige Information ist immer nur an einer Stelle (am Objekt) vorhanden und wird nur referenziert. Verändert man die Information am Objekt, werden alle Referenzen automatisch angepasst. Die Verwendung der ***Etiketten*** als Mittel der Qualitätssicherung werden im Abschnitt 5.3 Etiketten genauer beschrieben.

4.3.1 Eigenschaften-Manager

Der ***Eigenschaften-Manager*** befindet sich im Menü ***Optionen***.

Optionen → Eigenschaften-Manager...

Es öffnet sich das Kommunikationsfenster des ***Eigenschaften-Managers***. Das Fenster ist in zwei Bereiche aufgeteilt: links sind alle vorhandenen ***Eigenschaften*** aufgelistet, rechts sind die Einstellungen der ausgewählten ***Eigenschaft*** sichtbar. In diesem Bereich können die Eigenschaften bearbeitet werden.

Die ***Eigenschaften*** können neu erstellt, bestehende bearbeitet, exportiert und aus einer anderen Datei importiert werden. Zur besseren Übersicht können die ***Eigenschaften*** thematisch in ***Gruppen*** zusammengefasst werden.

Zum Exportieren wird die gewünschte ***Eigenschaft*** (oder mehrere) in der Auflistung angeklickt und der Button für den ***Export*** angeklickt. Es erscheint ein weiteres Kommunikationsfenster in dem der Pfad für den Export (eine *.xml Datei) und der Name der Datei eingetragen werden. Die Datei steht nun auch für andere Projekte zur Verfügung. Über den Button ***Importieren*** lässt sich die Datei hinzufügen. Beim Importieren der Datei werden die ***Eigenschaften*** im Manager sichtbar und können den ***Klassifizierungen*** des Projektes zugeordnet werden.

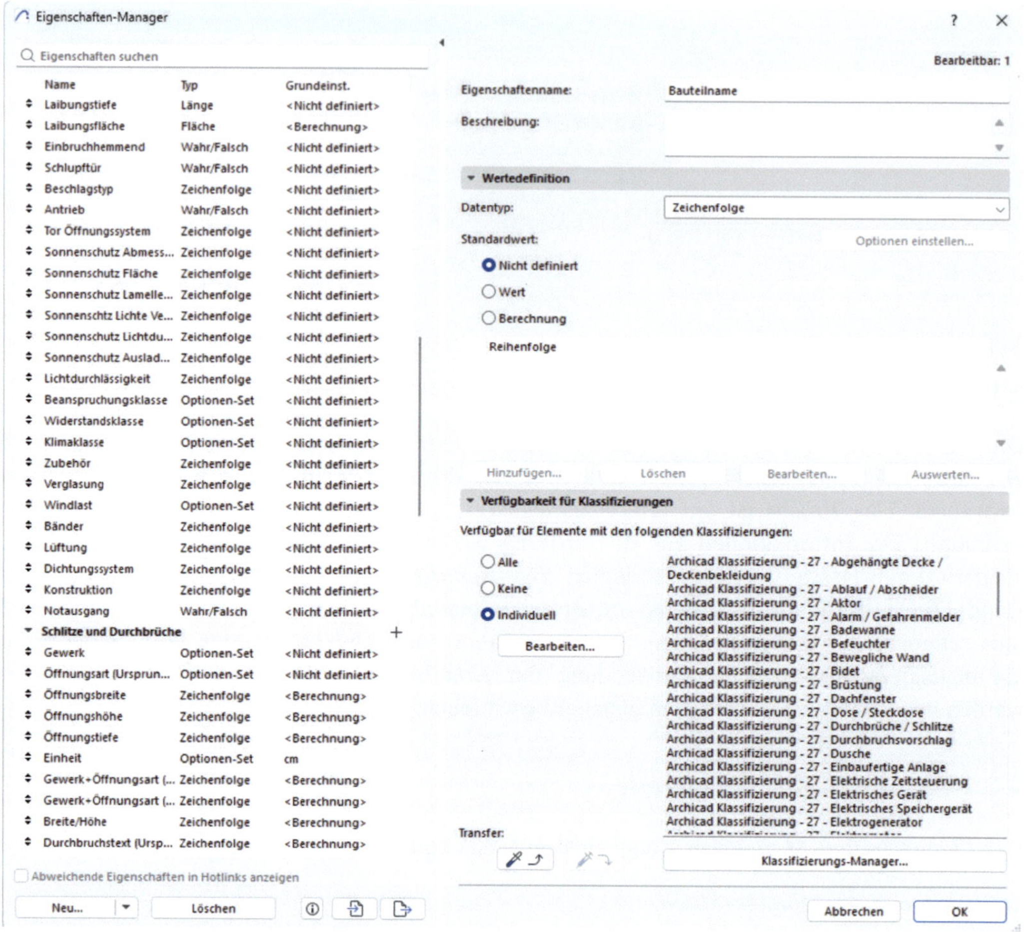

Eigenschaften-Manager

Eigenschaften suchen

Name	Typ	Grundeinst.
Laibungstiefe	Länge	<Nicht definiert>
Laibungsfläche	Fläche	<Berechnung>
Einbruchhemmend	Wahr/Falsch	<Nicht definiert>
Schlupftür	Wahr/Falsch	<Nicht definiert>
Beschlagstyp	Zeichenfolge	<Nicht definiert>
Antrieb	Wahr/Falsch	<Nicht definiert>
Tor Öffnungssystem	Zeichenfolge	<Nicht definiert>
Sonnenschutz Abmess...	Zeichenfolge	<Nicht definiert>
Sonnenschutz Fläche	Zeichenfolge	<Nicht definiert>
Sonnenschutz Lamelle...	Zeichenfolge	<Nicht definiert>
Sonnenschtz Lichte Ve...	Zeichenfolge	<Nicht definiert>
Sonnenschutz Lichtdu...	Zeichenfolge	<Nicht definiert>
Sonnenschutz Auslad...	Zeichenfolge	<Nicht definiert>
Lichtdurchlässigkeit	Zeichenfolge	<Nicht definiert>
Beanspruchungsklasse	Optionen-Set	<Nicht definiert>
Widerstandsklasse	Optionen-Set	<Nicht definiert>
Klimaklasse	Optionen-Set	<Nicht definiert>
Zubehör	Zeichenfolge	<Nicht definiert>
Verglasung	Zeichenfolge	<Nicht definiert>
Windlast	Optionen-Set	<Nicht definiert>
Bänder	Zeichenfolge	<Nicht definiert>
Lüftung	Zeichenfolge	<Nicht definiert>
Dichtungssystem	Zeichenfolge	<Nicht definiert>
Konstruktion	Zeichenfolge	<Nicht definiert>
Notausgang	Wahr/Falsch	<Nicht definiert>
Schlitze und Durchbrüche		
Gewerk	Optionen-Set	<Nicht definiert>
Öffnungsart (Ursprun...	Optionen-Set	<Nicht definiert>
Öffnungsbreite	Zeichenfolge	<Berechnung>
Öffnungshöhe	Zeichenfolge	<Berechnung>
Öffnungstiefe	Zeichenfolge	<Berechnung>
Einheit	Optionen-Set	cm
Gewerk+Öffnungsart (...	Zeichenfolge	<Berechnung>
Gewerk+Öffnungsart (...	Zeichenfolge	<Berechnung>
Breite/Höhe	Zeichenfolge	<Berechnung>
Durchbruchstext (Ursp...	Zeichenfolge	<Berechnung>

Abweichende Eigenschaften in Hotlinks anzeigen

Neu... Löschen

Bearbeitbar: 1

Eigenschaftenname: Bauteilname

Beschreibung:

Wertedefinition

Datentyp: Zeichenfolge

Standardwert: Optionen einstellen...

Nicht definiert
Wert
Berechnung

Reihenfolge

Hinzufügen... Löschen Bearbeiten... Auswerten...

Verfügbarkeit für Klassifizierungen

Verfügbar für Elemente mit den folgenden Klassifizierungen:

Alle
Keine
Individuell

Bearbeiten...

Archicad Klassifizierung - 27 - Abgehängte Decke / Deckenbekleidung
Archicad Klassifizierung - 27 - Ablauf / Abscheider
Archicad Klassifizierung - 27 - Aktor
Archicad Klassifizierung - 27 - Alarm / Gefahrenmelder
Archicad Klassifizierung - 27 - Badewanne
Archicad Klassifizierung - 27 - Befeuchter
Archicad Klassifizierung - 27 - Bewegliche Wand
Archicad Klassifizierung - 27 - Bidet
Archicad Klassifizierung - 27 - Brüstung
Archicad Klassifizierung - 27 - Dachfenster
Archicad Klassifizierung - 27 - Dose / Steckdose
Archicad Klassifizierung - 27 - Durchbrüche / Schlitze
Archicad Klassifizierung - 27 - Durchbruchsvorschlag
Archicad Klassifizierung - 27 - Dusche
Archicad Klassifizierung - 27 - Einbaufertige Anlage
Archicad Klassifizierung - 27 - Elektrische Zeitsteuerung
Archicad Klassifizierung - 27 - Elektrisches Gerät
Archicad Klassifizierung - 27 - Elektrisches Speichergerät
Archicad Klassifizierung - 27 - Elektrogenerator

Transfer:

Klassifizierungs-Manager...

Abbrechen OK

Abbildung 4-100 Eigenschaften-Manager

4.3.2 Erstellen eigener Arttribute/Eigenschaften

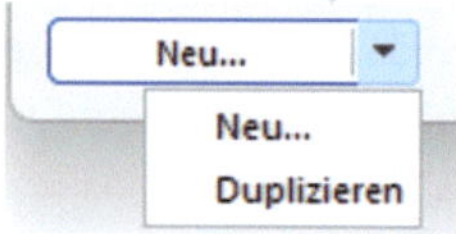

Abbildung 4-101 Erstellen einer Eigenschaft

Eine ***Eigenschaft*** kann neu erstellt werden, indem sie komplett neu aufgebaut wird, oder durch Modifikation einer duplizierten bereits bestehenden ***Eigenschaft***.

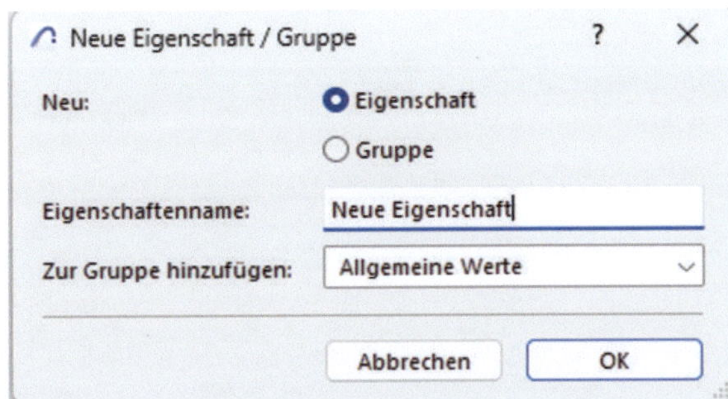

Abbildung 4-102 unterschiedliche Ansichten des Kommunikationsfensters beim Erstellen einer neuen Eigenschaft/Gruppe

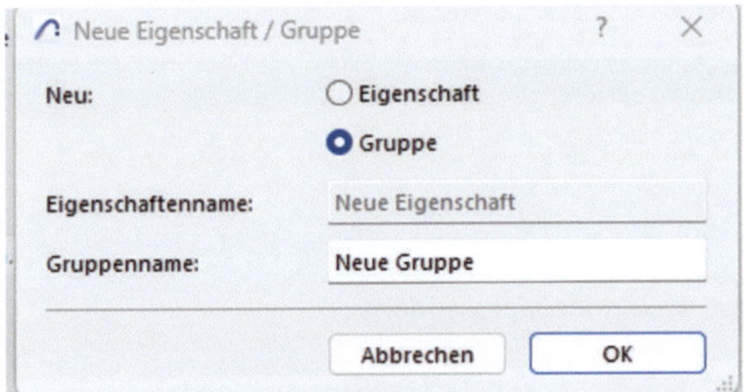

Abbildung 4-103 unterschiedliche Ansichten des Kommunikationsfensters beim Erstellen einer neuen Eigenschaft/Gruppe

Nach Auswahl der Erstellungsart wird festgelegt, ob eine ***Gruppe*** oder eine ***Eigenschaft*** erstellt werden soll. In Abhängigkeit der Auswahl wird der Name der ***Gruppe/ Eigenschaft*** vergeben – und sofern eine ***Eigenschaft*** erstellt wird, auch festgelegt, welcher ***Gruppe*** diese zugeordnet werden soll.

Die ***Eigenschaft***, bzw. ***Gruppe*** erscheint nun in der Auflistung. Bei der Erstellung einer neuen ***Gruppe*** ist die Bearbeitung an sich schon abgeschlossen. Es gibt aber die Möglichkeit, die ***Gruppe*** genauer zu beschreiben, um auch später zu wissen, welche Eigenschaften hier gesammelt sind. Die Zuordnung zu ihrer ***Klassifizierung*** kann hier zentral angepasst werden.

Eigene ***Gruppen*** sind sinnvoll, um selbsterstellte ***Eigenschaften*** schneller finden zu können. Dabei spielt es keine Rolle, für welche ***Klassifizierungen*** diese ***Eigenschaften*** vorgesehen sind.

Ist die Gruppe erstellt, können die Eigenschaften neben dem Button Neu... auch über Anklicken des Zeichens +, das rechts neben dem Gruppennamen in der Auflistung erscheint, hinzugefügt werden. In beiden Fällen erscheint das gleiche Kommunikationsfenster mit bereits voreingestellter Gruppe.

? ×

Bearbeitbar: 2

Eigenschaften-Gruppenname: Kafi

Beschreibung:

Wertedefinition

Verfügbarkeit für Klassifizierungen

Verfügbar für Elemente mit den folgenden Klassifizierungen:

Alle

Keine

Individuell

Bearbeiten...

Archicad Klassifizierung - 27 - Abgehängte Decke / Deckenbekleidung
Archicad Klassifizierung - 27 - Fußbodenaufbau
Archicad Klassifizierung - 27 - Rohbaudecke
Archicad Klassifizierung - 27 - Satteldach
Archicad Klassifizierung - 27 - Verrohrung

Abbildung 4-104 Arbeitsbereich einer Gruppe im Eigenschaften-Manager

Abbildung 4-105 Hinzufügen der Eigenschaften zur Gruppe

Die erstellten Eigenschaften werden nun im Einstellungsbereich des ***Eigenschaften-Managers*** bearbeitet. Dieser Bereich ist in drei Unterbereiche gegliedert: Allgemein, ***Wertedefinition*** und ***Verfügbarkeit und Klassifizierung***.

Im allgemeinen Bereich wird der ***Name*** der Eigenschaft – so wie diese in der Auflistung zu sehen ist – angezeigt. Der Name kann hier geändert werden.

In der ***Beschreibung*** können Kommentare für eine bessere Nachvollziehbarkeit zu einem späteren Zeitpunkt sorgen. Gerade beim Arbeiten in ***Teamwork*** sollten alle Beteiligte nachvollziehen können, wie Werte zu Stande kommen und wer diese definiert hat.

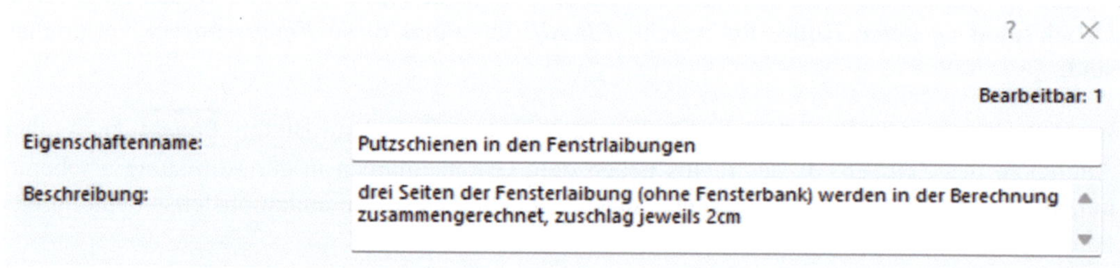

Abbildung 4-106 Allgemeiner Bereich

Im Bereich der ***Wertedefinition*** wird zum einen der ***Datentyp*** – also wie die ***Werte*** der ***Eigenschaft*** ausgegeben werden, definiert. Zum anderen wird festgelegt, wie dieser ***Wert*** erzeugt wird: Manuell oder automatisch durch eine hinterlegte ***Berechnung***. Obwohl diese Art der Werterzeugung Berechnung heißt, kann das Ergebnis ein Text sein.

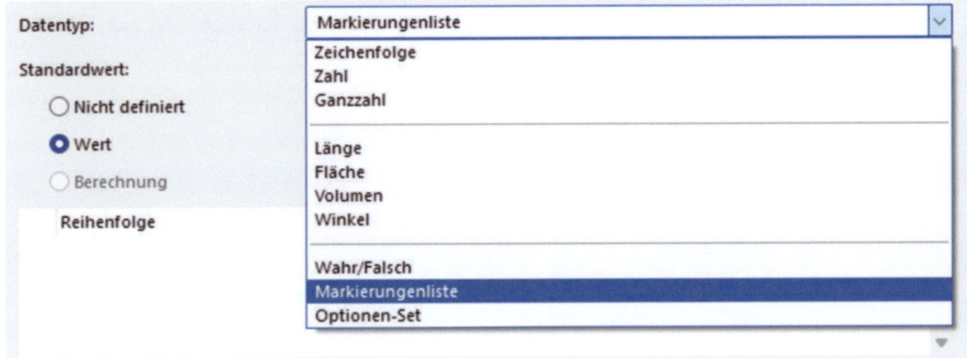

Abbildung 4-107 Wertedefinition

Jeder ***Datentyp*** hat verschiedene Einsatzmöglichkeiten und damit verbundenen verschiedene Anforderungen an den ermittelten Wert.

Datentyp	Beschreibung
Zeichenfolge	Kann alles beinhalten: Zahlen, Texte, Sonderzeichen oder eine Kombination aus allen.  Wert
Zahl	Kann eine beliebige Zahl sein.  Wert 0,00 Wie viele Kommastellen angezeigt werden, hängt von der Einstellung ***Zahlen ohne Einheit*** der ***Projektpräferenz*** ab. 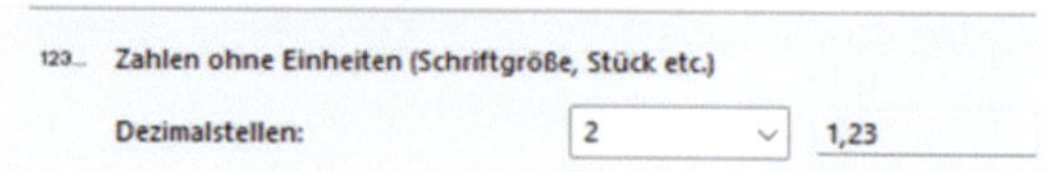 123... Zahlen ohne Einheiten (Schriftgröße, Stück etc.) Dezimalstellen: 2 1,23
Ganzzahl	Eine ganze Zahl (keine Kommastellen)  Wert 0
Länge	Wert mit der Einheit. Die Kommastellen und die Einheit hängen, soweit keine explizite Berechnung hinterlegt ist, von den Projektpräferenzen ab. Wert 0,000
Fläche	Wert mit der Einheit. Die Kommastellen und die Einheit hängen, soweit keine explizite Berechnung hinterlegt ist, von den Projektpräferenzen ab.  Wert 0,00
Volumen	Wert mit der Einheit. Die Kommastellen und die Einheit hängen, soweit keine explizite Berechnung hinterlegt ist, von den Projektpräferenzen ab.  Wert 0,00
Winkel	Wert mit der Einheit. Die Kommastellen und die Einheit hängen, soweit keine explizite Berechnung hinterlegt ist, von den Projektpräferenzen ab.  Wert 0,00°
Wahr/Falsch	Werte, die nur Ja/nein (True/False) zulassen.  Wert Falsch Berechnung Wahr Reihenfolge Falsch
Markierungenliste	Dieser Wert steht für die berechnungsbasierte ***Eigenschaften*** nicht zur Verfügung und muss manuell eingetragen werden. Wird die Markierungenliste als Datentyp gewählt, erscheint neben dem Wert ein Pfeil mit einem Editor-Fenster, in dem die Markierung bzw. Markierungen eingetragen werden. 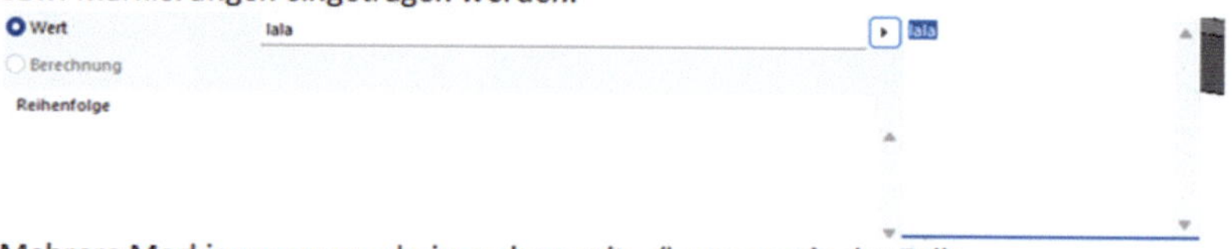 Wert lala lala Berechnung Reihenfolge Mehrere Markierungen erscheinen dann mit „;“ getrennt in der Zeile.
Optionen-Set	Dieser Wert steht für die berechnungsbasierte ***Eigenschaften*** nicht zur Verfügung. Das Optionen-Set erzeugt eine festgelegte Auswahl an Optionen für einen Wert. Auch Optionen-Sets mit mehrfacher Benennung sind möglich. Beispielsweise bei Türen der Hinweis ***Stahl, lackiert*** oder ***Holz, lackiert*** (vgl. Beispiel: Erstellen eines Optionen-Sets)

Abbildung 4-108 Unterschiedliche Datentypen

Als ***Standardwert*** wird ein Wert festgelegt, der, solange keine Einträge erfolgen, bei den Bauelementen als Wert für diese Eigenschaft erscheint. Zur Verfügung stehen drei Möglichkeiten: ***Nicht definiert***, ***Wert*** und ***Berechnung***.

Wird der Standardwert ***Nicht definiert*** gewählt, so erscheint als Wert für diese Eigenschaft der Ausdruck ***<Nicht definiert>*** in eckigen Klammern.

Abbildung 4-109 Darstellung des Standardwertes Nicht definiert

Mit einer Vorgabe wird der Standartwert festgelegt. Die Werte mit einem Standartwert ***Nicht definiert*** in eckigen Klammern werden beim Übersetzen nur bearbeiteter Eigenschaften übergangen.

Abbildung 4-110 Berechnungen

Liegt dem ***Standardwert*** eine ***Berechnung*** zu Grunde, bedeutet das, dass der Wert nicht manuell eingegeben wird, sondern aus den bestehenden Informationen (***Parameter***n oder ***Eigenschaften***) zum Objekt ermittelt wird.

Eine ***Berechnung*** kann mehrere einzelne ***Berechnungen*** enthalten. Die Einzelberechnungen können mit Hilfe der Pfeile in der Reihenfolge nach oben oder unten verschoben werden. Die Software arbeitet die einzelnen ***Berechnungen*** von oben nach unten ab. Sobald eine Berechnung Sinn ergibt, wird das entsprechende Ergebnis angezeigt. Die folgenden Einzelberechnungen werden nicht weiter beachtet.

Reihenfolge
Baustoff
Mehrschichtige Bauteile
Profil
"Keine"

Abbildung 4-111 eine Berechnung kann aus mehreren Einzelberechnungen bestehen

Mit der Onlinehilfe von ***Archicad***, als ***Beispiel 1: Einfache Zuordnung***[9] liegt ein gutes Beispiel zur Demonstration des „Abarbeitens" vor. Es geht um die Auflistung der Strukturen einzelner Elemente. Dabei soll bei der einfachen Struktur der ***Baustoff***, bei einem ***Mehrschichtigen Bauteil*** und bei einem ***Komplexen Profi*** die Bezeichnung gewählt werden. Bei Elementen, die nicht mit Struktur modelliert werden (z.B. Bibliothekselemente) soll der Wert „Keine" erscheinen. Nach der Zuordnung der ***Klassifizierungen*** kann das Ergebnis in den Auswertungen betrachtet werden.

Element ID	Struktur
1-fach Waschbecken	Keine
Abgehängte Decke Feuchtigkeit	Abgehängte Decke 47,5 cm
Beisteltisch	Keine
Bistroeinheit	Keine
Blindpaneel	Normalglas
Bodenbelag	Estrich + Fliesen 10 cm
Bodenbelag	Estrich + Fliesen 10 cm
Bodenbelag schnellreinigend	Estrich + Fliesen 10 cm
Durchbruch	Keine
Durchbruch Fahrstuhl	Keine
Fensterschlitz	Keine
Glaspaneel	Normalglas

Abbildung 4-112 Ergebnis der Eigenschaft in den Auswertungen

Zur weiteren Nutzung der Einzelberechnungen gibt es ein Beispiel im Bereich **Best Praxis** (vgl. Abschnitt 9.12 Beispiel: Eigenschaft mit dem Standardwert Berechnung).

Wird der Wert ***Berechnung*** aktiviert, erscheint der ***Berechnungs-Editor*** für die Eingabe der entsprechenden Formeln. Hier können die ***Parameter und Eigenschaften***, die berücksichtigt werden sollen, ausgewählt werden. Rechts oben befinden sich die Auswahlmenüs für die Einheiten und die ***Formeln***.

---

[9] Vgl. Archicad 27 Hilfe Elemente des Virtuellen Gebäudes/Eigenschaften und Klassifizierungssysteme/Eigenschaften Manager/Als Berechnung definierte Eigenschaften: Beispiele/Beispiel1: Einfache Zuordnung

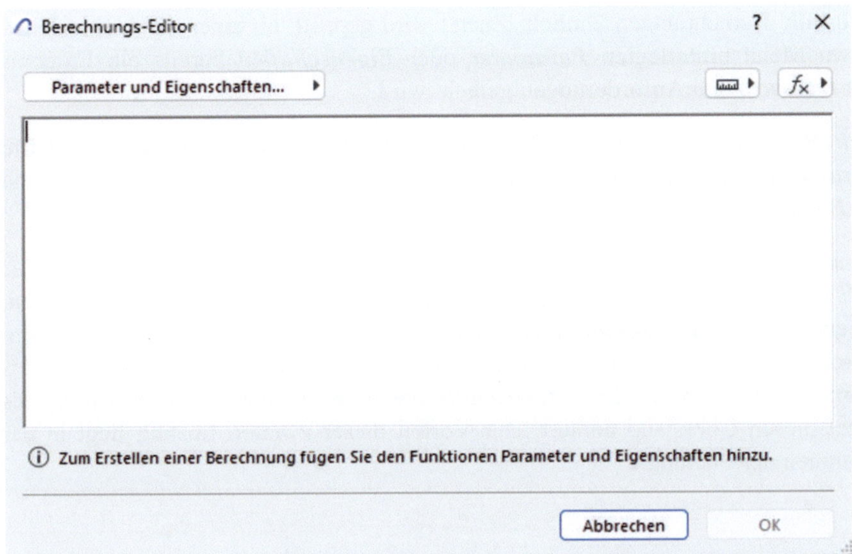

Abbildung 4-113 Berechnungs-Editor, rechts oben die Auswahlmenüs „Einheiten“ und „Formeln“

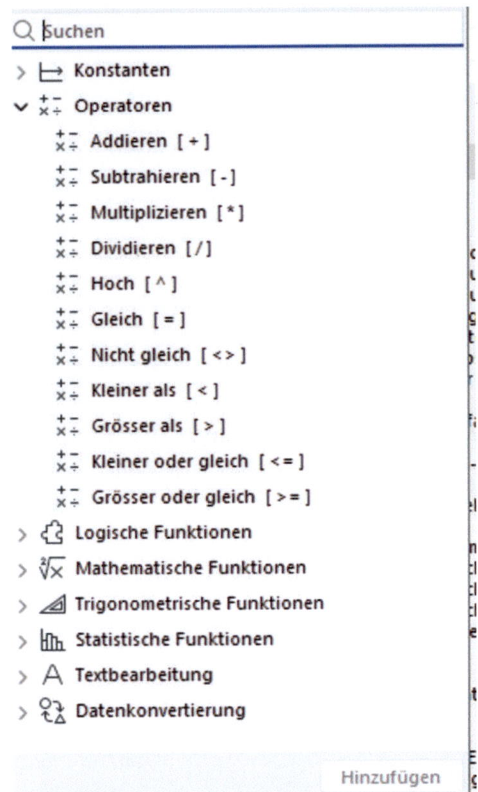

Abbildung 4-114 Auflistung der Formeln

Das Prinzip ist für alle Berechnungen ähnlich: Zuerst wird geprüft, ob einer der vorhandenen und im Pull-Down Menü hinterlegten ***Paramater*** oder ***Eigenschaft***en bereits ein Ergebnis liefert und ob der ***Datentyp*** den Anforderungen gerecht wird.

Ist die ***Eigenschaft*** nicht vorhanden, wird überprüft, wie man das Ergebnis mit Hilfe vorhandener ***Parameter*** ermitteln kann. Es kann sein, dass hierfür Zwischenschritte und zusätzliche neue ***Eigenschaften*** notwendig sind.

Beispiel: Eine innenliegende Fensterbank eines Fensters soll jeweils 2cm Überstand haben. Die Länge ließe sich einmal ausrechnen und dann mit der Anzahl der Fenster multiplizieren. Einfacher ist es jedoch, eine ***Eigenschaft*** zu erstellen, die zu der Länge der Innenöffnung 4cm addiert. Noch komfortabler kann eine ***Eigenschaft*** erstellt werden, die die Länge des Überstandes definiert, sowie eine weitere ***Eigenschaft***, die zu der Länge der Innenöffnung des Fensters zwei Mal diesen Überstand addiert. Der Vorteil dieser zweiten Lösung liegt in der Flexibilität im Rahmen der Planung.

Abbildung 4-115 Idee zur Berechnung

Ähnlich ist es bei Berechnung z.B. der Kosten für den Bodenbelag – pro Raum: Hier kann eine Eigenschaft für den Preis pro m² des Bodenbelags erstellt werden – als ***Datentyp Zahl***. Danach wird eine weitere Eigenschaft erstellt, die die Oberfläche des Bodenbelags (Netto, Brutto oder Konditional) mit diesem Preis pro m² multipliziert.

Soll der Wert anschließend um eine ***Einheit*** ergänzt werden, muss der ***Datentyp*** in ***Zeichenfolge*** geändert werden.

Ist die ***Berechnung*** theoretisch klar, wird die passende ***Formel*** gesucht. Die Logik hinter den ***Berechnungen*** ähnelt den Formeln aus ***Excel***. Bewegt man den Cursor langsam über die einzelnen ***Formeln***, erscheint ein Kommunikationsfähnchen, in dem die Funktion und die Ergebnisse erklärt werden.

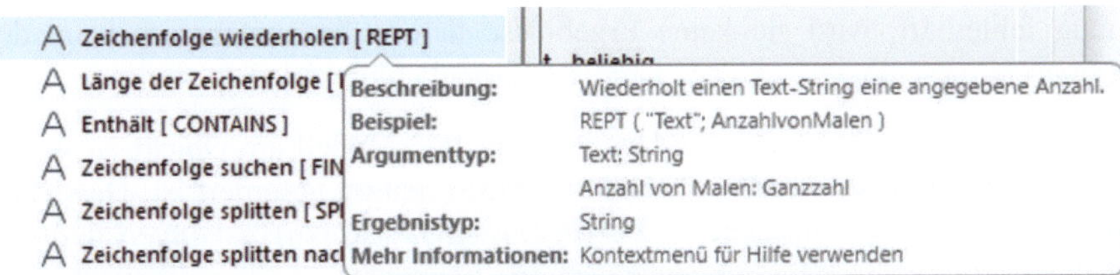

Abbildung 4-116 Hilfestellung bei der Auswahl der Formel

Bei komplexen Formeln wird der Benutzer mit bereits vorgegebener Syntax unterstützt. Dabei ist Folgendes zu beachten: Manuell erstellte Texte werden mit Anführungszeichen „“ in der Formel eingegrenzt, die ***Parameter*** und ***Eigenschaften*** – ohne Sonderzeichen geschrieben.

Der ***Datentyp*** muss der ***Berechnung*** entsprechen: Ist das Ergebnis der ***Berechnung*** ein ***Text***, so darf der ***Datentyp*** keine Zahl, Ganzzahl, Länge, Volumen usw. sein – und umgekehrt. Ein Zahlenwert mit einer Textergänzung (z.B. Einheit) ist ein Text.

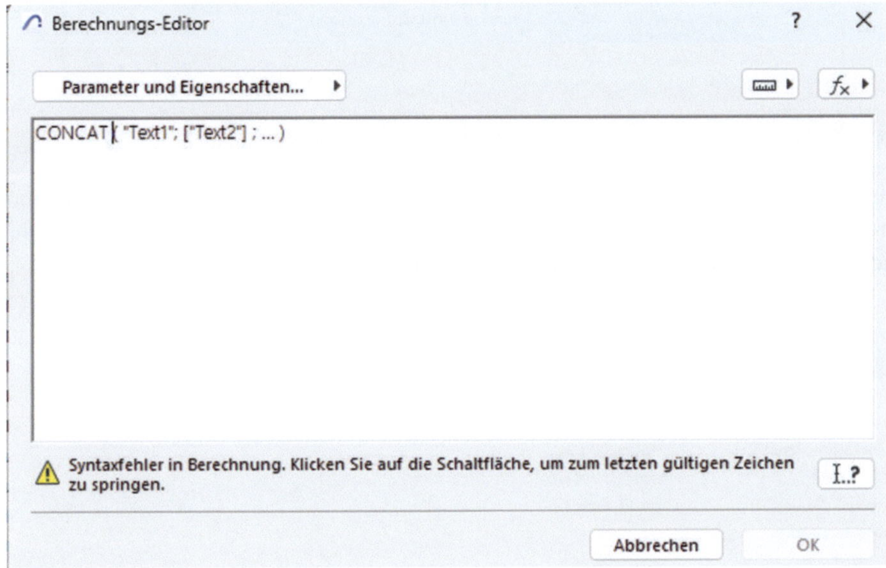

Abbildung 4-117 Fehlermeldung bei der Erstellung einer Berechnung

Beinhaltet die ***Berechnung*** einen Fehler, wird dies mit einem Warndreieck signalisiert. Manche Fehlermeldungen werden genauer erklärt, wenn man den Button rechts neben der Fehlermeldung aktiviert. Es erscheint ein Kommunikationsfenster mit der Beschreibung. Bei manchen Fehlermeldungen wird der Cursor zu dem letzten richtigen Ausdruck umgesetzt.

Die Berechnung enthält einen Fehler. Klicken Sie auf die Schaltfläche, um mehr zu erfahren.
Abbrechen
OK
Das Ergebnis des Ausdrucks weist einen Konflikt mit dem Datentyp der Eigenschaft auf. Bitte überprüfen Sie den Datentyp oder den Ausdruck. Datentyp: String, Ergebnis: Länge
Archicad-Hilfe öffnen

Abbildung 4-118 Unterstützung bei der Fehlersuche

Ist die Berechnung fehlerhaft, wird sie keine Ergebnisse liefern. Normalerweise kann der ***Berechnungs-Editor*** erst geschlossen werden, wenn die Formel stimmt.

Wird eine neue Eigenschaft erstellt, muss sie, bevor sie im IFC-Modell am Objekt zu finden ist, der ***Klassifizierung*** zugeordnet werden, für die diese Information gefordert ist. Dies kann direkt im ***Eigenschaften-Manager*** im Bereich ***Verfügbarkeit für Klassifizierungen*** definiert werden. Zur Verfügung stehen drei Möglichkeiten: für ***Alle*** Elemente, für ***Keine*** Elemente oder ***Individuell***. Nach der Auswahl ***Individuell*** wird der Button Bearbeiten... sichtbar. Durch einen Klick erscheint ein Kommunikationsfenster, in dem unterschiedliche ***Klassifizierungen*** – mit jeweils einem Auswahlkästchen links davon – aufgelistet sind. Durch Anklicken des Auswahlkästchens wird festgelegt, für welche ***Klassifizierungen*** diese ***Eigenschaft*** verfügbar ist. Nach dem Schließen des Kommunikationsfensters werden die ausgewählten ***Klassifizierungen*** im ergrauten Feld sichtbar.

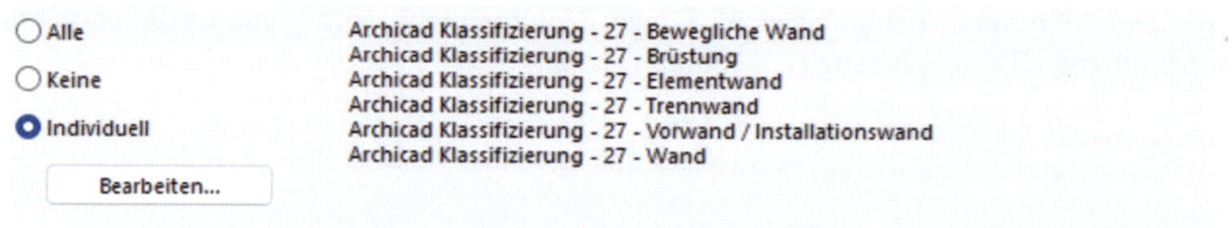

Abbildung 4-119 Festlegung für welche Klassifizierungen die Eigenschaft verfügbar ist

Öffnet man nun das Kommunikationsfenster für die Grundeinstellungen eines der Elemente mit der entsprechenden ***Klassifizierung***, findet man die neuen ***Eigenschaften*** unterhalb der ***Gruppe***nbezeichnung, zu der die ***Eigenschaften*** im Manager zugeordnet wurden.

KLASSIFIZIERUNGEN
Archicad Klassifizierung - 27 Elementwand
U-Wert <Nicht definiert>
Schallschutzanforderung <Nicht definiert>
Schalldämm-Maß <Nicht definiert>
Ausführung <Nicht definiert>
Produktinformationen
Zugehörigkeit <Berechnung>
Hersteller <Nicht definiert>
Artikelnummer <Nicht definiert>
Preis <Nicht definiert>
Kafi
Mehrfach Nicht definiert
Baustoffe <Berechnung>
Berechnung Zuschlag <Berechnung>

Abbildung 4-120 Neue Eigenschaften im Grundeinstellungs-Kommunikationsfenster

Das Ergebnis der ***Berechnung*** wird im Grundeinstellungs-Kommunikationsfenster nicht angezeigt. Mit dem Ausdruck ***<Berechnung>*** wird lediglich darauf hingewiesen, dass hinter der ***Eigenschaft*** ein Berechnungswert als Standard definiert ist. Möchte man die Ergebnisse der Berechnungen sehen, bevor sie in der IFC-Datei als ***Attribut*** erscheinen, gibt es vier Möglichkeiten:

Ist der eigene ***Übersetzer*** mit der richtigen ***Eigenschaften-Zuordnung*** als Vorschau voreingestellt, erscheint das Ergebnis neben dem Namen der ***Eigenschaft***. Das Kettensymbol weist darauf hin, dass das Ergebnis mit einer ***Berechnung*** verknüpft ist.

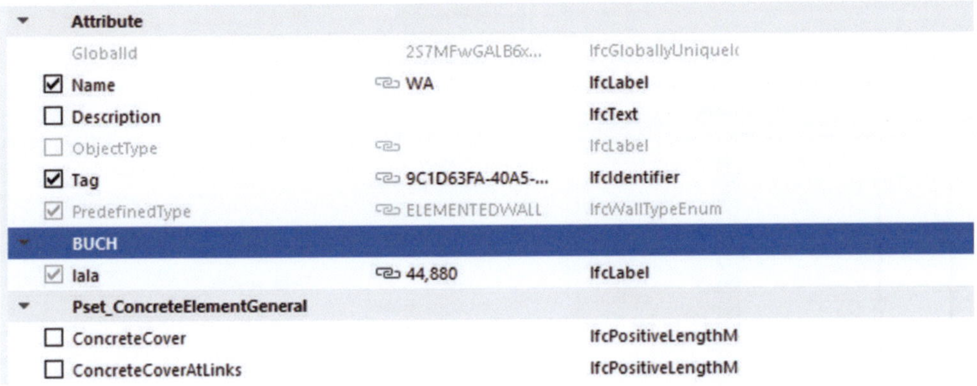

▾	**Attribute**		
	GlobalId	2S7MFwGALB6x...	IfcGloballyUniqueI(
☑	Name	WA	IfcLabel
☐	Description		IfcText
☐	ObjectType		IfcLabel
☑	Tag	9C1D63FA-40A5-...	IfcIdentifier
☑	PredefinedType	ELEMENTEDWALL	IfcWallTypeEnum
▾	**BUCH**		
☑	lala	44,880	IfcLabel
▾	**Pset_ConcreteElementGeneral**		
☐	ConcreteCover		IfcPositiveLengthM
☐	ConcreteCoverAtLinks		IfcPositiveLengthM

Abbildung 4-121 Berechnungen, sichtbar im IFC-Manager, wenn der entsprechende Übersetzer als Vorschau eingestellt ist

Wird ein Element in einem der Arbeitsfenster aktiviert, können die Ergebnisse der Berechnungen im ***Infofenster*** im Bereich ***ID und Eigenschaften*** betrachtet werden. Links des ID-Fensters befindet sich die Auflistung aller aktuell zu bearbeitenden ***Eigenschaften***. Rechts neben den Eigenschaften, dessen Standardwert <***Berechnung***> ist, befindet sich ein Taschenrechnersysmbol.

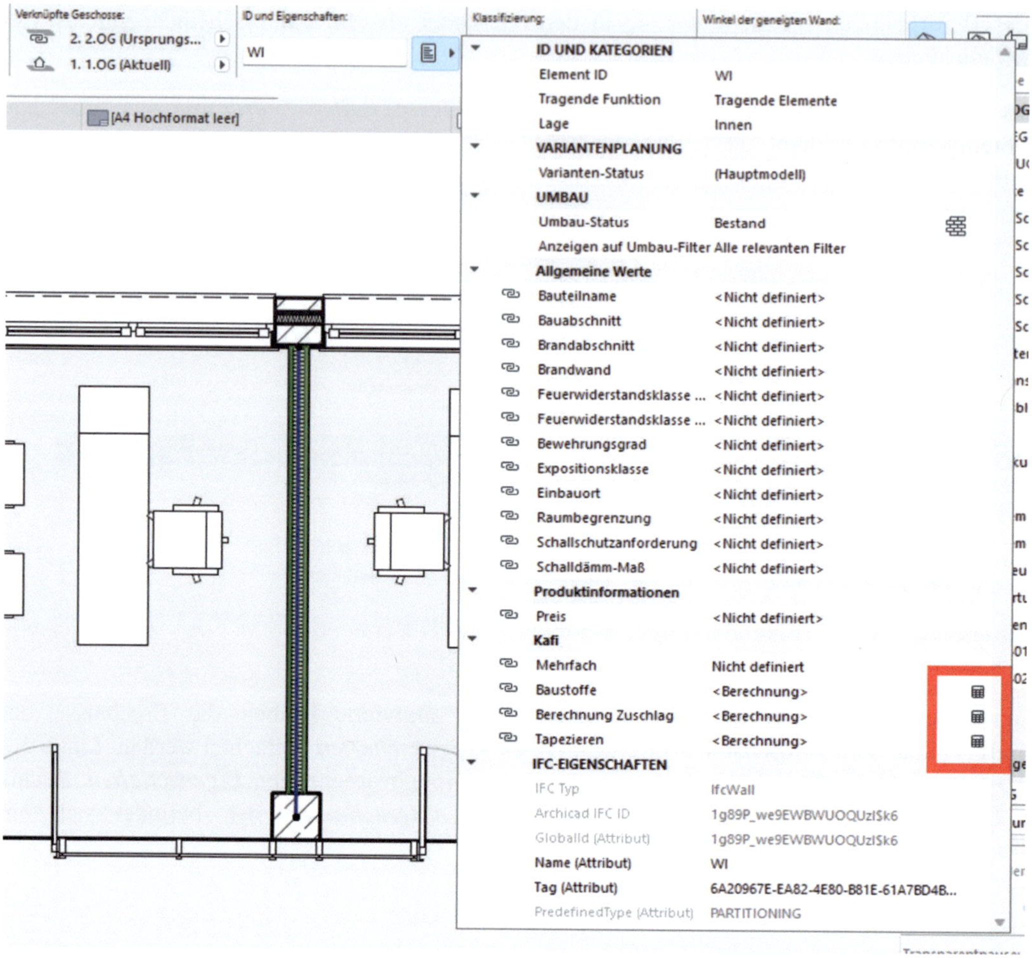

Abbildung 4-122 Symbolischer Taschenrechner neben den Berechnungen

Wird der Taschenrechner angeklickt, wird statt des Ausdrucks ***<Berechnung>*** das Ergebnis dargestellt.

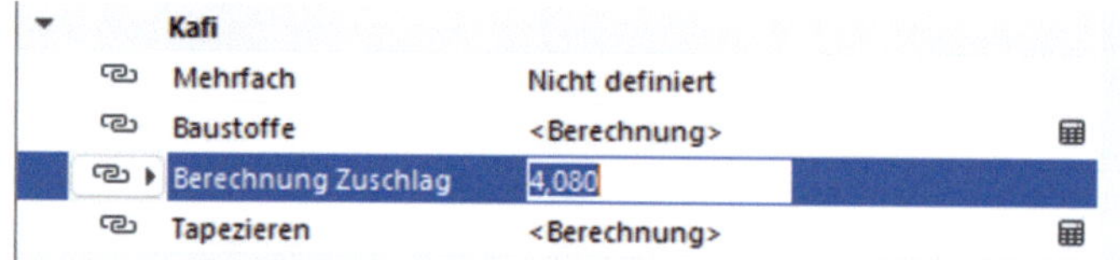

Abbildung 4-123 Ergebnis der Berechnung wird dargestellt

Das Ergebnis kann man auch direkt im ***Eigenschaften-Manager*** betrachten. Hierzu wird das Element aktiviert. Danach wird der ***Eigenschaften-Manager*** geöffnet und auf der linken Seite die entsprechende ***Eigenschaft*** angeklickt. Auf der rechten Seite des Managers, unterhalb des

Fensters mit den Einzelberechnungen, befindet sich der Button Auswerten... Klickt man diesen, erscheint eine Kommunikationsfahne mit dem Ergebnis.

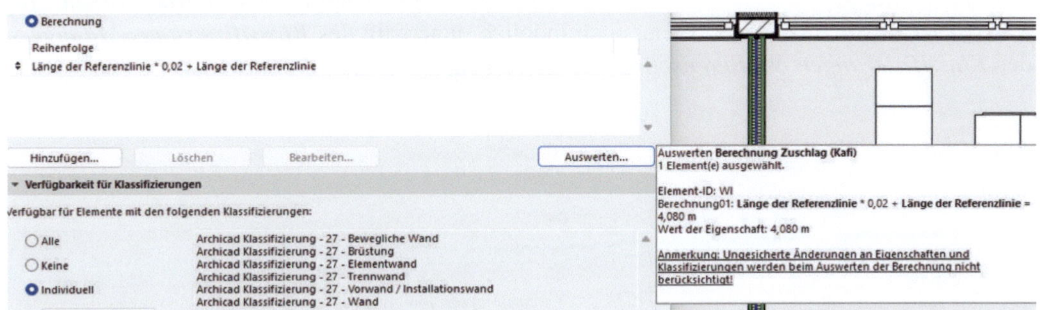

Abbildung 4-124 Ergebnis der Berechnung aus dem Eigenschaften-Manager

Die bis jetzt vorgestellten Möglichkeiten zeigen das Ergebnis teilweise umständlich. Möglicherweise ist der eigene ***Übersetzer*** noch nicht als Vorschau definiert, bzw. seine ***Eigenschaften-Zuordnung*** ist noch nicht bearbeitet worden.

Möchte man die Ergebnisse sofort sichtbar haben, empfiehlt sich der Einsatz des ***Etiketten-Werkzeuges***.

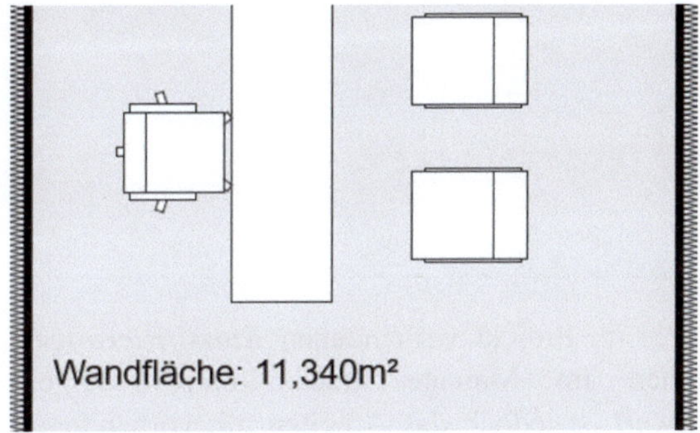

Abbildung 4-125 Ein Etikett stellt die Berechnungsergebnisse dar

Das Werkzeug stellt die Werte der Eigenschaften und Parameter eines Objektes dar und kann sowohl für die Beschriftung der Pläne als auch für die Qualitätssicherung der Projektdaten (vgl. Etiketten, S. 166) genutzt werden.

Die ***Etiketten*** liefern aktuelle Berechnungsergebnisse.

Es empfiehlt sich prinzipiell die Beschriftung von Plänen – soweit möglich – nicht mit dem ***Text-Werkzeug*** zu erzeugen, sondern durch ***Etiketten*** zu ersetzen.

4.3.3 Klassifizierungs-Manager

Bis jetzt wurden die ***Eigenschaften*** innerhalb des Untermenüs ***Verfügbarkeit für Klassifizierungen*** zugeordnet. Es ist auch möglich, innerhalb des ***Klassifizierungs-Managers***, den ***Klassifizierungen*** die ***Eigenschaften*** zuzuordnen.

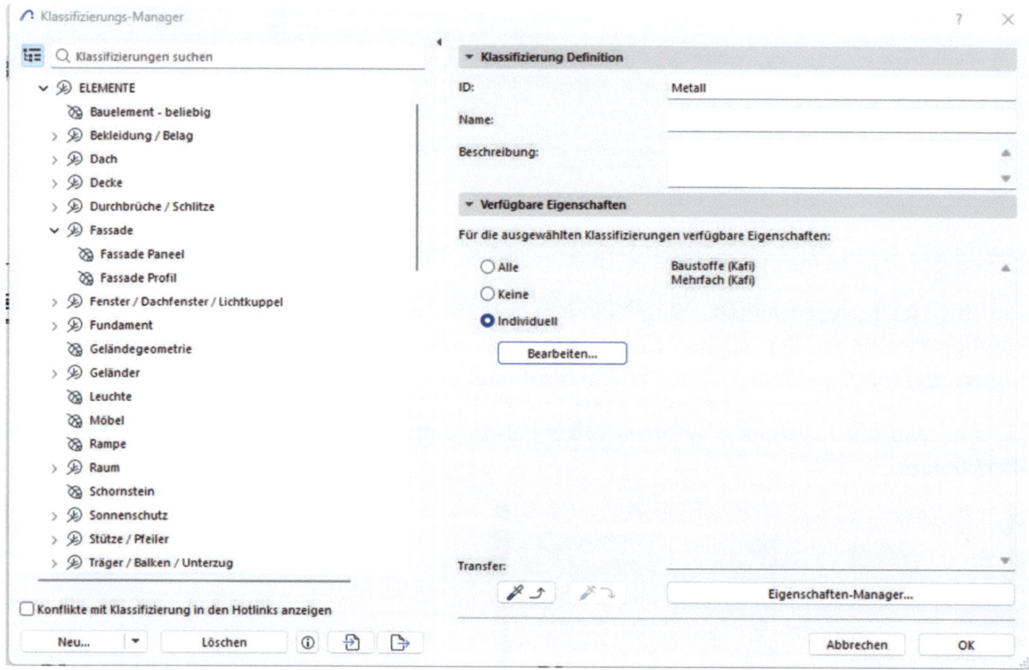

Abbildung 4-126 Klassifizierungs-Manager

Im ***Klassifizierungs-Manager*** befinden sich alle im Projekt vorhandenen ***Klassifizierungen***. Neben der Eigenschaften-Zuordnung können im Manager auch komplett eigene ***Klassifizierungen*** erstellt werden. Empfehlenswert ist jedoch das Arbeiten mit vorhandenen, zertifizierten ***Klassifizierungen*** der Hersteller, insbesondere wenn verschieden Beteiligte am/mit dem IFC-Modell arbeiten.

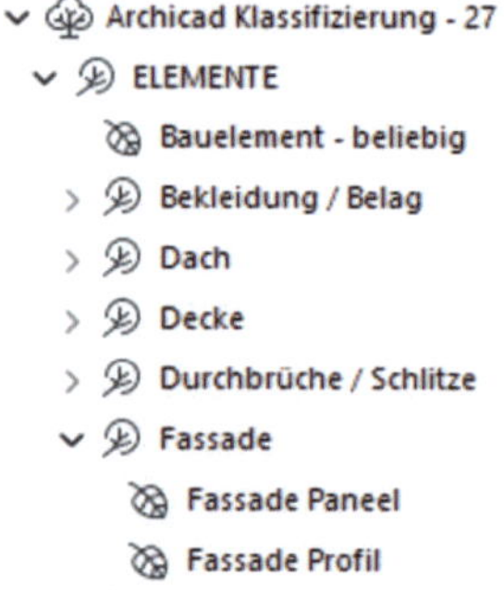

Abbildung 4-127 Struktur einer Klassifizierung

Die Aufbaustruktur einer Klassifizierung entspricht einem Baumdiagramm und die Elemente erhalten die dazu passenden Symbole. Die komplette Klassifizierung ist ein ***Baum***, bestehend aus zwei großen ***Zweigen***: ELEMENTE und BAUSTOFFE. Diese teilen sich in weitere, kleinere ***Zweige*** wie z.B. Wand und weiter in einzelne ***Blätter***, z.B. die Spezifikation Installationswand.

Klickt man auf ein Klassifizierungselement, werden auf der rechten Seite des Managers die dazugehörigen ***Eigenschaften*** dargestellt. Sollten die ***Eigenschaften*** reduziert oder um weitere ergänzt werden, wird unterhalb der Auswahl ***Individuell*** der Button Bearbeiten... angeklickt. Im sich öffnenden Kommunikationsfenster können die ***Eigenschaften*** – sortiert nach ***Gruppen*** – durch Anklicken des Auswahlkästchens aus- oder abgewählt werden.

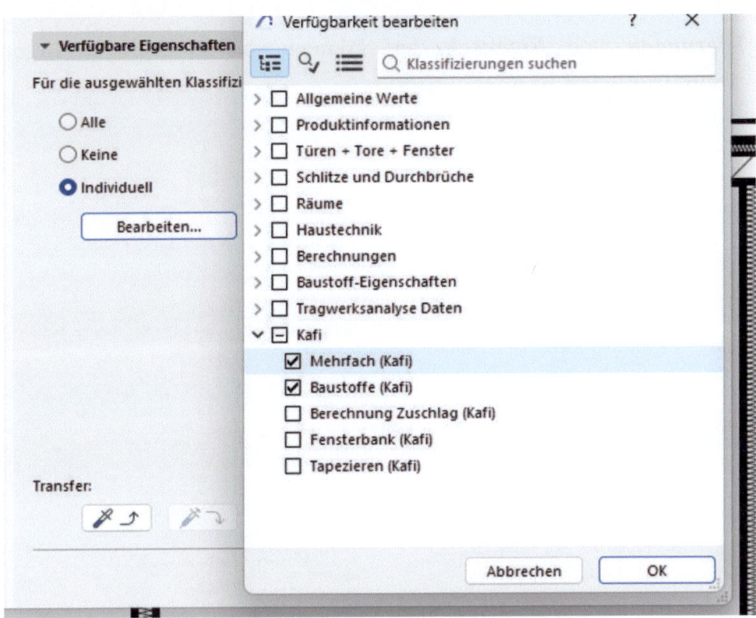

Abbildung 4-128 Auswahl der Eigenschaften im Klassifizierungs-Manager

Die ***Klassifizierungen*** können, vergleichbar mit ***Eigenschaften***, als *.xml Dateien exportiert und in anderen Projekten importiert werden.

4.3.4 Importiere BIM-Inhalt

Seit Archicad28 können die BIM-relevanten Einstellungen eines Projektes einfacher importiert werden. Aus einer bestehenden Datei können ***Klassifizierungen***, ***Eigenschaften*** und – damit zusammenhängend – für den ***Export-Übersetzer*** die ***Typ-Zuordnungen*** und ***Eigenschaften-Zuordnungen***, in das aktuelle Projekt übertragen werden.

Ablage → Interoperabilität →Element-Eigenschaften → BIM-Inhalte importieren

Im Kommunikationsfenster wird der Pfad der gewünschten Datei eingegeben. Möglich sind sowohl ***.tpl** als auch ***.pln** oder ***.pla** Formate. Nach der Auswahl wird das Fenster durch den Button Öffnen ausgeblendet und die Daten werden dem Projekt hinzugefügt.

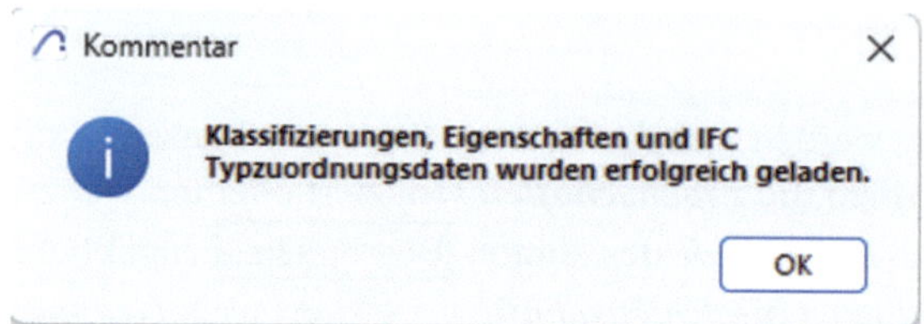

Abbildung 4-129 Bestätigung des Importes

Die importierten ***Klassifizierungen*** und ***Eigenschaften*** können nun in den jeweiligen Managern verwendet bzw. weiterbearbeitet werden.

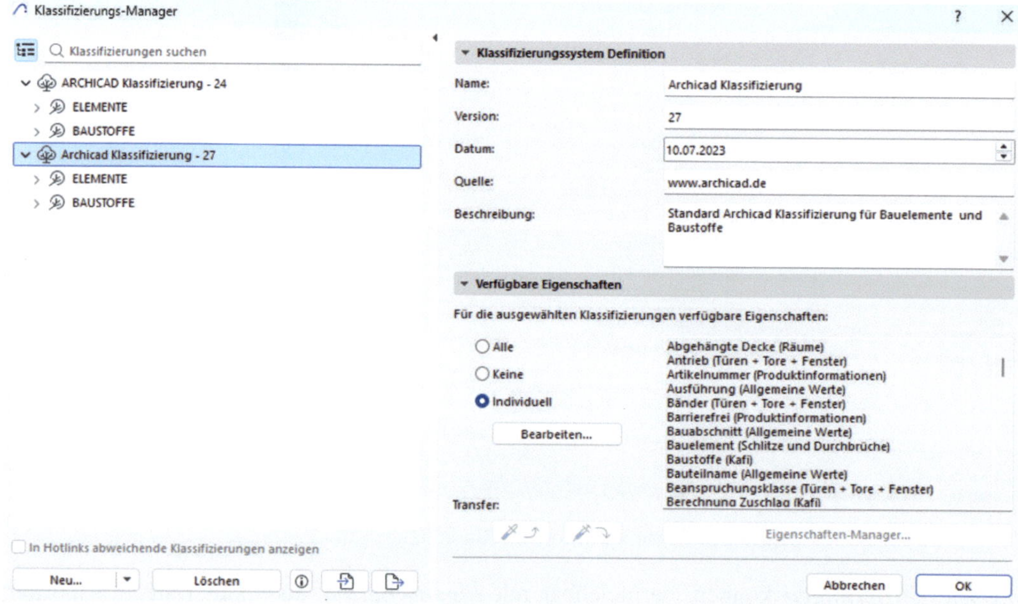

Abbildung 4-130 neue Klassifizierungen im Manager

Wechselt man in den ***Übersetzer-Manager***, stellt man fest, dass kein neuer Übersetzer erstellt wurde. Bei der Betrachtung ***Umwandlungs-Voreinstellungen*** zeigt sich, dass bei ***Typ-Zuordnung*** und ***Eigenschaft-Zuordnung*** neue ***Verfügbare Voreinstellungen*** dazugekommen sind. Diese können nun in neuen eigenen Übersetzern angewendet werden (vgl. Abschnitt 6.4 Umwandlungs-Voreinstellungen).

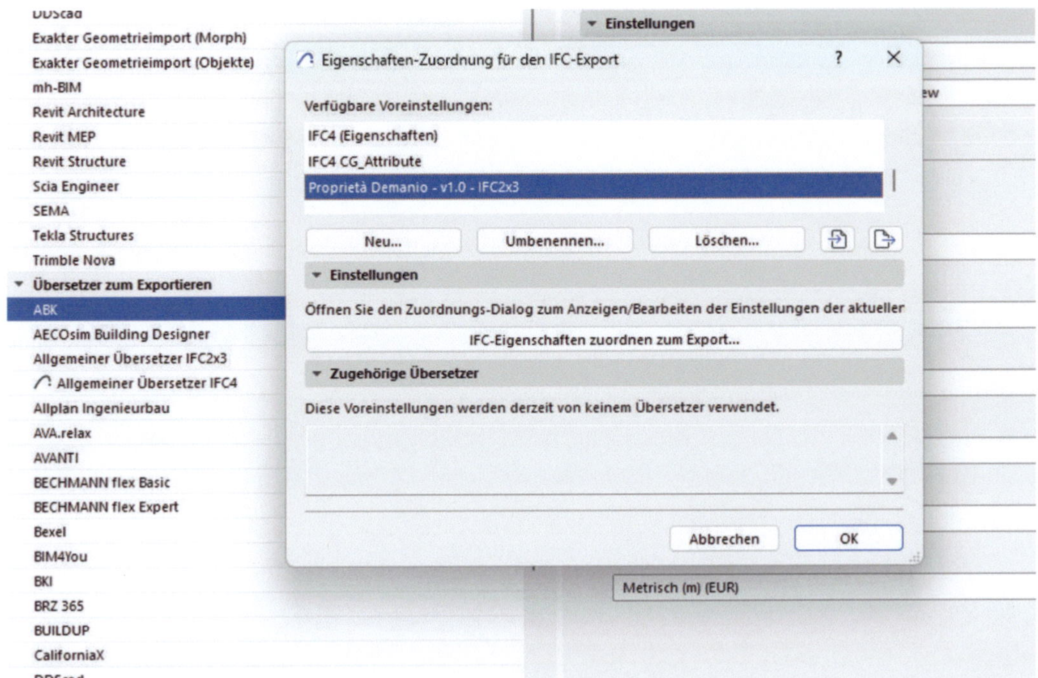

Abbildung 4-131 importierte Voreinstellungen

Werden im Projekt bereits implementierte Standards, wie CBI benötigt, können die BIM-Inhalte direkt auf der Website von Graphisoft heruntergeladen werden.

Ablage → Interoperabilität →Element-Eigenschaften → BIM-Inhalte importieren

Durch Anklicken des Befehls wird die entsprechende Adresse geöffnet. In der Tabelle werden unter anderem die Standards, ihr Format und die Sprache der Vorlagedatei dargestellt. Liegen die Daten als ***.pln*** Format vor, können die Inhalte nach dem Herunterladen importiert werden.

Liegen die Daten als ***.xml*** Format vor, kann der Befehl ***BIM-Inhalte importieren...*** nicht verwendet werden. Diese Dateien werden mit dem Befehl ***Importieren*** des ***Klassifizierungs-Managers*** zum Projekt dazu geladen (vgl. Abschnitt 4.3.3 Klassifizierungs-Manager).

5 Qualitätssicherung

Die Menge an Informationen, die ein IFC-Modell in sich trägt, macht eine ständige Qualitätssicherung notwendig. Insbesondere deshalb, weil die Informationen vielfach schon während des Erstellens des Modells weiterverwendet werden.

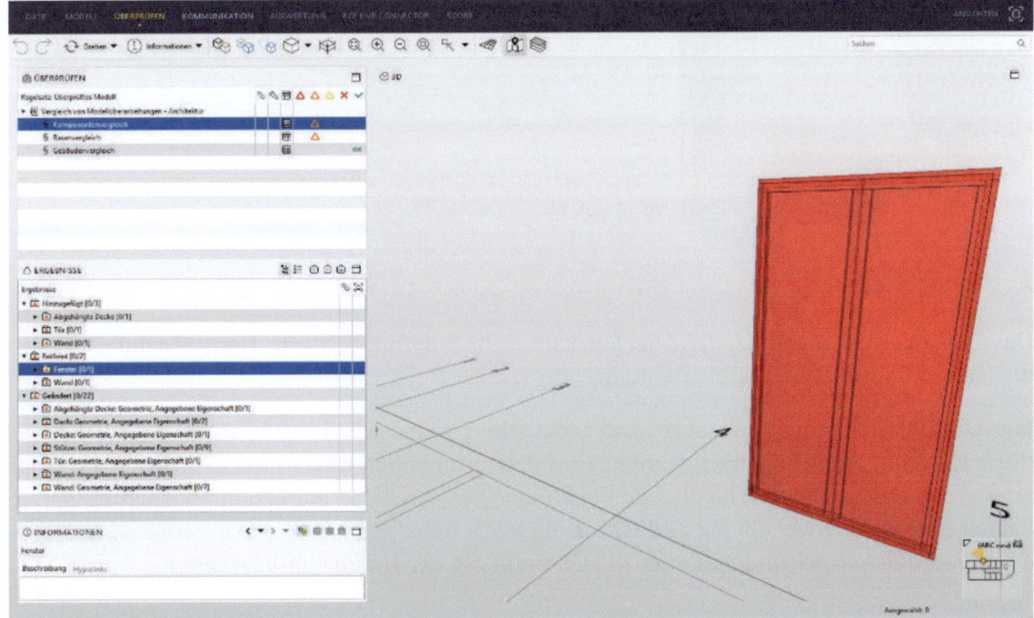

Abbildung 5-1 Digitale Fehlersuche in Solibri

Model Checker Programme können diese Qualitätssicherung erleichtern. Sie geben dem ***Model Checker*** neben den geometrischen Kriterien (Kollisionserkennung) eigene Kriterien vor, nach denen das Modell kontrolliert wird (z.B. Schreibweise von Raumnummern). Die Software prüft die Daten und zeigt Fehler auf. Digitale Fehlermeldungen sind mit den ***GUID***s der Objekte verbunden. Beim ***Import*** in die ***CAD*** werden die fehlerhaften Objekte hervorgehoben und in der Fehlermeldung die Art des Fehlers kurz beschrieben.

K. Fischer und F. Fischer, *BIM mit Archicad®*,
https://doi.org/10.1007/978-3-658-49671-5_5

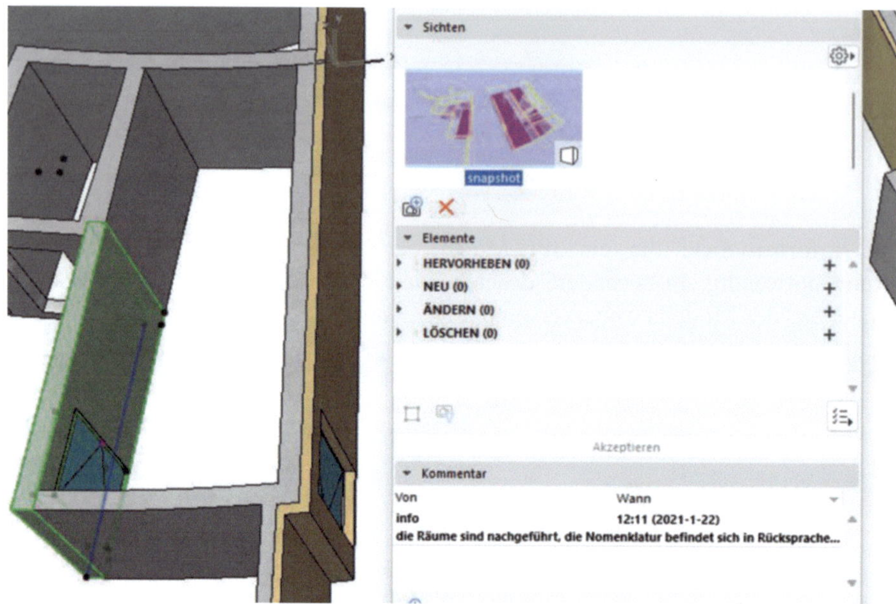

Abbildung 5-2 In CAD wird das Element mit der GUID hervorgehoben

Das Arbeiten mit einem ***Model Checker*** kann sehr komfortabel sein. Dem gegenüber stehen die Kosten für Software und Ausbildung.

Die Qualitätssicherung kann aber auch innerhalb von Archicad erfolgen. In diesem Kapitel werden neben dem Umgang mit digitalen Fehlerprotokollen (***BCF***) verschiedene Methoden gezeigt, wie Sie die unterschiedlichen Funktionen von Archicad zur Qualitätssicherung nutzen können. Dabei werden unterschiedliche Prüfungen durchgeführt. Sowohl geometrische, wie etwa die ***Kollisionsprüfung***, als auch die Überprüfung der ***Werte*** von ***Attributen***.

5.1 Projektstruktur

Grundsätzlich ist festzuhalten, dass das Arbeiten nach BIM-Methodik klare Strukturen innerhalb eines Projektes erfordert.

Die grundlegenden Regelungen zur Projektstruktur sollten unbedingt dokumentiert werden. Und dies trotz „papierlosem Arbeiten“ in gedruckter Form.

Bezeichnung	Erweiterung	Details
`1:100	Beschriftung	Texte, Bemaßungen, 2D Informationen
`1:50	Beschriftung	Texte, Bemaßungen, 2D Informationen
`1:x		Nach Bedarf
AAL		Maßketten, Möblierung, 2D Inhalte; Grenze
Achsen	Beschriftung	Sperren, nicht nur die Ebene, sondern auch einzelne Elemente
Bad	Fachgewerke	Gewerkspezifische Informationen
Balken		Roof Maker; Dachtragwerk ohne Haut; Unterzüge
Deckenaufbau	Tragwerk gerade	Mehrschichtig, Flachdachaufbau, Bodenaufbau
Dach	Tragwerk geneigt	Nur mit Wekzeug Dach ertellte Dächer oder Freiflächen und Morphs,dieals Dachhaut
Decke		Rohdecke
Elektro	Fachgewerke	2D, Beschriftung, Bemaßung nach Bedarf
Entwässerung		Rohrleitungen, 2D Informationen, Beschriftungen
Fassade		Fassaden der Industriehallen (Vorgehängte Fassaden)
Fertigdecke	Fachgewerke	Aussparungen, 2D Informationen
Fundament		Fundamente und Beschriftung/ Bamaßung der Fundamente und der Deckenplatte
Gelände	Bestand	Freifläche
Gelände	Neu	Freifläche
Hilfsebene	Unsichtbar	Marker aller Sichten , Hilfskonstruktionen
Küche	Fachgewerke	Gewerkspezifische Informationen
x- Gewerk	Fachgewerke	Gewerkspezifische Informationen
Marker	Sichtbar	Linien, Schraffur, Text, Plangestaltung (Planrahmen)
Möblierung		Bewegliche Möbel
Fester Einbauten		fest montiertes Mobiliar
Raum		
Sanitär	Fachgewerke	2D, Beschriftung, Bemaßung nach Bedarf
Treppe		
Umgebung		Bestand, 3D Gebäude, Straßen, fremde Grundstücke
Unterbau		Mehrschichtig, Sauberkeitsschicht
Wand		Stützen, Wände, Trockenbau, Vorwände, Ringanker, Sturz
Vorlagen und Zeichnungen		alle 2D Zeichnungen und Bilder

Abbildung 5-3 Beispiel einer Ebenen-Dokumentation erstellt in Microsoft Excel

Es empfiehlt sich, die Dokumentation des Projektes im entsprechenden Projektordner mit zu speichern, um ein späteres Bearbeiten der Datei zu erleichtern.

Die Dokumentation sollte alle wesentlichen Informationen und Berechtigungen beinhalten. Wer muss informiert werden, wenn eine neue ***Ebene*** oder ein neuer ***Baustoff*** erstellt werden soll? Welchem Ablauf folgt die Bearbeitung eines ***BCF-Protokolls***? Wer darf ***Geschosshöhen*** ändern? Fragen zu Prozessen können in Form von FAQ oder Struktur- und Verlauf-Diagrammen dokumentiert werden. Prinzipiell sollten keine konkreten Personen, sondern Rollen und Positionen beschrieben werden.

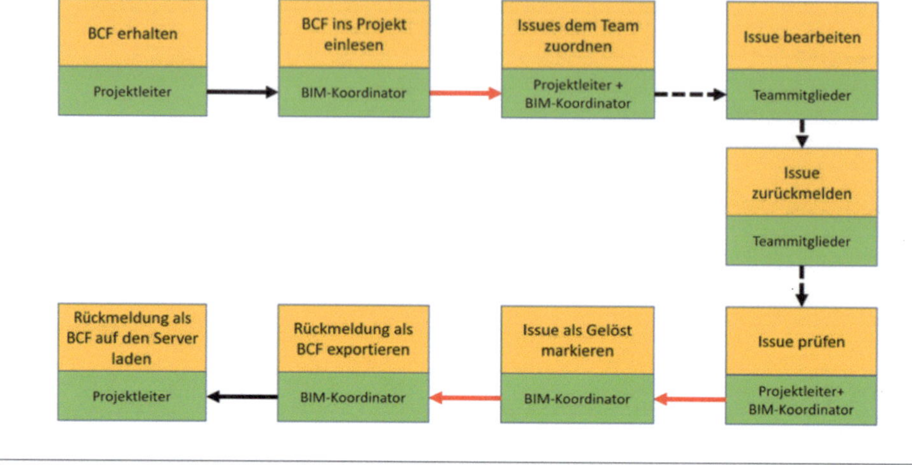

Abbildung 5-4 Mögliche Prozessbeschreibung / Fischer

Im Nachgang eines Projektes sollte die Dokumentation für Folgeprojekte anhand der gewonnenen Erfahrung angepasst werden.

Dadurch werden die erzeugten Dateien immer klarer und zuverlässiger und erleichtern die Qualitätssicherung ungemein.

5.2 Favoriten

Favoriten dienen der Standardisierung der Abläufe und Darstellung innerhalb eines Projektes und projektübergreifend. Häufig verwendete und sonstige wiederkehrende Einstellungen eines Elementes können als Favorit zusammengefasst und für jedes der vorhandenen Werkzeuge erstellt werden.

Die ***Favoriten*** können entweder im Grundeinstellungs-Kommunikationsfenster des jeweiligen Werkzeugs oder über die Favoriten-Palette aufgerufen werden.

Fenster → Paletten →Favoriten

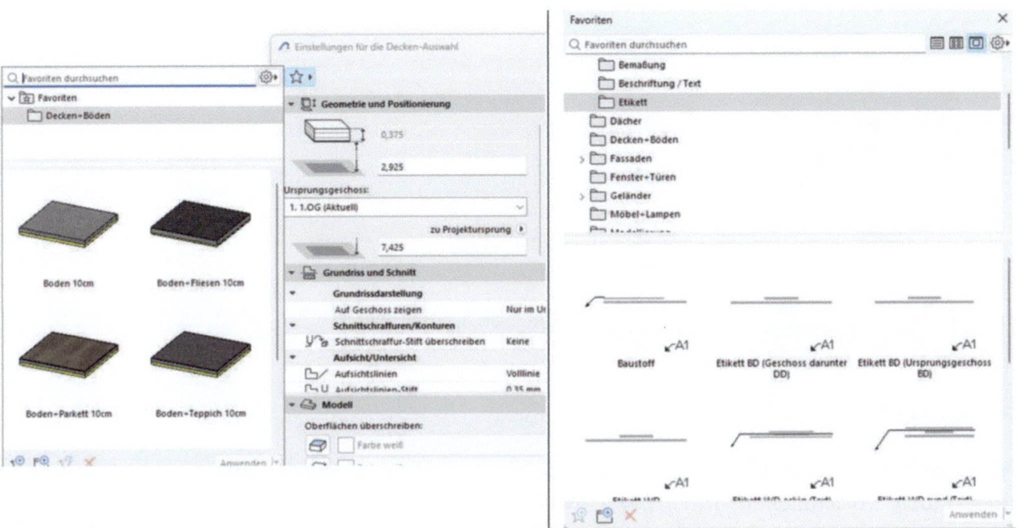

Grundeinstellungs-Kommunikationsfenster | Favoriten- Palette

Abbildung 5-5 Ablage Favoriten

Die Nutzung von ***Favoriten*** bietet sich insbesondere auch für die ***Dokumentationswerkzeugen*** an. Hiermit lässt sich leicht eine einheitliche Plandarstellung erzeugen. Bei der Nutzung der ***Favoriten*** mit den Planungswerkzeugen ergibt sich der Vorteil, dass die Eigenschaften der Elemente bereits vorausgefüllt sind. Bei der Nutzung der ***Favoriten*** ist aber immer auch zu bedenken, dass zu viele ***Favoriten*** das Arbeiten ausbremsen können. Mittlerweile können thematische Ordner und Unterordner erstellt werden, dennoch erfordert ein Suchen nach ***Favoriten*** Zeit.

Die ***Favoriten*** sind nur ausgefüllte Vorlagen. Es sind weder ***Bibliothekselemente*** oder Referenzen noch ***Hotlinks***. Verändert man einen ***Favoriten***, bleiben die Elemente, die mit dem ***Favoriten*** erstellt wurden, unverändert.

Ein neuer ***Favorit*** kann unterschiedlich erstellt werden. Alle Informationen, die Bestandteil eines ***Favoriten*** werden sollen, werden im Grundeinstellungs-Kommunikationsfenster eines Elementes eingestellt.

Mit Klick auf das Stern-Icon ***Favoriten***, erscheint ein Kommunikationsfenster, in dem alle ***Favoriten*** des Werkzeuges zu finden sind.

Mit Anklicken des Stern-Plus-Icon ***Neuer Favorit*** erscheint ein Kommunikationsfenster mit einer einzigen Zeile, in der der Name des neuen ***Favoriten*** definiert wird. Mit OK wird die Eingabe bestätigt. Es wird ein neuer ***Favorit*** erstellt.

Die Grundeinstellungen lassen sich auch von vorhandenen Elementen übernehmen. Ein vorhandenes Element wird angeklickt, dessen Grundeinstellungs-Kommunikationsfenster geöffnet, und dann werden die beschriebenen Schritte wiederholt.

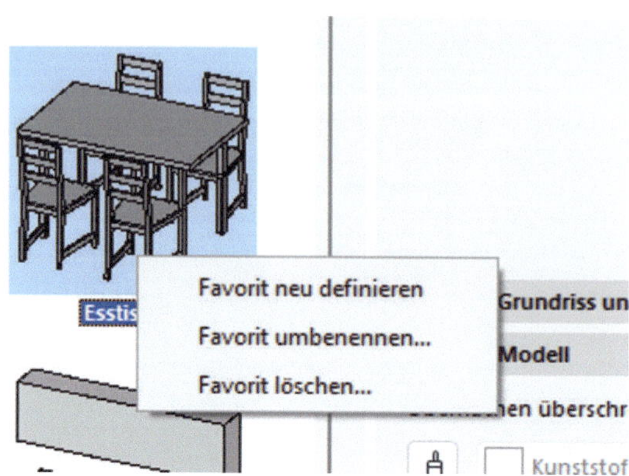

Abbildung 5-6 Bearbeiten der Favoriten

Vorhandenen ***Favoriten*** können jederzeit bearbeitet, umbenannt oder gelöscht werden. Möchte man einen vorhandenen ***Favoriten*** überschreiben, wählt man das gewünschte Vorlage-Element, öffnet dessen Grundeinstellungs-Kommunikationsfenster, öffnet die ***Favoriten***, klickt den zu überschreibenden ***Favoriten*** mit der rechten Maustaste an und wählt den dabei erscheinenden Befehl ***Favoriten neu definieren...***.

Die Favoriten-Palette bietet die gleichen Befehle. Der Vorteil bei Nutzung der Palette liegt vor allem darin, dass hier – vergleichbar mit einem Manager – alle Favoriten aufgelistet sind.

Fenster → Paletten →Favoriten

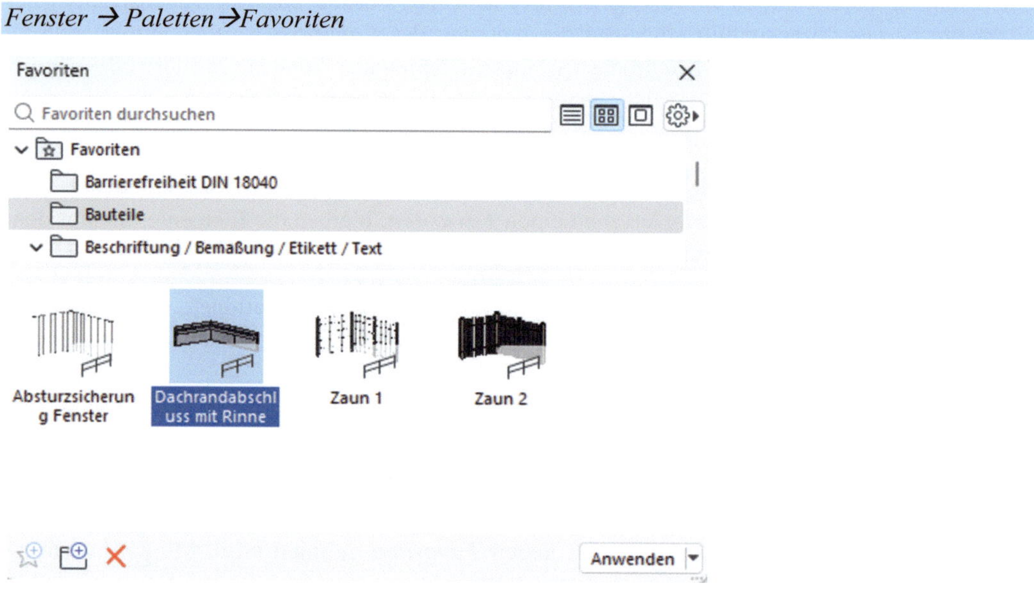

Abbildung 5-7 Palette Favoriten

Favoriten können aus Dateien ex- und importiert werden. Somit kann zum Beispiel eine ***Vorlagedatei*** vervollständigt werden. Für den ***Export*** wird der gewünschte Favorit (oder mehrere) angeklickt und anschließend das Zahnrad-Icon aktiviert. In der erscheinenden Auswahlpalette wird der Befehl ***Import/Export...*** gewählt.

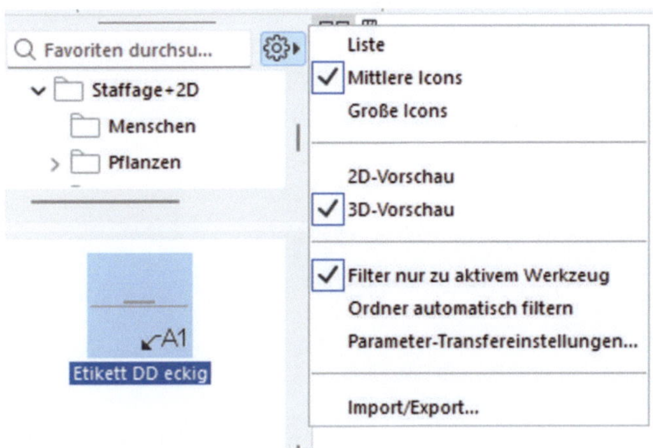

Abbildung 5-8 Favorit exportieren

Im folgenden Kommunikationsfenster wird festgelegt, ob nur der gewählte Favorit, der Ordner oder die komplette Favoritenauswahl exportiert werden soll. Nach Festlegen des Exportpfades wird mit dem Button Exportieren... der Vorgang abgeschlossen.

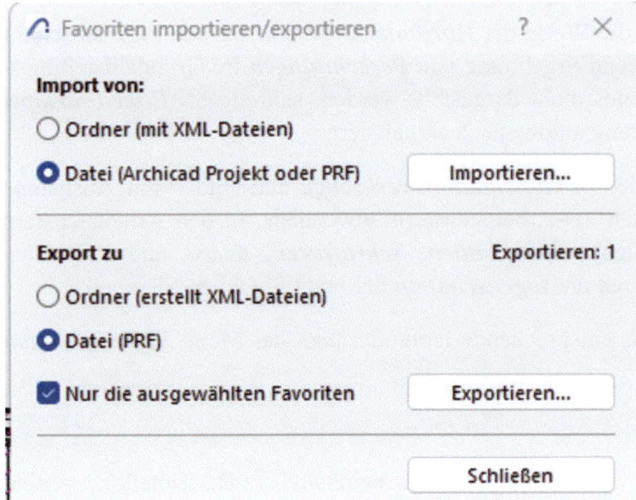

Abbildung 5-9 Import/Export Kommunikationsfenster

Zum Importieren der ***Favoriten*** wird ebenfalls das Kommunikationsfenster für Import/Export mit dem Zahnrad-Icon aufgerufen. Je nach vorherigem Export liegen die ***Favoriten*** als XML-Datei oder als PRF-Datei vor.

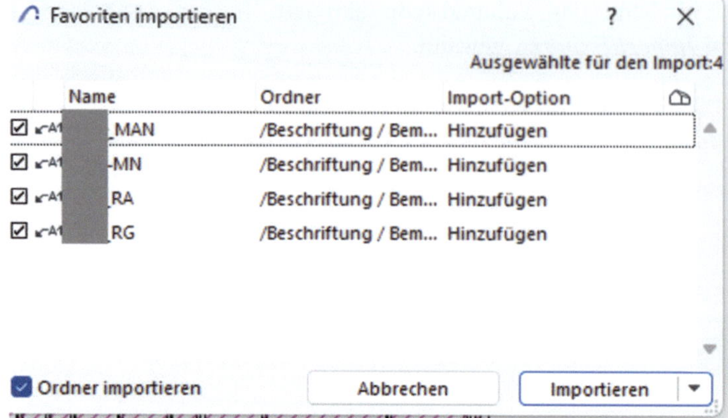

Abbildung 5-10 Auswahl der Favoriten

Nach dem Import erscheint ein Kommunikationsfenster, in dem alle zu importierenden ***Favoriten*** aufgelistet sind und durch einen Haken ausgewählt werden können. Mit dem Button Importieren werden die ***Favoriten*** in das Projekt eingebunden.

5.3 Etiketten

Mit dem Werkzeug ***Etikett*** können die Werte der ***Attribute*** dargestellt werden (vgl. Abschnitt 4.3 Attribute/ Eigenschaften). Während Ergebnisse von ***Berechnungen*** im Grundeinstellungs-Kommunikationsfenster des Elementes nicht dargestellt werden, sind sie im ***Etikett-Stempel*** sichtbar und werden bei jeder Änderung automatisch aktualisiert.

Etiketten gehören zu der Gruppe der ***Dokumentationswerkzeuge*** und sind – mit Ausnahme von ***Detail*** und ***Arbeitsblatt*** – in den 2D-Arbeitsfenstern anwendbar. In den Arbeitsfenstern ***Detail*** und ***Arbeitsblatt*** werden Elemente in ***Linien***, ***Schraffuren***, ***Kreise*** und ***Polylinien*** zerlegten. Diese 2D-Elemente verlieren die ***Eigenschaften*** der ursprünglichen Elemente.

Das Werkzeug ***Etikett*** kann über das entsprechende Icon oder über das Menü ***Dokumentation*** aufgerufen werden.

Dokumentation →Dokumentationswerkzeuge → Etikett

Etiketten, deren Erscheinung ein bestimmtes Layout beinhaltet (z.B. Tabelle), werden ***Symboletiketten*** genannt. Diese werden zuerst in 2D erstellt und dann als ***Bibliothekselement*** gespeichert (vgl. Abschnitt 9.14 Beispiel: Eigene Etiketten erstellen).

In den Einstellungen werden ***Text-Stile***, ***-Farben*** und ***-Größe*** definiert. Außerdem wird festgelegt, ob bzw. welchen ***Rahmen*** und welchen ***Marker*** ein Etikett erhält.

Es gibt zwei Arten von ***Etiketten***: ***Unabhängig*** und ***assoziativ***. Unabhängigen Etiketten werden frei im Projekt positioniert. Diese Etiketten haben keine referenzierten Informationen zu einem

Objekt. Diese ***Etiketten*** eignen sich für zusätzliche Informationen, insbesondere der Darstellung von Informationen aus der ***Projekt-Info*** (vgl. Abschnitt3.2 Projekt-Info).

Assoziativ erstellte Etiketten sind mit einem Objekt verknüpft. Sie geben die aktuellen Informationen der ***Eigenschaften*** des Objekts wieder. Wird das verknüpfte Objekt ausgeblendet, werden auch die damit verknüpften ***Etiketten*** ausgeblendet. Sollen die ***Etiketten*** dennoch sichtbar bleiben, wird im Grundeinstellungs-Kommunikationsfenster der Haken neben der Einstellung ***Mit assoziiertem Element verbergen***, entfernt.

Wird das verknüpfte Objekt gelöscht, werden die damit verbundenen Etiketten ebenfalls gelöscht.

Im Bereich ***Typ und Vorschau*** sind unterschiedliche, bereits vorhandene Arten von Etiketten hinterlegt. Ähnlich wie bei den ***Bibliothekselementen*** wird das Layout des Etiketts im Fenster ***Typ*** gewählt. Im ***Vorschaufenster*** wird das Erscheinungsbild des Etiketts dargestellt. Dieses Fenster passt die Darstellung bei weiteren Einstellungen an und bietet damit eine gute Übersicht.

Nicht jedes ***Etikett*** kann für jedes Element genutzt werden. Manche Etiketten sind werkzeugspezifisch und können nur für diese Elemente verwendet werden. Bei anderen Elementen wird keine Information dargestellt.

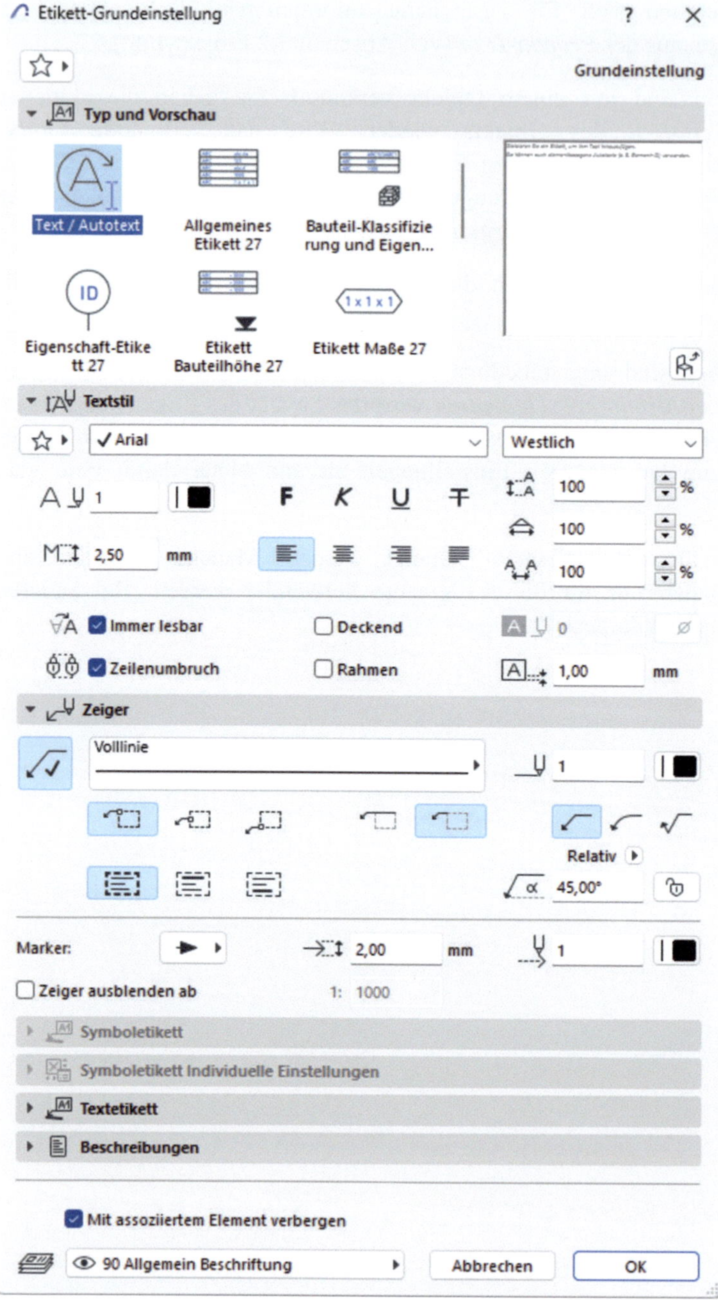

Abbildung 5-11 Grundeinstellungs-Kommunikationsfenster von Etikett

Ob es sich um ein spezifisches ***Etikett*** handelt und für welches Werkzeug das ***Etikett*** gedacht ist, ergibt sich aus seinem Namen bzw. aus dem hellgrau dargestellten Objekt.

5.4 Assoziatives Etikett positionieren

Die Positionierung wird Anhand des einfachsten Etiketts ***Text/AutoText*** beschrieben. Für eine einfache Qualitätssicherung und Planbeschriftung reichen diese ***Etiketten*** bereits aus. Es bietet sich die Erstellung von ***Favoriten*** an.

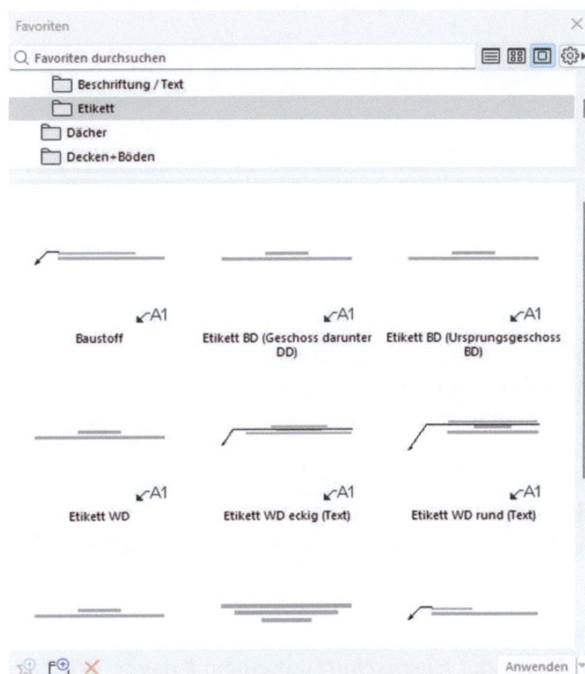

Abbildung 5-12 Favoriten bei Etiketten

Dieses Etikett hat kein Layout. Es ist kein ***Symboletikett***. Somit bleiben die Einstellungsbereiche der ***Symboletiketten*** ausgegraut. Es sind keine weiteren Einstellungen möglich.

Abbildung 5-13 Bei nicht Symboletiketten werden die entsprechenden Bereiche ausgegraut

Text, Zeiger und ***Beschreibung*** werden nach Bedarf angepasst. Der Inhalt des Bereiches ***Textetikett*** erhält erst Informationen, nachdem mindestens ein Textelement erstellt wurde.

5

Nach dem Schließen des Grundeinstellungs-Kommunikationsfensters wird das Element, das mit dem Etikett verknüpft werden soll, angeklickt. Im darauf folgenden ***Editor*** lassen sich sowohl freie Texte schreiben als auch verknüpfte Informationen darstellen.

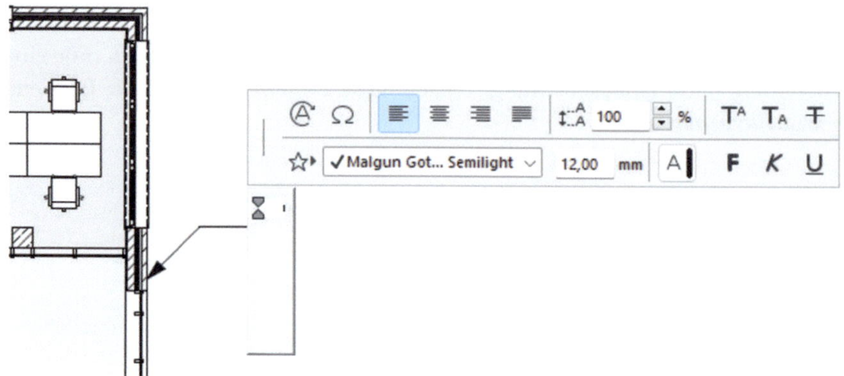

Abbildung 5-14 Erstellen des AutoText-Etiketts

Für die Darstellung von verknüpften Informationen wird das Icon ***AutoText*** angeklickt. Dadurch werden alle für dieses Element möglichen Informationen in Form eines Baumdiagramms, dargestellt. Soweit der Name oder ein Teil des Namens des gesuchten ***Attributs*** bekannt ist, kann die Suchfunktion genutzt werden.

Durch einen Doppelklick oder durch Drücken des Buttons Hinzufügen, werden die Werte in das Editorfenster übertragen. Der graue Hintergrund dient der optischen Trennung zwischen verknüpften und Informationen und freien Texten. Die Darstellung im Projekt erfolgt gemäß den Grundeinstellungen.

Falls für das gewählte Objekt ein ***Wert*** vorhanden ist, wird dieser sofort dargestellt. Ist der ***Wert*** (noch) nicht vorhanden, erscheint der Name der ***Eigenschaft*** mit einem # davor. Wird der Wert dieser ***Eigenschaft*** ergänzt, aktualisiert sich der ***AutoText*** entsprechend.

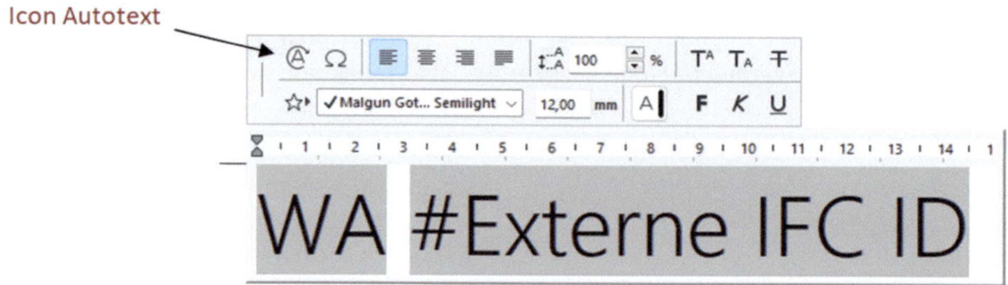

Abbildung 5-15 AutoTexte im Etikett mit und ohne Wert

Häufig werden den Elementen Eigenschaften erst nach und nach zugeordnet. ***Etiketten*** helfen dabei, die Übersicht zu bewahren. Die jeweiligen Attribute lassen sich mittels ***Etikett*** darstellen. So erhält man den Überblick, ob z.B. Eigenschaften fehlen oder keine korrekten Ergebnisse liefern.

Abbildung 5-16 Die Werte der Eigenschaften werden dargestellt

Für die Darstellung der Werte von ***Eigenschaften*** eignet sich das ***Klassifizierungs- und Eigenschaften-Etikett***. Die gewünschten Informationen können in einer Tabelle mit dem ***Parameter (Eigenschaft)***-Namen angezeigt werden. Im Bereich ***Symboletikett Individuelle Einstellungen*** können mehrere Zeilen einer Tabelle und deren Inhalte definiert werden.

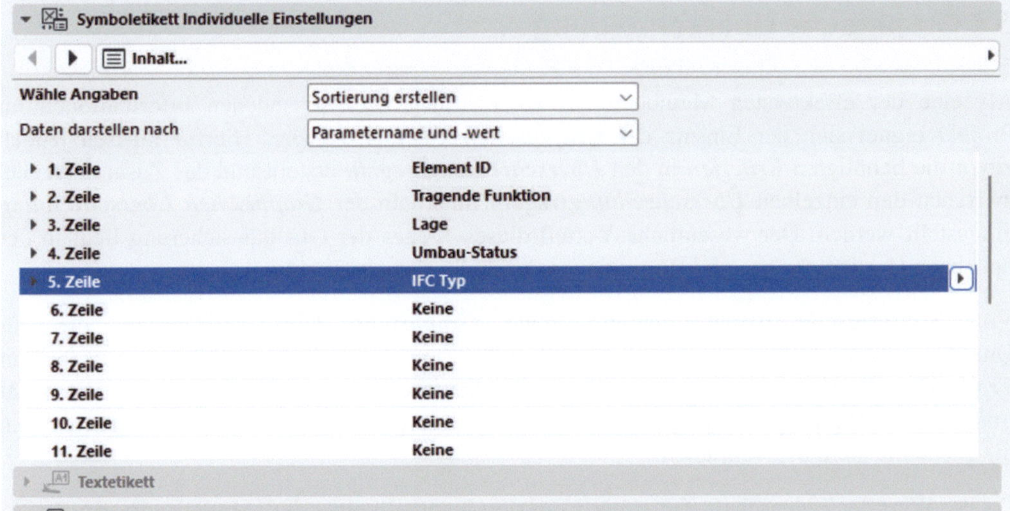

Abbildung 5-17 Einstellung der Inhalte

In den ***Allgemeinen Einstellungen*** lässt sich die Darstellung der Tabelle steuern. Gegenüber einem ***Textfeld*** ist eine akkuratere Formatierung möglich.

Die ***Etiketten*** können über die Beschriftung von Plänen hinaus auch für die Qualitätssicherung (Eigene ***Ebene***) verwendet werden. Aufgrund der immer aktualisierten Werte lassen sich die Werte der ***Eigenschaften*** leicht kontrollieren.

Element ID	WA
Tragende Funktion	Tragende Elemente
Lage	Außen
Umbau-Status	Bestand
IFC Typ	IfcWall

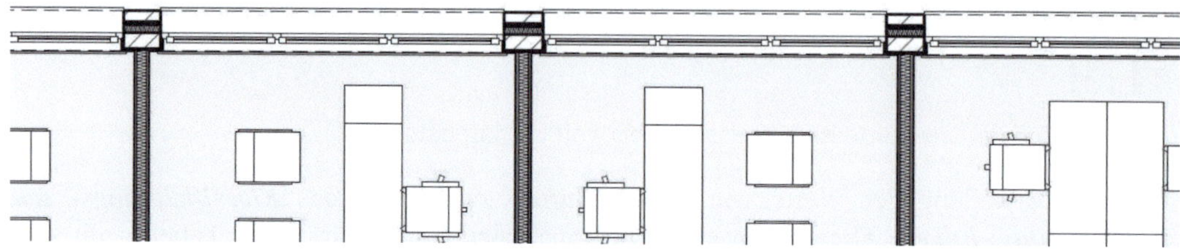

Abbildung 5-18 Klassifizierungs- und Eigenschaften-Etikett

5.5 Graphische Überschreibung

Als eine der effektivsten Methoden zur Überprüfung der vorhandenen Informationen im Projekt eignet sich der Einsatz der ***Graphischen Überschreibung***. Hierfür müssen jedoch zuvor die benötigten ***Kriterien*** in den ***Überschreibungsregeln*** erstellt und das Zusammenspiel zwischen den einzelnen ***Überschreibungsregeln*** innerhalb der ***Graphischen Überschreibung*** eingestellt werden. Der wesentliche Vorteil dieses Weges der Qualitätssicherung liegt in der optischen Hervorhebung von Informationen durch die sich ein Suchen erübrigt.

Von Softwareseite werden bereits einige ***Graphische Überschreibungen***, die zur Qualitätssicherung verwendbar sind, bereitgestellt. Zum Beispiel können Elemente nach ihrer ***Tragenden Funktion*** überschrieben werden. Hierdurch werden alle Elemente, die nicht tragend sind, Blau und alle tragenden Elemente Rot dargestellt. Fehlt die Information werden die Elemente Gelb überschrieben.

Da der Wert der Eigenschaft ***Tragende Funktion*** innerhalb eines IFC-Modells eine ***boolesche Funktion*** ist (ja oder nein), sollten die dabei gelb erscheinenden Elemente genauer überprüft und der Wert ihrer ***Eigenschaft*** angepasst werden.

Vorhandene ***Graphische Überschreibung*** lassen sich durch eigene ***Graphische Überschreibung*** ergänzen (vgl. Abschnitt 4.1.4 Graphische Überschreibung). Denkbar wäre z.B. eine ***Graphische Überschreibung***, die der Überprüfung von Trockenbauwänden bzgl. der Eigenschaft „tragend" dient. Dabei werden die Trockenbauwände mit dem Wert „nicht tragend" Grün und die mit dem Wert „tragend" Rot dargestellt. Alle anderen Elemente erscheinen hellgrau. So werden Wände mit einem falschen Wert sofort sichtbar. Dieses Beispiel ist genauer unter Best Praxis (Abschnitt 9.15 Beispiel: Überschreibungsstil bei der Qualitätssicherung) beschrieben.

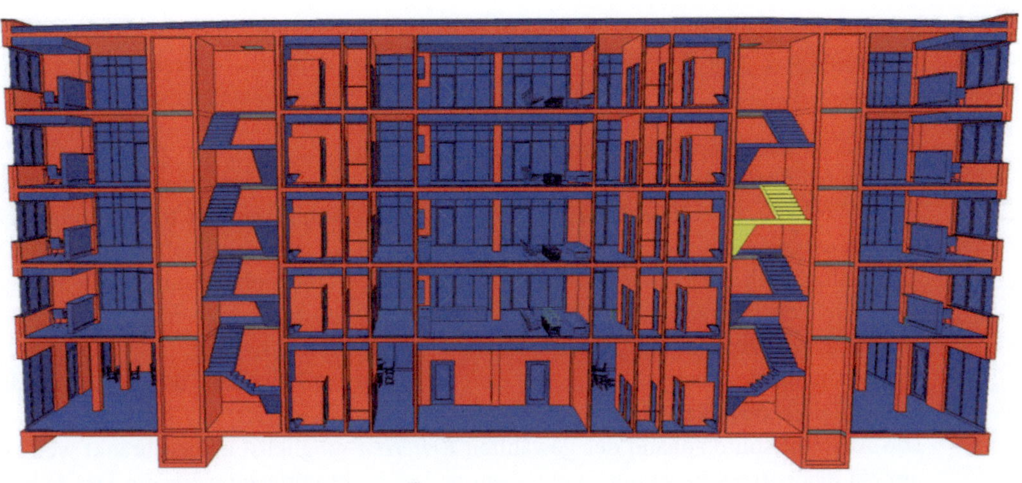

Abbildung 5-19 optische Qualitätssicherung: Elemente ohne eindeutige Werte werden optisch hervorgehoben

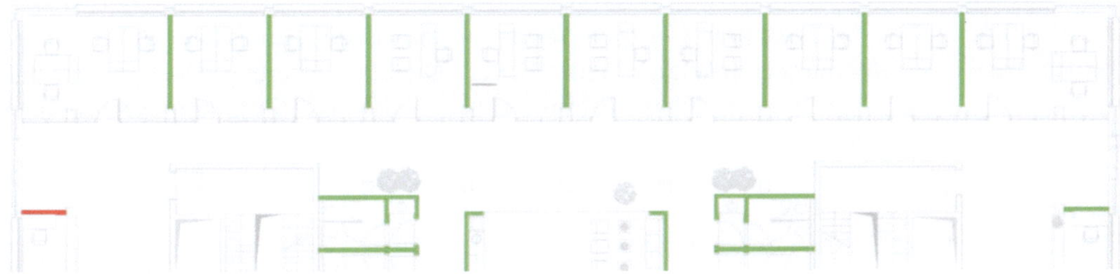

Abbildung 5-20 Optische Qualitätssicherung

Die Prüfungen mit ***Graphischen Überschreibungen*** können sowohl in 2D- als auch in 3D-Fenstern durchgeführt werden.

Abbildung 5-21 Qualitätssicherung in 2D- oder 3D-Arbeitsfenstern

Die Prüfungen können allgemein (z.B. ist ein Wert vorhanden oder nicht) oder detailliert ausfallen. Was und wie geprüft werden soll ist praktisch frei definierbar. Wichtig ist es dabei folgende Punkte zu beachten:

- Eindeutige Benennung der ***Überschreibungen***, um auch bei einer größeren Anzahl von ***Überschreibungen*** die Übersicht zu bewahren. Insbesondere, wenn verschiedene Nutzer auf die ***Überschreibungen*** Zugriff haben. ***Graphischen Überschreibungen*** werden in alphabetischer Reihenfolge aufgelistet. Möglicherweise helfen ***IDs*** (z.B. 10 für Qualitätssicherung, 01 für Bauteile Wand, 03 für Trockenbau und danach mit "_" verbunden, eine kurze Beschreibung der Prüfung. 10-01-03_ Trageverhalten).
- Die eindeutige Benennung gilt auch für die ***Überschreibungsregeln***.
- Es sollten nicht zu viele Parameter gleichzeitig geprüft werden, da hier leicht die Eindeutigkeit verloren geht.
- Die Auswahl sollte anhand der gewählten ***Kriterien*** möglichst eingeschränkt werden, um ein eindeutiges Ergebnis zu erzeugen und es nicht notwendig ist, die Darstellung zu deuten.
- Jede Überschreibung mit eindeutigen Vorgaben überprüfen. Manchmal bringt eine Änderung der Reihenfolge der ***Überschreibungsregeln*** ein besseres Ergebnis.

Die Erstellung einer ***Graphischen Überschreibung*** ist aufwendig. Im Laufe des Projektes werden diese Überschreibungen mächtige Helfer bei der Qualitätssicherung. Der aufgebrachte Aufwand wird sich schnell lohnen. Kleine Prüfungen lassen sich ohne Programmwechsel oder IFC-Export durchführen.

5.6 Listen und Auswertungen

Eine weitere programminterne Möglichkeit der Qualitätssicherung bzw. der Prüfung der Daten besteht in der Nutzung von eigenen Tabellen im Bereich der ***Auswertung***. Die thematisch zusammengefassten Elemente können in ihren Werten durch unterschiedliche Anordnung der Spalten und Zeilen überprüft werden.

Die Tabellen erlauben es gleiche Elemente zusammenzufassen. Hierdurch entstehen Vorteile bei einer Prüfung der Eigenschaften, die als freier Text erstellt wurden. So können Ausdrücke, die zwar gleiches meinen, aber unterschiedlich geschrieben wurden, wie zum Beispiel „Leiste, Stufe" und „Stufenleiste", schnell erkannt und in der Tabelle angepasst werden. Die Daten bleiben einheitlicher und ergeben in den Prüfprogrammen keine unterschiedlichen Werte.

Objekte aus den Auswertungstabellen lassen sich im Projekt anzeigen. Dabei öffnet das Programm das Arbeitsfenster, zoomt auf das gewählte Objekt und aktiviert dieses. Dieses Springen funktioniert jedoch nur, wenn die ***Ebene*** des Objektes im Projekt eingeschaltet ist. Es ist grundsätzlich zu empfehlen, für Auswertungen ***Ausschnitte*** (vgl. Abschnitt 4.1 Ausschnitt erstellen)zu erstellen.

Fensterliste														
Element ID	Anschlagsmaße	Ansicht von Anschlagseite	Ansicht von Öffnungsseite	Brüstungshöhe	F/T nominale Sturzhöhe	Nominale B x H	Rahmen-Stärke	Wanddicke	Wandstruktur	Rahmen innen	Rahmen außen	Flügel außen	Flügel innen	Lammelen Jalousie
0.EG														
Schaufenster	3,60×3,50			0,200	3,70	3,60×3,50	0,070	0,42	KS + Verblender 40 cm	Farbe weiß	Metall Bronze	Metall Bronze	Farbe weiß	Metall Bronze
	26													
1.OG														
FE	3,60×1,90			1,000	2,90	3,60×1,90	0,070	0,42	KS + Verblender 40 cm	Farbe weiß	Metall Bronze	Metall Bronze	Farbe weiß	Metall Bronze
	26													
2.OG														
FE	3,60×1,90			1,000	2,90	3,60×1,90	0,070	0,42	KS + Verblender 40 cm	Farbe weiß	Metall Bronze	Metall Bronze	Farbe weiß	Metall Bronze
	26													
3.OG														
FE	3,60×1,90			1,000	2,90	3,60×1,90	0,070	0,42	KS + Verblender 40 cm	Farbe weiß	Metall Bronze	Metall Bronze	Farbe weiß	Metall Bronze
	26													
4.OG														
FE	3,60×1,90			1,000	2,90	3,60×1,90	0,070	0,42	KS + Verblender 40 cm	Farbe weiß	Metall Bronze	Metall Bronze	Farbe weiß	Metall Bronze
	26													
	130													

Abbildung 5-22 Elemente mit den Eigenschaften, tabellarisch aufgelistet

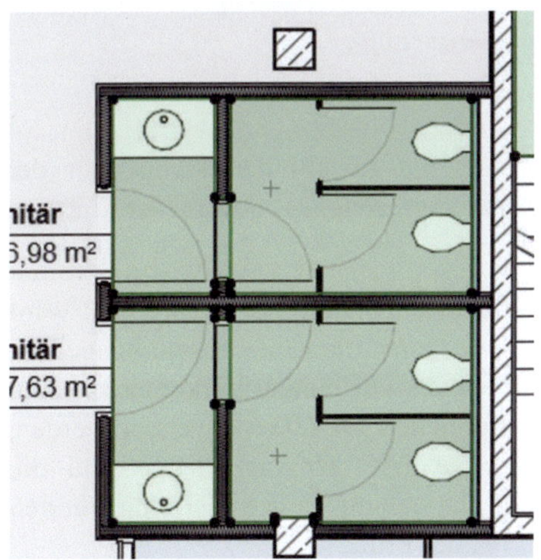

Abbildung 5-23 Elemente werden im Projekt ausgewählt

5

Um ein Element im Projekt anzeigen zu lassen, wird es innerhalb der Auswertungstabelle angeklickt. Wenn die ***Ebene*** des Elementes aktiv ist, sind die beiden Buttons ***Im Grundriss auswählen*** und ***Im 3D auswählen*** aktiv (bei ausgeschalteter ***Ebene*** werden diese ausgegraut dargestellt). Mit einem Klick auf den einen oder den anderen Button wechselt der Bildschirm zum gewählten Arbeitsfenster und das Element wird aktiviert.

Gleiche Elemente können in der Tabelle zusammengefasst werden. Dabei sind diejenigen ***Parameter*** und ***Eigenschaften*** entscheidend, nach denen sich für das Programm ergibt, ob es sich um gleiche Elemente handelt.

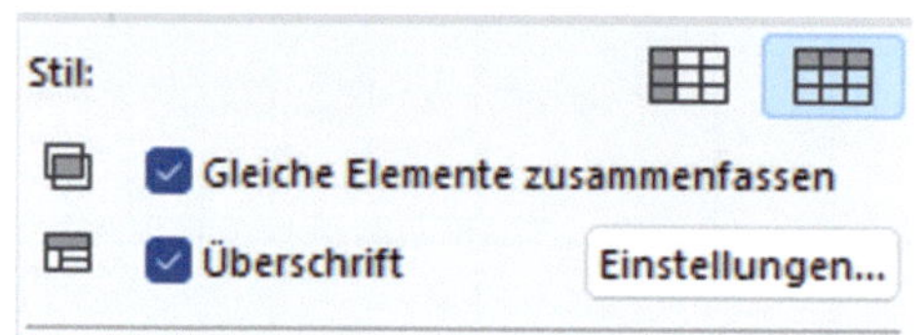

Abbildung 5-24 Zusammenfassen gleicher Elemente

Wird beispielsweise die Gesamtlänge der Trockenbauwände eines Geschosses mit der gleichen ***Element ID*** und der gleichen ***Oberfläche*** ermittelt, werden diese, aktiviert man den Stil für ***Gleiche Elemente zusammenfassen***, in einer Zeile zusammengefasst. Die Gesamtlänge wird durch die Einstellung Summe in der Zeile bereits zusammengerechnet.

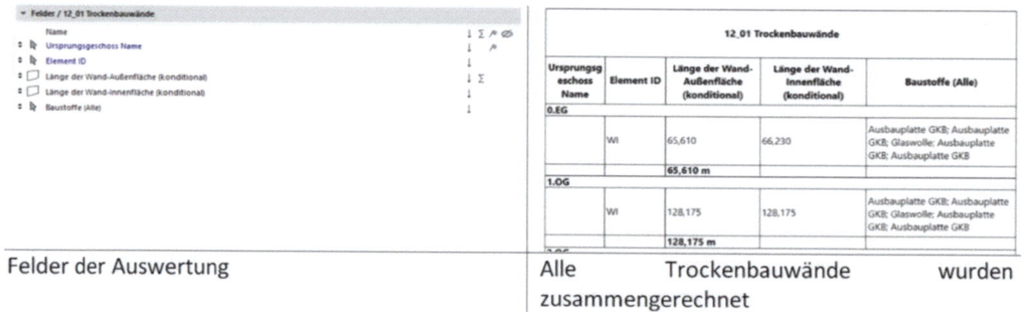

12_01 Trockenbauwände

Ursprungsgeschoss Name	Element ID	Länge der Wand-Außenfläche (konditional)	Länge der Wand-Innenfläche (konditional)	Baustoffe (Alle)
0.EG				
	WI	65,610	66,230	Ausbauplatte GKB; Ausbauplatte GKB; Glaswolle; Ausbauplatte GKB; Ausbauplatte GKB
		65,610 m		
1.OG				
	WI	128,175	128,175	Ausbauplatte GKB; Ausbauplatte GKB; Glaswolle; Ausbauplatte GKB; Ausbauplatte GKB
		128,175 m		

Felder der Auswertung

Alle Trockenbauwände wurden zusammengerechnet

Abbildung 5-25 Gleiche Elemente bei allg. Eigenschaften

Verändert man nun die Auswertungsfelder in dem z.B. die Anzahl der Türen oder der Öffnungen abgefragt werden, werden die Wände mit der gleichen Anzahl von Türen zusammengefasst. Die Anzahl der Zeilen verändert sich.

So können die zusammengefassten Elemente immer weiter auseinandergefächert werden. Wird das Kriterium ***GUID*** (Archicad IFC-ID) gewählt, sollten keine Elemente zusammengefasst werden, da es sich um eine eindeutige ID handelt, die jeweils nur einmal vorkommen kann. Dadurch kann das Zusammenfassen zur Prüfung von doppelten ***GUIDS*** verwendet werden, indem bei den Einstellungen der Felder für ***Eindeutige IFC ID*** die Menge und die Zwischensumme (Fähnchen-Icon) angezeigt werden. Die Darstellung kann in der umgekehrten Reihenfolge sortiert werden, das spart gelegentlich Zeit bei der Prüfung.

Felder / 12_01 Trockenbauwände

Name
- Ursprungsgeschoss Name
- Element ID
- Länge der Wand-Außenfläche (konditional)
- Länge der Wand-Innenfläche (konditional)
- Baustoffe (Alle)
- Anzahl der Türen

Felder der Auswertung

12_01 Trockenbauwände					
Ursprungsgeschoss Name	Element ID	Länge der Wand-Außenfläche (konditional)	Länge der Wand-Innenfläche (konditional)	Baustoffe (Alle)	An
0.EG					
	WI	8,380	8,380	Ausbauplatte GKB; Ausbauplatte GKB; Glaswolle; Ausbauplatte GKB; Ausbauplatte GKB	1
	WI	16,160	16,160	Ausbauplatte GKB; Ausbauplatte GKB; Glaswolle; Ausbauplatte GKB; Ausbauplatte GKB	2
	WI	41,070	41,690	Ausbauplatte GKB; Ausbauplatte GKB; Glaswolle; Ausbauplatte GKB; Ausbauplatte GKB	0
		65,610 m			

Trockenbauwände werden nach Anzahl der Türen sortiert

Abbildung 5-26 Gleiche Elemente bei detaillierteren Eigenschaften

Abbildung 5-27 Prüfung nach doppelten GUIDs

Grundsätzlich sollten alle Elemente die Menge 1 haben. Haben jedoch zwei Elemente die gleiche ***GUID***, lässt sich dieses in der Tabelle erkennen.

12_01 Trockenbauwände						
Ursprungsgeschoss Name	**Element ID**	**Länge der Wand-Außenfläche (konditional)**	**Länge der Wand-Innenfläche (konditional)**	**Baustoffe (Alle)**	Anzahl der Türen	Archicad IFC ID
0.EG						
	WI	2,000	2,000	Ausbauplatte GKB; Ausbauplatte GKB; Glaswolle; Ausbauplatte GKB; Ausbauplatte GKB	1	21VSWnaRDCi81c7F5N1AJ4
		2,000 m				**1**
	WI	2,000	2,000	Ausbauplatte GKB; Ausbauplatte GKB; Glaswolle; Ausbauplatte GKB; Ausbauplatte GKB	1	0OLuf_aab5VhG7Uhz7BrYE
		2,000 m				**1**
	WI	2,190	2,190	Ausbauplatte GKB; Ausbauplatte GKB; Glaswolle; Ausbauplatte GKB; Ausbauplatte GKB	1	2jipcg85L77uVfRyXPcgGd
		2,190 m				**1**
	WI	2,190	2,190	Ausbauplatte GKB; Ausbauplatte GKB; Glaswolle; Ausbauplatte GKB; Ausbauplatte GKB	1	23$5hpJGX3gRrtTJO0Aanp
		2,190 m				**1**

Abbildung 5-28 Korrektes Ergebnis - alle Elemente sind eindeutig

Die Tabellen lassen sich nach beliebigen ***Eigenschaften*** sortieren. Im Unterscheid zu den ***Graphischen Überschreibungen*** sollte nicht für jede ***Eigenschaft*** eine ***Auswertung*** erstellt werden. Vielfach lassen sich unterschiedliche Eigenschaften durch ein Ändern der Prüfreihenfolge kontrollieren. Im Fokus sollte immer der notwendige Aufwand in Bezug auf die Übersicht stehen.

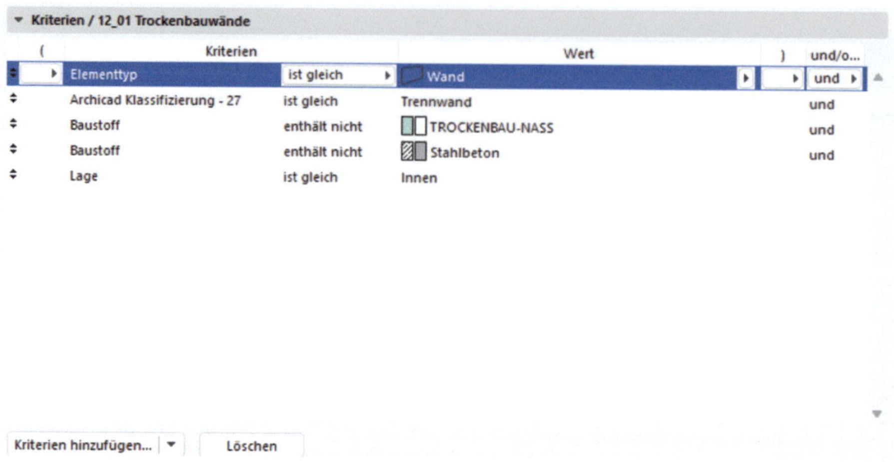

Abbildung 5-29 Operatoren bei den Kriterien in der Auswertung

Auswertungen haben gegenüber ***Überschreibungsregeln*** mehr Möglichkeiten Elemente gezielter zu prüfen. Die ***Kriterien*** können bei der Zusammenstellung des Auswertungs-Schemas die zu prüfenden Elemente besser eingrenzen, da mehr logische ***Operatoren*** zur Verfügung stehen.

Es gibt drei mögliche Arten der Auswertung: ***Elemente***, ***Komponenten*** und ***Oberflächen***.

Jeder Art stehen unterschiedliche Felder zur Auswertung zur Verfügung.

Bei ***Elementen*** können die allgemeinen Informationen ausgewertet werden, zum Beispiel die Anzahl der Stühle, die Fläche der Wände oder die Anzahl der Steckdosen usw.

Bei ***Komponenten*** können zusätzlich Informationen zu den Komponenten der mehrschichtigen Elemente oder Profile ausgewertet werden. Zum Beispiel kann das Volumen des ***Baustoffes Kalksandstein*** bei einer WDVS-Außenwand ermittelt werden.

Türliste							
	Name	Abmessungen		Position	Ansicht	Oberflächen	
		Breite	Höhe			Rahmen	Türblatt
0.EG							
	Tür	0,885	2,010	Von: WC/Sanitär zu: WC/ Sanitär		Farbe grau DB 701	Farbe grau DB 701
	Tür	0,885	2,010	Von: WC/Sanitär zu: WC/ Sanitär		Farbe grau DB 701	Farbe grau DB 701
	Tür	0,885	2,010	Von: WC/Sanitär zu: WC/ Sanitär		Farbe grau DB 701	Farbe grau DB 701
	Tür	0,885	2,010	Von: WC/Sanitär zu: WC/ Sanitär		Farbe grau DB 701	Farbe grau DB 701
		4					

Abbildung 5-30 Beispiel Auswertung der Elemente

00-02-03 Estrich NB							
Lage	Element	Querschnitt	Schichtdicke	Oberfläche (brutto)	Oberfläche (netto)	Schicht/Komponenten Oberflächenbereich (konditional)	wo
0.EG							
Innen	Bodenbelag		0,070	29,210	29,759	29,759	WC/Sanitär
	8			29,210 m^2	29,759 m^2	29,759 m^2	
Innen	Bodenbelag		0,070	965,468	792,381^5	792,479^5	
	1			965,468 m^2	792,381^5 m^2	792,479^5 m^2	
Innen	Bodenbelag schnellreinigend		0,070	69,133	68,973	68,973	Großküche
	1			69,133 m^2	68,973 m^2	68,973 m^2	
1.OG							
Innen	Bodenbelag		0,070	20,828	20,828	20,828	Treppenhaus
	2			20,828 m^2	20,828 m^2	20,828 m^2	

Abbildung 5-31 Beispiel Auswertung Komponenten

Bei der Auswertung von ***Oberflächen*** werden die Mengen in Abhängigkeit des Oberflächenmaterials ausgewertet. So kann zum Beispiel ein Farbkonzept der Fenster in ***RGB-Farben*** ausgegeben werden. Denkbar ist auch eine Ausgabe aller gleichfarbigen Flächen, unabhängig des Werkzeuges, mit dem die entsprechenden Elemente erstellt wurden.

Fensteroberflächen				
	Element ID	**Oberfläche Name**	**Farbkonzept**	**Farbcodierung (R,G,B)**
0.EG				
	Schaufenster	Farbe weiß		255,255,255
	Schaufenster	Farbe, weiß		255,255,255
	Schaufenster	Glas Normalglas		240,247,243
	Schaufenster	Metall Bronze		164,103,43

Abbildung 5-32 Beispiel Auswertung Oberflächen

5.7 Excel zum Befüllen/ Bearbeiten von Auswertungen

Eine Sonderform der Qualitätssicherung mit ***Auswertungen*** stellt der ***Export*** der Auswertungen als Excel-Datei da. Beim Export werden die ***Eigenschaften*** mit eindeutigen ***IDs*** verknüpft.

Durch die Exportmöglichkeit können die Einträge auch ohne CAD von Projektbeteiligten eingefügt und angepasst werden.

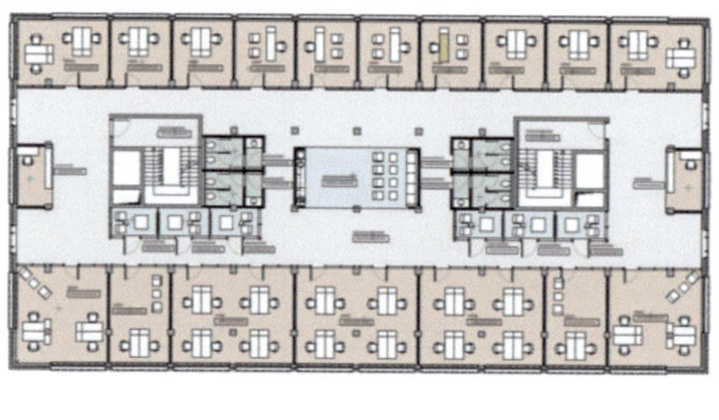

Ausgangssituation

Trockenbauwände					
Ursprungsgeschoss Name	**Element ID**	**Anzahl der Türen**	**Anzahl der Stützen**	**Baustoffe (Alle)**	**Feuerwiderstandsklasse 4102-2**
0.EG					
	WI-00	0	0	Ausbauplatte GKB: Ausbauplatte GKB: Glaswolle: Ausbauplatte GKB: Ausbauplatte GKB	<Nicht definiert>
	WI-01	0	1	Ausbauplatte GKB: Ausbauplatte GKB: Glaswolle: Ausbauplatte GKB: Ausbauplatte GKB	<Nicht definiert>
	WI-02	0	3	Ausbauplatte GKB: Ausbauplatte GKB: Glaswolle: Ausbauplatte GKB: Ausbauplatte GKB	<Nicht definiert>
	WI-03	1	0	Ausbauplatte GKB: Ausbauplatte GKB: Glaswolle: Ausbauplatte GKB: Ausbauplatte GKB	<Nicht definiert>
	WI-04	2	0	Ausbauplatte GKB: Ausbauplatte GKB: Glaswolle: Ausbauplatte GKB: Ausbauplatte GKB	<Nicht definiert>
	WI-05	2	3	Ausbauplatte GKB: Ausbauplatte GKB: Glaswolle: Ausbauplatte GKB: Ausbauplatte GKB	<Nicht definiert>

Eigenschaft Feuerwiderstandsklasse ist vorhanden, jedoch nicht definiert

Abbildung 5-33 Vorlage für ein Brandschutzkonzept

Beispielsweise könnte bei einem Brandschutzkonzept die Modellierung der Elemente durch den Architekten erfolgen. Die brandschutzrelevanten ***Eigenschaften*** (z.B. Feuerschutzklasse)

werden dann durch Fachplaner in einer Excel-Datei festgelegt. Hierfür sollten die Bauteile eindeutig und aussagekräftig benannt werden.

Die exportierte ***.xlsx*** Datei unterscheidet sich im Aufbau von der Tabelle, die für die ***Auswertung*** erstellt wurde. Sie hat zusätzliche Zeilen. Dabei sind die Daten der zusätzlichen Zeilen grau hinterlegt und können nicht bearbeitet werden. Diese Daten dienen der Verbindung zwischen den ***Eigenschaften*** und den Elementen.

	Ursprungsgeschoss Name	Element ID	Anzahl der Türen	Anzahl der Stützen	Baustoffe (Alle)	Feuerwiderstandsklasse 4102-2 (Optionen-Set)
2FE4D155-D6E		WI-00	0	0	Ausbauplatte GKB; Ausbauplatte GKB; Glaswolle; Ausbauplatte GKB; Ausbauplatte GKB	<?>
5C757306-D4F		WI-01	0	1	Ausbauplatte GKB; Ausbauplatte GKB; Glaswolle; Ausbauplatte GKB; Ausbauplatte GKB	<?>
D25BBFBB-3		WI-02	0	3	Ausbauplatte GKB; Ausbauplatte GKB; Glaswolle; Ausbauplatte GKB; Ausbauplatte GKB	<?>
18578A7E-924		WI-03	1	0	Ausbauplatte GKB; Ausbauplatte GKB; Glaswolle; Ausbauplatte GKB; Ausbauplatte GKB	<?>
369CF3D5-48		WI-04	2	0	Ausbauplatte GKB; Ausbauplatte GKB; Glaswolle; Ausbauplatte GKB; Ausbauplatte GKB	
1E3E2576-CEF		WI-05	2	3	Ausbauplatte GKB; Ausbauplatte GKB; Glaswolle; Ausbauplatte GKB; Ausbauplatte GKB	
DBB53B32-B		WI	0	0	Ausbauplatte GKB; Ausbauplatte GKB; Glaswolle; Ausbauplatte GKB; Ausbauplatte GKB	
C5C9E696-4D		WI	0	1	Ausbauplatte GKB; Ausbauplatte GKB; Glaswolle; Ausbauplatte GKB; Ausbauplatte GKB	
5EA96341-306		WI	0	2	Ausbauplatte GKB; Ausbauplatte GKB; Glaswolle; Ausbauplatte GKB; Ausbauplatte GKB	
7224517A-7BC		WI	1	0	Ausbauplatte GKB; Ausbauplatte GKB; Glaswolle; Ausbauplatte GKB; Ausbauplatte GKB	<?>
DB1935A0-C6		WI	2	0	Ausbauplatte GKB; Ausbauplatte GKB; Glaswolle; Ausbauplatte GKB; Ausbauplatte GKB	<?>
9BBB6DFD-B		WI	0	0	Ausbauplatte GKB; Ausbauplatte GKB; Glaswolle; Ausbauplatte GKB; Ausbauplatte GKB	<?>
1B1A7C22-F18		WI	0	1	Ausbauplatte GKB; Ausbauplatte GKB; Glaswolle; Ausbauplatte GKB; Ausbauplatte GKB	<?>
D4723023-9BC		WI	0	2	Ausbauplatte GKB; Ausbauplatte GKB; Glaswolle; Ausbauplatte GKB; Ausbauplatte GKB	<?>
6A81692C-257		WI	1	0	Ausbauplatte GKB; Ausbauplatte GKB; Glaswolle; Ausbauplatte GKB; Ausbauplatte GKB	<?>
4BAABFBB-6		WI	2	0	Ausbauplatte GKB; Ausbauplatte GKB; Glaswolle; Ausbauplatte GKB; Ausbauplatte GKB	<?>
0A59B523-233		WI	0	0	Ausbauplatte GKB; Ausbauplatte GKB; Glaswolle; Ausbauplatte GKB; Ausbauplatte GKB	<?>
1AA304AA-52		WI	0	1	Ausbauplatte GKB; Ausbauplatte GKB; Glaswolle; Ausbauplatte GKB; Ausbauplatte GKB	<?>
7DE99ED1-594		WI	0	2	Ausbauplatte GKB; Ausbauplatte GKB; Glaswolle; Ausbauplatte GKB; Ausbauplatte GKB	<?>
D3DF4B34-60		WI	1	0	Ausbauplatte GKB; Ausbauplatte GKB; Glaswolle; Ausbauplatte GKB; Ausbauplatte GKB	<?>
F756F418-DC		WI	2	0	Ausbauplatte GKB; Ausbauplatte GKB; Glaswolle; Ausbauplatte GKB; Ausbauplatte GKB	<?>
6A5FC9A1-F3		WI	0	0	Ausbauplatte GKB; Ausbauplatte GKB; Glaswolle; Ausbauplatte GKB; Ausbauplatte GKB	<?>
4BF3A428-D6		WI	0	1	Ausbauplatte GKB; Ausbauplatte GKB; Glaswolle; Ausbauplatte GKB; Ausbauplatte GKB	<?>
40997895-D99		WI	0	2	Ausbauplatte GKB; Ausbauplatte GKB; Glaswolle; Ausbauplatte GKB; Ausbauplatte GKB	<?>
B5B53985-28F		WI	1	0	Ausbauplatte GKB; Ausbauplatte GKB; Glaswolle; Ausbauplatte GKB; Ausbauplatte GKB	<?>
A0F77CD8-6C		WI	2	0	Ausbauplatte GKB; Ausbauplatte GKB; Glaswolle; Ausbauplatte GKB; Ausbauplatte GKB	<?>

T 30
T 60
T 90
T 120
F 30
F 60
F 90
F 120

Abbildung 5-34 Die Auswertungsdaten in Excel

Die Fachplaner geben den Elementen die notwendigen Werte. Je nach Datei-Typ, der der Eigenschaft zugeordnet ist, kann dieser Wert eine Zahl, ein Text oder ein Element aus einem ***Optionen-Set*** sein. Nach dem Befüllen der Tabelle, wird die Datei wieder in die CAD importiert. Da die Datei immer noch über ***GUID*** mit den einzelnen Elementen verknüpft ist, werden diesen beim Importieren die festgelegten Eigenschaften übertragen.

Das Arbeiten mit Excel-Tabellen bietet häufig Vorteile, nicht nur beim Befüllen mit Daten, sondern auch als Werkzeug zur Qualitätskontrolle. Excel bietet weit mehr Funktionen zur Darstellung und Sortierung. Der Eintrag von Werten geht deutlich schneller. Gerade beim Arbeiten mit sehr vielen Werten bringt der „Umweg" über Excel eine deutliche Zeitersparnis (Vgl. Abschnitt 9.16 Beispiel: Befüllen der Eigenschaften mit Excel).

Manche ***Eigenschaften*** können mit dieser Methode nicht bearbeitet werden. ***Element ID***, ***Lage*** und ***Tragende Funktion*** können nur in der Tabelle der Auswertung bearbeitet werden. Versucht man, sie in der ***Excel*** Datei zu bearbeiten und anschließend zu importieren, erscheinen die Werte im ***Import-Protokoll*** ergraut und werden nicht übernommen.

Ebenso können keine Maße, keine Volumen oder Flächen in Excel verändert werden. Diese ergeben sich aus der Geometrie des Elementes.

Trockenbauwände					
Ursprungsgeschoss Name	Element ID	Anzahl der Türen	Anzahl der Stützen	Baustoffe (Alle)	Feuerwiderstandsklasse 4102-2
0.EG					
	WI-00	0	0	Ausbauplatte GKB; Ausbauplatte GKB; Glaswolle; Ausbauplatte GKB; Ausbauplatte GKB	F 30
	WI-01	0	1	Ausbauplatte GKB; Ausbauplatte GKB; Glaswolle; Ausbauplatte GKB; Ausbauplatte GKB	F 30
	WI-02	0	3	Ausbauplatte GKB; Ausbauplatte GKB; Glaswolle; Ausbauplatte GKB; Ausbauplatte GKB	F 90
	WI-03	1	0	Ausbauplatte GKB; Ausbauplatte GKB; Glaswolle; Ausbauplatte GKB; Ausbauplatte GKB	F 30
	WI-04	2	0	Ausbauplatte GKB; Ausbauplatte GKB; Glaswolle; Ausbauplatte GKB; Ausbauplatte GKB	F 30
	WI-05	2	3	Ausbauplatte GKB; Ausbauplatte GKB; Glaswolle; Ausbauplatte GKB; Ausbauplatte GKB	F 30

Abbildung 5-35 Zurückgespielte Eigenschaftenwerte

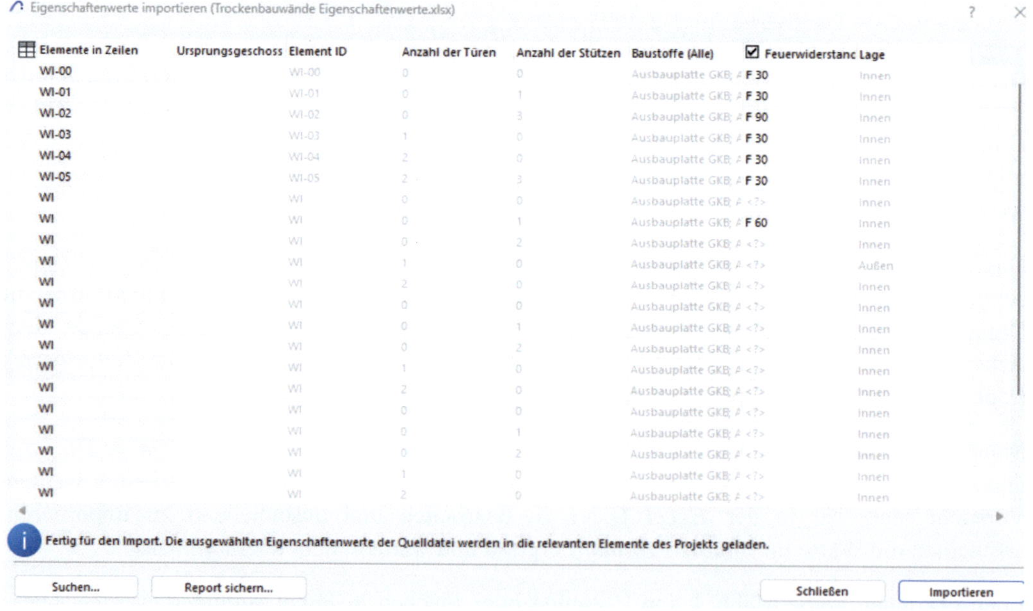

Abbildung 5-36 Import-Protokoll

5.8 Modellüberprüfung

Die ***Modelüberprüfung*** gleicht dem Arbeiten mit einem ***Model Checker***-Programm. Sie bietet eine gute Möglichkeit, die Qualität des Modells digital zu prüfen. Geprüft werden kann der logische Inhalt des Modells. Beispielsweise ob die Abmessungen einer Stütze der Definition einer Stb-Stütze entsprechen. Das Modell kann nach Kollisionen überprüft werden. Steht z.B. ein Möbelstück in einer Wand oder schneidet ein Teil des Bodenbelags einen Teil der Wand ab?

Der Vorteil dieser Prüfungen liegt darin, dass sie diese jederzeit verwendet können, ohne dabei in ein anderes Programm wechseln zu müssen. Mit voranschreitendem Projekt helfen diese Prüfungen den Überblick zu behalten und die Qualität zu sichern.

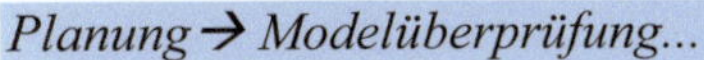

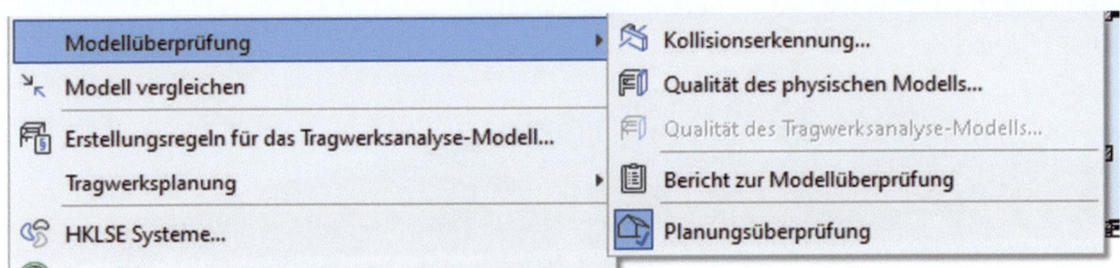

Abbildung 5-37 Möglichkeiten der Modelüberprüfung

Prüfungen funktionieren alle nach dem gleichen Prinzip. Es werden ***Bereiche*** und/oder ***Kriterien*** als Grundlage der Prüfung festgelegt. Nach der Prüfung wird ein ***Bericht*** erstellt. Enthält der Bericht ***Issues*** (Fehler) können diese direkt behoben werden oder im ***Issue-Organisator*** („Fehlerverwaltung") gesammelt und nachträglich behoben werden.

Folgende Punkte sind bei der Modellprüfung zu beachten:

- Nur aktive ***Ebenen*** werden geprüft.
- Bei der Prüfung gelten die ***Ebenen-Präferenzen*** der aktuellen Ebenen-Kombination (vgl. Abschnitt 4.1.1 Ebenen-Kombination).
- Bei der Prüfung gelten die ***Baustoff-Verschneidungsprioritäten*** (vgl. Abschnitt 4.2 Baustoffe)
- Im ***Bericht der Modellüberprüfung*** werden alle Fehlermeldungen aufgelistet. Die erledigten Fehler bleiben erhalten.
- ***Ziel***-Elemente, die durch ***Solid-Befehle*** geformt wurden und Elemente, die als ***Abzugskörper*** dienen, verursachen keine Kollision
- Ein behobener Fehler kann aus dem ***Bericht*** entfernt werden. Wird er nicht entfernt, kann anhand des Prüfungsdatum und des ***Text-Stils*** (aktuelle Prüfungsergebnisse sind Fett dargestellt) festgestellt werden, ob bei der aktuellen Prüfung der Fehler erneut gemeldet wurde. Erscheint der Fehler erneut, muss die Ursache des überprüft werden.
- Die Fehlererkennung ist mit der ***GUID*** verknüpft. Das Arbeitsfenster wird auf die Elemente, die den Fehler verursachen, gezoomt und die Elemente werden dabei

aktiviert. Wird eines der Elemente gelöscht, ergibt die Fehlermeldung keinen Sinn mehr und die Prüfung muss erneut durchgeführt werden.

Im Rahmen der ***Modelüberprüfung*** besteht zudem die Möglichkeit einer ***Tragwerks-Analyse***.

Abbildung 5-38 Werkzeuge der Tragwerksplanung

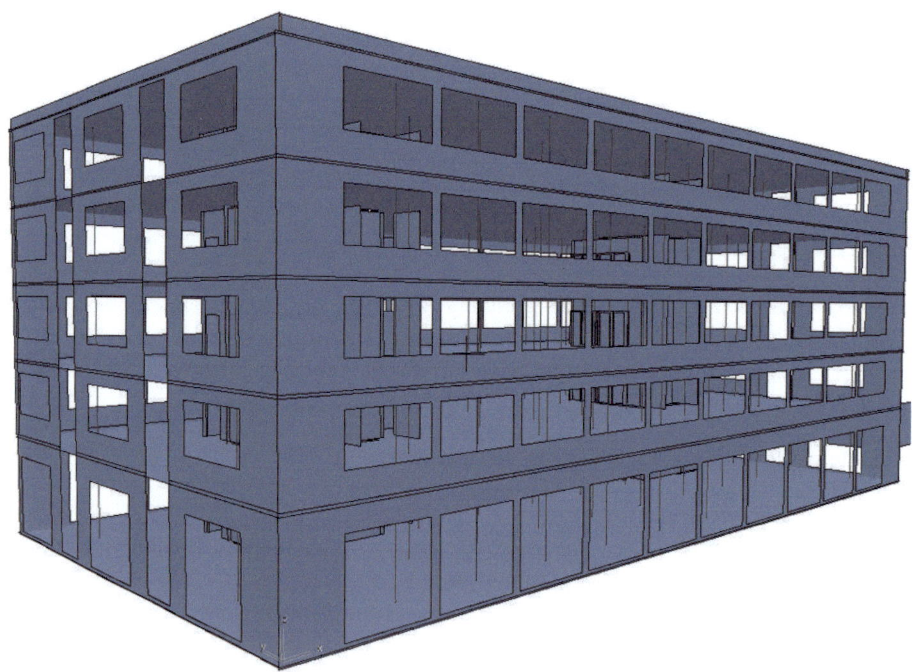

Abbildung 5-39 Ansicht der Tragwerksplanung

Das Prinzip der Überprüfung ist mit der Prüfung ***Qualität des physischen Modells...*** vergleichbar, die festgestellten Fehler werden im gleichen ***Bericht zur Modellüberprüfung*** gespeichert und können als ***Issues*** in den ***Issue-Organisator*** übertragen und bearbeitet werden.

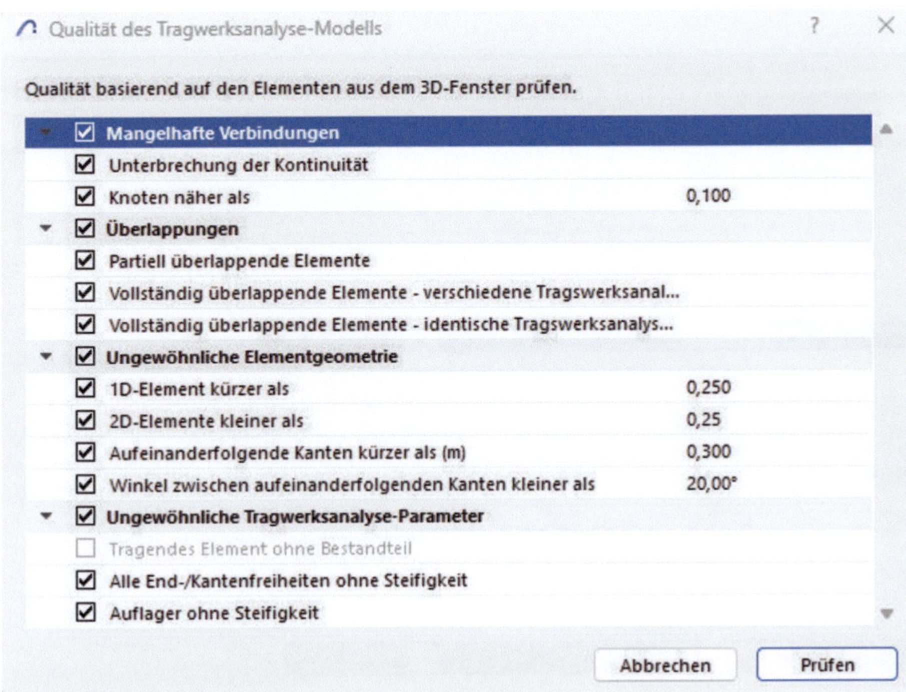

Abbildung 5-40 Grundlagen der Tragwerks-Analyse

5.8.1 Kollisionserkennung...

Bei der Auswahl der Prüfung öffnet sich ein Kommunikationsfenster, in dem zwei ***Gruppen*** von Elementen gegeneinander auf Kollision geprüft werden sollen. Jede der ***Gruppen*** hat ein eigenes Kommunikationsfenster, in dem die ***Kriterien*** für diese ***Gruppe*** festgelegt werden.

Auch wenn es verlockend ist alle Elemente gegen alle Elemente zu prüfen, sollten die Prüfungen detaillierter durchgeführt werden. Je präziser die ***Kriterien*** festgelegt sind, desto weniger „falsch" erkannte Fehler erscheinen im Bericht und müssen überprüft werden.

„Falsch" erkannte Fehler können zum Beispiel Kollisionen eines Möbelstücks mit einem Raum sein. Ein Tisch in einem Raum verursacht richtigerweise eine Kollision

Im Kapitel Best Praxis finden Sie ein Beispiel, das zeigt, wie eine Kollisionserkennung erstellt werden kann (vgl. Abschnitt 9.17 Beispiel: Kollisionserkennung...).

5

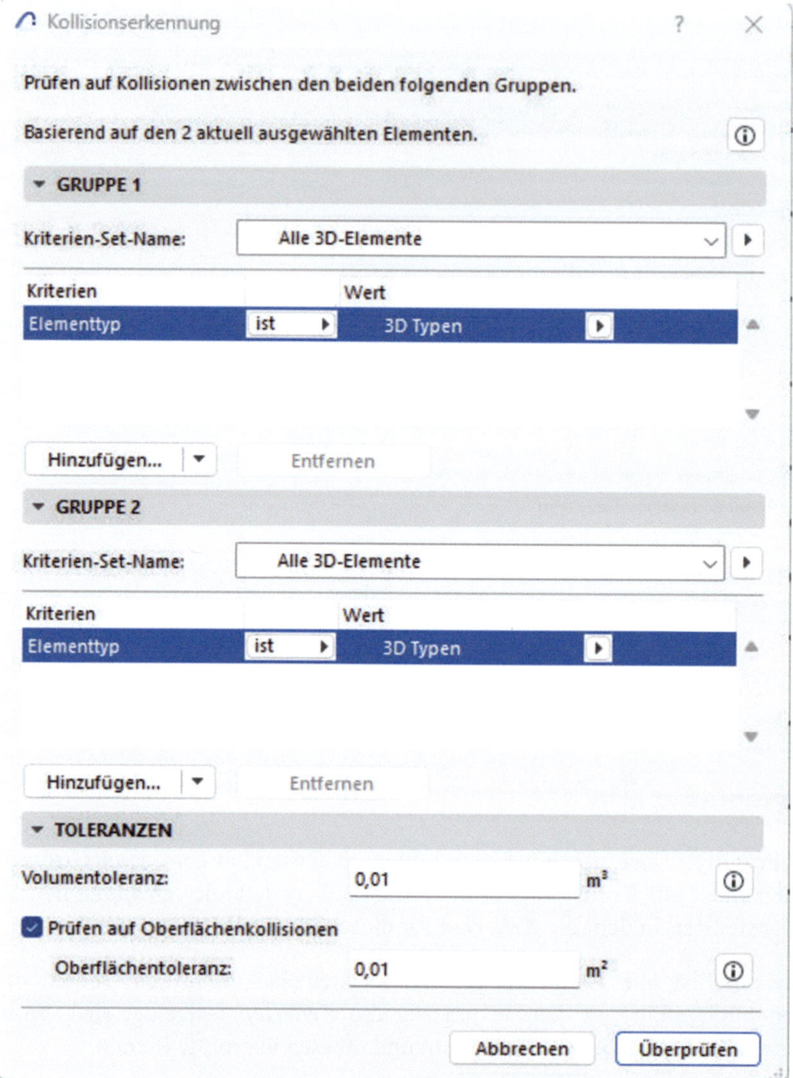

Abbildung 5-41 Kommunikationsfenster Kollisionserkennung

Mit den Buttons Hinzufügen und Entfernen werden die benötigten ***Kriterien*** dazu genommen oder aus dem Arbeitsfenster entfernt. Den ***Kriterien*** stehen unterschiedliche ***Operatoren*** zur Verfügung. Hiermit lässt sich die Auswahl einzugrenzen.

Rechts am Button Hinzufügen befindet sich ein Pfeil, mit dem die ***Kriterien*** entweder aus ***Parameter*** und ***Eigenschaften*** oder aus den ***IFC Eigenschaften*** ausgewählt werden können.

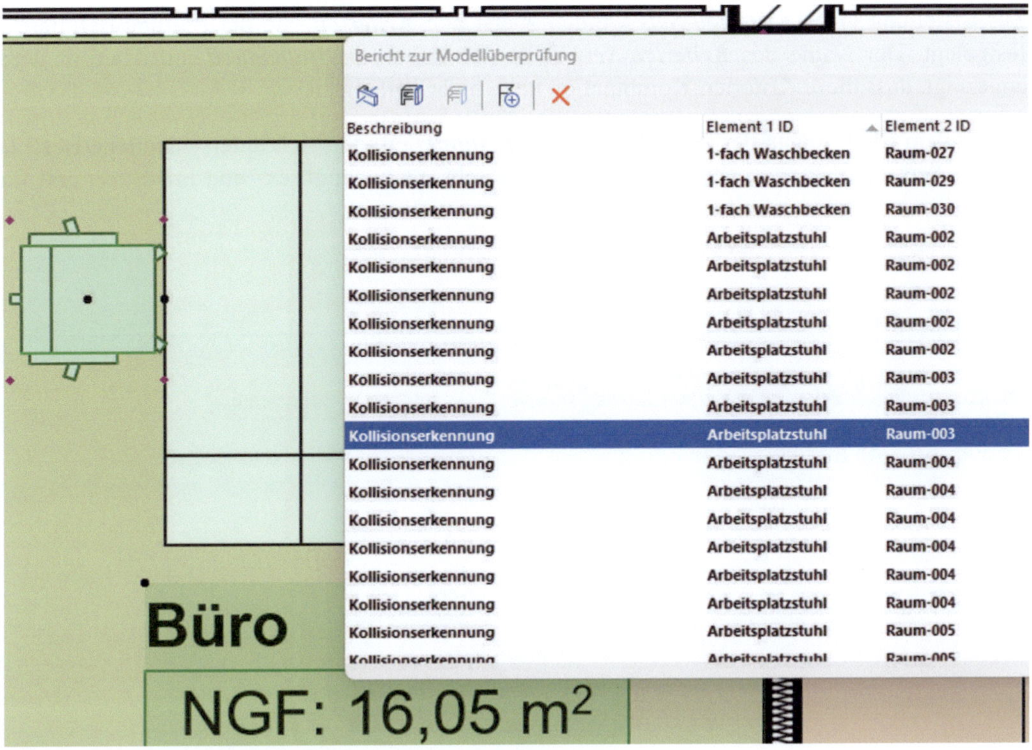

Bericht zur Modellüberprüfung

Beschreibung	Element 1 ID	Element 2 ID
Kollisionserkennung	1-fach Waschbecken	Raum-027
Kollisionserkennung	1-fach Waschbecken	Raum-029
Kollisionserkennung	1-fach Waschbecken	Raum-030
Kollisionserkennung	Arbeitsplatzstuhl	Raum-002
Kollisionserkennung	Arbeitsplatzstuhl	Raum-002
Kollisionserkennung	Arbeitsplatzstuhl	Raum-002
Kollisionserkennung	Arbeitsplatzstuhl	Raum-002
Kollisionserkennung	Arbeitsplatzstuhl	Raum-002
Kollisionserkennung	Arbeitsplatzstuhl	Raum-003
Kollisionserkennung	Arbeitsplatzstuhl	Raum-003
Kollisionserkennung	Arbeitsplatzstuhl	Raum-003
Kollisionserkennung	Arbeitsplatzstuhl	Raum-004
Kollisionserkennung	Arbeitsplatzstuhl	Raum-004
Kollisionserkennung	Arbeitsplatzstuhl	Raum-004
Kollisionserkennung	Arbeitsplatzstuhl	Raum-004
Kollisionserkennung	Arbeitsplatzstuhl	Raum-004
Kollisionserkennung	Arbeitsplatzstuhl	Raum-004
Kollisionserkennung	Arbeitsplatzstuhl	Raum-005

Büro

NGF: 16,05 m²

Abbildung 5-42 Kollision eines Möbelstücks mit dem Raum

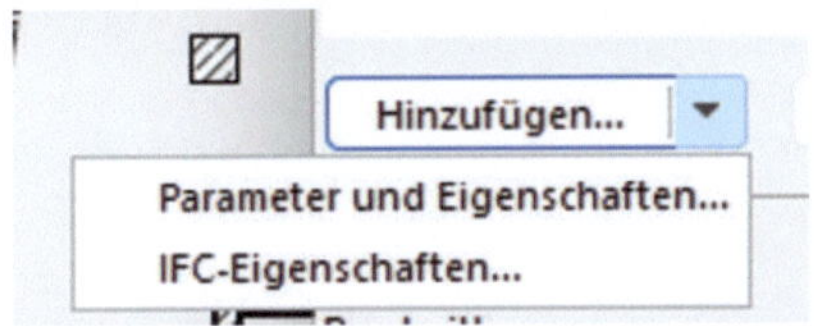

Abbildung 5-43 Auswahl der Kriterien

Werden einzelne Kollisionsprüfungen regelmäßig durchgeführt, empfiehlt es sich eigene ***Kriterien-Sets*** zu erstellen. Wird mit ***Teamwork*** gearbeitet, kann festgelegt werden, ob diese neuen ***Kriterien-Sets*** nur für den Ersteller oder für alle Teammitglieder nutzbar sind.

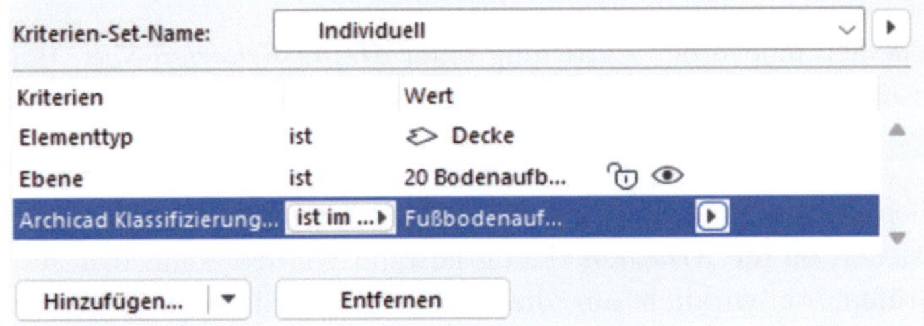

Abbildung 5-44 Zusammenstellen der Kriterien

Zur Erstellung eines ***Kriterien-Sets*** werden zuerst alle ***Kriterien***, die die Prüfung definieren, festgelegt. Der Name des ***Kriterien-Sets*** stellt sich dabei auf ***Individuell*** um. Hiermit wird angezeigt, dass diese Kriterien-Kombination noch nicht vorhanden ist.

Hinter dem Pfeil, rechts der Zeile ***Kriterien-Set-Name*** befinden sich unterschiedliche Befehle zu den ***Sets***. Hier können neue ***Sets*** erstellt, gelöscht, umbenannt, ex- und importiert und für andere Teammitglieder freigegeben werden.

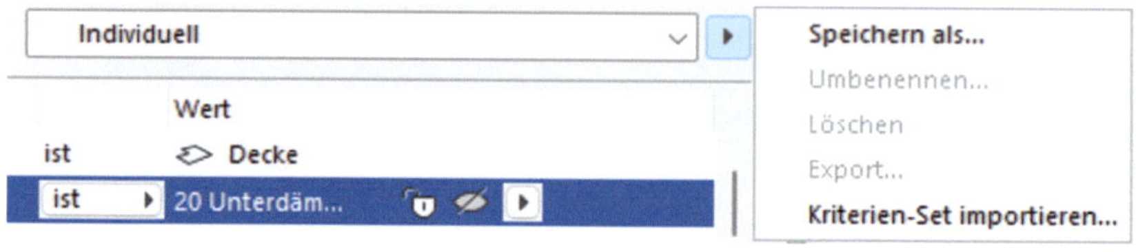

Abbildung 5-45 Erstellen eines Kriterien-Set

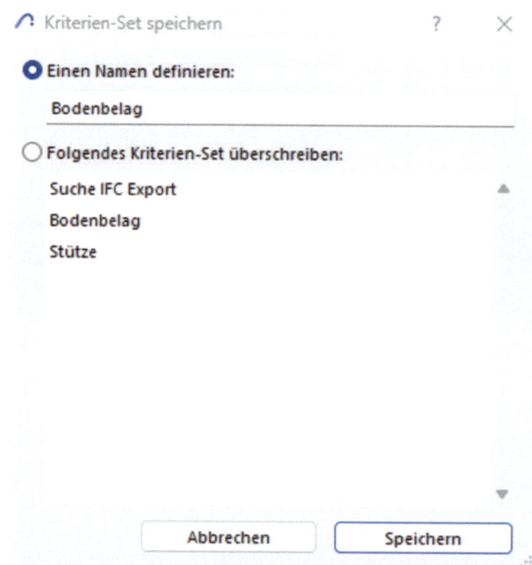

Abbildung 5-46 Erstellen eines Kriterien-Set

Die Benennung der ***Kriterien-Sets*** sollte eindeutig und aussagekräftig sein. Möglicherweise ist die Regelung der Benennung ein Bestandteil der Projektdokumentation.

Die eigenen ***Kriterien-Sets*** erscheinen nun in der Auflistung unter ***Meine Kriterien-Sets***. Bei ***Teamwork*** erscheinen die für das Team freigegebene ***Kriterien-Sets*** in der Untergruppe ***Öffentliche Kriterien-Sets***.

Ist ein ***Kriterien-Set*** gespeichert, steht es auch dem Befehl ***Suchen & aktivieren*** zur Verfügung. Ist man sich nicht sicher, ob die ***Kriterien*** richtig gewählt wurden, kann man mit ***Suchen und aktivieren*** überprüfen, ob wirklich nur die gewünschten Elemente aktiviert werden.

Abbildung 5-47 Eigene Kriterien-Sets

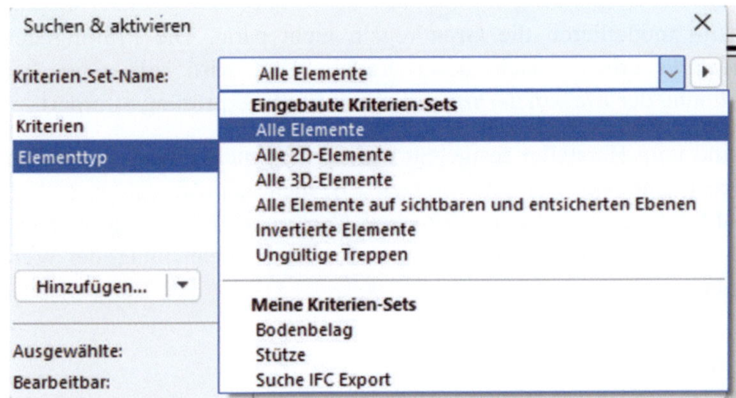

Abbildung 5-48 Kriterien-Sets bei Suchen & aktivieren

Kriterien-Sets können zwischen Projekten als ***.xml*** Dateien im- und exportiert werden.

Bei Treppen kann eine zusätzliche spezielle Kollisionsprüfung durchgeführt werden. Neben der Einstellung des Elementes wird zusätzlich das ***Kriterium Treppenmodell*** gewählt und dort festgelegt, ob nur die ***Treppengeometrie*** oder auch die lichte ***Treppendurchgangshöhe*** geprüft werden soll.

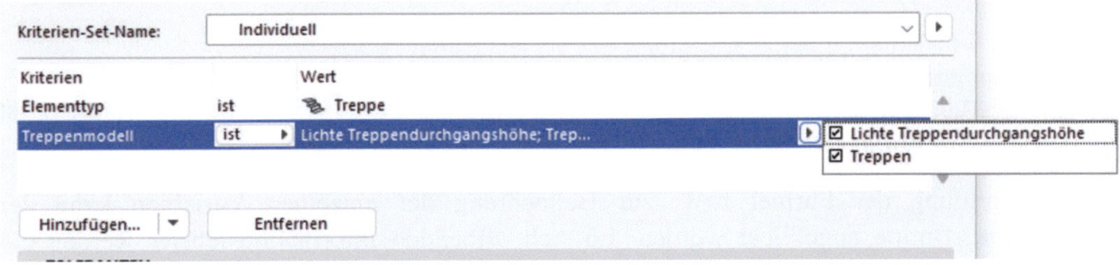

Abbildung 5-49 Kollisionsprüfung bei Treppen

Um die ***Kollisionsprüfung*** mit der lichten Durchgangshöhe durchführen zu können, muss diese in den ***Modelldarstellungen*** eingeschaltet sein (vgl. Abschnitt 4.1.3).

Unter ***Toleranzen*** wird festgelegt, wie viel Volumen bzw. Fläche der einzelnen Elemente sich überschneiden dürfen, bevor die Kollision als Fehler angesehen wird.

Nachdem beide ***Gruppen*** und die ***Toleranzen*** der Kollision festgelegt sind, wird die Prüfung durchgeführt. Die Ergebnisse der Prüfung erscheinen sofort im ***Bericht zur Modellüberprüfung*** (vgl. Abschnitt 5.8.3 Bericht zur Modellüberprüfung).

5.8.2 Qualität des physischen Modells...

Die ***IFC-Klassifizierung*** bezieht sich bei der Bezeichnung baulicher Objekte auf technische Definitionen. Deutlich wird dies am Beispiel einer Stahlbetonstütze. Hier wird die Gesamtlänge zur Querschnittshöhe ins Verhältnis gesetzt. Ist die Stütze in diesem Verhältnis zu kurz, wird das Bauteil als Wand und nicht als Stütze definiert.

Möglicherweise hat man beim modellieren die Grundregeln nicht parat. Die Prüfung der ***Qualität des physischen Modells*** arbeitet nach diesen Regeln. Hier wird aufgezeigt, bei welchen Elementen die Zuordnung der ***Klassifizierung*** eine genauere Überprüfung erfordert.

Die ***Kriterien*** der Prüfung sind vom Hersteller festgelegt und können nicht geändert werden. Sie werden verwendet oder man kann sie, wenn die Stützen z.B. nicht geprüft werden sollen, ausschalten. Mit dem Auswahlkästchen neben dem ***Kriterium-Namen*** kann festgelegt werden, ob die Prüfung erfolgen soll. Zudem kann, z.B. bei Vorgaben der Tragwerksplanung, der Wert des ***Faktors*** manuell angepasst werden.

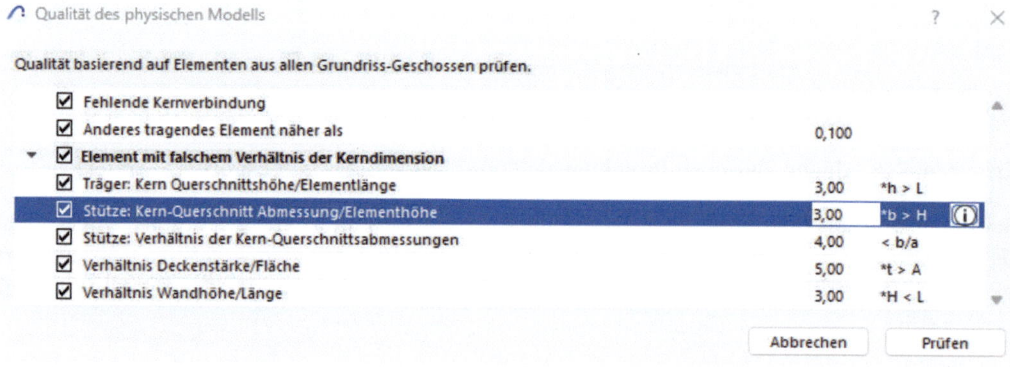

Qualität des physischen Modells
Qualität basierend auf Elementen aus allen Grundriss-Geschossen prüfen.
Fehlende Kernverbindung
Anderes tragendes Element näher als 0,100
Element mit falschem Verhältnis der Kerndimension
Träger: Kern Querschnittshöhe/Elementlänge 3,00 *h > L
Stütze: Kern-Querschnitt Abmessung/Elementhöhe 3,00 *b > H
Stütze: Verhältnis der Kern-Querschnittsabmessungen 4,00 < b/a
Verhältnis Deckenstärke/Fläche 5,00 *t > A
Verhältnis Wandhöhe/Länge 3,00 *H < L
Abbrechen Prüfen

Abbildung 5-50 Kriterien der Überprüfung des Physischen Modells

Um den Wert der ***Faktoren*** zu ändern, wird das entsprechende ***Kriterium*** angeklickt. Hier lässt sich dann der ***Operator*** durch die manuelle Eingabe von Zahlen ändern.

Zur Überprüfung der Formel bzw. zur Betrachtung der einzelnen Variablen kann der ***Informations***-Button angeklickt werden. Im sich öffnenden Informationsfenster werden die einzelnen Variablen verdeutlicht.

3,00 *h > L
3,00 *b > H
4,00 < b/a
5,00 *t > A
3,00 *H < L
Abbrechen Prüfen
b
a
H

Abbildung 5-51 Informationsfenster

Nach Festlegen der ***Kriterien*** wird die Prüfung gestartet. Die festgestellten Fehler werden im ***Bericht zur Modellüberprüfung*** dokumentiert. Die Fehler können entweder direkt behoben oder als ***Issue*** im ***Issue-Organisator*** zur weiteren Bearbeitung abgelegt werden.

5.8.3 Bericht zur Modellüberprüfung

Nach Beendigung der Prüfungen erscheint der ***Bericht zur Modellprüfung*** in tabellarischer Form. In der Spalte ***Beschreibung*** wird die Fehlermeldung kurz beschrieben. Die Spalten ***Element 1 ID*** und ***Element 2 ID*** zeigen an, welches Element, oder auch welche Elemente, diesen Fehler verursachen und in der Spalte ***Erstellungsdatum***, wann dieser Fehler festgestellt wurde.

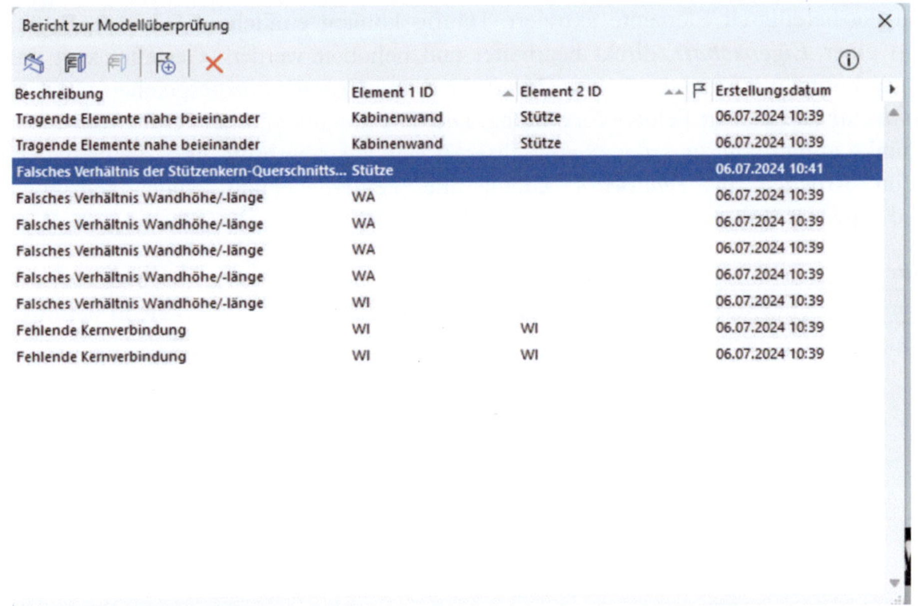
Bericht zur Modellüberprüfung

Beschreibung	Element 1 ID	Element 2 ID	Erstellungsdatum
Tragende Elemente nahe beieinander	Kabinenwand	Stütze	06.07.2024 10:39
Tragende Elemente nahe beieinander	Kabinenwand	Stütze	06.07.2024 10:39
Falsches Verhältnis der Stützenkern-Querschnitts...	Stütze		06.07.2024 10:41
Falsches Verhältnis Wandhöhe/-länge	WA		06.07.2024 10:39
Falsches Verhältnis Wandhöhe/-länge	WA		06.07.2024 10:39
Falsches Verhältnis Wandhöhe/-länge	WA		06.07.2024 10:39
Falsches Verhältnis Wandhöhe/-länge	WA		06.07.2024 10:39
Falsches Verhältnis Wandhöhe/-länge	WI		06.07.2024 10:39
Fehlende Kernverbindung	WI	WI	06.07.2024 10:39
Fehlende Kernverbindung	WI	WI	06.07.2024 10:39

Abbildung 5-52 Bericht zur Modellüberprüfung

Die Tabelle kann den eigenen Bedürfnissen angepasst werden. Rechts neben den Spaltennamen befindet sich ein Button mit einem ***Pfeil-Icon***. Klickt man diesen an, werden alle zur Verfügung stehenden Spalten angezeigt. Links neben dem Spaltennamen wird durch ein

Häkchen-Symbol angezeigt, ob diese Spalte gerade sichtbar ist oder nicht. Durch Anklicken des Häkchens können weitere Spalten ein- oder ausgeblendet werden.

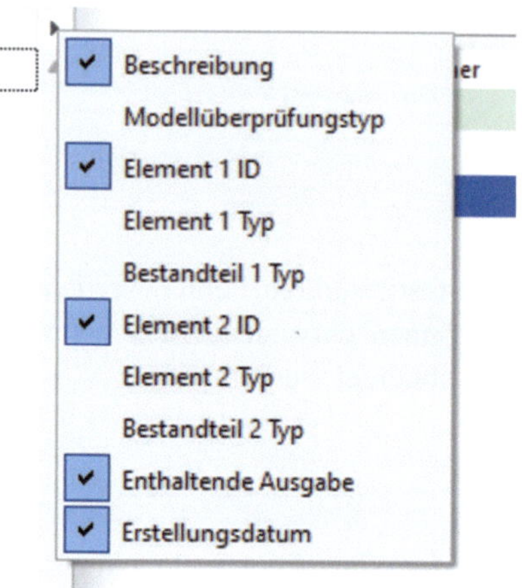

Abbildung 5-53 Ergänzung der Spalten

Um sich Fehler (Hinweise) genauer anzuschauen, doppelklickt man in die entsprechende Zeile des Berichtes. Das Arbeitsfenster wird daraufhin auf den Fehler verursachenden Bereich gezoomt und die beteiligten Elemente aktiviert. Häufig können einfachere Fehler, z.B. ein falscher Wert einer ***Eigenschaft***, direkt bearbeitet und behoben werden. Gestaltet sich die Fehlerbehebung komplexer kann der Fehler (***Issue***) im ***Issue-Organisator*** gespeichert werden. Dieser ***Organisator*** ist eine Art Fehler-Verwaltung. Die dort dokumentierten Fehler können zu jedem Zeitpunkt aufgerufen und der Status ihrer Behebung überprüft und dokumentiert werden. Beim Arbeiten in ***Teamwork*** könnte die Fehlerbehebung einem speziellen Teammitglied zugeordnet werden.

Um ein ***Issue*** anzulegen, wird die Zeile der gewünschten Fehlermeldung aktiviert und der Button Neuen Issue erstellen gedrückt. Es erscheint ein Kommunikationsfenster, in dem der Name des neuen ***Issue*** eingegeben wird.

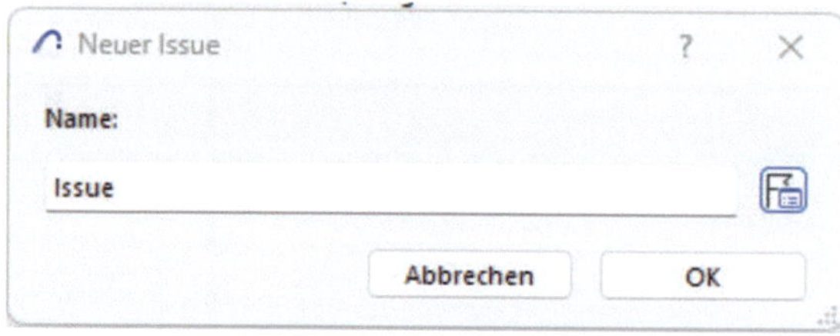

Abbildung 5-54 Einen neuen Issue anlegen

Bedarf die Fehlermeldung zusätzlich zum Namen eine Erklärung, einen ***Kommentar*** oder eine Vorgabe zur Dringlichkeit, kann die Eingabe durch einen Klick des Buttons rechts neben der Namen-Zeile erweitert werden.

Abbildung 5-55 Details zum Issue

Im erscheinenden Kommunikationsfenster ***Issue-Detail*** können im Pull-down-Menü zusammengefasste ***Optionen*** ausgewählt, oder im Bereich ***Beschreibung*** ein Text manuell erstellt werden. Diese ergänzenden Informationen helfen bei der späteren Bearbeitung.

Da die behobenen Fehler im ***Bericht zur Modellüberprüfung*** auch bei weiteren Prüfungen nicht aus dem Protokoll entfernt werden, empfiehlt sich ein überlegter Umgang mit den im Bericht zusammengefassten Fehlermeldungen. Die Fehler, die innerhalb der aktuellen Prüfung festgestellt wurden, werden fett gedruckt dargestellt und deren ***Erstellungsdatum*** (mit Uhrzeit) wird angegeben. Fehler, die Bestanteil eines ***Issue*** sind, erhalten in der entsprechenden Spalte ein Icon in Form einer Fahne. Daraus lässt sich erkennen, welche Fehler bereits behoben sind. Fehler, die im ***Issue*** erfasst werden, sind auch nach dem Löschen aus dem Bericht als ***Issue*** vorhanden und können weiterbearbeitet werden (vgl. Abschnitt 5.9.2 Issue-Manager, Abschnitt 5.9.3 Issue-Organisator).

5.8.4 Planungsüberprüfung

Bei der Planüberprüfung handelt es sich um eine weitere Überprüfung des Modells. Diese erfolgt anhand der Vorgaben der in der ***IFC*** festgelegten Definitionen. Dabei unterscheidet sich diese Prüfung, von den vorher beschriebenen im Wesentlichen dadurch, dass diese nicht im nativen Format, sondern mit einer ***IFC*** aus diesem Modell durchgeführt wird.

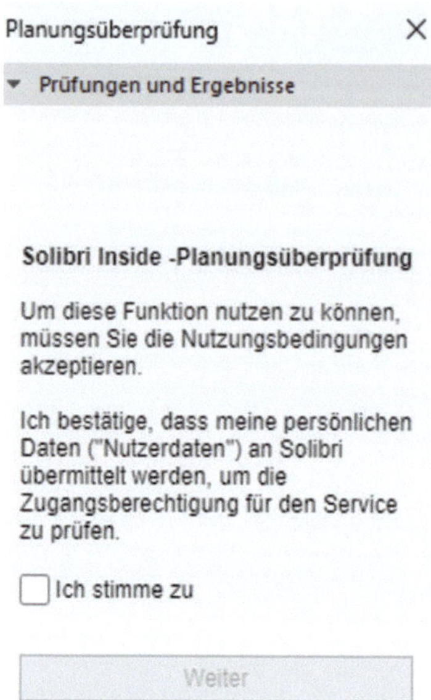

Abbildung 5-56 Erste Anmeldung

Die Prüfung basiert auf ***Ausschnitten***. Entweder kann das ganze Modell geprüft werden oder eine Prüfung kann bereichs- bzw. geschossweise geprüft werden. Zudem besteht die Möglichkeit einzelne ausgewählte Elemente zu prüfen. Vor der ersten Prüfung wird eine Anmeldung für diesen Dienst benötigt. Hierzu erscheint ein Kommunikationsfenster, in dem man sich mit seiner Graphisoft-ID anmeldet.

Im Kommunikationsfenster werden die vorhandenen Prüfungsgrundlagen dargestellt. Die einfache Prüfung ist im Standard freigeschaltet und kann mit dem Icon „Play“ gestartet werden. Im gleichen Fenster sind noch weitere Prüfungsmöglichkeiten, z.B. die Prüfung des Brandschutzes. Deren Symbol ist jedoch mit einem Schloss-Icon verschlossen. Diese zusätzlichen Prüfungen können nach einer Anmeldung bei Solibri kostenpflichtig freigeschaltet werden.

Auf dem Kommunikationsfeld unterhalb des Bereiches mit den unterschiedlichen Prüfungsmöglichkeiten erscheint der Name des ***Ausschnittes***, der geprüft werden soll.

Soll der ***Ausschnitt*** geändert werden, wird der Button Modelleinstellungen angeklickt. Im folgenden Kommunikationsfenster werden die einzelnen ***Ausschnitte*** aufgelistet. Nach der Auswahl des Ausschnittes wird der ***Export-Übersetzer*** (vgl. Abschnitt 6 IFC Export Übersetzer) ausgewählt, dessen Export simuliert und dessen Ergebnisse geprüft werden sollen.

Für eine Prüfung einzelner Elemente werden diese im Arbeitsfenster (Grundriss oder 3D) ausgewählt und dann im Bereich ***Einstellungen*** des Prüfungs-Kommunikationsfensters die Option ***Ausgewählte Elemente*** aktiviert.

Mit einem Klick auf das ***Play***-Symbol wird die Prüfung gestartet. Die Prüfung ***General Properties Check*** prüft ausschließlich die beiden Attribute ***LoadBearing*** (Tragende Funktion) und ***IsExternal*** (Lage) auf einen Wert. Da diese beiden Attribute ***boolesche Operationen*** (ja/nein oder wahr/falsch) fordern, ist der Wert ***Nicht definiert*** ein Fehler.

In Abhängigkeit der Datengröße des Ausschnitts, kann die Prüfung eine längere Zeit in Anspruch nehmen.

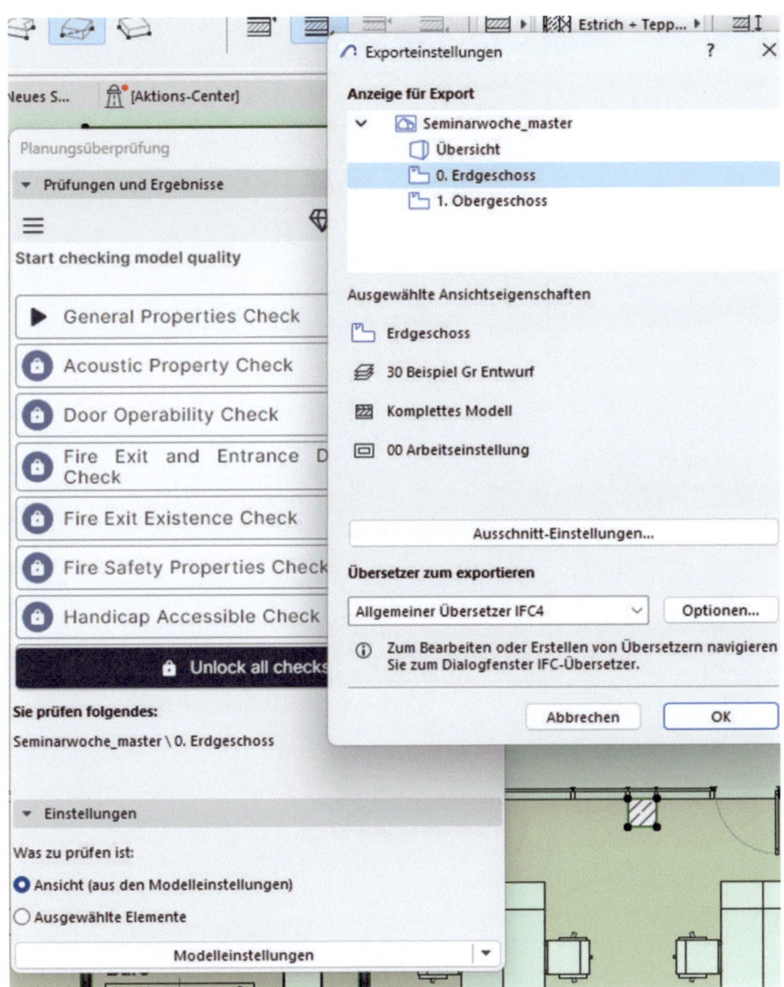

Abbildung 5-57 Auswahl des Ausschnittes

Nach dem Ablauf der Prüfung werden, im Unterschied zu den anderen Prüfungen, die Ergebnisse nicht im ***Bericht zur Modellüberprüfung***, sondern innerhalb des Kommunikationsfensters zur Planungsüberprüfung dargestellt. Die Prüfung kann jederzeit, mit dem Button Re-Run wiederholt werden.

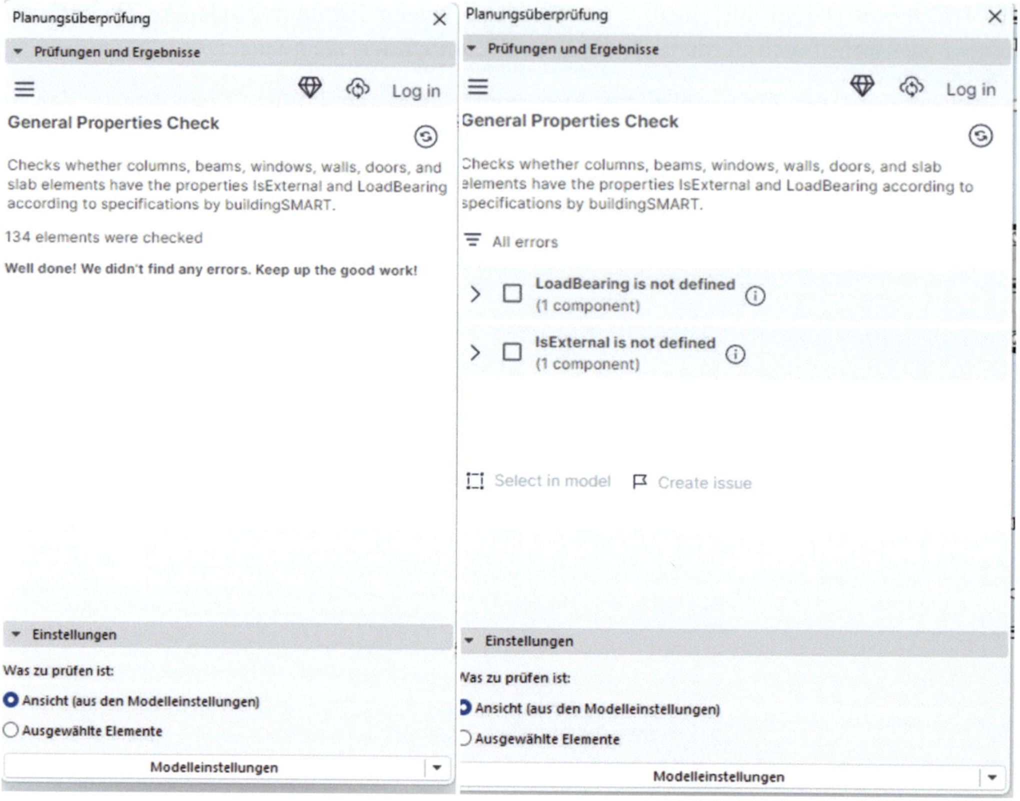

Planungsüberprüfung
Prüfungen und Ergebnisse
Log in
General Properties Check
Checks whether columns, beams, windows, walls, doors, and slab elements have the properties IsExternal and LoadBearing according to specifications by buildingSMART.
134 elements were checked
Well done! We didn't find any errors. Keep up the good work!
Einstellungen
Was zu prüfen ist:
Ansicht (aus den Modelleinstellungen)
Ausgewählte Elemente
Modelleinstellungen
Planungsüberprüfung
Prüfungen und Ergebnisse
Log in
General Properties Check
Checks whether columns, beams, windows, walls, doors, and slab elements have the properties IsExternal and LoadBearing according to specifications by buildingSMART.
All errors
LoadBearing is not defined
(1 component)
IsExternal is not defined
(1 component)
Select in model
Create issue
Einstellungen
Was zu prüfen ist:
Ansicht (aus den Modelleinstellungen)
Ausgewählte Elemente
Modelleinstellungen

Abbildung 5-58 Fehlerfreier Check, rechts: **Abbildung 5-59** Durchlauf mit Fehlern

Choose Create issue mode
You can create
Ungrouped issues
Grouped issue
Select in model
Create issue

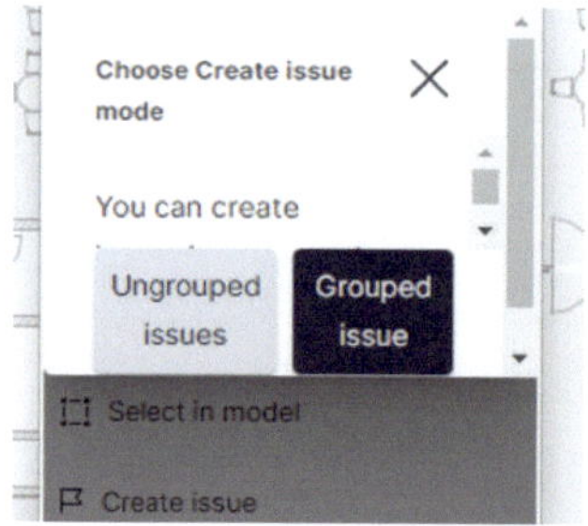

Abbildung 5-60 Issues erstellen

Wie auch bei den anderen Modellprüfungen sind die Fehlermeldungen mit der eindeutigen ***ID*** des Elementes verknüpft. Die Fehlermeldungen können nun entweder direkt bearbeitet werden, indem die Fehlermeldung angeklickt und der Befehl ***Select in model*** aktiviert wird. Das Arbeitsfenster wird dann auf das automatisch aktivierte Element gezoomt. Oder es wird ein ***Issue*** erstellt, das im ***Issue-Organisator*** zur weiteren Bearbeitung angelegt wird.

5.9 Issues, Issue-Manager, Issue-Organisator

Die in den vorherigen Kapiteln festgestellten Fehler werden ***Issues*** (Hinweis, Fehlermeldung) genannt. Die Bezeichnung Fehler ist nicht ganz korrekt da ein ***Issue*** auch ein Hinweis oder ein Punkt, der genauer überprüft werden soll, sein kann.

Die Bearbeitung eines ***Issues*** erfolgt im ***Issue-Manager***. Die ***Issues*** des Projektes werden im ***Issue-Organisator*** verwaltet.

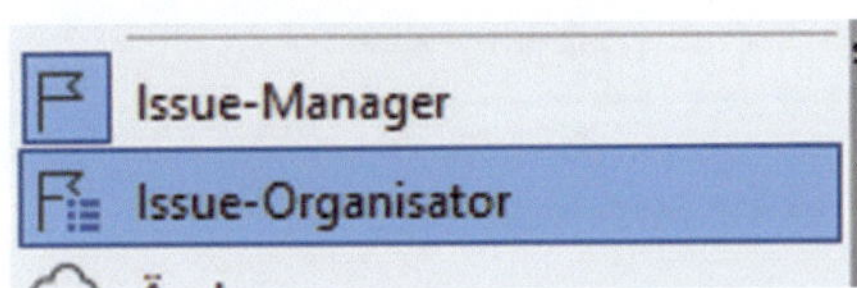

Abbildung 5-61 Auswahl des Issue-Organisators

Die ***Issue***-Werkzeuge befinden sich im Menü Dokumentationen.

Die ***Issues*** und ihre Bearbeitung können über den gesamten Verlauf des Projektes an dieser Stelle verwaltet werden. Manchmal, z.B. zur Reduktion der Datenmenge, empfiehlt sich das Löschen von gelösten ***Issues*** durch z.B. den Projektleiter oder den ***BIM-Koordinator***.

5.9.1 Issue

Ob ein ***Issue*** eine Kollision (Fehler), ein Hinweis oder die Grundlage für eine Besprechung ist oder Entwurfsvarianten enthält, kann im ***Issue-Detail*** als ***Typ*** genauer definiert werden. Hierdurch entsteht mehr Übersicht.

Wie schnell sollte das ***Issues*** behoben werden? Durch das Festlegen der ***Priorität*** eines ***Issues*** lassen sich die ***Issues*** nach ihrer Wichtigkeit strukturieren.

Im Laufe des Projektes ändert sich der ***Status*** eines ***Issue*** von ***Offen*** über ***Zugewiesen*** oder ***Gelöst*** bis ***Gelöscht***. Dieser ***Status*** kann jederzeit in den Details des jeweiligen ***Issue*** angepasst werden.

Diese Eigenschaften helfen Fehler, Absprachen und Kommentare zu ordnen und dauerhaft nachvollziehbar zu halten.

Issues, die nur einen Hinweis geben, müssen manuell im ***Issue-Manager*** erstellt werden, da es sich ja im eigentlichen Sinne nicht um Fehler handelt.

5.9.2 Issue-Manager

Während im ***Issue-Organisator*** alle ***Issues*** verwaltet werden, wird im ***Issue-Manager*** das ***Issue*** selbst verwaltet. Hierzu gehören ***Kommentare***, ***Rückmeldungen***, ***Sichten*** und ***Elemente***, die mit diesem ***Issue*** verknüpft werden sollen.

Der ***Issue-Manager*** kann immer geöffnet bleiben und neuen ***Issues*** können im Rahmen des weiteren Arbeitsablaufs aufgenommen werden.

Das Kommunikationsfenster des ***Issue-Managers*** ist in vier Bereiche gegliedert. Ganz oben ist der Name des aktuellen ***Issue*** zu sehen. Falls kein ***Issue*** gewählt wurde, wird das an der obersten Stelle im Organisator befindliche ***Issue*** gewählt. Rechts neben dem Namen des ***Issues*** befindet sich ein Pfeil-Icon. Durch Anklicken des Pfeils wird der ***Issue-Organisator*** geöffnet und ein anderer ***Issue*** kann ausgewählt werden.

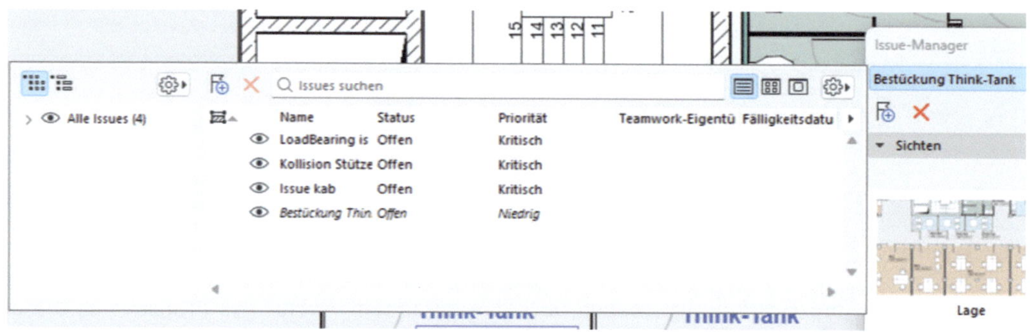

Abbildung 5-62 Issue-Organisator aus dem Issue-Manager

Durch Anklicken des Icons ***Issue-Details...*** wird ein Kommunikationsfenster geöffnet, in dem die wichtigsten Informationen zum aktuellen ***Issue*** dargestellt und bearbeitet werden können.

Nach dem Anklicken des Buttons ***Neuen Issue erstellen...*** erscheint ein Kommunikationsfenster, in dem der Name des neuen Issues eingegeben wird.

Durch Anklicken des entsprechenden ***Icons*** wird ein ***Issue*** gelöscht. Empfehlenswert ist jedoch die Verwaltung und damit auch das Entfernen ***Issue*** im ***Issue-Organisator***.

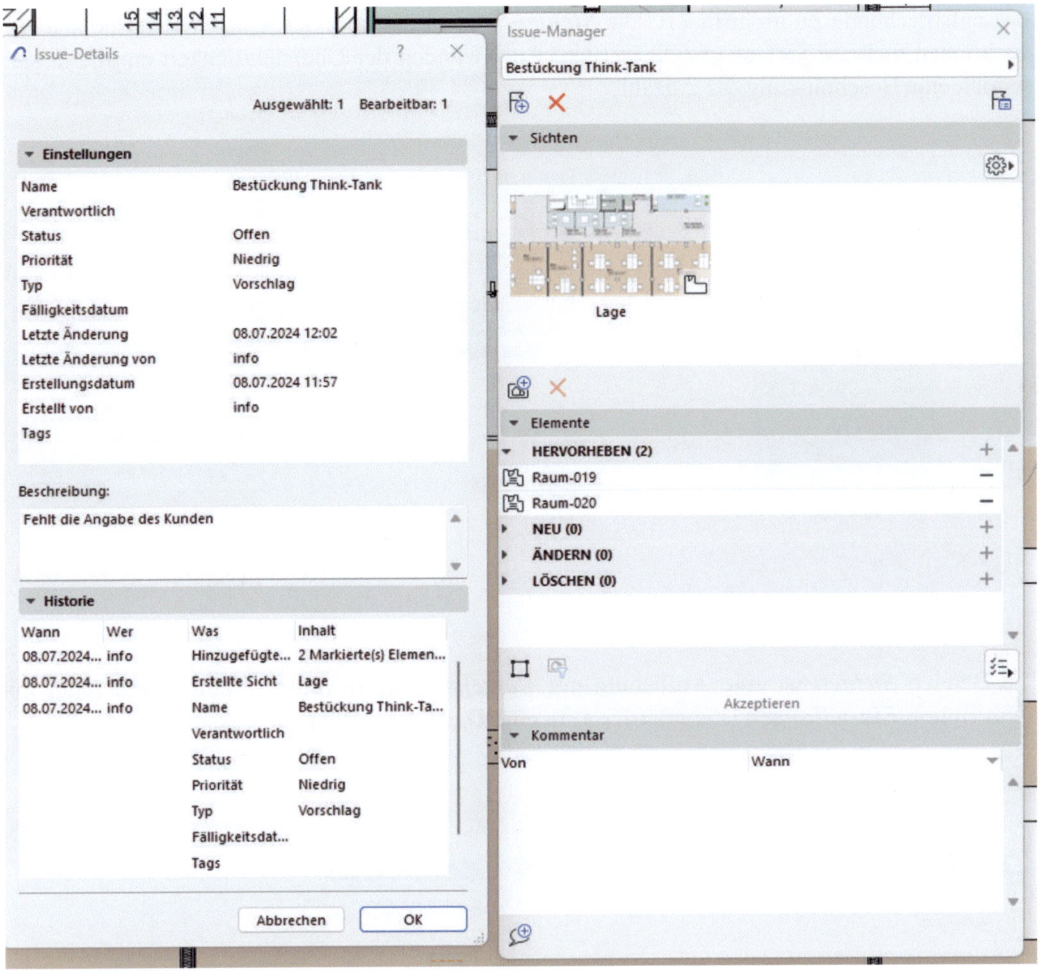

Abbildung 5-63 Issue-Details neben dem Issue-Manager

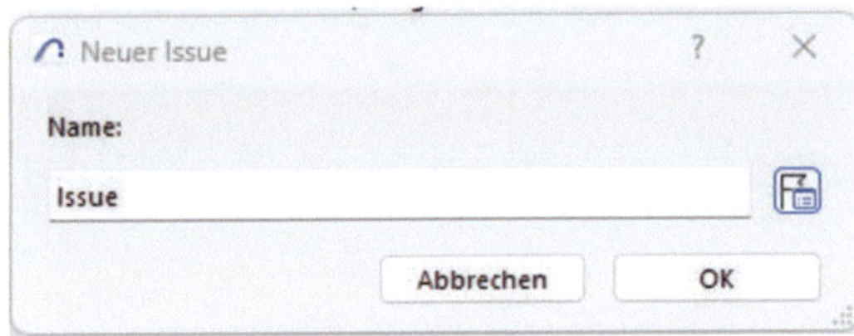

Abbildung 5-64 Benennung des Neuen Issue

Soweit bereits beim Erstellen eines neuen ***Issue*** entsprechende ***Details*** bekannt sind, können diese über den entsprechenden Button eingegeben werden. Die Eingaben können aber auch zu einem späteren Zeitpunkt nachgetragen werden.

Im nächsten Schritt werden die Sichten für den neuen ***Issue*** aufgenommen. Diese ähneln den ***Ausschnitten***. Mit einem Doppelklick wird das Arbeitsfenster auf die entsprechende ***Sicht*** und das entsprechende Zoom geändert. Die ***Sichten*** können 2D oder 3D Arbeitsfenster beinhalten. Es können mehrere Sichten erstellt werden. Aus Gründen der Übersichtlichkeit empfiehlt sich jedoch eine Beschränkung der Anzahl.

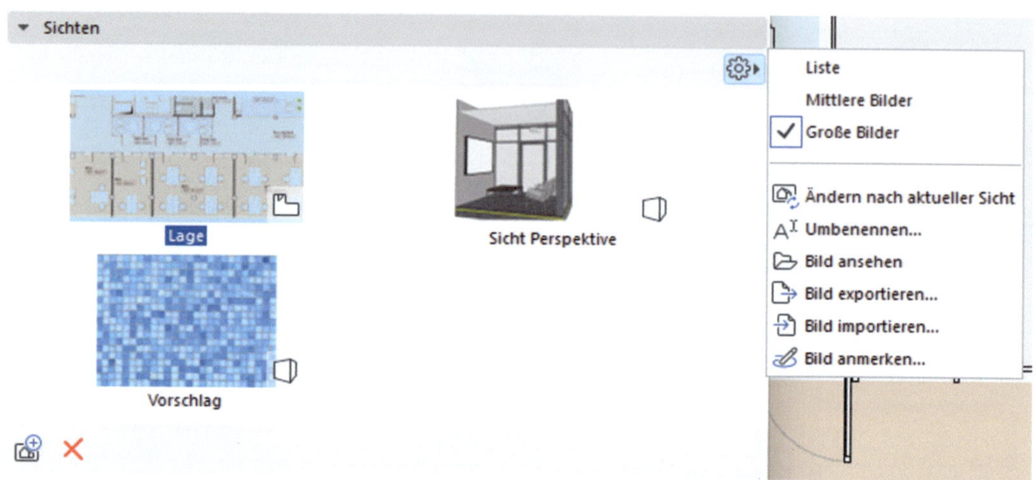

Abbildung 5-65 Der Bereich Sichten

Im Bereich ***Sichten*** ist eine Auflistung mit ***Vorschaubildern*** voreingestellt. Diese kann mit dem Button ***Einstellungen*** (Zahnrad-Icon) in eine Darstellung als ***Liste*** geändert werden.

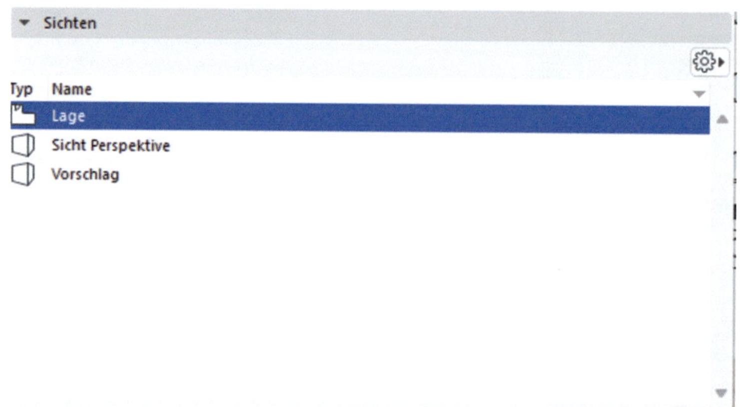

Abbildung 5-66 Sichten als Listen

Um welche Art von Arbeitsfenster es sich bei der jeweiligen ***Sicht*** handelt, erkennt man anhand des Icon-Typs, entweder in der Liste oder unten rechts im Vorschaufenster.

Um eine neue ***Sicht*** für den ***Issue*** zu erstellen, wird das Arbeitsfenster an die Stelle des Projektes gezoomt, die mit dem ***Issue*** verknüpft werden soll. Unterhalb des Sichten-Bereichs befindet sich ein Button ***neue Sicht hinzufügen...***. Durch Anklicken öffnet sich ein Kommunikationsfenster, in dem der Name der ***Sicht*** eingegeben wird. Mit Bestätigung des Namens wird im Bereich Sichten eine neue Sicht erstellt. In der Sicht werden nicht nur die

Position des Arbeitsfensters gespeichert, sondern auch die aktiven ***Ebenen***, ***Umbau-Filter***, ***Modelldarstellung***, ***Variante*** usw.

Eine vorhandene ***Sicht*** kann durch Anklicken des Icons ***Sicht löschen...*** aus der Sichten-Liste entfernt werden.

Den Sichten können auch nicht verknüpfte Bilder, zum Beispiel Fliesenmuster, hinzugefügt werden. Hierzu wird eine neue Sicht erstellt. Die neue Sicht wird aktiviert und unter den Einstellungen der Befehl ***Bild importieren...*** ausgewählt. In dem sich öffnenden Kommunikationsfenster wird der entsprechende Datenpfad gewählt. Mit Bestätigung durch OK wird die Sicht durch ein Bild ersetzt.

Das Bild kann durch die Auswahl des Befehls ***Bild ansehen*** (Einstellungen) immer wieder aufgerufen werden.

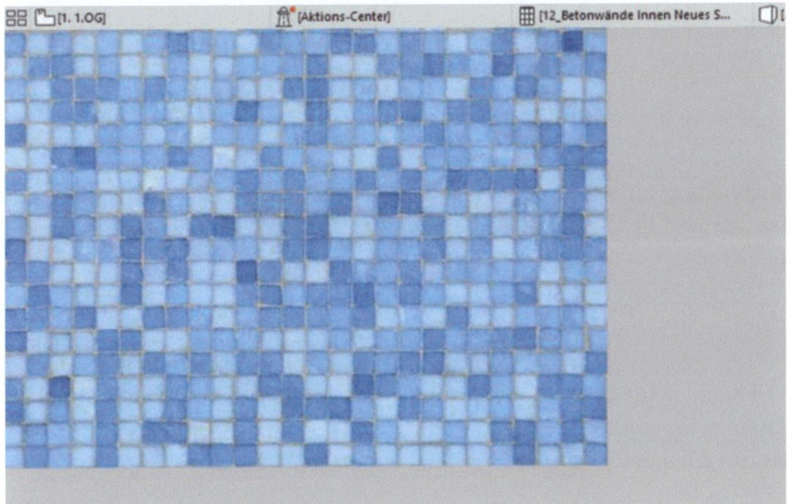

Abbildung 5-67 Bild ansehen

Wenn Bilder in eine CAD-Datei eingebunden werden, stellt sich immer die Frage der Datenmenge. Versuchen Sie mit in der Datenmenge reduzierten Bildern zu arbeiten. Wenn mehrere Bilder verknüpft werden sollen, könnten diese auf dem Server abgelegt und innerhalb des ***Issue*** lediglich ein Link zu dem Ordner gespeichert werden (vgl. Abschnitt 5.12 Der Umgang mit Datenmengen).

Im Bereich der ***Elemente*** können die ***Issues*** auf der Element-Ebene präzisiert werden. Sollen neue Elemente hinzugefügt oder bereits vorhandene gelöscht werden? Um welche Elemente handelt es sich genau? Können Gegenvorschläge unterbreitet werden? Es kann zum Beispiel sein, dass man mit der Lage einer neuen Wand einverstanden ist, jedoch deren Struktur geändert werden muss. Das kann alles im Bereich der Elemente gesteuert werden. Die dabei betroffenen Elemente in unterschiedlichen Farben hervorgehoben.

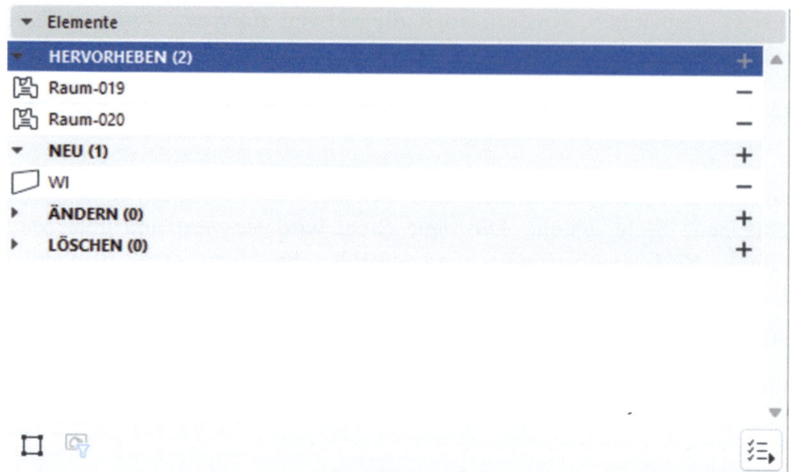

Abbildung 5-68 Bereich Elemente

5.9.2.1 Hervorheben

Die Elemente werden unabhängig einer ***Graphischen Überschreibungen*** und unabhängig der ***Grundeinstellungen*** blau dargestellt. So werden die Elemente von allen anderen Elementen deutlich hervorgehoben.

5.9.2.2 Neu

Ein als Neu markiertes Element wird hellgrün dargestellt. Ein so markiertes Element ist noch nicht Bestandteil der Planung. Es handelt sich dabei um einen Vorschlag. Um Bestandteil der Planung zu werden, muss das Element ***akzeptiert*** werden.

Beim Akzeptieren des Elementes kann noch entschieden werden, ob alle Parameter gemäß Vorschlag angenommen, oder ob einzelne Parameter noch angepasst werden sollen. Akzeptierte Elemente werden in den Unterbereich ***Hervorheben*** verschoben und blau dargestellt.

5.9.2.3 Ändern

Sollen Elemente geändert werden, kann die Änderung im Kommentar genauer beschrieben werden. Die Elemente werden hellgrün dargestellt. Wenn bei einem Element Parameter verändert wurden, zum Beispiel die Zuordnung zu einer Ebene, erkennt man das am Fahnen-***Tracker*** am Element.

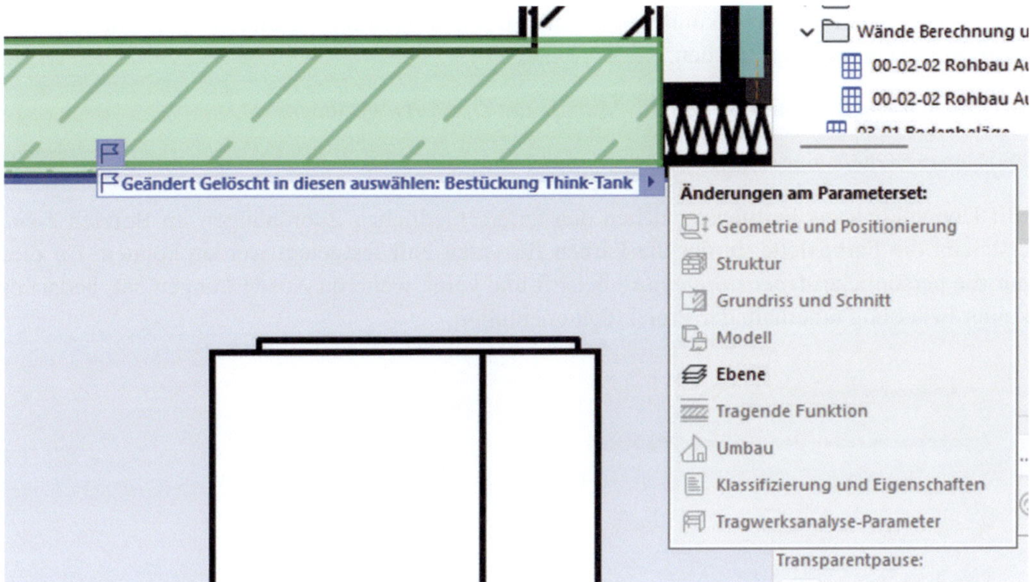

Abbildung 5-69 Hervorheben der Änderungen

Klickt man auf diesen ***Tracker***, erscheinen der Name des ***Issues*** und ein Pfeil mit einem Pull-Down-Menü. Hier sind die geänderten Parameter schwarz dargestellt. Änderungen müssen akzeptiert werden.

5.9.2.4 Löschen

Sollen Elemente entfernt werden, ist hierfür jedoch noch eine Rücksprache (z.B. mit der Fachplanung) notwendig, können diese im Bereich ***Löschen*** verwaltet werden. Die Elemente werden mit der Farbe Rot hervorgehoben und nach Akzeptieren, aus dem Projekt entfernt.

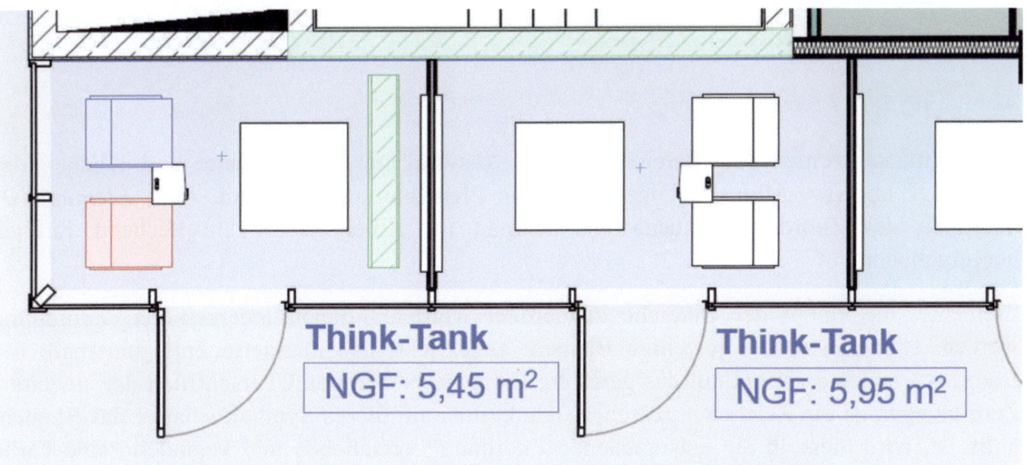

Abbildung 5-70 Unterschiedliche Farben der Elemente innerhalb eines Issue

Die verwendeten Farben können in der ***Arbeitsumgebung*** geändert und im eigenen ***Arbeitsprofil*** gespeichert werden.

Die ***Bildschirm-Optionen*** werden im Menüpunkt ***Optionen*** gesteuert.

Optionen→Arbeitsumgebung... →Bildschirm-Optionen

Mit Doppelklick ins Farbfenster neben den unterschiedlichen Zuordnungen im Bereich ***Issue*** erscheint die Farbpalette, in der die Farben für jeden Fall festgelegt werden können. Da dies nur die persönliche ***Arbeitsumgebung*** betrifft und keine weiteren Auswirkungen hat, bedarf es keiner Erfassung innerhalb der Projektdokumentation.

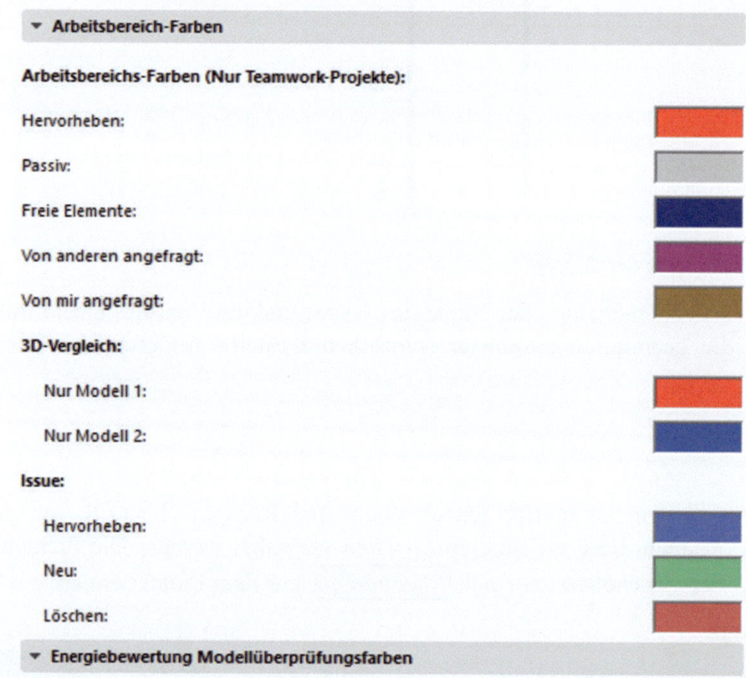

Abbildung 5-71 Arbeitsumgebung

Die Elemente werden den Bereichen durch Auswahl im Arbeitsfenster und Klicken des Zeichen + im ***Issue-Manager*** zugeordnet. Die Elemente erscheinen mit ihren ***Element-IDs*** unterhalb des Zuordnungsnamens und werden im Arbeitsfenster entsprechend farblich hervorgehoben.

Elemente, die einem der Bereiche zugeordnet wurden, können jederzeit neu Zuordnung werden. Hierzu wird das jeweilige Element angeklickt. Die markierte Zeile innerhalb des Bereichs Elemente springt auf das gewählte Element. Neben den Überschriften der einzelnen Zuordnungen ist ein Zeichen + zu sehen. Klickt man auf dieses Symbol, solange das Element aktiv ist, wird diese in die entsprechende Zuordnung verschoben und verändert seine Farbe gemäß den ***Issue*** Vorgaben.

Möchte man Änderungen wie vorgeschlagen in das Projekt übernehmen, können die einzelnen Zuordnungen (bis auf Hervorheben) einzeln angeklickt und mit dem Button Alle akzeptieren übernommen werden.

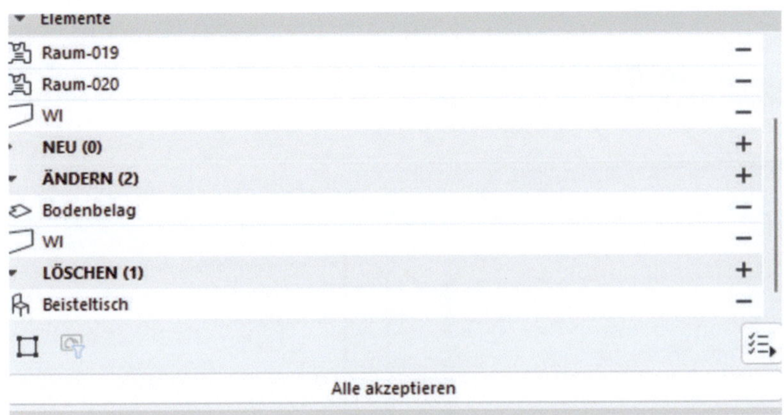

Abbildung 5-72 Alle Änderungen akzeptieren

Klickt man ein Element nach dem anderen an, wird lediglich die Beschriftung des Buttons von Alle akzeptieren auf ***Akzeptieren*** geändert, die Vorgehensweise bleibt aber die gleiche.

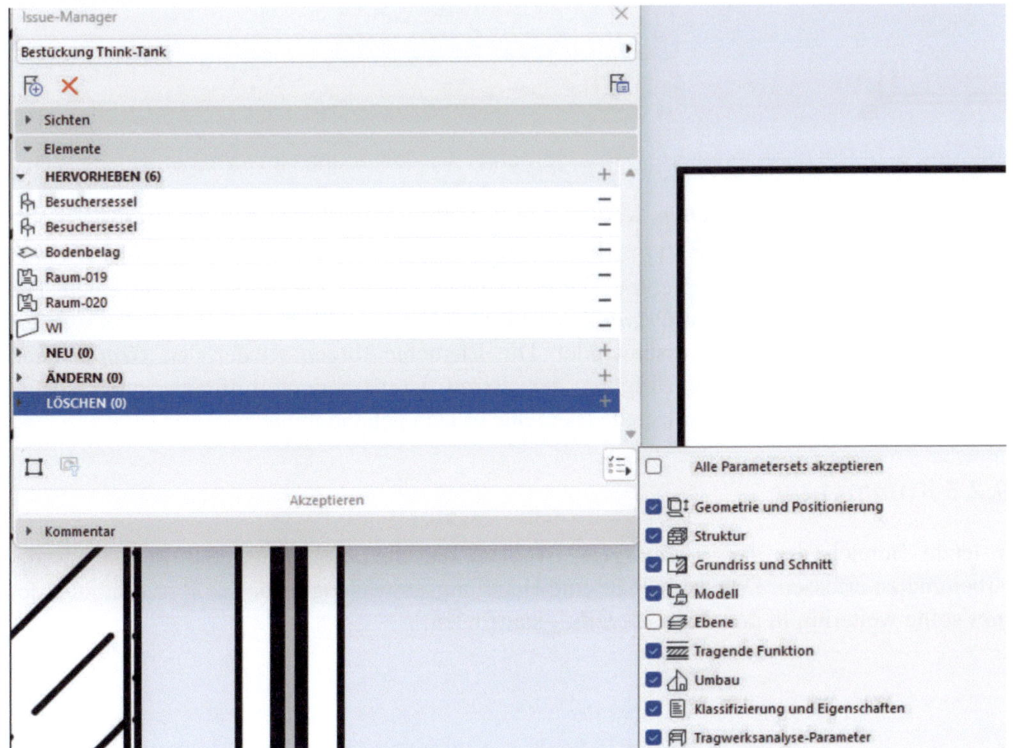

Abbildung 5-73 Selektives Akzeptieren der Parameter

Rechts, oberhalb des Buttons Akzeptieren befindet sich eine Auswahlpalette mit ***Parametern***, die durch ***Akzeptieren*** in das Projekt übernommen werden. Sollen einzelne Parameter nicht übernommen werden, wird im ***Parameterset*** der Haken neben dem entsprechenden Parameter entfernt.

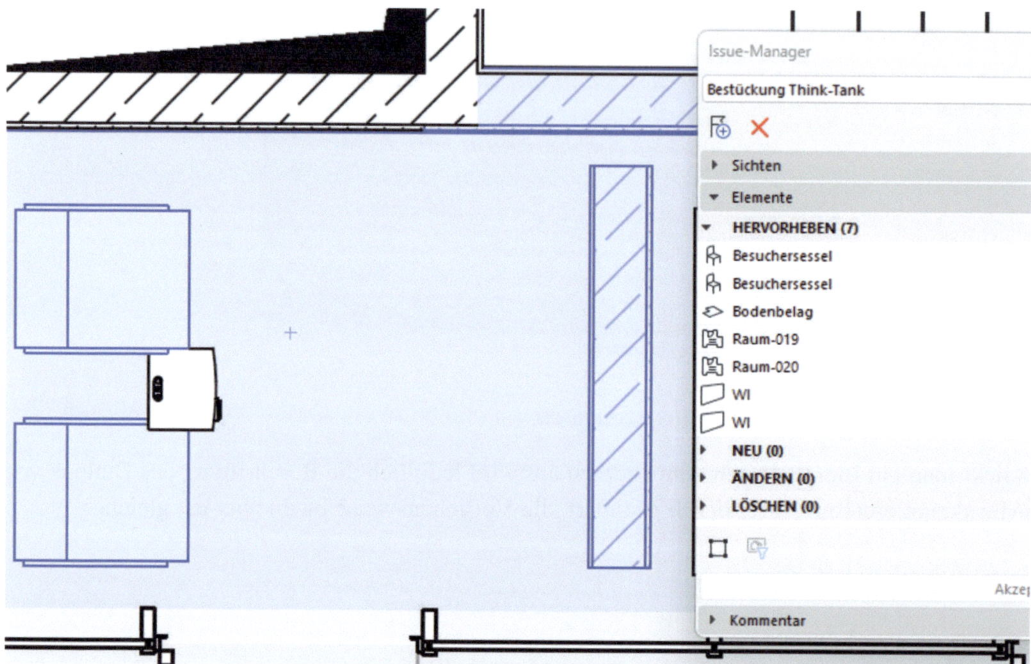

Abbildung 5-74 Die geänderten Elemente werden in die Zuordnung Hervorheben verschoben

Elemente der Zuordnung ***Löschen*** werden aus dem Projekt entfernt. Alle anderen Elemente werden nach Drücken des Buttons Alle Akzeptieren in die Zuordnung ***Hervorheben*** verschoben. Es ist nicht zu empfehlen, diese Elemente aus der Zuordnung zu entfernen. Die gelösten ***Issues*** können im ***Issue-Organisator***, vergleichbar mit ***Ebenen***, ausgeschaltet werden. Die farbliche ***Hervorhebung*** verschwindet. Die Elemente folgen wieder den ***Graphischen Überschreibungen***. Für die Verfolgung der ***Issues*** ist es jedoch hilfreich, auch später, nachzuvollziehen zu können, um welche Elemente es sich gehandelt hat.

5.9.2.5 Kommentar

Der letzte Bereich des ***Issue-Managers*** ist dazu da, die wichtigsten Schritte der Issue-Bearbeitung zu erfassen. Dies kann z.B. eine Handlungsanweisung sein. Die Beschreibung des ***Issues*** sollte weiterhin in den ***Issue-Details...*** stattfinden.

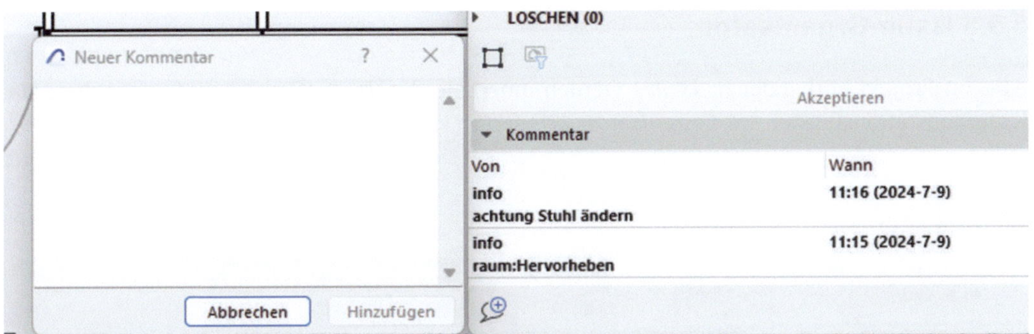

Abbildung 5-75 Das Feld Kommentare im Issue-Manager

Um einen Kommentar zu erstellen, wird das Sprechblasen-Icon unterhalb des Kommentar-Feldes angeklickt. Es erscheint ein einfaches Editor-Fenster, in dem ein Text geschrieben werden kann. Mit dem Buttons Hinzufügen wird der neue Kommentar erstellt. Es wird festgehalten, wann der Kommentar und von wem, falls das Projekt in ***Teamwork*** bearbeitet wird, der Kommentar erstellt wurde.

Die ***Kommentare*** können nach dem Urheber und nach Datum sortiert werden. Die noch nicht gelesenen Kommentare werden in Fettschrift dargestellt.

Erstellte ***Kommentare*** können nachträglich bearbeitet werden. Hierzu wird die Zeile des ***Kommentars*** mit der rechten Maustaste angeklickt. Dadurch erscheint der Befehl ***Kommentar bearbeiten***. Durch Anklicken des Befehls öffnet sich wieder das Editor-Fenster und der Kommentar kann ergänzt werden.

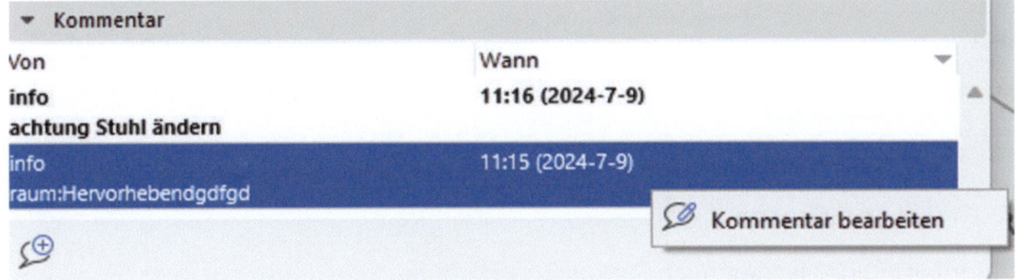

Abbildung 5-76 Ergänzen des Kommentars

Der bearbeitete ***Kommentar*** verändert weder seine Formatierung noch wird das Datum der Erstellung verändert. Diese Eigenart sollte man auf jeden Fall beachten. Aus Gründen der Nachverfolgbarkeit empfiehl es sich, ***Kommentare*** mit ***Kommentaren*** zu beantworten.

Die Bearbeitung eines ***Kommentars*** ergibt z.B. dann Sinn, wenn der Ersteller seinen ursprünglichen ***Kommentar*** noch präzisieren möchte. Ein ***Kommentar*** kann nicht gelöscht werden und bleibt als Verwaltungselement innerhalb des ***Issue-Managers***.

5.9.3 Issue-Organisator

Alle im Projekt vorhandenen ***Issues*** werden innerhalb des ***Issue-Organisators*** verwaltet. Das Kommunikationsfenster des ***Organisators*** erinnert in seinem Aufbau an den Explorer.

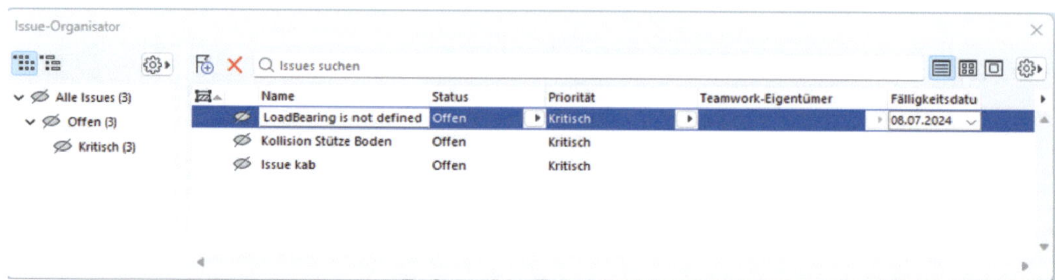

Abbildung 5-77 Der Issue-Organisator

Auf der linken Seite des ***Organisators*** befindet sich ein Navigationsfenster in dem alle ***Issues*** aufgelistet werden. Diese können nach ***Tags*** oder nach ***Diskussionen*** sortiert werden. Bei der Sortierung nach ***Tags*** werden diese nach ihrem ***Status*** (Offen, Gelöst, usw.) und im zweiten Schritt nach ihrer ***Priorität*** gegliedert. Bei der Sortierung nach ***Diskussionen*** kann die Reihenfolge der ***Issues*** nach eigenem Ermessen festgelegt werden.

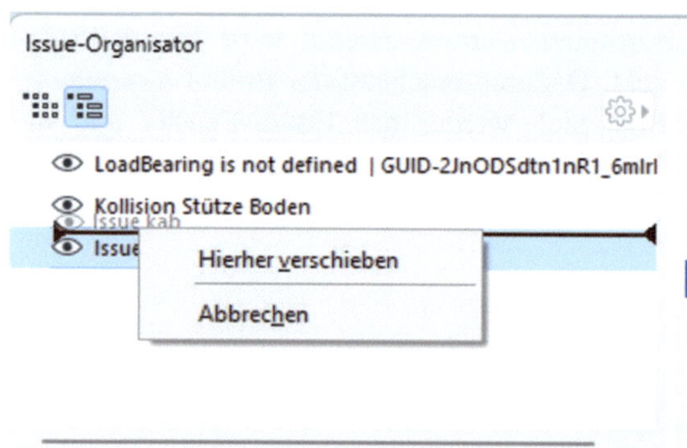

Abbildung 5-78 Sortierung der Issues nach Diskussionen

Hierzu werden die ***Issues*** innerhalb des Sortierungs-Fensters mit dem Cursor, mit gedrückter rechter Maustaste, in ihrer Reihenfolge verschoben.

Im rechten Fenster des ***Organisators*** befinden sich die, standardmäßig in tabellarischer Form dargestellten ***Issues***, die sich im gewählten Zweig der Zuordnung befinden. Die Spalten der Tabelle liefern zusätzliche Informationen. Die Informationen und deren Reihenfolge können unter dem Button Einstellungen (Zahnrad-Icon) angepasst werden.

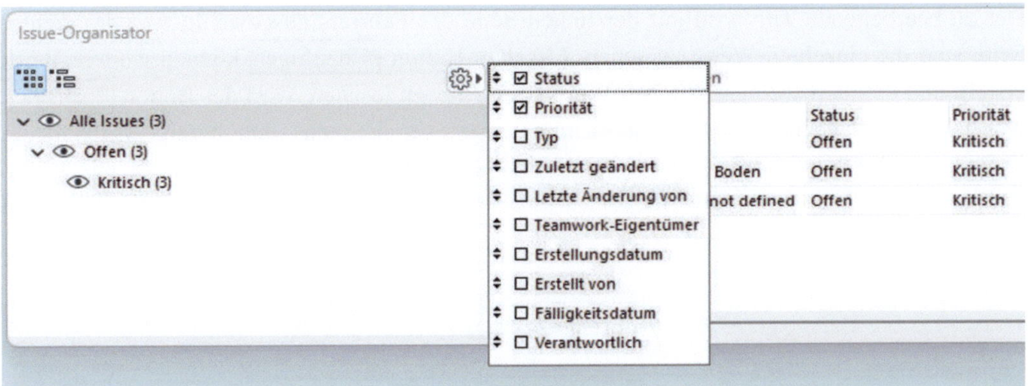

Abbildung 5-79 Inhalte der Spalten

Mit dem Setzen eines Häkchens wird die jeweilig Spalte ein- oder ausgeschaltet, mit den oben/unten Pfeilen wird die Reihenfolge bestimmt.

Die ***Issues*** können neben der tabellarischen Form auch als Kacheln mit Vorschaubildern (z.B. Screenshots des ***Issues***) dargestellt werden.

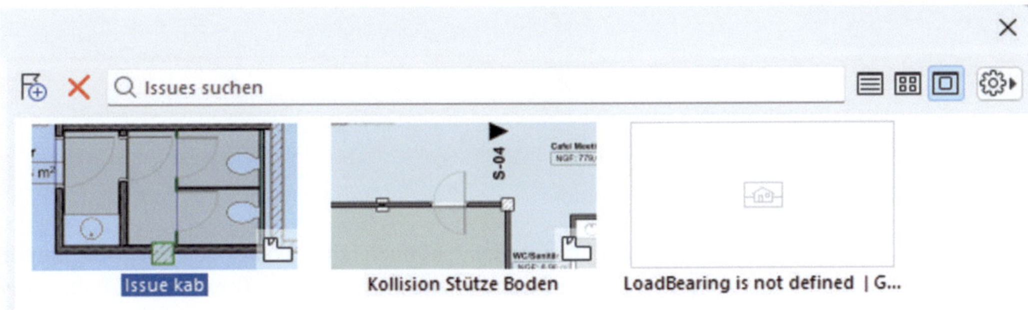

Abbildung 5-80 Issue mit Vorschaubildern

In den vorhergehenden Abschnitten wurden ***Issues*** beschrieben, die aufgrund von Widersprüchen in der digitalen Prüfung interner Prüfungsmechanismen entstanden sind. Diese ***Issues*** werden bereits durch die CAD mit Vorschaubildern und einer Verknüpfung mit eindeutiger ***ID*** ausgestattet. Ein Doppelklick auf solche ***Issues*** lässt das Arbeitsfenster automatisch auf diese Elemente zoomen und gleichzeitig werden diese Elemente aktiviert.

Ähnlich funktionieren ***Issues***, die aus den ***BCF-Protokollen*** dazu geladen werden (vgl. Abschnitt 5.10 BCF-Protokolle).

Begriffe für ***Prioritäten*** oder den ***Status*** einzelner ***Issues***, können frei definiert werden.

Hierzu wird in den Einstellungen des ***Organisators*** (Icon mit einem Zahnrad-Symbol) der Unterpunkt ***Issue-Tags...*** angeklickt. Es erscheint ein Kommunikationsfenster, in dem die drei möglichen Tags (Priorität, Status, Typ) und ihre Werte bearbeitet werden können.

Der zu bearbeitende ***Tag*** wird auf der linken Seite des Fensters ausgewählt. Auf der rechten Seite sind die einzelnen Werte zu sehen. Mit dem Button Hinzufügen können weitere Werte erstellt und definiert werden. Um den Wert eines ***Tags*** zu löschen, wird der Button Ersetzen... gedrückt. Es erscheint ein Kommunikationsfenster, in dem aus den bereits vorhandenen Werten ein Wert ausgewählt wird, dem die Issues des zu löschenden Wertes zugeordnet werden sollen. Mit den Doppelpfeilen links des Namens kann die Reihenfolge der Werte verändert werden.

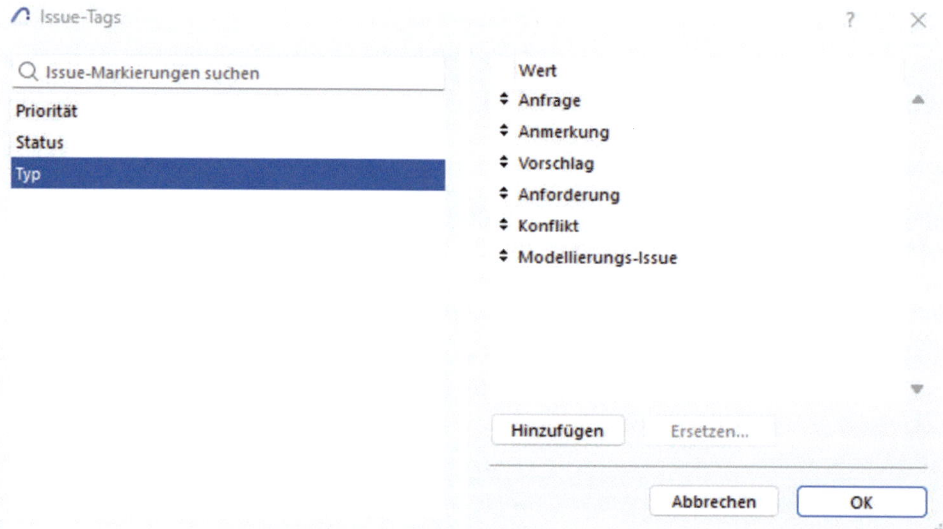

Abbildung 5-81 Issue-Tags und ihre Werte

Falls Sie Ihr Projekt in ***Teamwork*** bearbeiten, können die ***Issues*** einem bestimmten ***Teamwork***-Mitglied zugeordnet werden. Hierzu wird die Spalte ***Teamwork-Eigentümer*** eingeschaltet. In der Zeile des ***Issues*** wird aus dem Pull-Down-Menü das Kürzel des Teammitgliedes ausgewählt. Der ***Issue*** wird danach automatisch für dieses Mitglied reserviert und ist für alle anderen Mitglieder gesperrt.

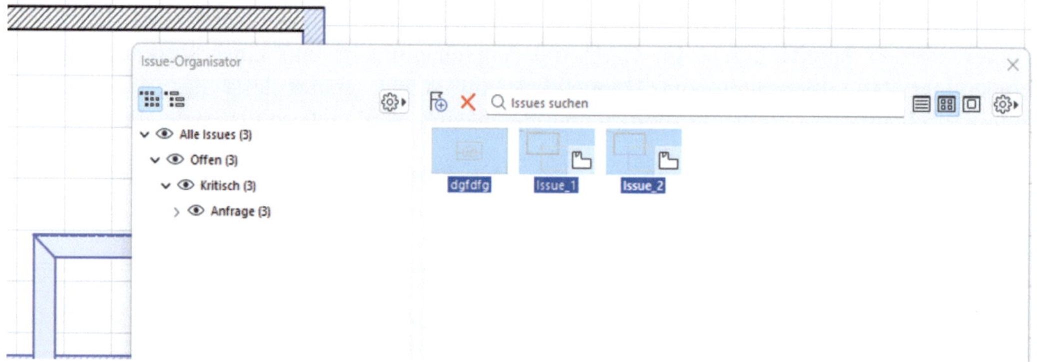

Abbildung 5-82 Verschiedene Elemente sind, aufgrund ihrer Beteiligung in den Issues blau dargestellt

Elemente aus den noch nicht bearbeiteten ***Issues*** werden in den Farben gemäß der Zuordnung dargestellt. Diese Darstellung erschwert die Übersichtlichkeit des Projektes und somit auch den Arbeitsalltag.

Im ***Organisator*** kann diese Darstellung ausgeschaltet werden. Bei der Auflistung der einzelnen Issues auf der linken Seite des Kommunikationsfensters gibt es links neben jedem ***Issue***-Namen, ein ***Auge-Icon***. Hierüber lässt sich die Überschreibung steuern.

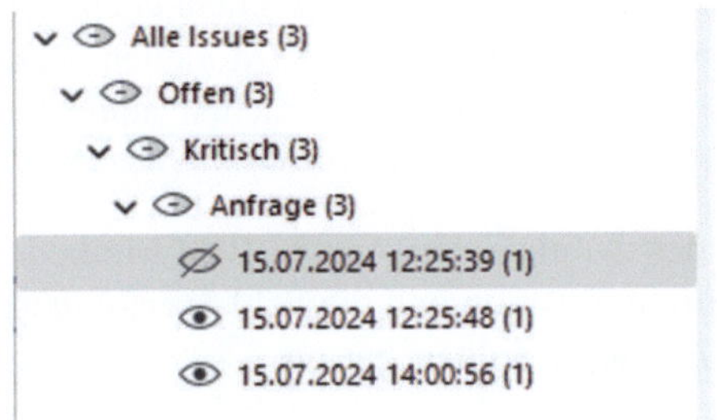

Abbildung 5-83 Sichtbarkeit der Issues

Neben den Ordnern in denen die ***Issues*** thematisch zusammengefasst sind, ist das ***Auge-Icon*** ebenfalls vorhanden. Wird das Symbol neben dem Ordner angeklickt, werden alle ***Issues***, die in diesem Ordner sind, de- oder aktiviert. Ein halb ausgegrautes Auge neben einem Ordner weist darauf hin, dass in dem aktuellen Ordner beide Zustände der ***Issues*** vorhanden sind.

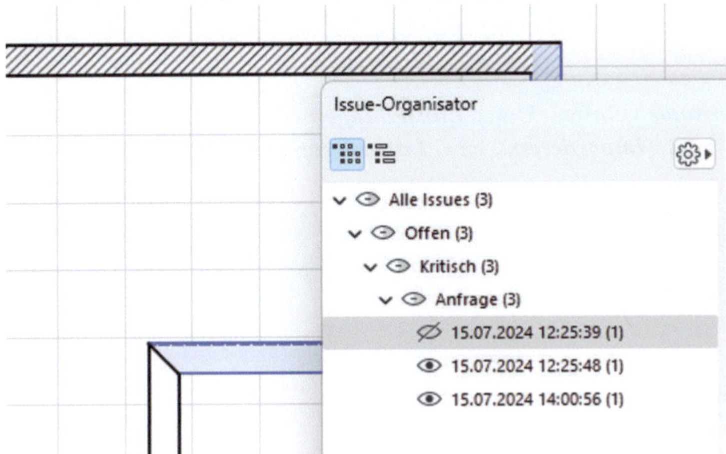

Abbildung 5-84 Bei ausgeschaltetem Issue folgen die Elemente der graphischen Überschreibung

5.10 BCF-Protokolle

Beim Arbeiten mit einem ***Model Checker*** werden ***BCF***-Protokolle zur Kommunikation eingesetzt. BCF- **B**IM-**C**ollaborations **F**ormat ist ein herstellerunabhängiges Format, das es ermöglicht, zwischen unterschiedlichen Beteiligten, innerhalb eines BIM-Projektes, zu kommunizieren. Die Kommunikation findet auf Basis von ***Issues*** statt.

Die in einem ***Issue*** enthaltenen Elemente sind mit ihrer ***GUID*** verknüpft. Da die ***GUID*** global eindeutig ist, ist sie auch in einer anderen Software eindeutig. Die Projektbeteiligten werden genau dasselbe Element in ihrer Software betrachten können und durch die ***Issue-Details*** wissen, was sie ihnen vermitteln möchten. Und umgekehrt, Fehler, Unstimmigkeiten und Hinweise aus den Prüfungen einer ***Model Checker Software*** nutzen die Möglichkeiten der *BCF*-Protokolle, um die festgestellten Unstimmigkeiten in eigenen *IFC*-Modellen und zwischen den *IFC*-Modellen unterschiedlicher Fachplaner sichtbar zu machen und die Beseitigung dieser Unstimmigkeiten zu erleichtern.

An dieser Stelle sei erneut auf den Unterschied des Modellierens nach BIM-Methode gegenüber anderen Arbeitsweisen hingewiesen. Die Kommunikation und die Fehlerverfolgung basieren auf den eindeutigen ***ID***s der Elemente. Die Elemente sollten bei der Überarbeitung nicht gelöscht, sondern geändert werden. Wird ein Element gelöscht, ergibt sein ***Issue*** keinen Sinn mehr. Ob ein möglicher Modellierungsfehler dadurch behoben wurde, kann dann nicht mehr nachvollzogen werden.

Mehrere ***Model Checker*** haben mittlerweile eigene ***App***s oder ***Add-Ons***, die eine direkte Verbindung mit der CAD ermöglichen. Damit erübrigt sich der Export und Import der ***Issues***. Die Anbindung erfolgt dabei herstellerabhängig.

Falls Sie diese ***Apps*** oder ***Add-Ons*** nicht nutzen (wollen) oder ***BCF*** Protokolle von Fachplanern, die keine Model-Checker-CAD nutzen erhalten, können die ***BCF***-Protokolle auch importiert werden.

Hierzu wird der ***Issue-Organisator*** geöffnet. Unter ***Einstellungen*** (Zahnrad-Icon) erscheint in einem Pull-Down Menü der Befehl ***Importieren...*** bzw. ***Importieren aus der BIMcloud***.

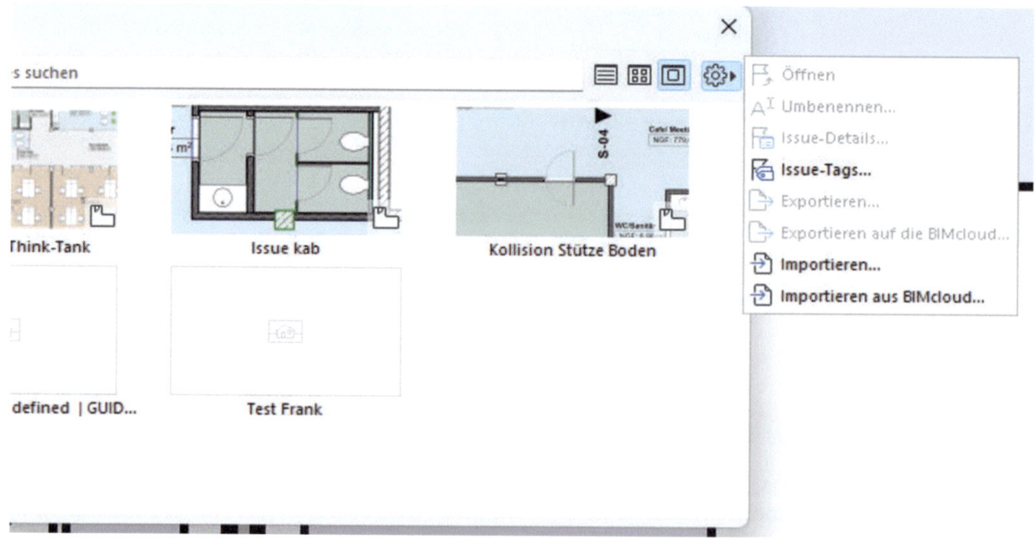

Abbildung 5-85 Import von Issues

Beim Importieren prüft die CAD automatisch, ob das ***BCF***-Protokoll sich auf das richtige Modell bezieht und ob weitere Informationen zur ***IFC*** fehlen. Falls bereits bekannt ist, dass das ***BCF*** Protokoll beteiligte ***IFCs*** betreffen könnte, müssen diese vor dem Import des Protokolls im Projekt dazu geladen sein (ggf. nochmal prüfen). Sollten die Elemente (oder IFC-Dateien) fehlen, tritt der bereits beschriebene Fall ein – die verknüpfte GUID fehlt und die Issues aus dem Protokoll erfüllen ihren Zweck nicht.

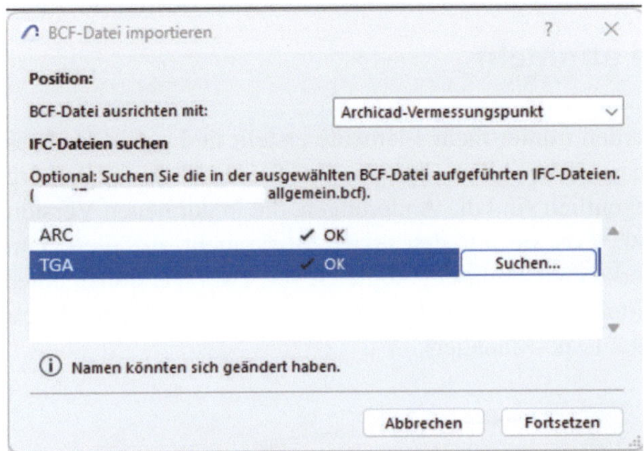

Abbildung 5-86 Hinweis zu den beteiligten IFCs

Nach dem Bestätigen mit dem Button Fortsetzen wird das ***BCF***-Protokoll ins Projekt, aufgeteilt in einzelne ***Issues***, importiert.

Issues, die Sie erhalten haben (z.B. Prüfung durch eine ***Model-Checker***-Software), benötigen möglicherweise eine Rückmeldung, z.B. „Fehler in einer Eigenschaft ist behoben", oder „Hinweis nicht verstanden, bitte um genauere Angaben". In diesem Fall werden die ***Issues*** soweit bearbeitet wie möglich, dann wird ggf. der ***Status*** geändert und falls notwendig ***Kommentare*** hinzugefügt.

Als Rückmeldung werden innerhalb des ***Issue-Organisators*** nun alle ***Issues***, die im ***BCF-Protokoll*** exportiert werden sollen aktiviert. Unter den Einstellungen des ***Organisators*** (Zahnrad-Icon) wird der Befehl ***Exportieren...*** bzw. ***Exportieren auf die BIMcloud*** ausgewählt.

Abbildung 5-87 Export des BCF-Protokolls

In dem darauf erscheinenden Fenster wird der Pfad für die neue Datei festgelegt. Mit OK wird ein ***BCF-Protokoll*** erstellt, das nun weiter versendet werden kann.

Im Kapitel 9 – Best Praxis – finden Sie als Beispiel ein ***BCF Protokoll*** einer Kollisionsprüfung mit einem IFC-Modell eines Fachplaners und einen möglichen Workflow dazu (vgl. Abschnitt 9.17 Beispiel: Kollisionserkennung...).

5.11 IFC-Modell Änderungen ermitteln

Mit dem Fortschreiten des Projektes werden immer mehr Elemente erstellt und geändert. Dies nicht nur bei den Architekten, sondern auch bei allen Fachplanern. Sie erhalten regelmäßig IFCs, die Sie ins Projekt anbinden. Gelegentlich sind die Änderungen, die in der neuen Version der IFC importiert werden, so minimal, dass sie auf den ersten Blick nicht auffallen. Um geometrische Änderungen dennoch zu erkennen, kann ein Abgleich von zwei Versionen eines Modells durchgeführt werden. Die ermittelten Unterschiede werden in Issues in verschiedenen Zuordnungen sortiert (vgl. Abschnitt 5.9.2 Issue-Manager).

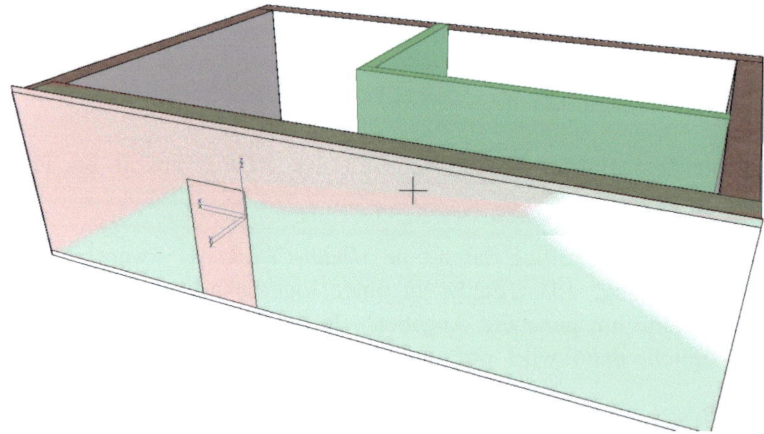

Abbildung 5-88 Abgleich zweier IFC-Dateien unterschiedlicher Versionen

Leider funktioniert dieser Abgleich aktuell nur mit ***IFC 2X3***. Falls dieses Tool genutzt werden soll, und das Projekt mit einer anderen IFC-Version getauscht wird, muss zusätzlich mit einem 2X3 Übersetzer gearbeitet werden. Es wird nur die Geometrie der Elemente und keine ***Attribute*** abgeglichen. Trotzdem handelt es sich um ein äußerst hilfreiches Werkzeug.

Die Änderungen können direkt im Projekt ermittelt werden. Ein Vergleich kann aber auch in einer separaten Datei durchgeführt werden. Hierdurch lässt sich ein Überblick verschaffen, ohne die Projektdaten und Issues zusätzlich zu füllen. Die Vorgehensweise ist bei beiden Möglichkeiten identisch.

Der ältere Stand der abzugleichenden ***IFC***-Datei wird in Archicad geöffnet. Die Ermittlung der Änderungen erzeugt nur die Elemente, die das Delta bilden. Ohne den Zusammenhang der letzten Version sind sie nur schwer nachzuvollziehen.

Abbildung 5-89 Es werden nur die ermittelten Änderungen erzeugt

Ablage → Interoperabilität → IFC → IFC-Modell Änderungen ermitteln...

Im Kommunikationsfenster werden die Pfade beider Versionen der IFC-Datei vorgegeben. Wichtig ist es die Reihenfolge einzuhalten, welche der Versionen die ***Alte*** und die ***Neue*** ist.

Der festgelegte ***Übersetzer*** steuert den Export und somit auch die Geometriekonvertierung. Sind alle Vorgaben festgelegt, wird man durch Anklicken des Buttons Vor > zum nächsten Schritt weitergeleitet.

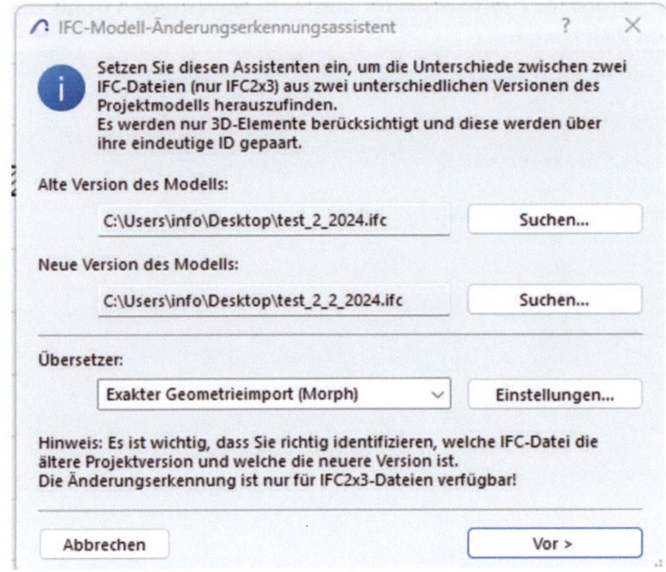

Abbildung 5-90 Beide Versionen werden festgelegt

Als Nächstes wird festgelegt, wo die, möglicherweise beim ***Import*** entstehenden Bibliotheken, gespeichert werden sollen. Die Elemente können entweder eingebettet oder separat gespeichert werden.

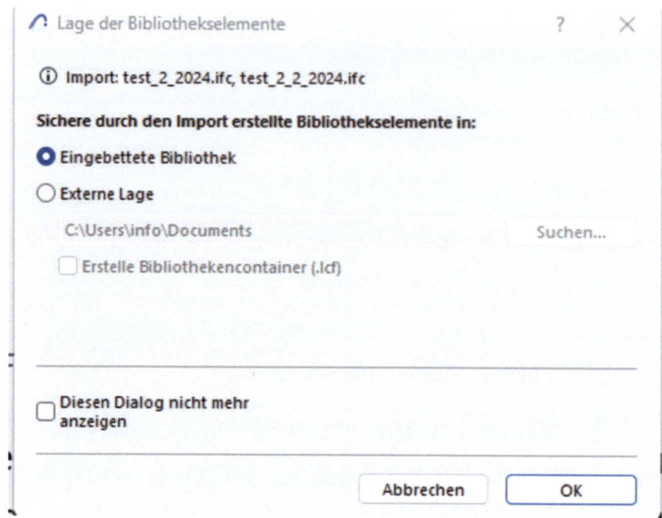

Abbildung 5-91 Lage der Bibliothekselemente

Im nächsten Schritt kann festgelegt werden, ob alle Elemente auf ihre Änderungen geprüft werden sollen, oder ob nur eine ausgewählte Gruppe an Elementen (z.B. nur tragende Elemente) betrachtet wird. Je nach Größe des ***IFC-Modells*** und dem jeweiligen Grund der Prüfung kann eine genauere Auswahl Zeit sparen.

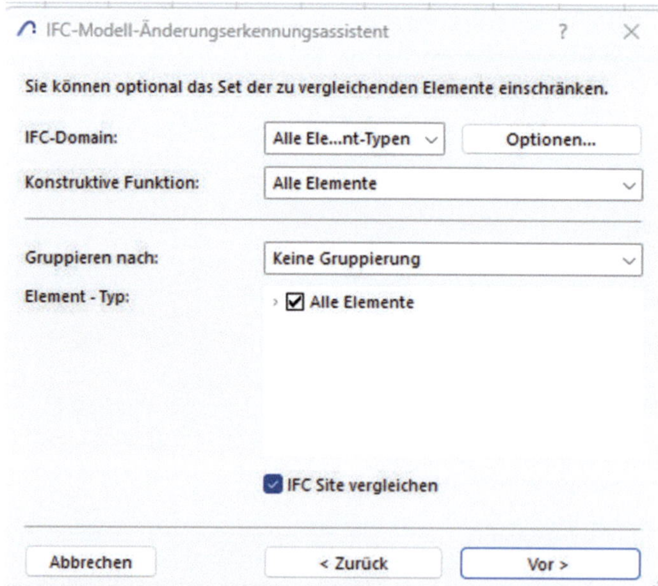

Abbildung 5-92 Welche Elemente sollen geprüft werden

Im letzten Schritt werden als erstes die Ergebnisse der Prüfung zusammengefasst. Gibt es neue, geänderte oder gelöschte Elemente? Zudem wird festgelegt, auf welchen ***Ebenen*** die Elemente positioniert werden sollen.

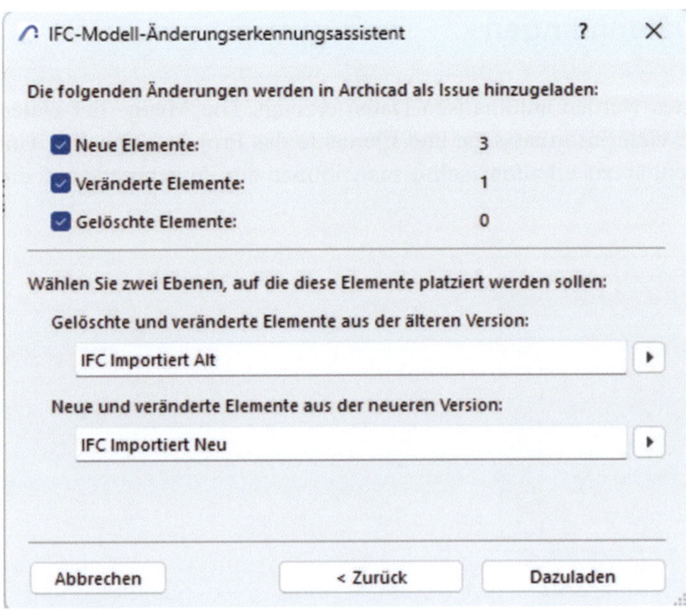

Abbildung 5-93 Änderungs-Assistent

Mit Dazuladen werden nur die von Änderungen betroffenen Elemente dazu geladen. Es werden automatische ***Issues*** erstellt, die die Vorgänge ***neu***, ***geändert*** und ***gelöscht*** dokumentieren. Die Elemente erhalten dabei die Farbe ihrer Zuordnung. Mit Hilfe des ***Issue-Managers*** können nun die einzelnen Veränderungen überprüft und nachvollzogen werden.

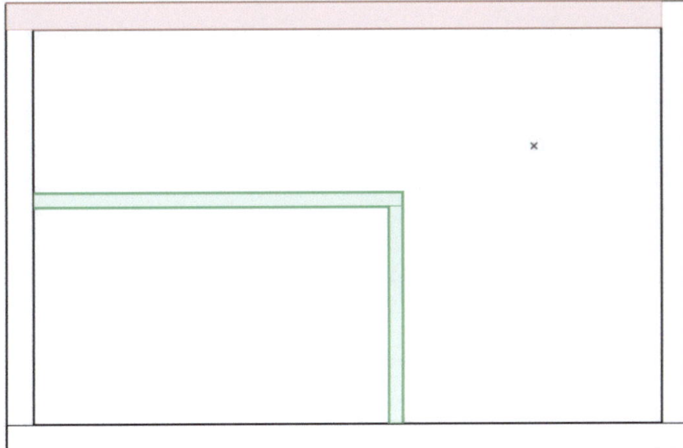

Abbildung 5-94 Die Änderungen der Elemente wurden dazugeladen

5

5.12 Der Umgang mit Datenmengen

Mit dem Erstellen eines Projektes werden automatisch Daten erzeugt. Die Menge der Daten hängt vor allem auch daran, wie viele Informationen und Elemente das Projekt beinhaltet. Um auch große Projekte gut bearbeitbar zu erhalten, sollte man immer ein Augenmerk auf die Datenmenge haben.

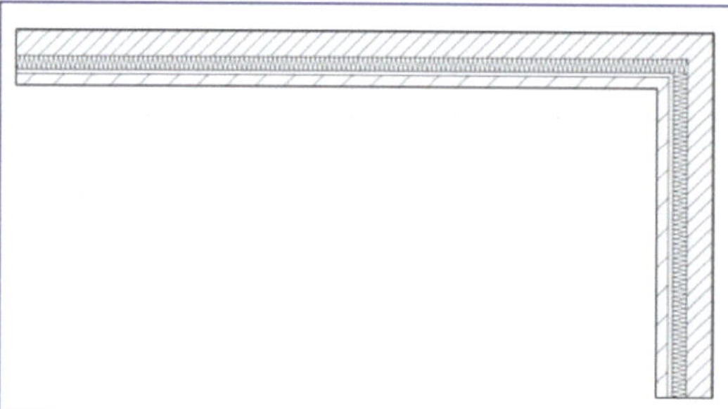

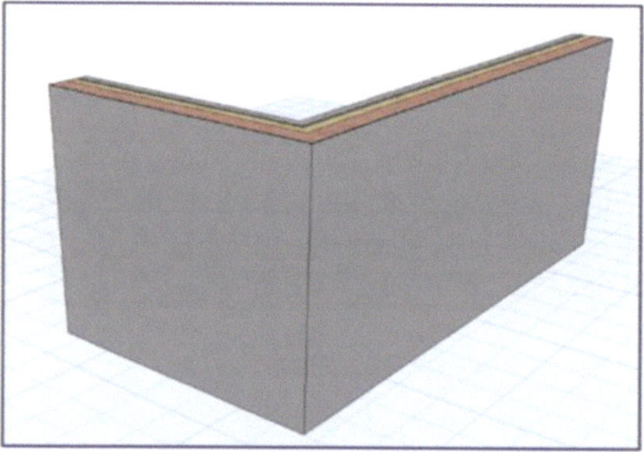

Abbildung 5-95 Die Elemente, die im Projekt erstellt werden, werden als Codes in IFC exportiert

In den einzelnen Kapiteln gibt es immer wieder Hinweise zur Reduktion der Datenmenge (z.B. zur Verwendung von Bildschraffuren). Die Fähigkeit ein Projekt trotz unterschiedlicher Anforderungen schlank zu halten, hilft an vielen Stellen. Gerade die Qualitätssicherung lässt sich mit schlankeren Projekten schneller durchführen, schon allein deshalb, weil sich das Modell in Echtzeit drehen lässt und keine Zeit durch Zwischenladen verbraucht wird. Große Modelle bedürfen deutlich mehr Rechenleistung. Zudem erleichtern schlanke IFC-Dateien die Zusammenarbeit mit den Fachplanern, denn die ***IFC-Dateien*** werden wiederum in deren Projekte, zum weiteren Bearbeiten, dazu geladen. Oftmals gibt es bezüglich der Größe der ***Fachmodelle*** sogar vertragliche Anforderungen.

5.12.1 Grundlagen der Datenentstehung

Wie bereits erwähnt werden alle Elemente in einer Programmiersprache, nach bestimmten Regeln, beschrieben. Dabei werden Rundungen über Segmente und jedes einzelne Segment separat beschrieben. So benötigen einfache gradkantige Formen (z.B. Quader) einen sehr kurzen Code, um beschrieben zu werden. Komplexe Rundungen (z.B. Schalen) benötigen hingegen einen sehr langen Code, der somit automatisch mehr Daten produziert.

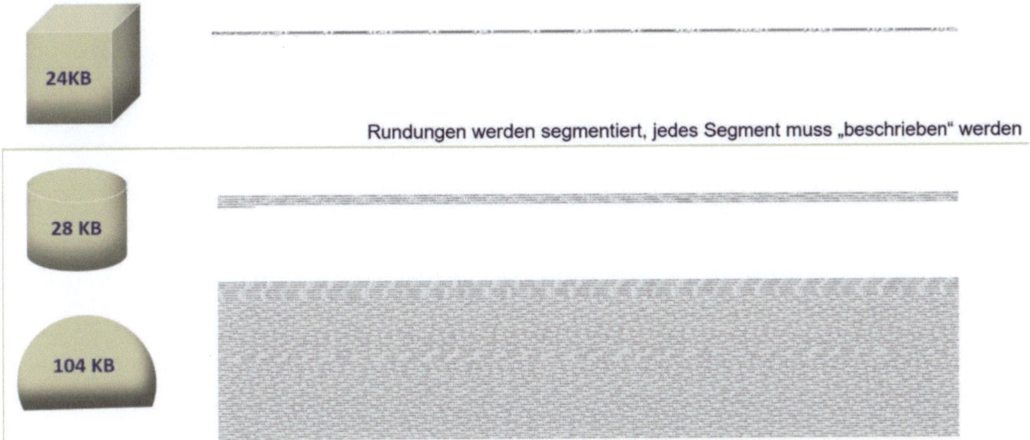

Abbildung 5-96 Wie Daten entstehen / Fischer

Die einzelnen Elemente eines Projektes sollten immer unter diesem Aspekt betrachtet werden. Es geht nicht darum, runde durch rechteckige Stützen zu ersetzen.

Bei der Entstehung der Datenmenge spielt die Häufigkeit der Verwendung eine zentrale Rolle. Dadurch, dass bei identischen Elementen jeweils ein Element detailliert beschrieben wird und die weiteren Elemente auf dieses referenziert werden steigt die Datenmenge nicht linear.

Große ***Datenmengen*** entstehen oft durch die Verwendung von Möblierungen. Diese weisen oft unterschiedliche Rundungen auf, die entsprechend große Datenmengen produzieren. Objekte von Produktherstellern sind dabei häufig noch detaillierter als die der Softwarehersteller.

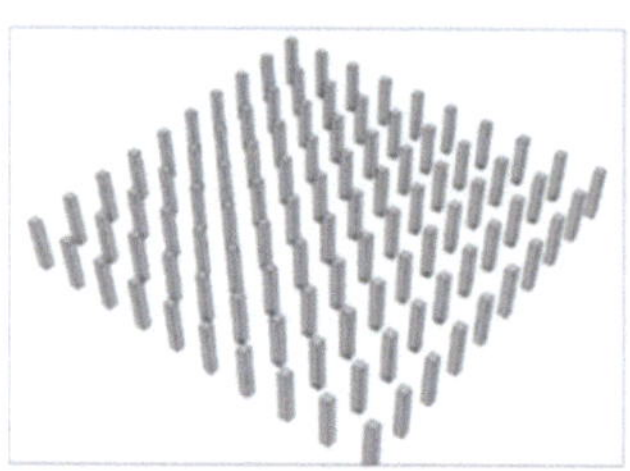

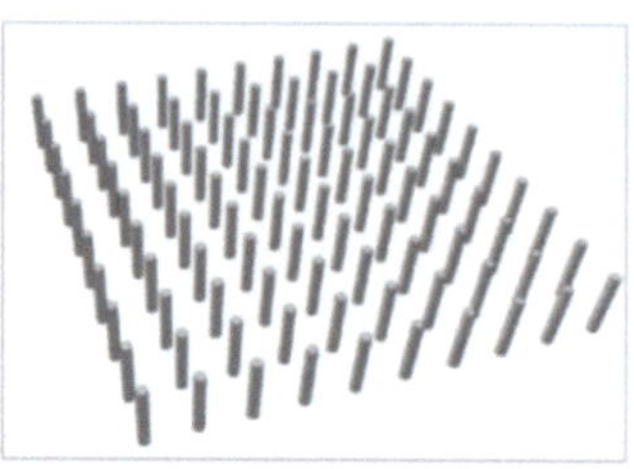

Anzahl	Form der Stütze	Dateigröße
100	viereckig	1,28 MB
100	rund	1,66 MB

Abbildung 5-97 Test zur Dateigröße / Fischer

Nicht nur die Geometrie eines Objektes erzeugt Daten. Alle in einer ***IFC-Datei*** exportierten ***Eigenschaften*** erzeugen Daten.

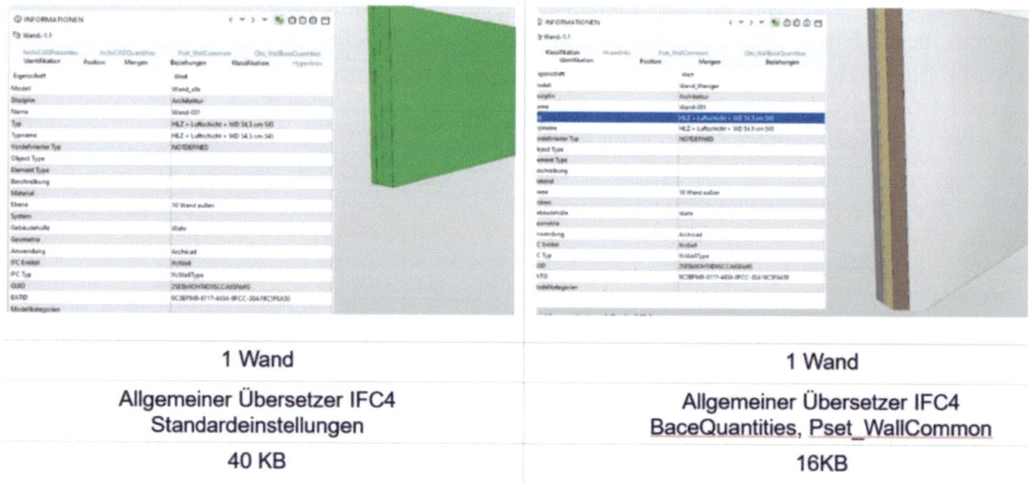

Abbildung 5-98 Eigenschaften verursachen Daten/ Solibri Anywhere

5.12.2 Lösungsansätze für schlanke Fachmodelle

Um die ***Fachmodelle*** so schlank wie möglich zu halten könnte man darüber nachdenken, die Elemente in Gruppen aufzuteilen und diese Gruppen zu priorisieren. Hierzu müssen bereits im Vorfeld Absprachen mit den Fachplanern und den Auftraggebern stattfinden.

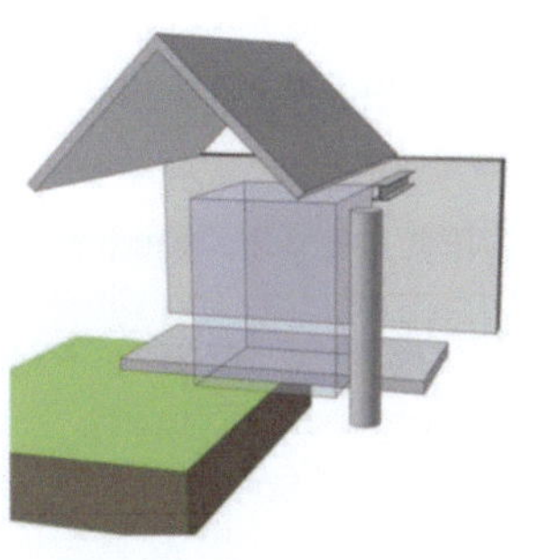

Abbildung 5-99 Priorisierung der Elemente

Bauelemente tragender Funktion, Freiflächen und Räume könnten dabei die Priorität 1 erhalten: Hier werden keine Kompromisse bei den Geometrien und Eigenschaften gemacht.

Bauelemente nicht tragender Funktion wie Treppen, Fenster, Türen oder Fassaden könnten dabei Priorität 2 erhalten: Hier kann genauer überprüft werden, wie detailliert z.B. Stufenausführungen modelliert sein müssen. Müssen alle Gummiprofile zu sehen sein und jede einzelne Kante einer Stufe abgerundet dargestellt werden? Diese Informationen können alternativ als ***Eigenschaft*** zur Verfügung gestellt werden.

Abbildung 5-100 Ersetzen der Geometrie durch Eigenschaften

Staffagen und Möblierungen könnten die Priorität 3 erhalten. Stellen Sie sich die Frage, ob ein Bürostuhl im IFC-Modell detailliert ausmodelliert werden muss, oder ob es ausreicht eine grobe Form, die lediglich die richtigen Abmessungen aufweist, zu erstellen. Diese werden dann als Möbel klassifiziert und mit der Element-ID „Bürostuhl" eindeutig benannt. Bei Bibliothekselementen ist es möglich, die Modellierung von einfach bis detailliert zu steuern (vgl. Abschnitt 3.5.18 Objekte und Abschnitt 4.1.3 Modelldarstellung).

Der Export der ***IFC***-Datei sollte im Vorfeld ebenso besprochen werden. Welche Fachplaner benötigen welche Informationen und welche Elemente. Möglicherweise sieht Ihr Export mehrere ***IFC***-Dateien für unterschiedliche Fachplaner und für den Auftraggeber vor. Z.B.

benötigt der Fassadenplaner die Geschossdecken, die Wände, die an die Fassaden anschließen, den Bodenaufbau und die Lage der abgehängten Decken, während ein HLS-Planer die Lage der Sanitäreinrichtungen oder der abgehängte Decken benötigt.

Nicht nur die Modellierung der Geometrien sollte besprochen werden, sondern auch die ***Eigenschaften***, die als ***Attribute*** exportiert werden sollen. Überwiegend sind diese bereits in den ***AIA*** festgelegt. Soweit es hierzu keine Vorgaben gibt, sollten diese unbedingt vor Projektbeginn definiert und dokumentiert werden. Sind die Vorgaben definiert, sollten die Export ***Übersetzer*** so modifiziert werden, dass nur diese festgelegten ***Eigenschaften*** exportiert werden.

Abbildung 5-101 Vereinfachte Darstellung der Möbel

6 IFC Export Übersetzer

Beim ***Sichern*** eines Modells als ***IFC***-Datei, erscheinen im Kommunikationsfenster neben dem Format und dem Dateinamen noch weitere Optionen, die speziell für dieses Format sind.

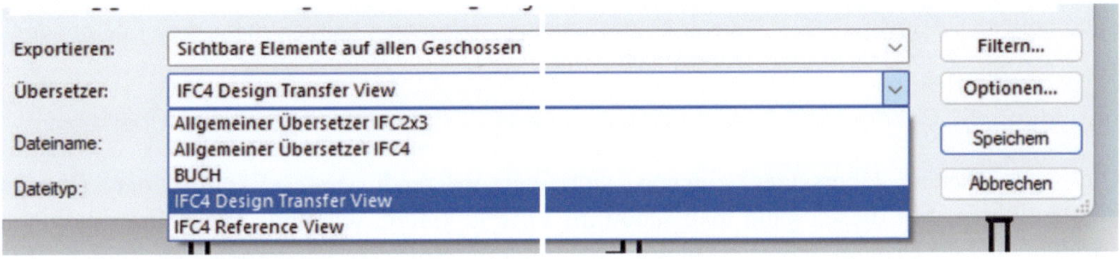

Abbildung 6-1 Optionen bei Sichern als...ifc

Es kann gewählt werden, welche Elemente exportiert werden sollen und es wird ein ***Übersetzer*** festgelegt. Einen ***Übersetzer*** kann man sich als eine Sammlung an ***Regeln*** vorstellen, die den Export eines bestimmten Formates steuert.

Grundsätzlich soll das ****.ifc*** Format von allen BIM-fähigen Softwares „verstanden“ werden. Leider funktioniert dies aktuell nicht immer zu 100 Prozent. Vor allem Elemente mit komplexeren Geometrien werden von unterschiedlichen Software-Systemen gelegentlich sehr frei interpretiert.

Aus diesem Grund kann der Export einer IFC-Datei für den Empfänger, dessen native Software bekannt ist, optimiert werden. Hierzu stehen mehrere ***Übersetzer*** zur Verfügung. Deren Namen entsprechen gleichzeitig der Software, für die der Export optimiert ist.

Falls die Software nicht bekannt ist, kann man den ***Allgemeinen Übersetzer***..., oder für eine sehr schlanke Datei den ***IFC DesignTransfereView*** verwenden. Dieser zweite Übersetzer exportiert nur die wesentlichen Informationen, so kann die Zusammenarbeit mit weiteren Beteiligten, zumindest im ersten Schritt, ohne lange Wartezeiten beim Dazuladen bzw. Exportieren anfangen. Es empfiehlt sich jedoch so bald wie möglich zu prüfen, ob und wie die Austauschdaten optimiert werden können.

K. Fischer und F. Fischer, *BIM mit Archicad®*,
https://doi.org/10.1007/978-3-658-49671-5_6

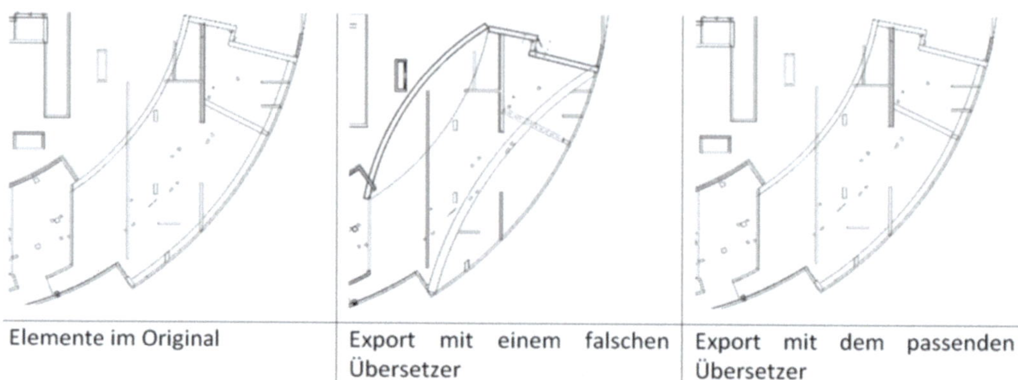

Elemente im Original	Export mit einem falschen Übersetzer	Export mit dem passenden Übersetzer

Abbildung 6-2 Gebogener Träger in original und exportiert mit unterschiedlichen Übersetzern

Die vorhandenen Übersetzer eigenen sich hervorragend, erste Exporte der Dateien durchzuführen. Mit diesen kann man schon im Vorfeld klären, wie und welche Informationen aus dem eigenen Projekt exportiert und in einer anderen Software wiedergegeben werden. Wie sind die Geometrien der Elemente, gibt es eine falsche Wiedergabe? Im weiteren Verlauf sollte man die Übersetzer jedoch für das jeweilige Projekt anpassen. Somit erstellt man einen eigenen Übersetzer.

Wie werden mehrschichtige Elemente exportiert? Welche Informationen und welche Achsen werden verwendet? In welchen Einheiten wird gearbeitet und wie werden IFC-Dateien zusammengefügt? Hier sollten Sie die vorhandenen Vorlagen projektbezogen nachjustieren.

Die vorhandenen Übersetzer sind vom Hersteller mit anderen Software-Herstellern abgesprochen und getestet, deswegen sollte man weder die Zusammensetzung des Übersetzers noch seine Umwandlungs-Voreinstellungen verändern, sondern eine eigene Kopie erstellen und nur diese modifizieren. So hat man immer, als Backup, einen Übersetzer, der funktioniert. Dieser erleichtert eine Fehlersuche im eigenen ***IFC-Übersetzer***.

Verwaltet werden alle Übersetzer innerhalb des ***IFC-Übersetzer***-Manager.

Ablage → Interoperabilität →IFC →IFC Übersetzer...

Das erscheinende Kommunikationsfenster entspricht dem Prinzip anderer Verwaltungs-Menüs und ist in zwei Bereiche unterteilt. Auf der linken Seite werden, in tabellarischer Form, alle ***Import-*** und ***Export-***Übersetzer aufgelistet.

Auf der rechten Seite des Kommunikationsfensters werden die Details zum ausgewählten Übersetzer dargestellt: Name, Beschreibung, Einstellungen.

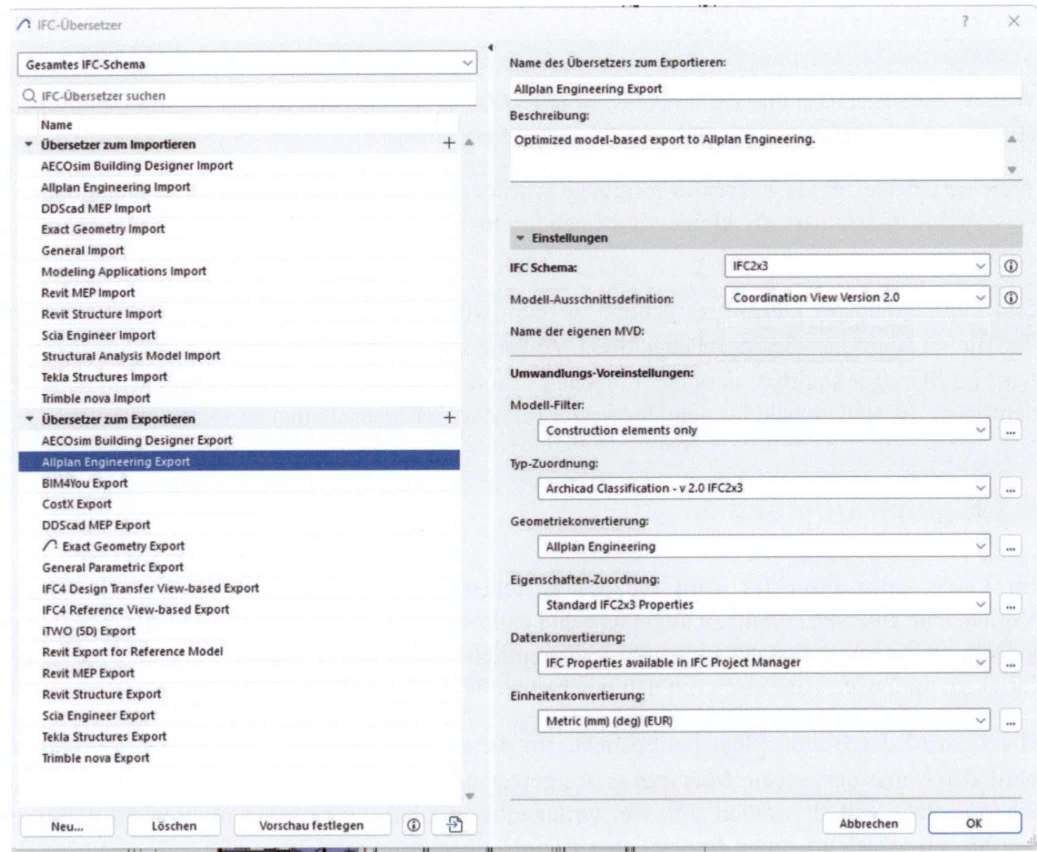

Abbildung 6-3 IFC-Übersetzer... Kommunikationsfenster

Unterhalb der Auflistung befinden sich mehrere Buttons zur Verwaltung der Übersetzer.

Mit dem Button Neu... kann ein neuer ***Übersetzer*** angelegt werden. Dabei besteht die Möglichkeit zwischen einem unabhängigen ***Übersetzer*** oder einem ***Übersetzer***, der auf Grundlage eines bereits vorhandenen aufgebaut wird, zu entscheiden.

Mit dem Button Löschen können die im Projekt vorhandenen ***Übersetzer*** entfernt werden. Hierdurch lässt sich die Liste übersichtlicher halten. Gelöschten ***Standard-Übersetzer*** können nachträglich wieder aus einer anderen Datei importiert werden.

Mit dem Button Vorschau festlegen wird definiert, welche Eigenschaften der Elemente im ***IFC-Manager*** und in den Grundeinstellungs-Fenstern der Elemente zu sehen sind (vgl. Abschnitt 6.1 Übersetzer als Vorschau).

Mit dem Button Übersetzer aus einer externen Datei importieren... können entweder gelöschte ***Übersetzer*** wiederhergestellt, oder eigene ***Übersetzer*** aus anderen Projekten dazu geladen werden (vgl. Abschnitt 9.19 Beispiel: Einen Übersetzer aus einer externen Datei importieren).

6.1 Übersetzer als Vorschau

Welche Eigenschaften eines Elementes im ***IFC-Manager*** angezeigt werden, hängt unmittelbar mit dem als ***Vorschau*** ausgewählten ***Übersetzer*** zusammen.

Welcher Übersetzer als ***Vorschau*** festgelegt wurde, wird im IFC-Übersetzer-Manager sichtbar. Das Archicad-Logo ist als kleines Icon neben einem der Namen der ***Export-Übersetzers*** zu sehen.

Soll nun ein anderer ***Übersetzer*** genutzt werden, wird sein Name in der Auflistung und dann der Button Vorschau festlegen angeklickt. Anhand des Positionswechsels des Archicad-Icons wird im Manager sichtbar, dass die Vorschau geändert wurde. Im ***IFC-Manager*** wird es noch deutlicher. Es sind nur die für den Übersetzer relevanten Eigenschaften zu sehen.

6.2 Eigener Übersetzer

Im Laufe eines Projektes wird oft das Erstellen eines eigenen ***Übersetzers*** notwendig. Vorhandene ***Übersetzer*** sind zu allgemein und exportieren möglicherweise nicht alle von Ihnen geforderte Eigenschaften der Elemente. Gelegentlich ergibt es Sinn, mehrere eigene ***Übersetzer*** für einen optimalen Austausch mit den unterschiedlichen Fachplanern zu erstellen.

Hierzu wird der Button Neu... angeklickt. Im darauf erscheinenden Kommunikationsfenster wird der Name des neuen ***Übersetzers*** festgelegt und ob dieser neu aufgebaut oder anhand einer Vorlage erstellt werden soll. Bei vorlagenlosen Übersetzern muss im Vorfeld definiert werden, ob es sich um einen ***Import-*** oder ***Export-Übersetzer*** handelt.

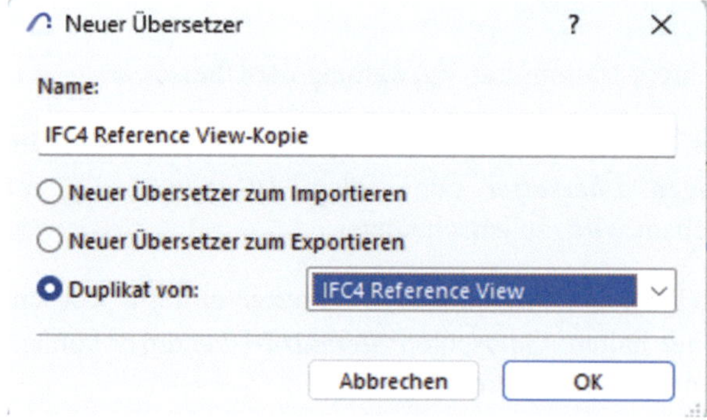

Abbildung 6-4 Neuer Übersetzer

Achten Sie bei der Bezeichnung der ***Übersetzer*** auf aussagekräftige, eindeutige Namen. Möglicherweise gibt es eine interne Bürostruktur, die Regeln zur Benennung beinhaltet.

Mit dem Bestätigen des Namens mit OK wird das Kommunikationsfenster geschlossen und der neue ***Übersetzer*** ist wird erstellt. Um diesen gemäß den Anforderungen zu modifizieren, wird der Name in der Auswahlliste angeklickt. Auf der rechten Seite des Managers erscheinen die Einstellungen des neuen ***Übersetzers***, deren Auswirkungen in den weiteren Kapiteln genauer erklärt werden.

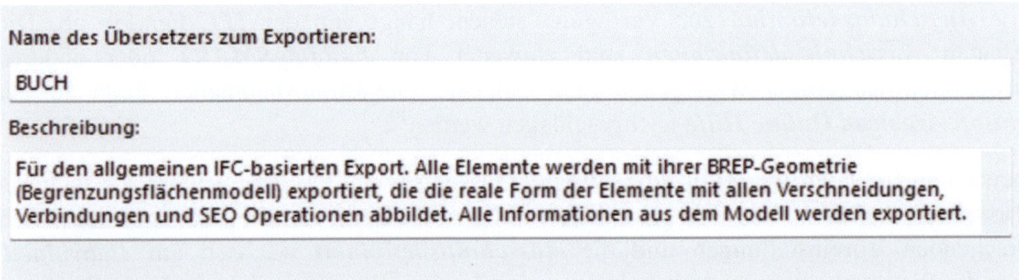

Abbildung 6-5 Name und Beschreibung

Der Name des ***Übersetzers*** in der obersten Zeile kann bearbeitet werden. Die Änderung des Namens wird in der Auflistung der ***Übersetzer*** übernommen.

Das Beschreibung-Fenster bietet die Möglichkeit Notizen zum ***Übersetzer*** zu erstellen. Für welche Zwecke wurde der Übersetzer erstellt? Welche Einstellungen weichen vom Standard-Übersetzer ab? Nach welchem Gesichtspunkt findet der Export statt? Werden die komplexen Elemente in Einzelteile zerlegt?

6.3 IFC-Schema

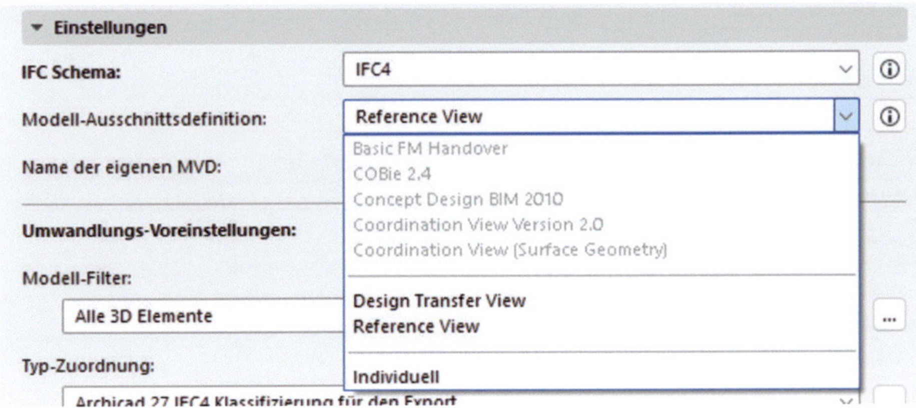

Abbildung 6-6 IFC-Schema

Als erstes wird das ***IFC-Schema*** festgelegt. In den meisten Fällen ist die IFC-Version bereits in den Anforderungen des Auftraggebers festgelegt. Sollte dies noch nicht der Fall sein muss dieses unbedingt geklärt werden. Alle Beteiligten müssen mit derselben ***IFC-Version*** arbeiten.

In der ***Modell-Ausschnittsdefinition*** werden unterschiedliche Einstellungen zu den Elementen und Daten, die im ***IFC-Modell*** enthalten sein sollen, festgelegt. Hier werden unterschiedliche vordefinierte Anforderungen, die bereits vorhanden sind (z.B. durch große Unternehmen festgelegt) unter den ***MVD*** zusammengefasst. Die Anforderungen betreffen den ***IFC-Export*** und können ***Klassifizierungen***, ***Attribute***, ***Beziehungen***, usw. enthalten.

Welche ***Ausschnittsdefinition*** zur Verfügung stehen, hängt von der ***IFC-Version*** ab. Die hinterlegten ***Ausschnittsdefinitionen*** sind entweder von ***buildingSMART*** oder anderen Organisationen festgelegt. Was genau jede einzelne Definition beinhaltet, kann in der ***Graphisoft Archicad Online Hilfe*** nachgeschlagen werden[10].

Die gewählten ***Umwandlungs-Voreinstellungen*** müssen sowohl mit dem Schema als auch mit der ***Ausschnittsdefinition*** konform sein, anderenfalls erscheinen Warndreieck-Icons neben den entsprechenden Voreinstellungen und die ***Ausschnittsdefinition*** wechselt auf ***Individuell***. Solange die Warnmeldungen nicht behoben werden, ist der ***Übersetzer*** nicht funktionsfähig.

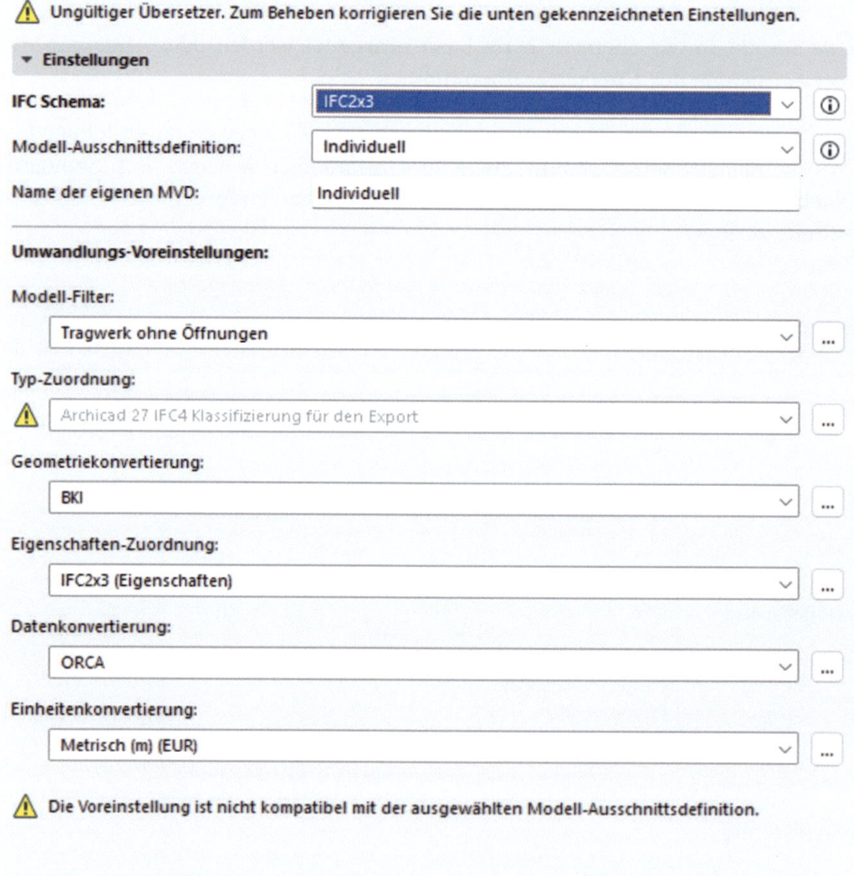

Abbildung 6-7 Widerspruch zwischen Schema und Voreinstellungen

---

[10] Vgl. https://help.graphisoft.com/AC/27/GER/index.htm?rhcsh=1&rhnewwnd=0#t=_AC27_Help%2F121_IFC%2F121_IFC-47.htm%23XREF_50000_Model_View (Stand 04.07.2025)

6.4 Umwandlungs-Voreinstellungen

Die ***Umwandlungs-Voreinstellungen*** beinhalten die Regeln für den Export und sind nach Kategorien thematisch zusammengefasst.

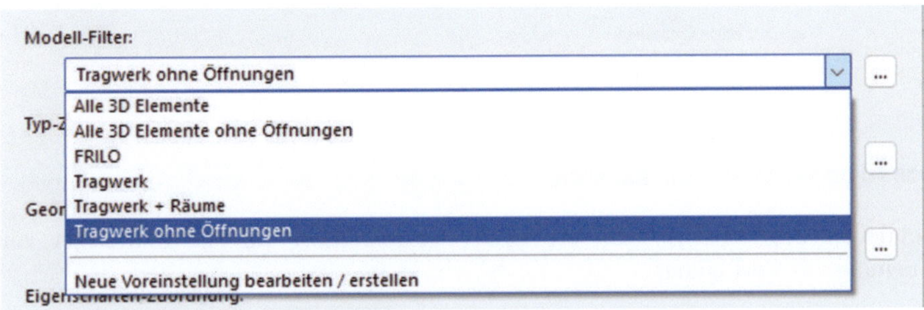

Abbildung 6-8 Auswahl innerhalb einer Voreinstellung

Grundsätzlich ist bei jeder Kategorie bereits eine ***Voreinstellung*** voreingestellt. Rechts neben dem Namen der ***Voreinstellung*** befindet sich ein Pfeil, hinter dem sich ein Pull-Down-Menü mit allen aktuell verfügbaren ***Voreinstellungen*** für diese Kategorie befindet. Soll eine neue ***Voreinstellung*** erstellt werden, wird der Button ... angeklickt. Daraufhin öffnet sich ein Kommunikationsfenster zum Manager der jeweiligen Voreinstellung. Hier können die ***Voreinstellungen*** bearbeitet, neu erstellt, gelöscht oder aus einer anderen Datei importiert werden.

Alle Kommunikationsfenster dieser ***Voreinstellungs***-Manager sind nach einem ähnlichen Prinzip aufgebaut: im oberen Bereich sind alle vorhandenen ***Voreinstellungen*** aufgelistet.

Abbildung 6-9 Auflistung der Voreinstellungen

Die softwareseitig vorhandenen Voreinstellungen sollten nicht geändert werden. Die eigenen Voreinstellungen werden mit dem Button Neu... erstellt. Im erscheinenden Kommunikationsfenster wird der Name der ***Voreinstellung*** eingegeben und festgelegt, welche der vorhandenen ***Voreinstellungen*** als Vorlage dient, oder ob eine komplett neue ***Voreinstellung*** erstellt wird.

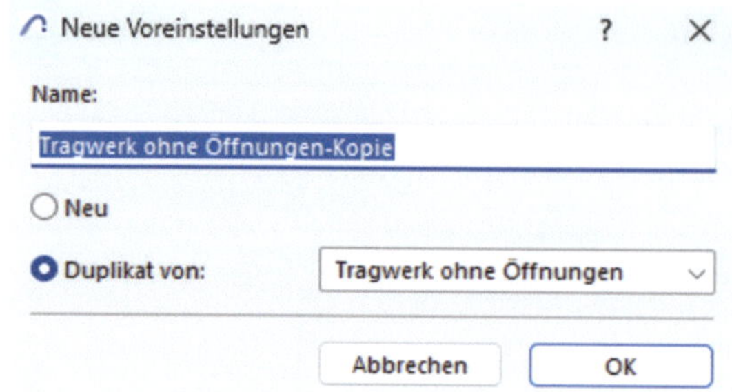

Abbildung 6-10 Neue Voreinstellung erstellen

Nach dem Schließen des Fensters steht die neue ***Voreinstellung*** im Auswahlfenster zur weiteren Bearbeitung zur Verfügung.

Die vorhandenen ***Voreinstellungen*** können durch Anklicken des gleichnamigen Buttons nachträglich umbenannt oder gelöscht werden. Eine, in einem anderen Projekt vorhandene, ***Voreinstellung*** kann importiert werden (vgl. Abschnitt 9.19 Beispiel: Einen Übersetzer aus einer externen Datei importieren).

Mit OK wird das Kommunikationsfenster geschlossen und alle vorgenommenen Änderungen gespeichert.

Im nächsten Schritt muss die neue ***Voreinstellung*** dem ***Übersetzer*** zugeordnet werden. Hierzu wird erneut das Pull-Down-Menü neben der Kategorie geöffnet. Die neue ***Voreinstellung*** ist in der Auswahl aufgelistet und wird durch Anklicken des Namens ausgewählt.

Im Kommunikationsfenster des ***Voreinstellungs***-Managers so befindet sich, unterhalb des Auflistungs- und Verwaltungs-Fensters, der Bereich, in dem Einstellungen für die jeweilige ***Umwandlung-Voreinstellung*** bearbeitet werden können. Dieser Bereich ist für jede Kategorie individuell und wird in den entsprechenden Unterkapiteln beschrieben.

Weiter unten im Kommunikationsfenster befindet sich der Bereich ***Kompatibilität***. Hier sind alle vorhandenen ***Export-Übersetzer*** aufgelistet. Während Änderungen an den ***Voreinstellungen*** vorgenommen werden, wird von der Software anhand der ***Modell-Ausschnittsdefinition*** geprüft, für welchen der vorhandenen ***Übersetzer*** die aktuelle ***Voreinstellung*** geeignet ist. Ungeeigneten Übersetzer werden mit einem Warndreieck-Icon gekennzeichnet. Eine ***Voreinstellung*** ist, bis auf die ***Einheitenkonvertierung***, selten für alle Übersetzer geeignet.

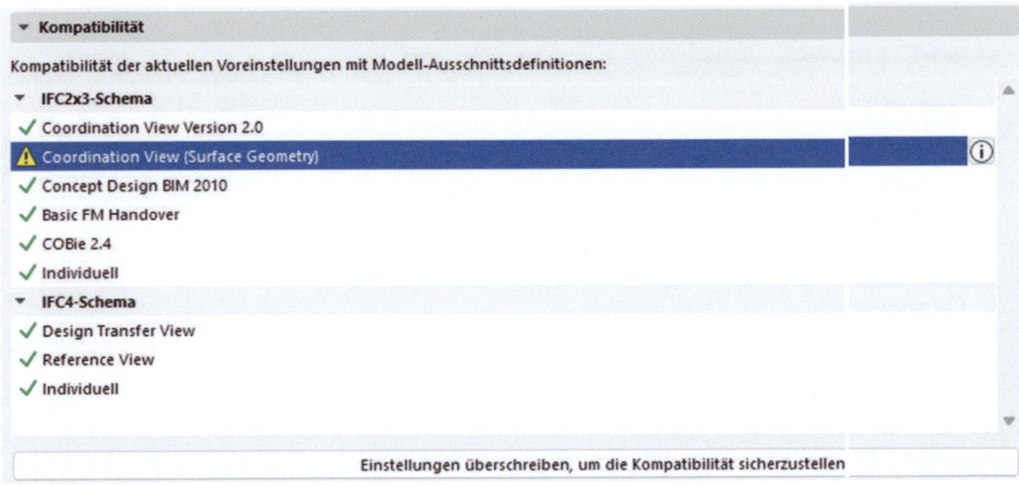

Abbildung 6-11 Kompatibilität

Falls die ***Voreinstellung*** für einen ***Übersetzer*** erstellt wurde, der ein Warndreieck-Icon anzeigt, können die Einstellungen der neuen Voreinstellung mit dem Buttons Einstellungen überschreiben, um die Kompatibilität sicherzustellen geändert werden. Dies ist eine schnelle Methode widersprüchlichen Einstellungen zu ändern. Es empfiehlt sich jedoch, sich die Zeit zu nehmen und manuell den Grund für die Fehlermeldung zu suchen.

Im untersten Bereich werden die ***Zugehörigen Übersetzer*** aufgelistet. Bei einer neuen ***Voreinstellung*** ist dieser Bereich noch leer.

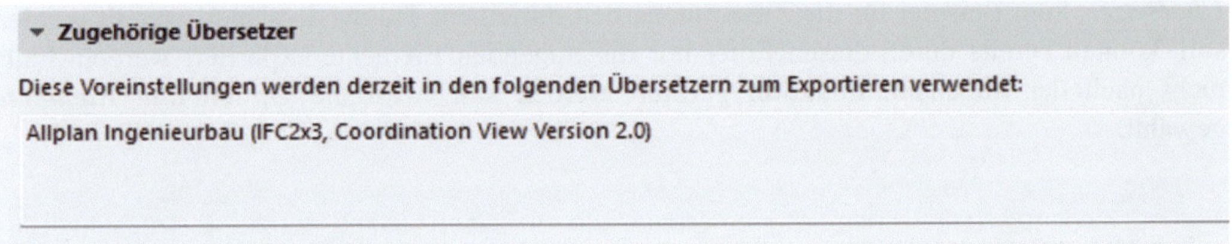

Abbildung 6-12 Zugehörige Übersetzer

6.4.1 Modell-Filter

In dieser Kategorie wird festgelegt, welche Elemente in das *IFC*-Modell exportiert werden. Dabei können die Elemente nach verschiedenen ***Eigenschaften*** gefiltert werden.

Einstellungen
3D-Elemente zum Exportieren auswählen
Nach tragender Funktion: Alle Elemente
Nach IFC-Domain: Tragwerk
IfcElement
IfcBuildingElement
IfcCivilElement
IfcDistributionElement
IfcElementAssembly
IfcElementComponent
IfcFeatureElement
IfcFeatureElementAddition
IfcFeatureElementSubtraction
IfcOpeningElement
IfcVoidingFeature
IfcSurfaceFeature
2D-Elemente zum Exportieren auswählen
Rastersystem und Elemente
Linien, Texte, Etiketten, Schraffuren
Tür / Fenster 2D-Ansichten
Kompatibilität

Abbildung 6-13 Kommunikationsfenster Modell-Filter

Die erste ***Eigenschaft***, nach der gefiltert werden kann, ist die ***Tragende Funktion***. Wenn der ***Übersetzer***, zum Beispiel für die Zusammenarbeit mit einem Tragwerksplaner, erstellt werden soll, können bereits durch diesen Filter nur die tragenden Elemente exportiert werden. Falls nicht nach der tragenden Funktion gefiltert werden soll, wird die Option ***alle Elemente*** gewählt.

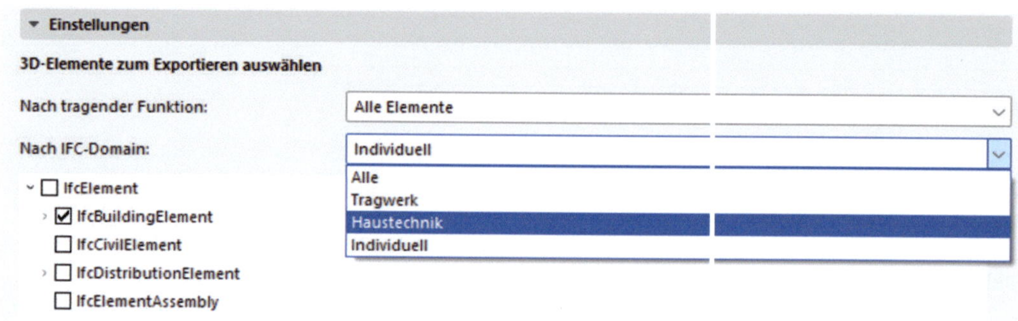

Abbildung 6-14 Filtern nach IFC-Domain

Die Auswahl nach ***IFC-Domain*** ist eine weitere Voreinstellung, die die Auswahl der Elemente auf eine bestimmte Fachplanung einschränkt. Die Auswahl findet nach der ***Klassifizierung*** der Elemente statt. Elemente mit welcher Klassifizierung vom Export ausgeschlossen werden, kann direkt im IFC-Klassifizierungsdiagramm verfolgt werden. Bei der Auswahl ***Alle*** werden beim Export alle ***Klassifizierungen*** berücksichtigt.

Neben den vordefinierten Filtern können eigene Ergänzungen vorgenommen werden, indem die Häkchen links neben dem Klassifizierungsnamen ein oder ausgeschaltet werden. Nach der ersten Abweichung von der Vorlage-Domain verändert sich der Name des Filters in ***Individuell***.

Neben den 3D-Elementen können auch bestimmte 2D-Elemente exportiert werden. Unterhalb des Klassifizierungs-Diagramms befinden sich drei Auswahlkästchen mit den entsprechenden Exportmöglichkeiten.

Es ist zu überdenken, ob es sinnvoll ist, 2D-Elemente zu exportieren. Sicherlich ergeben z.B. die ***Achsen*** eines Projekts Sinn. Ob Schraffuren, Linien und Texte oder Türöffnungslinien genauso importiert werden, wie Sie sie exportiert haben, hängt auch von der CAD der Fachplaner ab. Vielfach lassen sich die Informationen der 3D-Elemente mit Hilfe von ***Etiketten*** wiedergeben.

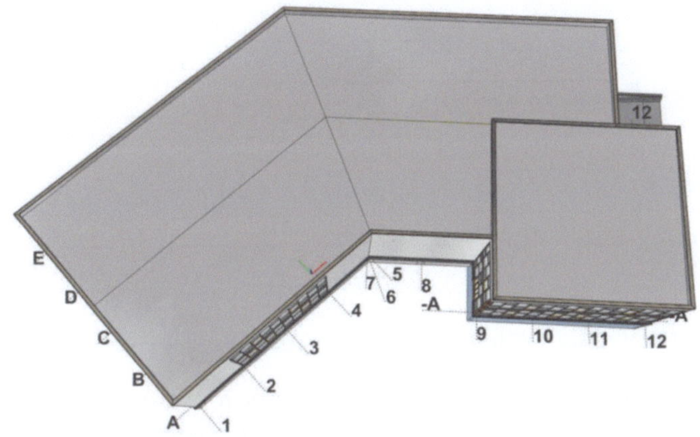

Abbildung 6-15 Export der Achsen/BIMvision

Im Bereich Best Praxis finden Sie ein Beispiel zum Export und Re-Importe von 2D-Elemente (Abschnitt 9.20 Beispiel: Export 2D-Elemente).

6.4.2 Typ-Zuordnung

Bei der ***Typ-Zuordnung*** können die IFC-Typen und deren Details für Elemente und Baustoffe festgelegt werden. Ein Beispiele zur Bearbeitung dieser Voreinstellung ist die Klassifizierung der Baustoffe für den Export komplexer Elemente (vgl. Abschnitt 9.21 Beispiel: Klassifizierung der Baustoffe für den Export mehrschichtiger Elemente).

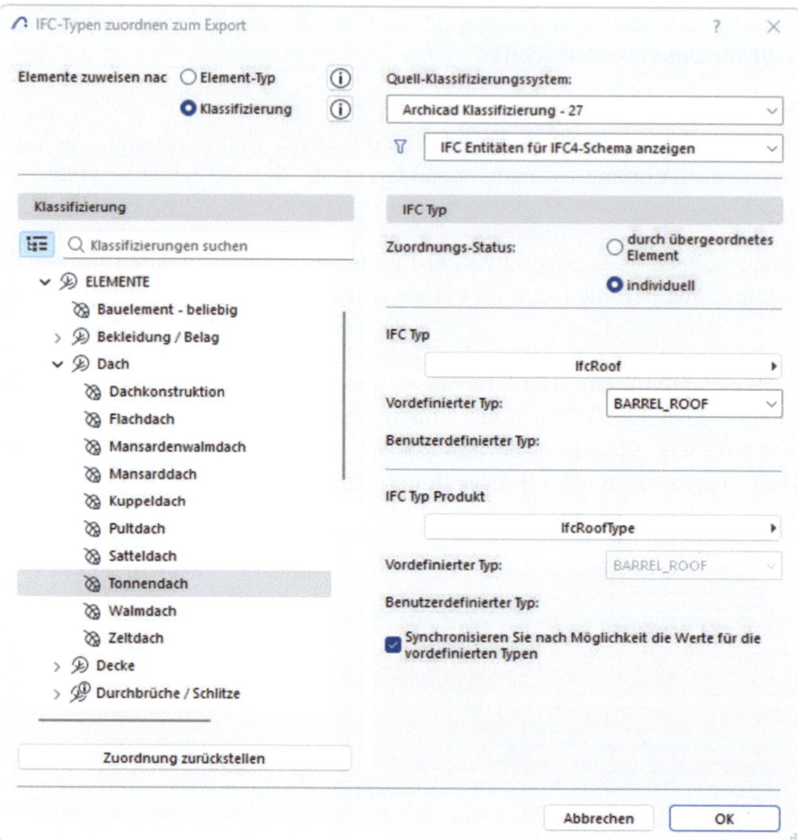

Abbildung 6-16 Kommunikationsfenster der Typ-Zuordnung

Die Elemente können auf zwei unterschiedliche Arten zugewiesen werden. Wird die Zuweisung nach ***Element-Typ*** gewählt, ist keine weitere Bearbeitung notwendig und das Kommunikationsfenster verfärbt sich grau. Dabei werden die Elemente nach einer vom Hersteller festgelegten Regel gemäß dem Werkzeug zugewiesen. Die Regeln können in der ***Archicad Online Hilfe*** angesehen werden[11].

Eine zweite Möglichkeit der Zuordnung der ***IFC Typen*** ist ein festgelegter Klassifizierungsstandard. Diese Variante ermöglicht es den Export der ***Typen*** genauer und flexibler zu steuern. Manchmal ist es notwendig, Elemente mit Werkzeugen zu modellieren, die auf den ersten Blick nicht dafür gedacht sind (z.B. Möbelmodellierung mit dem Deckenwerkzeug).

---

[11] Vgl. https://help.graphisoft.com/AC/27/GER/index.htm?rhcsh=1&rhnewwnd=0#t=_AC27_Help%2F121_IFC%2F121_IFC-51.htm%23CSH_1523 (Stand 04.07.2025)

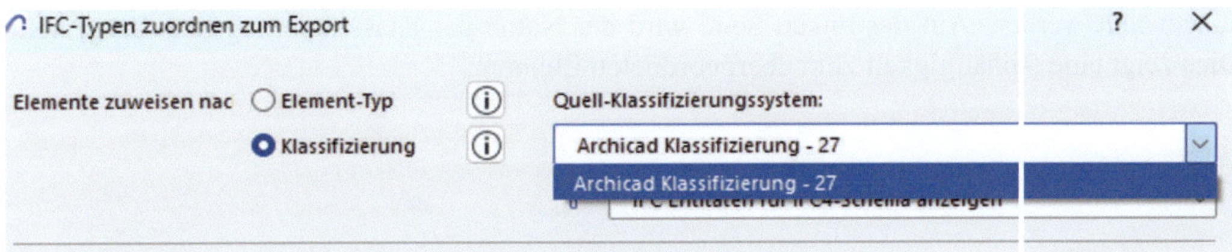

Abbildung 6-17 Auswahl der Klassifizierungsgrundlagen

Neben dem Button ***Klassifizierung*** befindet sich ein Auswahlfenster mit einer Pull-Down Funktion. Solange im Projekt nur eine ***Klassifizierungsvorlage*** hinterlegt ist, gibt es hier keine Auswahl. Sind zwei oder mehrere ***Klassifizierungsvorlagen*** vorhanden (vgl. Abschnitt 4.3.3 Klassifizierungs-Manager), wird an dieser Stelle festgelegt, welche der ***Klassifizierungsvorlagen*** für die ***Umwandlungs-Voreinstellung*** wirksam wird.

Unter dem Filter-Icon können die ***IFC-Entitäten***, gemäß der IFC-Version, die verwendet wird, ausgewählt werden.

Bei der Zuordnung werden ***Klassifizierungen*** aus dem ***Klassifizierungsbaum*** auf der linken Seite ausgewählt und auf der rechten Seite angepasst.

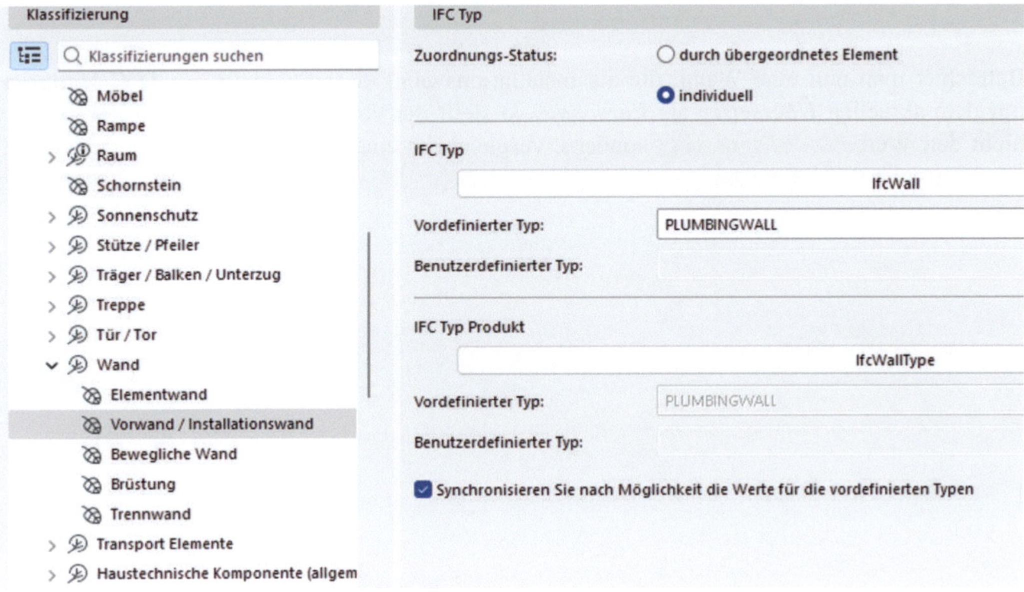

Abbildung 6-18 Zuordnung eines Elementes

Beim ***Zuordnungs-Status*** stehen zwei Möglichkeiten zur Auswahl. Wird eine ***Klassifizierung*** durch ein übergeordnetes Element zugeordnet, werden alle Einstellungen zu dem ***IFC-Typ*** aus dem im IFC-Klassifizierungsbaum übergeordnetem Element übernommen. Z.B. wird eine Wand einer Installationswand übergeordnet. Wählt man diese Möglichkeit aus, werden alle Einstellungsmöglichkeiten auf der rechten Seite ausgegraut dargestellt und können nicht mehr ausgewählt werden. Auf der linken Seite wird der Name der Klassifizierung blau dargestellt. Dies zeigt eine Abhängigkeit zum übergeordneten Element.

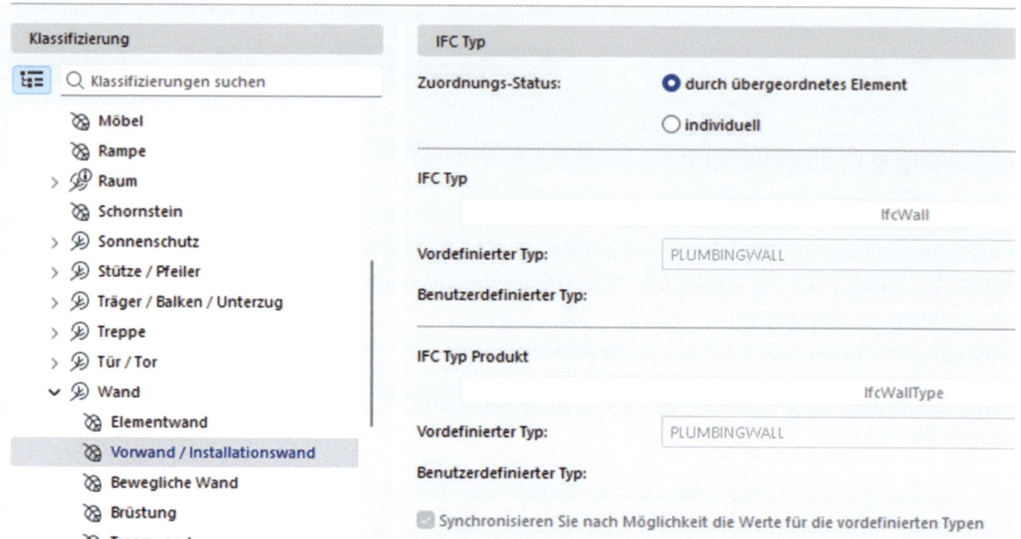

Abbildung 6-19 Veränderung der Darstellung

Betrachtet man nun eine Wand, die als Installationswand klassifiziert ist, im ***IFC-Manager***, mit dem aktuellen ***Übersetzer*** als ***Vorschau***, so stellt der vordefinierte Typ (*PredefinedType*) nicht den Wert *PLMBINGWALL*, sondern, vergleichbar einer nicht weiter definierten Wand, den Wert *NOTDEFINED* dar.

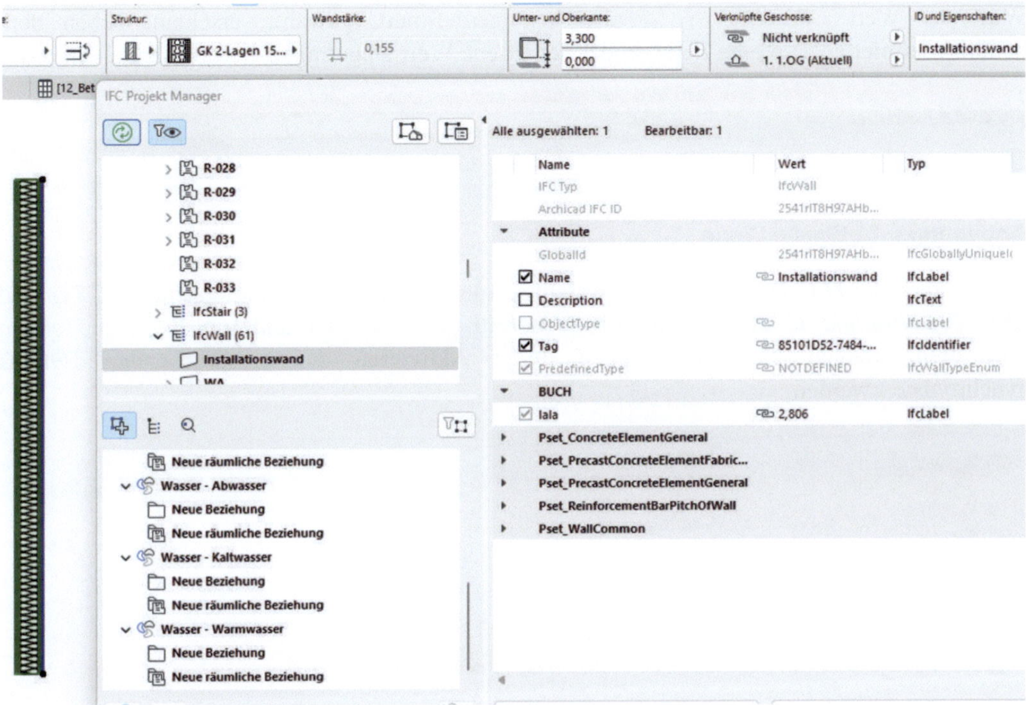

Abbildung 6-20 Auswirkung des Zuordnungs-Status

Der zweite ***Zuordnungs-Status***, ***Individuell***, bietet mehr Möglichkeiten, gezielte Vorgaben für den ***IFC Typ*** einzustellen.

Je nach gewähltem ***IFC Typ*** und der ***Klassifizierungsvorlage*** können im Pull-Down-Menü unterschiedliche Werte für den vordefinierten Typ gewählt werden.

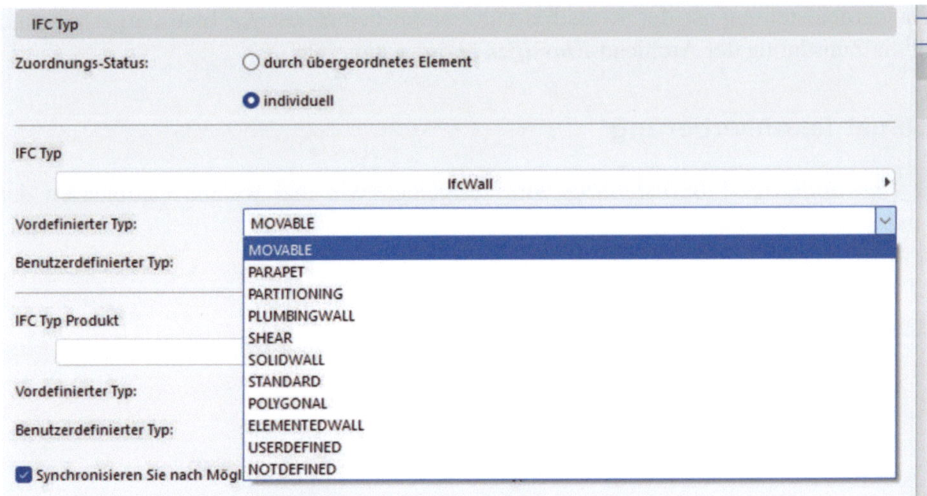

Abbildung 6-21 Werte der vordefinierten Typ in Abhängigkeit des IFC Type

Wird der Wert *USERDEFINED*, also benutzerdefiniert, gewählt, erscheint neben dem benutzerdefinierten Typ eine Zeile, in der der eigene Wert eingetragen werden kann.

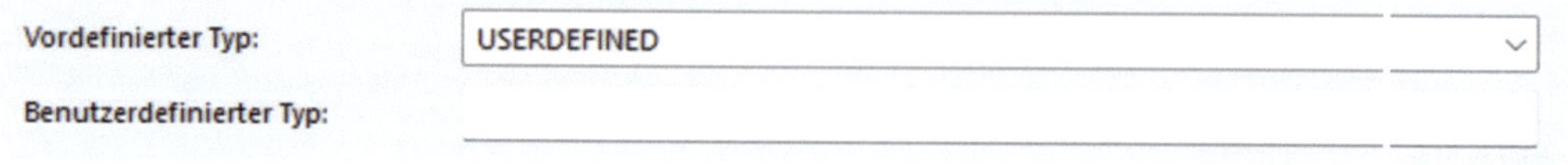

Abbildung 6-22 Eigene Werte

Zudem kann der ***IFC Typ Produkt*** eingestellt werden. In den meisten Fällen sind ***IFC Typ*** und ***IFC Typ Produkt*** identisch. Um diesen Schritt zu verkürzen und um Fehlerquellen zu reduzieren, können die Einstellungen durch Aktivieren des entsprechenden Befehls synchronisiert werden.

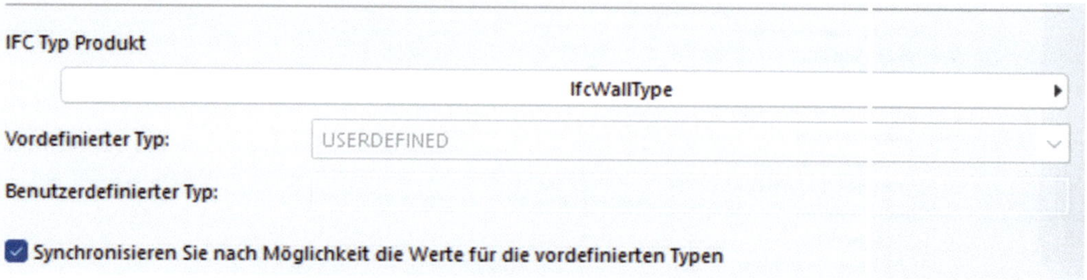

Abbildung 6-23 Synchronisieren der Einstellungen

Änderungen an den Voreinstellungen des ***Übersetzers*** ergeben möglicherweise dann Sinn, wenn, mit Hilfe der Baustoffe einzelne Schichten komplexer Elemente mit einer richtigen Zuordnung – zum Beispiel Styropor in der Wand als Dämmung – exportiert werden sollen (vgl. Abschnitt 9.21 Beispiel: Klassifizierung der Baustoffe für den Export mehrschichtiger Elemente).

Bei der Standardeinstellung ist der Klassifizierungsbaum der ***Baustoffe*** blau dargestellt und wird durch die Zuordnung der Archicad ***Klassifizierung*** gesteuert.

6.4.3 Geometriekonvertierung

Bei dieser ***Umwandlungs-Voreinstellung*** wird festgelegt, wie und welche Geometrien der Elemente exportiert werden.

▾ Einstellungen	
Umwandlung von Archicad-Elementen	
Nur Geometrien exportieren, die "An Kollisionsüberprüfungen teilnehmen"	☑
Geometrie der IFC-Typ-Produkte exportieren	☐
Brutto-Geometrie der Elemente exportieren	☐
Gesamte Modellelement-Geometrie exportieren als:	Parametrisch mit Ausnahmen
Elemente in Solid Element Operationen	Extrudiert/rotiert
Elemente mit Verbindungen	Extrudiert/rotiert ohne Verbindungen
IFC-Modellposition definieren durch:	Vermessungspunkt und Projektursprung
Hierarchische Archicad-Elemente	
Fassade	Umwandeln in ein einzelnes Element
Treppen	Umwandeln in ein einzelnes Element
Geländer	Umwandeln in ein einzelnes Element
Exportoptionen zum IFC-Schema	
Baustoffbewahrungs-Modus (nur IFC2x3)	Nicht relevant
Mehrschichtige Bauteile und komplexe Profile	
Komplexe Bauteile in einzelne Elemente zerlegen	☑
› ☑ IfcBuildingElement	

Abbildung 6-24 Einstellungen der Geometriekonvertierung

Die erste Einstellung bezieht sich auf die ***Baustoffe*** der Elemente. Bei der Definition der ***Baustoffe*** wird festgelegt, ob diese bei Kollisionsprüfungen berücksichtigt werden (vgl. Abschnitt 5.8.1 Kollisionserkennung...).

ID	Putz	
Hersteller		
Beschreibung		
Bei Kollisionsprüfungen berücksichtigen		☑
▾ **Baustoff-Eigenschaften**		
Putz - Mörtelgruppe	MG I	
Putz - Oberfläche	Stucco Lustro	

Abbildung 6-25 Einstellung der Baustoffe

Manchmal wird von den Auftraggebern ein bestimmter Standard gefordert, bei dem neben den Elementen auch ihre ***IFC-Typ-Produkte*** exportiert werden müssen. Die meisten ***Modell-Ausschnittsdefinitionen*** unterstützen diese Einstellung nicht. Sollte diese Einstellung gewählt werden, erscheint eine Fehlermeldung, mit dem Hinweis, dass einer oder mehrere vorhandene Übersetzer ungültig werden.

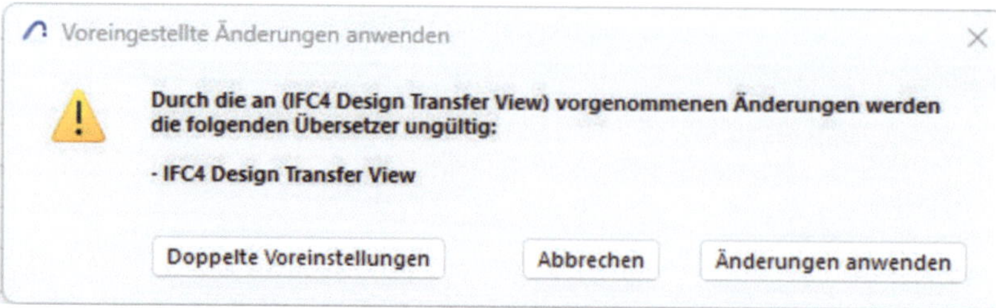

Abbildung 6-26 Fehlermeldung

Wird der Übersetzer ***IFC-Typ-Produkte*** benötigt, kann bei Export ***IFC2X3*** die Ausschnittdefinition ***Concept Design BIM 2010*** und bei ***IFC4*** eine individuelle Ausschnittdefinition gewählt werden.

6.4.4 Brutto-Geometrie der Elemente exportieren

Die Einstellung ***Brutto-Geometrie der Elemente exportieren*** steuert, wie die Maße der Elemente exportiert werden. Diese Einstellung ist vor allem dann sehr wichtig, wenn die Maße für weitere Kalkulationen aus der ***IFC-Datei*** entnommen werden. Im Bereich Best Praxis finden Sie ein Beispiel für eine Wand und die Auswirkung dieser Einstellung auf die exportierten Daten.

Gesamte Modellelement-Geometrie exportieren als:	BREP	✓ BREP
Elemente in Solid Element Operationen	BREP	Parametrisch (Extrudiert/rotiert)
Elemente mit Verbindungen	BREP	Parametrisch mit Ausnahmen

Abbildung 6-27 Einstellung der gesamten Modell-Geometrie

Bei der Einstellung des Exportes der ***Gesamten Modellelement-Geometrie*** wird festgelegt, wie die geometrischen Körper interpretiert werden. Zur Verfügung stehen drei Möglichkeiten: ***BREP***, ***Parametrisch (Extrudiert/rotiert)*** und ***Parametrisch mit Ausnahmen***. Welche der Optionen gewählt wird, hängt unmittelbar damit zusammen, wofür die IFC-Daten weiterverwendet werden. Manche Software benötigt die parametrische Lösung, während man beim Zusammenarbeiten in CAD häufiger den ***BREP***-Export verwendet. ***BREP*** ist die Abkürzung für ***Boundary Representation*** und beinhaltet eine Vorgabe zur Beschreibung von Flächen. Die BREP-Methode ist genauerer als die parametrische. Dies zeigt sich jedoch erst bei sehr komplexen Elementen oder ihren Verbindungen (z.B. bei abgeschrägten Kanten einer Decke). Der Hersteller empfiehlt die ***BREP*** Methode bei Zusammenarbeit, wenn die ***IFC***-Dateien als Referenzen in der CAD genutzt werden sollen.

Wählt man die Option ***Parametrisch mit Ausnahmen***, kann der Export der Elemente etwas detaillierter gesteuert werden. Dabei kann die Methode für Ergebnisse der Solid-Befehle und für die Elemente mit Verbindungen separat gesteuert werden.

Beim ***IFC-Export*** spielt die Wahl des Einfügepunktes eine wesentliche Rolle. ***Vermessungspunkt*** oder ***Projektursprung***? Oder muss die IFC-Datei beide Informationen beinhalten, um, je nach Bedarf, mit dem einen oder anderen importiert zu werden?

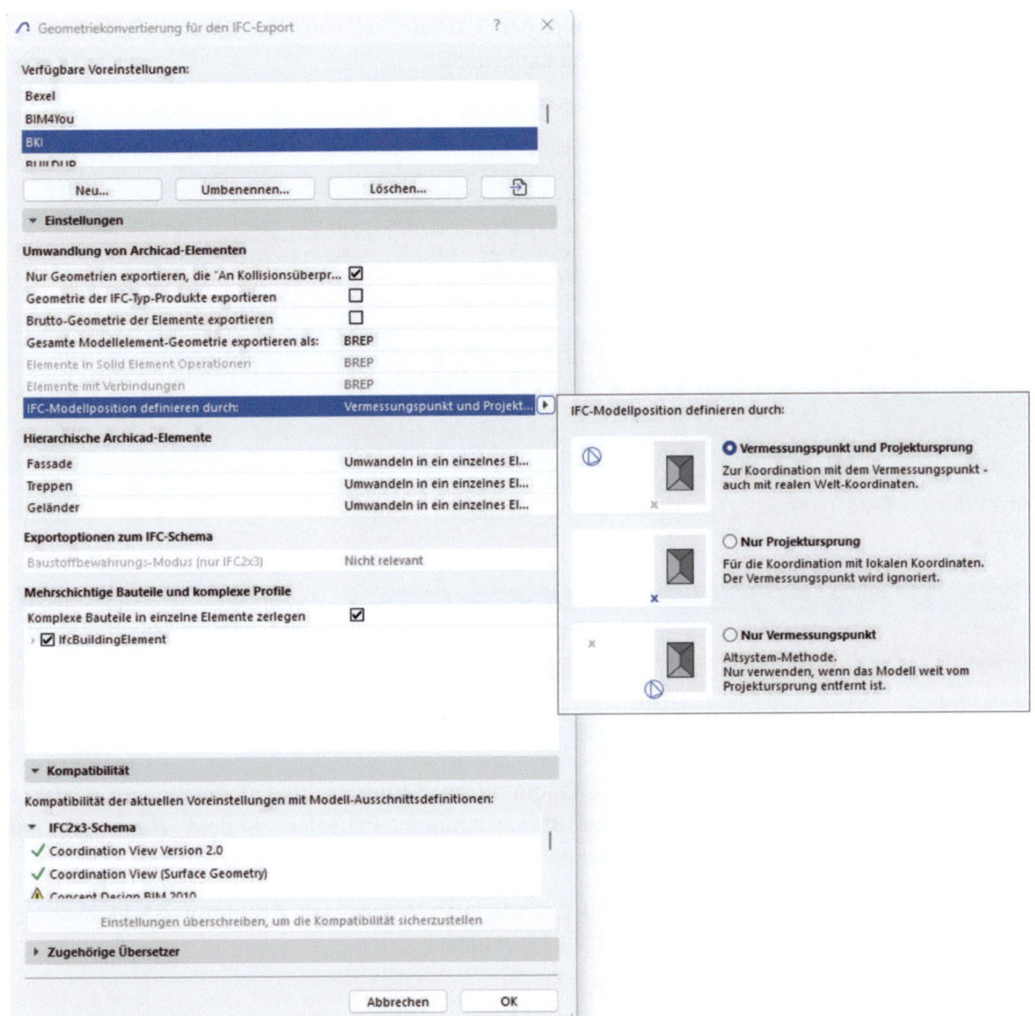

Abbildung 6-28 IFC-Modellposition

Diese Einstellung wird durch die Definition der ***IFC-Modellposition*** gesteuert. Befinden sich ***Projektursprung*** und ***Vermessungspunkt*** an derselben Stelle, spielt die Auswahl keine Rolle. Befinden sich die beiden Punkte an unterschiedlichen Stellen, wird diese Einstellung für das Zusammenfügen unterschiedlicher IFCs relevant (vgl. Abschnitt 8.1.1.3 Vermessungspunkt).

Im Bereich ***Hierarchie Archicad-Elemente*** wird festgelegt, wie komplexe Elemente exportiert werden. Komplexe Elemente wie Fassaden können je nach Bedarf entweder als Gesamtelement oder als eine Vielzahl von Einzelteilen exportiert werden.

Welche Einstellung der Umwandlung gewählt wird, hängt unmittelbar mit der weiteren Anwendung der IFC zusammen. Wird z.B. eine Fassade einem Fassadenplaner zur Verfügung gestellt, sind für diesen Fachplaner möglicherweise nur die Wandflächen, die für sein Gewerk relevant sind, sowie das Erscheinungsbild der Fassade relevant. In diesem Fall wäre es ausreichend, die Fassade als ein Element zu exportieren.

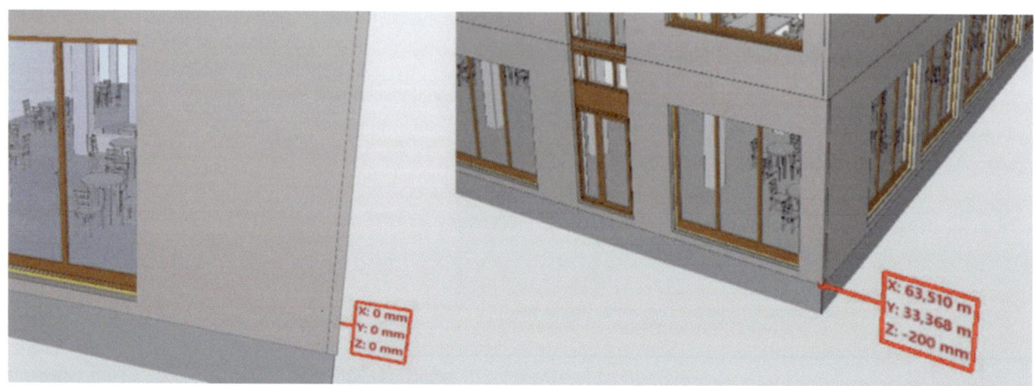

Abbildung 6-29 Export mit Projekturskprung und Export mit Vermessungspunkt/Solibri Anywhere

Fassade	Umwandeln in ein einzelnes Element	✓ Umwandeln in ein einzelnes Element Hierarchie beibehalten
Treppen	Umwandeln in ein einzelnes Element	
Geländer	Umwandeln in ein einzelnes Element	

Abbildung 6-30 Einstellung der Hierarchie

Wird jedoch beispielsweise der passive Lichteinfall im Büro berechnet sind genauere Angaben zu Fensterlage (*IfcWindow*) und – bei durchsichtigen Paneelen – dem ***Baustoff*** Glas notwendig. In diesem Fall muss eine Fassade in Einzelelementen exportiert werden.

Die Einzelelemente müssen entsprechend klassifiziert werden (vgl. Abschnitt 3.5.15 Fassade, Abschnitt 3.5.16 Treppe und Abschnitt 3.5.17 Geländer).

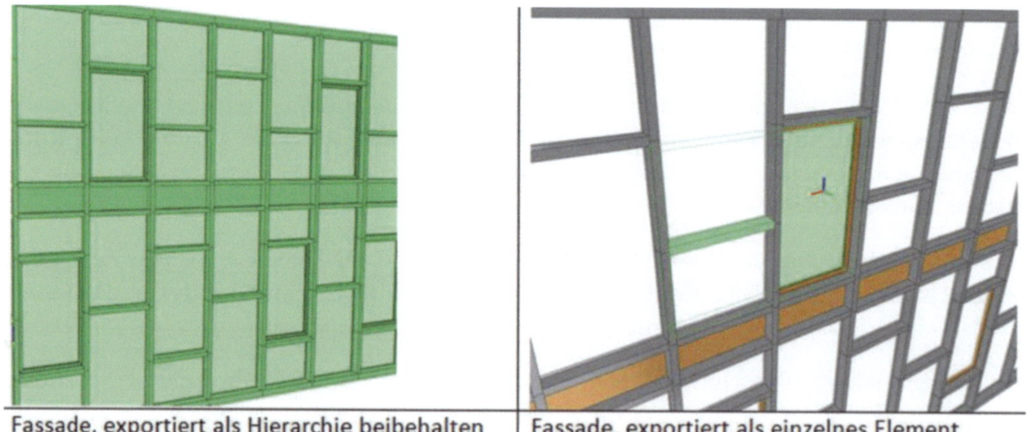

Abbildung 6-31 Unterschiedliche Export-Hierarchie/BIMvision

Der benötigte Export ergibt sich üblicherweise aus den Anforderungen des Auftraggebers oder aus den Absprachen mit den Fachplanern. Elemente, die in Einzelteile umgewandelt werden, benötigen mehr Speicherplatz. Es empfiehlt sich daher, soweit keine anderen Vorgaben bestehen, mit einem Element, dessen Hierarchie beibehalten wurde, zu arbeiten.

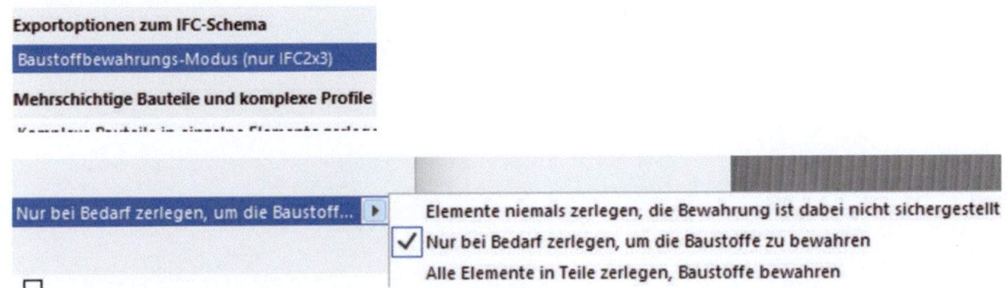

Abbildung 6-32 Einstellung der Umwandlung

Für die IFC-Version ***2X3*** besteht die Möglichkeit Elemente gemäß ihrer Baustoffe zu zerlegen. Als Beispiel kann man sich eine Außentreppe vorstellen: Ist die Treppe komplett aus verzinktem Stahl erstellt, wird sie als Einzelelement mit Hierarchie exportiert. Sind jedoch die Stufen mit einem zusätzlichen Belag versehen, kann die Treppe in Einzelteile zerlegt werden, um diese unterschiedlichen Baustoffe für die ***IFC-Daten*** beizubehalten.

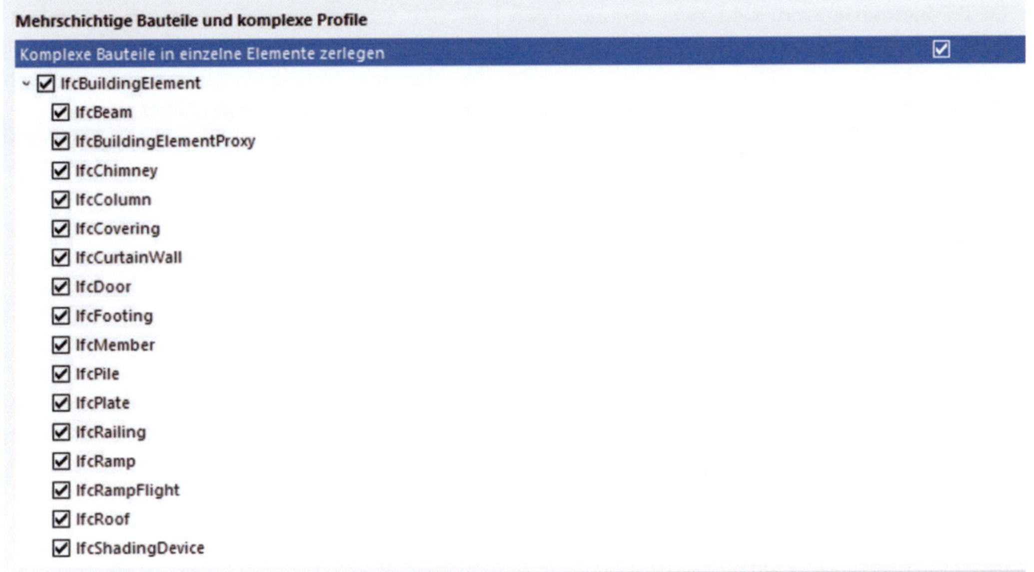

Abbildung 6-33 Einstellung der Umwandlung

Im Letzten Einstellungsfenster wird die Umwandlung mehrschichtiger Bauteile und komplexer Profile festgelegt. Als erstes wird rechts der Umwandlungseinstellung ***Komplexe Bauteile in einzelne Elemente zerlegen*** grundsätzlich festgelegt ob Elemente zerlegt werden sollen.

Diese Festlegung hängt wiederum davon ab, wie die exportierte ***IFC-Datei*** weiterverwendet wird. Häufig ist es so, dass während der Entwurfsphase, solange einzelnen Aufbauschichten und Baustoffe nicht bekannt sind, Elemente nicht in Einzelteile zerlegt werden.

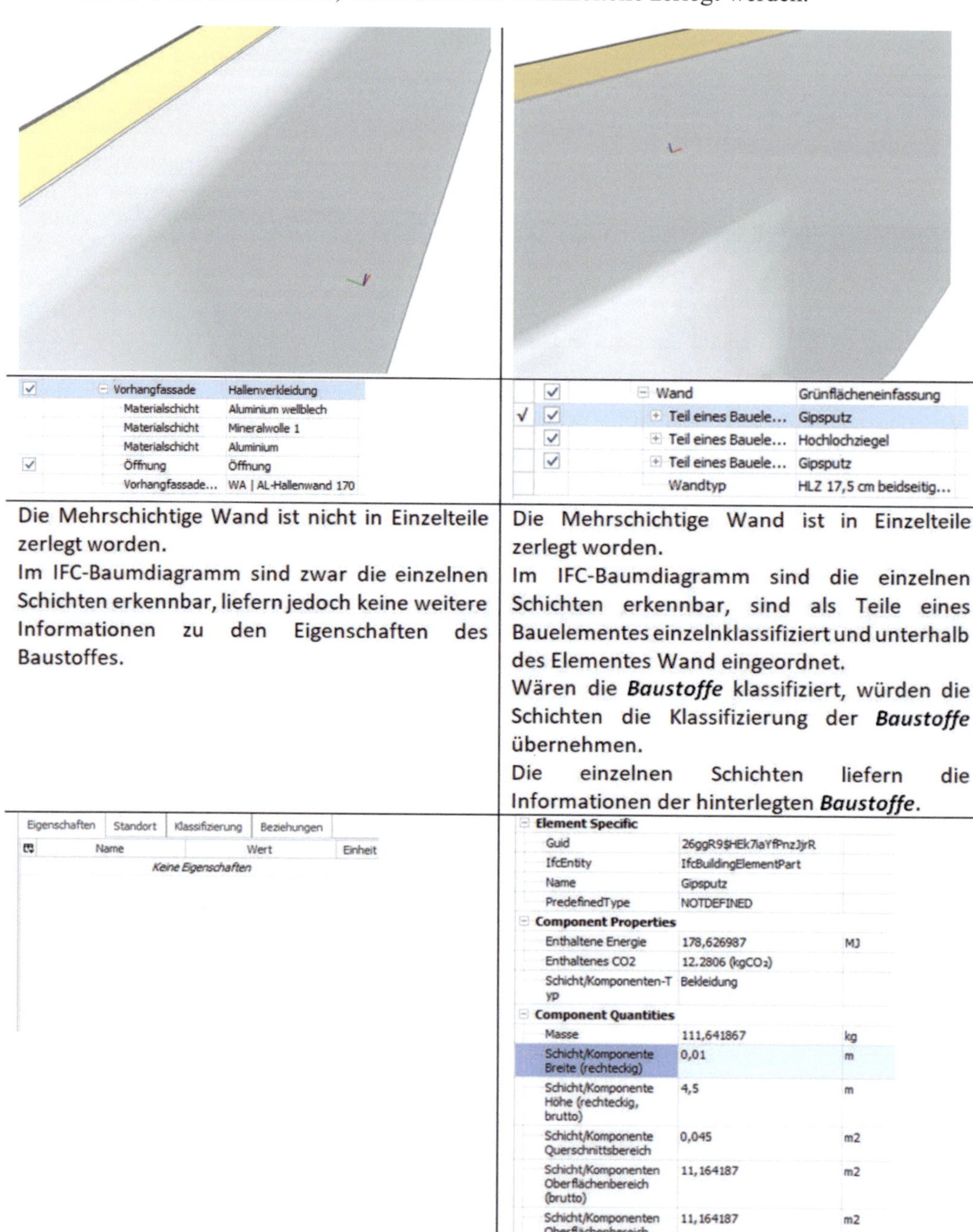

Abbildung 6-34 Auswirkung der Umwandlungseinstellung/BIMvision

Ist der Haken neben der Einstellung ***Komplexe Bauteile in einzelne Elemente zerlegen*** aktiviert, kann immer noch differenziert werden, welche Elemente zerlegt werden sollen.

Unterhalb der Einstellung befindet sich eine Auflistung der ***IFC-Klassifizierungen*** und links davon entsprechende Auswahlkästchen. Durch Setzen oder Entfernen der Auswahlhaken wird die entsprechende Klassifizierungsgruppe bei der Zerlegung ignoriert oder berücksichtigt.

So können zum Beispiel ***IFC-Dateien*** Wände beinhalten, die aus einzelnen Elementen bestehen und gleichzeitig einen mehrschichtig aufgebauten Fußboden als einzelnes Bauteil.

6.4.5 Eigenschaften-Zuordnung

In dieser ***Umwandlungs-Voreinstellung*** wird festgelegt welche Eigenschaften und in welcher Form die ***Attribute*** der IFC-Elemente umgewandelt werden.

Das Kommunikationsfenster der ***Eigenschaften-Zuordnung*** ist in drei Bereiche aufgeteilt.

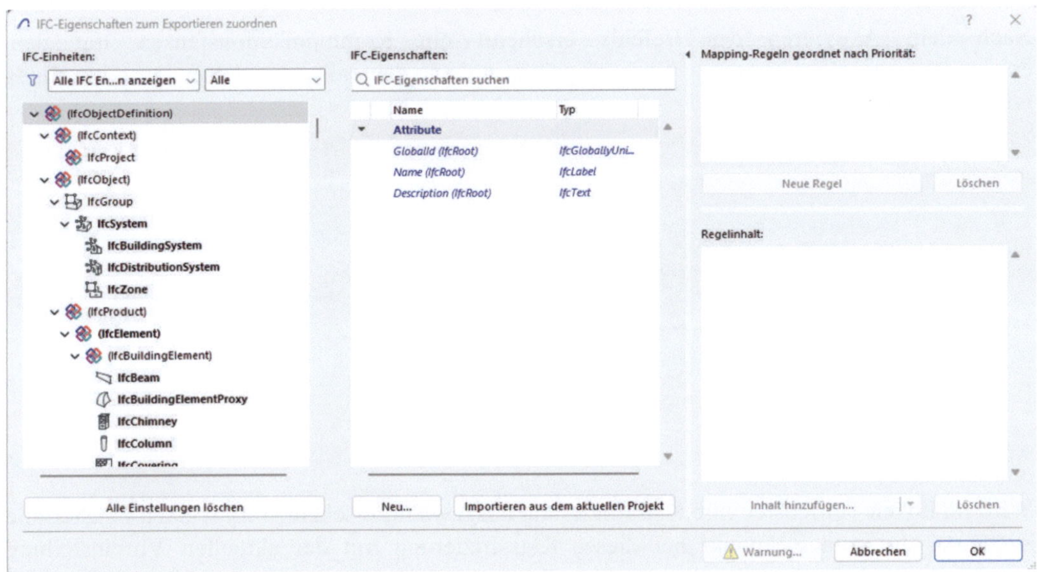

Abbildung 6-35 Kommunikationsfenster der Eigenschaften-Zuordnung

Im linken Teil des Kommunikationsfensters sind die ***IFC-Klassifizierung-Möglichkeiten*** in Form eines Baumdiagramms aufgelistet. In der Mitte werden alle ***Eigenschaften***, die exportiert werden, aufgelistet. Je nachdem, wie diese organisiert sind, sind die ***Eigenschaften*** thematisch in den entsprechenden Gruppen (*Property-Sets*) zusammengefasst. Hier können eigene *Property-Sets* angelegt werden, z.B. weil diese vom Auftraggeber vorgegeben sind. Im rechten Teil des Kommunikationsfensters werden Regeln festgelegt, welche Informationen in einem ***Attribut*** (*Property*) und in welcher Form (z.B. mit der dazu passenden Einheit) wiedergegeben werden.

Die Sichtbarkeit der ***IFC-Klassifizierungen*** kann nach deren Version oder nach deren Gruppe eingegrenzt werden.

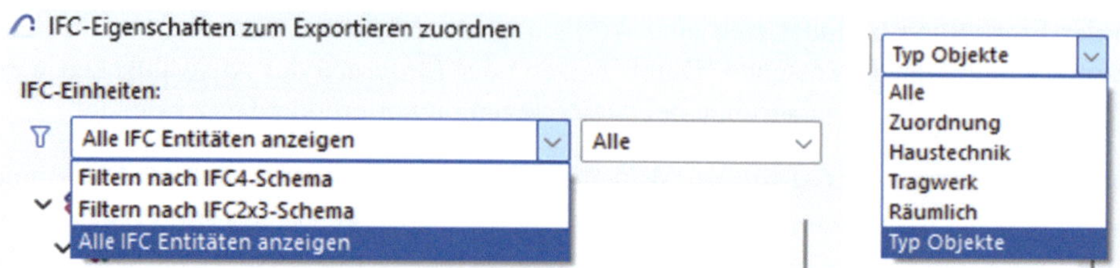

Abbildung 6-36 Unterschiedliche Filter, links nach IFC-Export-Version, rechts nach Gruppe

Unterhalb des Diagramm-Fensters befindet sich der Button Alle Einstellungen löschen. Der Befehl bewirkt, dass alle Eigenschaften (bis auf wenige grundlegende, wie z.B. die ***GlobalID***) gelöscht werden. Bei der Verwendung dieses Befehls, sollte man sich sicher sein, die Eigenschaften löschen zu wollen, denn es ist aufwendig einzelne ***Attribute*** wieder einzutragen.

Nach dem Aktivieren des Befehls erscheint ein Kommunikationsfenster mit dem entsprechenden Warnhinweis. Nach Bestätigung werden alle in dieser Voreinstellung vorhandene ***Attribute*** gelöscht.

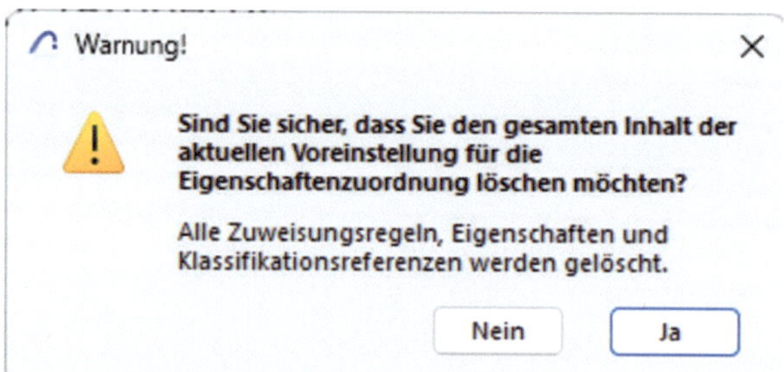

Abbildung 6-37 Warnhinweis

Wird im linken Teilfenster eine Klassifizierung ausgewählt, erscheinen im rechten Fenster alle ***Attribute***, die zum Zeitpunkt bei dieser Klassifizierung mit der aktuellen Voreinstellung exportiert werden. Die ***Attribute*** sind teilweise kursiv, blau oder fett dargestellt. Jede Darstellung hat eine bestimmte Bedeutung.

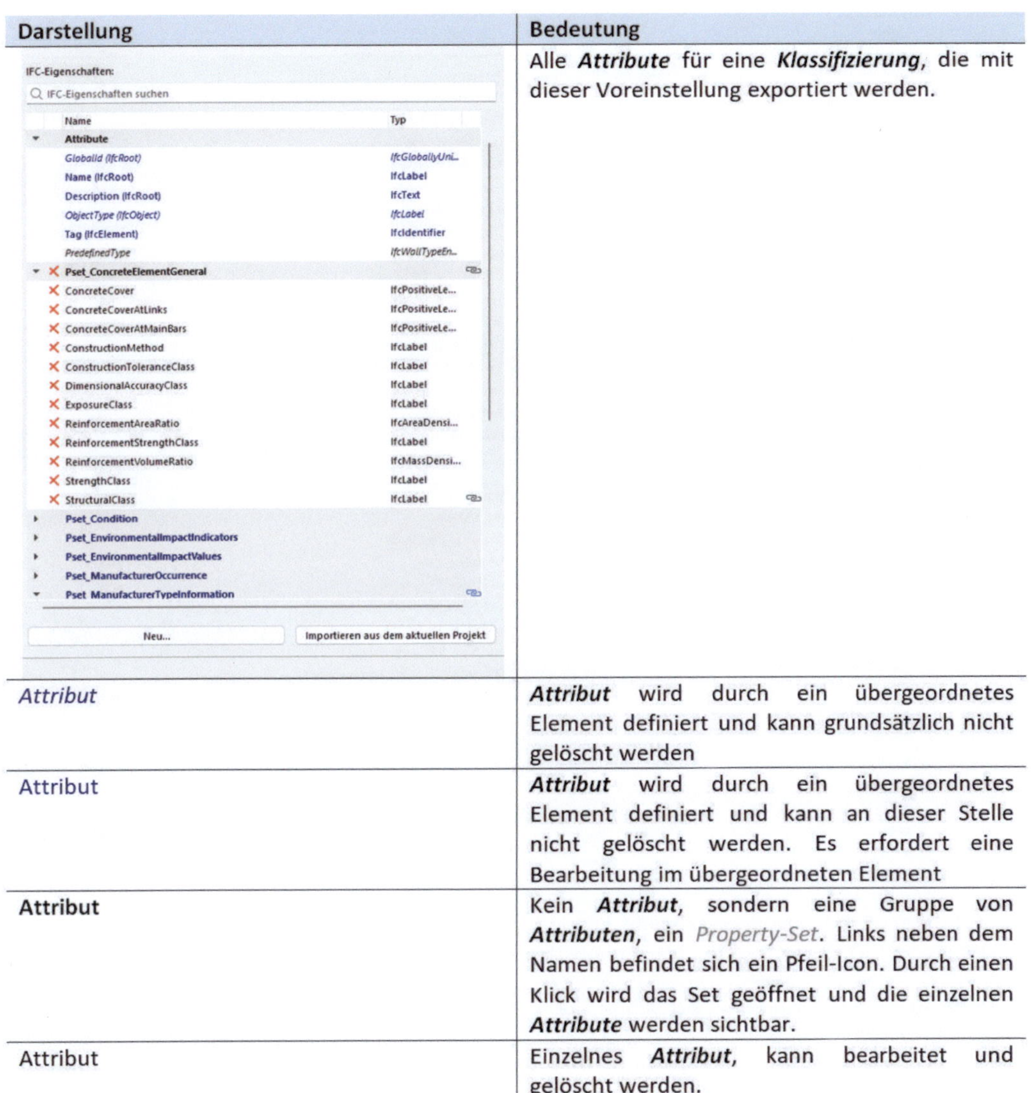

Darstellung	Bedeutung
	Alle ***Attribute*** für eine ***Klassifizierung***, die mit dieser Voreinstellung exportiert werden.
Attribut	***Attribut*** wird durch ein übergeordnetes Element definiert und kann grundsätzlich nicht gelöscht werden
Attribut	***Attribut*** wird durch ein übergeordnetes Element definiert und kann an dieser Stelle nicht gelöscht werden. Es erfordert eine Bearbeitung im übergeordneten Element
Attribut	Kein ***Attribut***, sondern eine Gruppe von ***Attributen***, ein *Property-Set*. Links neben dem Namen befindet sich ein Pfeil-Icon. Durch einen Klick wird das Set geöffnet und die einzelnen ***Attribute*** werden sichtbar.
Attribut	Einzelnes ***Attribut***, kann bearbeitet und gelöscht werden.

Abbildung 6-38 Unterschiedliche Darstellung der Attribute und ihre Bedeutung

Wird ein ***Attribut*** blau dargestellt, bedeutet dies, dass das ***Attribut*** durch ein übergeordnetes Element festgelegt wurde. Soll das ***Attribut*** (*Property-Set*) bearbeitet oder gelöscht werden, muss zuerst das entsprechende übergeordnete Element, innerhalb des IFC-Baumstruktur-Diagramms, gewählt werden. Alle dort vorgenommenen Änderungen werden automatisch von allen untergeordneten ***Klassifizierungen*** übernommen. Um welche übergeordnete ***Klassifizierung*** es sich handelt, wird neben dem Namen des ***Attributes***, in Klammern, sichtbar.

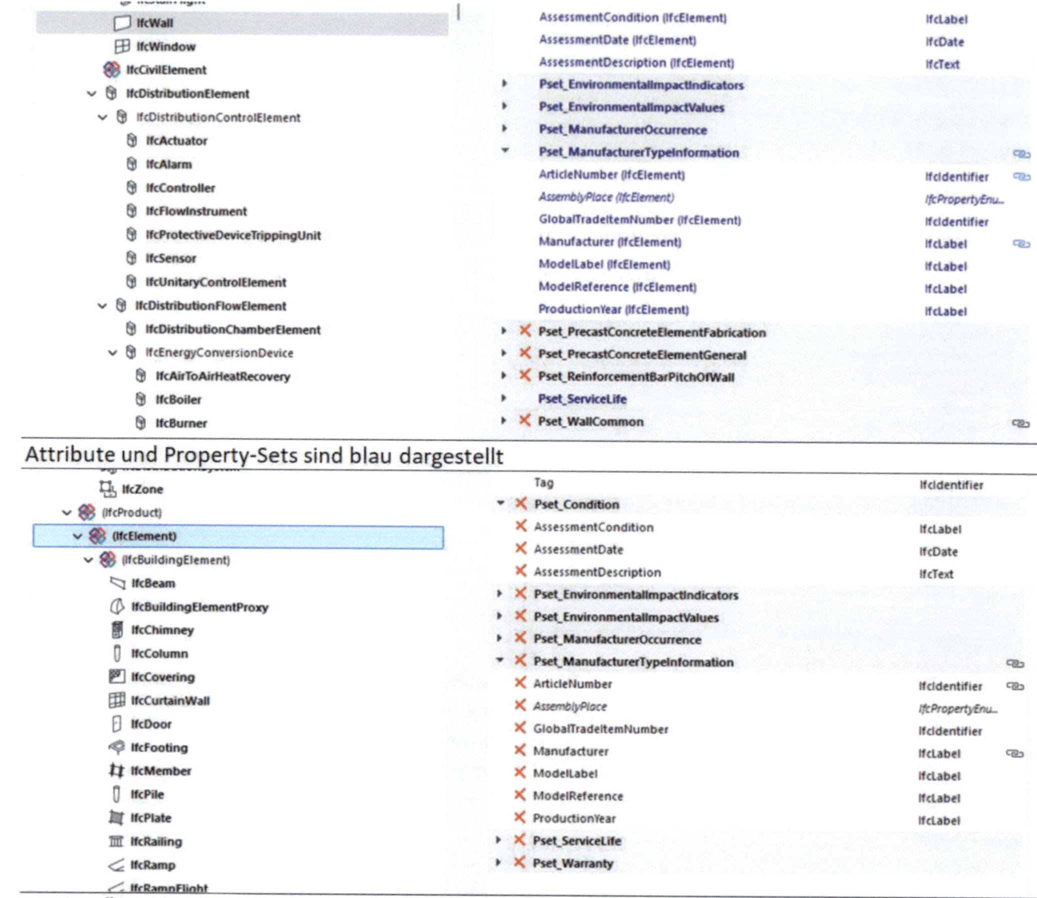

In der Übergeordneten Klassifizierung können die Attribute (und Sets) bearbeitet werden. Die Änderung betrifft alle untergeordneten Klassifizierungen!

Abbildung 6-39 Prinzip der Eigenschaft-Zuordnungen

Wird zum Beispiel ein projekteigenes ***Attribute-Set*** benötigt, kann dieses mit ***Attributen***, die bei allen Elementen gleich sind, einmalig in der übergeordneten Klassifizierung angelegt werden und innerhalb der untergeordneten ***Klassifizierungen*** um elementspezifische ***Attribute*** ergänzt werden.

Attribute und ***Sets*** mit einem roten Kreuz links neben dem Namen können gelöscht werden. Rechts des Namens befindet sich die Zeile mit dem ***Typ*** des ***Attributes***. Die Werte des ***Attributes*** müssen zu dem gewählten Typ passen. Ein Typ *IfcBoolian* lässt z.B. nur die Werte ja/nein (true/false) zu, alle anderen Werte liefern falsche Ergebnisse.

Bei ***Attributen*** mit dem Icon *Verkettung* ist die Verknüpfung mit ***Eigenschaften*** sichtbar hinterlegt und kann überprüft und bearbeitet werden.

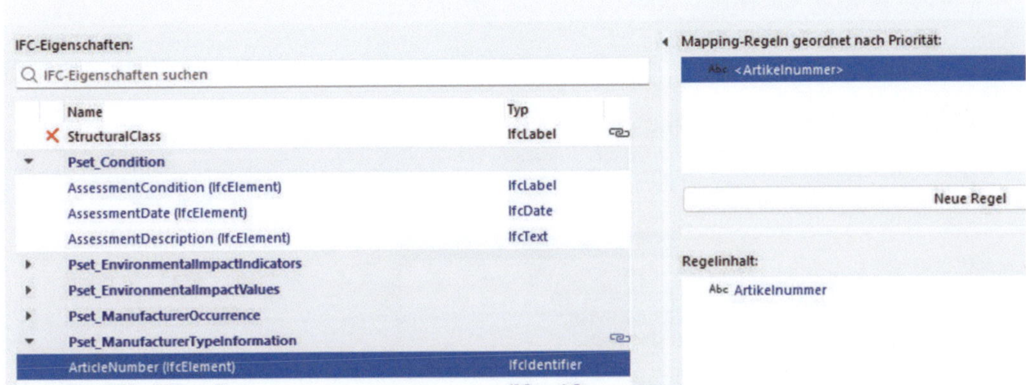

Abbildung 6-40 dem Attribut zugeordnete Regel und ihre Inhalte

Bei der Zusammenfassung der ***Attribute*** in ***Sets*** muss bei der Beschriftung folgendes beachtet werden: Eine Benennung mit *Pset_* am Anfang ist unbedingt zu vermeiden! Diese Abkürzung wird üblicherweise von Herstellern, sowie von Gruppen oder Organisationen verwendet, die die Standards festlegen.

6.4.6 Ein neues Property-Set und Attribut erstellen

Ein neues ***Property-Set*** und ein neues ***Attribut*** kann auf zwei Arten erstellt werden: Innerhalb des ***IFC-Managers*** werden die ***Attribute*** erstellt und danach, durch Import aus dem aktuellen Projekt mit einer Regel versehen oder es wird direkt innerhalb der ***Umwandlungs-Voreinstellung*** erstellt.

Um ein eigenes ***Property-Set*** zu erstellen, wird die gewünschte ***Klassifizierung*** (oder deren Über-Klassifizierung) im linken Teil des Kommunikationsfensters ausgewählt. Im mittleren Teil des Kommunikationsfensters erscheinen nun alle ***Sets*** und ***Attribute*** dieser ***Klassifizierung***. Mit dem Button Neu, erscheint ein Kommunikationsfenster in dem ein ***Attribut***, ein ***Attributen-Set*** oder eine ***Klassifizierungsreferenz*** definiert werden kann.

In der Zeile ***Eigenschaften-Set-Name*** kann der Name des ***Sets*** gewählt werden, dem das neue ***Attribut*** zugeordnet werden soll. Ist das ***Set*** noch nicht vorhanden, wird der Name des neuen ***Sets*** manuell eingetragen. Ein ***Set*** benötigt mindestens ein ***Attribut***. Wird kein ***Attribut*** erstellt, wird das ***Set*** nicht angelegt.

In der darauffolgenden Zeile wird der Name des neuen ***Attributes*** festgelegt. Häufig ist der Name vom Auftraggeber vorgegeben oder wird durch bürointerne Strukturen festgelegt.

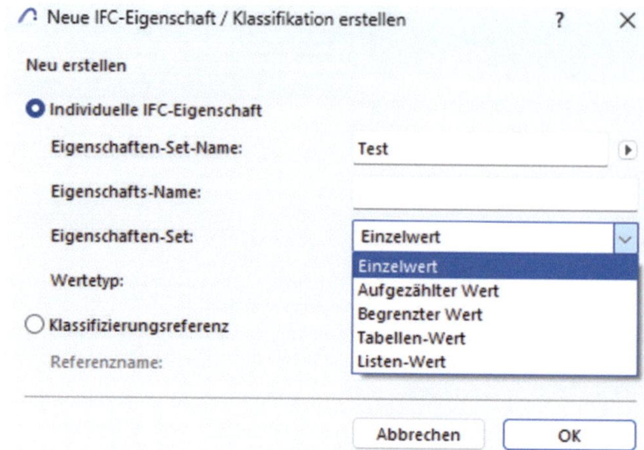

Abbildung 6-41 Erstellen eines neuen Attributes

In der Auswahlzeile ***Eigenschaften-Set***[12] wird die Art der Werte neuer Eigenschaft festgelegt. Welche Werte benötigt werden, kann in der Tabelle der ***Archicad online Hilfe*** nachgeschlagen werden.

In der nächsten Auswahlzeile wird der ***Wertetyp*** gewählt. In der Tabelle der ***Archicad online Hilfe***, (Link wie beim ***Eigenschaften-Set***) sind die möglichen Werte und ihre Bedeutung aufgelistet.

Eine neue ***Klassifizierungsreferenz*** ist eine weitere Möglichkeit IFC-Elemente zu unterschiedlichen funktionalen Gruppen zuzuordnen. Bei bestimmten Projekten kann es notwendig sein, ***Attribute*** und ***Klassifizierung*** der Elemente, gemäß internen Standards des Auftraggebers, um eine weitere ***Klassifizierungsreferenz*** zu ergänzen. Sie finden einen kurzen Hinweis zur Arbeit mit vordefinierten Regeln im Abschnitt zu den IFC-Managern (vgl. Abschnitt 3.6 IFC-Manager).

Durch OK erscheint das neue ***Attribute-Set*** mit dem ersten ***Attribut*** im mittleren Teil des Kommunikationsfensters, geschrieben mit schwarzer Schrift, der Name des Sets ist fett hervorgehoben.

Abbildung 6-42 Ein neues Attribute-Set und ein neues Attribut

12 https://help.graphisoft.com/AC/27/GER/index.htm?rhcsh=1&rhnewwnd=0#t=_AC27_Help%2F121_IFC%2F121_IFC-15.htm%23XREF_74699_Custom_IFC&rhsearch=Eigenschften%20zuordnung&rhsyns=%20 (Stand 04.07.2025)

Links neben dem Namen des ***Attributes*** und dem Namen des ***Sets*** erscheint ein Icon mit einem roten Kreuz. Das erstellte ***Attribut*** liefert noch keine Werte, diese müssen erst durch ***Regeln*** mit diesem ***Attribut*** verknüpft werden.

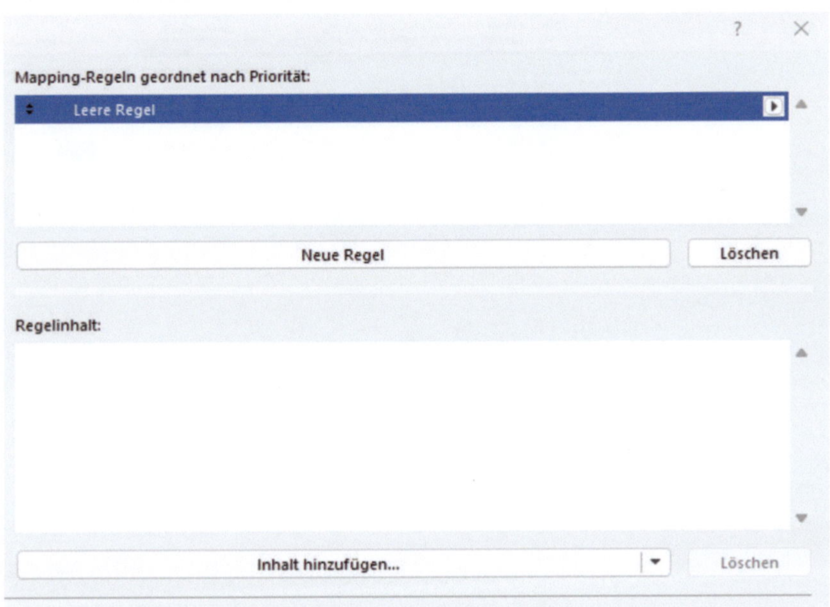

Abbildung 6-43 Bereich der Regelzuordnung

Mit dem Button Neue Regel wird eine neue ***Regel*** erstellt. Im unteren Bereich des Fensters werden die Inhalte für diese neue ***Regel*** festgelegt. Die Informationen können aus ***Eigenschaften*** der Elemente, aus den Parametern der ***Bibliothekselemente***, oder aus statischen Texten erstellt werden. Eine Kombination ist möglich. Im Bereich *Best Praxis* finden Sie hierzu unterschiedliche Beispiele (vgl. Abschnitt 9.23 Beispiele unterschiedlicher Regel-Inhalte).

Ist eine ***Regel*** mit einem sinnvollen Inhalt gefüllt (keine Warnmeldung), wird rechts in der Zeile des Attribut-Namens ein Verkettungssymbol sichtbar.

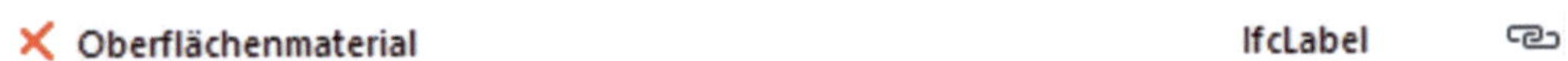

Abbildung 6-44 Verknüpfung des Attributes mit einem Wert

Beim Erstellen des nächsten ***Attributes*** entfällt das Eintragen des ***Eigenschaften-Set-Namens***, denn dieser ist nun in der Auswahl vorhanden, möglicherweise sogar schon in der Zeile voreingestellt. Auch das nächste ***Attribut*** wird nun mit ***Regeln*** und deren Inhalten verknüpft. Die Schritte werden so lange wiederholt, bis alle ***Attribute*** den ***Attribute-Sets*** zugeordnet sind.

Die Reihenfolge der ***Attribute*** kann nicht manuell gesteuert werden, sie sind innerhalb des ***Sets*** alphabetisch geordnet.

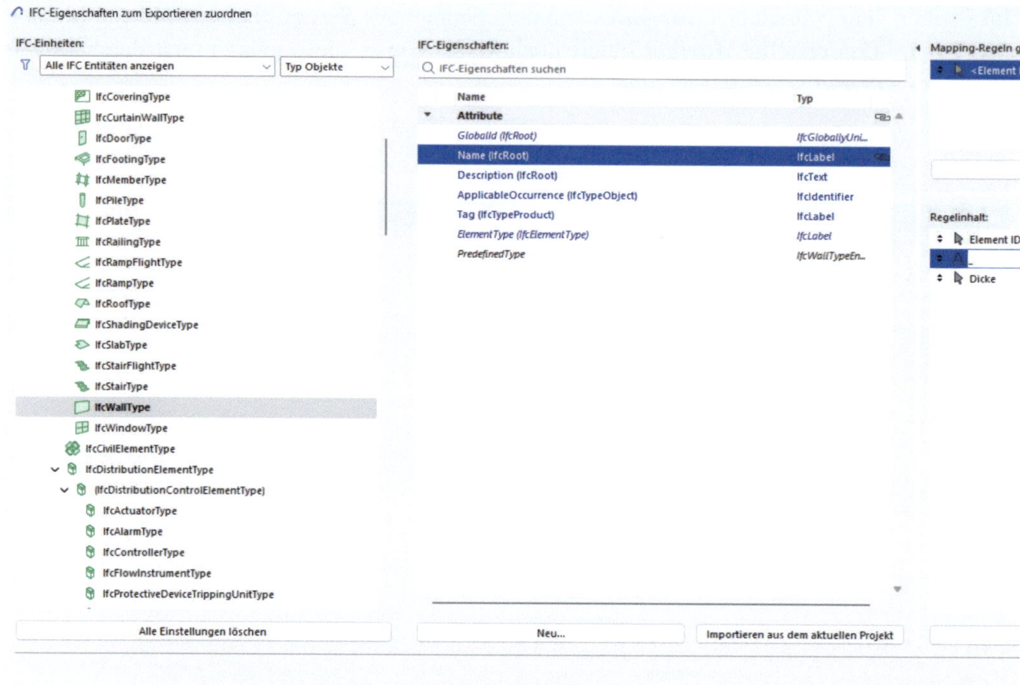

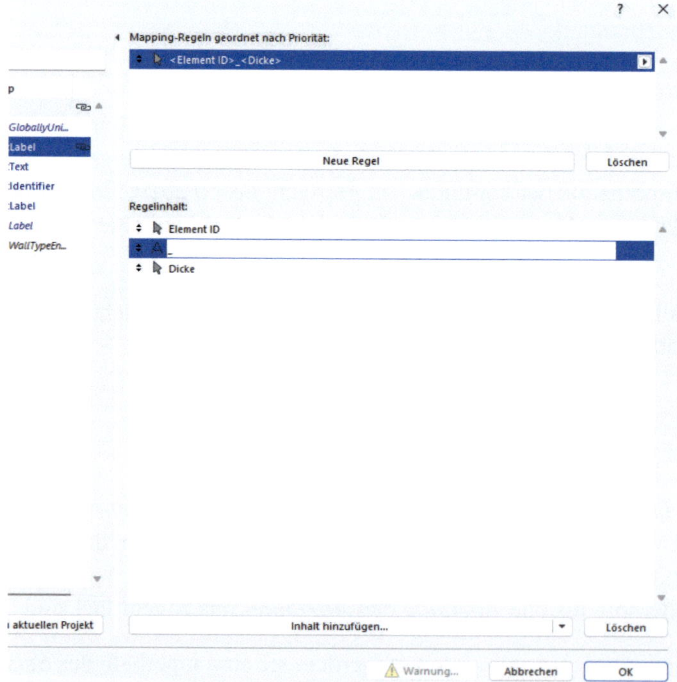

Abbildung 6-45 Regel bei Type-Objekten

Vergleichbar mit den ***Eigenschaften-Zuordnung*** für die Elemente kann die ***Eigenschaften-Zuordnung*** für die übergeordneten ***Typ-Objekte*** auch eigene Eigenschaften erhalten. Zum Beispiel kann durch Festlegen von Regeln der Name des ***Typ-Objektes*** gesteuert werden. Hierdurch erreicht man mehr Übersicht der Elementverwaltung.

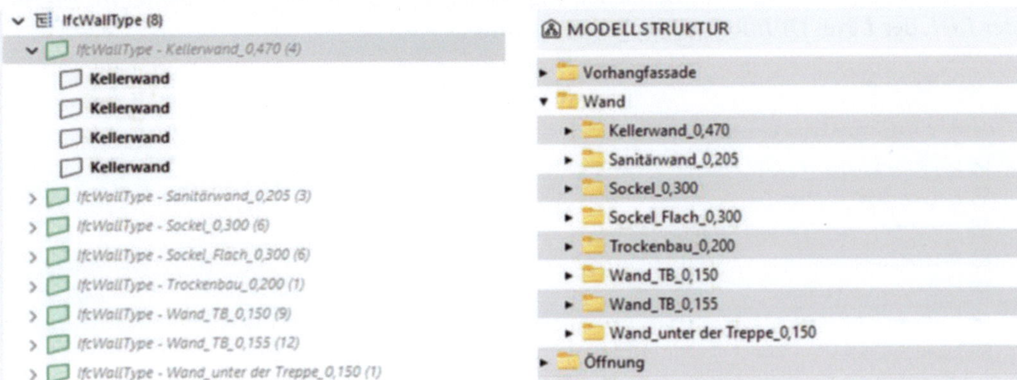

Abbildung 6-46 weitere Strukturierung der IFC-Datei mit eigenen Type-Namen: links IFC-Manager, rechts Solibri

Die ***Eigenschaften-Sets*** können im Bereich der ***Typ-Objekte*** angelegt werden. Diese ***Sets*** werden in den Viewern besonders dargestellt, in dem sie z.B. mit einer anderen Schriftart hervorgehoben werden.

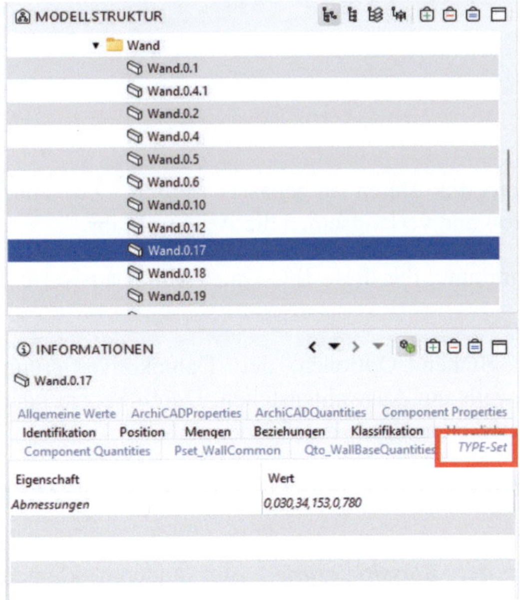

Abbildung 6-47 Die Eigenschaften von ObjektType werden gesondert aufgelistet / Darstellung in Solibri Anywhere

6.4.7 Datenkonvertierung

In diesem Bereich der ***Umwandlungs-Voreinstellungen*** wird festgelegt, welche Informationen neben den Geometrien der Elemente, in der IFC-Datei gespeichert werden. Man kann vereinfacht sagen, dass in den Bereichen ***Eigenschaften-Zuordnung*** und ***Datenkonvertierung*** der ***LOI***, der ***L***evel ***Of*** ***I***nformation, gesteuert wird.

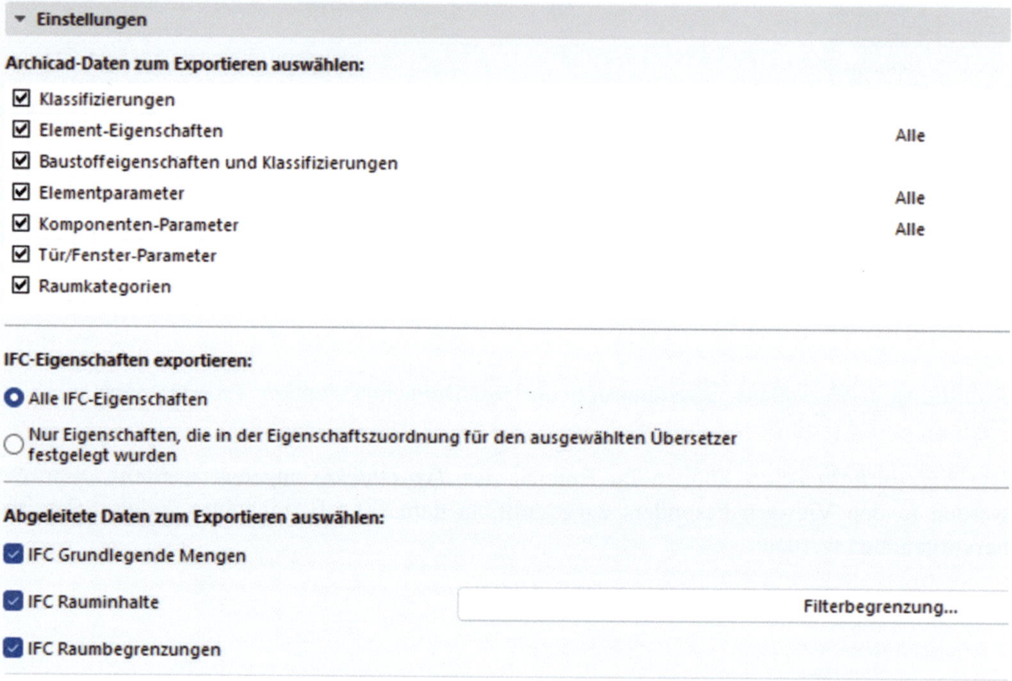

Abbildung 6-48 Datenkonvertierung

Je nach Verwendung der IFC-Datei können die Daten angepasst werden. Zu viele Informationen machen die IFC-Datei unnötig groß und verlangsamen die Arbeit mit ihr.

Fehlen jedoch notwendige Daten, können Programme, die diese IFC-Datei weiter auswerten, keine vernünftigen Ergebnisse liefern.

Im Kommunikationsfenster werden die möglichen Optionen der Datenkonvertierung aufgelistet. Links der Optionen befindet sich jeweils ein Auswahlkästchen. Durch Setzen oder Entfernen des Hakens wird festgelegt, ob die Daten exportiert werden, oder nicht.

Wird die Option ***Klassifizierungen*** aktiviert, werden die Archicad-Klassifizierungen als ***IFC-Klassifizierungsreferenzdaten*** mit exportiert.

Zum einen sieht man dadurch die Vorlage der ***Klassifizierung***, zum anderen können zusätzliche Informationen zur Referenz der ***Klassifizierung*** exportiert werden. Diese Informationen werden im ***Klassifizierungs-Manager*** (vgl. Abschnitt 4.3.3 Klassifizierungs-Manager) eingetragen.

Name	Wert
Archicad Klassifizierung	Fassade
Name	Archicad Klassifizierung
Quelle	www.archicad.de
Edition	27
Editionsdatum	2023-07-10
Beschreibung	Standard Archicad Klassifizierung für Bauelemente und Baustoffe
Standort	www.archicad.de
Referenz	Fassade
Identifizierung	Fassade
Name	
Standort	
Beschreibung	

Abbildung 6-49 Auswirkung der Klassifizierungen/BIMvision

Werden die ***Element-Eigenschaften*** aktiviert, werden alle Eigenschaften exportiert, die im ***Eigenschaften-Manager*** (vgl. Abschnitt 4.3.1 Eigenschaften-Manager) einer bestimmten ***Klassifizierung*** zugeordnet sind. Hier ist zu beachten, dass alle ***Eigenschaften*** die nicht bearbeitet wurden, also nur den Standardwert ***<Nicht definiert>*** aufweisen, nicht exportiert werden! Sollen die ***Eigenschaften*** trotzdem exportiert werden, um z.B. die Vollständigkeit zu überprüfen, kann man einen eigenen Wert ***Nicht definiert*** erstellen (vgl. Abschnitt 9.11 Beispiel: Erstellen eines Optionen-Sets).

Bei aktivierten ***Baustoff-Eigenschaften*** werden alle Informationen, die im ***Baustoff-Manager*** zu jedem Baustoff festgelegt sind, exportiert (vgl. Abschnitt 4.2 Baustoffe).

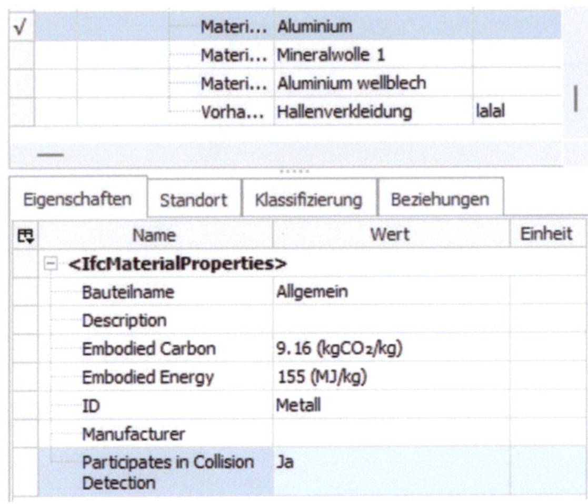

Abbildung 6-50 Baustoff-Eigenschaften/BIMvision

Bei der Auswahl ***Elementparameter*** gibt es drei Möglichkeiten, welche Daten exportiert werden sollen: ***Alle***, ***Nur Mengen-Daten*** und ***Eigenschaften Daten***.

In Abhängigkeit der Auswahl entstehen beim Export zwei ***Property-Sets***. Das Set ***ArchiCADProperties***, mit allen Eigenschaften des Elementes, wie der Geometriemethode, der Ebene, des Strukturtyps usw. und das Set ***ArchiCADQuantities***. Dieses beinhaltet alle Informationen, die bei Mengenberechnungen verwendet werden können.

Graphisoft verweist in seiner Online-Hilfe darauf, dass die Datei durch die Daten sehr groß werden kann und empfiehlt weiter, diese Option nur dann zu verwenden, wenn diese Informationen auch weiter verwendet werden sollen.

Soweit bekannt ist, welche Mengen und welche Eigenschaften benötigt werden, empfiehlt es sich ein eigenes ***Property-Set*** mit diesen Informationen zu erstellen und die Datenmenge so deutlich zu reduzieren.

Die Option ***Komponenten-Parameter*** erzeugt für die Komponenten mehrschichtiger Elemente ein ***Property-Set Component Quantities*** mit den Massen zur Berechnung und ein ***Property-Set Component Properties*** mit den hinterlegten Baustoffinformationen (z.B. CO2 Ausstoß).

Die Tür/Fenster-Parameter-Option liefert anders aufbereitete Parameter für Öffnungen, Türen und Fenster.

Die Raumkategorien-Optionen liefern weitergehende Informationen zu den Räumen, z.B. die Anzahl der Türen im Raum oder die zugehörige Raumkategorie.

Name	Wert	Einh
Element Specific		
CompositionType	ELEMENT	
Guid	1zR7vDwp10RAXb7HlIKFNg	
IfcEntity	IfcSpace	
LongName	Stauraum	
Name	R-001	
PredefinedType	NOTDEFINED	
Allgemeine Werte		
Bauteilname	Büroanbau	
BUCH		
Raumname	-1.UG.Raum-	
Pset_SpaceCoveringRequirements		
FloorCoveringThickness	0,1	m
Räume		
Raum zu 0,00	-3,1	m
Räume		
Fenster/Raum (%)	0	
Soll-Ist-Vergleich	Sollwert ist 0,00 m²	
Türanzahl	1	

Abbildung 6-51 Ergänzende Information zu den Räumen/BIMvision

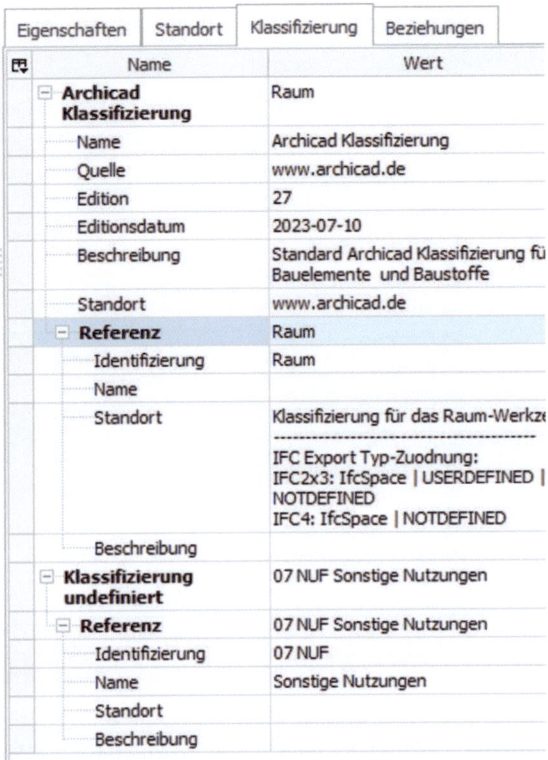

Eigenschaften | Standort | Klassifizierung | Beziehungen

Name	Wert
Archicad Klassifizierung	Raum
Name	Archicad Klassifizierung
Quelle	www.archicad.de
Edition	27
Editionsdatum	2023-07-10
Beschreibung	Standard Archicad Klassifizierung fü Bauelemente und Baustoffe
Standort	www.archicad.de
Referenz	Raum
Identifizierung	Raum
Name	
Standort	Klassifizierung für das Raum-Werkz -- IFC Export Typ-Zuodnung: IFC2x3: IfcSpace | USERDEFINED | NOTDEFINED IFC4: IfcSpace | NOTDEFINED
Beschreibung	
Klassifizierung undefiniert	07 NUF Sonstige Nutzungen
Referenz	07 NUF Sonstige Nutzungen
Identifizierung	07 NUF
Name	Sonstige Nutzungen
Standort	
Beschreibung	

Abbildung 6-52 Ergänzende Information zu den Räumen/BIMvision

Im nächsten Schritt wird festgelegt, ob alle IFC-Eigenschaften, oder nur die, die im Eigenschaften-Zuordnungsdialog festgelegt wurden, exportiert werden.

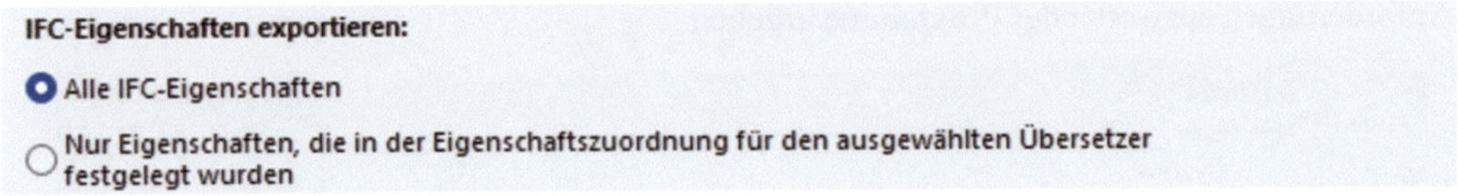

IFC-Eigenschaften exportieren:

- (●) Alle IFC-Eigenschaften
- ( ) Nur Eigenschaften, die in der Eigenschaftszuordnung für den ausgewählten Übersetzer festgelegt wurden

Abbildung 6-53 Export der Eigenschaften

Wird die zweite Option gewählt, werden nur die Eigenschaften exportiert, die im IFC-Manager, wenn der gewünschte Übersetzer als Vorschau eingestellt wird, zu sehen sind. Wenn keine weiteren Vorgaben bestehen, empfiehlt sich diese Einstellung, da dadurch der Export der Informationen gezielter gesteuert wird.

Zum Schluss werden noch abgeleitete Daten definiert. Unter ***IFC Grundlegende Mengen*** versteckt sich der ***Property-Set BaceQuantities***. Dieser liefert Mengen/Massen, die für jedes Bauelement standardisiert sind.

Die ***IFC Rauminhalte*** erzeugen im IFC-Strukturdiagramm die Zusammenhänge zwischen Elementen und Räumen. Befinden sich z.B. im Raum Bodenbelag, Möbel und Ähnliches, werden diese mit dem Raum verknüpft. Damit ergibt sich ein Überblick, über die vom Raum umschlossenen Elemente (vgl. Abschnitt 3.5.13 Raum).

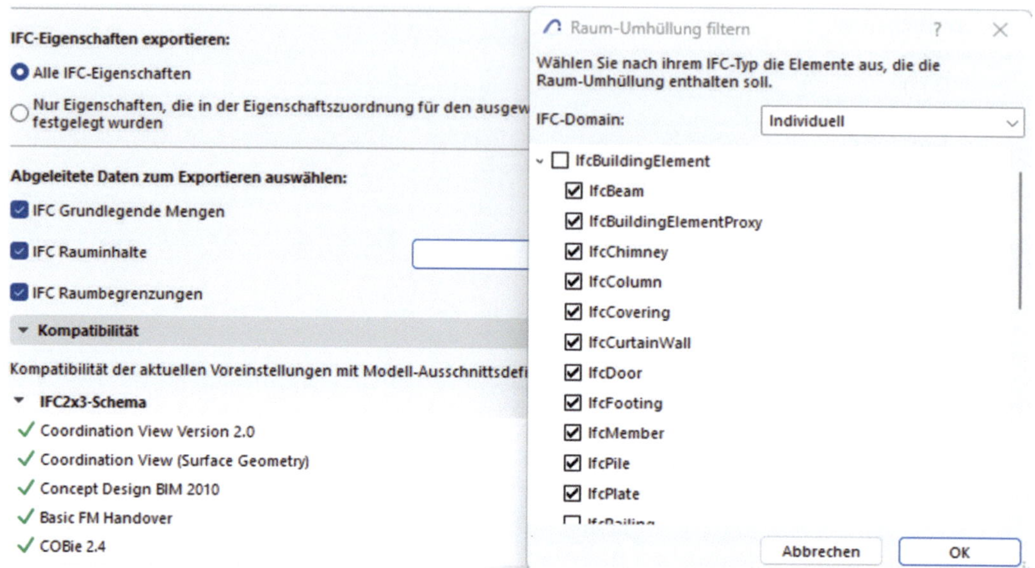

Abbildung 6-54 abgeleitete Daten

Unter dem Button Raum-Umhüllung filtern befindet sich die Auflistung aller Klassifizierungen. Hier kann gesteuert werden, ob Elemente einer Klassifizierung auf die Umhüllung des Raumes reagieren. Bei manchen Elementen kann es sinnvoll sein, diese aus dem Rauminhalt zu entfernen (z.B. Treppe). Welche Elemente zu den Rauminhalten gehören sollen, könnte sich z.B. über die Anforderungen des Auftraggebers oder durch die Anforderungen auswertender Programme ergeben.

☑	⊟ Spaces	
☑	⊟ Raum	R-020
☑	⊟ Andere	
☑	⊟ Bekleidung/Belag	Bodenaufbau-Büro
	Materialschicht	Bauteil
	IfcCoveringType	Bauteil 160
☑	⊞ Träger	
☑	⊞ Treppe	
☑	⊟ Möbel	
☑	⊟ IfcFurniture	Möbel-001
	IfcFurnitureType	Designstuhl 01 27
☑	⊞ IfcFurniture	Möbel-002
	IfcSpaceType	Büroarbeit

Abbildung 6-55 Rauminhalte/BIMvision

Die ***IFC-Raumbegrenzungen*** erzeugen Beziehungen zu den Elementen, die den Raum umschließen. Hierauf greifen vor allem Energie-Berechnungsprogramme zurück. Ebenso kann sich der Bedarf aus den Anforderungen anderer Fachplaner oder des Auftraggebers ergeben. Ausschlaggebend ist üblicherweise die jeweils verwendete Software.

Abbildung 6-56 Raumbegrenzungen/BIMvision

6.4.8 Einheitenkonvertierung

Die letzte ***Umwandlungs-Voreinstellung*** steuert die Einheiten der IFC-Datei.

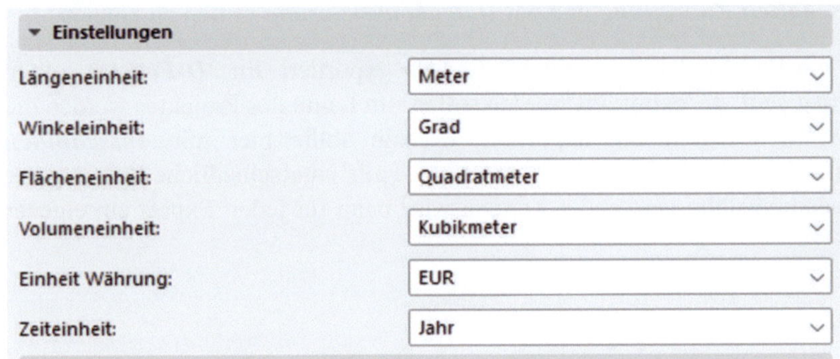

Abbildung 6-57 Einheitenkonvertierung

Über die Pull-Down-Funktion im Menü können die entsprechenden Einheiten festgelegt werden. Auch hier sind meist die Vorgaben des Auftraggebers oder der Fachplaner ausschlaggebend.

6.5 Zusammenstellen des Übersetzers und Export

Nachdem alle Voreinstellungen zusammengestellt und geprüft wurden, werden dem eigenen neuen ***Übersetzer*** die eigenen ***Umwandlungs-Voreinstellungen*** aus dem Pull-Down-Menü zugeordnet.

Umwandlungs-Voreinstellungen:

Modell-Filter:

Alle 3D Elemente

Typ-Zuordnung:

Archicad 27 IFC4 Klassifizierung für den Export-BUCH

Archicad 27 IFC2x3 Klassifizierung für den Export

Archicad 27 IFC4 Klassifizierung für den Export

Archicad 27 IFC4 Klassifizierung für den Export-BUCH

Neue Voreinstellung bearbeiten / erstellen

Geor

Eige

IFC4 (Eigenschaften)-BUCH

Datenkonvertierung:

Allgemeiner Übersetzer IFC4-BUCH

Einheitenkonvertierung:

Metrisch (m) (EUR)

Abbrechen OK

Abbildung 6-58 Zuordnung der Voreinstellungen

Danach sollte dieser ***Übersetzer*** als ***Vorschau*** definiert werden, um im ***IFC-Manager*** die Ergebnisse der ***Eigenschaften-Zuordnung*** und der ***Datenkonvertierung*** prüfen zu können.

Am einfachsten wird ein IFC-Modell aus dem ***3D-Fenster*** exportiert. Im ***3D-Fenster*** sollten nur die Elemente sichtbar sein, die exportiert werden sollen. Im Laufe des Projektes werden die IFC-Dateien wahrscheinlich regelmäßig exportiert, deshalb sollte hier mit ***Ausschnitten*** gearbeitet werden (vgl. Abschnitt 4.1 Ausschnitt erstellen). Falls unterschiedliche IFC-Exporte für verschiedene Anwendungsfälle verwendet werden, wird dann für jeden Export ein eigener ***Ausschnitt*** angelegt.

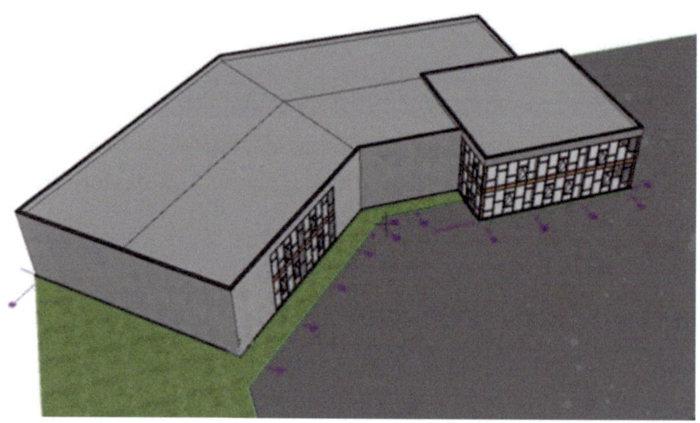

Abbildung 6-59 Export aus dem 3D-Fenster

Im 3D-Fenster wird der Befehl ***Sichern als...*** aktiviert.

Ablage → Sichern als...

Im darauf erscheinenden Kommunikationsfenster wird der Pfad der neuen Datei angegeben. Zuerst wird der ***Datentyp*** festgelegt. Hierdurch werden die Einstellungen des Kommunikationsfensters leicht verändert. Neben dem Namen und dem Typen wird noch definiert, was exportiert werden soll und mit welchem ***Übersetzer***. Neben dem Begriff ***Übersetzer*** wird der Name des eigenen ***Übersetzers*** aus dem Pull-Down-Menü gewählt.

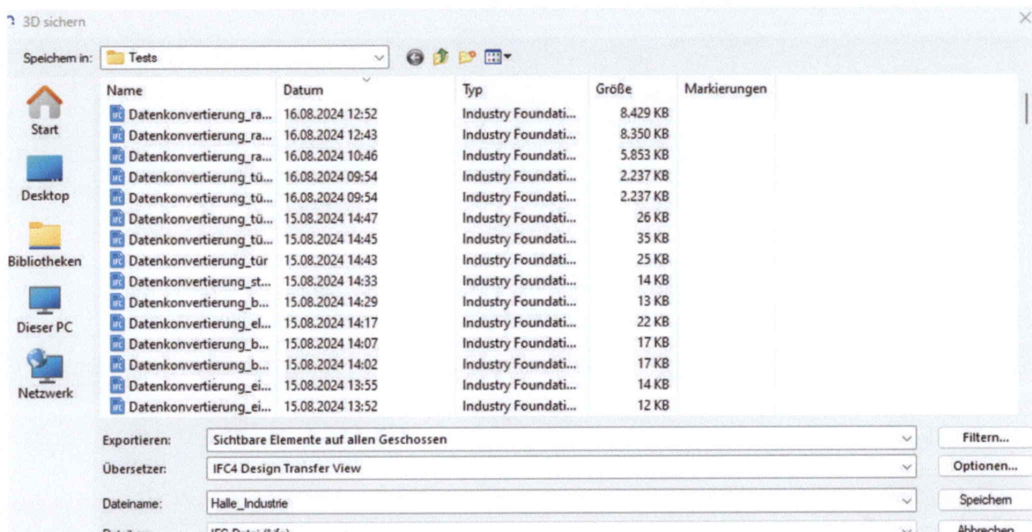

Abbildung 6-60 Sichern einer IFC-Datei

Mit dem Button Speichern werden die Daten entsprechend der eigenen Vorgaben in eine IFC-Datei konvertiert. Dieser Vorgang kann, je nach Größe des Projektes, eine längere Zeit in Anspruch nehmen. Der Fortschritt der Konvertierung wird dabei angegeben.

Manchmal erscheinen nach dem Export Fehlermeldungen oder Warnungen. Nicht hinter jeder Meldung steckt ein Problem. Je nachdem welche Inhalte das Projekt hat (z.B. Elemente, die durch den ***Umbaufilter*** ausgeblendet werden), kann es sein, dass es seine Richtigkeit hat, dass diese nicht exportiert wurden.

Trotzdem sollten die beanstandeten Elemente überprüft werden (vgl. Abschnitt 9.7 Beispiel: Export-Warnung bei IFC). Gelegentlich handelt es sich um minimale Rest-Körper, die nach Operationen der ***Solid-Befehle*** übriggeblieben sind. Diese sollten aus dem Projekt entfernt werden. Am einfachsten findet man diese Elemente mit Hilfe des Befehls ***Suchen&Aktivieren***.

Sind die für das Projekt notwendigen ***Übersetzer*** und die IFC-Dateien geprüft, empfiehlt sich das Anlegen eines ***Publisher-Set*** für den Export (vgl. Abschnitt 9.24 Beispiel: Anlegen eines Publisher-Sets).

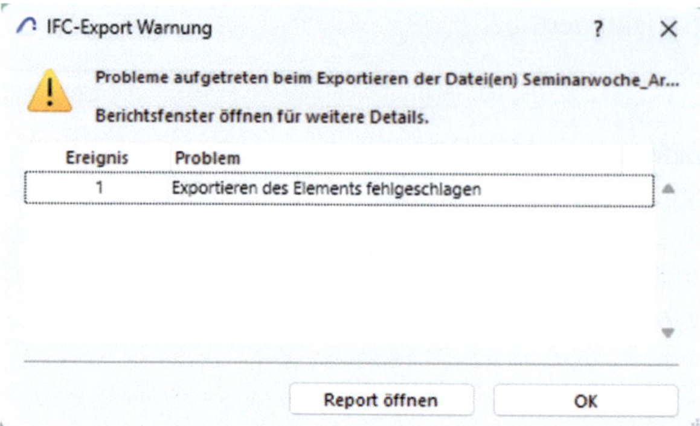

Abbildung 6-61 Fehlermeldung

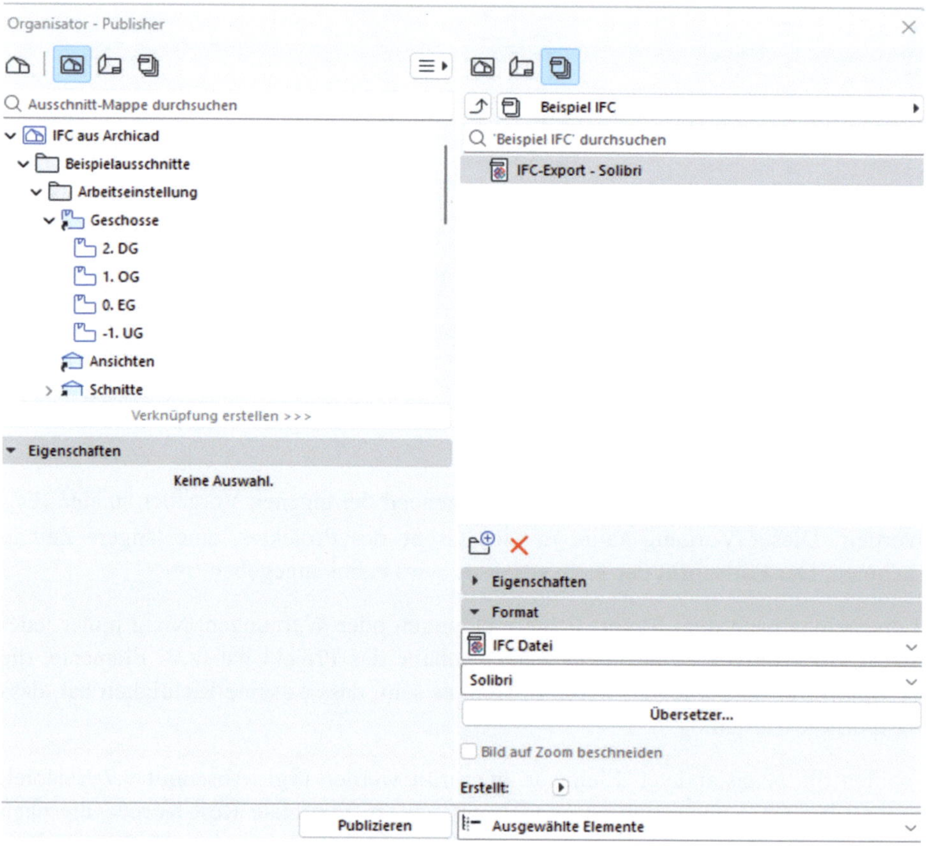

Abbildung 6-62 Publisher für IFC-Export

7 IFC Import Übersetzer

In den vorhergehenden Kapiteln wurden viele Einstellungen vorgenommen, um die Daten des Projektes nach Vorgaben zu exportieren. Für den Erhalt einer IFC-Datei eines Fachplaners gibt es – vergleichbar den ***Export-Übersetzern*** – entsprechende ***Import-Übersetzer***, die die Geometrien und die Informationen eines externen IFC-Modells für Archicad aufbereiten. Archicad hat bereits mehrere ***Import-Übersetzer***, die auf die IFC-Daten unterschiedlicher Ursprungs-Software optimiert sind. Trotzdem werden Sie wahrscheinlich nicht umhinkommen auch diese ***Übersetzer*** für Ihr Projekt zu spezifizieren. Werden zum Beispiel im Projekt eigene ***Attribute*** verwendet, müssen diese, entsprechend den ***Archicad***-Eigenschaften zugeordnet werden. Erst dann lassen sich weitere Funktionen von ***Archicad*** wie ***Etiketten*** oder die ***Graphische Überschreibungen*** im vollen Umfang nutzen.

Die ***Import-Übersetzer*** werden zusammen mit den ***Export-Übersetzern*** im ***IFC-Übersetzer-Manager*** verwaltet.

Ablage→ Interoperabilität → IFC – IFC Übersetzer...

Es erscheint ein Kommunikationsfenster, in dem alle ***Übersetzer*** aufgelistet und unter der jeweiligen Überschrift zusammengefasst sind.

Die ***Import-Übersetzer*** sind teilweise nach den Programmen benannt, deren IFC-Daten importiert werden sollen. Ähnlich wie bei den ***Export-Übersetzern*** können die vorhandenen ***Import-Übersetzer*** weiter modifiziert werden, um den Import den eigenen Bedürfnissen anzupassen.

Es empfiehlt sich, nicht die bestehenden ***Übersetzer*** zu ändern, sondern jeweils mit Kopien zu arbeiten. Dies gilt auch für die ***Umwandlungs-Voreinstellungen***.

Beim Erstellen eigener ***Übersetzer*** wird grundsätzlich angeraten die Zeile ***Beschreibung*** (rechte Seite des Kommunikationsfensters) zu nutzen und kurz zu dokumentieren, welche Änderungen gegenüber dem Standard-Übersetzer vorgenommen wurden. Diese kurze Dokumentation hilft z.B. Fehler im Übersetzer schneller zu erkennen.

Gibt es bereits einen ***Import-Übersetzer*** mit den gewünschten Einstellungen, kann dieser in das aktuelle Projekt importiert werden.

Hierzu wird der Button ***Importieren*** geklickt. Es öffnet sich ein Kommunikationsfenster, in dem der Pfad und der Typ der gewünschten ***Archicad-Datei*** (*.pln, *.tpl oder *.pla) eingegeben wird. Wird die Datei ausgewählt, erscheint ein weiteres Kommunikationsfenster, in dem alle vorhandenen ***Übersetzer*** (Import und Export) aufgelistet werden.

K. Fischer und F. Fischer, *BIM mit Archicad®*,
https://doi.org/10.1007/978-3-658-49671-5_7

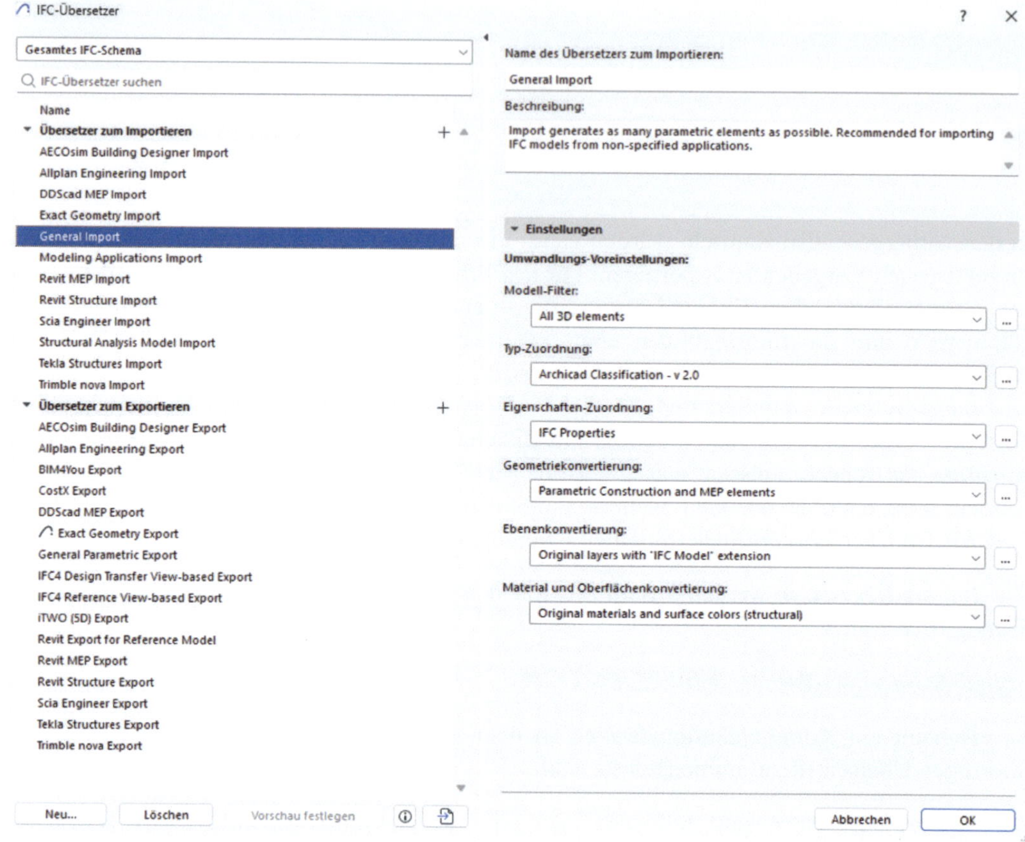

Abbildung 7-1 Import-Übersetzer

Neben den Namen der ***Übersetzer*** in der Auflistung befindet sich ein Auswahlkästchen. Durch Setzen der Auswahlhäkchens werden die gewünschten ***Übersetze***r samt ihren ***Umwandlungs-Voreinstellungen*** in das aktuelle Projekt eingebunden.

Ähnlich wie bei den ***Export-Übersetzern*** werden die Einstellungen der Import-Übersetzer in sechs verschiedene Kategorien unterteilt. Unter dem Namen jeder ***Umwandlungs-Voreinstellung*** befindet sich eine Pull-Down-Leiste mit einer Auswahl bereits vorhandener Filter. Fehlt ein Filter mit den gewünschten Eigenschaften, wird der Button [...] neben der Pull-Down Leiste gedrückt. Es öffnet sich ein Kommunikationsfenster, indem der entsprechende Filter erstellt oder modifiziert werden kann.

Sind die Voreinstellungen gemacht, wird das Fenster mit [OK] geschlossen und die neue bzw. modifizierte Voreinstellung aus dem Pull-Down-Menü gewählt. Nachdem alle Anpassungen vollzogen sind, kann der Übersetzer zum Importieren der projektspezifischen IFC-Daten verwendet werden.

In den weiter folgenden Abschnitten werden die einzelnen Voreinstellungen und ihre Auswirkung auf den Import vorgestellt.

7.1 Umwandlungs-Voreinstellungen

Eine ***Umwandlungs-Voreinstellung*** kann man sich wie einen Filter vorstellen, dessen Optionen dafür sorgen, dass Daten nach bestimmten Regeln importiert werden.

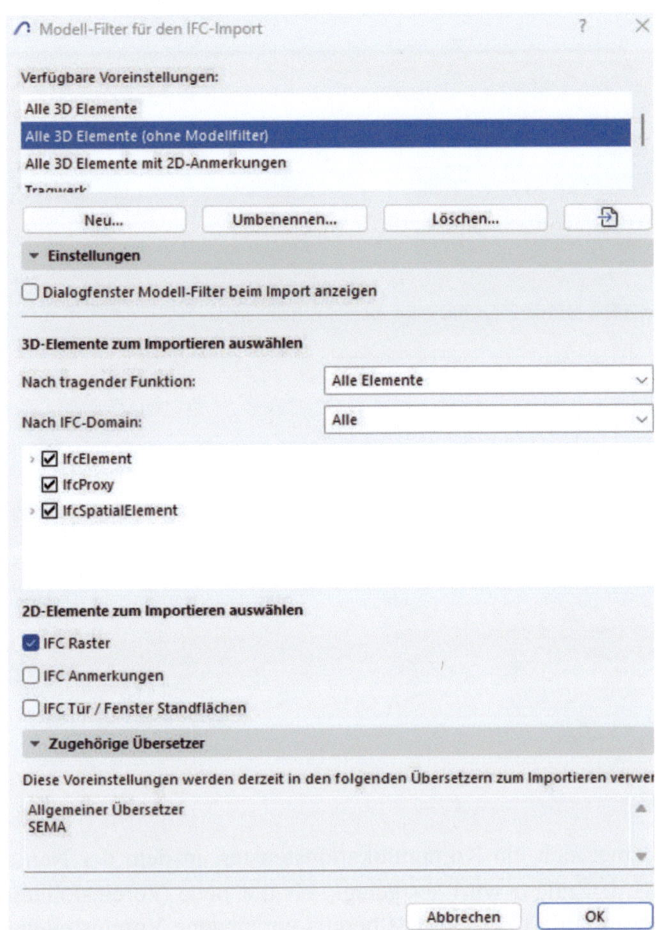

Abbildung 7-2 Unterschiedliche Kommunikationsfenster

Die Kommunikationsfenster der einzelnen ***Umwandlungs-Voreinstellung*** unterscheiden sich sowohl von der Arbeitsweise als auch von der Darstellung. Sie sind jedoch immer nach dem gleichen Prinzip aufgebaut. Das Fenster ist in drei Bereiche aufgeteilt. Im oberen Bereich werden alle bereits vorhandenen Filter aufgelistet. Hier können Filter erstellt, umbenannt und gelöscht werden.

Neue Filter können erstellt werden, indem sie entweder komplett neu aufgebaut werden, durch Kopieren und Modifizieren eines bereits vorhandenen Filters oder durch ***Import*** aus einer anderen Archicad-Datei.

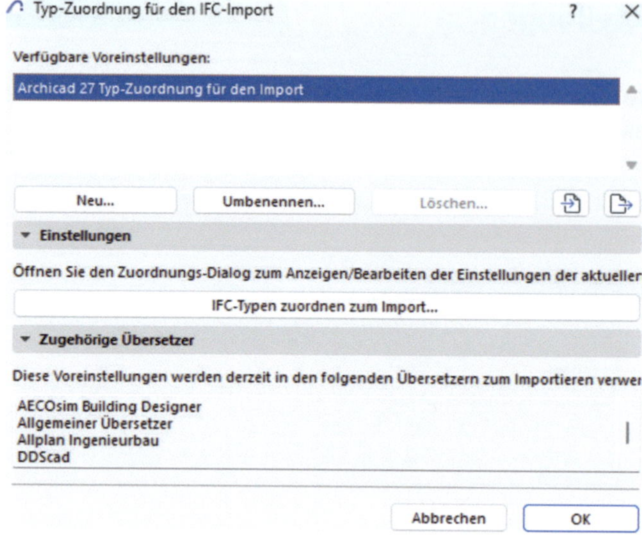

Abbildung 7-3 Unterschiedliche Kommunikationsfenster

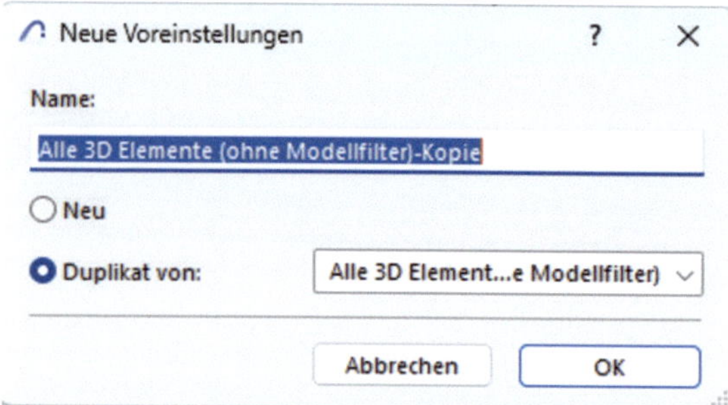

Abbildung 7-4 Neue Voreinstellung

Mit Klick auf den Button Neu... öffnet sich ein Kommunikationsfenster, in dem der Name neuer Voreinstellungen definiert wird. Zudem wird festgelegt, ob die neue Voreinstellung komplett neu und selbständig aufgebaut wird, oder, ob eine bereits vorhandene Voreinstellung als Vorlage dienen soll. Im Pull-Down-Menü kann diese Vorlage-Voreinstellung ausgewählt werden.

Eine Voreinstellung kann auch aus einer anderen Archicad Datei importiert werden.

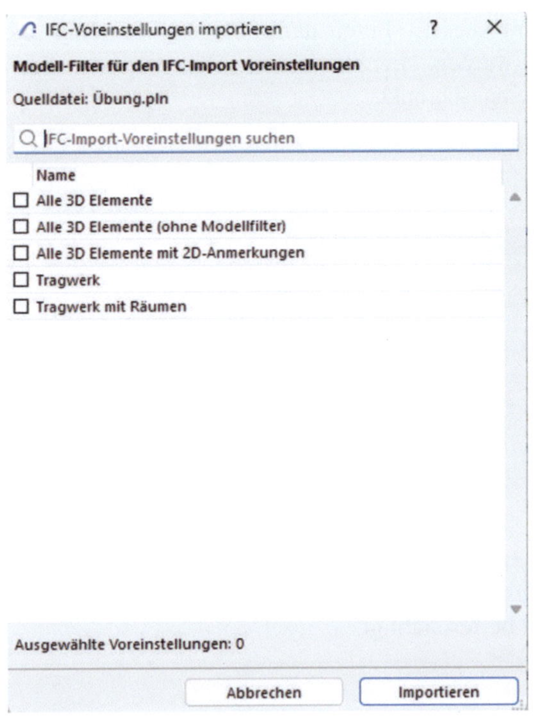

Abbildung 7-5 Import einer Voreinstellung

Durchs Setzen der Auswahlhäkchen, links neben dem Namen der Voreinstellung, wird diese mit Importieren zum aktuellen Projekt dazu geladen.

Der Bereich ***Einstellungen*** ist für jede Voreinstellung individuell und wird im jeweiligen Kapitel genauer beschrieben.

Im untersten Bereich des Kommunikationsfensters können keine Einstellungen vorgenommen werden. Dieser dient nur der Information, in welchen Übersetzern diese Voreinstellung wirksam wird. Dies ist einer der Gründe, warum vorhandene Voreinstellungen nicht verändert werden sollten. Ist die ***Voreinstellung*** in anderen ***Übersetzern*** wirksam, kann man die Auswirkung der vorgenommenen Modifikationen auf die Importe anderer Übersetzer nur schwer abschätzen.

7.1.1 Modell-Filter

Im ***Modell-Filter*** wird festgelegt, ob alle Elemente eines ***IFC***-Modells importiert werden sollen, oder ob Elemente einzelner ***Klassifizierungen*** aus dem ***Import*** ausgeschlossen werden sollen. Dieser Filter kann bei einem Projekt wichtig werden, dessen Workflow keine fachplanerspezifischen IFC-Modelle vorsieht.

Beispielsweise der Tragwerksplaner kann mit diesem Filter dafür sorgen, dass nur die Elemente, die statisch relevant sind, importiert werden. Hierzu wird der Filter entweder ***Nach tragenden Funktion*** oder ***Nach IFC-Domain*** eingeschränkt.

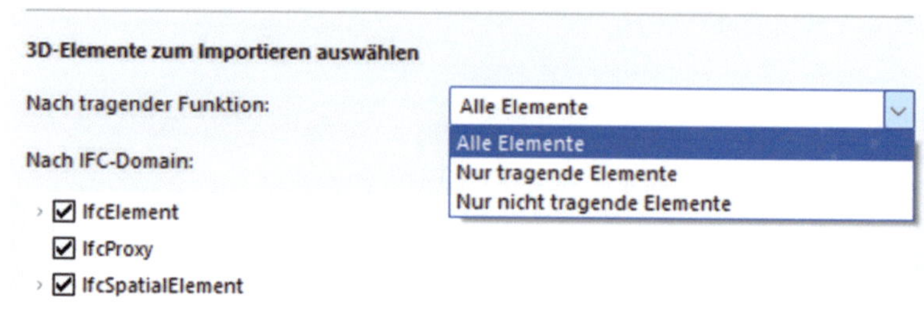

Abbildung 7-6 Auswahl der Elemente

Falls einzelne ***Klassifizierungen*** ausgeschlossen werden sollen, werden die Auswahlhäkchen neben dem Namen der entsprechenden ***Klassifizierung*** entfernt. Alle Elemente, dieser ***Klassifizierung*** werden dann beim Import nicht berücksichtigt.

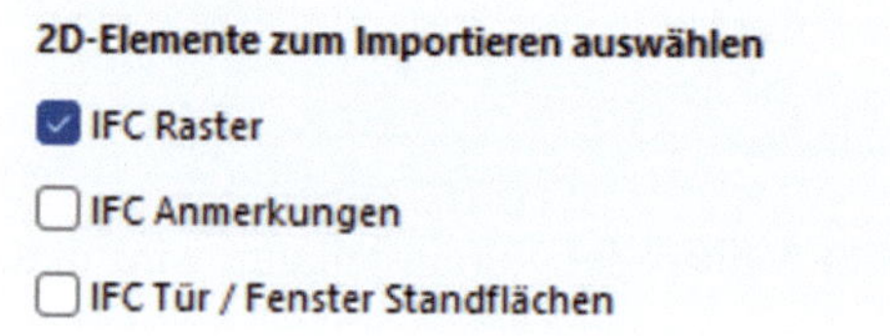

Abbildung 7-7 Import der 2D-IFC-Elemente

Falls die IFC-Datei, die importiert werden soll, 2D-Elemente beinhaltet, kann durch die Auswahlhäkchen festgelegt werden, welche der 2D-Elemente importiert werden sollen.

Falls die IFC-Datei z.B. Bemaßungen beinhaltet, ist zu bedenken, dass alle assoziativen Elemente (Etiketten, Bemaßungen usw.) in der IFC-Datei bzw. bei einem Re-Import ihr assoziatives Verhalten verlieren. Diese Elemente werden zu ***Linien*** und ***Textfelder*** konvertiert (vgl. Beispiel: Export 2D-Elemente, S. 375).

7.1.2 Typ-Zuordnung

Falls die ***Klassifizierung*** der Elemente der zu importierenden IFC-Datei Ihren Vorgaben nicht entspricht, kann die ***Klassifizierung*** im Bereich der ***Typ-Zuordnung*** angepasst werden. Dabei wird die ursprüngliche IFC-Datei nicht verändert. Mit diesem ***Übersetzer*** wird lediglich die ***Klassifizierung*** angepasst. Mit einem anderen ***Übersetzer*** kann man eine weitere Zuordnung erstellen, ohne dabei die ursprünglichen IFC-Daten zu ändern.

Es wird eine neue ***Typ-Zuordnung*** angelegt und der Button IFC Typen zuordnen zum Import... gedrückt. Es öffnet sich ein Kommunikationsfenster, in dem alle gängigen ***IFC***

Typen, deren vordefinierte Typen (*PredefinedType*) und deren nutzerdefinierte Typen (*Userdefined*) in tabellarischen Form aufgelistet sind. In der letzten Spalte sind die ***Klassifizierungen*** des Ziel-Klassifizierungssystems, wie aktuell zugeordnet, aufgelistet.

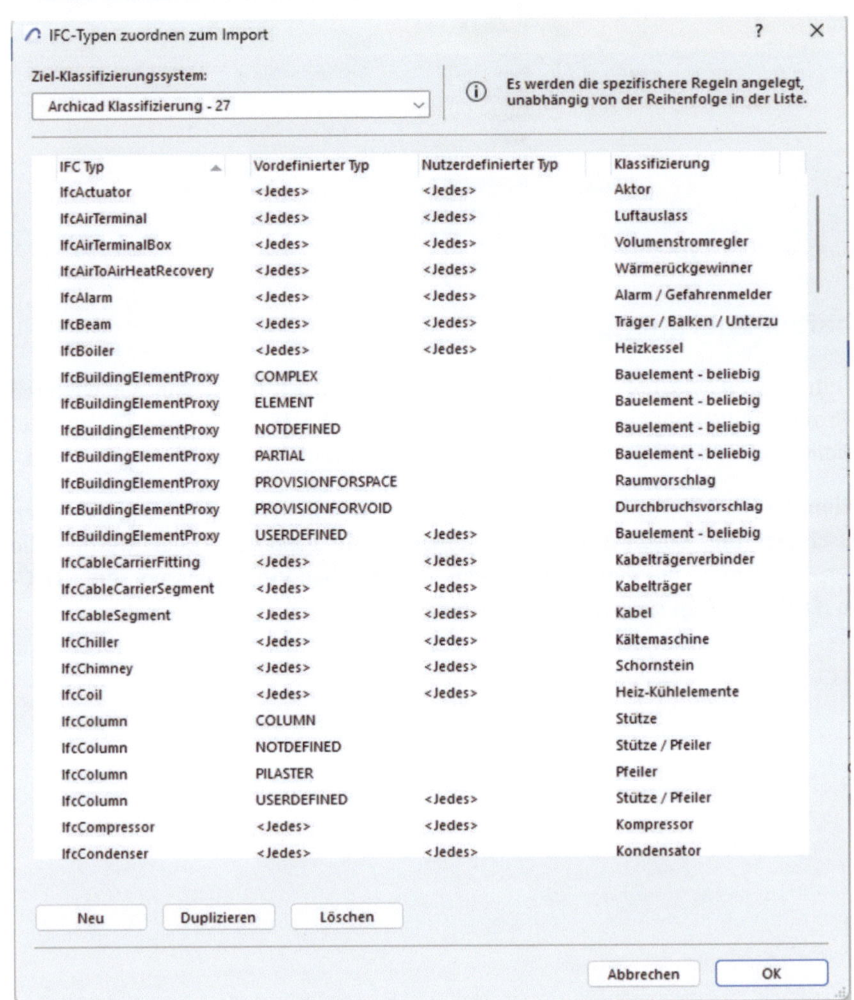

Abbildung 7-8 Typ-Zuordnung

Das aktuell wirksame ***Klassifizierungssystem*** ist in der Pull-Down-Leiste, oberhalb der Tabelle, sichtbar. Solange im Projekt nur ein System wirksam ist, kann man diese Zeile vernachlässigen.

Die ***Typ-Zuordnung*** wird angepasst, indem die entsprechende Zeile angeklickt wird. Am rechten Rand jeder Zeile befindet sich ein Pfeil-Button, unter dem sich eine Auswahl der an dieser Stelle möglichen, Optionen befindet. Durch eine Schritt-für-Schritt Auswahl der Optionen wird die Zeile den Anforderungen angepasst. Diese Vorgehensweise wird nun nach Bedarf für alle Zeilen der ***Typ-Zuordnung*** durchgeführt. Die ***Typ-Zuordnung*** muss eher selten umfangreich angepasst werden. Meist reichen eine Kontrolle und wenige Veränderungen aus.

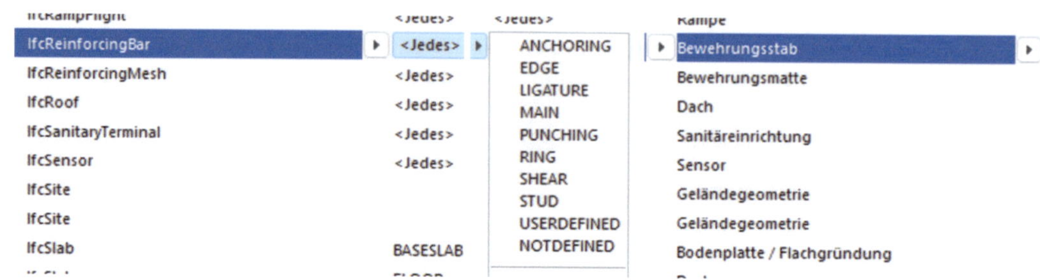

Abbildung 7-9 Anpassen der Typ-Zuordnung

7.1.3 Eigenschaften-Zuordnung

Wie umfangreich eine ***Eigenschaften-Zuordnung*** durchgeführt wird, hängt von der weiteren Nutzung des im Projekt eingebundenen IFC-Modells ab. Soll die IFC als reine Geometrie-Kontroll-Instanz dienen, kann die ***Eigenschaften-Zuordnung*** komplett vernachlässigt werden.

Sollen die Darstellungen der Elemente einer IFC-Datei mit ***Graphischen Überschreibungen*** gesteuert werden, erfolgt die Beschriftung der Elemente mit ***Etiketten***, oder werden die ***Eigenschaften*** der Elemente in den Interaktiven Listen benötigt, müssen die ***IFC-Eigenschaften*** den ***Archicad-Eigenschaften*** zugeordnet werden.

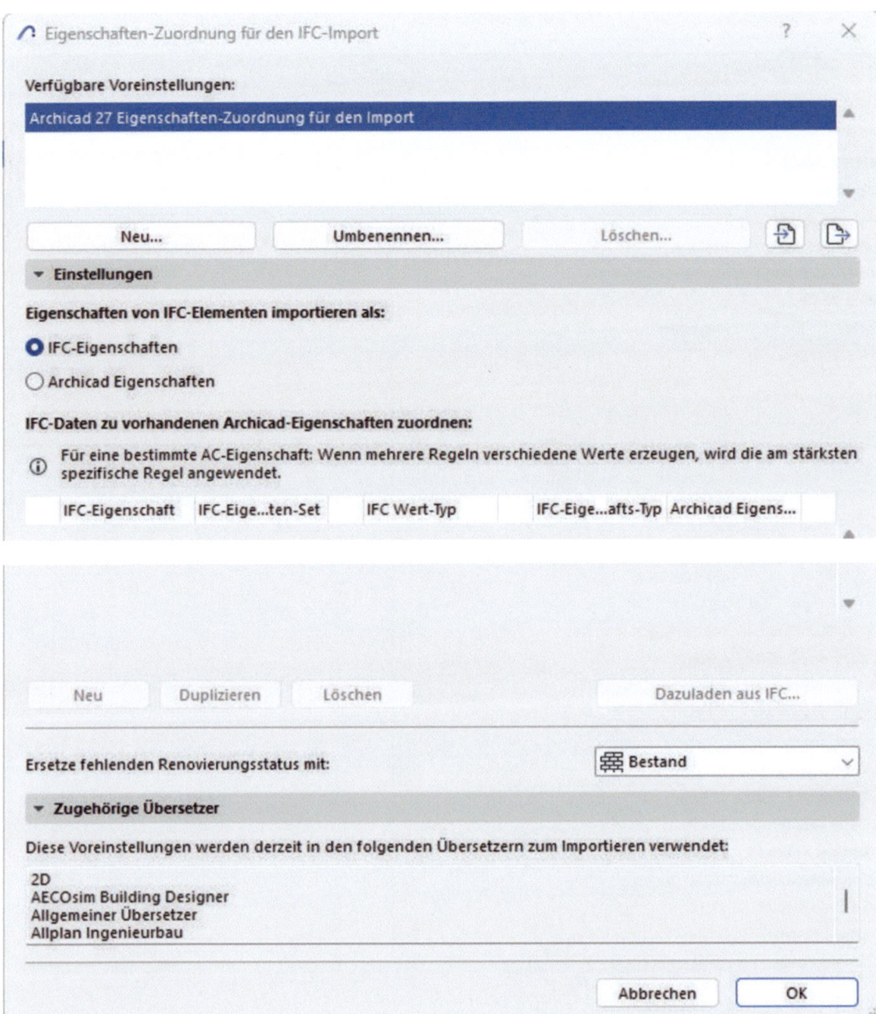

Abbildung 7-10 Kommunikationsfenster Eigenschaften-Zuordnung

Solange keine weiteren Vorgaben bestehen, werden die Eigenschaften der IFC-Datei als ***IFC-Eigenschaften*** importiert. Das bedeutet, diese sind zwar vorhanden und im Grundeinstellungs-Fenster des Elementes und im ***IFC-Manager*** zu sehen, können jedoch von den ***Etiketten*** nicht dargestellt werden. Ebenso wenig können sie als Kriterien der ***Graphischen Überschreibung*** gewählt werden. Diese benötigen ***Archicad Eigenschaften***.

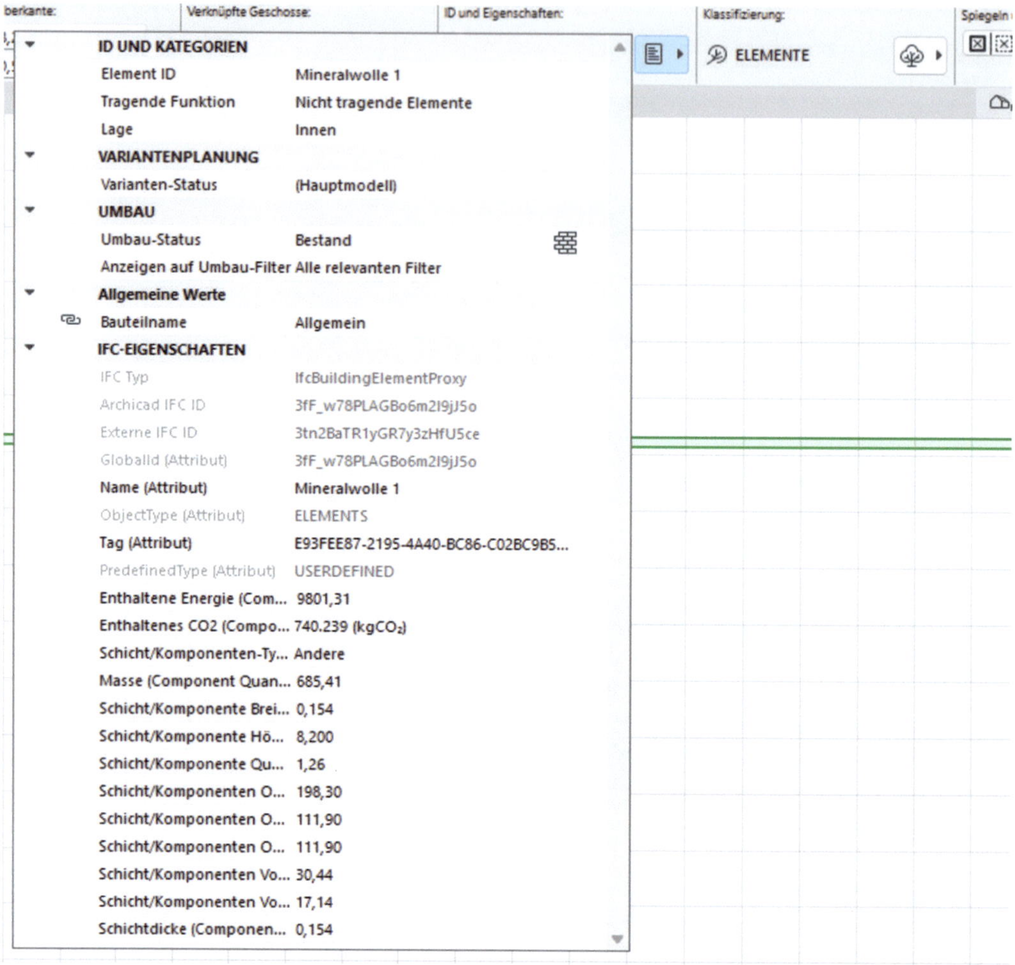
Verknüpfte Geschosse:
ID und Eigenschaften:
Klassifizierung:
Spiegeln
ELEMENTE
ID UND KATEGORIEN
Element ID Mineralwolle 1
Tragende Funktion Nicht tragende Elemente
Lage Innen
VARIANTENPLANUNG
Varianten-Status (Hauptmodell)
UMBAU
Umbau-Status Bestand
Anzeigen auf Umbau-Filter Alle relevanten Filter
Allgemeine Werte
Bauteilname Allgemein
IFC-EIGENSCHAFTEN
IFC Typ IfcBuildingElementProxy
Archicad IFC ID 3fF_w78PLAGBo6m2I9jJ5o
Externe IFC ID 3tn2BaTR1yGR7y3zHfU5ce
GlobalId (Attribut) 3fF_w78PLAGBo6m2I9jJ5o
Name (Attribut) Mineralwolle 1
ObjectType (Attribut) ELEMENTS
Tag (Attribut) E93FEE87-2195-4A40-BC86-C02BC9B5...
PredefinedType (Attribut) USERDEFINED
Enthaltene Energie (Com... 9801,31
Enthaltenes CO2 (Compo... 740.239 (kgCO₂)
Schicht/Komponenten-Ty... Andere
Masse (Component Quan... 685,41
Schicht/Komponente Brei... 0,154
Schicht/Komponente Hö... 8,200
Schicht/Komponente Qu... 1,26
Schicht/Komponenten O... 198,30
Schicht/Komponenten O... 111,90
Schicht/Komponenten O... 111,90
Schicht/Komponenten Vo... 30,44
Schicht/Komponenten Vo... 17,14
Schichtdicke (Componen... 0,154

Abbildung 7-11 IFC-Eigenschaften

Um die ***IFC-Eigenschaften*** in ***Archicad Eigenschaften*** zu konvertieren, müssen die entsprechenden ***Eigenschaften*** zuerst im ***Eigenschaften-Manager*** erstellt werden (vgl. Abschnitt 9.25 Beispiel: IFC-Import, Eigenschaften in Eigenschaften-Zuordnung).

Eigenschaften von IFC-Elementen importieren als:
IFC-Eigenschaften
Archicad Eigenschaften

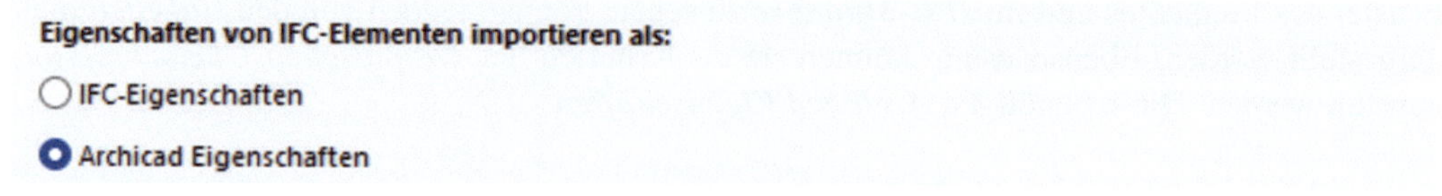

Abbildung 7-12 Änderung der Vorgabe zum Import

Die Einstellung ***Eigenschaften von IFC-Elementen importieren als:*** wird auf ***Archicad Eigenschaften*** umgestellt. Das bis jetzt graue Feld wird zu einer aktiven Tabelle mit acht Spalten und kann bearbeitet werden.

Sind Ihnen die ***Werte, Sets*** und ***Typen*** der zu importierenden ***Eigenschaften*** bekannt, können Sie nun manuell die Tabellenzeilen füllen, in dem Sie den Button Neu aktivieren. Dabei erscheint eine Zeile, deren erste Spalte ein Beschriftungsfeld und alle anderen Spalten Auswahlfelder enthalten.

Abbildung 7-13 Neue Zeile

In der ersten Spalte wird, manuell, die ***Eigenschaft*** der IFC-Elemente, die importiert werden soll, eingetragen. Das ***IFC-Eigenschaften-Set*** kann festgelegt werden. Falls dieses nicht bekannt ist, kann der Wert auf < ***Jedes***> bleiben. In den Zeilen ***IFC-Werte-Typ*** und ***IFC-Eigenschaften-Typ*** wird der jeweilige Datentyp der ***Eigenschaft*** eingetragen. In der Zeile ***Archicad Eigenschaften*** wird die ***Eigenschaft*** gewählt, die dieser ***IFC-Eigenschaft*** zugeordnet werden soll.

Wichtig ist, dass der ***Werte-Typ*** sowohl bei ***IFC-Eigenschaft*** als auch bei ***Archicad Eigenschaft*** gleich ist, sonst werden keine Werte dieser ***Eigenschaft*** übermittelt.

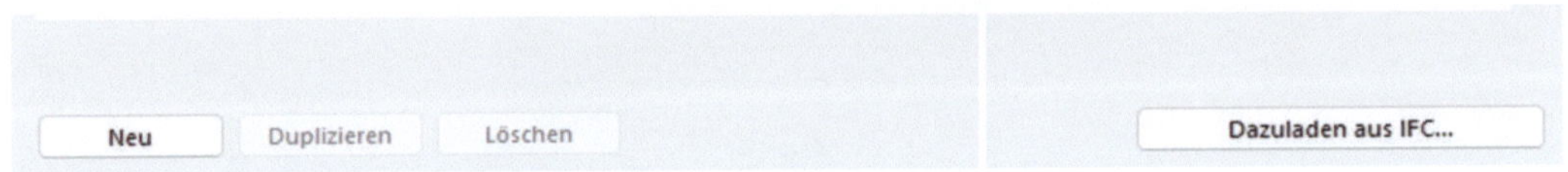

Abbildung 7-14 Dazuladen aus IFC...

Bei IFC-Dateien mit nur wenigen ***Eigenschaften*** ist dieser „Schritt für Schritt-Eintrag" noch praktikabel, bei vielen zuzuordnenden ***Eigenschaften*** wird viel Zeit benötigt und die Gefahr von Fehlern steigt. Das Befüllen der Tabelle kann deutlich beschleunigt werden. Hierzu wird der Button Dazuladen aus IFC... aktiviert und der Pfad der IFC-Datei angegeben.

Daraufhin füllt sich die Tabelle mit allen Eigenschaften, die in der zu importierenden IFC vorhanden sind und bisher den Archicad-***Eigenschaften*** nicht zugeordnet wurden. Links neben diesen ***Eigenschaften*** ist ein Warndreieck-Symbol zu sehen.

Über den Button mit Pfeil-Symbol, rechts neben der Zeile der ***Archicad Eigenschaft***, erscheint ein Auswahlmenü mit allen vorhandenen ***Eigenschaften***. Durch Klick auf den Namen der ***Eigenschaft*** wird diese der ***IFC-Eigenschaft*** zugeordnet.

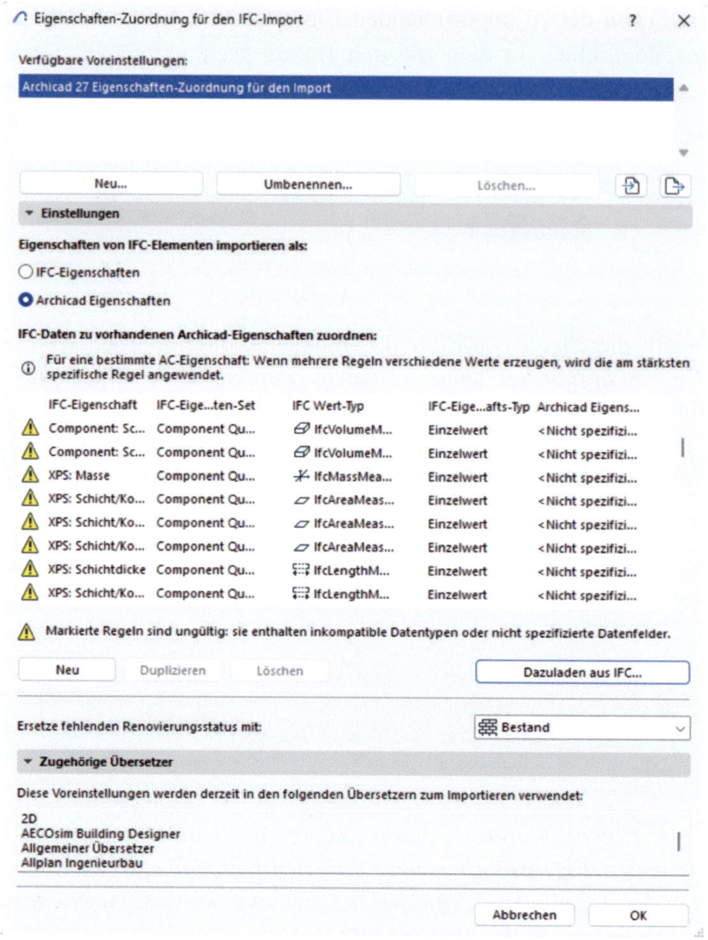

Eigenschaften-Zuordnung für den IFC-Import ? ×

Verfügbare Voreinstellungen:

Archicad 27 Eigenschaften-Zuordnung für den Import

Neu... Umbenennen... Löschen...

Einstellungen

Eigenschaften von IFC-Elementen importieren als:

IFC-Eigenschaften

Archicad Eigenschaften

IFC-Daten zu vorhandenen Archicad-Eigenschaften zuordnen:

Für eine bestimmte AC-Eigenschaft: Wenn mehrere Regeln verschiedene Werte erzeugen, wird die am stärksten spezifische Regel angewendet.

IFC-Eigenschaft	IFC-Eige...ten-Set	IFC Wert-Typ	IFC-Eige...afts-Typ	Archicad Eigens...
Component: Sc...	Component Qu...	IfcVolumeM...	Einzelwert	<Nicht spezifizi...
Component: Sc...	Component Qu...	IfcVolumeM...	Einzelwert	<Nicht spezifizi...
XPS: Masse	Component Qu...	IfcMassMea...	Einzelwert	<Nicht spezifizi...
XPS: Schicht/Ko...	Component Qu...	IfcAreaMeas...	Einzelwert	<Nicht spezifizi...
XPS: Schicht/Ko...	Component Qu...	IfcAreaMeas...	Einzelwert	<Nicht spezifizi...
XPS: Schicht/Ko...	Component Qu...	IfcAreaMeas...	Einzelwert	<Nicht spezifizi...
XPS: Schichtdicke	Component Qu...	IfcLengthM...	Einzelwert	<Nicht spezifizi...
XPS: Schicht/Ko...	Component Qu...	IfcLengthM...	Einzelwert	<Nicht spezifizi...

Markierte Regeln sind ungültig: sie enthalten inkompatible Datentypen oder nicht spezifizierte Datenfelder.

Neu Duplizieren Löschen Dazuladen aus IFC...

Ersetze fehlenden Renovierungsstatus mit: Bestand

Zugehörige Übersetzer

Diese Voreinstellungen werden derzeit in den folgenden Übersetzern zum Importieren verwendet:

2D
AECOsim Building Designer
Allgemeiner Übersetzer
Allplan Ingenieurbau

Abbrechen OK

Abbildung 7-15 Aufgelistete IFC-Eigenschaften

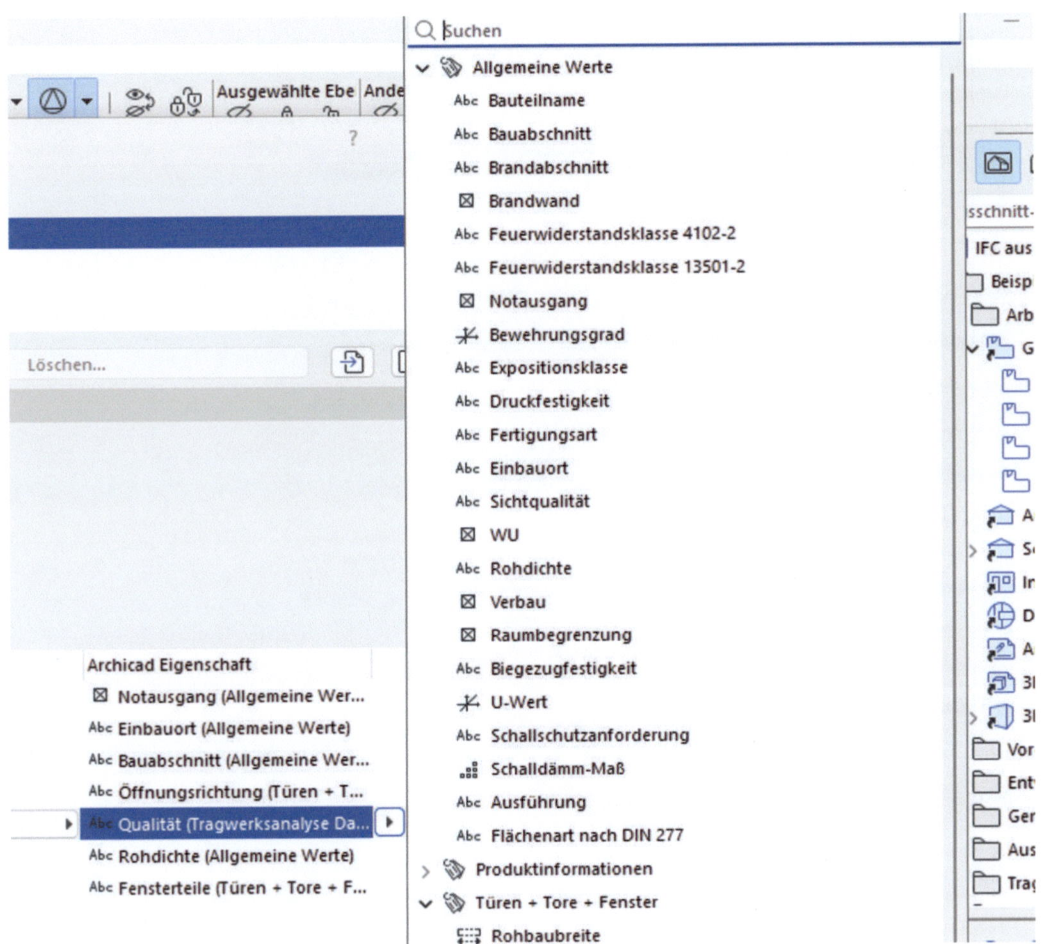

Abbildung 7-16 Auswahlmenü

Nach der Zuordnung verschwindet das Warndreieck-Symbol, es sei denn die Werte der beiden ***Eigenschaften*** stimmen nicht überein.

Möglicherweise werden mit dieser ***Eigenschaften-Zuordnung*** mehrere IFC-Dateien importiert. Über den Buttons Dazuladen aus IFC... können nach der ersten Zuordnung weitere IFC-Dateien ausgewählt werden. Ihre ***Eigenschaften*** werden in der Tabelle ergänzt, die bereits zugeordneten ***Eigenschaften*** werden dabei nicht geändert.

7.1.4 Geometriekonvertierung

In dieser ***Umwandlungs-Voreinstellung*** wird definiert, wie die Geometrien der Elemente in das Projekt importiert und wo sie positioniert werden.

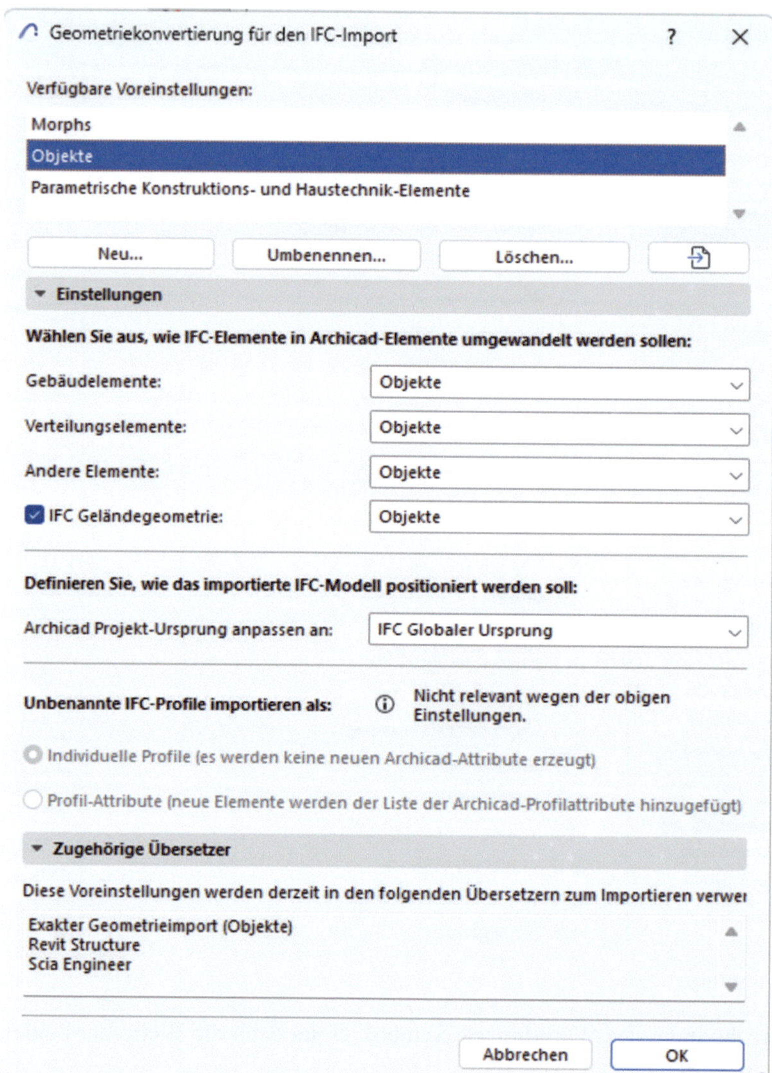

Abbildung 7-17 Kommunikationsfenster Geometriekonvertierung

Die Einstellung der ***Geometriekonvertierung*** ist in vier Bereiche unterteilt. Als erstes werden die Gebäudeelemente, also alle Elemente der Zuordnung *IfcBuildingElement*, importiert. Es stehen vier Möglichkeiten zur Verfügung: ***Konstruktionselemente sonst Morphs***, ***Konstruktionselemente sonst Objekte***, ***Objekte*** und ***Morphs***. Konstruktionselemente bedeutet, dass Archicad versucht die Elemente des IFC-Modells den Werkzeugen aus dem Werkzeugkasten zuzuordnen. Falls die Zuordnung nicht funktioniert, werden die Elemente entweder zu ***Morph*** oder ***Objekten*** konvertiert. Die Zuordnung kann zum Beispiel fehlschlagen, wenn Elemente der zu importierenden IFC-Datei mit ***BREP*** (vgl. Abschnitt 6.4.3 Export-Übersetzer, Geometriekonvertierung) exportiert wurden oder in Archicad kein vergleichbares Werkzeug zur Verfügung steht.

Alle vier Einstellungen liefern korrekte Geometrien. Die Auswahl ergibt sich aus der internen Struktur des Projektes. Grundsätzlich sollten die importierten IFC-Elemente nur als Referenzen genutzt und nicht weiterbearbeitet werden.

Die Elemente, die als ***Morph*** importiert werden, können wie im Projekt erstellten ***Morphs*** bearbeitet werden. Die ***Klassifizierung*** bleibt dem Import entsprechend erhalten.

Die Elemente, die als ***Objekte*** importiert werden, erzeugen, wenn nichts anderes angegeben ist, einen eigenen Bibliotheksordner, in der ***Eingebetteten Bibliothek*** des Projektes. Die Namen der Objekte entsprechen der jeweiligen ***Klassifizierung***. So wird zum Beispiel aus einer *IfcDoor* ein Objekt Tür. Bei mehreren Elementen gleicher ***Klassifizierung*** wird nach dem Namen eine Reihenfolge-Zahl vergeben.

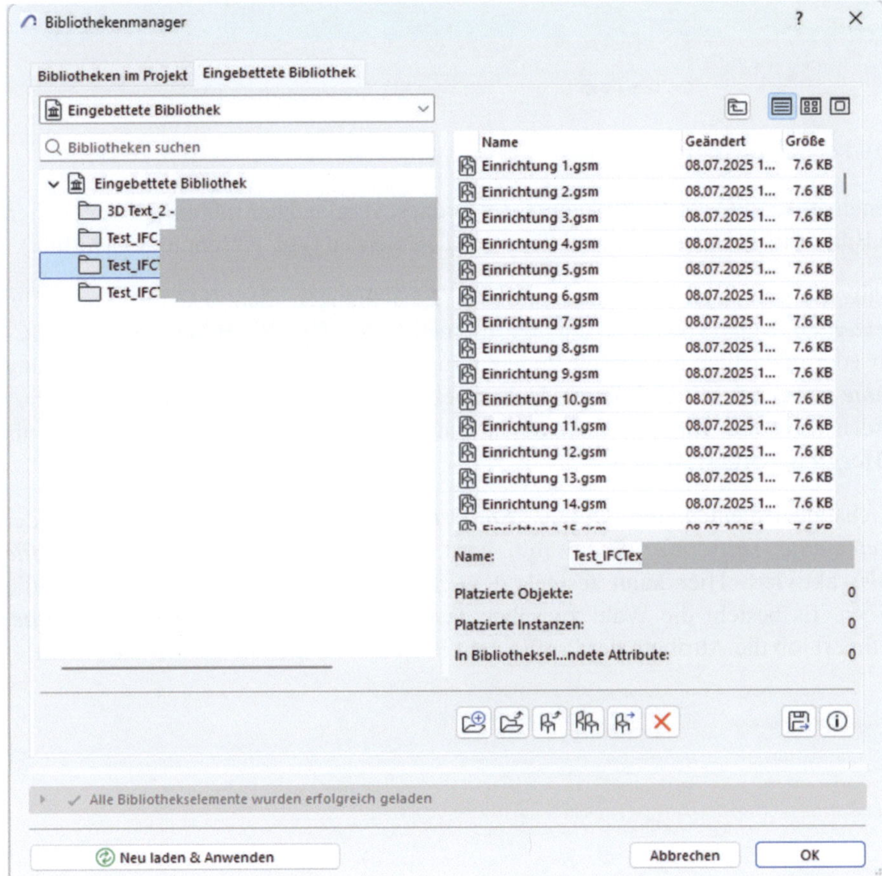

Abbildung 7-18 Ordner der importierten Objekte einzelner IFCs

Jede importierte IFC-Datei erzeugt einen eigenen Ordner. Die IFC-Import-Bibliothek kann auch außerhalb des Projektes abgelegt werden. Hierzu wird während des Importvorgangs der Pfad für den gewünschten Ordner vorgegeben.

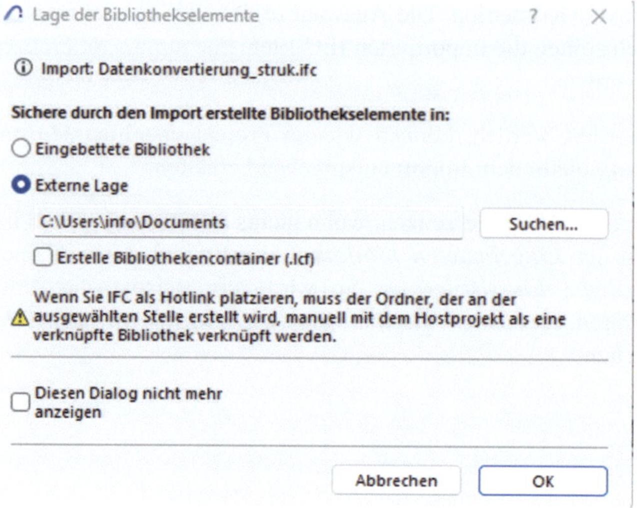

Abbildung 7-19 Festlegen externer Ordner

Bei der Verwendung der IFC als ***Hotlink*** muss der Ordner, vergleichbar mit einer zusätzlichen Bibliothek, im Bibliotheksmanager manuell dazu geladen werden (vgl. Abschnitt 8.2 Hotlink).

Ähnlich verhält es sich auch mit den anderen Einstellungen der IFC-Elemente. Bei ***Verteilungselementen*** handelt es sich um die Elemente des HKLSE-Bereiches. Die IFC-Elemente, die weder in die eine noch in die andere Gruppe fallen, werden unter der Einstellung ***Andere Elemente*** gesteuert. Mit aktiviertem Haken neben ***IFC Geländegeometrie*** kann *IfcSite* importiert werden. Sowohl ***Andere Elemente***, als auch ***Geländegeometrie*** können nur als ***Objekte*** oder ***Morph*** importiert werden.

Wurde bei Gebäudeelementen die Option ***Konstruktionselemente, sonst Objekte*** oder ***Konstruktionselemente, sonst Morph*** gewählt, wird der Bereich ***Unbenannte IFC-Profile importieren als:*** aktiviert. Hier kann festgelegt werden, wie die unbenannten IFC-Profile importiert werden. Es besteht die Wahl zwischen ***Individuelle Profile*** und ***Profil-Attribute***. Damit wird definiert, ob die Attribute der Profile dem Projekt hinzugefügt werden oder nicht.

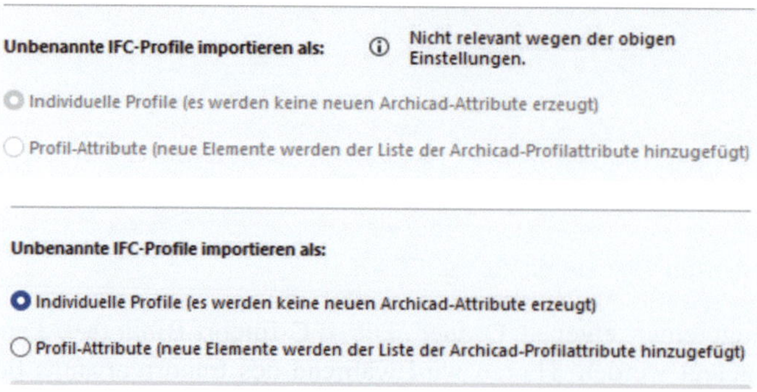

Abbildung 7-20 Unbenannte IFC-Profile importieren

Unabhängig davon, welche Geometriekonvertierung gewählt wurde, kann es sein, dass manche komplexen Geometrien sich nicht in ***Morph*** konvertieren lassen. In diesem Fall wird daraus ein ***Objekt*** erzeugt, die Geometrie wird dabei weiterhin exakt wiedergegeben.

Zusätzliche Regeln sind in der ***Archicad Online-Hilfe*** nachzuschlagen.[13]

Zwischen den beiden Bereichen befindet sich der Bereich zur Positionierung des Modells. An dieser Stelle wird festgelegt, wie der ***Archicad Projekt-Ursprung*** im Verhältnis zum importierten IFC-Modell angepasst werden soll. Der Hersteller empfiehlt die Grundstückslage der IFC. Der Umgang mit dem Vermessungspunkt, der Projektlage und in diesem Zusammenhang mit dem IFC-Import ist in einem separaten Abschnitt beschrieben (vgl. Abschnitt 8.1 Positionierung einer IFC).

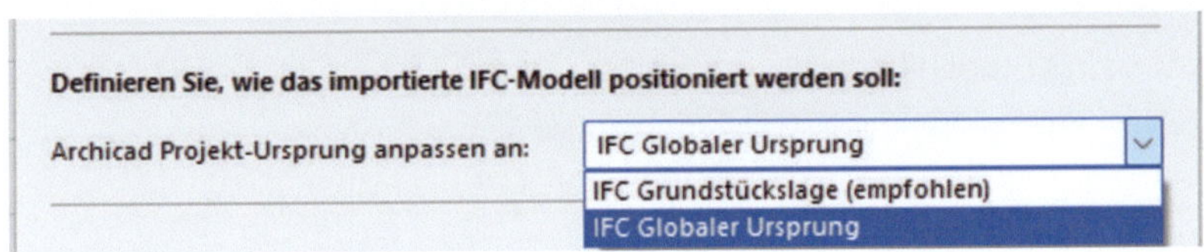

Abbildung 7-21 Positionierung der IFC

7.1.5 Ebenenkonvertierung

Die ***Umwandlungs-Voreinstellung*** steuert, wie die ***Ebenen*** (Layer) der zu importierenden IFC-Datei in das Projekt integriert werden. Hier bestehen zwei Möglichkeiten: Zum einen können die Elemente weiterhin auf den in der IFC-Datei gespeicherten ***Ebenen*** liegen, diese werden mit einer entsprechenden ***Erweiterung*** gekennzeichnet und in einem ***Ebenen-Ordner*** zusammengefasst.

Eine andere Möglichkeit ist, die Elemente den projekteigenen ***Ebenen*** zuzuordnen.

Bei der ersten Option wird die Zahl der ***Ebenen*** um die Layer der IFC-Datei erweitert. Das führt dazu, dass die ***Ebenen-Kombinationen*** einer Vorlagedatei für die Ausschnitte regelmäßig angepasst werden müssen.

---

[13] Vgl. https://help.graphisoft.com/AC/27/GER/index.htm?rhcsh=1&rhnewwnd=0#t=_AC27_Help%2F121_IFC%2F121_IFC-30.htm%23CSH_1503 (Stand 04.07.2025)

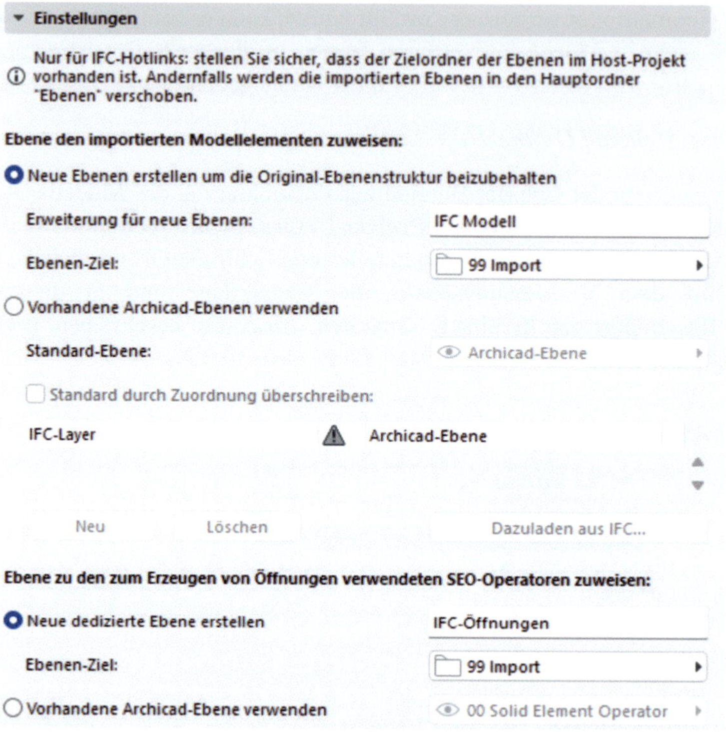

Einstellungen
Nur für IFC-Hotlinks: stellen Sie sicher, dass der Zielordner der Ebenen im Host-Projekt vorhanden ist. Andernfalls werden die importierten Ebenen in den Hauptordner "Ebenen" verschoben.
Ebene den importierten Modellelementen zuweisen:
Neue Ebenen erstellen um die Original-Ebenenstruktur beizubehalten
Erweiterung für neue Ebenen:
IFC Modell
Ebenen-Ziel:
99 Import
Vorhandene Archicad-Ebenen verwenden
Standard-Ebene:
Archicad-Ebene
Standard durch Zuordnung überschreiben:
IFC-Layer
Archicad-Ebene
Neu
Löschen
Dazuladen aus IFC...
Ebene zu den zum Erzeugen von Öffnungen verwendeten SEO-Operatoren zuweisen:
Neue dedizierte Ebene erstellen
IFC-Öffnungen
Ebenen-Ziel:
99 Import
Vorhandene Archicad-Ebene verwenden
00 Solid Element Operator

Abbildung 7-22 Ebenenkonvertierung

Neue Ebenen erstellen um die Original-Ebenenstruktur beizubehalten
Erweiterung für neue Ebenen:
IFC Modell
Ebenen-Ziel:
99 Import
Vorhandene Archicad-Ebenen verwenden
Standard-Ebene:
Archicad-Ebene
Standard durch Zuordnung überschreiben:
IFC-Layer
Archicad-Ebene
Neu
Löschen
Dazuladen aus IFC...
Ebene zu den zum Erzeugen von Öffnungen verwendeten SEO-Operatoren zuweisen:
Neue dedizierte Ebene erstellen
IFC-Öffnungen
Ebenen-Ziel:
99 Import
Vorhandene Archicad-Ebene verwenden
00 Solid Element Operator
Zugehörige Übersetzer
Allgemeiner Übersetzer
Exakter Geometrieimport (Morph)
Exakter Geometrieimport (Objekte)
Suchen
Ebenen
00 Allgemein
10 Vertikale Elemente
20 Horizontale Elemente
30 Dachelemente
40 Erschließung
50 Einrichtung
60 Außen
70 HKLSE
80 Flächen und Volumen
90 Dokumentation
99 Import
Auswählen

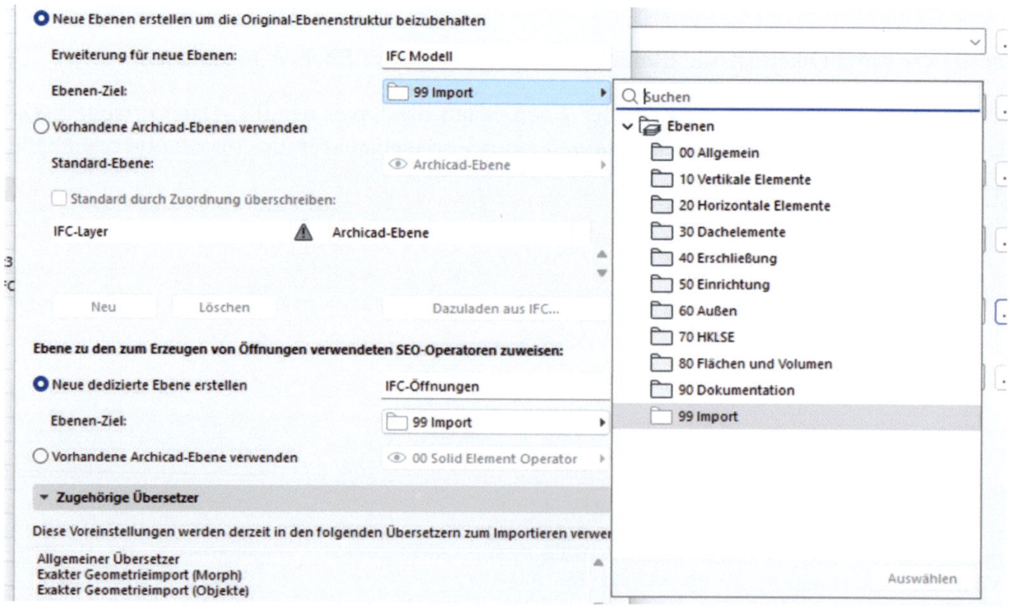

Abbildung 7-23 Originalstruktur

Andererseits können die ***Ebenen*** durch die ***Ebenen Erweiterung*** sehr schnell innerhalb des ***Ebenen-Managers*** sortiert werden. Die Elemente des IFC-Modells können somit separat ein- und ausgeschaltet werden.

Die ***Erweiterung*** kann für jede zu importierende IFC-Datei individuell sein. Dies führt zu mehr Übersicht, da auf einen Blick klar ist, zu welcher IFC-Datei die Ebenen gehören.

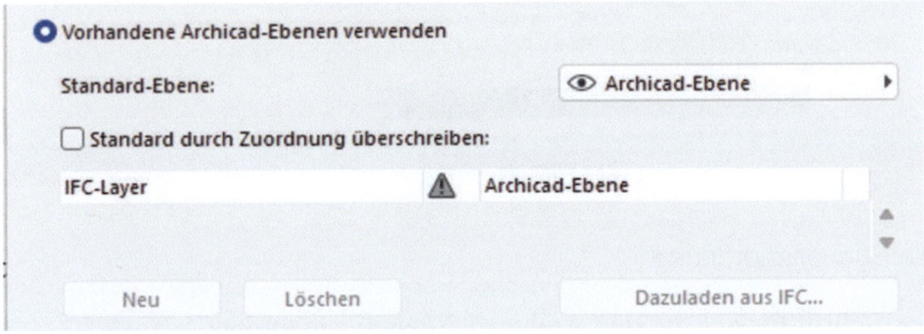

Vorhandene Archicad-Ebenen verwenden
Standard-Ebene: Archicad-Ebene
Standard durch Zuordnung überschreiben:
IFC-Layer Archicad-Ebene
Neu Löschen Dazuladen aus IFC...

Abbildung 7-24 Vorhandene Ebenen nutzen

Die Option ***Vorhandene Archicad-Ebenen*** verwenden sorgt dafür, dass sich die ***Ebenenstruktur*** des Projektes nicht verändert. Das kann Vorteile bringen, denn somit können Vorlagedateien mit festgelegten Ausschnitten (vgl. Abschnitt 4.1 Ausschnitt erstellen) genutzt werden, ohne diese projektweise anpassen zu müssen.

Beim ***Import*** können alle Elemente auch einer einzigen ***Ebene*** zugewiesen werden. Hierzu wird der Button rechts neben der ***Standard-Ebene*** angeklickt und die gewünschte Ebene ausgewählt. Es kann ebenso eine detaillierte Zuordnung stattfinden und jedem in der IFC-Datei vorhandenen ***Layer*** eine ***Ebene*** des ***Archicad***-Projektes zugeordnet werden.

Der Haken neben ***Standard durch Zuordnung überschreiben:*** wird aktiviert. Dadurch wird die Tabelle unterhalb nicht mehr grau dargestellt und kann bearbeitet werden.

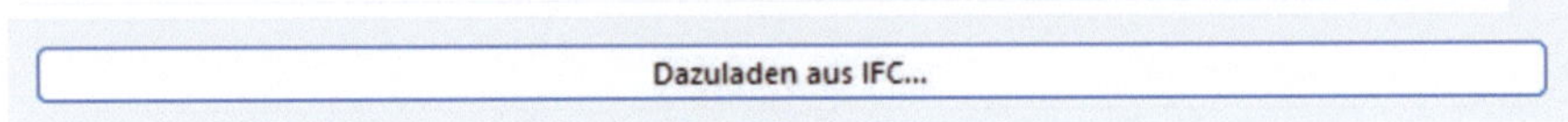

Abbildung 7-25 Dazuladen der Ebenen

Durch Anklicken des Buttons Dazuladen aus IFC... erscheint ein Kommunikationsfenster, in dem der Pfad der gewünschten IFC-Datei festgelegt wird. Mit Auswahl der IFC-Datei erscheinen alle in der Datei vorhandenen ***Layer*** auf der linken Seite der Tabelle. Archicad schlägt eine sinnvolle Zuordnung dieser ***Layer*** zu den ***Ebenen*** des Projektes vor. Falls diese falsch ist, kann sie manuell geändert werden, in dem die entsprechende Zeile mit der Maus angeklickt wird. Rechts neben dem ***Ebenen***-Namen erscheint dann ein Button mit ***Pfeilsymbol***. Durch Klick auf den Button werden alle im Projekt vorhandenen ***Ebenen*** aufgelistet und können ausgewählt werden.

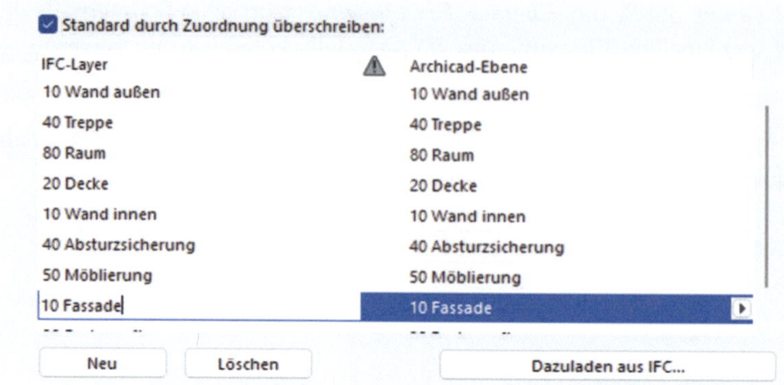

Abbildung 7-26 Manuelle Ebenenzuordnung

So werden die ***IFC-Layer***, Schritt für Schritt, den Archicad-***Ebenen*** zugeordnet.

7.1.6 Material und Oberflächenkonvertierung

Ob die ***Material- und Oberflächenkonvertierung*** bearbeitet wird, hängt unmittelbar davon ab, wie das zu importierende IFC-Modell weiterverwendet werden soll. Solange IFC-Elemente nur zur Orientierung und als Hilfsmittel zum Erstellen der eigenen Datei dienen, kann die Konvertierung genauso übernommen werden, wie sie vom Hersteller voreingestellt wurde.

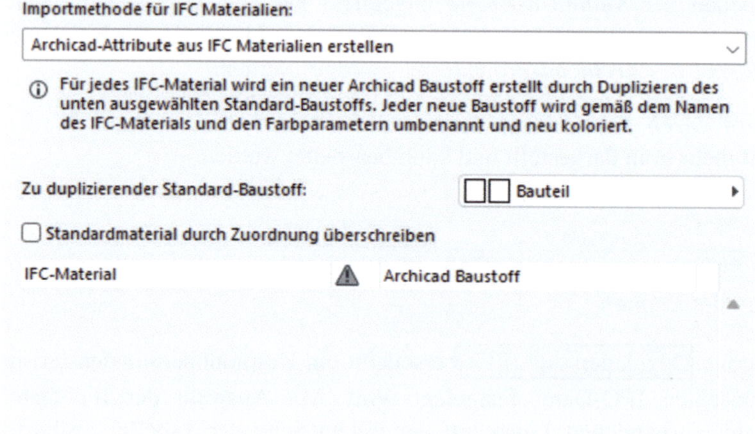

Abbildung 7-27 Material und Oberflächenkonvertierung

Beim Import einer IFC-Datei werden bei der Einstellung ***Archicad-Attribute aus IFC Materialien erstellen*** ein eigener ***Baustoff***, basierend auf dem ausgewählten ***Baustoff*** und ein eigenes ***Oberflächenmaterialien*** erstellt. Diese werden sowohl im ***Baustoff-Manager*** als auch im ***Oberflächenmaterialien-Manager*** entsprechend gekennzeichnet.

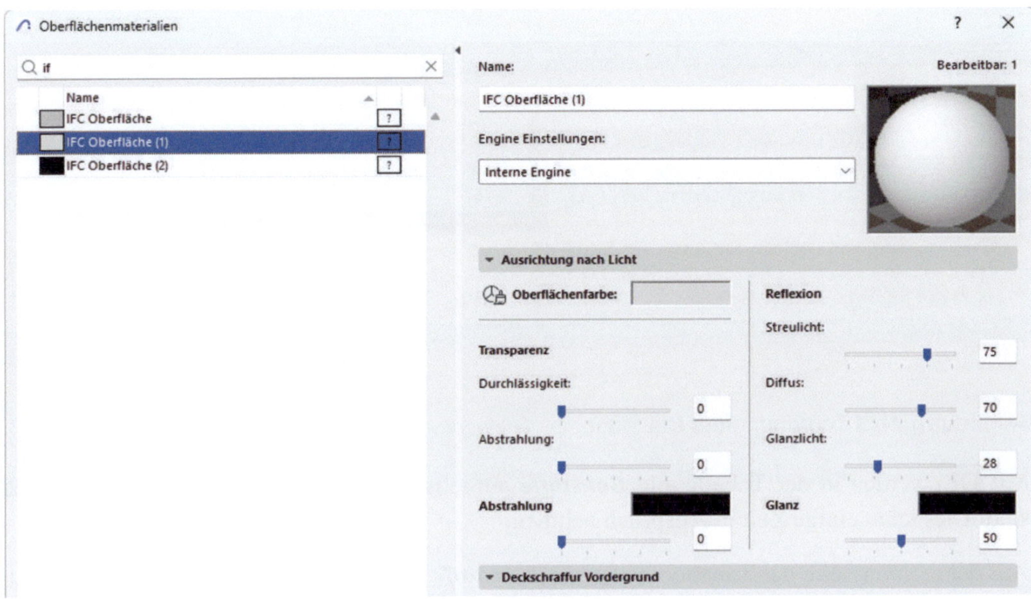

Abbildung 7-28 Archicad-Attribute aus IFC-Materialien

Die so erstellten Oberflächen haben keine vektoriellen ***Deckschraffuren***. Als Grundlage für alle in der IFC-Datei mitgelieferten ***Baustoffe*** wird nur ein einziger Archicad-***Baustoff*** genutzt. Hierdurch ist die Darstellung in den Plänen möglicherweise betroffen. Es kann auch sein, dass die Beschriftung „IFC Oberfläche(xx)" beim Etikettieren der Zeichnungen oder bei Auswertungen nicht mehr den Anforderungen entspricht.

Grundsätzlich können, bei Bedarf, ***Oberflächenmaterialien*** und ***Baustoffe*** auch nachträglich überarbeitet und umbenannt werden.

Bei ***Importen*** bei Projekten, die in Teamwork bearbeitet werden und bei denen neue ***Attribute*** erstellt werden sollen, muss im Vorfeld geprüft werden, ob die jeweilige ***Teamwork-Rolle*** das Erstellen dieser neuen ***Attribute*** überhaupt zulässt.

Die ***Baustoffe*** des IFC-Modells können bereits im ***Übersetzer*** den Archicad-***Baustoffen*** zugeordnet werden. Das Zuordnen kann, je nach Menge der ***Baustoffe*** in der IFC-Datei, viel Zeit in Anspruch nehmen. Dafür werden keine neuen ***Baustoffe*** und keine neuen ***Oberflächenmaterialien*** erzeugt. Die Elemente des IFC-Modells folgen in den Arbeitsfenstern den Regeln, die auch für die projekteigenen Elemente gelten.

Um die ***Baustoffe*** zuordnen zu können, wird der Haken neben ***Standardmaterial durch Zuordnung überschreiben*** aktiviert. Dadurch werden Felder der Tabelle unterhalb zum Bearbeiten freigegeben. Durch Anklicken des Buttons Dazuladen aus IFC... wird ein Kommunikationsfenster geöffnet, in dem der Pfad der gewünschten IFC-Datei eingegeben wird.

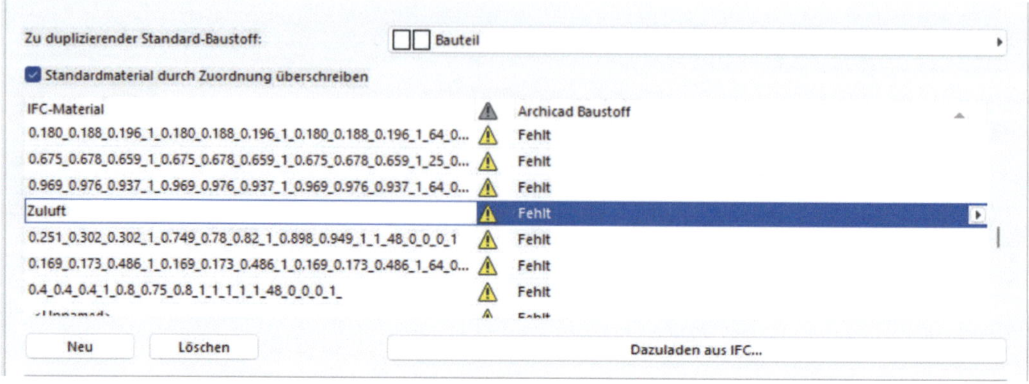

Abbildung 7-29 Zuordnung der Baustoffe

Mit OK werden in der Tabelle alle ***Baustoffe*** aufgelistet, die in dem IFC-Modell verwendet sind. Dies kann einige Zeit in Anspruch nehmen.

Auf der rechten Seite der Tabelle werden die ***Baustoffe*** des Archicad-Projektes dargestellt und, wenn es der Software möglich ist, bereits automatisches zugeordnet. Anderenfalls erhält man einen Hinweis, dass der ***Baustoff*** fehlt und eine manuelle Zuordnung notwendig ist.

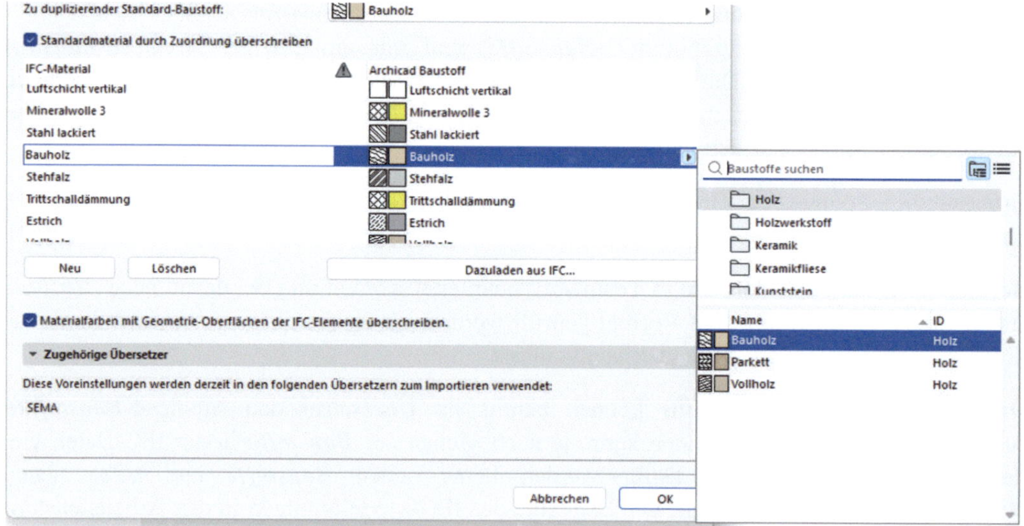

Abbildung 7-30 Zuordnung der Baustoffe

Mit einem Klick in die Zeile des Archicad-***Baustoffes***, erscheint neben dem Namen des ***Baustoffes*** ein Button mit einem Pfeil-Icon. Hinter diesem Button verbirgt sich die Auflistung aller im Projekt vorhandenen ***Baustoffe***. Durch Anklicken des gewünschten Baustoffes wird dieser dem ***IFC-Baustoff*** zugeordnet.

7.2 Importieren einer IFC

Sind alle ***Umwandlungs-Voreinstellungen*** festgelegt, werden sie dem neuen ***Import-Übersetzer*** zugeordnet und der Manager mit OK geschlossen.

Die ***IFC-Datei*** wird mit dem Befehl ***Dazuladen*** oder als ***Hotlink*** (vgl. Abschnitt 8.2 Hotlink), in das Projekt importiert. In dem darauf erscheinenden Kommunikationsfenster werden der Pfad der Datei und der ***Dateityp*** angegeben. Nach der Auswahl des *.ifc Formates erscheint eine Auswahlliste für den ***Import-Übersetzer***. Hier wird der neu definierte ***Übersetzer*** ausgewählt.

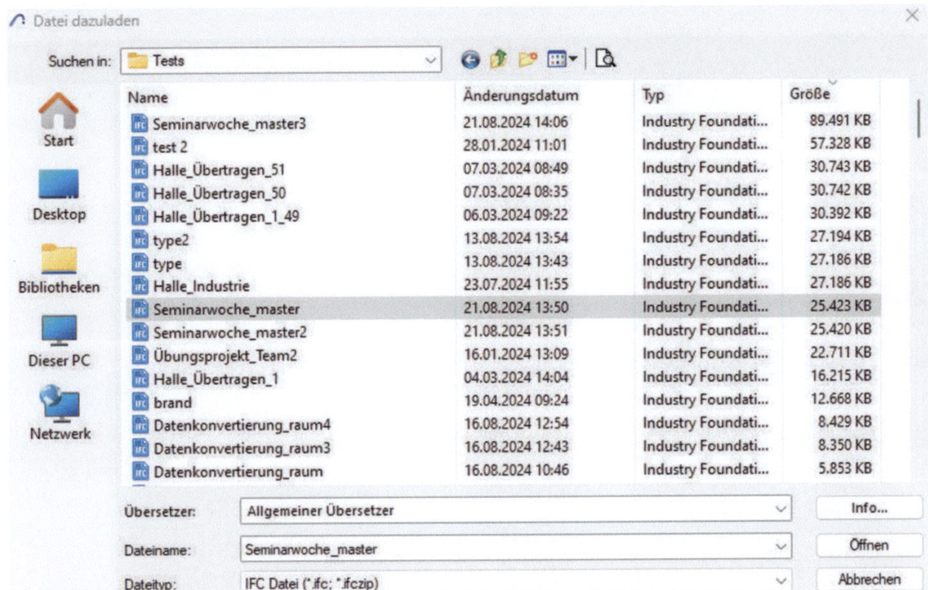

Abbildung 7-31 Import einer IFC

Nach Drücken des Buttons Öffnen, beginnt der Import-Prozess, gemäß den Vorgaben des ***Import-Übersetzers***. Das kann eine längere Zeit in Anspruch nehmen.

Während des Importes müssen noch die letzten Optionen festgelegt werden. Es wird erneut gefragt, wo die ***Bibliothek*** mit den IFC-Objekten gesichert werden soll.

Da die Lage der ***Bibliothek*** schon beim Erstellen des Übersetzers definiert wurde, kann dieses Kommunikationsfenster zur Überprüfung genutzt werden. Sollte das Fenster stören, kann die Option ***Diesen Dialog nicht mehr anzeigen*** aktivieren werden. Bei weiteren Importen wird das Fenster dann nicht mehr angezeigt.

Als letzter Schritt wird die Positionierung des zu importierenden IFC-Modells abgefragt.

Lage der Bibliothekselemente
Import: Seminarwoche_master.ifc
Sichere durch den Import erstellte Bibliothekselemente in:
Eingebettete Bibliothek
Externe Lage
C:\Users\info\Documents
Suchen...
Erstelle Bibliothekencontainer (.lcf)
Diesen Dialog nicht mehr anzeigen
Abbrechen
OK

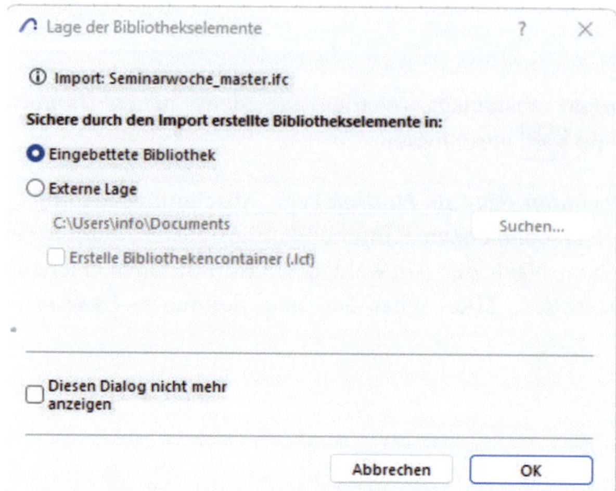

Abbildung 7-32 Speichern der IFC Bibliothek

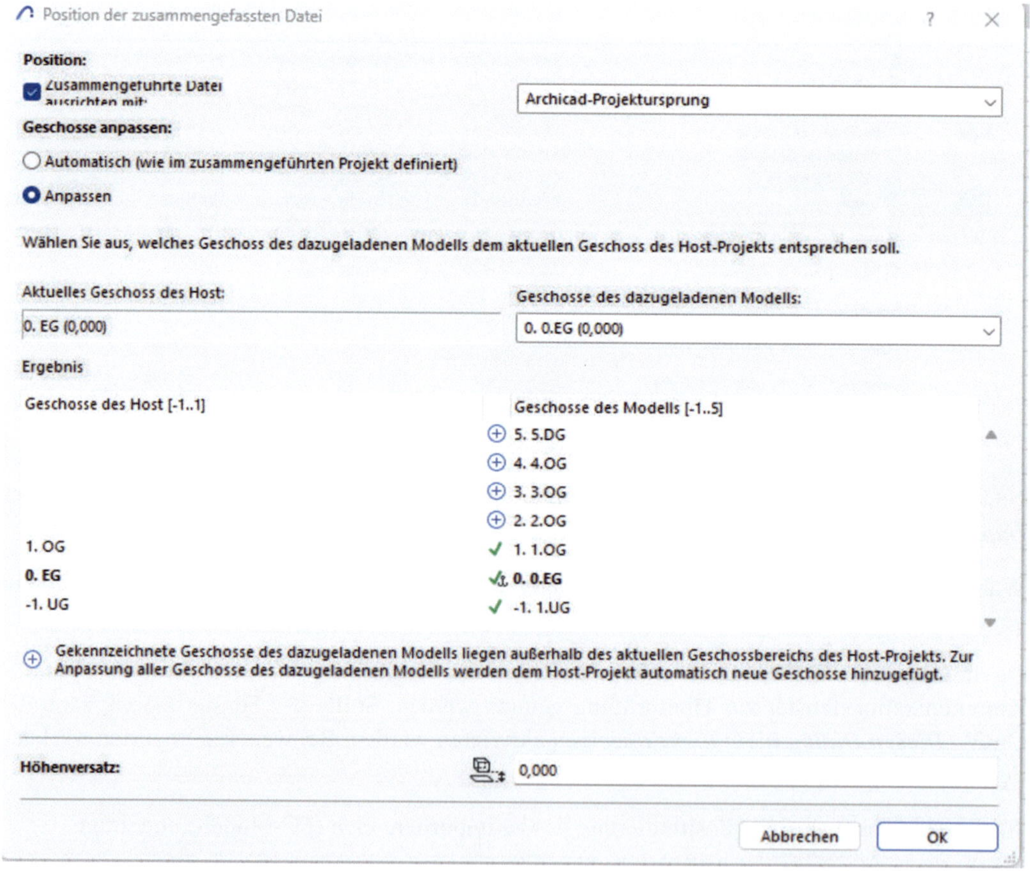
Position der zusammengefassten Datei
Position:
Zusammengeführte Datei ausrichten mit:
Archicad-Projektursprung
Geschosse anpassen:
Automatisch (wie im zusammengeführten Projekt definiert)
Anpassen
Wählen Sie aus, welches Geschoss des dazugeladenen Modells dem aktuellen Geschoss des Host-Projekts entsprechen soll.
Aktuelles Geschoss des Host:
0. EG (0,000)
Geschosse des dazugeladenen Modells:
0. 0.EG (0,000)
Ergebnis
Geschosse des Host [-1..1]
Geschosse des Modells [-1..5]
5. 5.DG
4. 4.OG
3. 3.OG
2. 2.OG
1. OG
1. 1.OG
0. EG
0. 0.EG
-1. UG
-1. 1.UG
Gekennzeichnete Geschosse des dazugeladenen Modells liegen außerhalb des aktuellen Geschossbereichs des Host-Projekts. Zur Anpassung aller Geschosse des dazugeladenen Modells werden dem Host-Projekt automatisch neue Geschosse hinzugefügt.
Höhenversatz:
0,000
Abbrechen
OK

Abbildung 7-33 Positionierung

Diese kann automatisch oder manuell durchgeführt werden.

Es kann z.B. festgelegt werden, welches ***Geschoss*** des IFC-Modells welchem ***Geschoss*** des Projektes zugeordnet werden soll und ob dabei ein Höhenversatz zu berücksichtigen ist. Diese Einstellung ist bei Projekten mit Splitt-Level oder vergleichbaren Planungen wichtig.

Zudem wird definiert, ob das IFC-Modell und das Projekt nach dem ***Projektursprung*** oder nach einem ***Vermessungspunkt*** zusammengeführt werden sollen. Einen Unterschied erkennt man nur, wenn die IFC-Datei auch mit diesen beiden Punkten exportiert wurde (vgl. Abschnitt 6.4.3 Geometriekonvertierung).

Mit OK wird das IFC-Modell in das Projekt eingebunden und kann zum weiteren Bearbeiten des Projektes genutzt werden.

8 Projektarbeit mit IFC-Modellen

Dieses Kapitel betrachtet das Arbeiten mit importierten IFC-Modellen genauer und geht auf Besonderheiten beim Bearbeiten ein.

Fremde IFC-Modelle sollten grundsätzlich nicht verändert, sondern lediglich als Referenz innerhalb des eigenen Projektes, verwaltet werden. Änderungen der IFC-Modelle sollten – bei Bedarf – vom erstellenden Fachplaner vorgenommen werden. Die notwendigen Änderungen können auf herkömmlichem Wege kommuniziert werden, oder durch Nutzung der ***BCF-Protokolle*** (vgl. Abschnitt 5.10 BCF-Protokolle).

IFC-Fachmodelle sollten nur eigene Elemente erhalten. Hierfür ist eine Absprache notwendig, wer welche Elemente liefert. Sollen die WCs z.B. vom Architekten oder vom Haustechniker eingefügt werden.

Sollte der HKLSE-Planer die Sanitärobjekte – beispielsweise – für interne Berechnungen benötigen, liefert der Architekt möglicherweise nur die Installationswand. Der HKLSE-Planer modelliert die Sanitärobjekte zusammen mit den notwendigen Leitungen.

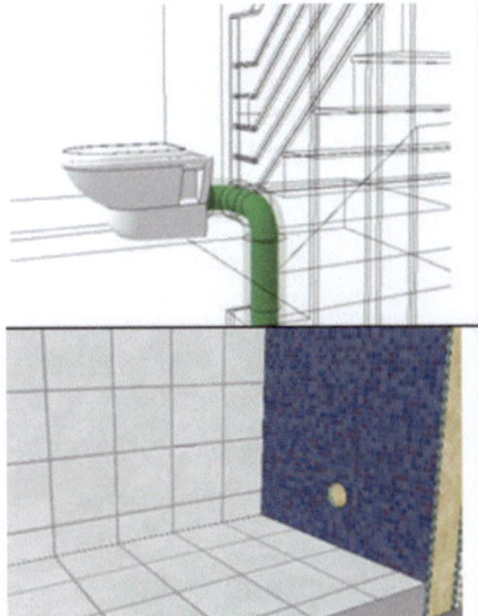

HKLSE-Planung, mit Konturen ist die IFC-Referenz der Architekten-Planung dargestellt/Darstellung BIMvision

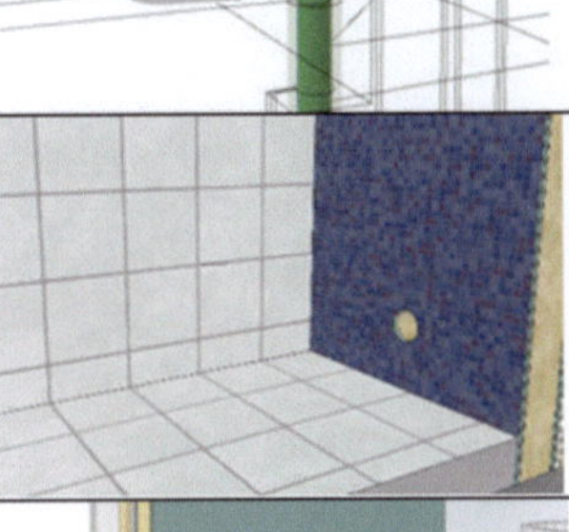

Architektenplanung, die Position des WCs wird durch den Wanddurchbruch festgelegt

Bei der Zusammenführung der Dateien darf es keine Kollisionen zwischen dem Durchbruch und dem Rohr geben/Darstellung BIMvision

Abbildung 8-1 Eine Variante der Zusammenarbeit

K. Fischer und F. Fischer, *BIM mit Archicad®*,
https://doi.org/10.1007/978-3-658-49671-5_8

Benötigt der Architekt die Sanitärobjekte zu Visualisierungszwecken, könnten die Elemente von ihm erstellt und in der IFC-Datei exportiert werden. Der HKLSE-Planer erstellt nun in seiner Software die Leitungen und die Sanitärobjekte und erzeugt eine IFC-Datei.

Bei der Prüfung in einem Model-Checker-Programm ergeben die Sanitärobjekte des Architekten und die des HKLSE-Planers Kollisionen. Dies kann jedoch als Kontrollfunktion gesehen werden.

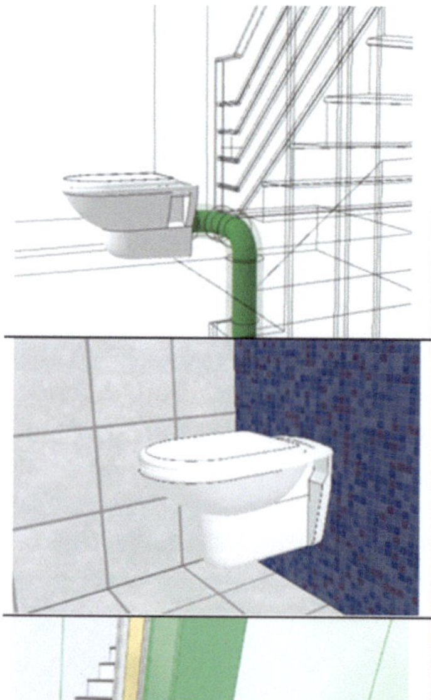

HKLSE-Planung, mit Konturen ist die IFC-Referenz der Architekten-Planung dargestellt/Darstellung BIMvision

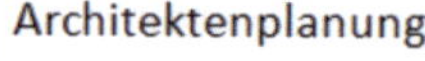

Architektenplanung

Bei der Zusammenführung der Dateien darf es keine Kollisionen zwischen dem Durchbruch und dem Rohr geben/Darstellung BIMvision

Abbildung 8-2 Eine weitere Variante der Zusammenarbeit

Objekte unterschiedlicher IFC-Modelle können unterschiedliche Klassifizierungen haben. So z.B. die *IfcFurniture* des Architekten und *IfcSanitaryTerminal* des HKLSE Planers. Die weitere Bearbeitung – z.B. das Erstellen von Ausschreibungsunterlagen – sollte klar geregelt sein, da entsprechend ***Attribute*** vergeben werden müssen. Die Zuständigkeiten werden üblicherweise in den Anforderungen des Auftraggebers festgelegt.

Die ***BIM-Methodik*** und die damit zusammenhängende Zusammenarbeit unterschiedlicher Fachplaner sind noch relativ neu. Häufig müssen die Abläufe der Zusammenarbeit noch projektweise entwickelt werden. Manche Szenarien der Zusammenarbeit sind, z.B. von Arbeitsgruppen von ***buildingSMART*** genauer betrachtet und die Ergebnisse mit Handlungsempfehlungen publiziert worden. Beispielshaft sei die Schlitz- und Durchbruchsplanung genannt. Hier sind mindestens drei Fachplaner beteiligt: Architekt,

HKLSE-Planer und Tragwerksplaner. Bei größeren Projekten kommen noch der Brandschutzplaner und weitere projektspezifische Planer dazu. Wer entscheidet, wo die Durchbrüche positioniert werden? Wer modelliert den Durchbruch? Wie stellt man fest, dass der Durchbruch von allen Beteiligten gesehen und seine Position genehmigt wurde? Diese Fragen und damit zusammenhängenden Abläufe müssen auf jeden Fall im Vorfeld geklärt werden.

Alle Absprachen müssen dokumentiert werden.

Einer der wichtigsten Punkte, der die Zusammenarbeit der Fachplaner betrifft, ist die Zusammenarbeit beim Zusammenführen der IFC-Fachmodelle.

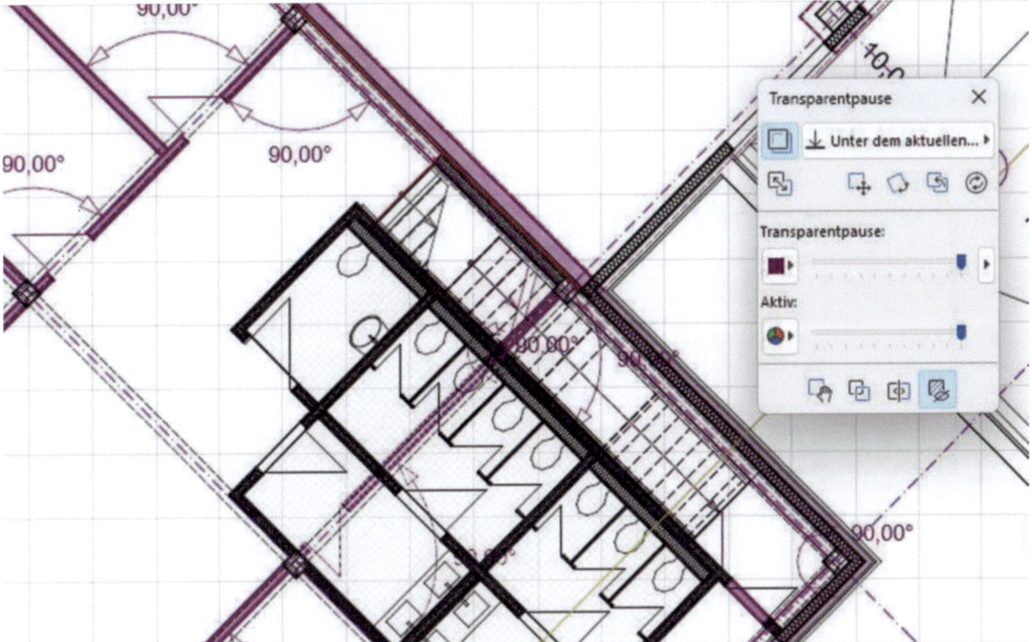

Abbildung 8-3 DWG Datei als Vorlage

Zusammengefügte IFC-Dateien dürfen nicht verschoben oder gedreht werden, um die Projektlage anzupassen, so wie es z.B. beim Arbeiten mit DWGs oder ***Hotlinks*** gerne gehandhabt wird.

Da die IFC-Fachmodelle in den Prüfprogrammen und anderen, weiterführenden Programmen (z.B. FM) nicht geschoben werden, müssen alle IFC-Dateien exakt den gleichen Ursprung und die gleiche Drehung auf dem Grundstück aufweisen. Nur so können unterschiedliche IFC-Fachmodelle aller Beteiligten zusammengefügt sinnvoll ausgewertet werden.

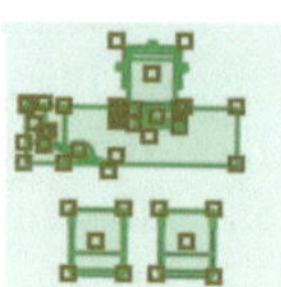

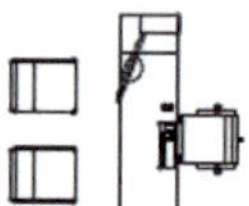

Abbildung 8-4 Hotlink, mehrfach eingesetzt

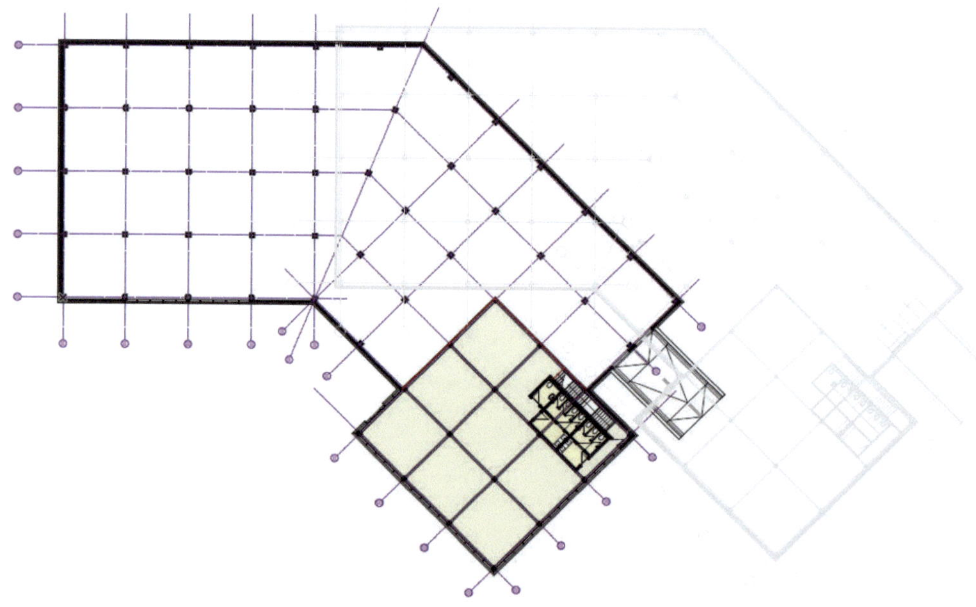

Abbildung 8-5 falsche Positionierung einer IFC-Datei

8.1 Positionierung einer IFC

Prinzipiell ist die korrekte Positionierung eines BIM-Projektes schon deshalb wichtig, weil alle Daten aus dem Modell zur kompletten Betrachtung (Energie, Sonneneinstrahlung, Überhitzung des Gebäudes im Sommer) verwendet werden können.

Die korrekte Positionierung ist darüber hinaus wesentlich bei der Zusammenführung unterschiedlicher IFC-Fachmodelle zu einem Gesamtmodell. IFC-Dateien werden anhand ihres ***Ursprungs*** in das Projekt referenziert und dürfen nicht verschoben werden. Innerhalb eines ***IFC-Viewers*** bzw. ***Model Checker-Programms*** werden die IFC-Fachmodelle anhand eines festgelegten Punktes zusammengefügt. Dort können sie auch nicht verschoben werden.

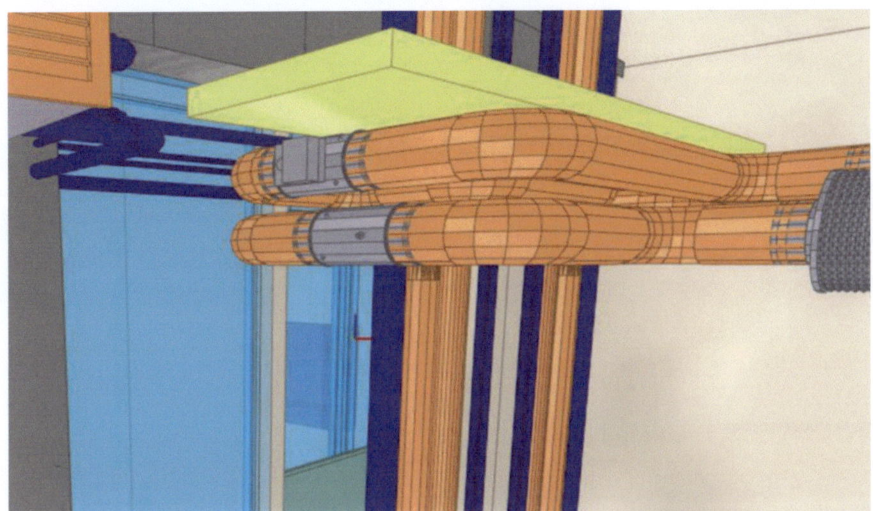

Abbildung 8-6 IFCs mit nicht identischen Einfügepunkten in einem Viewer/BIMvision

Zum Start eines Projekts wird oftmals das genutzte Grundstück importiert. Neben z.B. der Topografie spielt die Ausrichtung und eine eindeutige Anbindung in das Welt-Koordinatensystem eine wesentliche Rolle. Insbesondere, wenn sich der gemeinsame Einfügepunkt unterschiedlicher IFC-Dateien auf eine Welt-Koordinate bezieht.

Die Zusammenführung beziehungsweise die Einbindung der IFC-Fachmodelle kann auf unterschiedliche Weise stattfinden.

8.1.1 Projektpräferenzen, Lage-Einstellungen

Alle Angaben zur Positionierung werden im Menü

Optionen → Projektpräferenzen →Lage-Einstellungen

definiert.

Im Kommunikationsfenster werden die Eingaben zur ***Projektlage*** und zum ***Vermessungspunkt*** festgelegt. Diese beiden Angaben müssen nicht identisch sein.

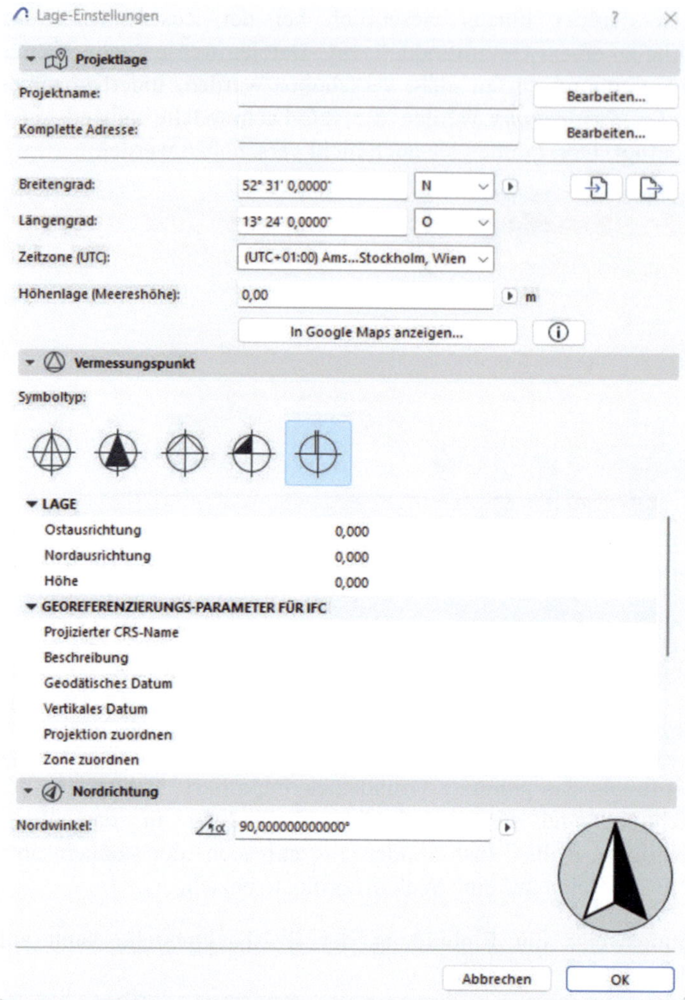

Abbildung 8-7 Kommunikationsfenster Lage-Einstellungen

8.1.1.1 Projektlage

Im Unterpunkt ***Projektlage*** werden die Koordinaten des Projektes (falls bekannt) eingetragen. Ein Projekt kann auch ohne diese Eingabe bearbeitet werden. Die Projektlage wird jedoch bei Sonnenstudien und Energieberechnungen notwendig und erlaubt es zudem, das Projekt in ***Google Earth***, in einem globalen Kontext zu betrachten.

Die Koordinaten können nachträglich eingetragen werden. Als Standardeinstellung befindet man sich in Berlin auf der Museumsinsel. Die Projektlage spielt für die Zusammenführung der IFC-***Fachmodelle*** innerhalb des Projektes keine Rolle. Um ein Bearbeiten des Projektes nach BIM-Methode zu ermöglichen, sollte das Projekt dennoch mit der richtigen Projektlage versehen werden.

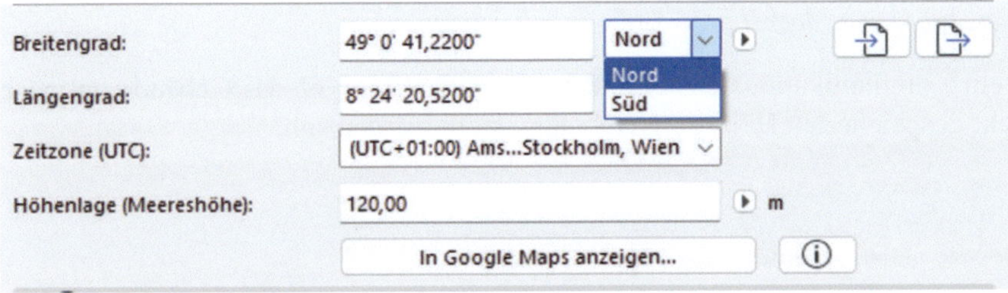

Abbildung 8-8 Einstellungen der Projektlage

Unter Breiten- und Längengraden werden die Koordinaten des Projektursprungs eingestellt. Aus dem Pop-Up Menü wird die Zeitzone des Projektes gewählt und die Projekthöhe zu ***NHN*** manuell eingegeben. Um zu prüfen, ob die Koordinaten richtig sind, wird der Button In Google Maps anzeigen… angeklickt. In einem neuen Fenster wird ***Google Maps*** geöffnet. Auf der Karte an der definierten Stelle gibt es einen Pin.

Neben der manuellen Eingabe der Koordinaten besteht auch die Möglichkeit diese zu importieren. Mit dem Button ***Importieren*** können die Projektdaten als *.xml-, *skp- oder *.kmz-Datei importiert werden. Koordinaten eines bestehen Archicad-Projektes können ebenso in diesen drei Dateiformaten exportiert und in einer andere Datei importiert werden. Nach Klicken des Buttons ***Exportieren*** erscheint hierzu ein Kommunikationsfenster, indem das Exportformat und der Pfad der Datei festgelegt werden.

Beim ***Import*** und beim ***Export*** der Projektlage in den Dateiformaten *.skp oder *.kmz wird die Höhenlage ignoriert und muss nachträglich manuell angepasst werden.

8.1.1.2 Darstellen des Projektes in Google Earth

Um das Projekt in ***Google Earth*** sehen zu können, genügen 3D-Daten, noch ohne ***Klassifizierungen*** oder ***Attributierungen***. Die gewünschten Elemente werden, ohne die ***Freifläche***, aus dem ***3D-Fenster*** an ***Google Earth*** gesendet.

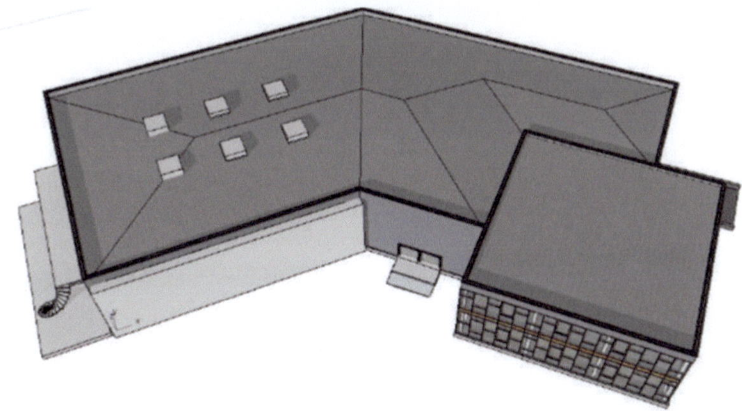

Abbildung 8-9 Gewünschte Projektdaten im 3D-Fenster

Ablage → Interoperabilität → Modell an Google Earth senden...

Danach erscheint ein Kommunikationsfenster in dem festgelegt wird, ob das Gebäude mit oder ohne, der im Projekt gespeicherten Höhe zu NHN, dargestellt werden soll.

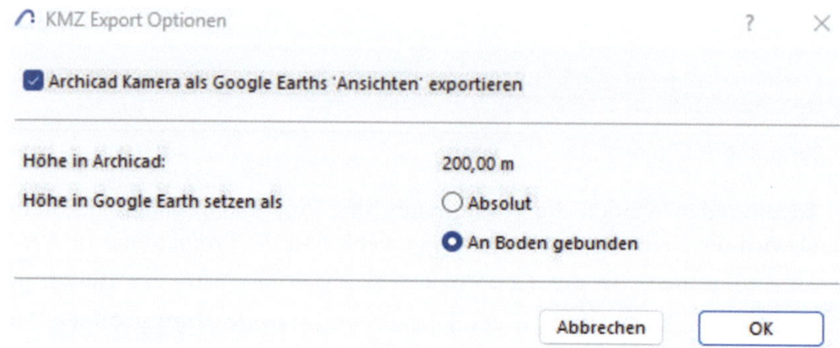

Abbildung 8-10 Positionierung des Projektes in Google Earth

Ist auf dem Rechner das Programm ***Google Earth*** installiert, startet dieses nach dem Bestätigen der Export-Optionen und das Projekt wird positioniert und als ***temporärer Ort*** angelegt. Von hier aus kann es nun nach Bedarf weitergeleitet oder für z.B. eine Präsentation verwendet werden.

8.1.1.3 Vermessungspunkt

Soweit die IFC-Fachmodelle am ***Projektursprung*** zusammengefügt werden und es keine zusätzlichen Angaben zu den Weltkoordinaten des Projekts gibt, reicht die Einstellung des ***Projektursprungs*** zum weiteren Bearbeiten aus. ***Projektursprung*** und ***Vermessungspunkt*** sind identisch. Das ist im Grundrissfenster, an der Überlagerung beider Punkte und den Koordinaten des ***Vermessungspunktes*** (0;0;0), erkennbar.

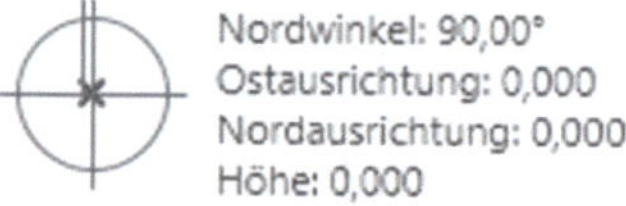

Abbildung 8-11 Projektursprung und Vermessungspunkt sind identisch

Gerade bei größeren Projekten z.B. mit mehreren Gebäuden kann es jedoch sein, dass ein unabhängiger Einfügepunkt benötigt wird. In diesem Fall unterscheiden sich der ***Projektursprung*** und der ***Vermessungspunkt***. Die Lage des Vermessungspunktes wird dann in Abhängigkeit zum ***Projektursprung*** festgelegt.

▾ LAGE

Ostausrichtung	-0,659
Nordausrichtung	-0,314
Höhe	-120,000

▾ GEOREFERENZIERUNGS-PARAMETER FÜR IFC

Abbildung 8-12 Position des Vermessungspunktes wird in Abhängigkeit zum Projektursprung angezeigt

Die Abweichung zum ***Projektursprung*** kann entweder im Kommunikationsfenster ***Lage-Einstellung*** manuell oder im Grundriss-Fenster, durch Verschieben des ***Vermessungspunktes*** an die gewünschte Stelle, definiert werden. Befindet sich der Maus-Cursor in der Nähe des Vermessungspunktes, erscheinen die Konturen stärker, und der Cursor ändert seine Form. Der ***Vermessungspunkt*** wird aktiviert und kann dann verschoben werden.

Nordwinkel: 90,00°
Ostausrichtung: -0,659
Klicken Sie, um den Vermessungspunkt zu verschieben

Abbildung 8-13 Verschieben des Vermesserpunktes

Die Höhe des ***Vermessungspunktes*** wird manuell eingegeben. Die Eingabe der Entfernung erfolgt im Verhältnis zum Projektursprung.

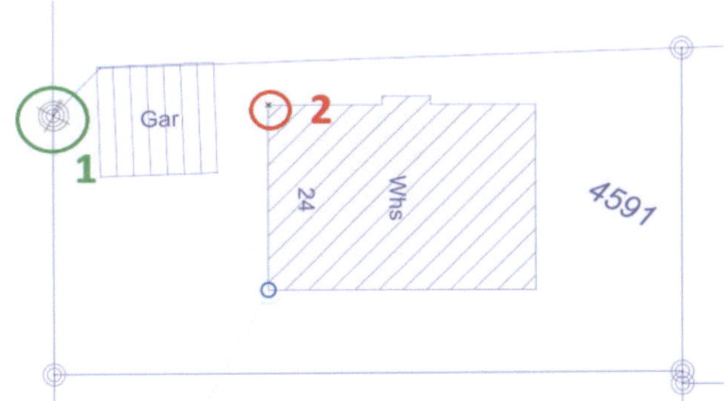

Abbildung 8-14 Variante 2: Vermessungspunkt (1) und Projekt-Null (2) an unterschiedlichen Stellen

Ein Projekt, in dem die ***IFC-Dateien*** über die Weltkoordinaten zusammengeführt werden, ist vergleichbar, nur ist der ***Vermessungspunkt*** deutlich weiter weg vom ***Projektursprung***.

In Untermenü Lage werden die vorgegebenen Gauß-Krüger Koordinaten ebenso wie die Projekthöhe, Vorzeichen „Minus/Plus“ beachten, eingegeben.

Bei den ***Georeferenzierungs-Parametern für IFC*** werden die ***UTM*** Koordinaten eingegeben. Diese haben keine Auswirkung auf die Positionierung des Vermessungspunktes innerhalb des Arbeitsfensters werden jedoch als Attribute des Projektes in der IFC gespeichert.

```
#37=IFCSHAPEREPRESENTATION(#10,'Body','Tessellation',(#65));
#38=IFCSHAPEREPRESENTATION(#10,'Body','Tessellation',(#67));
#39=IFCSHAPEREPRESENTATION(#11,'Axis','Curve2D',(#69));
#40=IFCPROJECTEDCRS('EPSG.:28356','dfadsf','GDA94','AHD','EPSG:28356','56',$);
#41=IFCDIMENSIONALEXPONENTS(0,0,0,0,0,0,0);
#42=IFCMEASUREWITHUNIT(IFCPLANEANGLEMEASURE(0.0174532925199433),#71);
#43=IFCDIMENSIONALEXPONENTS(0,0,0,0,0,0,0);
#44=IFCMEASUREWITHUNIT(IFCPOSITIVELENGTHMEASURE(0.0003046174197867086),#72);
#45=IFCDIMENSIONALEXPONENTS(0,0,1,0,0,0,0);
#46=IFCMEASUREWITHUNIT(IFCTIMEMEASURE(31557600.),#73);
```

Abbildung 8-15 Informationen der Georeferenzierungs-Parameter innerhalb einer IFC, geöffnet mit einem Editor

Unter der Archicad Online Hilfe wird die Eingabe dieses Referenzierens genauer beschrieben.[14]

8.1.1.4 Vermessungspunkt bearbeiten

Solange die Positionierung des Projektes nicht geklärt ist bzw. noch angepasst werden muss, kann der ***Vermessungspunkt*** noch bewegt werden. Nachdem Lage des Projektes jedoch fixiert ist und das erste Austauschen der IFC-Dateien reibungslos verlaufen ist, sollte der Punkt gesperrt werden. In der ***Standard-Palette*** kann der ***Vermessungspunkte*** gesperrt und ausgeblendet werden.

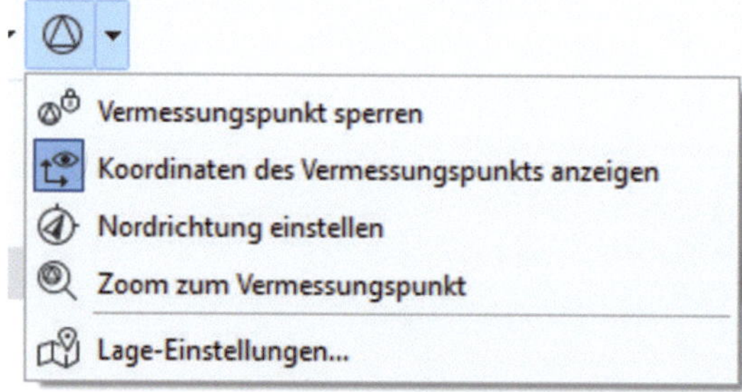

Abbildung 8-16 Bearbeitungsmöglichkeiten des Vermessungspunktes

8.1.1.5 Objekt Weltkoordinaten-Bemaßung

Weltkoordinaten-Bemaßung und ***Koordinaten-Bemaßung*** sind zwei Objekte der Standard-Bibliothek, die zur Prüfung der Lage verwendet werden können. Außerdem kann damit ein ***3D-***

[14] Vgl. https://help.graphisoft.com/AC/27/GER/index.htm?rhcsh=1&rhnewwnd=0#t=_AC27_Help%2F020_Configuration%2F020_Configuration-35.htm%23XREF_82264_Survey_Point (Stand 04.07.2025)

Marker erstellt werden, der als Punkt zum Zusammenfügen mehrerer IFC-Dateien verwendet werden kann.

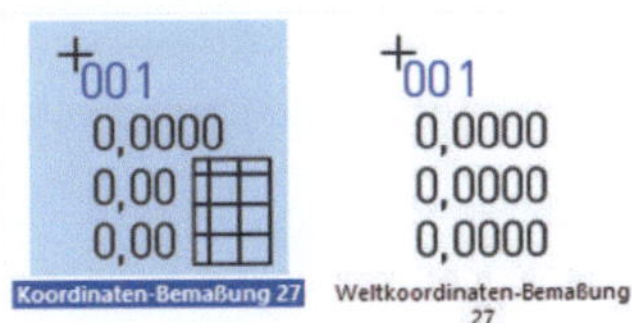

Abbildung 8-17 Objekt Koordinatenbemaßung

Während das Objekt ***Weltkoordinaten-Bemaßung*** die absoluten Koordinaten innerhalb des Projektes in Grad (vgl. Projektlage) darstellt, werden im ***Koordinaten-Bemaßung-***Objekt die relativen Koordinaten angezeigt. Der Referenzpunkt für diese Eingabe kann festgelegt werden: ***Projektursprung***, ***Vermessungspunkt***, ***Objektursprung*** oder ***Eigener Referenzpunkt***.

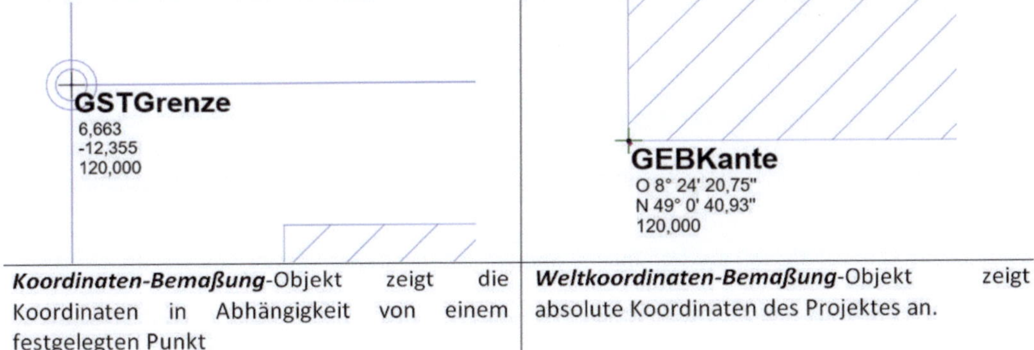

Abbildung 8-18 Koordinaten- und Weltkoordinaten-Bemaßung Objekte

Innerhalb der ***Attribute*** kann ein 3D-Marker ausgewählt werden. Es stehen drei Markerformen zur Verfügung: Pyramide, Kegel und Pin.

Der Marker ist im ***3D-Fenster*** sichtbar und kann in der IFC-Datei exportiert werden.

3D-Marker des ***Koordinaten-Bemaßung*** Objektes	3D-Marker des ***Weltkoordinaten-Bemaßung*** Objektes
3D-Marker in IFC-Viewer ***Solibri Anyware***, die Koordinaten entsprechen den relativen Koordinaten zum Vermessungspunkt (IFC Export mit Vermessungspunkt)	3D-Marker in IFC-Viewer ***Solibri Anyware***, die Koordinaten entsprechen den relativen Koordinaten zum Vermessungspunkt (IFC Export mit Vermessungspunkt)

Abbildung 8-19 3D-Marker beider Objekte nach dem IFC Export

8.2 Hotlink und Dazuladen...

Zum Einbinden von IFC-Modellen in das Projekt stehen verschiedene Möglichkeiten zur Verfügung. In beiden folgend vorgestellten Möglichkeiten können die IFC-Modelle entweder am ***Projektursprung*** oder am ***Vermessungspunkt*** positioniert werden.

Eine Möglichkeit ist das Dazuladen einer IFC-Datei. Dabei werden die Elemente gemäß ***Import-Übersetzer*** und die Positionierung in das Projekt dazugeladen. Die Elemente werden zum Bestandteil des Projektes. Die Elemente können aktiviert und bewegt werden. Die Dateigröße vergrößert sich, da die Elemente im Projekt eingebunden sind. Sollen die Elemente des IFC-Modells gelöscht werden, reicht es nicht aus, die Elemente aus dem Projekt zu entfernen. ***Baustoffe***, ***Bibliotheken***, ***Oberflächen***, ***Ebenen***, die beim ***Dazuladen*** entstanden sind, müssen manuell aus den jeweiligen Managern gelöscht werden.

Eine andere Möglichkeit besteht darin, das IFC-Modell als ***Hotlink*** in das Projekt einzubinden. Dabei bleibt die Datei schlanker, die Elemente können aber nicht einzeln bearbeitet werden. Der ***Hotlink*** kann nur komplett bewegt werden.

Die Entscheidung, wie man die IFC-Datei einbinden soll, hängt maßgeblich davon ab, wie häufig eine neue Version der IFC zu erwarten ist und ob die Elemente der IFC-Datei einzeln bearbeitet (bewegt) werden müssen.

Bei regelmäßigen Änderungen, empfiehlt es sich, mit ***Hotlinks*** zu arbeiten. Die Elemente der ***Dokumentationswerkzeuge*** werden mit der ***GUID*** der Elemente verknüpft. Die Verknüpfung bleibt auch nach der Aktualisierung des ***Hotlinks***. Sie behalten ihre Position gegenüber dem Element, auch wenn das Element in der Ursprungsdatei verschoben wurde. Hierbei ist darauf zu achten, dass die Elemente der ***Dokumentationswerkzeuge*** nur erhalten bleiben, wenn die Elemente, mit denen sie verknüpft sind, bei Änderungen nicht gelöscht, sondern modifiziert werden.

Beim Entfernen eines Hotlinks werden alle ***Attribute*** (z.B. Baustoffe), ***Bibliotheken*** und die vom ***Hotlink*** genutzte ***Ebenen*** entfernt.

Beim Hinzufügen externer Elemente, unabhängig der Methode, werden diesen Elementen zusätzlich zur eindeutigen ID (***Externe IFC ID***) aus der Ursprungsdatei eine neue, Archicad-Projekt spezifische ***GlobalID*** vergeben.

IFC-EIGENSCHAFTEN	
IFC Typ	IfcWall
Archicad IFC ID	2WkxqxEDH0gOaQppdBWy14
Externe IFC ID	00U6XITOL5LRqv5GR$h6ou
Globalld (Attribut)	2WkxqxEDH0gOaQppdBWy14
Name (Attribut)	**Wand-001**
Tag (Attribut)	**0078686F-7585-4555-BD39-1506FFAC6...**
PredefinedType (Attribut)	NOTDEFINED

Abbildung 8-20 Unterschiedliche IDs einer importierten IFC

Hierdurch lassen sich verschiedene Versionen einer IFC-Datei in ein CAD-Projekt importieren, ohne, dass ein Durcheinander zwischen den ***IDs*** entsteht.

Beim Erstellen eines ***BCF***-Protokolls, das man an den Urheber der ***IFC-Datei*** schicken möchte, muss man deswegen auf jeden Fall den Haken neben ***Externe IFC-ID benutzen, wenn verfügbar*** aktivieren, sonst kann das Element in der Ursprungsdatei nicht zugeordnet werden.

Externe IFC-ID benutzen, wenn verfügbar
Ausrichtung: Nach Archicad-Vermessungspunkt
Dateiname: Issue — Speichern
Dateityp: BIM Collaboration Format (BCF) v2.1 (*.bcf) — Abbrechen

Abbildung 8-21 Ursprüngliche GUID im BCF Protokoll exportieren

8.2.1 Dazuladen...

Eine ***IFC-Datei*** wird dazu geladen, in dem der entsprechende Befehl aufgerufen und dann der Pfad der gewünschten Datei im Kommunikationsfenster angegeben wird. Danach folgen die Schritte, die im Kapitel Importieren einer IFC, S. 285 beschrieben sind.

Ablage →Interoperabilität → Dazuladen....

Die Elemente werden ins Projekt eingebunden. Dies erkennt man daran, dass markierte Elemente die bekannten Fangpunkte zeigen, die nicht gesperrt sind.

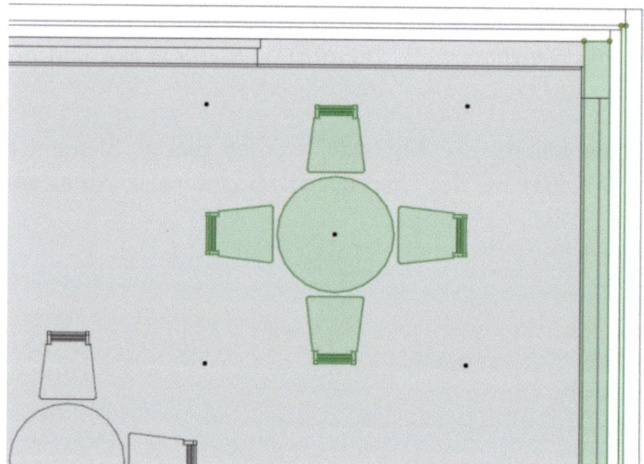

Abbildung 8-22 Elemente einer dazugeladenen IFC-Datei

Bei mehrschichtigen oder komplexen Elementen hängt die Darstellung davon ab, wie die Elemente in das IFC-Modell exportiert werden. Werden sie in Einzelteile zerlegt, werden diese einzelnen Elemente zu einer Gruppe zusammengefasst. Werden die Elemente beim Export nicht zerlegt, werden sie als Einzelelement mit Trennungslinien an den Schichtübergängen dargestellt.

Abbildung 8-23 Auswirkung des IFC Exportes: links wurde das mehrschichtige Bauteil in Einzelteile zerlegt

Hat die dazu geladene Datei mehr ***Geschosse***, als die Projektdatei, werden diese beim ***Dazuladen*** erstellt.

Sollen die Elemente eines dazugeladenen IFC-Modells wieder entfernt werden, gibt es, je nachdem wie die Elemente importiert wurden, mehrere Möglichkeiten.

- Wurden die Elemente alle auf eine ***Ebene*** importiert, kann entweder die komplette ***Ebene*** gelöscht werden, oder es wird nur diese ***Ebene*** aktiviert und die darauf liegenden Elemente werden gelöscht. Beim Löschen der ***Ebene*** öffnet sich ein Kommunikationsfenster. Hier wird festgelegt, was mit den Elementen geschehen soll, im vorliegenden Fall löschen.

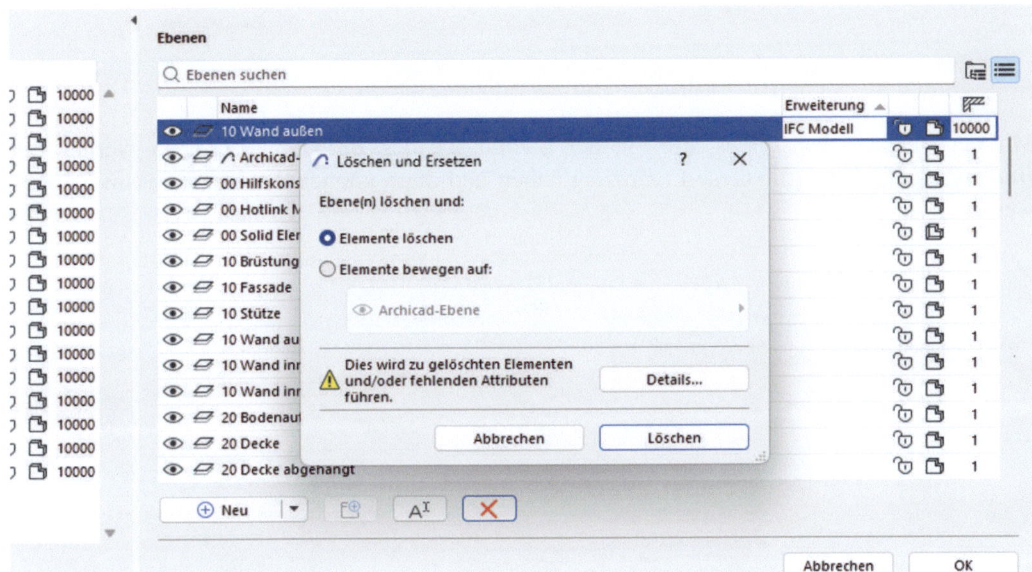

Abbildung 8-24 Löschen der Eben und der darauf liegenden Elemente

- Falls beim Importieren die Elemente der Archicad ***Ebenen*** zugeordnet wurden und sich auf dieser ***Ebenen*** weitere eigene Elemente befinden, können die importierten Elemente mit Hilfe des Befehls ***Suchen und Aktivieren*** „rausgepickt" werden. Hierbei hilft die Tatsache, dass alle importierten Elemente eine ***Externe ID*** aufweisen. Die Suche der Elemente wird auf diejenigen eingeschränkt, die bei der ***Externen IFC ID*** einen Wert haben.

Bei mehreren dazu geladenen IFC-Dateien, deren Elemente auf den Ebenen nativer Elemente liegen, wird das Löschen kniffliger. Möglicherweise helfen hier ***Attribute*** oder deren Werte, die in IFC-Dateien vorhanden sind und sich dadurch unterscheiden. Anderenfalls hilft es nur, alle Elemente zu löschen und anschließend die notwendigen dazu zu laden.

Mit dem Löschen der Elemente endet die Bereinigung des Projektes nicht. Je nachdem, wie die ***Attribute*** der IFC-Elemente importiert wurden, müssen noch die ***Baustoffe*** und ***Oberflächenmaterialien*** entfernt werden. Falls mehrere IFC-Dateien im Projekt sind und alle auf dieselben Baustoffe zugreifen, erübrigt sich das Löschen.

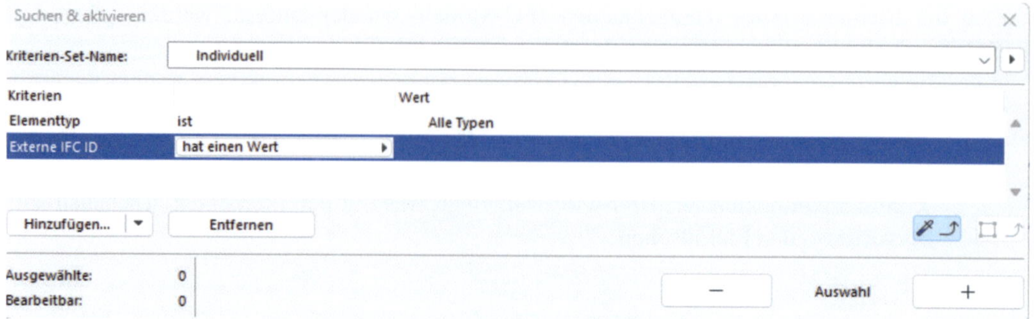

Abbildung 8-25 Suchen und aktivieren dazugeladener Elemente

Mit der Eingabe des Textes „ifc" in der Suchmaske des ***Baustoff-Managers*** werden alle ***Baustoffe*** aufgelistet, die diese Ergänzung haben und diese können dann gemeinsam gelöscht werden.

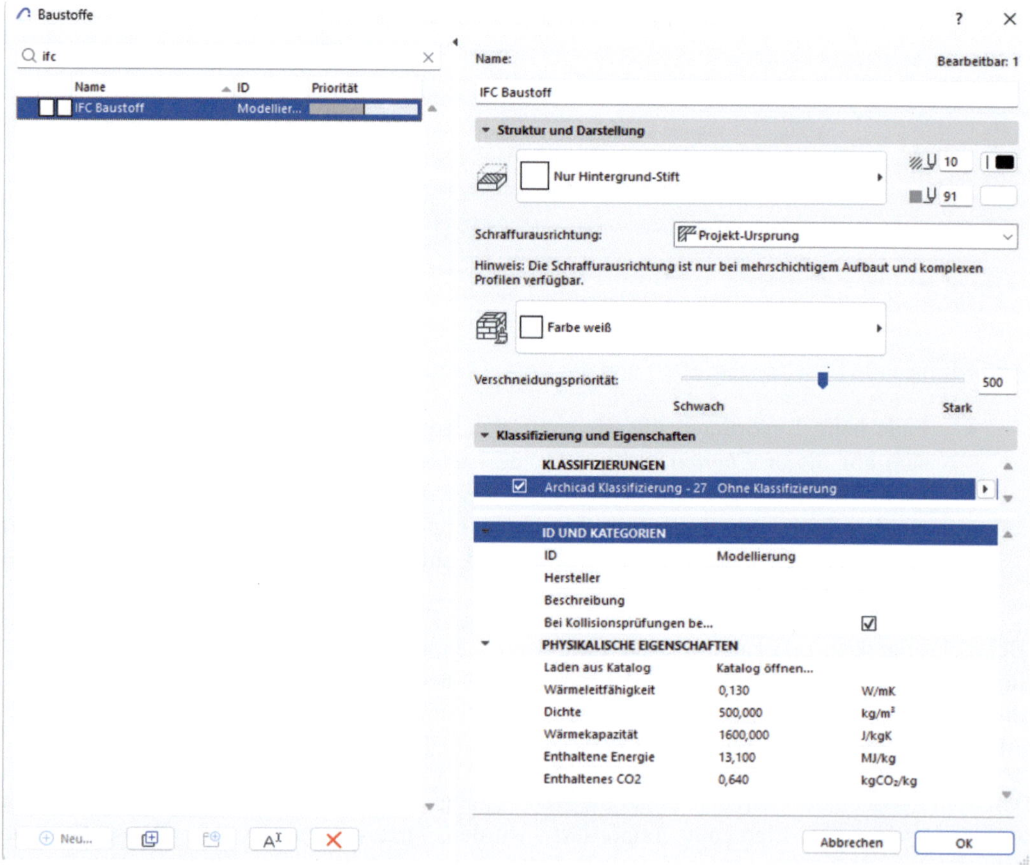

Abbildung 8-26 IFC-Baustoff entfernen

Ähnlich funktioniert die Suche im ***Oberflächen-Manager***. Nach der Eingabe „ifc" in der Suchleiste erscheinen alle Oberflächen, die aus den IFC-Daten erstellt wurden und können ebenfalls gemeinsam gelöscht werden.

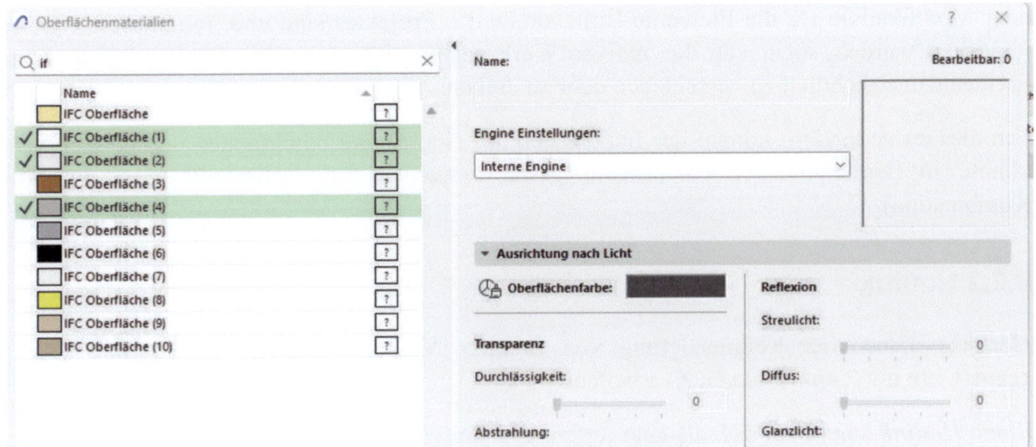

Abbildung 8-27 Löschen der IFC-Oberflächen aus dem Projekt

Zum Schluss werden die ***Bibliotheken*** bereinigt, denn jeder ***Dazuladen***-Vorgang erzeugt eine eigne ***Bibliothek***, unabhängig davon, ob dieselbe Datei mehrfach geladen wurde oder ob es sich um unterschiedliche Dateien handelt.

Ablage →Bibliotheken und Objekte →Bibliothekenmanager...

Im Reiter ***Eingebettete Bibliothek*** sind auf der linken Seite alle im Projekt eingebetteten ***Bibliotheken*** aufgelistet. Die Elemente der dazu geladenen IFC-Dateien werden in separaten Ordnern verwaltet. Diese Ordner sind nach Dateiname-Importdatum-Importuhrzeit_XX automatisch beschriftet. Dadurch lassen sich die gesuchten ***Bibliotheken*** leicht finden.

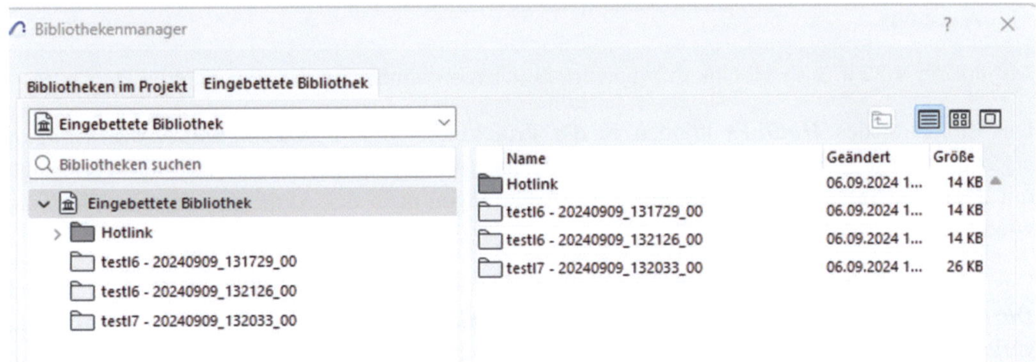

Abbildung 8-28 Die eingebetteten Bibliotheken

Dazuladen... eignet sich weniger für den häufigen Austausch von IFC-Dateien. Diese Methode eignet sich dann, wenn der Import einer IFC einmalig stattfinden soll, oder wenn unterschiedliche Stände eines IFC-Modells, in einer separaten Datei, abgeglichen werden (vgl.

Abschnitt 9.26 Beispiel: Abgleich unterschiedlicher IFC-Stände in Archicad) und zudem ***Umwandlungs-Voreinstellungen*** relativ einfach sind.

Bei den Elementen eines dazu geladenen IFC-Modells besteht die Gefahr einer Verschiebung oder Modifikation. Da die Elemente Bestandteile des Projektes sind und, je nachdem wie sie importiert wurden, sogar von den nativen Werkzeugen erkannt werden, ist es möglich diese Elemente unabsichtlich zu verschieben oder zu drehen.

Um dies zu verhindern könnte der Import sich auf eine ***Ebene*** beschränken und diese ***Ebene*** könnte in den Ebenen-Kombinationen gesperrt werden (vgl. Abschnitt 4.1.1 Ebenen-Kombination).

8.2.2 Hotlink

Hotlinks dienen der Referenzierung von Dateien. Vielleicht haben Sie ***Hotlinks*** bereits genutzt, um mit ****.mod*** Dateien zu arbeiten.

Einen ***Hotlink*** kann man sich als eine Referenz-Datei vorstellen, die jedoch im Unterschied zu ***XREF-*** Dateien dreidimensional ist. Dabei können entweder Archicad eigene Dateien in Form von *.pln- und *.mod-Dateien oder *.ifc-Dateien referenziert werden.

Die ***Hotlink***-Dateien werden in Unterschied zum ***Dazuladen*** nur referenziert, dabei bleibt die Projekt-Datei schlanker. Der ***Hotlink*** kann in seinen Geometrien und Eigenschaften nicht verändert werden. Die Elemente lassen sich an den gesperrten Fangpunkten erkennen. Ist der Befehl ***Gruppe*** aktiviert, kann in diesem Modul das ***Hotlink*** als Ganzes bewegt werden.

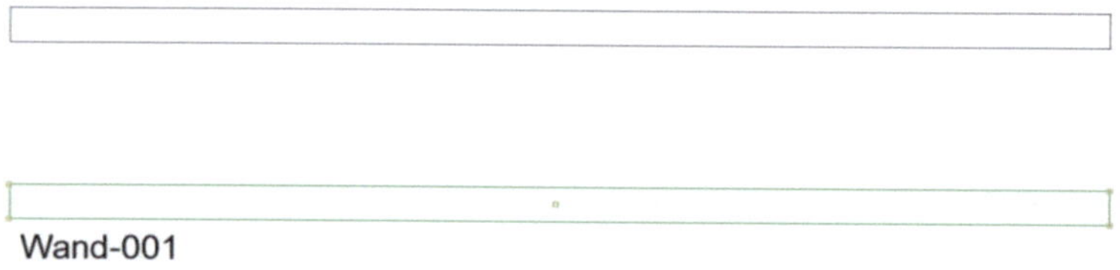

Abbildung 8-29 IFC als Hotlink referenziert, deutlich erkennbar an den Auswahlpunkten

Die Elemente des ***Hotlinks*** können in der Projektdatei durch ***Dokumentationswerkzeugen*** ergänzt werden. Solange die ***GUID*** des Elementes nicht verändert wird, sind die Werkzeuge mit dem Element verknüpft und geben die Änderungen nach der Aktualisierung des ***Hotlinks*** wieder.

Das unterscheidet die Arbeitsweise von der Arbeitsweise mit ***dazu geladenen*** IFCs, denn bei ***Dazuladen*** eines neuen Standes bleiben die ***Dokumentationswerkzeuge*** mit dem alten Stand verknüpft. Wird der alte Stand gelöscht, verschwinden auch die damit verknüpften Dokumentationselemente.

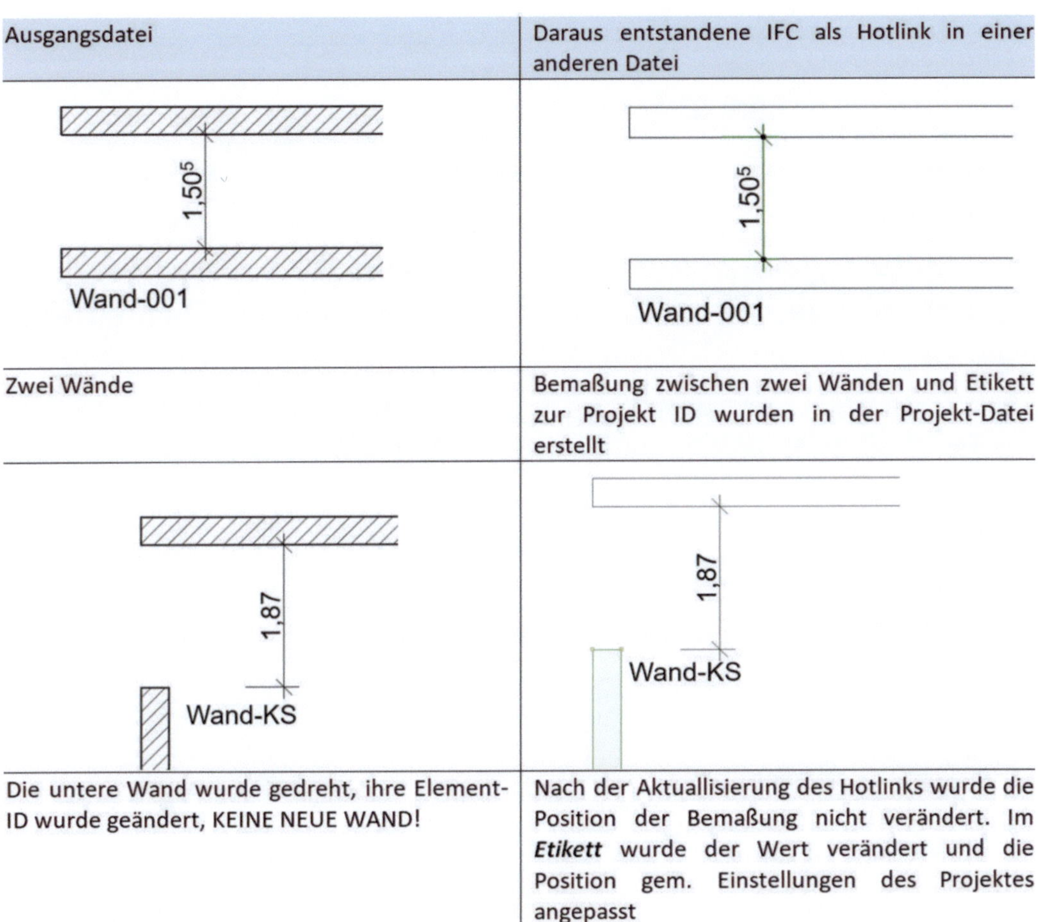

Abbildung 8-30 Verhalten der Dokumentationswerkzeuge bei Hotlinks

Hat die ***Hotlink***-Datei mehr ***Geschosse*** als die Projektdatei, müssen diese vor dem Platzieren des ***Hotlinks*** im ***Geschoss-Manager*** erstellt werden.

Ablage → Externe Daten →Hotlink platzieren...

Im Kommunikationsfenster wird die Datei des ***Hotlinks*** gewählt und die Optionen zur Platzierung festgelegt.

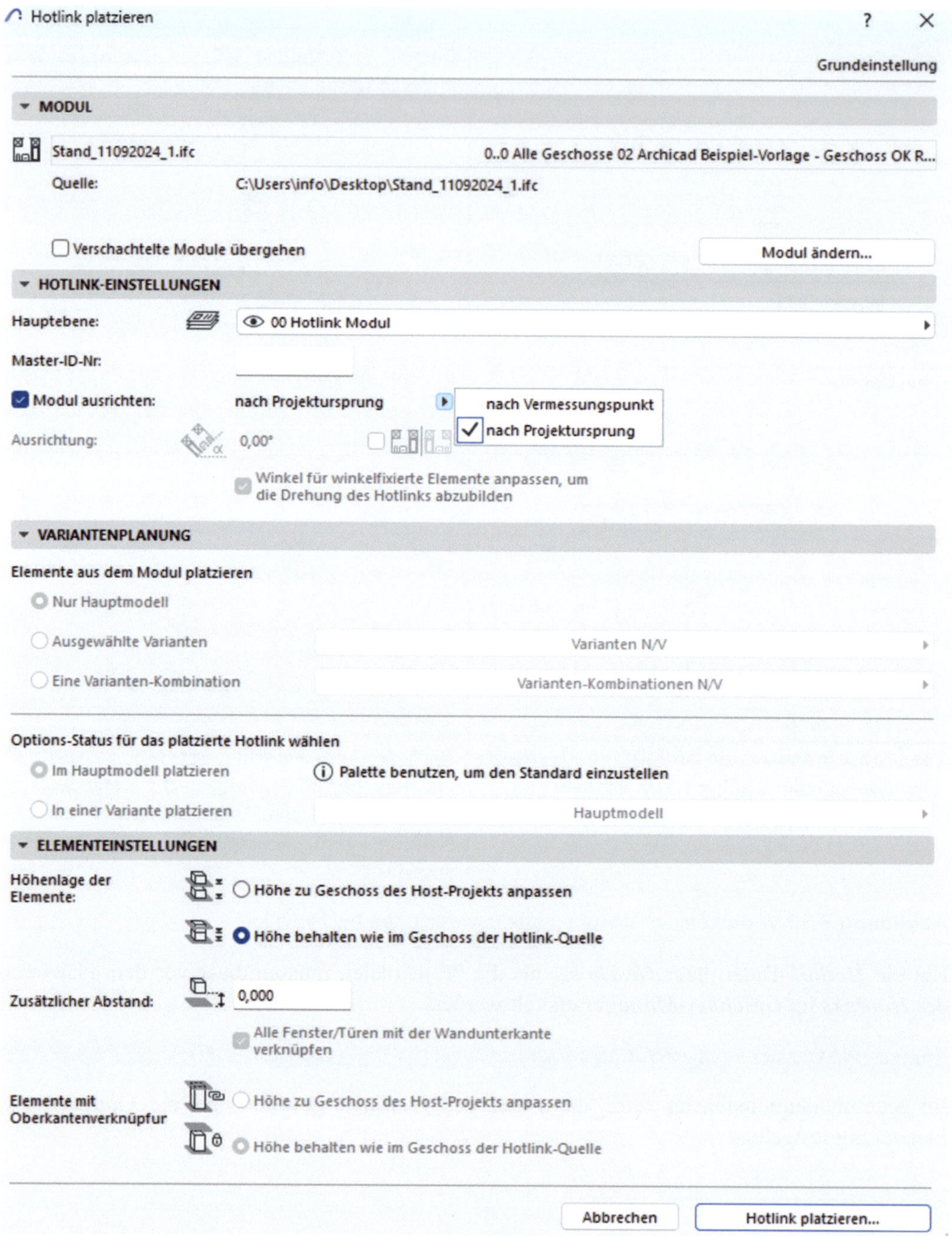

Abbildung 8-31 Kommunikationsfenster Hotlink platzieren

Im Bereich ***Modul*** wird die Datei ausgewählt, die als ***Hotlink*** platziert werden soll. Neben dem Datentyp **.ifc* sind **.pln* und **.mod* möglich.

Im grau hinterlegten Feld wird die zu platzierende Datei gezeigt. Mit dem Button Modul ändern... gelangt man in ein Kommunikationsfenster, in dem die im Projekt verfügbaren ***Hotlink-Module*** aufgelistet sind.

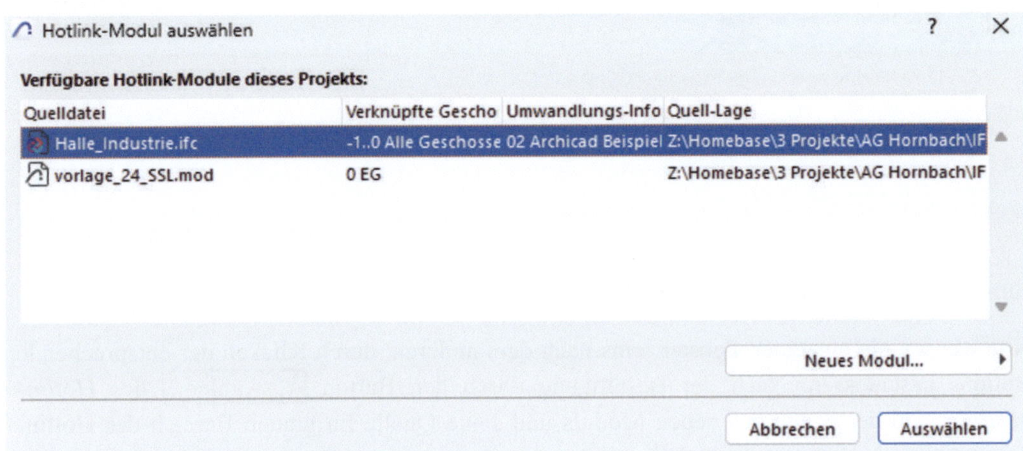

Abbildung 8-32 alle verfügbaren Hotlink-Module

Um ein neues ***Hotlink-Modul*** hinzuzufügen, wird der Button Neues Modul... aktiviert und in dem sich öffnenden Kommunikationsfenster der Pfad des neuen Moduls festgelegt.

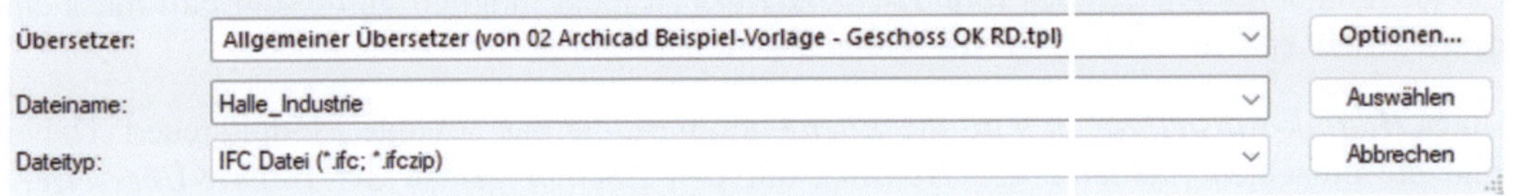

Abbildung 8-33 Auswahl des Import-Übersetzers

Nach der Auswahl der Datei muss der ***Import-Übersetzer*** überprüft werden. Üblicherweise wird ein Übersetzer aus der ***Vorlagedatei*** gewählt. Solange keine anderen Anforderungen bestehen, kann dieser ***Übersetzer*** genutzt werden. Falls in der Projektdatei projektbezogene ***Import-Übersetzer*** erstellt wurden, die man nutzen möchte, wird auf den Button Optionen..., rechts neben der Auswahl des Übersetzers, geklickt.

Es öffnet sich ein weiteres Kommunikationsfenster, in dem die möglichen Quellen des ***Übersetzers*** aufgelistet werden. Die projektbezogenen Übersetzer befinden sich im Zweig ***Aktuelles Projekt***. Durch Anklicken des Pfeils links daneben, werden alle im Projekt vorhandenen ***Import-Übersetzer*** aufgelistet. Der gewünschte Übersetzer kann durch Anklicken seines Namens ausgewählt werden.

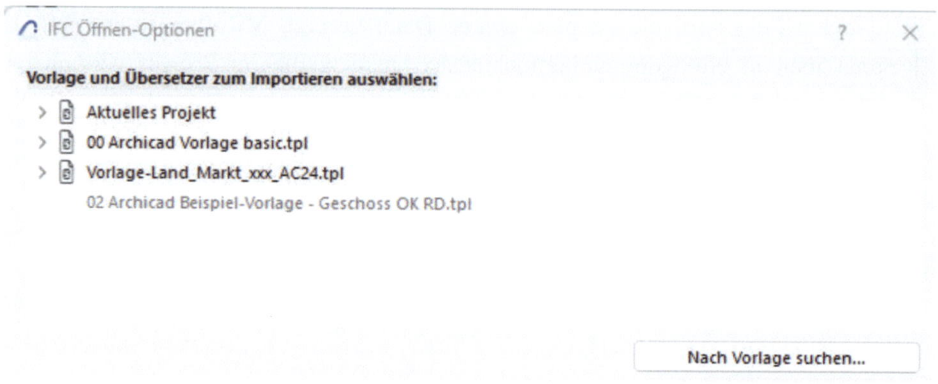

IFC Öffnen-Optionen

Vorlage und Übersetzer zum Importieren auswählen:

- Aktuelles Projekt
- 00 Archicad Vorlage basic.tpl
- Vorlage-Land_Markt_xxx_AC24.tpl
  - 02 Archicad Beispiel-Vorlage - Geschoss OK RD.tpl

Nach Vorlage suchen...

Abbildung 8-34 Auswahl des Übersetzers

Nun werden die einzelnen Fenster, eins nach dem anderen, durch Klicken der entsprechenden Buttons geschlossen. Nach der Bestätigung durch den Button Auswählen... des ***Hotlink-Moduls*** wird der Name des neuen Moduls und seine Quelle im grauen Bereich des Hotlink-Kommunikationsfensters dargestellt.

Das erste Platzieren eines Moduls erfordert einigen Aufwand, sind die Optionen jedoch einmal definiert, sind für die Aktualisierungen und neue Verknüpfungen des Moduls keine weiteren Einstellungen mehr notwendig.

Ein nachträgliches Ändern des ***Import-Übersetzers*** ist nicht möglich. In diesem Fall muss ein neues Modul erstellt werden, die alte Version wird überschreiben.

Unter ***Hotlink-Einstellungen*** wird die ***Ebene*** definiert, die das gesamte Modul steuert. Dabei sind die einzelnen Elemente des ***Hotlinks*** auf den ***Ebenen*** gemäß der ***Import-Übersetzer-Einstellungen*** platziert und können gemäß der ***Ebenen-Kombinationen*** sichtbar oder unsichtbar geschaltet werden. Wird die ***Hauptebene*** ausgeschaltet, sind alle Elemente des Moduls unsichtbar.

Master-ID-Nr: PP

Abbildung 8-35 Master ID

Werden im Projekt mehrere ***Hotlink***-Module verwendet, ist es notwendig, erkennen zu können, zu welchem ***Modul*** die einzelnen Elemente gehören. Hierzu kann jedem ***Hotlink*** eine ***Master-ID-Nr*** vergeben werden. Diese Nummer kann sowohl aus Zahlen als auch aus Buchstaben bestehen. Den Elementen des entsprechenden ***Hotlinks*** wird vor ihrer ***Element ID*** diese ***Master-ID-Nr*** vorangesetzt.

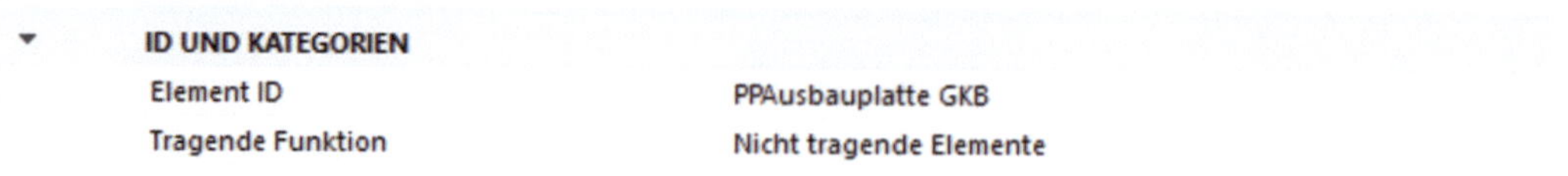

ID UND KATEGORIEN	
Element ID	PPAusbauplatte GKB
Tragende Funktion	Nicht tragende Elemente

Abbildung 8-36 Master-ID-Nr vor Element-ID

Auf die Beschriftung der Elemente mit den ***Etiketten*** hat die ***Master-ID-Nr*** keine Auswirkung. Sie wird bei der Auswahl der ***Element-ID*** ignoriert.

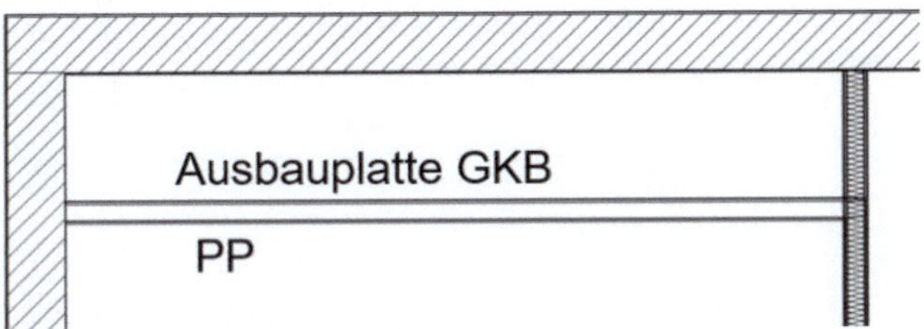

Abbildung 8-37 Etiketten mit Element-ID (oben) und mit Hotlink-Master-ID (unten)

Die Modulausrichtung eines IFC-Modells sollte nicht manuell durchgeführt werden. Das Modul sollte nach einer festgelegten ***Import-/Export-Position*** ausgerichtet werden. Dies können entweder der ***Projektursprung*** oder der ***Vermessungspunkt*** sein.

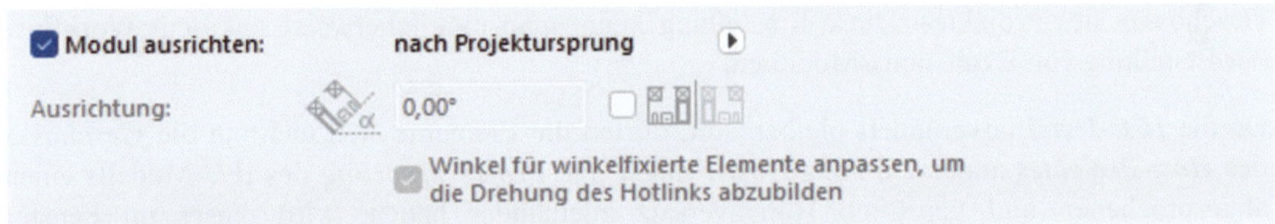

Abbildung 8-38 Modul ausrichten

Wird einer dieser Punkte ausgewählt, können die weiteren Einstellungen für die manuelle Ausrichtung nicht mehr verwendet werden. Die entsprechenden Icons werden inaktiv und erscheinen hellgrau im Kommunikationsfenster.

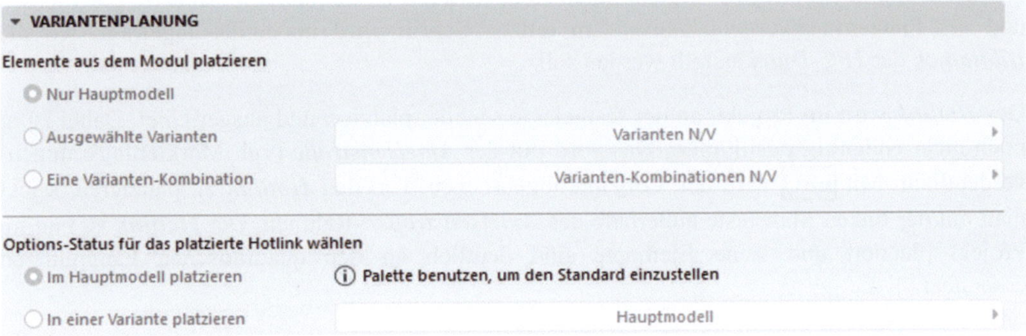

VARIANTENPLANUNG

Elemente aus dem Modul platzieren

Nur Hauptmodell

Ausgewählte Varianten — Varianten N/V

Eine Varianten-Kombination — Varianten-Kombinationen N/V

Options-Status für das platzierte Hotlink wählen

Im Hauptmodell platzieren — Palette benutzen, um den Standard einzustellen

In einer Variante platzieren — Hauptmodell

Abbildung 8-39 Variantenplanung

Die Einstellungen der ***Variantenplanung*** sind erst wirksam, wenn die Module die Varianten (***Archicad*** interne Lösung) enthalten. Das trifft, zumindest aktuell, für IFC-Dateien nicht zu, deswegen bleibt dieses Feld inaktiv.

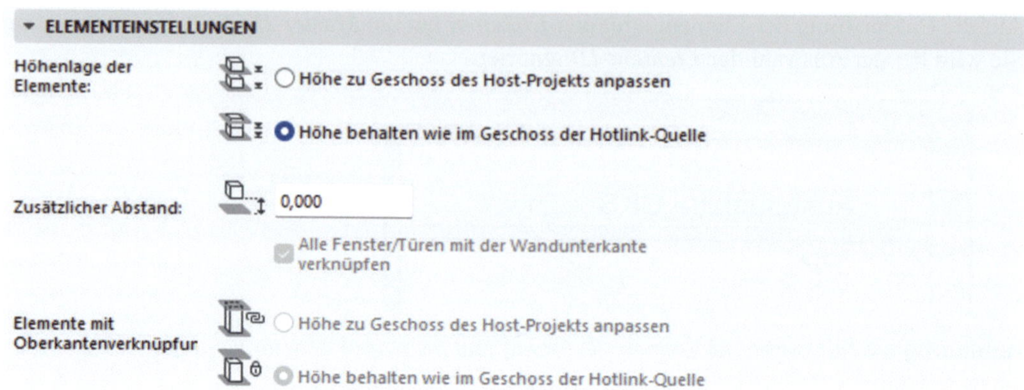

Abbildung 8-40 Elementeneinstellungen

Der Bereich ***Elementeinstellungen*** steuert das Verhalten der Elemente im Verhältnis zu den Geschossen des Projektes. Diese Einstellung kennt man möglicherweise aus dem Workflow zur Erstellung von Explosions-Modellen.

Da die ***IFC-Datei*** unverändert bleiben soll, dürfen die Elemente sich nicht an die ***Geschosse*** des ***Host-Projektes*** anpassen. Falls ***Host-Projekt*** und ***Projektursprung*** des IFC-Modells einen abgesprochenen und geprüften Höhenversatz zueinander haben, wird dieser im Fenster ***Zusätzlicher Abstand*** eingetragen.

Da Elemente der IFC-Dateien keine dynamische Verknüpfung mit den ***Geschossen*** des Archicad ***Host-Projekte***s haben, kann das Verhalten der Elemente nicht bearbeitet werden. Aus diesem Grund bleibt dieses Feld inaktiv.

Nachdem alle Einstellungen vorgenommen sind, wird das Kommunikationsfenster geschlossen und der Platzierungsvorgang startet. Im letzten Schritt wird nochmals abgefragt, wo die ***Bibliothek*** der ***IFC-Datei*** erstellt werden soll.

Der ***Hotlink*** wird im Projekt, an der festgelegten Stelle, platziert und ausgerichtet. Dabei ist er noch nicht endgültig positioniert. Das wird mit der ***Ameisenstraße*** (vgl. Markierungsrahmen) verdeutlicht. Mit ESC wird der Vorgang abgebrochen. Um den ***Hotlink*** zu platzieren, klickt man mit der linken Maustaste außerhalb des ***Ameisenstraßen***-Rahmen. Der ***Hotlink*** ist nun im Projekt platziert und seine Elemente sind deutlich an den quadratischen Fangpunkten erkennbar.

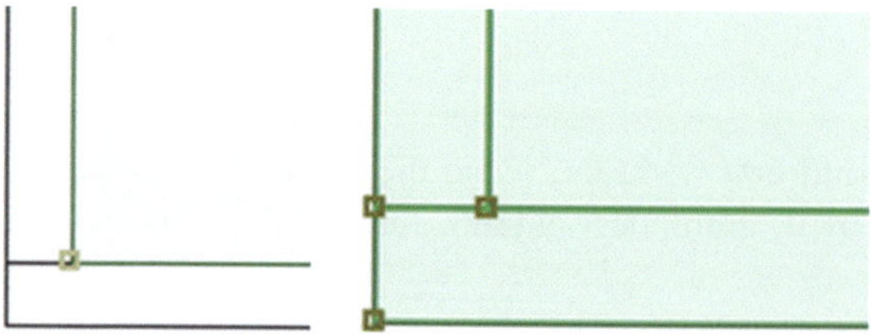

Abbildung 8-41 Darstellungen der Fangpunkte beim Hotlink: links Gruppierung aussetzten, rechts Gruppierung

Der Vorteil von ***Hotlinks*** liegt in erster Linie in der Verwaltung der Daten. Alle Voreinstellungen, die beim Platzieren des ***Hotlinks*** gemacht werden, erübrigen sich bei weiteren Aktualisierungen. Dies spart Zeit und reduziert Fehlerquellen.

Wird der ***Hotlink*** nicht mehr benötigt, kommt ein weiterer Vorteil zur Geltung. Nach dem Löschen des ***Hotlinks*** ist keine weitere Bereinigung des Projektes notwendig. Alle ***Attribute*** und ***Bibliotheken***, die durch den ***Hotlink*** entstanden sind, werden automatisch entfernt.

Auch im Arbeitsalltag ist die Verwaltung der ***Hotlinks*** komfortabler als die der IFC-Daten, die dazu geladen wurden. Beim Aktualisieren der ***Hotlinks*** werden die bereits angelgegen ***Bibliotheken***-Ordner um neue Elemente ergänzt und Änderungen werden übernommen.

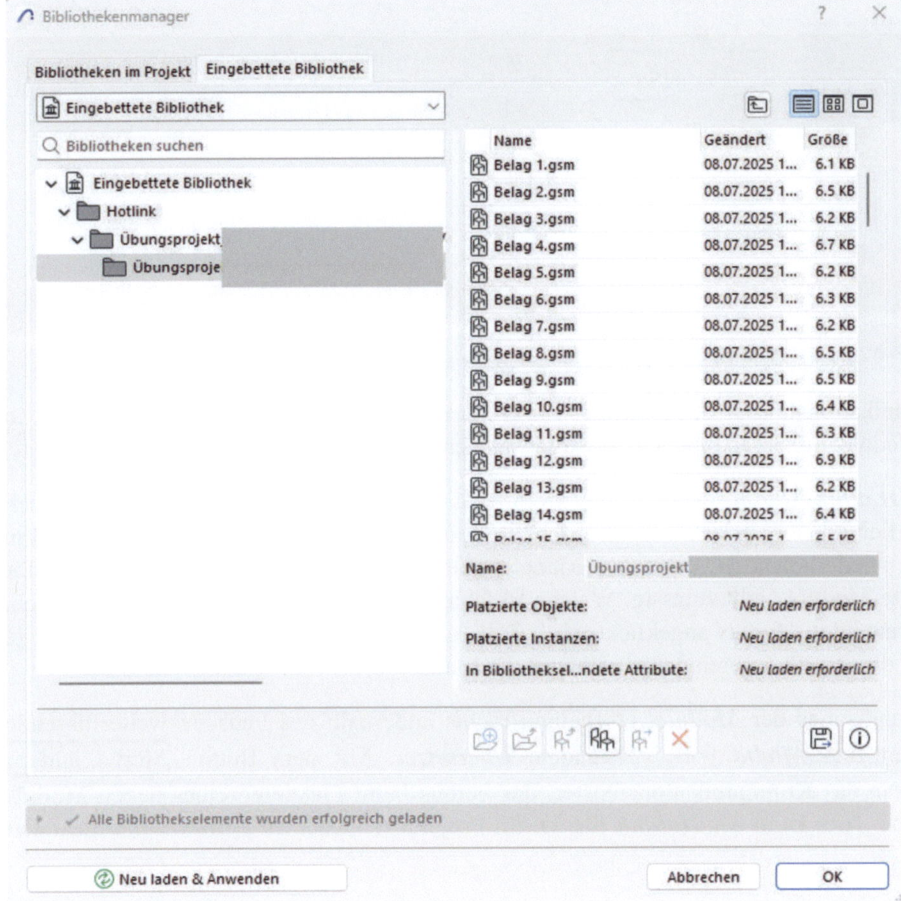

Abbildung 8-42 Bibliothekenordner der Hotlinks

Die Struktur der ***Bibliothek*** bleibt übersichtlich, denn nur die Daten, die aktuell im Projekt genutzt werden, sind auch in der ***Bibliothek*** hinterlegt.

Es können beliebig viele ***Hotlinks*** im Projekt platziert werden. Sie werden alle im ***Hotlink-Modul-Manager*** verwaltet.

Ablage →Externe Daten →Hotlink-Modul-Manager

Der Status der ***Hotlinks*** kann ebenso im Aktions-Center überprüft werden.

Ablage →Info →Aktions-Center

Im Aktions-Centers wird die Aktualität verschiedener Bereiche dargestellt. Mit einem Klick auf das entsprechende Icon erscheint die Information zum Status der ***Hotlinks*** und der letzten Prüfung. Falls einzelne ***Hotlinks*** kontrolliert, oder neu verknüpft werden sollen, gelangt man aus dem ***Aktions-Center*** zum ***Hotlink-Modul-Manager***.

Abbildung 8-43 Aktions-Center Oberfläche

Das Kommunikationsfenster des ***Hotlink-Modul-Managers*** ist in zwei Bereiche aufgeteilt, in denen die Module und deren Quellen verwaltet werden.

Im Bereich ***Hotlink-Module*** werden alle Module, die im Projekt platziert sind, hierarchisch aufgelistet. Hierarchisch, da ebenso verschachtelte Module möglich sind (z.B. Standard-Bad in einem sich wiederholenden Zimmer). Manche Befehle des ***Hotlink-Managers*** sind für verschachtelte ***Module*** nicht zulässig. Welche Befehle für ein ***Modul*** möglich sind, zeigt sich, indem der Name des ***Moduls*** angeklickt wird. Zulässige Befehle bleiben aktiv, nicht zulässige werden grau dargestellt und reagieren nicht auf die Maus.

Klickt man auf eines der ***Module***, erscheinen rechts außerhalb des Fensters weiterführende Informationen zum ***Modul***, z.B. verwendete ***Übersetzer***. Mit dem Button Modul ändern gelangt man in das Kommunikationsfenster, das bereits beim Platzieren eines neuen Moduls genutzt wurde. Hier kann der ***Hotlink*** für die im Projekt verwendeten ***Institutionen*** geändert werden.

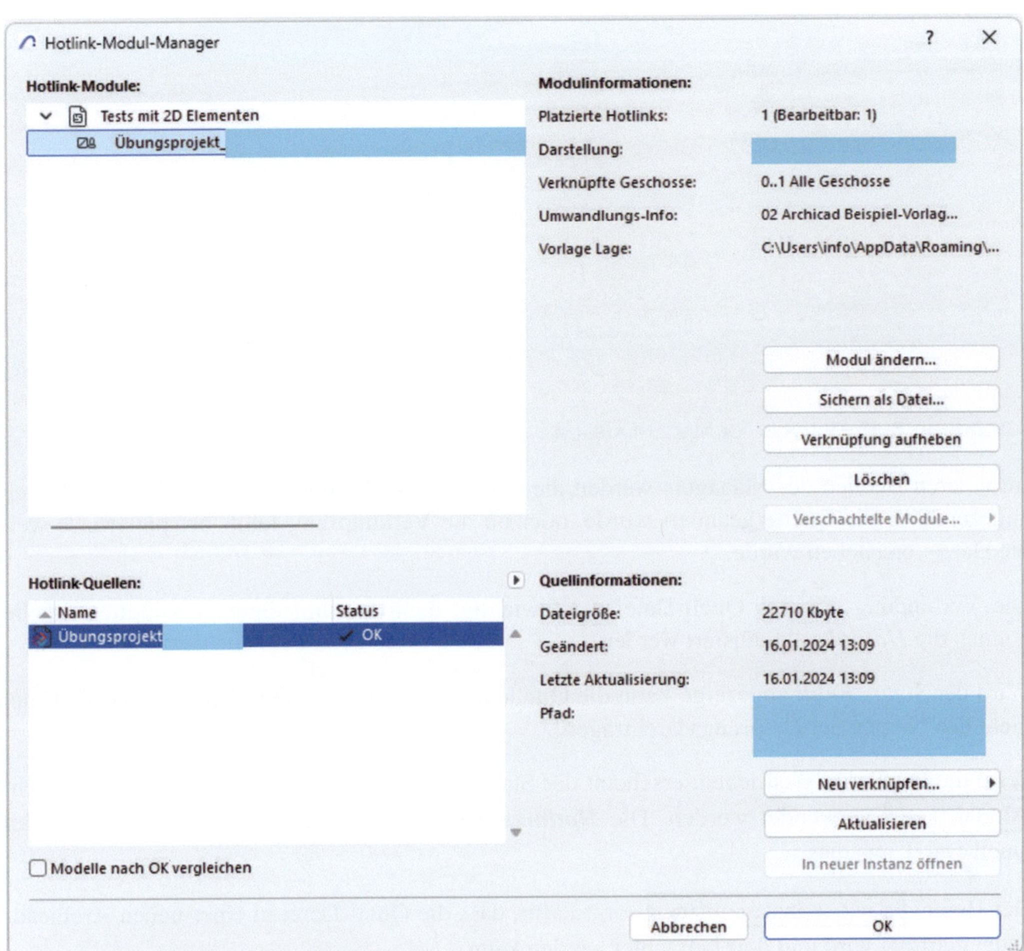

Abbildung 8-44 Hotlink-Modul-Manager

Der Befehl Sichern als Datei... kann zur Erstellung einer *.mod Datei genutzt werden. Diese finden im Umgang mit IFC-Dateien eher selten Anwendung.

Mit dem Befehl Verknüpfung aufheben werden die Elemente des ***Hotlinks*** im Projekt eingebunden. Die Verbindung zur Ursprungsdatei wird „gekappt". Ab diesem Zeitpunkt gleicht die weitere Bearbeitung derjenigen mit dazugeladenen IFC-Dateien.

Mit dem Löschen des ***Moduls*** werden alle Instanzen aus dem Projekt entfernt.

Mit dem Befehl Verschachtelte Module kann die Sichtbarkeit eines untergeordneten ***Moduls*** gesteuert werden: Beim ***Übergehen*** wird das verschachtelte ***Modul*** ausgeblendet, beim ***Einbinden*** eingeblendet. Diese Einstellung kann immer wieder angepasst werden.

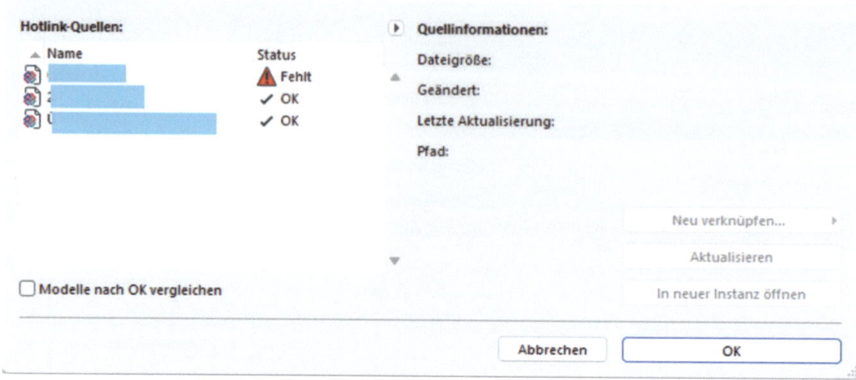

Abbildung 8-45 Manager für Modul-Quellen

Im unteren Bereich des Managers werden die Quellen der ***Hotlinks*** verwaltet. Hier wird auch angezeigt, ob die Quelle geändert wurde, oder ob die Verknüpfung fehlt, beispielsweise weil die Datei verschoben wurde.

Die Verbindung mit den Quell-Dateien ist wichtig, denn nur mit einer verknüpften Quelle können die ***Hotlinks*** aktualisiert werden.

Wird der Status ***Fehlt*** angezeigt, kann die Quelle neu verknüpft werden. Dabei muss die Datei nicht den Namen der Ursprungsdatei tragen.

Wird die Quelle überschrieben, erscheint der Status ***Geändert***. In diesem Fall kann der Befehl Aktualisieren verwendet werden. Die ***Hotlinks*** werden dann, gemäß dem neuen Stand der Quell-Datei, angepasst.

Der Befehl In neuer Instanz öffnen sorgt dafür, dass die Quell-Datei in einer neuen Archicad-Datei geöffnet wird und dort betrachtet werden kann.

8.3 Externe IFC-Daten im Projekt

Die IFC-Modelle anderer Fachplaner sollten ausschließlich als Referenzen verwendet werden. Auch als Referenz lässt sich mit den IFC-Fachmodellen über deren Fangpunkte interagieren.

Die Bearbeitung der Fach-IFC-Modelle erfolgt durch die Fachplaner. Neben der Verantwortlichkeit bringt das Bearbeiten eines Fach-IFC-Modells in Archicad weitere Schwierigkeiten mit sich. Wird z.B. eine Wand beim ***Export*** zerlegt, können nur noch deren Einzelteile importiert werden. Optisch gleicht das Ergebnis einer Wand, lässt sich jedoch nicht wie eine Wand bearbeiten.

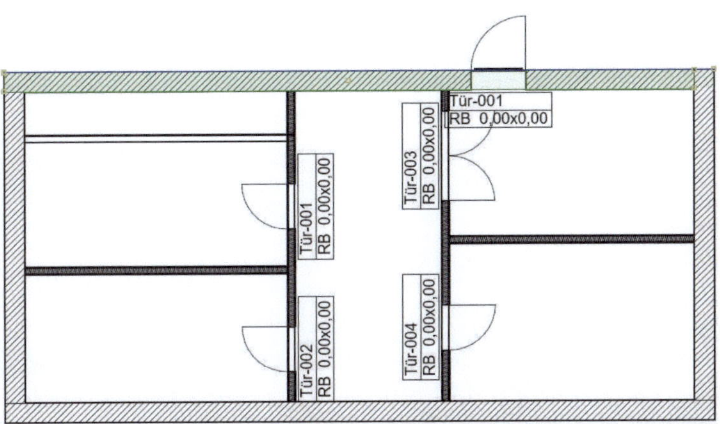

Abbildung 8-46 Beim entsprechenden Export/Import sehen die IFC-Elemente den nativen Elementen sehr ähnlich

Spätestens der Blick in den ***IFC-Manager*** zeigt, dass die Elemente nicht immer das wiedergeben, was in der weiteren Planung benötigt wird. Im Beispiel in Abb. 8-47 wurde eine mehrschichtige Wand mit ***DesignTransferView Export-Übersetzer*** erstellt und mit einem ***Allgemeinen Übersetzer*** importiert.

Die Mehrschichtige Wand wurde vom Werkzeug Wand erkannt (Wand links) und kann entsprechend bearbeitet werden. Zusätzlich wurden jedoch aus den einzelnen Schichten, obwohl der Export kein Zerlegen vorsieht, Objekte erstellt (*IfcBuildingElementProxy*).

Abbildung 8-47 Beispiel einer IFC-Wand

Der ***IFC-Manager*** stellt eine Wand und zusätzlich diese Schicht-Objekte dar.

Meist werden die Elemente beim Import von ***Archicad*** den richtigen Werkzeugen zugeordnet. Dennoch werden Elemente immer wieder als ***Objekte*** oder als ***Morph*** platziert. Das Bearbeiten von z.B. der Länge eines solchen Elementes ist deutlich aufwendiger.

Die Informationen der Elemente, die ***Geometrien*** und ***Eigenschaften*** der platzierten IFC-Fachmodelle lassen sich, wie das folgende Beispiel zum Umgang mit Türen zeigt, weiter nutzen. Die Nutzung unterliegt aber Einschränkungen gegenüber einem nativ erzeugten Element.

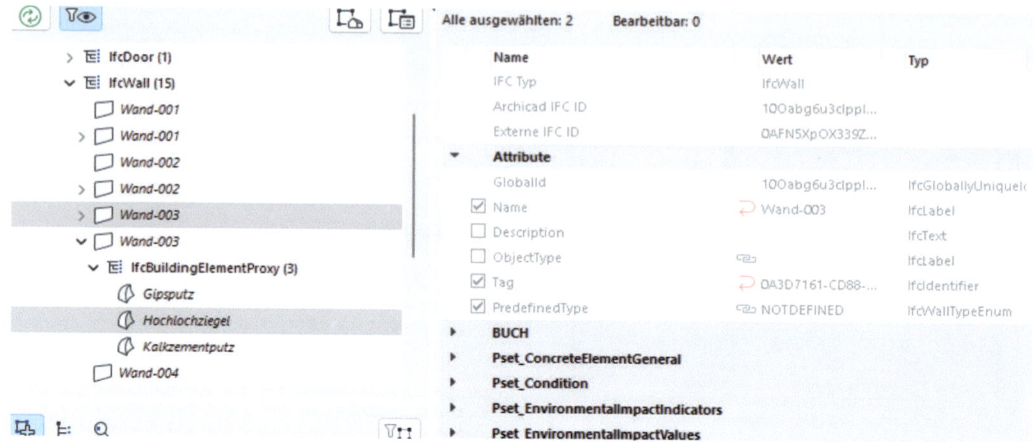

Abbildung 8-48 Die Wand im IFC-Manager

Die ***Parameter*** sind gegenüber dem Parameter von Standardbibliothekselementen deutlich eingeschränkt und die Darstellung des Elements reagiert weder auf die ***Modell-Darstellung*** noch auf die Darstellungs-Einstellungen des Kommunikationsfensters.

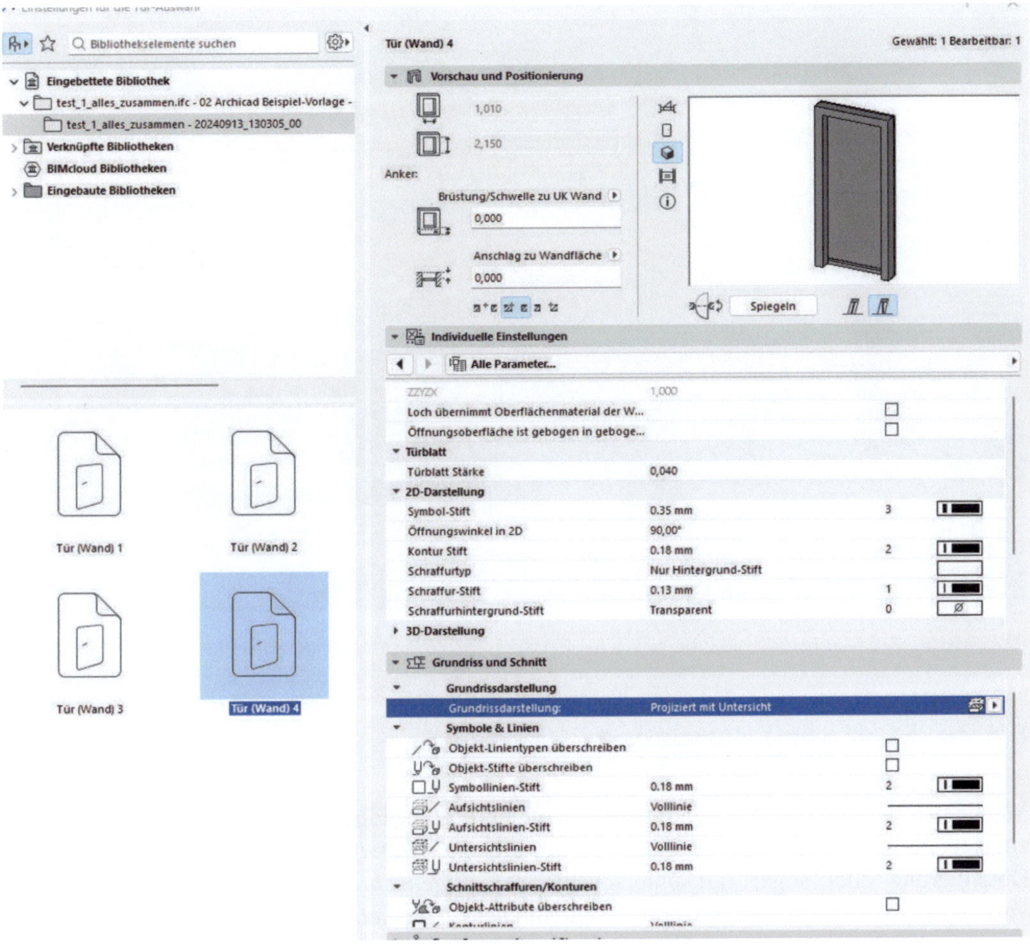

Abbildung 8-49 Kommunikationsfenster einer Tür aus einer IFC-Datei

Beim Löschen eines ***Hotlinks*** wird auch die zugehörige eingebettete ***Bibliothek*** gelöscht. Ein Element, das sich auf diese ***Bibliothek*** bezieht wird nicht mehr gefunden und durch schwarze Punkte dargestellt.

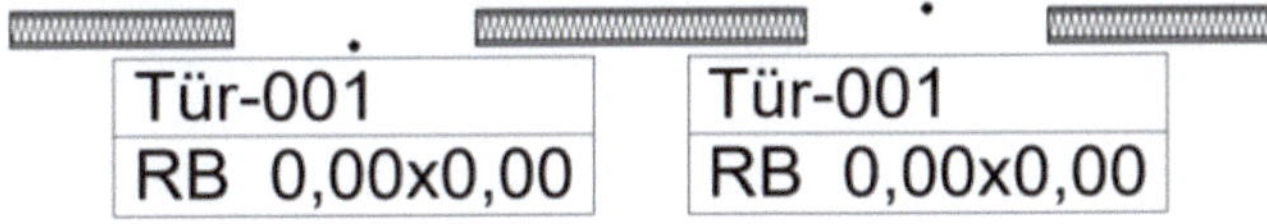

Abbildung 8-50 Fehlende Bibliotheken eines gelöschten Hotlinks

Die im Projekt Platzierten IFC-Elemente helfen Diskrepanzen zwischen der Planung der Fachplaner und der eigenen Planung aufzuzeigen. Die Elemente können auch zur Darstellung in eigenen Plänen genutzt werden. Mit Hilfe der ***Graphischen Überschreibungen*** lassen sich die Elemente der IFC-Fachmodelle hervorheben.

Abbildung 8-51 Unterschiedliche IFCs im Projekt, farblich hervorgehoben

8.4 Zu IFC-Modell dazuladen

Manchmal besteht die Notwendigkeit, zu einer bestehenden IFC-Datei eine weitere dazu zuladen. Evtl. werden einzelne Elemente mit gleicher ***Klassifizierung***, aber unterschiedlicher Detaillierung oder sogar mit unterschiedlichen ***Eigenschaften*** benötigt und deshalb ein vorhandenes IFC-Modell mit unterschiedlichen ***Übersetzern*** geschrieben und wieder zusammengefügt. Oder die Arbeit an einem Büro-Komplex erfordert für einzelne Gebäude oder Gebäudeteile jeweils ein separates Modell. Dann wird zum Betrachten der Zusammenhänge ein IFC-Gesamtmodell benötigt.

Ablage → Interoperabilität → IFC →Elemente zu IFC-Modell dazuladen...

Im Bereich Best Praxis finden Sie zwei Beispiele zur Verwendung dieses Befehls. Das Beispiel: Elemente zu IFC-Modell dazuladen, Abschnitt 9.27 und das Beispiel: Mehrere IfcBuildings innerhalb einer IFC-Datei, Abschnitt 9.28 .

Zu beachten ist, der Befehl heißt ***Dazuladen***. Elemente werden weder gelöscht noch geändert. Falls ein Element der Ursprungsdatei und ein Element der ***dazugeladenen*** Datei die gleiche ***GUID*** haben, wird dem dazu geladenen Element eine neue ***GUID*** vergeben. Wurde versehentlich etwas Falsches dazu geladen, kann dies nicht mehr geändert werden. Der ***Import*** und das ***Dazuladen*** müssen erneut durchgeführt werden.

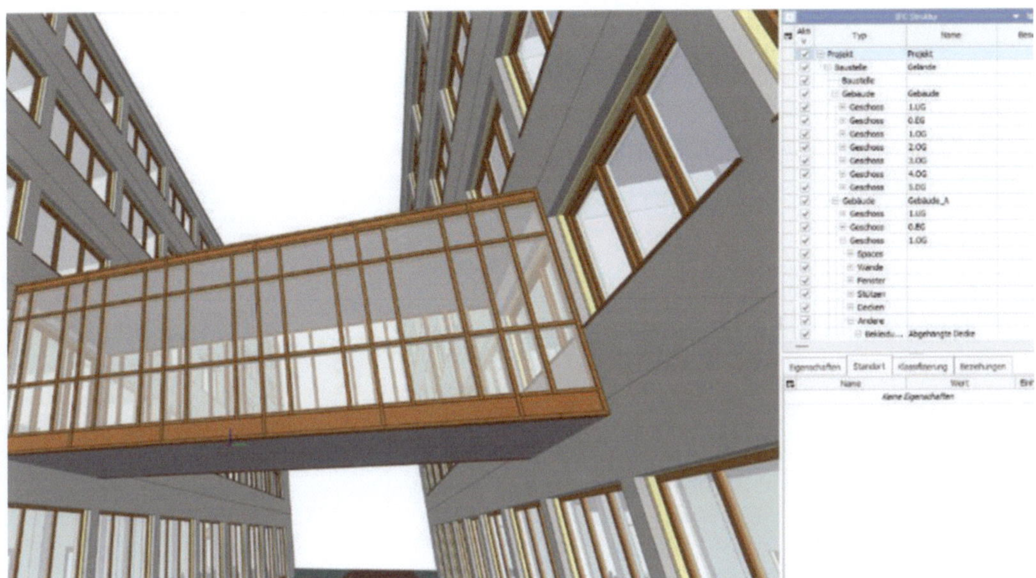

Abbildung 8-52 Mehrere IfcBuilding in einer Datei/BIMvision

8.5 Import einer IFC-Datei mit mehreren *IfcBuilding* in Archicad

Es kann sein, dass Sie IFC-Dateien erhalten, die mehrere *IfcBuildings* enthalten. Grundsätzlich gilt: innerhalb eines Archicad-Projektes kann gleichzeitig nur ein *IfcBuilding* bearbeitet werden. Soll eine solche Datei zum Projekt ***dazugeladen*** oder als ***Hotlink*** platziert werden(vgl. Abschnitt 8.2 Hotlink und Dazuladen...) erscheint ein Kommunikationsfenster, in dem eines der *IfcBuildings* ausgewählt wird.

Beim ***Import*** einer ***IFC-Datei*** mit mehreren *IfcBuildings* erscheint ein Kommunikationsfenster, in dem die Auswahl der eingebundenen Gebäude dargestellt ist. Auch hier ist eine Auswahl zu treffen. Nur das ausgewählte Gebäude wird in Archicad, gem. den Vorgaben des Übersetzers, geöffnet.

Da man mehrere IFC-Dateien innerhalb eines Archicad Projektes verwalten kann, kann der Vorgang des ***Dazuladens*** mehrfach wiederholt werden und aus derselben IFC-Datei können weitere Gebäude ausgewählt werden.

Beim ***Hotlink*** ist der Vorgang ähnlich. Durch Anklicken des Buttons Modul ändern wird ein neues ***Modul*** aus der ***IFC-Datei*** mit mehreren *IfcBuildings* ausgewählt. Dabei wird das nächste zu platzierende Gebäude ausgewählt. Indem jeweils ein anderes Gebäude gewählt wird, werden in der Archicad-Datei unterschiedliche Gebäude dargestellt, obwohl die Quelle des ***Hotlinks*** jeweils dieselbe Datei ist.

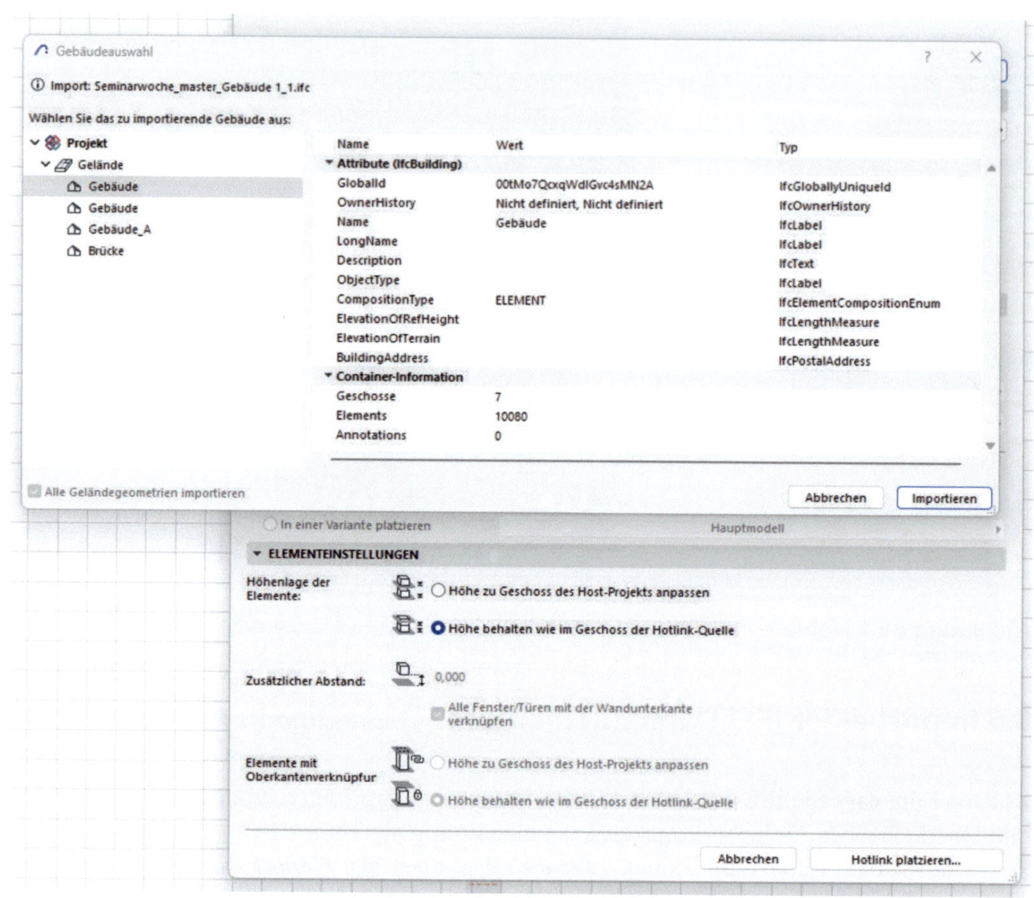

Abbildung 8-53 Bei Auswahl des Hotlinks wird nachgefragt, welches der Gebäude platziert werden soll

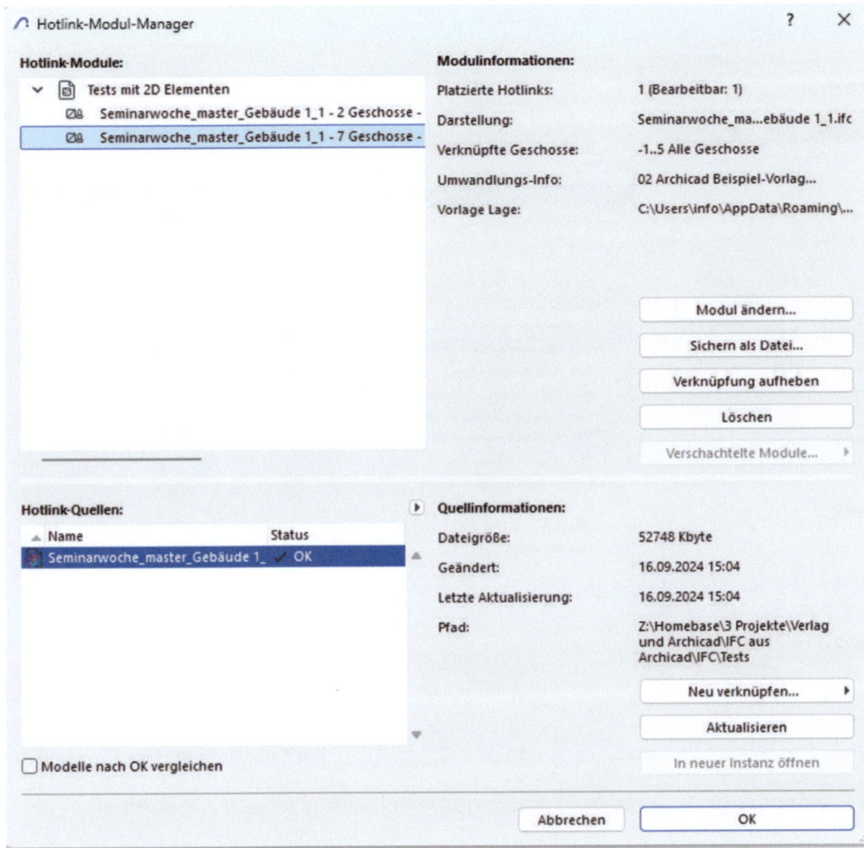

Abbildung 8-54 Unterschiedliche Gebäude aus einer Quellendatei

Welches der Gebäude welchem ***Hotlink-Modul*** zugeordnet ist, erkennt man an der Endung des ***Modul***-Namens. Im Projekt selbst geht die Information zur Gebäudezugehörigkeit verloren. Dies lässt sich jedoch kompensieren, in dem die Elemente z.B. auf einer entsprechenden ***Ebenen*** platziert werden (z.B. Gebäude_1), oder beim Platzieren der ***Hotlink-Module*** wird jedem Gebäude eine separate ***Master-ID-Nummer*** vergeben. So lässt sich der Überblick der Zugehörigkeit der Elemente zu den unterschiedlichen Gebäuden erhalten.

8.6 Elemente außerhalb der IFC-Building-Struktur

Haben Sie sich schon Gedanken gemacht, zu welchem Geschoss die Schranke der Tiefgarage, die an der Einfahrt vor dem Gebäude steht, gehört? Oder mitgestaltete Außenanlagen mit Sitzgelegenheiten sollen auf Anfrage vom Facility Management mit in das IFC-Modell aufgenommen werden. Eigentlich gehören diese Elemente zu keinem der Geschosse. In der IFC-Struktur des Projektes werden diese dem Ursprungsgeschoss zugeordnet und bei Bedarf manuell der Außenanlage zugeordnet.

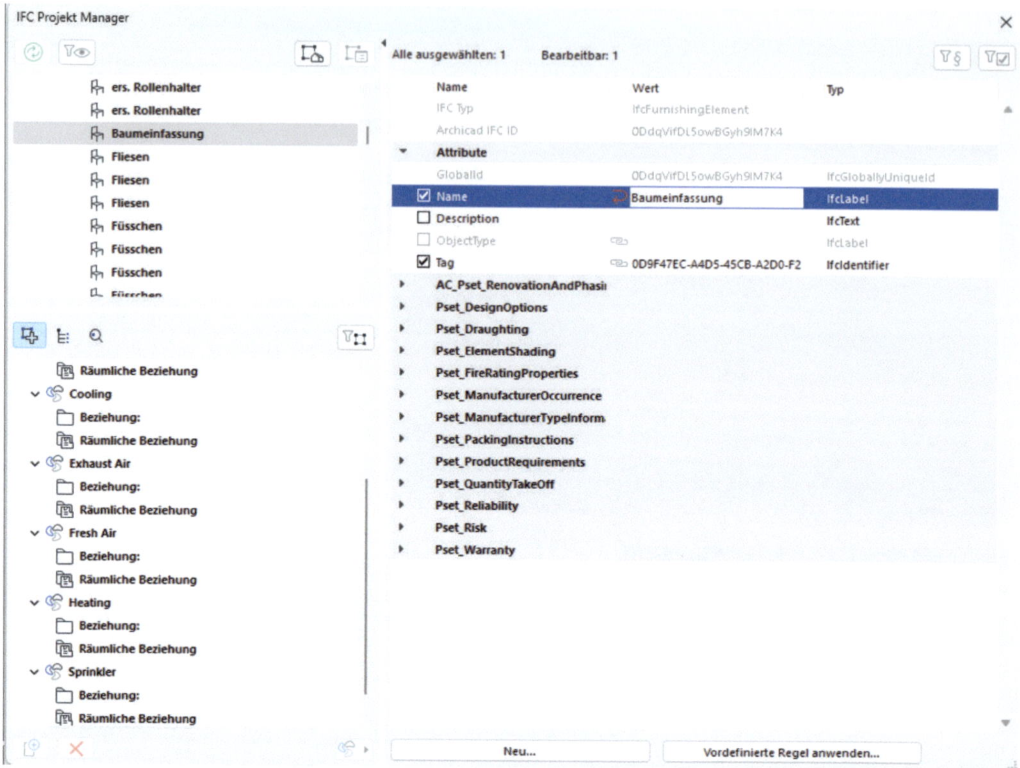

Abbildung 8-55 Elemente der Außenanlage sind einem Gebäudegeschoss zugeordnet

Um z.B. eine Baumeinfassung der Außenanlage zuzuordnen, wird das Element per ***Drag and Drop*** in der IFC-Baumstruktur des ***IFC-Managers*** verschoben.

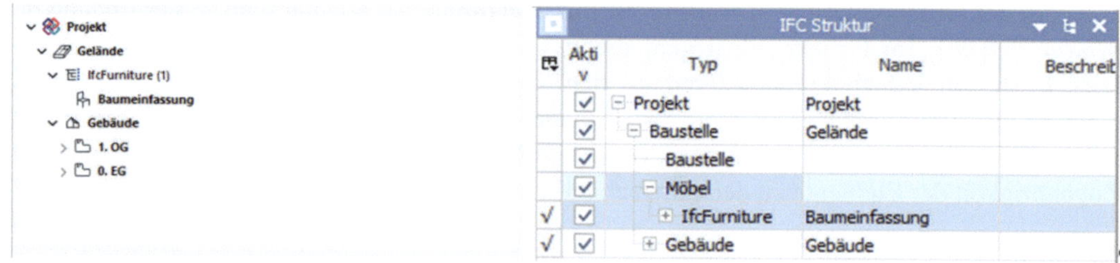

Abbildung 8-56 Elemente außerhalb der Geschossstruktur: links IFC-Manager, rechts IFC-Viewer BIMvision

Diese Zuordnung muss im Vorfeld mit dem Auftraggeber besprochen werden, denn, wenngleich nachvollziehbar ist, erzeugen diese Element im ***Model-Checker Programm*** Fehlermeldungen, da IFC-Elemente standardmäßig einem ***Ursprungsgeschoss*** zugewiesen werden. Entweder müssen diese Fehler dann manuell akzeptiert werden, oder die Prüfungen der ***Model-Checker*** muss entsprechend angepasst werden, indem diese Objekte aus der Prüfung nach dem ***Ursprungsgeschoss*** ausklammern werden.

8.7 Aktualisieren mit IFC-Modell

Unter dem Untermenü IFC befindet sich der Befehl ***Aktualisieren mit IFC Modell***.

Ablage → Interoperabilität → IFC →Aktualisieren mit IFC-Modell

Dieser Befehl aktualisiert ***Eigenschaften*** und ***Klassifizierungen*** jedoch nicht die Geometrien der sich im Projekt befindenden IFC-Elemente. Es ist nicht möglich diesen Befehl bei einem ***Hotlink-Modul*** anzuwenden. Die Elemente müssen entsperrt und auf einer aktiven Ebenen sein.

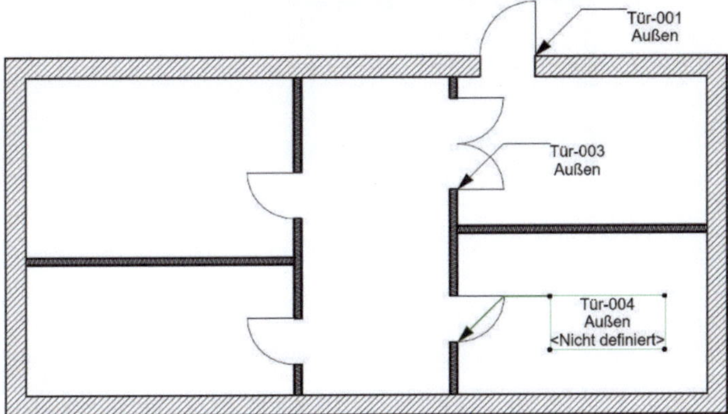

Abbildung 8-57 Im Projekt dazugeladene IFC-Datei

Für die Aktualisierung wird der Befehl aktiviert und der Pfad der neuen Version der IFC-Datei eingegeben bzw. ausgewählt.

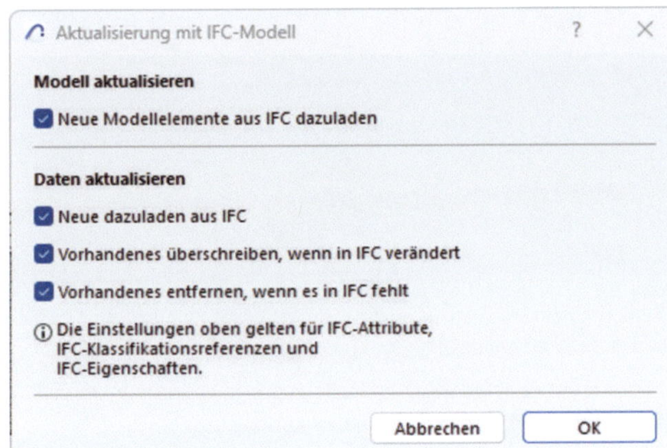

Abbildung 8-58 Einstellungen der Aktualisierung

Im Kommunikationsfenster wird definiert, wie die ***Klassifizierungen*** und ***Eigenschaften*** aktualisiert werden sollen.

8

Mit OK werden die ***Eigenschaften*** und ***Klassifizierungen*** der vorhandenen IFC, gemäß den Vorgaben, aktualisiert.

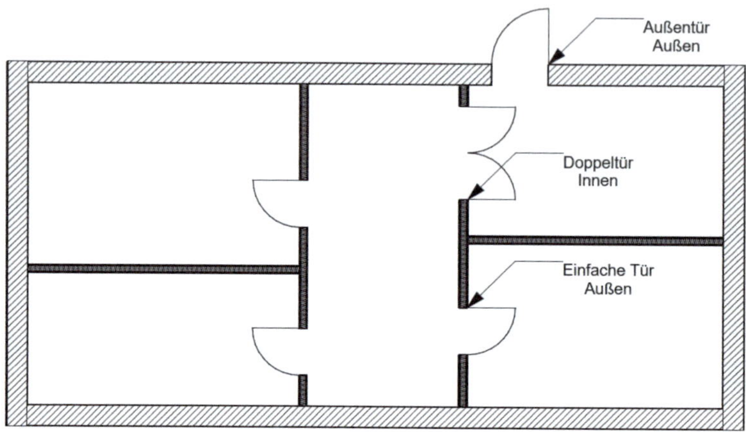

Abbildung 8-59 Aktualisierte Attribute

9 Best Praxis

9.1 Fehlermeldung: Doppelte GUIDs

Die ***GUID*** muss eindeutig sein. Wenn die Fehlermeldung bei baulichen Elementen erscheint, ist zu prüfen, ob die eigene IFC-Datei mit Bestandteilen einer anderen IFC-Datei exportiert wurde (***Ebenen-Kombination*** überprüfen). Falls der Fehler sich so nicht beheben lässt, kann das Löschen und Neuerstellen der Bauelemente helfen.

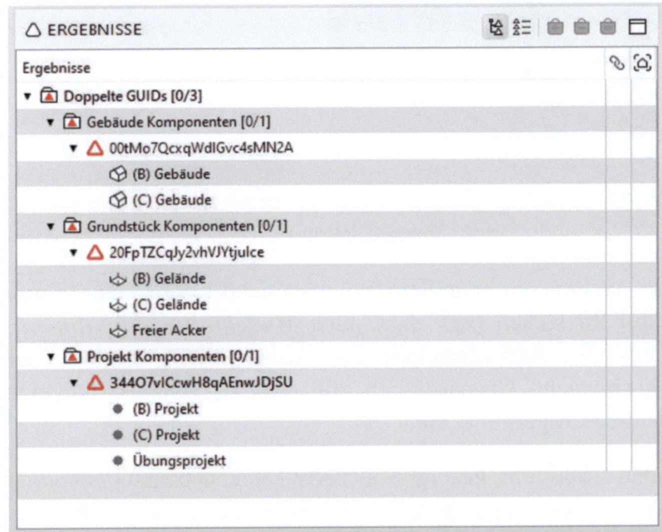

Abbildung 9-1 Fehlermeldung doppelte GUIDs/ Solibri

Erscheint die Fehlermeldung bei *IfcProject*, *IfcSite* oder *IfcBuilding*, kann der Fehler am Umgang mit den jeweiligen IDs innerhalb der Projekt-Info liegen. Hierzu finden Sie weitere Informationen im Kapitel Projekt-Info, S 17.

9.2 Fehlermeldung: Das Gebäude lässt sich nicht nach Geschossen steuern

In einem ***IFC-Viewers*** lassen sich nicht nur die Geometrien anzuschauen, sondern es ist auch möglich, sich einzelne Geschosse anzeigen zu lassen. Auf diese Weise kann einer der schwerwiegenden Fehler erkannt werden.

K. Fischer und F. Fischer, *BIM mit Archicad®*,
https://doi.org/10.1007/978-3-658-49671-5_9

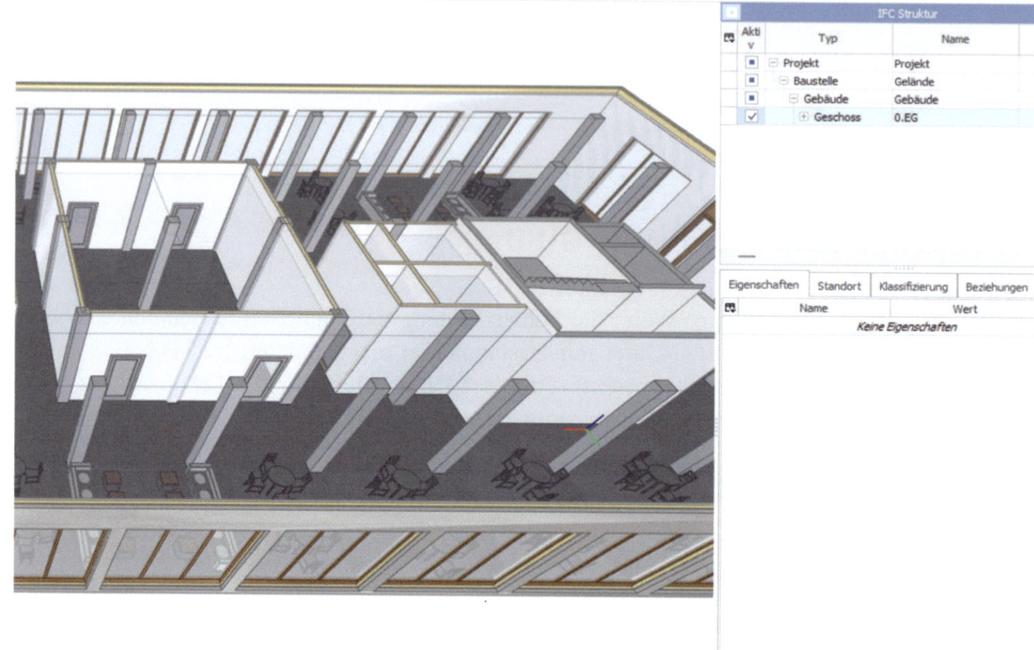

Abbildung 9-2 Navigieren nach Geschossen in einem Viewer/ BIMvision

Gemäß Gebäudestruktur, eines vom Architekten erstellten Projektes gehört die Decke immer zu dem Geschoss, dessen Wände auf ihr stehen (vgl. dazu auch ***Modellierungsrichtlinien***). Möglicherweise gibt es Gründe aus den Anforderungen des Aufraggebers, weshalb die Strukturierung des Projektes davon abweicht. Grundsätzlich gilt, dass je Geschoss nur eine Deckenebene und eine Bodenbelag-Ebene zugeordnet sind.

Erscheinen nun – wie in der folgenden Abbildung gezeigt – mehrere Deckenebenen oder sogar Möbel aus einem anderen Geschoss, liegt der Fehler möglicherweise in der Höhe der Räume. Räume des unteren Geschosses berühren Elemente im oberen Geschoss. Infolgedessen kann das Gebäude nicht mehr nach Geschossen gesteuert werden, die Zuordnung der Elemente ist fehlgeschlagen.

Stellt man diesen Fehler beim Prüfen im Viewer fest, kann man die Fehlersuche auf die Höhe der Räume eingrenzen.

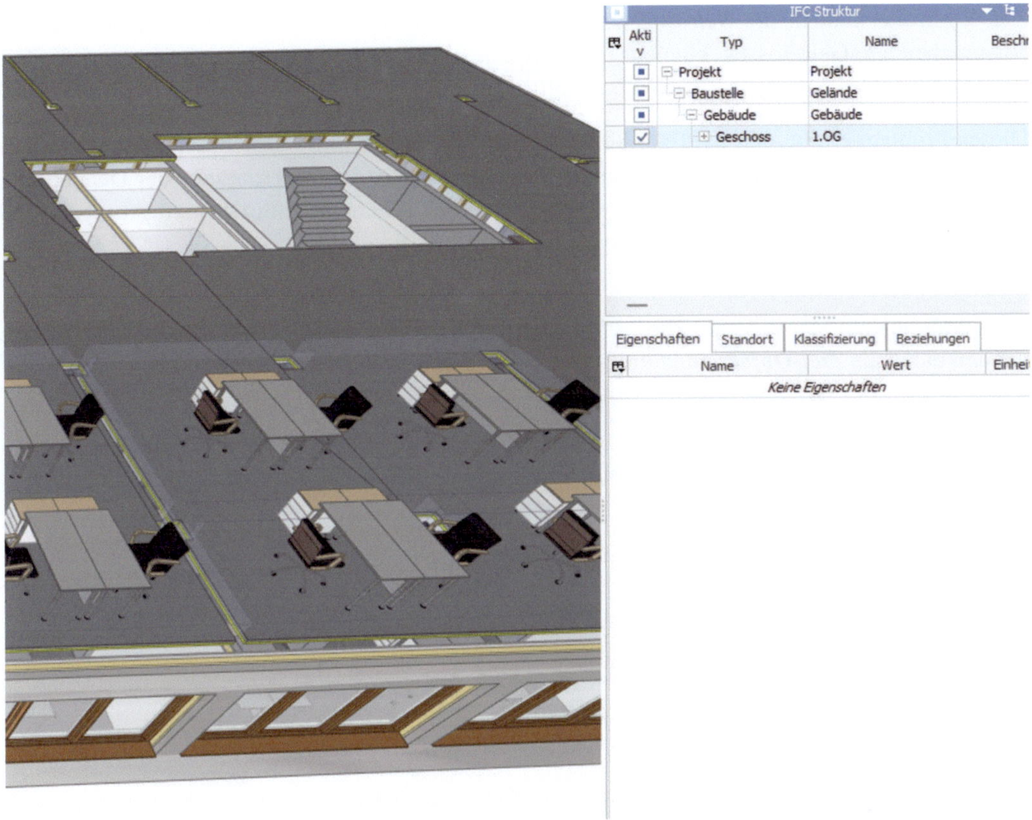

IFC Struktur

Aktiv	Typ	Name	Beschr
■	⊟ Projekt	Projekt	
■	⊟ Baustelle	Gelände	
■	⊟ Gebäude	Gebäude	
✓	⊞ Geschoss	1.OG	

Eigenschaften | Standort | Klassifizierung | Beziehungen

Name	Wert	Einheit
Keine Eigenschaften		

Abbildung 9-3 Das Gebäude lässt sich nicht nach Geschossen steuern/BIMvision

Abbildung 9-4 Kontrolle im Schnitt

Zur Kontrolle können die ***Schnitte*** des Projektes geöffnet werden oder die Raumhöhen des entsprechenden Geschosses können im Grundeinstellungs-Kommunikationsfenster geändert werden. Nach der Anpassung der ***Räume*** sollte die Navigation funktionieren.

Dieses Problem ergibt sich häufiger bei Räumen, die über mehrere Geschosse gehen, z.B. bei Fahrstuhlschächten oder Leitungsschächten. Je nachdem wie die ***Durchbrüche*** der Decken und Bodenbeläge der Geschosse erstellt wurden (vgl. Modellierungsrichtlinien und Abschnitt 9.8 Beispiel: Elemente im Deckendurchbruch werden nicht dargestellt), kann dieser Fehler, trotz sauberer Modellierung, vorkommen.

Eine Möglichkeit zur Lösung dieses Problems könne die ***Solid-Befehle*** sein. Die Räume werden dabei als ***Ziel-Objekte*** und die anderen Elemente als ***Operatoren*** definiert.

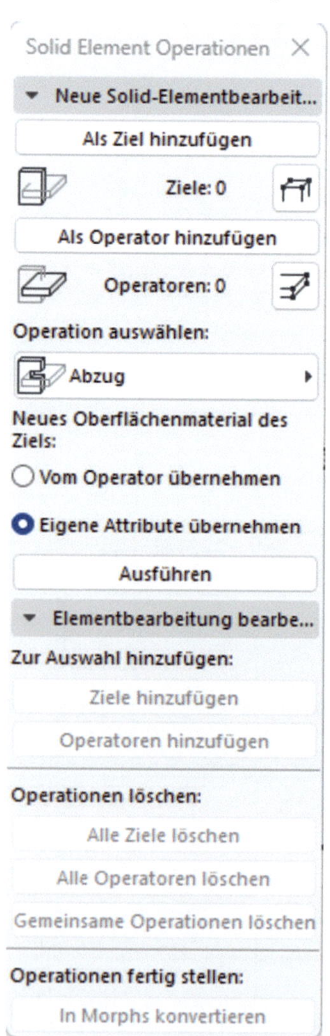

Abbildung 9-5 Oberfläche der Solid-Operationen

9.3 Fehlermeldung: Gleicher Geschossname bei mehreren Geschossen

Ein ***BCF-Protokoll*** mit der Fehlermeldung gleicher Geschossnamen bei mehreren Geschossen mag überraschen, vor allem, wenn man die Geschosse sauber benannt hat.

IFC Struktur

Aktiv	Typ	Name	Beschre
☑	⊟ Projekt	Projekt	
☑	⊟ Baustelle	Gelände	
☑	⊟ Gebäude	Gebäude	
☑	⊞ Geschoss	EG	
☑	⊞ Geschoss	OG	
☑	⊞ Geschoss	OG	
☑	⊞ Geschoss	OG	
☑	⊞ Geschoss	OG	
☑	⊞ Geschoss	OG	

Abbildung 9-6 Export des Geschossnamens/BIMvision

Arbeitet man mit Archicad, sind in der Standardvorlage bereits vier Geschosse angelegt: -1.UG, 0.EG, 1.OG und 2.DG. Arbeitet man mit diesen Standardgeschossen wird die Fehlermeldung nicht erscheinen. Hat man jedoch zusätzliche Geschosse, muss bei der Benennung auf die Eindeutigkeit geachtet werden.

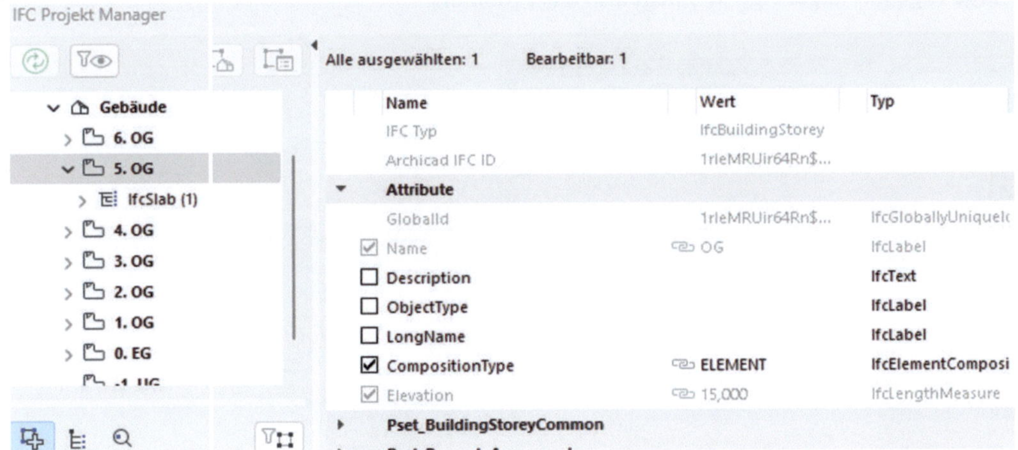

Abbildung 9-7 Geschoss im IFC-Manager

Betrachtet man ein Geschoss im ***IFC-Manager***, stellt man fest, dass der Name des *IfcBuildingStorey* nur aus dem ***Geschossnamen*** besteht. Beim Export wird aus einem eindeutigen ***2.OG*** (ID + Geschossname) ein ***OG***. Und das bei mehreren Geschossen. Leider gibt es keine Möglichkeit, den Namen bei der ***Eigenschaft-Zuordnung*** anders zu verknüpfen.

Um das Problem zu lösen, könnte z.B. die entsprechende Nummer des Geschosses mit im Geschossnamen eingetragen werden.

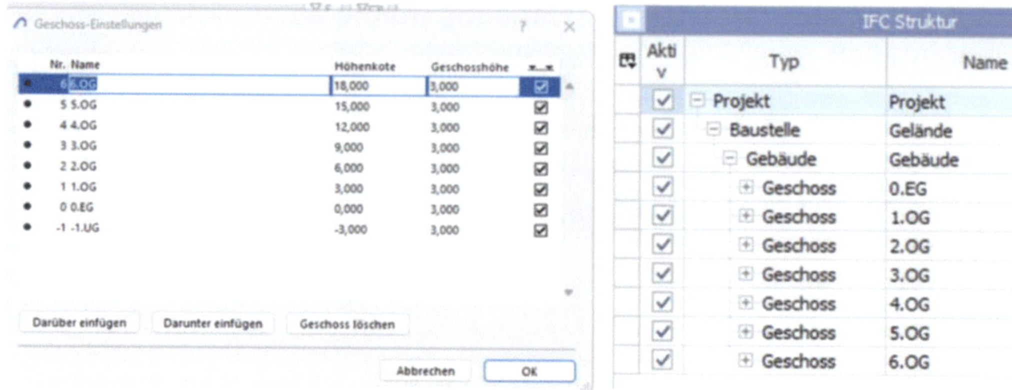

Abbildung 9-8 Änderung des Namens: links Geschoss-Manager, rechts IFC-Viewer BIMvision

9.4 Fehlermeldung: Richtung der Türöffnung nicht erkennbar

Diese Fehlermeldung hat uns zuerst ziemlich verwundert, denn die Richtung der Türöffnung ist eine der Eigenschaften, die im Eigenschaftenmanager den Türen zugeordnet wird. In der Eigenschaft ist auch eine Berechnung hinterlegt und beim Prüfen der Berechnung wird das richtige Ergebnis angezeigt. Wo liegt also das Problem?

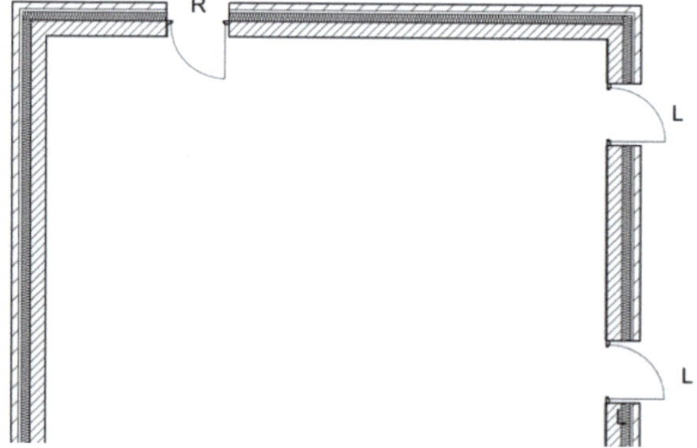

Abbildung 9-9 Ausgangssituation

Im ***IFC-Manager*** wird das Problem sichtbar. In den Standardattributen gibt es den *OperationType*. dieser ist standardmäßig ausgeschaltet. Grund der Fehlermeldung war hier, dass die hinterlegten Abfragen in der ***Model-Checker-Software*** dieses ***Attribut*** angesteuert haben.

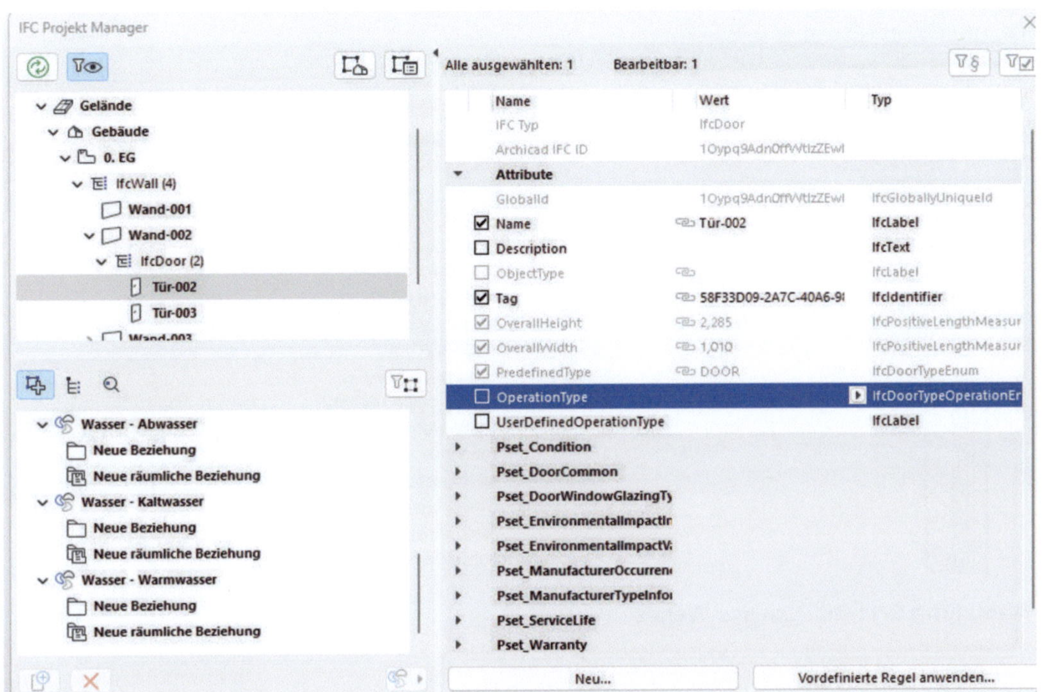

Abbildung 9-10 Die Türen im IFC-Manager

Der *OperationType* kann bei der ***Eigenschaften-Zuordnung*** leider nicht mit einer zusätzlichen Regel belegt werden. Denkbar wäre es, nach Absprache mit dem Auftraggeber, das ***Property-Sets*** um das Attribut Öffnungsrichtung zu ergänzen.

Denkbar wäre auch, das ***Attribut*** manuell zu aktivieren und aus der Auswahlmöglichkeit den jeweils korrekten Wert zu wählen.

Auch wenn es sich um sehr viele Türen handelt, mit Hilfe des Befehls ***Suchen und aktivieren*** lässt sich diese Arbeit, auch bei sehr großen Gebäudekomplexen, vernünftig bewältigen.

In den Suchkriterien können die unterschiedlichen Türen mit ihren jeweiligen Werten für die Öffnungsrichtung ausgewählt werden. Im ***IFC-Manager*** wird daraufhin der Befehl ***Modellelemente in Baumstruktur suchen*** aktiviert. So werden gleichzeitig alle durch ***Suchen und aktivieren*** ausgewählten Elemente, bearbeitet.

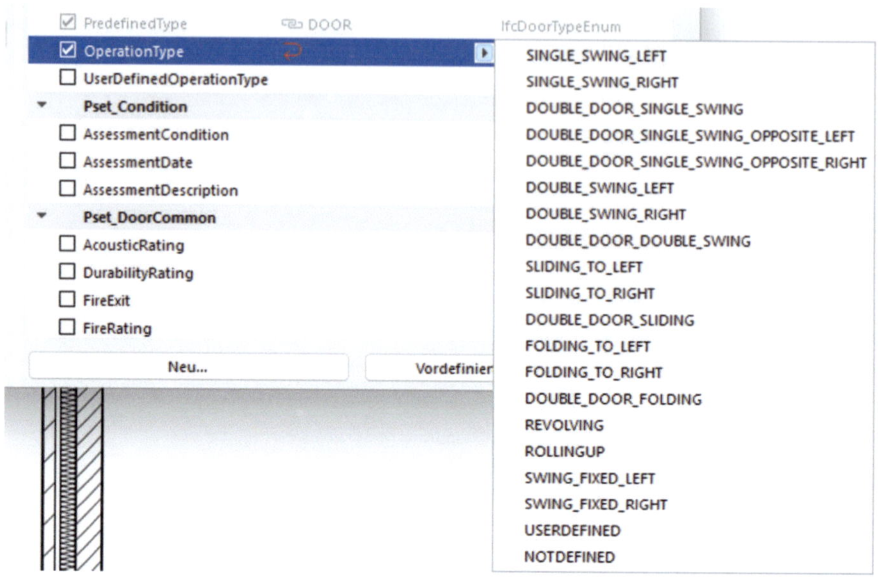

Abbildung 9-11 Befüllen des Wertes

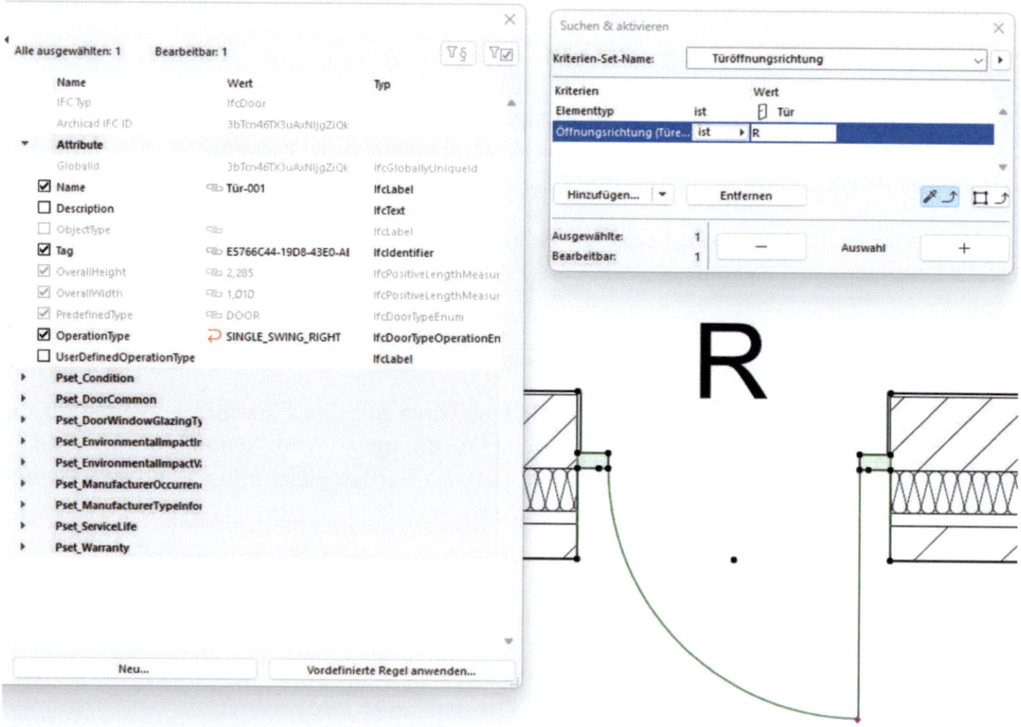

Abbildung 9-12 Nutzen des Befehls Suchen und Aktivieren

Zum schnelleren Arbeiten empfehlen sich passende ***Kriterien-Sets***. Bedenken Sie, dass, beim Arbeiten mit ***Teamwork***, die ***Kriterien-Sets*** allen zur Verfügung gestellt werden. Diese Sets werden als ***Öffentlich*** gespeichert.

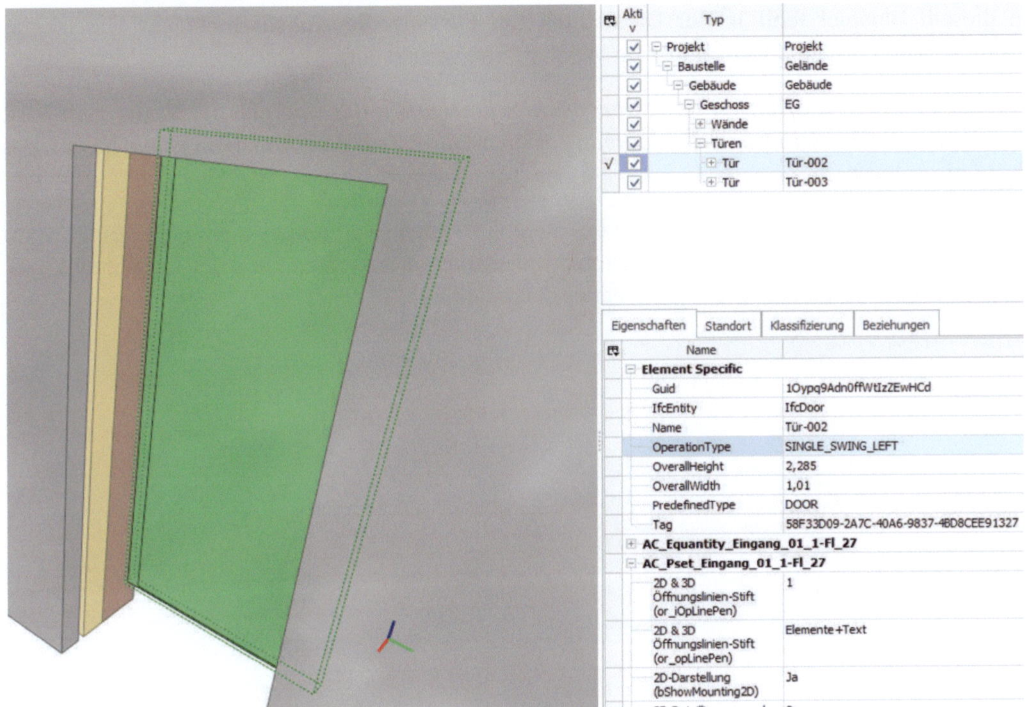

Abbildung 9-13 OperationType in BIMvision

9.5 Fehldarstellung bei mehrschichtigen Wänden

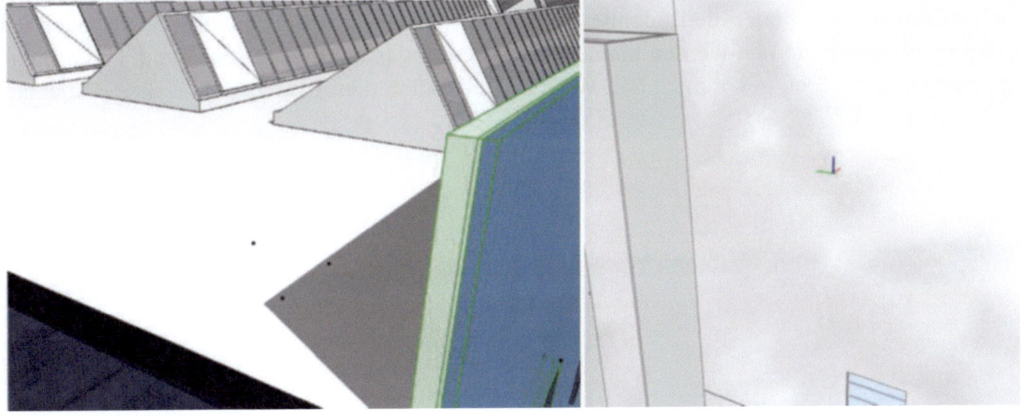

Abbildung 9-14 Fehler beim Export: links die original Fassade in AC, rechts das exportierte Ergebnis in BIMvision

Es kommt immer wieder zu Problemen bei der Darstellung mehrschichtiger Wände, bei denen eine einfache Fehlersuche wie ***Struktur*** überprüfen, die Nutzung eines andere ***Übersetzers***, oder der Export der Wand aus einer anderen Datei zu keinem Ergebnis führt.

In diesem Beispiel fehlt in der Darstellung der Fassade die Außenschicht aus Blech. Das Problem wird durch die Luftschicht im Wandaufbau verursacht.

Wir haben in den ***Baustoffen*** bzw. ***Oberflächenmaterialien*** die Durchlässigkeit der Luft bzw. die Oberfläche ***Modellierung Unsichtbar*** auf eine Durchlässigkeit von 10% geändert, um das Problem zu lösen.

Unsere Vermutung ist, dass die Stärke des Blechs zu gering ist, und es deswegen beim Export Probleme gab. Bei anderen Wandaufbauten mit stärkeren Schichten nach der Luftschicht, z.B. ***Klinker*** ergaben sich keine Probleme bei der Darstellung.

Abbildung 9-15 Darstellung nach dem Lösen des Problems / BIMvision

9.6 Beispiel: Export/IFC als Rohbau

Wird das IFC-Fachmodell als Abbild des Rohbaus benötigt, sollte es weder Trockenbauwände noch Bodenbeläge und Türblätter, -Rahmen oder Fenster beinhalten. Während Elemente wie die Trockenbauwände oder die Bodenbeläge durch Ausblenden der entsprechenden Ebenen aus dem Export ausgenommen werden können, funktioniert das bei den Fenstern und Türen nicht. Die Fenster und Türen gehören zu den Wänden und haben damit keine eigene Ebene, die sich ausblenden lässt.

Es gibt zwei Möglichkeiten dieses Problem zu lösen:

- bei der ersten Möglichkeit werden alle Fenster (danach alle Türen und danach alle Dachfenster) aktiviert und im Grundeinstellungs-Kommunikationsfenster, im Untermenü ***Modeldarstellungen…*** beim Attribut ***3D-Detaillierungsgrad*** der Wert ***Aus*** gewählt.

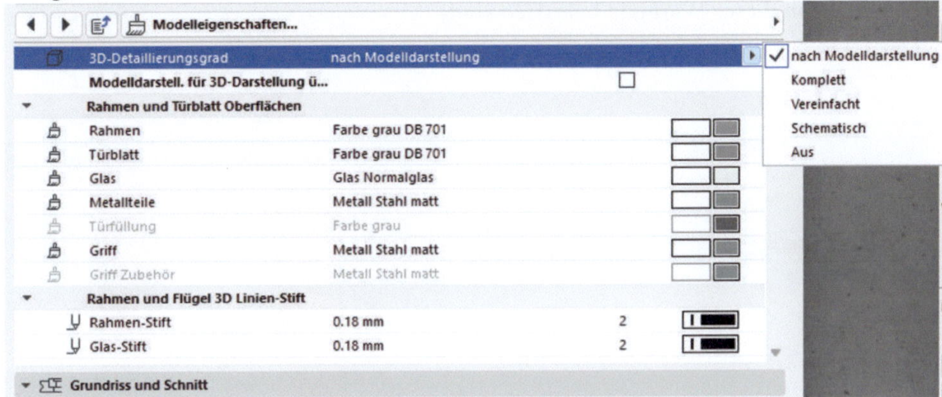

Abbildung 9-16 3D-Detaillierung bei Türen und Fenstern (Dachfenstern)

Nach dem ***IFC-Export*** muss dieser Schritt bei allen Objekten wieder rückgängig gemacht werden, denn diese Einstellung ist nicht über ***Ausschnitte*** steuerbar.

- Bei der zweiten Möglichkeit wird ein eigener ***IFC-Übersetzer*** für den Rohbau erstellt. Bei diesem wird die ***Umwandlungs-Voreinstellung*** Modell-Filter angepasst, indem die ***Entities*** *IfcDoor* und *IfcWindow* nicht exportiert werden. Beim ***Export*** werden die *IfcOpening* weiterhin die Öffnungen in den Wänden und Dachflächen darstellen. Der Inhalt der Fenster und Türen fehlt jedoch.

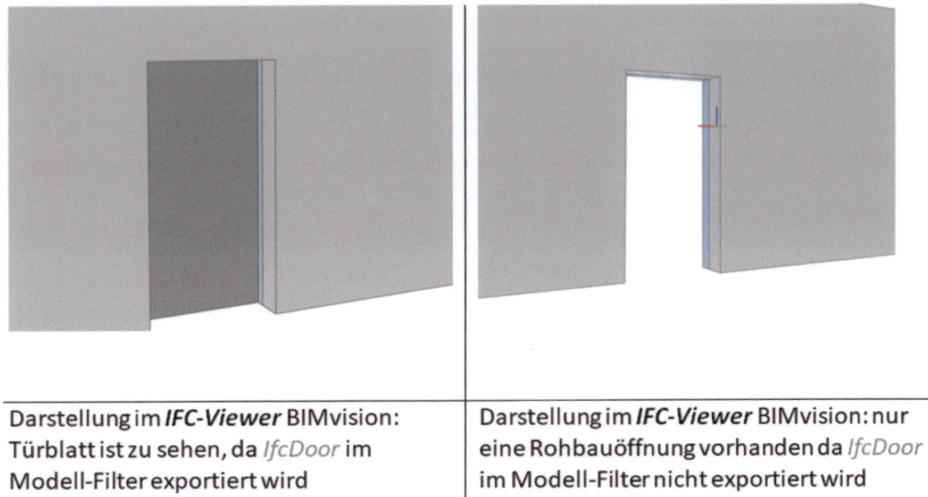

Abbildung 9-17 Export einer Wand ohne Tür, nur mit Rohbauöffnung

9

9.7 Beispiel: Export-Warnung bei IFC

Beim Arbeiten mit Elementen, deren ***Umbau-Status*** unterschiedliche Werte aufweist, kommt es häufiger zu ***Export-Warnungen***. In folgendem Beispiel wird gezeigt, dass eine Warnung, auch bei einem richtigen Ergebnis, stimmen kann und wie geprüft werden kann, welche Elemente von dieser Warnung betroffen sind.

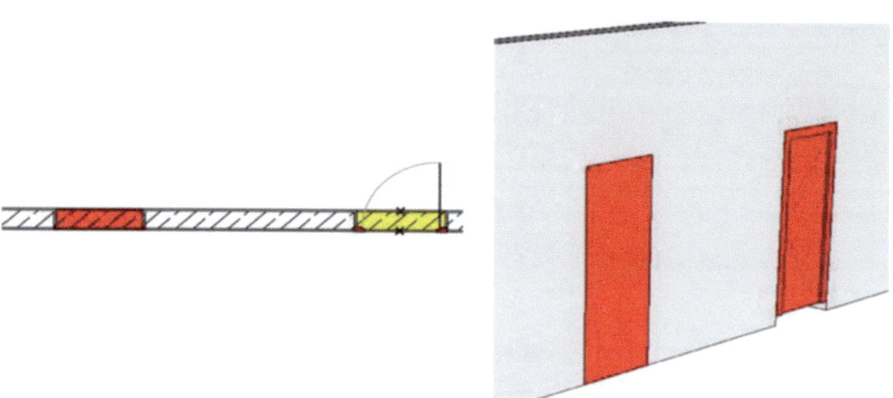

Abbildung 9-18 Die Ausgangssituation links im Grundriss, rechts im 3D-Fenster

In der Wand (Bestand) wird ein Durchbruch für eine neue Tür erstellt. Dabei bekommt die Wand im Bereich des Durchbruchs den Status ***Abbruch*** und die neue Tür erhält den Status ***Neubau***.

Zusätzlich wird eine bestehende Tür verschlossen und die bestehende Wand wird an dieser Stelle mit der Überschreibung ***Neubau*** dargestellt.

Der Umbau-Filter hat einen beliebigen nicht-Bestand Wert.

Im ***3D-Fenster*** werden die neue Tür und der verschlossene Durchbruch rot dargestellt.

Wird diese Wand als IFC-Datei mit einem Übersetzer exportiert, der *IfcOpening* berücksichtigt, erscheint eine Export-Warnung, in der ein Exportfehler dokumentiert wird.

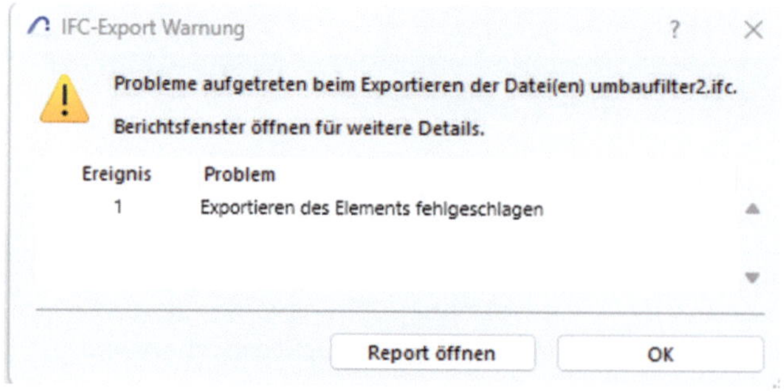

Abbildung 9-19 Export-Warnung

Um festzustellen, welches Element die Warnung hervorbringt, wird der ***Report*** geöffnet.

Man kann das ***Protokoll*** entweder sofort über den entsprechenden Button öffnen oder auch über

Navigator → Projekt-Mappe→ Info→ Protokolle.

Über den Button Report öffnen werden Sie direkt zur richtigen Zeile navigiert, während das Fenster aus der ***Projekt-Mappe*** mit der Zeile 1 geöffnet wird.

Im ***Report*** werden die einzelnen Schritte des Programms aufgelistet werden. Hier befindet sich auch das ***IFC-Export Protokoll***.

```
--- IFC-Export Protokoll ---------------------------------------------
Startzeit       : 07.05.2024 11:03:25
End-Zeit         : 07.05.2024 11:03:27
Rechenzeit     : 2 Sekunden
Export-Prozess   : Sichern der Datei(en) C:\Users\info\Desktop\Tests\umbaufilter13.ifc
Die folgenden Probleme sind aufgetreten beim Exportieren der Datei(en) umbaufilter13.ifc

Exportieren des Elements fehlgeschlagen.
Folgende Elemente konnten wegen fehlender Geometrie nicht exportiert werden:
    0hkcBj87LD1BnryPP2abst

----------------------------------------------------------------------
```

Abbildung 9-20 Fehlermeldung im Protokoll

Der Fehler betrifft hier ein Element, bei dem die Geometrie fehlt. Nach der Fehlermeldung wird die eindeutige ***IFC-ID*** des Elementes ohne Geometrie angegeben. Kopieren Sie diese Nummer und wechseln Sie in den Grundriss oder in das 3D-Fenster.

Um das Element zu finden, ist es am einfachsten, den Befehl ***Suchen und Aktivieren*** aufzurufen.

Hierzu werden im Kommunikationsfenster zwei Kriterien angelegt: ***Elementtyp /ist /3D-Typen*** und ***Archicad IFC ID /ist/...***

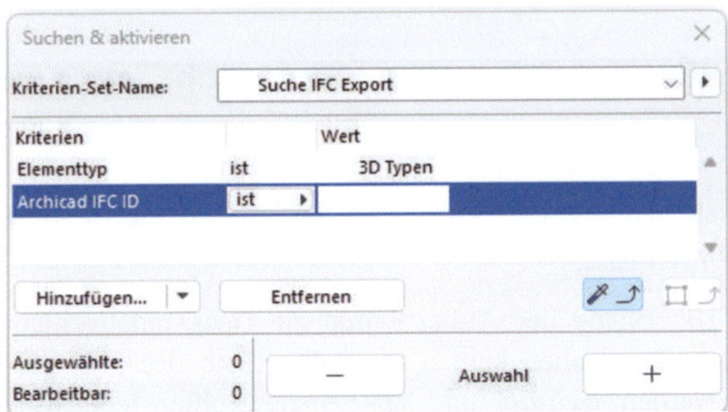

Abbildung 9-21 Eigenes Kriterien-Set zur Suche nach IFC-Elementen

Als Wert für Archicad ***IFC-ID*** wird die kopierte ***ID*** aus dem Protokoll eingesetzt und der Button + geklickt, um dieses Element zu aktivieren.

Das Element, das in diesem Beispiel Probleme bereitet, ist der verschlossene Durchbruch. Die Wand ist zwar an dieser Stelle noch rot überschrieben, aber der Durchbruch ist im ***Neubau*** nicht mehr vorhanden und hat somit auch keine Geometrie. Die Warnung ist zwar richtig, aber es ist eben auch richtig, dass der verschlossene Durchbruch nicht exportiert wurde.

Exportiert man die Daten mit dem Umbau-Filter ***Bestand*** erscheint die Warnung nicht mehr für diese Tür, sondern für die neue Tür.

Es empfiehlt sich, das Suchkriterien-Set für die Elemente nach ihrer ***Archicad IFC-ID*** zu speichern, da es in einem Projekt mit regelmäßigem IFC-Export häufiger genutzt wird. Hierzu werden zuerst alle notwendigen Kriterien voreingestellt. Der ***Kriterien-Set-Name*** springt dabei auf ***Individuell***. Rechts neben dem Namen befindet sich ein Button mit nach rechts zeigendem Pfeil. Klickt man diesen Button an, so erscheint ein Pull-Down Menü in dem der Befehl ***Speichern als...*** ausgewählt werden kann. Benennen Sie das neuen ***Kriterien-Set*** und bestätigen Sie mit OK.

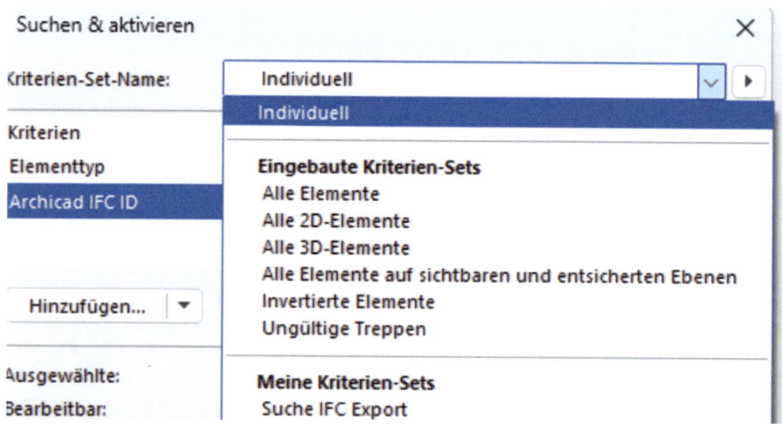

Abbildung 9-22 Erstellen eigener Kriterien-Sets

9.8 Beispiel: Elemente im Deckendurchbruch werden nicht dargestellt

Dieses Beispiel zeigt einen zwar seltenen Fehler, aber der dargestellte notwendige Lösungsansatz kann für viele weitere Fälle genutzt werden.

Die ***BCF-Protokolle*** bemängelten, die Unterkante der Attika würde die Deckenplatte nicht berühren. In Archicad importierte Protokolle ergaben keinen Sinn. Innerhalb des Projektes konnte der Fehler nicht nachvollzogen werden. ***Schnitt-*** und ***3D-Fenster*** stellten fehlerfreie Verbindungen dar.

In der IFC-Datei konnte man den Mangel sehen, die Ursache war jedoch nicht nachvollziehbar. An dieser Stelle gab es keine Abzugskörper, keine Varianten, keine Elemente, die durch den ***Umbau-Filter*** gesteuert wurden, und trotzdem war eine eindeutige Lücke zwischen der Attika und der Decke zu sehen.

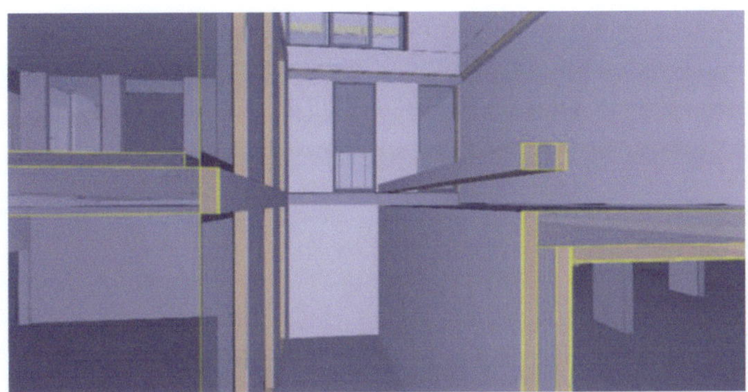

Abbildung 9-23 IFC-Datei mit dem Modellierungsfehler in Solibri

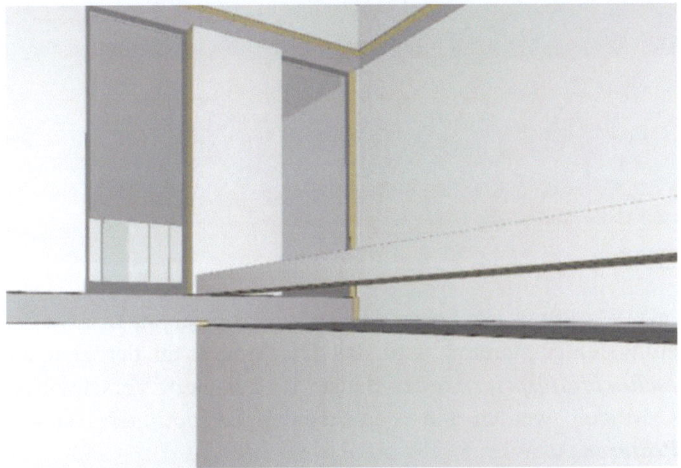

Abbildung 9-24 IFC-Datei mit dem Modellierungsfehler in Solibri

Die vorhandene Lücke entsprach genau der Stärke der Decke des 1.OG an dieser Stelle. Die Öffnung für den Innenhof wurde mit dem Befehl ***Vom Polygon abziehen*** der ***PET-Palette*** erstellt.

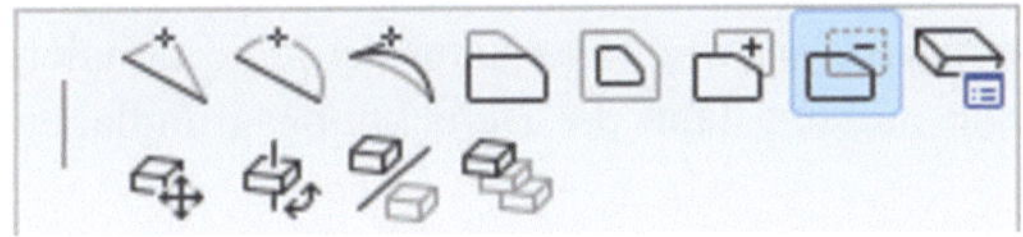

Abbildung 9-25 PET-Palette

Durch Zuweisung eines Baustoffs mit deutlich niedrigerer ***Verschneidungspriorität*** an die Decke des 1.Obergeschosses wurde die Attika fehlerfrei dargestellt. Die Ursache des Fehlers liegt im Zusammenspiel der einzelnen Baustoffe.

Diese Möglichkeit scheidet jedoch als Lösung aus, da die ***Verschneidungspriorität*** an anderer Stelle Probleme bereitet hätte. Wir haben dann die Polygonöffnung entfernt und durch eine ***Öffnung*** des ***Öffnungs-Werkzeuges***, ***Modellierungsrichtlinienkonform***, ersetzt[15].

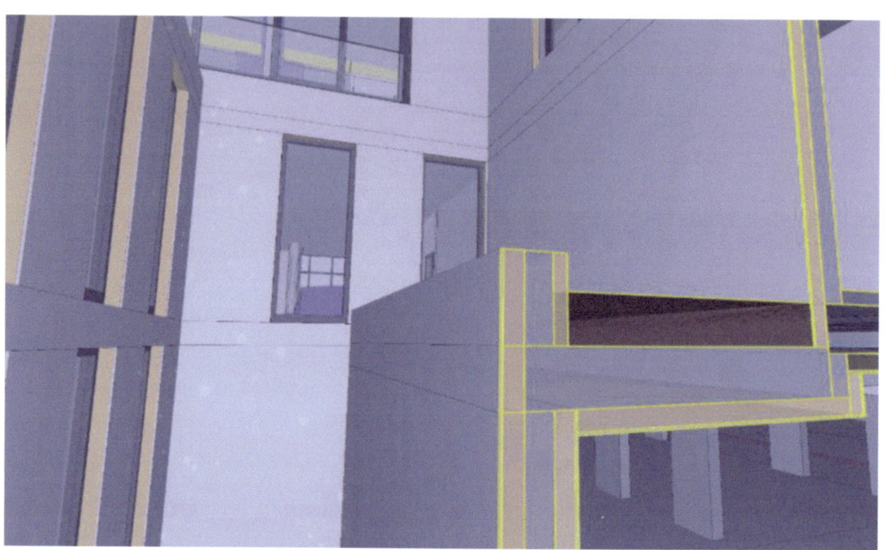

Abbildung 9-26 Geänderte Modellierung in Solibri

Aus diesem Vorgehen lässt sich ein Workflow zur Fehlersuche ableiten. Erkennt man in der CAD nicht, woher der Modellierungsfehler stammt, wird das IFC-Modell an der gleichen Stelle geprüft. Dann wird die ***Verschneidungspriorität*** des Baustoffes geändert. Verschwindet der Modellierungsfehler im IFC-Modell werden die Verschneidungen optimiert (andere ***Priorität***, ***Solid-Befehl***, ***Ebenen-Präferenz*** usw.).

9.9 Beispiel: Baustoff „Noch festzulegen“

Für das Arbeiten hat sich die Verwendung eines Baustoffs „Noch festzulegen“, in einer kräftigen Farbe (z.B. Türkis oder Orange) bewehrt. Dieser Baustoff hat, je nach Anforderungen an das Projekt, anfangs die Klassifizierung ***Ohne Klassifizierung***. Das kann bei konditionalen Berechnungen Fehler verursachen. Möglicherweise müssen dann die Berechnungsgrundlagen angepasst werden.

Zum einem fungiert dieser ***Baustoff*** als optisches Signal für noch fehlende Informationen und weiteren Handlungsbedarf. Zum anderen werden keine falschen physikalischen Eigenschaften exportiert. Damit reduziert sich die Gefahr der Verwendung falscher Informationen.

Die Verwendung eines solchen Baustoffs kann aber an den Vorgaben des Aufraggebers (AIAs) und an den eigenen bürointernen Strukturen scheitern.

---

[15] Vgl. Archicad 27 Modellierungsrichtlinien, S.28

Abbildung 9-27 Handlungsbedarf erkennbar: Baustoff muss noch festgelegt werden

9.10 Beispiel: Fenster in mehrschichtigen Wänden

Dieses Problem ist eher optischer Natur.

Wird ein Fenster in eine mehrschichtige Wand eingesetzt, wird in Archicad die Fassadenverkleidung (Putz, Klinker usw.) in die Laibung des Fensters geführt. Nicht so im IFC-Modell. Dort werden die Schichten einer mehrschichtigen Wand nicht in die Fensterlaibungen geführt.

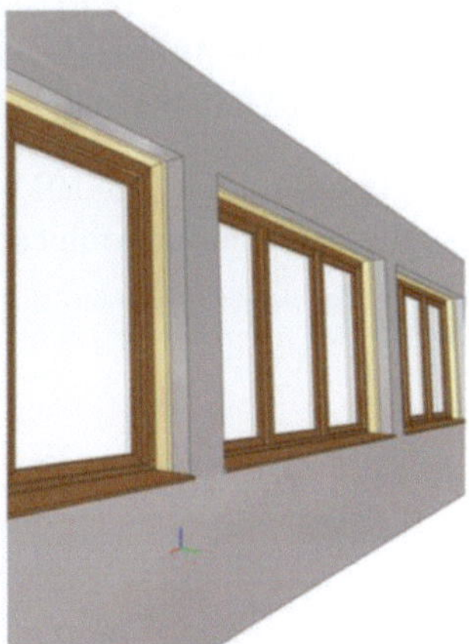

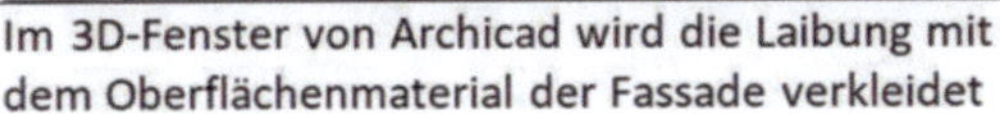

Im 3D-Fenster von Archicad wird die Laibung mit dem Oberflächenmaterial der Fassade verkleidet	In IFC bleiben die einzelnen Schichten in der Laibung sichtbar

Abbildung 9-28 Unterschiedliche Darstellungen der Fensterlaibung, rechts Darstellung BIMvision

Dabei spielt es keine Rolle, mit welchem ***Schichteinzug*** die Laibung ausgeführt wurde. Die an das ***Bibliothekselement*** gekoppelte Ausführung liefert nur die geometrische Ausführung der Laibung.

Stören die Schichten optisch ist der Einsatz von ***Faschen*** denkbar. Mit diesen werden die Seiten der Laibung „verkleidet". Jedes der Fenster aus der Originalbibliothek des Herstellers hat das Attribut ***Faschen***. Alle ***Faschen*** werden nach dem gleichen Prinzip festgelegt.

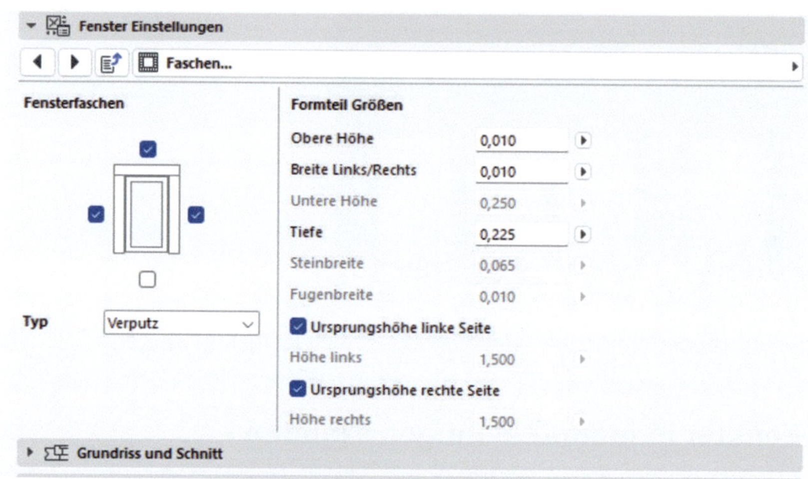

Abbildung 9-29 Fenstereinstellungen, Faschen

Im Einstellungsdialog werden die Seiten angeklickt, die ***Faschen*** erhalten sollen. Auf der rechten Seite des Dialogfeldes werden die Dimensionen der ***Faschen*** festgelegt. Bei ***Tiefe*** wird der Abstand zwischen der Vorderkante des Rahmens und der Vorderkante der Fassade eingegeben. Mit ***Höhe*** und ***Breite*** ist die Stärke der Faschen oben und an den Seiten gemeint. Diese können ziemlich schmal (ca. 1cm) sein. Eine geringere Breite kann den Effekt der Abdeckung zunichtemachen, die ***Materialien*** der Laibung werden durchschimmern. Zu breite Faschen hingegen werden im Modell negativ auffallen.

Das Ergebnis sollte nicht nur im IFC-Modell betrachtet werden, sondern auch in den Schnitten, Ansichten und Visualisierungen in Archicad. Die ***Faschen*** werden in Grundrissen nicht dargestellt.

Abbildung 9-30 Faschen decken die Laibung ab/BIMvision

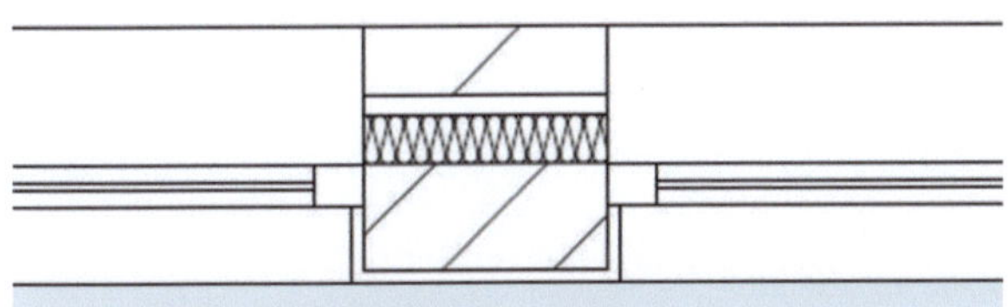

Abbildung 9-31 Faschen werden im Grundriss nicht dargestellt

Die ***Faschen*** werden nach außen aus der Laibung heraus erstellt. Die geplante Öffnung bleibt von den Maßen der ***Faschen*** unberührt. Da die ***Faschen*** eine Geometrie des ***Bibliothekselementes*** sind, „verschmelzen" sie mit der Wand auch dann nicht, wenn sie dasselbe ***Oberflächenmaterial*** aufweisen wie die Umgebung. Daraus ergibt sich eine zusätzliche Linie in der Ansicht. Die Darstellung muss möglicherweise angepasst werden (z.B. ***Stifte-Sets***). Außerdem kann in den ***Faschen*** die Richtung des ***Oberflächenmaterials*** nicht geändert werden. Es kann sein, dass das Gesamtbild dann ruhiger wird, wenn die Faschen eine einfache Farboberfläche bekommen.

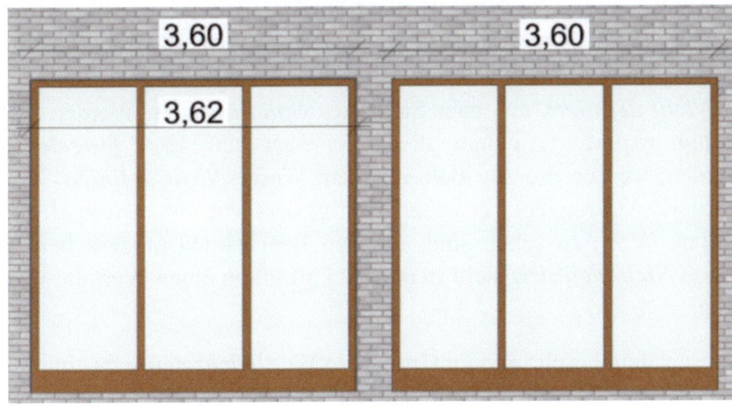

Abbildung 9-32 Darstellung der Fachen im Ansichtsfenster (Fenster links)

9.11 Beispiel: Erstellen eines Optionen-Sets

Als ***Datentypen*** für den Wert einer ***Eigenschaft*** kann ein ***Optionen-Set*** gewählt werden. Da dieser ***Datentyp*** häufig verwendet wird und viele Vorteile bietet, wird an dieser Stelle die Erstellung solcher Sets genauer beschrieben.

Wird bei einer neuen ***Eigenschaft*** der ***Datentyp Optionen-Set*** gewählt (vgl. Eigenschaften-Manager, S. 139), erscheint ein Kommunikationsfenster, in dem die einzelnen Optionen der ***Eigenschaft*** eingetragen werden können. Es muss mindestens eine Option vorhanden sein. Voreingestellt ist die Zeile ***Neue Option***. Dieser Text kann mit einem eigenen Inhalt überschrieben werden.

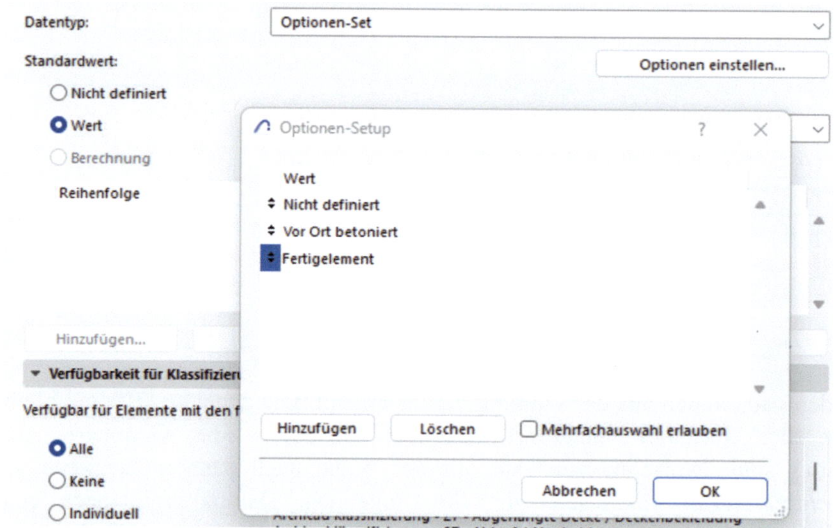

Abbildung 9-33 Optionen-Set

Durch Hinzufügen werden weitere Zeilen hinzugefügt und können dann mit weiteren Optionen gefüllt werden. Durch Löschen wird die markierte Zeile entfernt.

Mit den Pfeilen kann die Reihenfolge der Optionen innerhalb des Sets gesteuert werden.

Bewährt hat sich die Option ***Nicht definiert***, an erster Stelle des ***Optionen-Sets***. Werden nur die geforderten ***Eigenschaften*** exportiert, indem die Übersetzer auf ***nur festgelegte Eigenschaften*** eingestellt werden, werden die Attribute mit dem Wert ***<Nicht definiert>*** als ***Standardwert*** nicht mit exportiert. Auftraggeber erwarten häufig, dass von ihnen festgelegte ***Attribute***, wenn auch noch ohne Wert, zu sehen sind, um den Bearbeitungsprozess besser verfolgen zu können. Die Option ***Nicht definiert*** stellt in diesem Fall schon einen Wert dar und die ***Eigenschaft*** wird exportiert.

Beim ***Standardwert*** stellen wir aus dem beschriebenen Grund den Wert ***Nicht definiert*** ein.

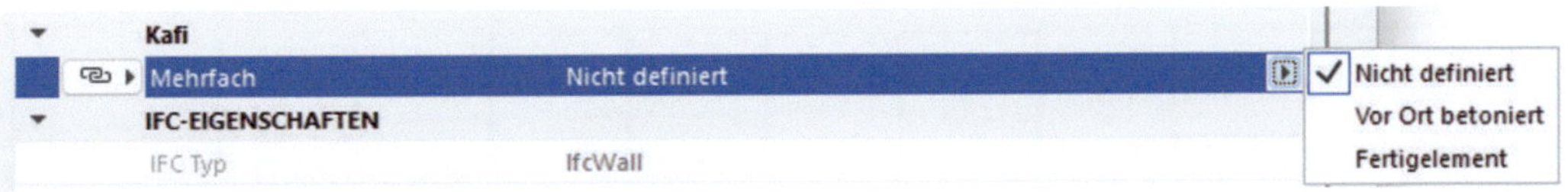

Abbildung 9-34 Eigenschaft als Optionen-Set

Sind die Werte festgelegt, und die ***Eigenschaften*** sind den gewünschten ***Klassifizierungen*** zugeordnet, stehen sie den entsprechenden Bauelementen zur Verfügung. Hierzu wird das Grundeinstellungs-Kommunikationsfenster des Bauelements (neu oder bestehend) geöffnet. Im Bereich ***Klassifizierung und Eigenschaften*** ist nun ein Pfeil zu sehen, hinter dem die Optionen aus dem Set ausgewählt werden können.

Wird eine mehrfache Auswahl benötigt, wird bei der Erstellung des ***Optionen-Sets*** der Haken im Kästchen neben ***Mehrfachauswahl erlauben*** gesetzt. Wird dann die Eigenschaft im Grundeinstellungs-Kommunikationsfenster des Bauelementes ausgewählt, können die gewünschten Optionen zusammengestellt werden.

Abbildung 9-35 Mehrfachauswahl: links Einstellungen des Sets, rechts mehrfache Auswahl der Eigenschaft

9.12 Beispiel: Eigenschaft mit dem Standardwert Berechnung

Nachfolgendes Beispiel ist stark vereinfacht und dient erster Linie, Ihnen die Logik hinter den ***Eigenschaften*** und deren ***Berechnungen*** zu erläutern.

Angenommen es werden die Flächen von abgehängten Decken und den abgrenzenden Trockenbauwänden benötigt, da diese Flächen identisch bearbeitet (z.B. gestrichen) werden sollen.

Werden die Flächen nun bei den ***Auswertungen*** nach den Elementen berechnet, enthält die Auswertungstabelle zwei Zeilen. Eine für die ***konditionale Oberfläche*** der Decken und eine für die ***konditionalen Oberflächen*** der Trockenbauwände. Die Ergebnisse beider Zeilen müssen noch zusammengerechnet werden. Soll die Wandfläche oberhalb der abgehängten Decke nicht berücksichtigt werden, ließe sich dies nicht abbilden.

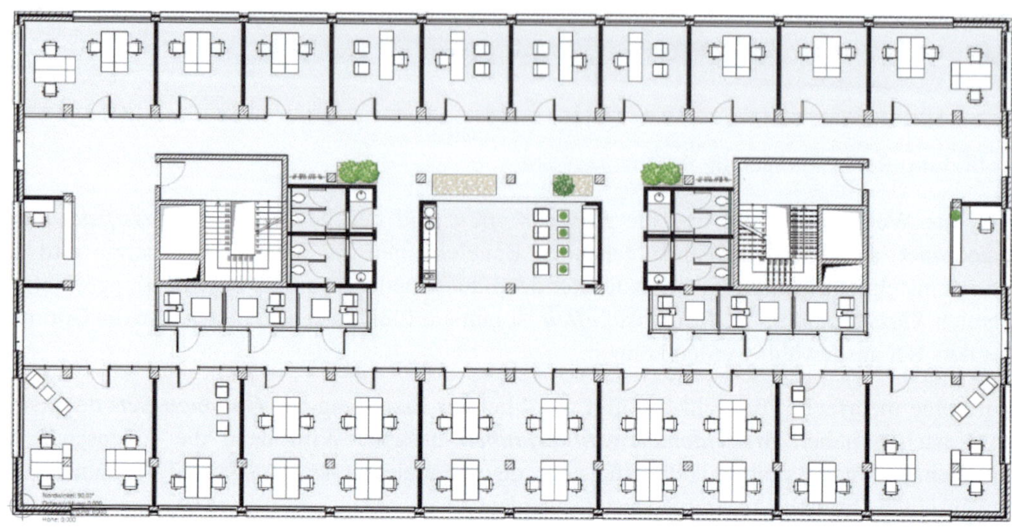

Abbildung 9-36 Beispielgrundriss

Bearbeiten 1.OG ohne Eigenschaft			
Element ID	Oberfläche Wand	Oberfläche der Decke	Lage
Abgehängte Decke	---	442,797	1.OG
17	**0,000 m²**	**442,797 m²**	
WI	407,122	---	1.OG
37	**407,122 m²**	**0,000 m²**	
54	**407,122 m²**	**442,797 m²**	

Abbildung 9-37 Auswertung der Flächen ohne zusätzliche Eigenschaft

Für die ***Berechnung*** dieser Oberflächen wird nun eine ***Eigenschaft*** erstellt. Der ***Datentyp*** ist Fläche, denn eine ***Zeichenfolge*** kann nicht zur Mengenermittlung innerhalb der CAD genutzt werden. Als ***Standartwert*** wird ***Berechnung*** ausgewählt. Da Flächen von Wänden und von Decken benötigt werden, besteht die ***Berechnung*** aus Einzelberechnungen. Nacheinander werden die Einzelberechnungen für den ***Oberflächenbereich der Wand-Außenfläche (konditional)*** zusammen mit ***Oberflächenbereich der Wand-Innenfläche (konditional)*** und ***Oberfläche Decke (konditional)*** erstellt. Zur Sicherheit wird noch eine dritte Einzelberechnung mit 0,00m² erstellt. Sollte ein Element eine falsche ***Klassifizierung*** haben, wäre es mit 0,00m² in der Tabelle gut zu erkennen sein.

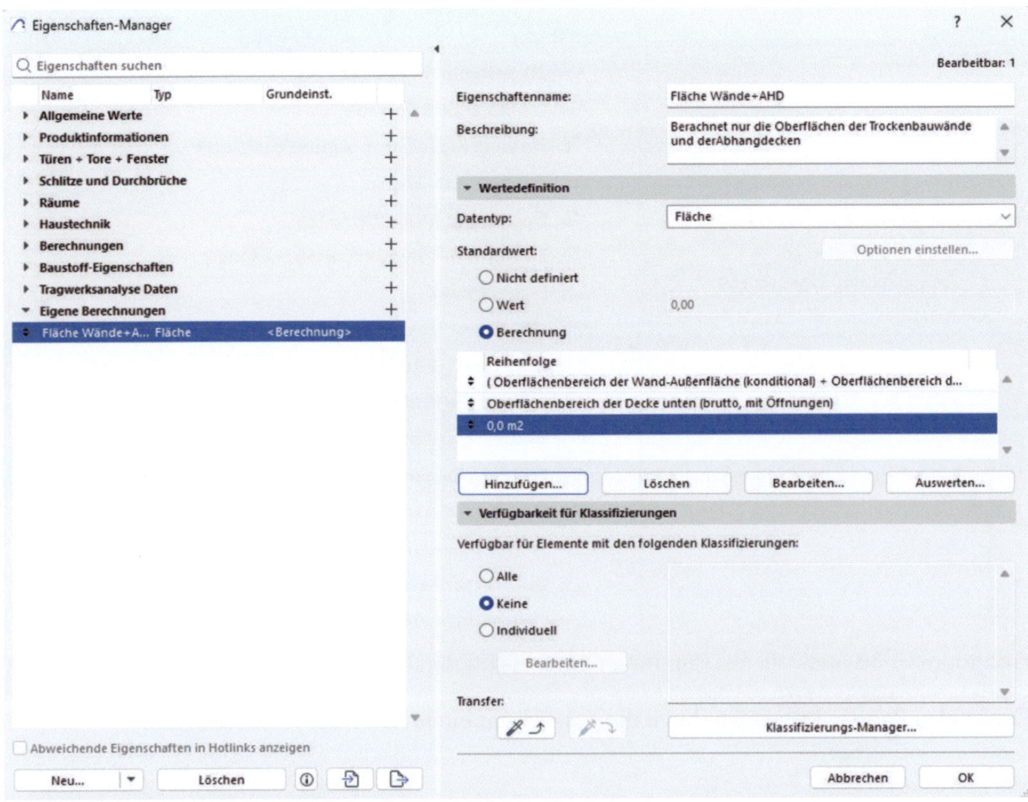

Abbildung 9-38 Mehrere Einzelberechnungen

Um eine Einzelberechnung zu erstellen, wird im Berechnungseditor aus der Auflistung der Parameter und Eigenschaften... der entsprechende Parameter gewählt. Das Icon links der Bezeichnung zeigt, dass dieser ***Parameter*** eine Flächeneinheit ist, somit gibt es keinen Widerspruch zum ***Datentyp***.

Solange nichts Weiteres gefordert ist, ist die Einzelberechnung damit erstellt, und mit dem Klicken des OK-Buttons der Berechnung hinzugefügt.

In diesem Berechnungsbeispiel werden die Flächen beider Seiten einer Innenwand benötigt. Deswegen stellt die Berechnung eine Addition von zwei Parametern dar: ***Oberflächenbereich der Wand-Außenfläche (konditional)*** und ***Oberflächenbereich der Wand-Innenfläche (konditional)***.

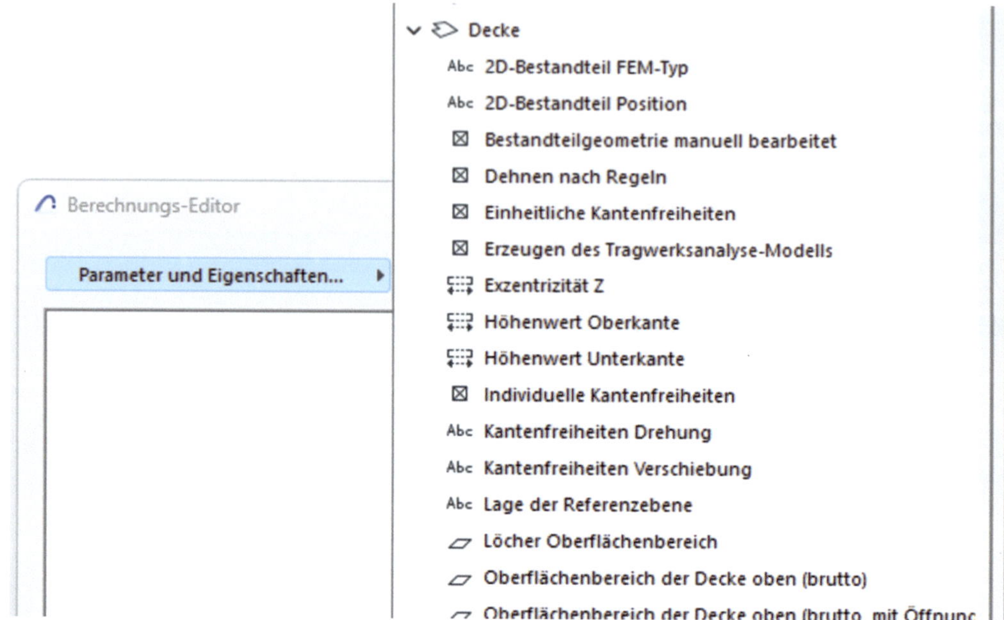

Abbildung 9-39 Auswahl der Parameter im Berechnungs-Editor

Die beiden Parameter werden durch die Formel mit einem Zeichen + verbunden.

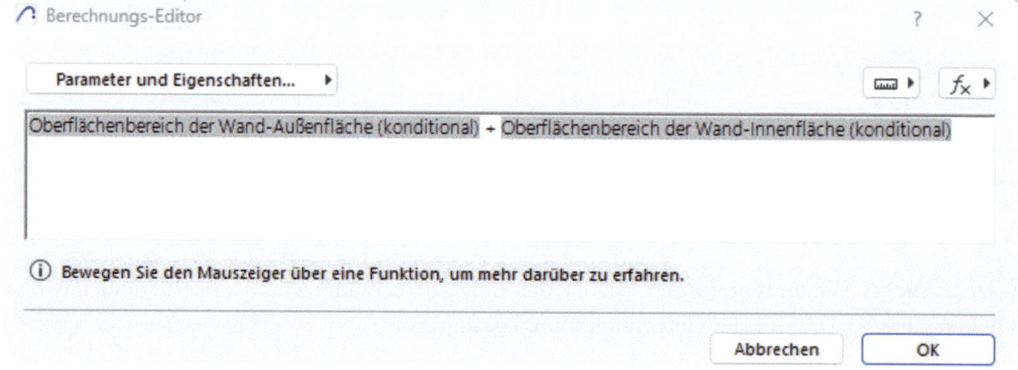

Abbildung 9-40 Addieren der Wandflächen

Ist eine Ergänzung notwendig – wie der Abzug der Wandfläche oberhalb der Abhangdecke – wird die Formel ergänzt.

(Oberflächenbereich der Wand-Außenfläche (konditional)+ Oberflächenbereich der Wand-Innenfläche (konditional)) -Länge der Referenzlinie*0,3m*2Dabei wird von der bereits ermittelten Gesamtfläche auf beiden Seiten der Wand jeweils ein Streifen von 30 cm Höhe (angenommene Höhe der Abhängung) abgezogen.

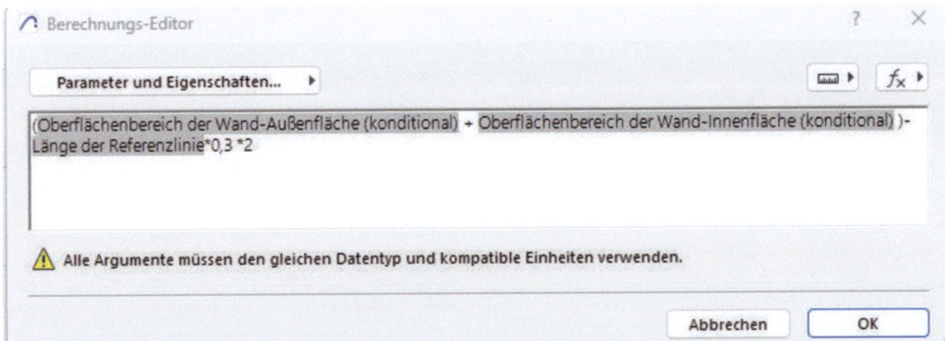

Abbildung 9-41 Fehlermeldung bei falschen Eingaben

Hinter der manuell eingetragenen Zahl 0,3 muss die Einheit [m] hinzugefügt werden, anderenfalls besteht ein Widerspruch zum Datentyp und die Berechnung liefert kein Ergebnis.

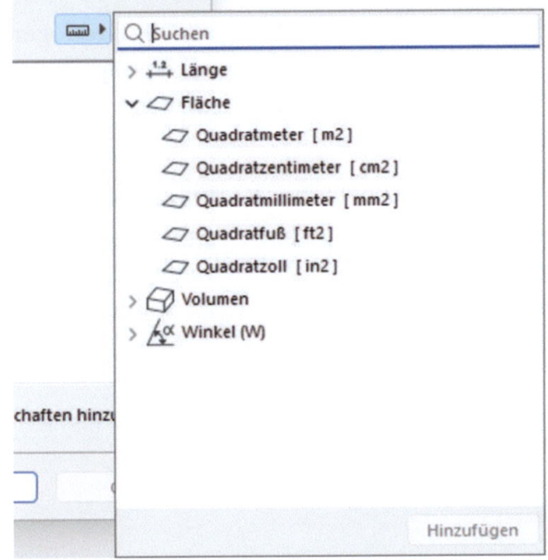

Abbildung 9-42 Ergänzen der Zahl um die Einheit

Grundsätzlich ist die manuelle Eingabe von Werten (hier 0,3 m) nicht optimal, denn bei planerischen Änderungen besteht immer die Gefahr, eine Anpassung der manuellen Werte zu vergessen. Hier kann noch etwas nachgebessert werden, indem ein separater Parameter erstellt wird, in dem die Höhe außerhalb der Berechnung eingegeben wird. Eine Intelligente Verbindung zwischen der Höhe der Wand und der Lage der Abhangdecke ist uns über eine einfache Berechnung nicht bekannt.

Mit OK wird der ***Berechnungs-Editor*** der ersten Einzelberechnung geschlossen und erscheint in der Tabelle Berechnung an der obersten Stelle.

Mit Drücken des Buttons Hinzufügen... wird erneut das Kommunikationsfenster des ***Berechnungs-Editors*** geöffnet. Die zweite Einzelberechnung für die Oberfläche der Decken kann nun nach dem gleichen Prinzip erstellt werden.

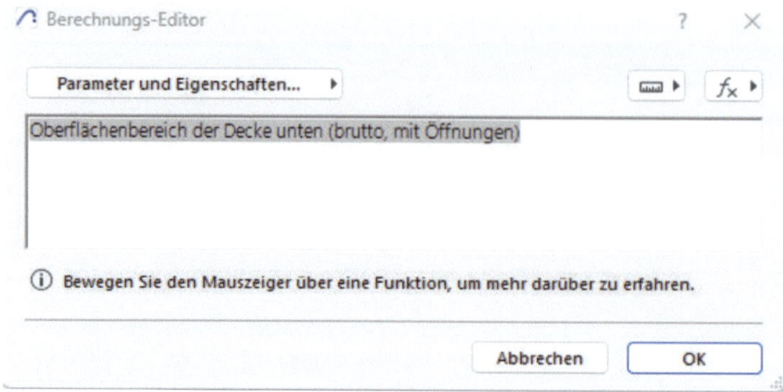

Abbildung 9-43 Fläche einer abgehängten Decke

Mit OK wird das Kommunikationsfenster wieder geschlossen. In der Tabelle Berechnung erscheint diese Einzelberechnung an der zweiten Stelle, unterhalb der Wandberechnung.

Bei der letzten Einzelberechnung wird im Berechnungseditor die Zahl 0 manuell eigetragen und um die Einheit ergänzt. Kommastellen sind nicht notwendig, denn diese folgen den Vorgaben aus der ***Projektpräferenz*** (vgl. Abschnitt 4.3.2 Erstellen eigener Arttribute/Eigenschaften).

Sind alle Einzelberechnungen erstellt, wird diese Eigenschaft nur für die ***Klassifizierungen*** Abgehängte Decken und Trennwände freigegeben. Würden auch andere Wände ausgewählt, würde das Ergebnis verfälscht, denn z.B. Außenwände werden nicht auf beiden Seiten z.B. gestrichen oder tapeziert. An diesem Beispiel sieht man, wie tief man manchmal in die Struktur des Projektes eintauchen muss, um die richtigen Ergebnisse zu erhalten.

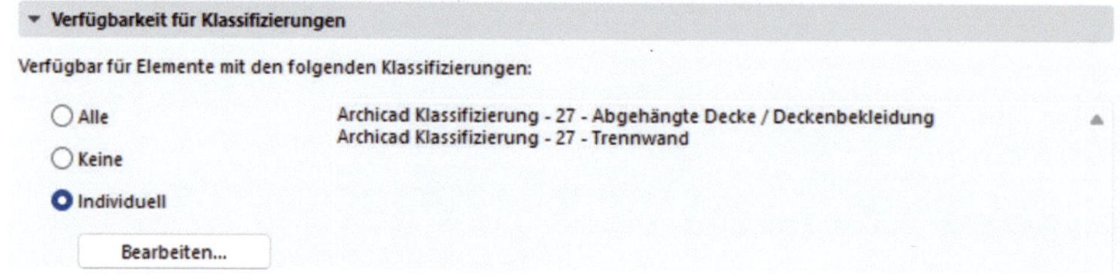

Abbildung 9-44 gewählten Klassifizierungen

Wird nun eine Auswertung für die Flächen erstellt, wird nur das Ergebnis dieser neu erstellten Eigenschaft benötigt.

Bearbeiten 1.OG		
Element ID	**Tapezierfläche**	**Lage**
Abgehängte Decke	442,797	1.OG
17	**442,797 m²**	
WI	368,670	1.OG
37	**368,670 m²**	
54	**811,467 m²**	

Abbildung 9-45 Auswertung der neuen Eigenschaft

Bei den Wänden wird der Abzug automatisch durchgeführt und die Flächen der Wände und der Decken sind bereits zusammengerechnet.

9.13 Beispiel: Dokumentation Ebenen/ Ebenen-Kombinationen

Zur Qualitätssicherung ergibt eine Dokumentation zu den ***Ebenen*** und ***Ebenen-Kombinationen*** Sinn. Um das mühselige Abschreiben einzelner Namen zu sparen, kann die Liste der ***Ebenen*** und ***Ebenen-Kombinationen*** als *.txt Datei exportiert und danach in einem Tabellen-Programm (z.B. ***Excel***) importiert und dort mit Informationen ergänzt werden.

Optionen → Element-Attribute → Attribute-Manager…

Im Kommunikationsfenster dieses ***Managers*** erscheinen alle im Projekt vorhandenen ***Element-Attribute*** und können hier entweder in ein anderes Projekt exportiert oder durch ***Attribute*** aus einem anderen Projekt ergänzt werden. Die ***Attribute*** sind thematisch in einzelne Struktur-Ordner – sichtbar als Kartei-Reiter mit den entsprechenden Icons – zusammengefasst.

Wählt man die gewünschte ***Ebenen-Kombination*** innerhalb des entsprechenden Karteireiters, wird der Button Sichern als TXT… aktiv.

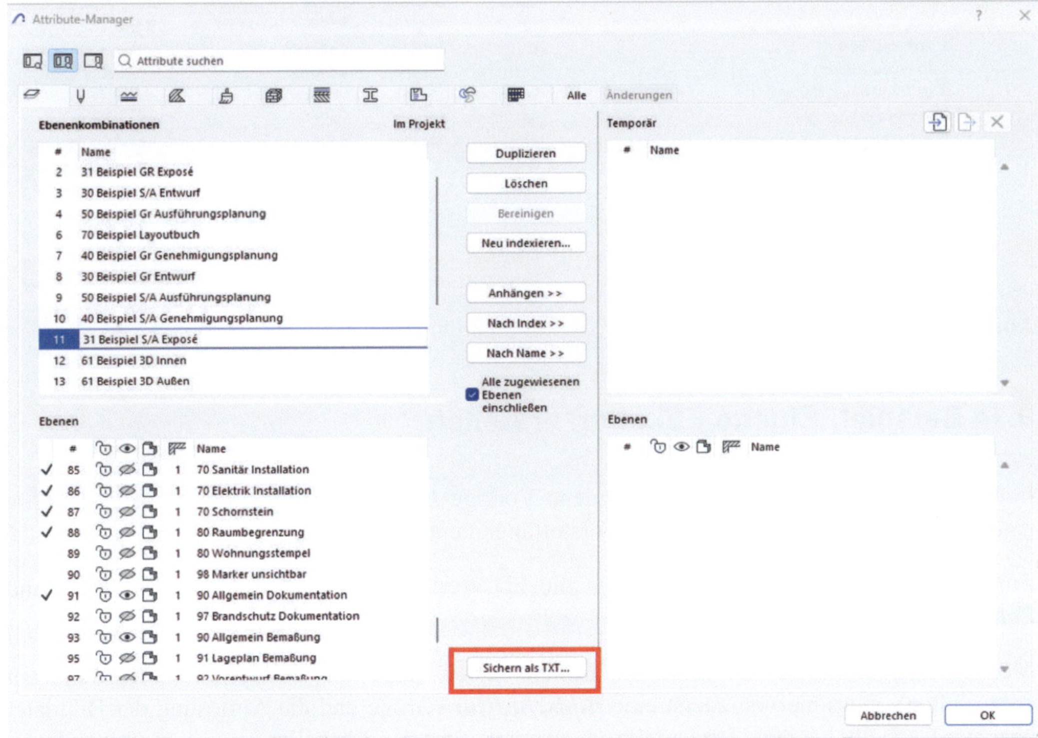

Abbildung 9-46 Attribute-Manager

Nach der Auswahl des Speicherortes und Vergabe des Datei-Namens wird eine *.txt Datei mit allen ***Ebenen*** und ihrem ***Status*** in der gewählten ***Ebenen-Kombination*** und der Übersicht aller ***Ebenen-Kombinationen erstellt***. Die erstellte Datei kann nun zur Dokumentation, in einem Tabellen-Programm, verwendet werden.

---- EBENEN KOMBINATIONEN ----						
Index	Name:					
*****	*****					
2	31 Beispiel GR Exposé					
3	30 Beispiel S/A Entwurf					
4	50 Beispiel Gr Ausführungsplanung					
6	70 Beispiel Layoutbuch					
7	40 Beispiel Gr Genehmigungsplanung					
8	30 Beispiel Gr Entwurf					
9	50 Beispiel S/A Ausführungsplanung					
10	40 Beispiel S/A Genehmigungsplanung					
11	31 Beispiel S/A Exposé					
12	61 Beispiel 3D Innen					
13	61 Beispiel 3D Außen					
15	21 Beispiel Umbauter Raum-BRI					
16	21 Beispiel Räume					
18	60 Beispiel IFC-Export					
19	00 Arbeitseinstellung					
20	20 Beispiel Gr Vorentwurf					
21	20 Beispiel S/A Vorentwurf					
---- EBENEN (30 Beispiel S/A Entwurf) ----						
Index	Name:	Status	Status	Status	Status	unter Verwendung
*****	*****	*****	*****	*****	*****	*****
1	Archicad-Ebene	Entsichert	Visible	Vollinie	1	unter Verwendung
2	10 Wand außen	Entsichert	Visible	Vollinie	1	unter Verwendung
3	10 Wand innen tragend	Entsichert	Visible	Vollinie	1	unter Verwendung
4	50 Möblierung	Entsichert	Visible	Vollinie	1	unter Verwendung
5	30 Dachkonstruktion massiv	Entsichert	Visible	Vollinie	1	unter Verwendung
6	20 Decke	Entsichert	Visible	Vollinie	1	unter Verwendung
7	10 Fassade	Entsichert	Visible	Vollinie	1	unter Verwendung
9	40 Treppe	Entsichert	Visible	Vollinie	1	unter Verwendung
10	94 Genehmigungsplanung BemaÃŸung	Entsichert	Ausgeblend	Vollinie	1	unter Verwendung
18	90 Allgemein Beschriftung	Entsichert	Visible	Vollinie	1	unter Verwendung
19	98 Schnitt Marker	Entsichert	Ausgeblend	Vollinie	1	unter Verwendung

Abbildung 9-47 Ebenen Auflistung als *.txt, importiert in Excel

9.14 Beispiel: Eigene Etiketten erstellen

Innerhalb von Archicad gibt es verschiedene Vorlage-***Etiketten***, es kann jedoch sein, dass Sie eigene ***Etiketten***, die Ihren Gestaltungsvorstellungen entsprechen, erstellen möchten.

Zum Erstellen eigener ***Etiketten*** stehen alle 2D-Werkzeuge, mit Ausnahme von ***Bild-*** und ***Zeichnungs-Werkzeug*** zur Verfügung.

Möchte man trotzdem ein Bild im ***Etikett*** haben (z.B. um Fliesen im Fliesenspiegel darzustellen), muss hiervon zuerst eine ***Bildschraffur*** (Größe und die Auflösung der Bilddatei beachten) erstellt werden. Bestenfalls übernimmt man die Einstellungen einer vorhandenen ***Bildschraffur***.

Die ***Schraffuren*** können nicht in Unterordnern zusammengefasst werden. Bei der Auswahl einer Zeichnungsschraffur stehen alle Schraffuren zur Verfügung. Anhand der Namen von Standardschraffuren ist nicht ersichtlich, bei welchen es sich um ***Bildschraffuren handelt***, denn alle besitzen eine vektorielle Darstellung. Aus diesem Grund empfiehlt sich Benennungsstruktur, die das Suchen der gewünschten Schraffur erleichtert.

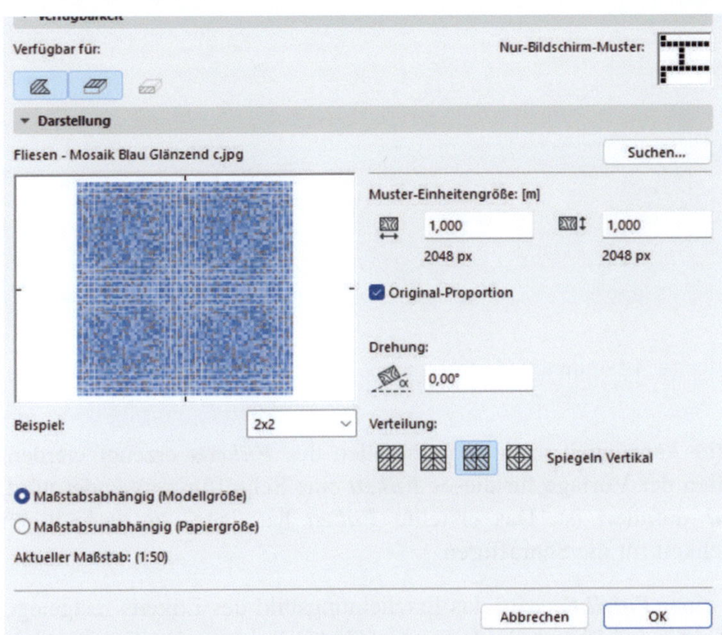

Abbildung 9-48 Eigene Bildschraffur

In diesem Beispiel wird ein Eigenes ***Etikett*** mit Bildschraffur erstellt, um z.B. ein Beispielbild für den Fliesenspiegel in einer Büroküche darzustellen.

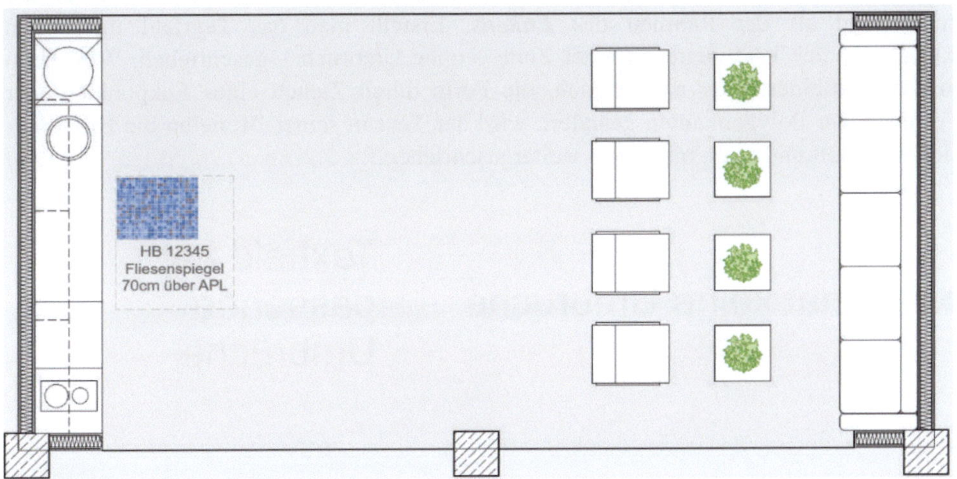

Abbildung 9-49 Ergebnis: Etikett mit einer Bildschraffur

Ob sich die ***Texte*** innerhalb des ***Etiketts*** dem Projektmaßstab anpassen (skaliert), oder eine fixe Größe haben (fixiert) hängt davon ab, mit welcher Einstellung die ***Texte*** des ***Etikettes*** erzeugt wurden.

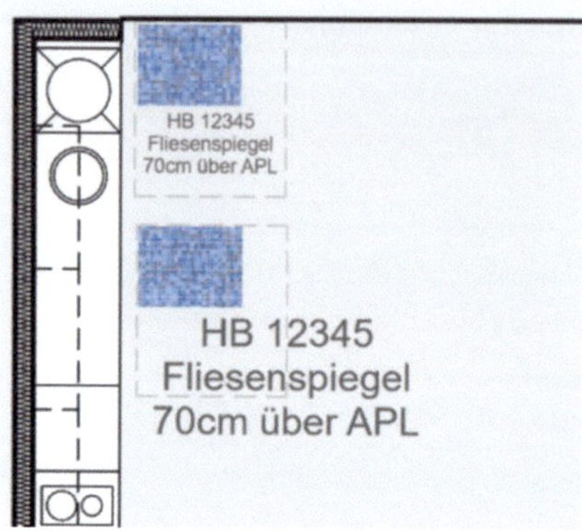

Abbildung 9-50 Unterschiedliche Texteinstellungen sorgen für unterschiedliche Größen bei einem Maßstabwechsel

Die gewünschte ***Bildschraffur*** kann auch nach dem Erstellen des ***Etiketts*** erzeugt werden. Wichtig ist, dass beim Erstellen der Vorlage für dieses ***Etikett*** eine Schraffur verwendet wird, die als ***Zeichnungsschraffur*** definiert ist. Das erstellte ***Etikett*** hat dann, im endgültigen Zustand, eine Auswahlmöglichkeit für die Schraffuren.

Mit einer ***Bildschraffur*** und einer ***Polylinie*** wird das Erscheinungsbild des Etiketts festgelegt. Mit dem ***Textwerkzeug*** wird ein Textfeld erstellt, dessen Größe den Rahmen des ***Etiketts*** nicht überschreitet.

Mit der Funktion ***AutoText*** wird die ***Eigenschaft***/ der ***Parameter*** ausgesucht, deren/dessen Wert im ***Etikett*** dargestellt werden soll. Es können mehrere ***Eigenschaften/Attribute*** genutzt werden. Da die Länge der Texte möglicherweise noch nicht bekannt ist, kann es sein, dass der Text länger wird als der Rahmen des ***Etiketts***. Erstellt man das Textfeld mit einem Doppelklick, wird der Text weiter in einer Zeile – ohne Umbruch – geschrieben. Wird beim Erstellen des Textfeldes, oder nachträglich, die Form durch Ziehen eines Eckpunktes oder durch Versetzen der Polygonkanten geändert, wird der Text in seiner Breite an die Breite des Textfeldes angepasst und mit Umbrüchen weitergeschrieben.

Textfeld hat keine Umbrüche

Textfeld hat
passende
Umbrüche

Abbildung 9-51 Unterschiedliche Textfelder-Formen

Da der ***AutoText*** noch keine Werte erhalten hat, wird der Name der Eigenschaft/des Parameters mit einem # davor dargestellt. Man kann nun die Größe des Textes, den ***Text-Stil*** und sein ***Format*** anpassen. Die Textfarbe lässt sich nachträglich im Etikett steuern.

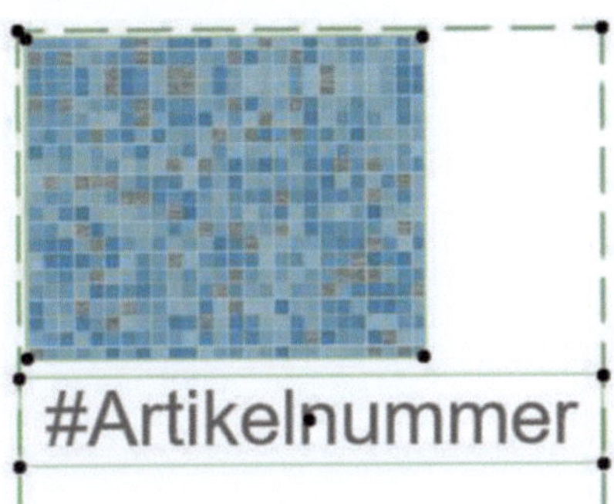

Abbildung 9-52 Vorlage für das Etikett

Nun werden alle Elemente, die das spätere ***Etikett*** beinhalten soll, aktiviert und als ein neues ***Bibliothekselement Etikett*** gespeichert.

Ablage→ Bibliotheken und Objekte → Auswahl sichern als... →Etikett

Es erscheint ein Kommunikationsfenster, in dem das neue ***Etikett*** in der eingebetteten ***Bibliothek*** gespeichert wird.

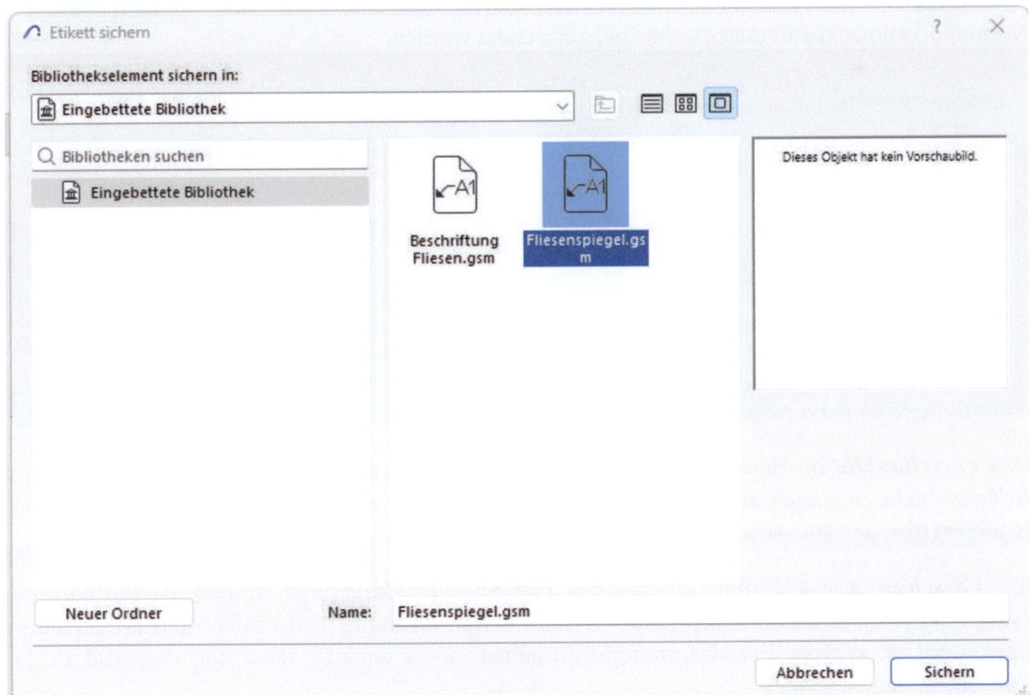

Abbildung 9-53 Speichern des Etiketts in der Bibliothek

Nach dem Sichern des ***Etiketts*** erscheint ein Kommunikationsfenster in dem die ***Parameter*** angezeigt werden, die später im erstellten ***Etikett*** einstellbar sind: ***Schraffur***, ***Linienart*** des Rahmens, ***Stift*** für Text und Rahmen. Man kann festlegen welche Werte für diese ***Parameter*** voreingestellt sind.

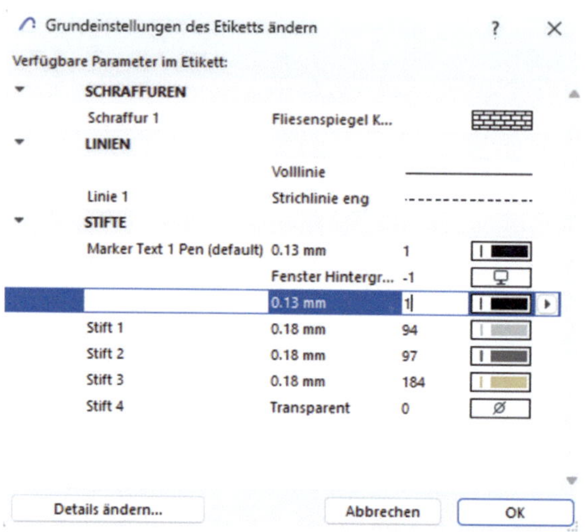

Abbildung 9-54 Voreinstellung der Parameter

Das ***Etikett*** steht nun dem ***Projekt*** zur Verfügung und kann im Grundeinstellungs-Kommunikationsfenster ausgewählt und verwendet werden.

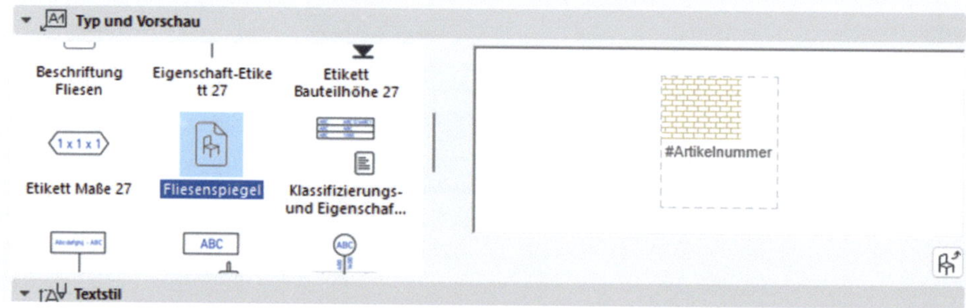

Abbildung 9-55 Neues Etikett

Das ***Vorschaubild*** im Bereich ***Typ und Vorschau***, gibt leider das Erscheinungsbild des neuen ***Etiketts*** nicht aussagekräftig wieder. Das Vorschaubild stellt die vektorielle Version der Bildschraffur, den Rahmen und den Autotext dar.

Die ***Vorschau*** lässt sich nicht ändern, das ***Typ-Bild*** kann angepasst werden. Hierzu wird ein *.jpg Bild erstellt, das als ***Typ-Bild*** verwendet werden kann. Am einfachsten ist es, einen Screenshot zu nutzen. Für das weitere Vorgehen ist es wichtig, dass sich das Bild in der Zwischenablage befindet.

Das ***Bibliothekselement*** des ***Etiketts*** wird geöffnet. Hierzu gibt es zwei Möglichkeiten:

Ablage → Bibliotheken und Objekte → Bibliothekselement öffnen

Dabei erscheint ein Kommunikationsfenster, in dem das gewünschte Objekt ausgewählt wird.

Als zweite Möglichkeit wird im Projekt eine der ***Etikett***-Institutionen angeklickt und danach der Befehl ***Bibliothekselement öffnen*** gewählt. Dabei wird das Objekt direkt geöffnet.

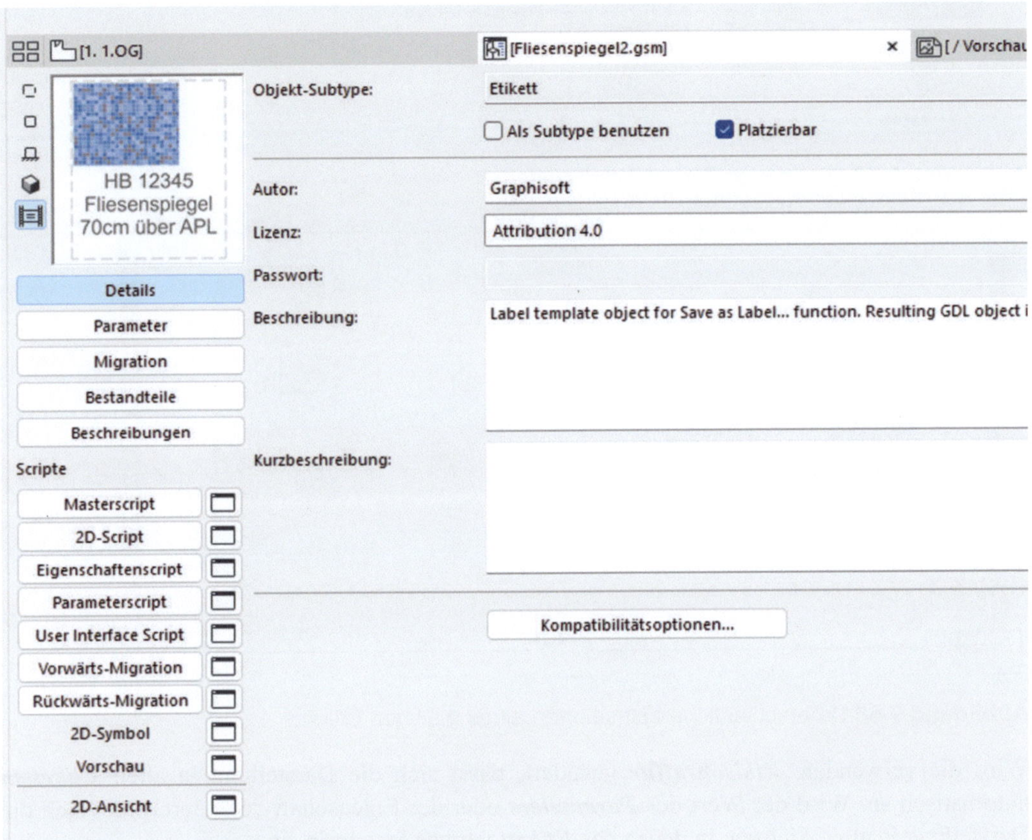

Abbildung 9-56 Etikett, geöffnet im GDL-Editor

Sie befinden sich im ***GDL-Editor*** für das ***Etikett***. Nehmen Sie hier nur Änderungen am Skript vor, wenn Sie sich mit dem GDL-Skript auskennen. Für das Erstellen des ***Typ-Bildes*** wird der Button ***Vorschaubild*** angeklickt. Das Fenster, das sich öffnet, hat eine deutlich kleinere Oberfläche als andere Arbeitsfenster. Mit ***Einfügen*** (Str+V), erscheint das in der Zwischenablage gespeicherte Bild im ***Vorschaufenster***.

Der GDL-Editor wird geschlossen. Nach dem Speichern und Schließen erscheint das ***Typ-Bild*** im Auswahlfenster.

Das ***Etikett*** kann nun im Projekt verwendet werden. Die einzelnen Institutionen des ***Bibliothekselementes*** können für unterschiedliche Bereiche und mit unterschiedlichen Bildschraffuren verwendet werden.

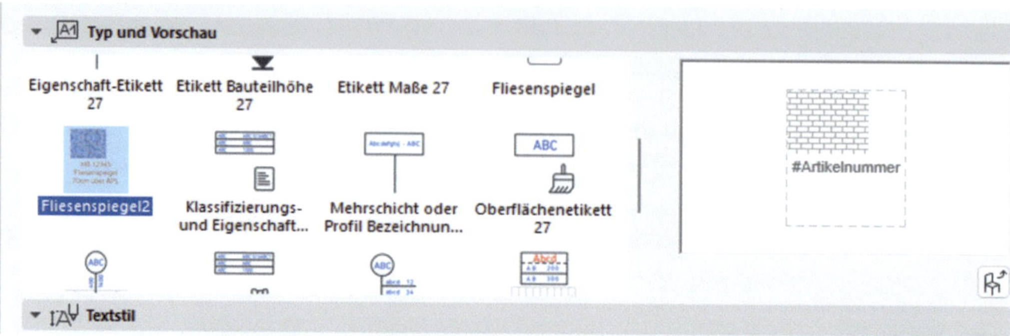

Abbildung 9-57 geändertes Bild im Typ-Fenster

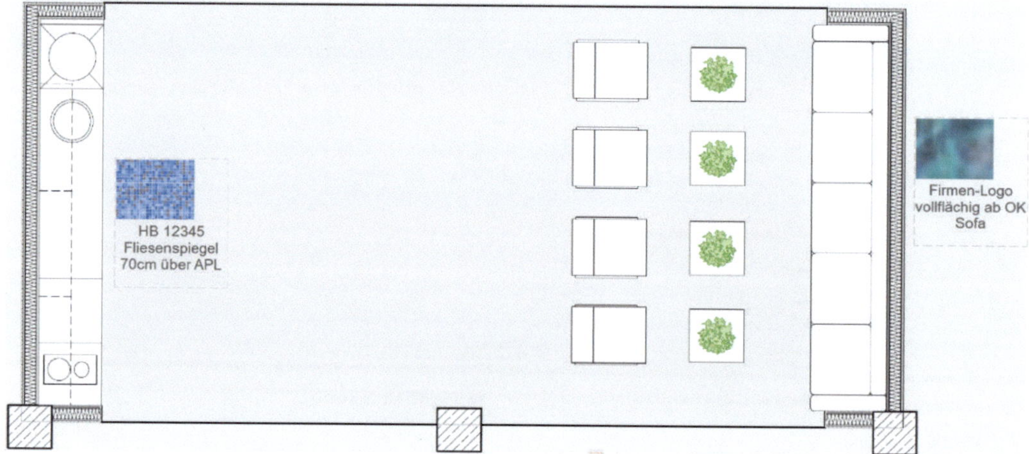

Abbildung 9-58 Unterschiedliche Institutionen eines gleichen Etiketts

Wird die verwendete ***Bildschraffur*** geändert, passt sich die Darstellung in allen ***Etiketten*** automatisch an. Wird der Wert des ***Parameters*** oder der Eigenschaft verändert, passt sich die Darstellung in allen ***Sichten***, in denen das ***Etikett*** verwendet wurde, an.

9.15 Beispiel: Überschreibungsstil bei der Qualitätssicherung

Im Kapitel Qualitätssicherung wurde die Methode der Prüfung mit Hilfe der ***Graphischen Überschreibung*** beschrieben. Dieses Beispiel zeigt, wie eine Prüfung mehrere Ebenen (Tiefen) haben kann und wie man eine eigene ***Graphische Überschreibung*** dazu erstellt.

Es wird eine Prüfung zum Thema Tragverhalten durchgeführt. Mit den in Archicad vorbereiteten ***Graphischen Überschreibung*** wird eine erste Runde der Prüfung durchgeführt. Mit dieser Prüfung wird gesichert, dass alle Elemente beim Attribut ***Tragende Funktion*** die Werte ***Tragend*** oder ***Nicht tragend*** haben. Ein ***Nicht definiert*** wird ausgeschlossen.

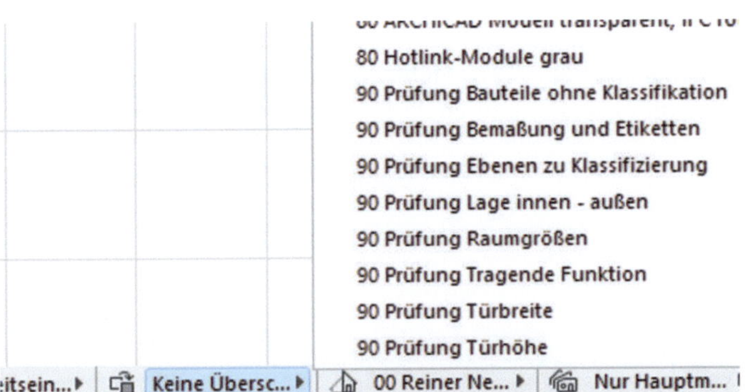

Abbildung 9-59 Auswahl der Graphischen Überschreibung

Die Graphische Überschreibung ***90 Prüfung Tragende Funktion*** wird aktiviert. Alle Elemente des Projektes werden in Rot oder Blau dargestellt. Sollte die Farbe Gelb zu sehen sein, bedeutet dies, dass der Wert des ***Attributes Tragende Funktion*** bei diesem Element noch nicht definiert ist. Hier muss nachbearbeitet werden. Die Prüfung kann im Grundriss, in den Schnitten oder Ansichten und im 3D-Fenster durchgeführt werden.

Sind alle Elemente blau oder rot, ist der erste Schritt der Prüfung abgeschlossen.

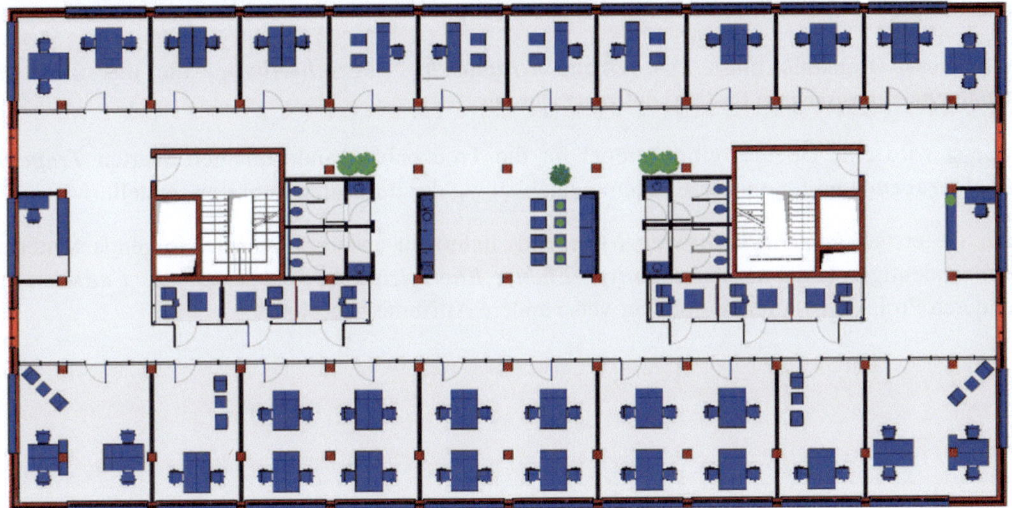

Abbildung 9-60 Prüfung Tragende Funktion mit dem Stil des Herstellers

Nun sollen die Innenwände aus Trockenbau geprüft. Bei diesen Wänden, ***Klassifiziert*** als ***Trennwand***, ist bekannt, dass sie nicht tragend sind. Die Prüfung kann zwar mit der bereits verwendeten ***Graphischen Überschreibung*** durchgeführt werden, verlangt dann jedoch eine hohe Aufmerksamkeit, weil alle nicht tragenden Elemente blau dargestellt werden.

Eleganter ist es, die Informationen des Projektes so zu überschreiben, dass nur die Trockenbauwände farblich hervorgehoben werden, während alle anderen Elemente hellgrau in den Hintergrund treten. Zusätzlich soll die Farbe der Trockenbauwände den Wert des ***Attributes Tragende Funktion*** widerspiegeln. Die nicht tragenden Wände sollen grün überschrieben werden. Laut Vorgabe müssen alle farblich dargestellten Wände grün sein.

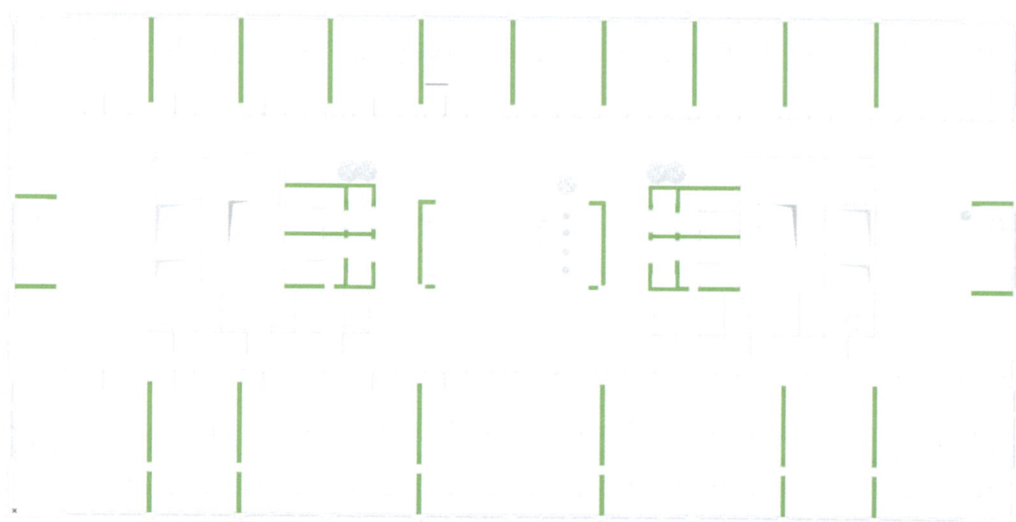

Abbildung 9-61 Überschreibung der Trockenbauwände

Für dieses Ergebnis muss eine eigene ***Graphische Überschreibung***, die aus mehreren ***Überschreibungsregeln*** besteht, definiert werden.

Zuerst wird eine Überschreibungsregel für die Trockenbauwände mit den Werten ***Tragend***, ***Nicht tragend*** und für andere Elemente, unabhängig der tragenden Funktion, erstellt.

Für die erste ***Überschreibungsregel*** (tragend) liefern in unserem Beispiel folgende Kriterien ein eindeutiges Ergebnis: ***Elementtyp***, ***Ebene***, ***Klassifizierung*** und ***Tragende Funktion***. In anderen Projekten werden möglicherweise andere Attribute benötigt.

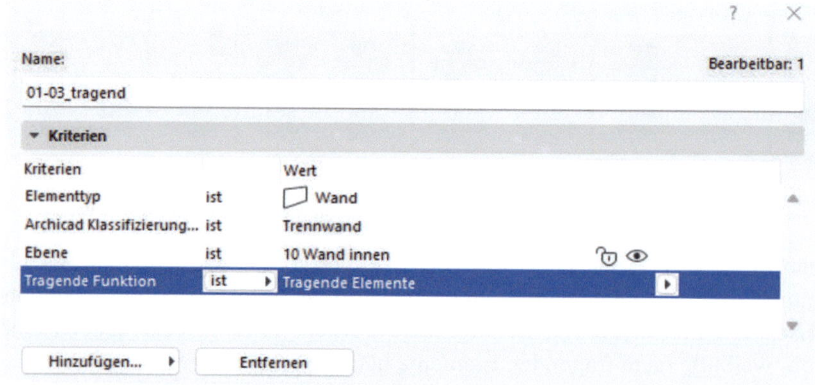

Abbildung 9-62 Kriterien-Einstellung für den Wert Tragend

Im ***Überschreibungsstil*** werden die Farben der ***Konturlinien*** und ***Schraffuren***, sowohl ***Schnitt-*** als auch ***Zeichen-*** und ***Decksschraffur***, auf Rot umgestellt. Auch die ***Oberflächenmaterialien*** sollen mit Rot überschrieben werden.

Für die zweite ***Überschreibung*** (Nicht tragend) werden die gleichen Kriterien verwendet. Der Wert des Attributes Tragende Funktion wird angepasst.

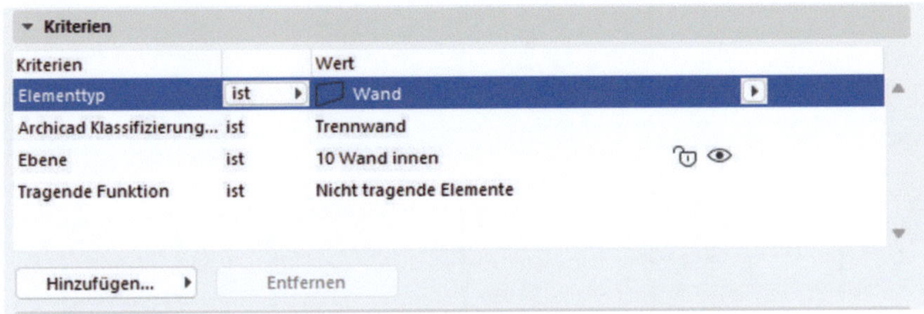

Abbildung 9-63 Kriterien-Einstellung für den Wert Nicht tragend

Im ***Überschreibungsstil*** werden die Farben der Konturlinien und der Schraffuren, sowohl ***Schnitt-*** als auch ***Zeichen-*** und ***Decksschraffur***, auf grün umgestellt. Auch die ***Oberflächenmaterialien*** sollen mit der Farbe Grün überschrieben werden.

Die Darstellung der weiteren Elemente in grau erfordert andere Kriterien: ***Elementtyp*** und ***Klassifizierung***.

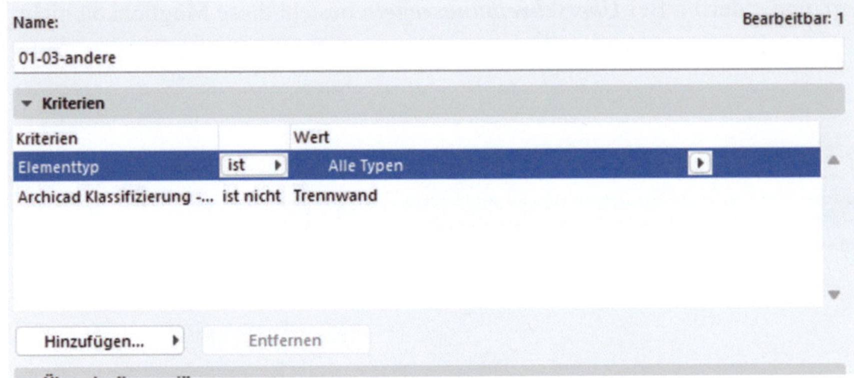

Abbildung 9-64 Kriterien-Einstellung der anderen Elemente

Im ***Überschreibungsstil*** werden die Farben der ***Konturlinien*** auf Hellgrau, die ***Schraffuren***, sowohl ***Schnitt-*** als auch ***Zeichen-*** und ***Decksschraffur***, auf ein sehr helles Grau umgestellt. Die ***Oberflächenmaterialien*** werden ebenfalls mit der Farbe Hellgrau überschrieben.

Diese drei ***Überschreibungsregeln*** werden nun zu einer ***Graphischen Überschreibung*** zusammengefasst.

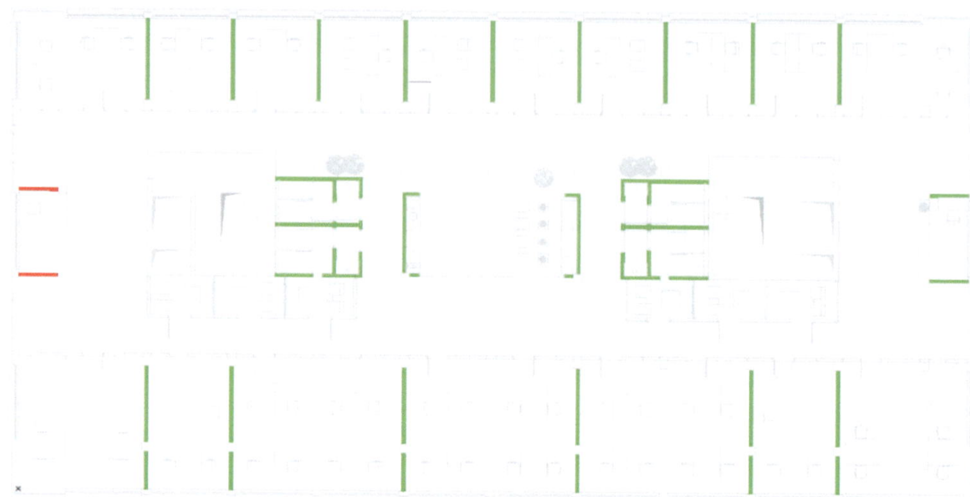

Abbildung 9-65 Ergebnis der neuen Graphischen Überschreibung

Wände mit falschen Werten beim ***Attribut Tragende Funktion*** stechen sofort ins Auge. Nach einer Korrektur der Werte werden alle Wände grün dargestellt. Die Prüfung ist beendet.

Die Auswahl der ***Kriterien*** in den Überschreibungsregeln unterscheidet sich von der Auswahl in den Auswertungen. Bei den Auswertungen können die ***Kriterien*** logisch zusammengefasst werden (Klammern, und, oder...). Bei ***Überschreibungsregeln*** besteht diese Möglichkeit nicht.

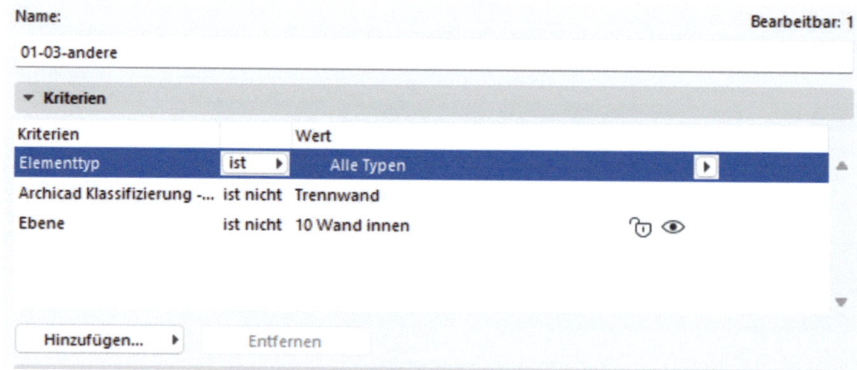

Abbildung 9-66 Zusätzliches Attribut

So führt zum Beispiel die Ergänzung der ***Überschreibungsregel*** für andere Elemente um die zugehörige ***Ebene*** dazu, dass alle Elemente der ***Ebene*** farblich dargestellt werden (auch Türen) und nicht nur die, mit der richtigen ***Klassifizierung***. Eine solche ***Graphische Überschreibung*** stellt zwar immer noch das richtige Ergebnis dar, ist jedoch deutlich unübersichtlicher.

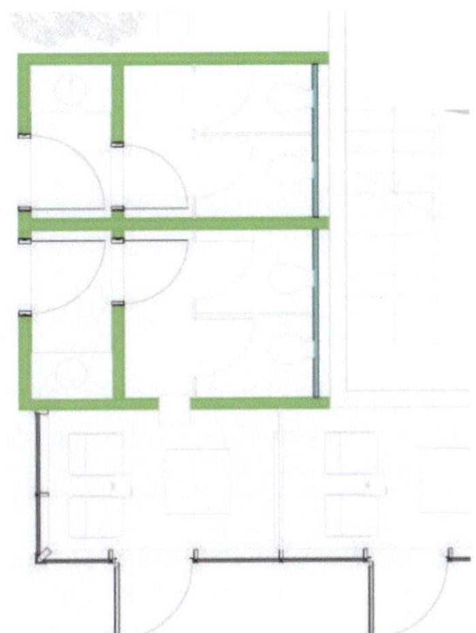

Abbildung 9-67 Ergebnis der Überschreibung

Es empfiehlt sich Tests durchzuführen, bis die optimale ***Graphische Überschreibung*** gelingt.

9.16 Beispiel: Befüllen der Eigenschaften mit Excel

-1	UG	Bodenplatte / Flachgründung	20 Decke			Tragende Elemente	Innen
-1	UG	Fußbodenaufbau	20 Bodenaufbau			Tragende Elemente	Innen
0	EG	Abgehängte Decke / Deckenbekleidung	20 Decke abgehängt			Nicht tragende Elemente	Innen
0	EG	Bodenplatte / Flachgründung	20 Decke			Tragende Elemente	Innen
0	EG	Fußbodenaufbau	20 Bodenaufbau			Nicht tragende Elemente	Innen
0	EG	Raum	20 Decke abgehängt			Nicht tragende Elemente	Innen

Abbildung 9-68 Eine Auswertungstabelle

Im Kapitel Qualitätssicherung, Excel zum Befüllen/ Bearbeiten von Auswertungen, S. 180 wurde eine Methode zum Befüllen der ***Eigenschaften***, mittels Tabellen, beschrieben. Das folgende Beispiel arbeitet mit einer ***Eigenschaft***, die den ***Datentyp Optionen-Set*** hat. Der Vorteil dieses Datentyps liegt in der Auswahlmöglichkeit der Werte in einem Pop-Up Fenster.

Das Befüllen von Eigenschaften mittels Tabelle funktioniert aber auch mit den anderen ***Typen***. Wichtig ist jedoch, dass bekannt ist, welche Werte benötigt werden. Z.B. darf bei einem Datentyp ***Ganzzahl*** keine Zahl mit Kommastellen eingetragen werden.

Erstellt man eine Auswertungstabelle und möchte diese als Excel-Datei exportieren, kann man den üblichen Weg über ***Sichern als...*** gehen.

*Ablage → Sichern als... → *.xls*

Die vorhandene Tabelle wird als xls-Datei gesichert. Die entstandene Datei ist nicht interaktiv. Es können keine Informationen zurückgespielt werden. Eine Verknüpfung mit den ***GUIDs*** fehlt.

Um eine interaktive Datei zu erstellen, wird der Befehl ***Eigenschaftenwerte aus Auswertung exportieren...*** verwendet.

Ablage → Interoperabilität→ Element-Eigenschaften→ Eigenschaftenwerte aus Auswertung exportieren...

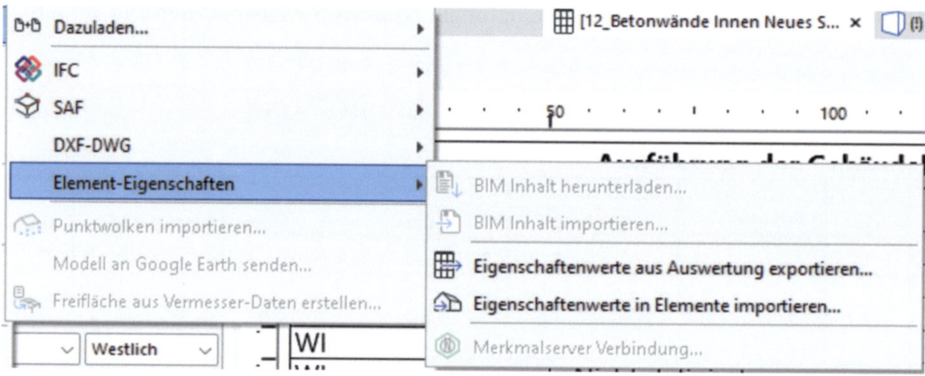

Abbildung 9-69 Export der Eigenschaftenwerte

Im Kommunikationsfenster wird der Pfad der neuen Datei gewählt. Mit dem Haken neben dem Befehl ***Datei nach dem Sichern öffnen*** wird die Datei direkt geöffnet.

Falls eine Auswertung exportiert werden soll, die nicht im aktiven Arbeitsfenster dargestellt ist, kann diese im Pull-Down Menü ***Interaktive Auswertung wählen*** ausgewählt werden.

Werden die beiden Excel-Dateien nebeneinander geöffnet, wird sichtbar, dass dieselben Daten der Auswertungs-Tabelle unterschiedlich wiedergegeben werden.

Während der Standard-Export die Daten optisch identisch der Auswertungs-Tabelle wiedergibt, mit dem gleichen ***Text-Stil*** und den gleichen Überschriften, werden die Daten des interaktiven Formates in einer technisch anmutenden Auflistung dargestellt. In der ersten Zeile werden die ***GUIDs*** der Elemente, die mit den exportierten ***Eigenschaften*** verbunden sind, aufgelistet.

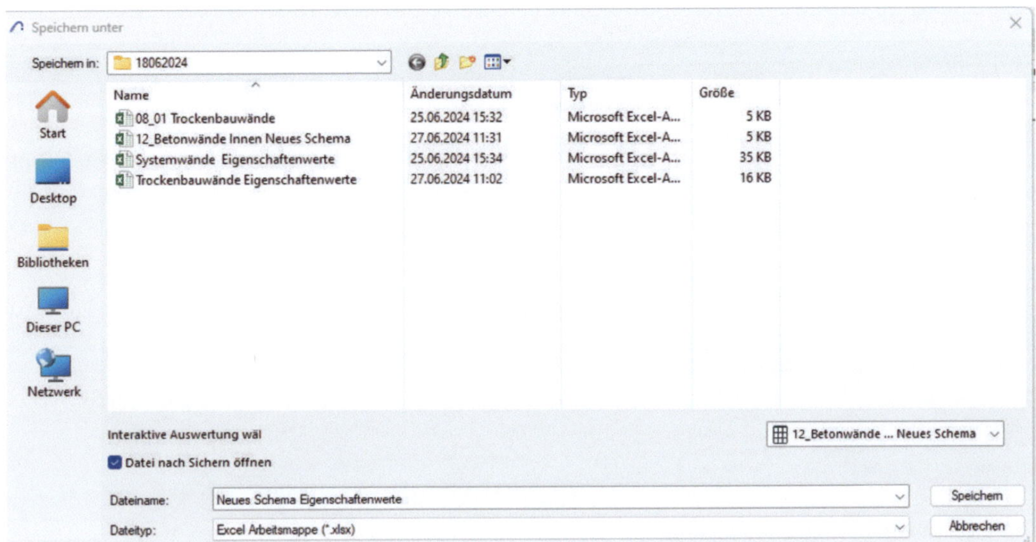

Abbildung 9-70 Speichern der interaktiven Excel-Datei

Ausführung der Gebäudekerne		
Element ID	**Ausführung**	**Zugehöriger Raumname**
4.OG		
WI	<Nicht definiert>	
WI	<Nicht definiert>	
WI	<Nicht definiert>	
WI	<Nicht definiert>	
WI	<Nicht definiert>	Flur/ Aufenthalt
WI	<Nicht definiert>	Flur/ Aufenthalt
WI	<Nicht definiert>	Flur/ Aufenthalt
WI	<Nicht definiert>	Flur/ Aufenthalt
WI	<Nicht definiert>	Flur/ Aufenthalt
WI	<Nicht definiert>	Flur/ Aufenthalt
WI	<Nicht definiert>	Flur/ Aufenthalt
WI	<Nicht definiert>	Flur/ Aufenthalt
WI	<Nicht definiert>	Think-Tank
WI	<Nicht definiert>	Think-Tank
WI	<Nicht definiert>	Think-Tank
WI	<Nicht definiert>	Think-Tank
WI	<Nicht definiert>	Treppenhaus
WI	<Nicht definiert>	Treppenhaus

Abbildung 9-71 Unterschiedliche Darstellung der Daten: links interaktive Excel-Datei, rechts „einfache“ Excel-Datei

Die ***Excel-Datei***, die mit ***Sichern als...*** exportiert wurde, kann für ***Dokumentation*** des Projektes genutzt werden, mit dem Projekt selbst hat sie die Verbindung verloren und kann auch nicht wieder importiert werden.

In der interaktiven ***Excel-Datei*** können die ***Eigenschaften*** der Elemente mit Werten versehen werden. Mit Klick in die entsprechende Zeile erscheint neben dem vorhandenen Wert ein Pfeil für ein Pull-Down-Menü, in dem die möglichen Werte der ***Eigenschaft*** ausgewählt werden können. Die Werte-Auswahl entspricht dem ***Optionen-Set*** des ***Eigenschaften-Managers***.

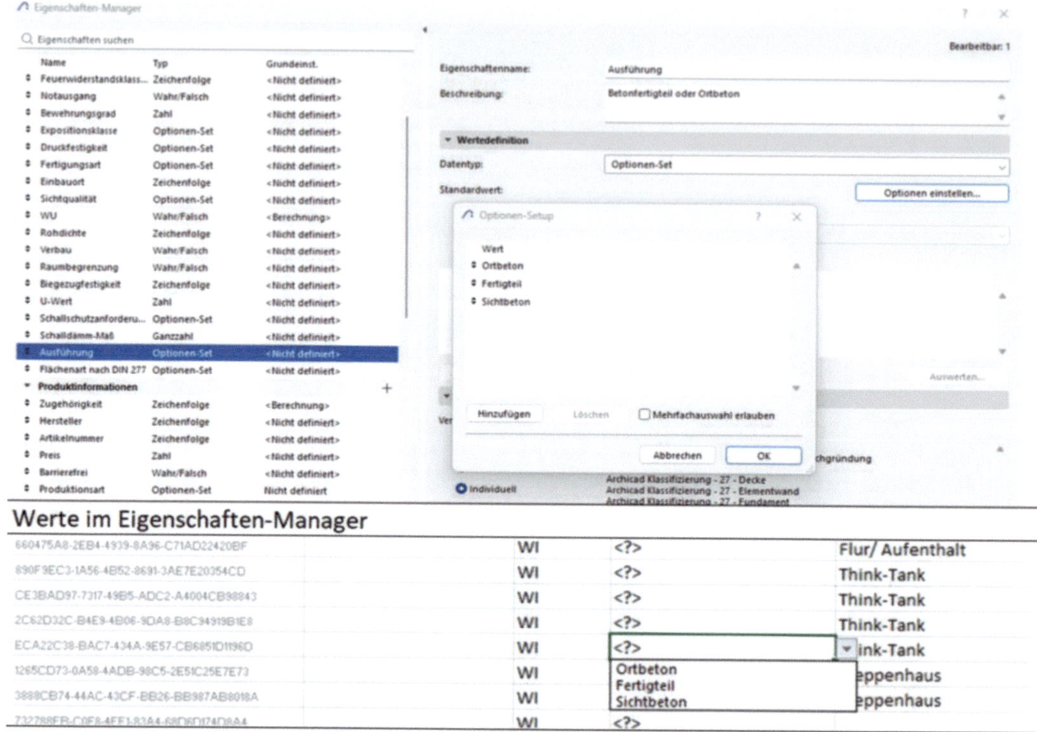

Abbildung 9-72 Vergleich der Werte in CAD und in Excel

Die Werte der ***Eigenschaft*** können nun gefüllt werden. Hierzu stehen alle Möglichkeiten der Tabellenkalkulation zur Verfügung.

EF38F83-5015-422C-AAF4-F9B6B33B66D2	WI	Sichtbeton	Flur/ Aufenthalt
94FD4C0-F942-41E3-A8B8-D0B64160D1E2	WI	Sichtbeton	Flur/ Aufenthalt
3B548AC-215E-4D02-AF6B-03CE5D2AA372	WI	Sichtbeton	Flur/ Aufenthalt
6CE00BF-3E2C-4D2E-91C0-200972339719	WI	Sichtbeton	Flur/ Aufenthalt
D38B0EF-5ADC-49BD-98C5-363ABDC7CFE9	WI	Sichtbeton	ur/ Aufenthalt
36E1A42-62B1-4D8F-BFD6-A985C509880E	WI	Sichtbeton	Flur/ Aufenthalt
8C456DD-7EBC-4CBE-8AAB-0A977A7C337A	WI	Sichtbeton	Flur/ Aufenthalt
60475A8-2EB4-4939-8A96-C71AD22420BF	WI	Sichtbeton	Flur/ Aufenthalt
90F9EC3-1A56-4B52-8691-3AE7E20354CD	WI	Sichtbeton	Think-Tank
E3BAD97-7317-49B5-ADC2-A4004CB98843	WI	Sichtbeton	Think-Tank
C62D32C-B4E9-4B06-9DA8-B8C94919B1E8	WI	Sichtbeton	Think-Tank
CA22C38-BAC7-434A-9E57-CB6851D1196D	WI	Sichtbeton	Think-Tank
265CD73-0A58-4ADB-98C5-2E51C25E7E73	WI	Sichtbeton	Treppenhaus
888CB74-44AC-43CF-BB26-BB987AB8018A	WI	Sichtbeton	Treppenhaus
32788FB-C0E8-4FF1-83A4-68D6D174D8A4	WI	Sichtbeton	

Abbildung 9-73 Bearbeiten der Werte in Excel

Sind alle Werte eingetragen, wird die Datei gespeichert. Um die Daten in Archicad zu importieren, wird der Befehl ***Eigenschaftenwerte in Elemente importieren...*** aktiviert.

Ablage→ Interoperabilität → Element-Eigenschaften→ Eigenschaftenwerte in Elemente Importieren...

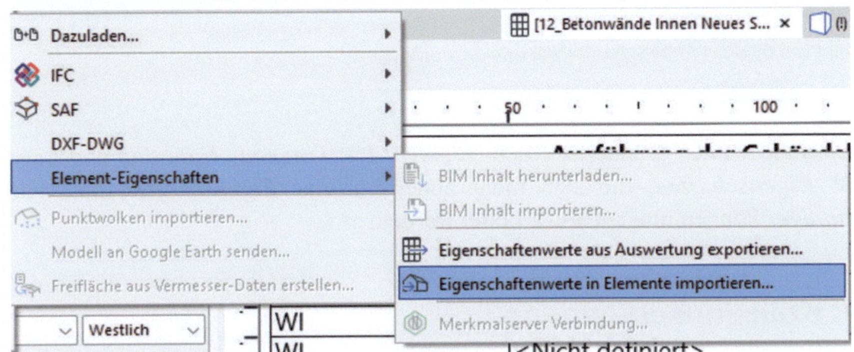

Abbildung 9-74 Import der interaktiven Datei

Nach der Auswahl der Datei wird ein ***Import-Protokoll*** erstellt. Daten, die problemlos importiert werden können sind schwarz dargestellt, Daten, die nicht importiert (z.B. ***Element ID)*** werden können werden grau dargestellt.

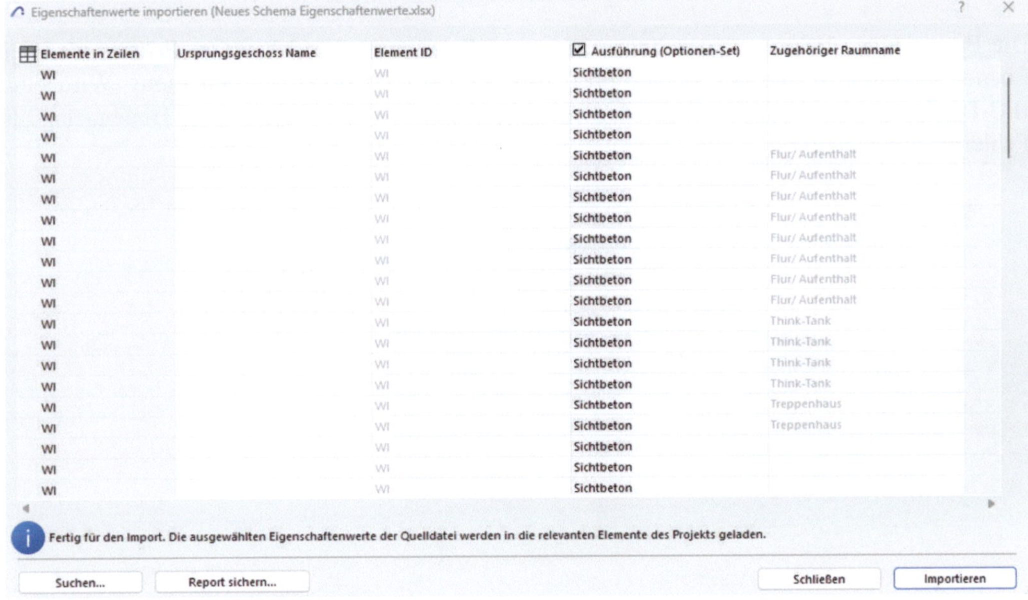

Elemente in Zeilen	Ursprungsgeschoss Name	Element ID	Ausführung (Optionen-Set)	Zugehöriger Raumname
WI		WI	Sichtbeton	
WI		WI	Sichtbeton	
WI		WI	Sichtbeton	
WI		WI	Sichtbeton	
WI		WI	Sichtbeton	Flur/ Aufenthalt
WI		WI	Sichtbeton	Flur/ Aufenthalt
WI		WI	Sichtbeton	Flur/ Aufenthalt
WI		WI	Sichtbeton	Flur/ Aufenthalt
WI		WI	Sichtbeton	Flur/ Aufenthalt
WI		WI	Sichtbeton	Flur/ Aufenthalt
WI		WI	Sichtbeton	Flur/ Aufenthalt
WI		WI	Sichtbeton	Flur/ Aufenthalt
WI		WI	Sichtbeton	Think-Tank
WI		WI	Sichtbeton	Think-Tank
WI		WI	Sichtbeton	Think-Tank
WI		WI	Sichtbeton	Think-Tank
WI		WI	Sichtbeton	Treppenhaus
WI		WI	Sichtbeton	Treppenhaus
WI		WI	Sichtbeton	
WI		WI	Sichtbeton	
WI		WI	Sichtbeton	

Abbildung 9-75 Import-Protokoll

Mit Bestätigen werden die Werte der Elemente durch die Werte aus der Tabelle ersetzt.

Falls Werte einen Widerspruch oder einen anderen Fehler aufweisen, erscheint eine Fehlermeldung mit einem Hinweis auf das Problem. Diese Werte werden rot dargestellt, die Datei kann nicht importiert werden.

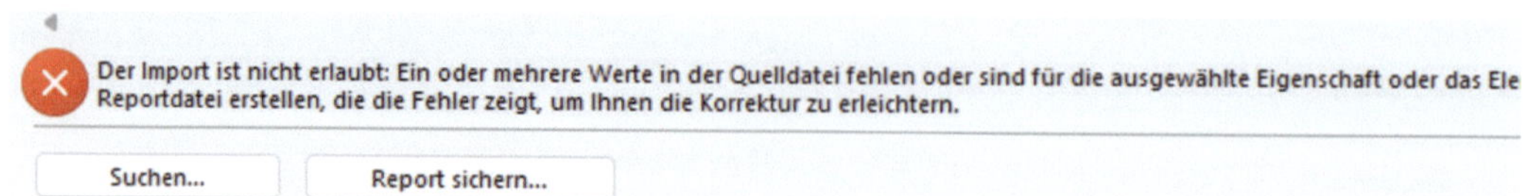

Abbildung 9-76 Fehlermeldung bei einem Widerspruch

Nicht alle ***Eigenschaften*** können geändert werden. ***Element ID***, ***Tragende Funktion*** und ***Lage*** sind Beispiele für ***Eigenschaften***, die sich nicht ändern lassen. ***Eigenschaften*** aus dem ***Eigenschaften-Manager*** können hingegen bearbeitet werden.

9.17 Beispiel: Kollisionserkennung...

Das unten aufgeführte Beispiel zeigt eine ***Kollisionserkennung*** als Möglichkeit der Qualitätssicherung.

Bodenbeläge werden an den Stützen ausgespart. Im Rahmen der Planung ändern die Stützen immer wieder ihre Position oder ihre Abmessungen. Im Grundriss ist es schwer zu erkennen, an welchen der Stützen der Bodenbelag danach angepasst wurde.

Die Bodenbeläge liegen auf der ***Ebene*** mit einer ***Präferenz***, abweichend zu ***Präferenzen*** der Ebenen der Stützen und der Wände (vgl. Abschnitt 4.1.1 Ebenen-Kombination). Wird eine IFC-Datei exportiert, wird eine Überlagerung zwischen den Stützen und dem Bodenbelag als Fehlermeldung angezeigt.

Abbildung 9-77 Stützenkollision mit dem Bodenbelag

Hierfür eignet sich die ***Kollisionserkennung***. Um die Stützen und den Bodenbelag eindeutig zu definieren, werden eigene Kriterien-Sets für die Elementen-Gruppen erstellt.

Als ***Kriterien*** werden die ***Werkzeug***, ***Ebene*** und die ***Klassifizierung*** gewählt. Es empfiehlt sich, die Auswahl auf ein Geschoss zu beschränken (***Ursprungsgeschoss***). Die Prüfung erfolgt geschossweise, um den Überblick zu behalten.

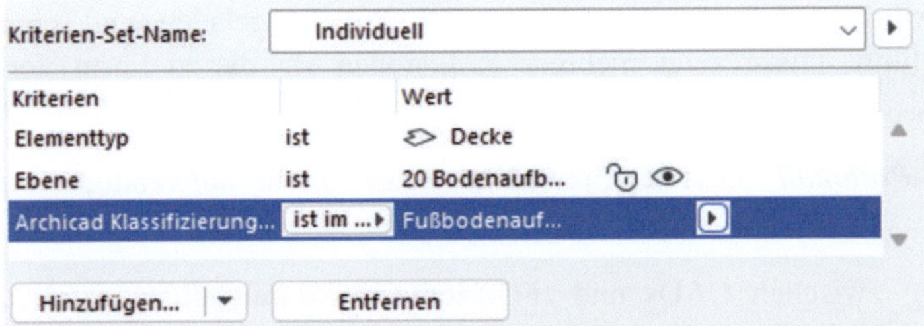

Abbildung 9-78 Kriterien für den Fußbodenbelag

Führt man nun eine ***Kollisionserkennung*** durch, werden alle nicht angepassten Bereiche aufgezeigt. Durch Anklicken der einzelnen Fehlermeldungen werden die noch nicht angepassten Stellen sichtbar und können überarbeitet werden.

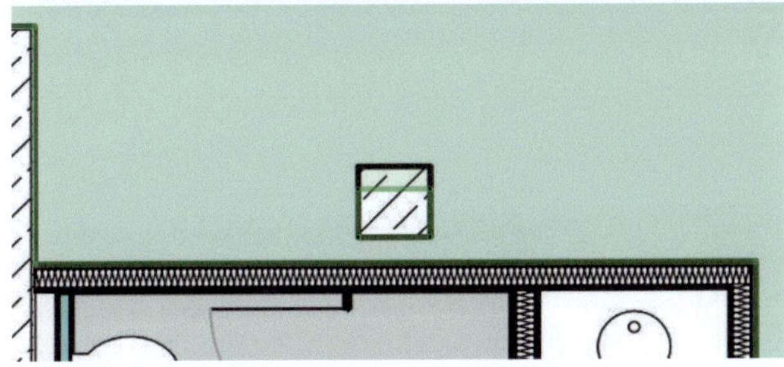

Abbildung 9-79 Anpassen des Bodenbelages

9.18 Beispiel: BCF Protokoll einer Kollisionserkennung

Im Laufe des Projektes wird die Kommunikation mit ***BCF-Protokollen*** immer wichtiger. Den größten Anteil werden dabei ***BCF-Protokolle*** zur Rückmeldung des Bearbeitungsfortschritts der Issues ausmachen.

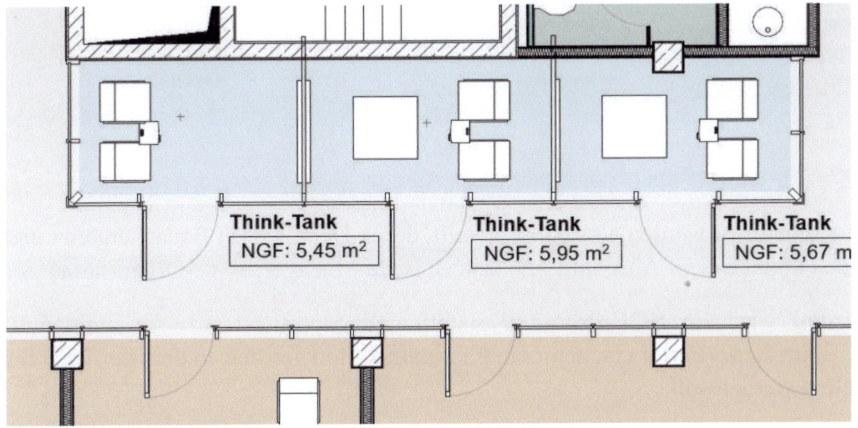

Abbildung 9-80 Ausgangssituation - Fehler in den Trennwänden der Think-Tanks

Im Beispiel wird das IFC-Modell eines Fachplaners in das Projekt geladen und eine ***Kollisionserkennung*** durchgeführt. Diese zeigt mehrere Kollisionen an, die in Form von ***Issues*** an den Fachplaner, mit der Aufforderung zur Beseitigung, geschickt werden.

Durch das verwendete ***BCF-Protokoll*** muss der jeweilige Fehler nicht aufwendig vom Fachplaner gesucht werden.

Soll eine ***Kollisionserkennung*** zwischen CAD- und IFC-Elementen durchgeführt werden, dürfen die Elemente des IFC-Fachmodells nicht zerlegt importiert werden (z.B. Mehrschichtige Bauteile oder Profile).

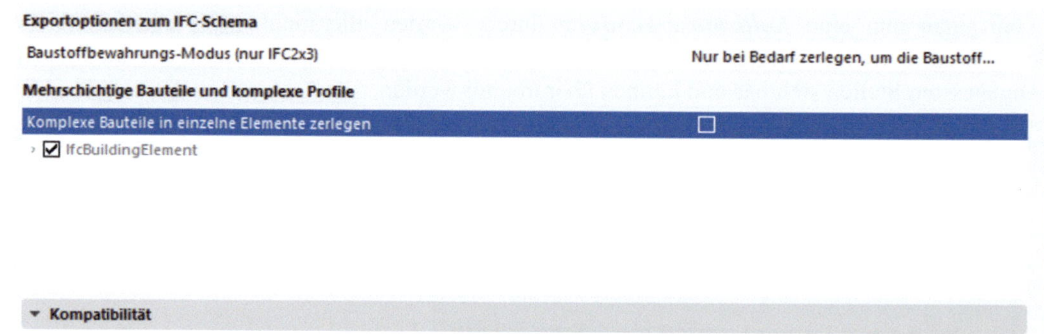

Abbildung 9-81 Elemente dürfen nicht zerlegt werden

Sind die Elemente einer IFC-Datei zerlegt, erhält jede einzelne Komponente eine eindeutige ID, die ***Issues*** werden mit diesen Komponenten-IDs verknüpft. Wird dann ein ***Issue*** in die ursprüngliche Datei geladen, fehlen diese Komponenten-IDs. Dadurch stellt der ***Issue*** die Situation nicht mehr richtig dar und ist unbrauchbar.

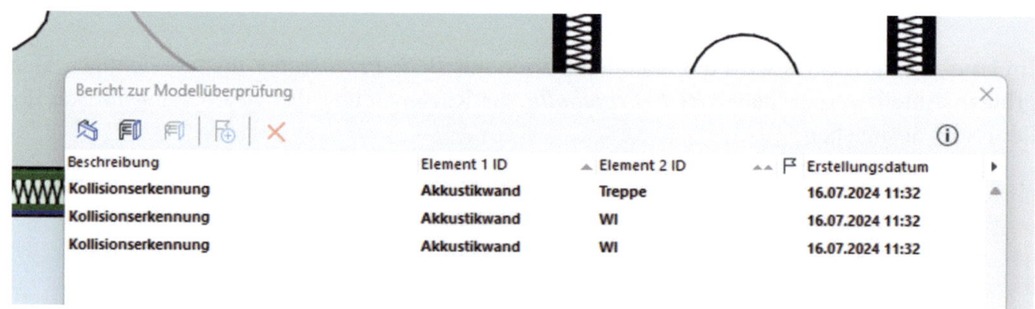

Abbildung 9-82 Kollisionen im Bericht zur Modellüberprüfung

Die festgestellten Kollisionen werden als ***Issues*** erstellt, deren Details nach Bedarf ergänzt und kommentiert werden können (vgl. Abschnitt 5.9 Issues, Issue-Manager, Issue-Organisator).

Im ***Issue-Organisator*** wird ein ***BCF-Protokoll*** erstellt und exportiert (vgl. Abschnitt 5.10 BCF-Protokolle). Beim ***Exportieren*** erscheint ein Kommunikationsfenster, in dem der Pfad für den ***Export*** festgelegt werden soll.

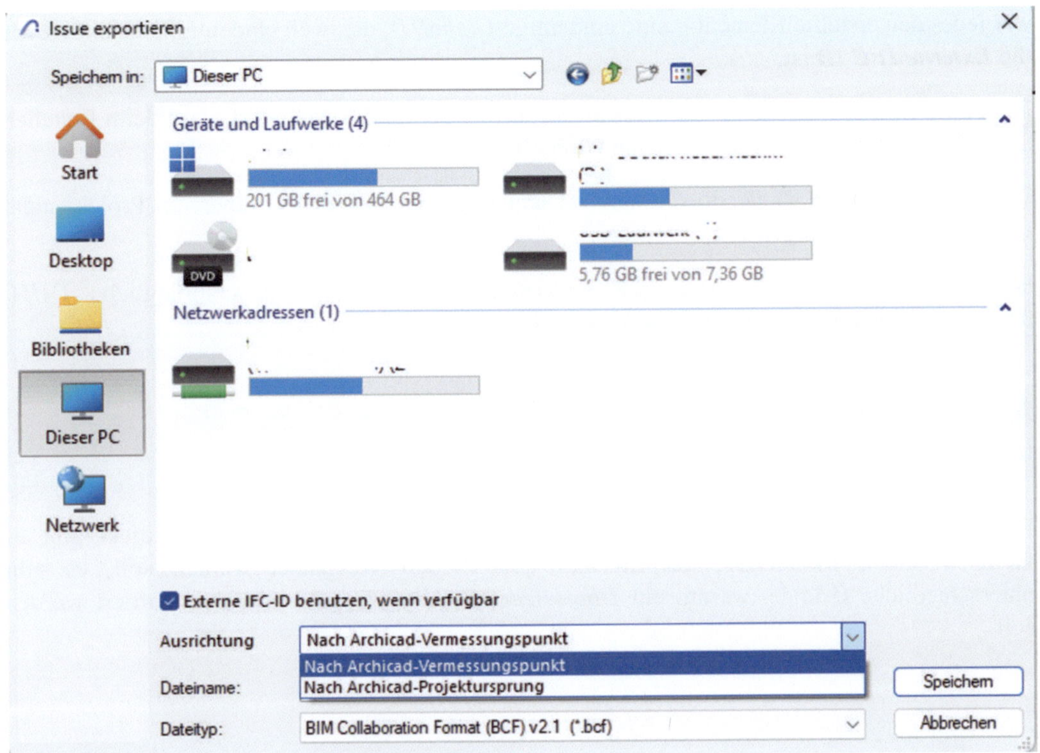

Abbildung 9-83 Export eines BCF-Protokolls

Neben dem Pfad wird auch festgelegt, wie das BCF-Protokoll ausgerichtet werden soll: ***Nach Vermessungspunkt*** oder ***Nach Archicad-Projektursprung*** (vgl. Abschnitt 8.1 Positionierung einer IFC). Die Auswahl hängt von den Vereinbarungen mit den Fachplanern ab.

Der Haken neben der Option ***Externe IFC-ID benutzen, wenn verfügbar*** muss aktiviert werden.

Archicad IFC ID	34xbSZcB12ahef6nQhUqWW
Externe IFC ID	3fT5xcTXjC8hFRJeLlYhjQ
GlobalId (Attribut)	34xbSZcB12ahef6nQhUqWW
Name (Attribut)	**Akkustikwand**

Abbildung 9-84 Drei unterschiedliche IDs

Betrachtet man die IFC-Eigenschaften eines der importierten IFC-Elemente im Grundeinstellungs-Kommunikationsfenster, stellt man fest, dass es sich um drei IDs handelt. Die ***Externe IFC ID*** unterscheidet sich von der ***Archicad IFC ID*** und der ***GlobalID***.

Ein Element erhält beim Erstellen eine eindeutige ID. Diese wird beim Erstellen einer IFC-Datei mit dem Element exportiert. Importiert man nun die IFC-Datei in ein Archicad Projekt, wird diese eindeutige ID zur ***Externen IFC ID***. Dieses Element, nun neu im Projekt, erhält –

wie jedes neu erstellte Element – eine eindeutige ***GlobalID***, die, weil eindeutig, eine andere als die ***Externe IFC ID*** ist.

Bleibt die Option ***Externe IFC-ID benutzen, wenn verfügbar*** deaktiviert, wird beim Erstellen des ***BCF-Protokolls*** die neu vergebene GlobalID verwendet.

Wird nun das ***Issue*** wieder in die native Datei importiert, ist es mit einer, im Projekt nicht vorhandenen, eindeutigen ID verknüpft.

Bei der Auswahl zur Nutzung der ***Externen IFC ID*** wird die ursprüngliche ***GUID*** übernommen und von der nativen Software erkannt.

9.19 Beispiel: Einen Übersetzer aus einer externen Datei importieren

Ein notwendiger ***Übersetzer*** ist gelöscht worden, oder in einem anderen Projekt gibt es vielleicht einen ***Übersetzer***, der im aktuellen Projekt verwendet werden soll, es gibt unterschiedliche Gründe, warum ein ***Übersetzer*** aus einer externen Datei importiert werden soll.

Abbildung 9-85 IFC-Übersetzer

Hierzu wird der ***IFC-Übersetzer...-Manager*** geöffnet und auf der linken Seite, unterhalb der Auflistung der einzelnen ***Übersetzer*** der Button ***Übersetzer aus einer externen Datei importieren*** gewählt.

Im Kommunikationsfenster wird der Pfad der Datei festgelegt, deren ***Übersetzer*** importiert werden sollen. Im Standardfall schlägt das Archicad eine Suche nach einer Vorlagedatei (*.***tpl***) vor. Auch Projektdateien (*.***pln***) oder Dateien (*.***pla***) sind möglich.

Nach der Auswahl der Datei kann es eine längere Zeit dauern, bis sich ein weiteres Kommunikationsfenster öffnet, in dem alle ***Übersetzer*** der gewählten Datei aufgelistet sind.

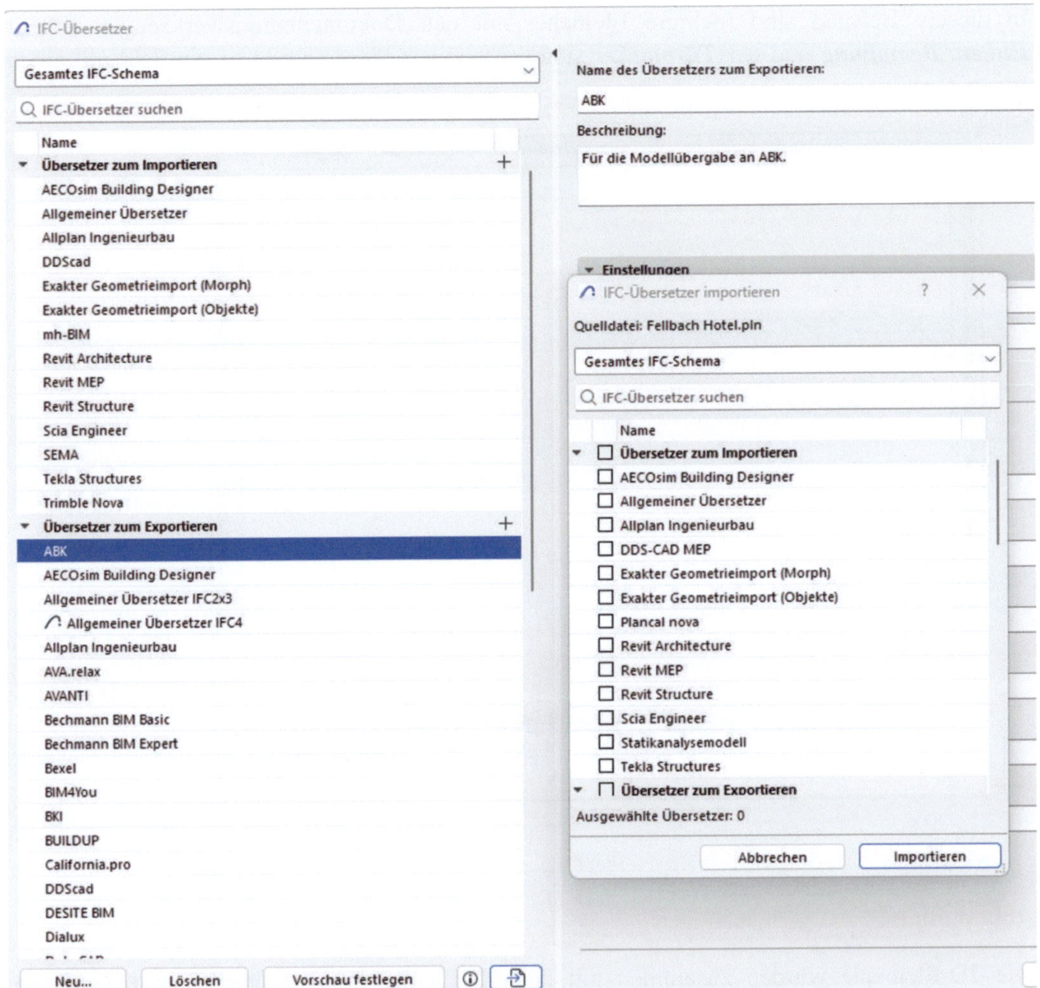

Abbildung 9-86 Kommunikationsfenster zum Import

Links neben den Namen der ***Übersetzer*** befinden sich leere Kästchen. Durch Setzen eines Hakens wird der ***Übersetzer*** für den ***Import*** ausgewählt und durchs Anklicken des Buttons Importieren in das Projekt komplett, mit allen seinen ***Umwandlungs-Voreinstellungen*** übernommen.

9.20 Beispiel: Export 2D-Elemente

Beim Erstellen eigener ***Übersetzer*** wurde im Kapitel ***Umwandlungs-Voreinstellungen*** im Bereich ***Modell-Filter*** bereits erwähnt, dass es möglich ist, in einem IFC-Modell auch 2D-Elemente zu exportieren und diese, mit entsprechenden Einstellungen des ***Import-Übersetzers***, in ein Projekt zu importieren.

In diesem Beispiel sind mehrere Elemente mit den Dokumentationswerkzeugen erstellt. ***Etikett***, ***Bemaßung*** und der ***Türmarker*** sind assoziativ, außerdem gibt es ein Feld mit einem freien Text.

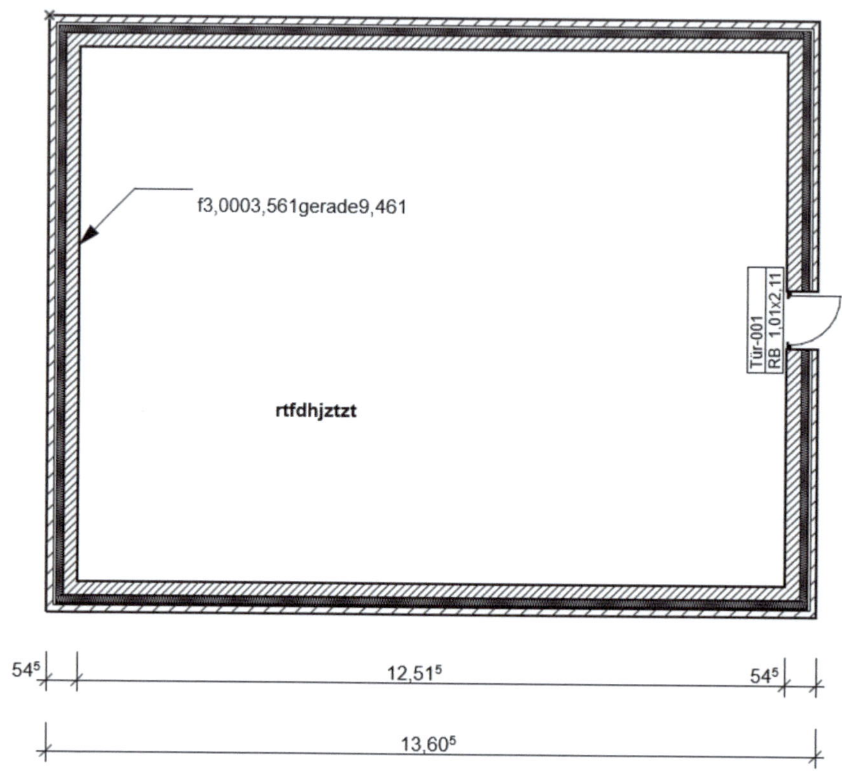

Abbildung 9-87 Ausgangssituation

Die 2D-Elemente wurden zusammen mit den 3D-Elementen exportiert. Hierzu wurde der ***Modell-Filter*** des ***Übersetzers DesignTransferView*** angepasst.

Abbildung 9-88 Anpassung des Modell-Filters

In einem Viewer (im Beispiel ***BIMvision***) sind die 2D-Elemente, bis auf den Marker, gut lesbar und erscheinen auch im IFC-Strukturdiagramm als *IfcAnnotation*(s).

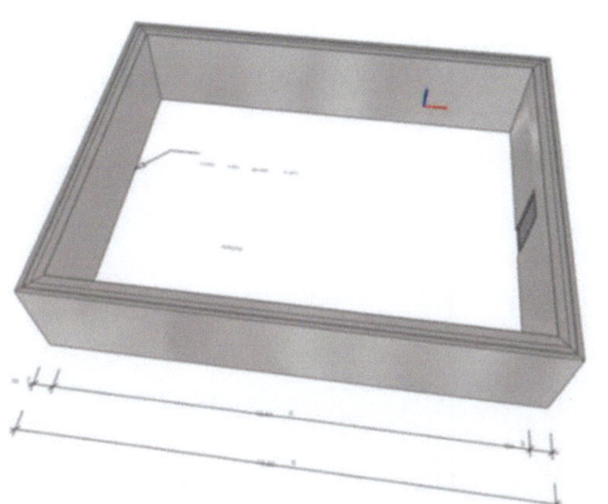

Abbildung 9-89 Export im Viewer BIMvision

Beim Import der IFC-Dateien mit 2D-Informationen in ein Projekt muss der ***Import-Übersetzer*** entsprechend angepasst werden. Im Bereich ***Modell-Filter*** muss der Import der ***IFC Anmerkungen***, ***Raster*** und ***Standflächen*** aktiviert sein.

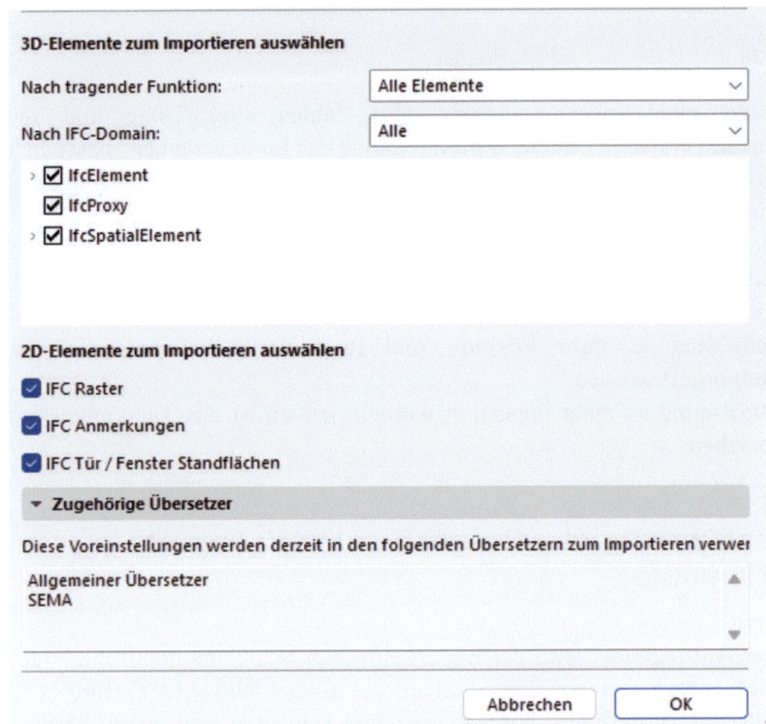

Abbildung 9-90 Einstellungen des Import-Übersetzers

Die importierten 2D-Elemente sehen auf, den ersten Blick der Ausgansdatei sehr ähnlich. Erst bei näherem Hinschauen erkennt man die Unterschiede:

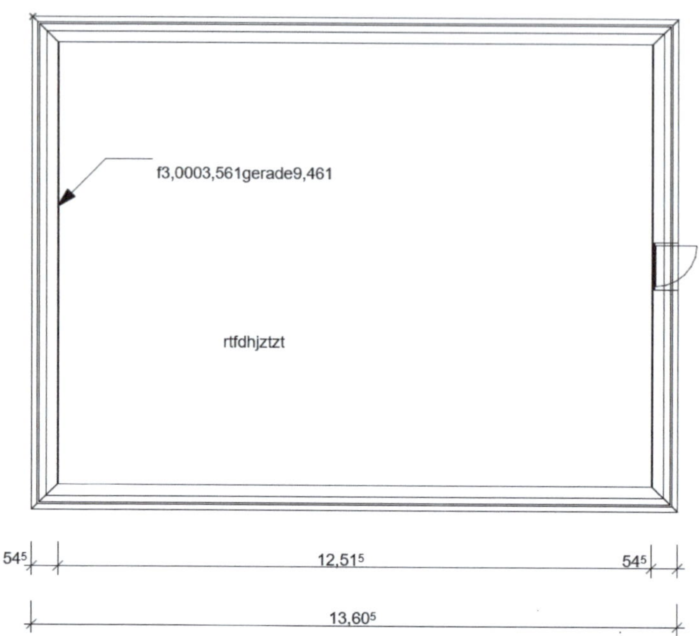

Abbildung 9-91 Importierte IFC-Datei mit 2D-Elementen

- ***Bemaßungen*** sind nicht mehr assoziativ, die Zahlen sind Texte und die Bemaßungslinien sind einfache Linien. Wird die Länge der Linie verändert, passt sich der Text nicht an, die ***Bemaßung*** ist nur ein Abbild des ursprünglichen Werkzeuges.
- Das ***Etikett*** ist nicht mehr assoziativ und in Linien und Texte zerlegt worden.
- Beim ursprünglichen ***Text*** wurde die Formatierung nicht übernommen. Da der Text jedoch vom Werkzeug als Text erkannt wurde, kann die Formatierung nachträglich angepasst werden.
- Die 2D-Elemente sind in ihrer Position und ihrer Größe entsprechend der Ursprungsdatei importiert worden.
- Die Linie der Türöffnung ist nicht importiert worden, jedoch ist das Türsymbol, mit Öffnungslinie versehen.

9.21 Beispiel: Klassifizierung der Baustoffe für den Export mehrschichtiger Elemente

Je nach Anforderungen der Auftraggeber wird der Export einzelner Schichten mehrschichtiger Bauteile gefordert. Mit den entsprechenden Einstellungen der ***Geometriekonvertierung*** (vgl. Abschnitt 6.4.3 Geometriekonvertierung), können einzelne Schichten exportiert werden. Jedoch werden die Baustoffe mit den Standardeinstellungen innerhalb der ***Typ-Zuordnung***, als einzelne Komponenten *IfcBuildingElementPart*(s) exportiert. Für die Differenzierung der Schichten benötigen die ***Baustoffe*** einen passenden ***IFC Typ*** und nach Bedarf den ***Vordefinierten Typ***.

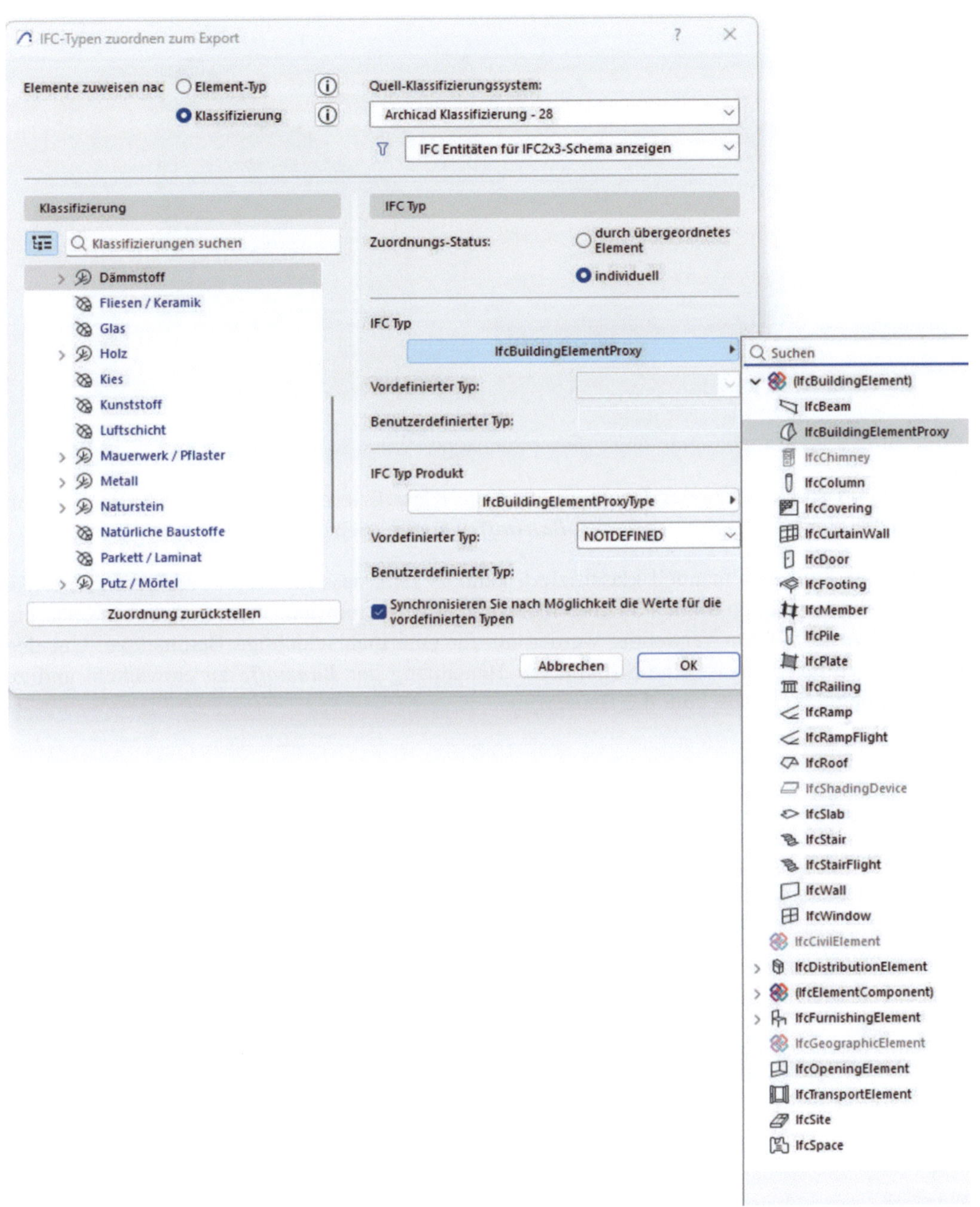

Abbildung 9-92 Spezielle Zuordnung der Baustoffe

Der ***Zuordnungs-Status*** wird auf ***Individuell*** umgestellt.

Im ***IFC Typ*** wir die ***Klassifizierung*** ausgesucht, die der Funktion des Baustoffes entspricht (z.B. im Fall Styropors *IfcCovering*). Danach wird mit Hilfe des vordefinierten ***Typs*** die Funktion genauer beschrieben (z.B. *INSULATION* für Dämmung).

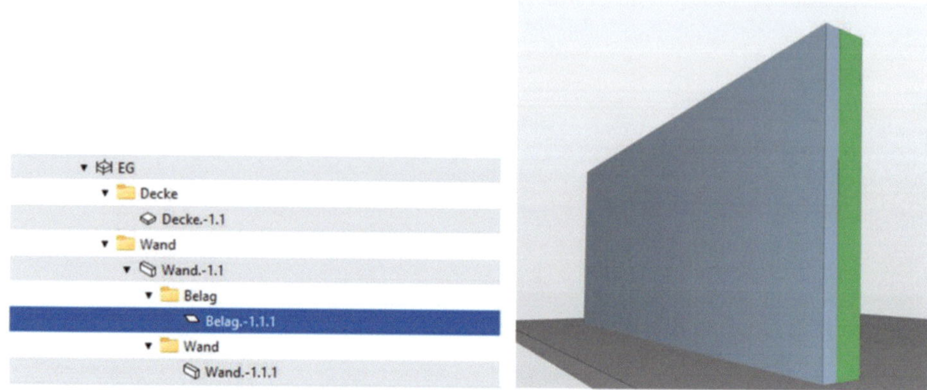

Abbildung 9-93 Komponenten einer Mehrschichtigen Wand/Solibri Anywhere

Beim Export so klassifizierter ***Baustoffe*** wird die Klassifizierung *IfcBuildingElementPart* mit der neu definierten ***Klassifizierung*** des ***Baustoffes*** überschrieben.

Werden die ***Baustoffe*** manuell klassifiziert, kann es sein, dass im Projekt mehrere ***Baustoffe*** gleicher Art vorhanden sind. Für eine mehrschichtige Betonwand muss möglicherweise ein anderer ***Baustoff*** Beton verwendet werden als für eine mehrschichtige Betonstütze. Um den Überblick zu behalten, ist eine Struktur zur Benennung der ***Baustoffe*** zu entwickeln und zu dokumentieren (vgl. Abschnitt 4.2 Baustoffe).

9.22 Beispiel: Brutto-Geometrie der Elemente exportieren

Die Auswirkung dieser Einstellung wird am schnellsten bei einer mehrschichtigen Wand mit einer Öffnung, in unserem Beispiel einer Tür, sichtbar.

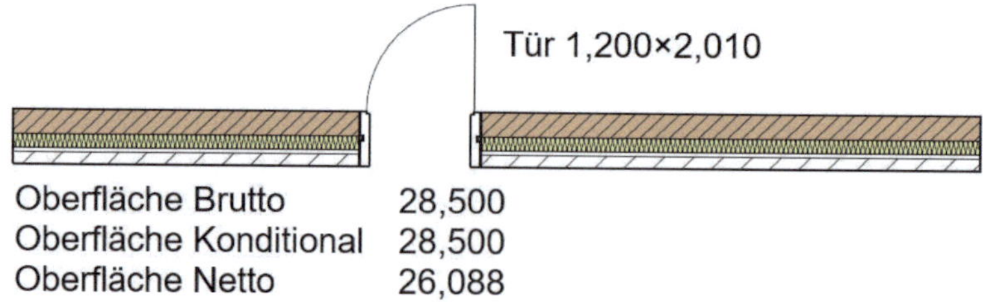

Abbildung 9-94 Ausgangssituation

Im Beispiel werden vier unterschiedliche Exporte durchgeführt und die Ergebnisse verglichen. Die erzeugten IFC-Modelle werden in ***BIMvision*** betrachtet, in anderen Viewern kann es Abweichungen geben. Auch die Lage des Türblattes kann die Darstellung beeinflussen. Bei Exporten ohne Öffnung kann es sein, dass die Tür, je nach Ausführung der Zarge, nicht zu sehen ist.

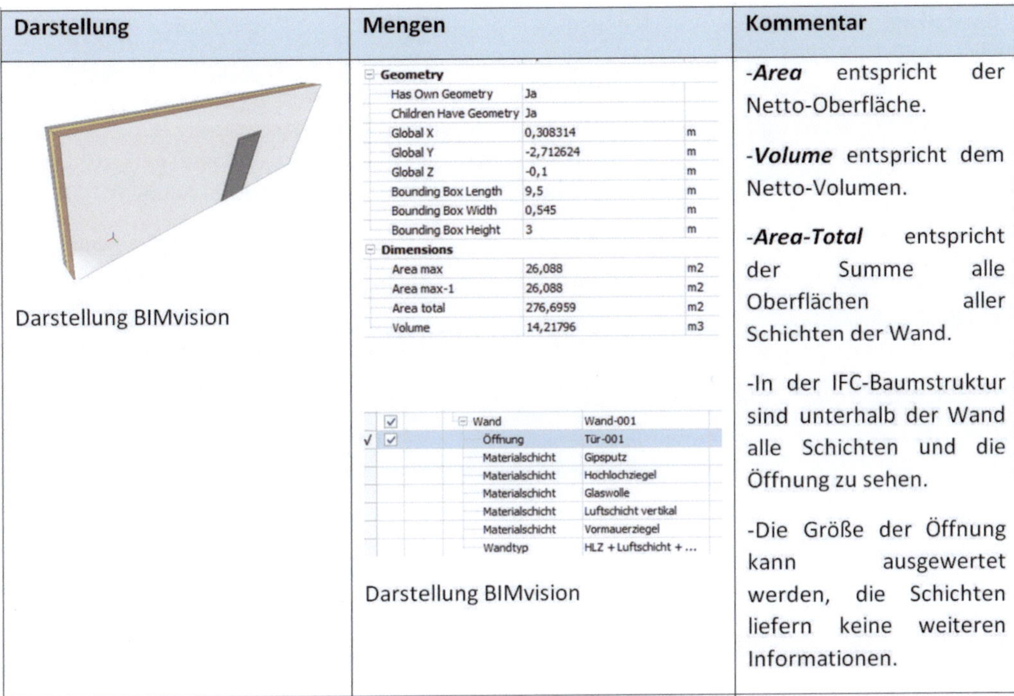

Darstellung	Mengen	Kommentar
Darstellung BIMvision	Geometry Has Own Geometry: Ja Children Have Geometry: Ja Global X: 0,308314 m Global Y: -2,712624 m Global Z: -0,1 m Bounding Box Length: 9,5 m Bounding Box Width: 0,545 m Bounding Box Height: 3 m Dimensions Area max: 26,088 m2 Area max-1: 26,088 m2 Area total: 276,6959 m2 Volume: 14,21796 m3 Wand: Wand-001 Öffnung: Tür-001 Materialschicht: Gipsputz Materialschicht: Hochlochziegel Materialschicht: Glaswolle Materialschicht: Luftschicht vertikal Materialschicht: Vormauerziegel Wandtyp: HLZ + Luftschicht + ... Darstellung BIMvision	-***Area*** entspricht der Netto-Oberfläche. -***Volume*** entspricht dem Netto-Volumen. -***Area-Total*** entspricht der Summe alle Oberflächen aller Schichten der Wand. -In der IFC-Baumstruktur sind unterhalb der Wand alle Schichten und die Öffnung zu sehen. -Die Größe der Öffnung kann ausgewertet werden, die Schichten liefern keine weiteren Informationen.

Abbildung 9-95 Ergebnisse unterschiedlicher Einstellungen beim Export der Brutto-Geometrie

Ausgangssituation **Export 1:** Mehrschichtige Wand, Tür, die Einstellung ***Brutto-Geometrie der Elemente exportieren*** bei ***Geometriekonvertierung*** ist deaktiviert, Im Modell-Filter werden ***alle 3D-Elemente*** exportiert

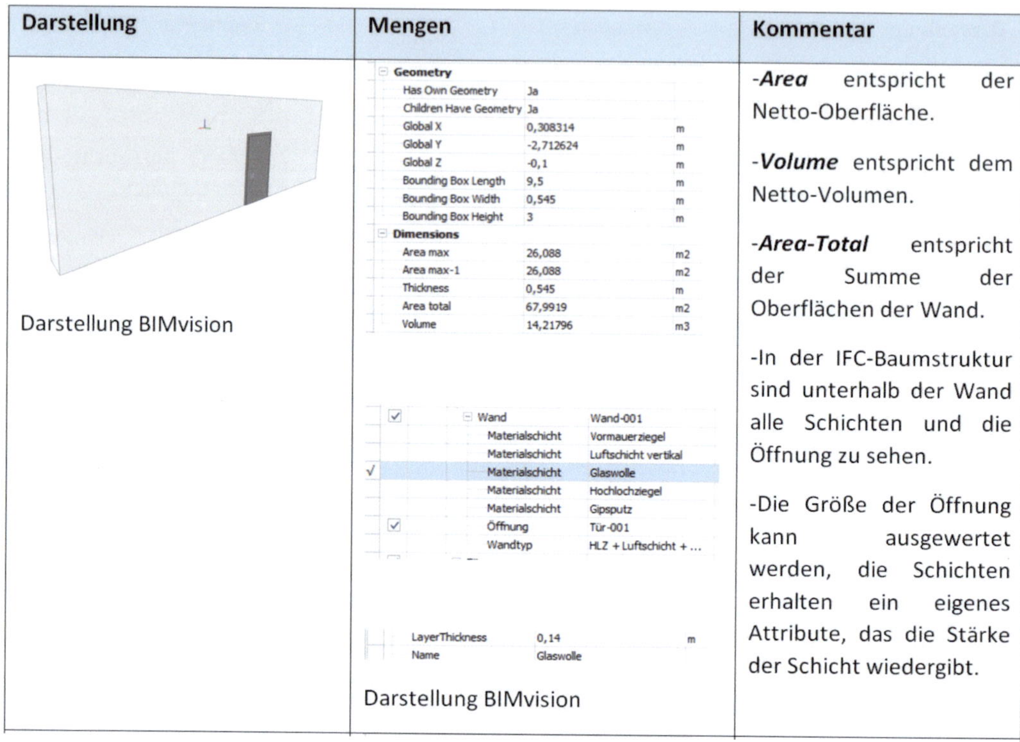

Darstellung	Mengen	Kommentar
Darstellung BIMvision	Geometry Has Own Geometry: Ja Children Have Geometry: Ja Global X: 0,308314 m Global Y: -2,712624 m Global Z: -0,1 m Bounding Box Length: 9,5 m Bounding Box Width: 0,545 m Bounding Box Height: 3 m Dimensions Area max: 26,088 m2 Area max-1: 26,088 m2 Thickness: 0,545 m Area total: 67,9919 m2 Volume: 14,21796 m3 Wand: Wand-001 Materialschicht: Vormauerziegel Materialschicht: Luftschicht vertikal Materialschicht: Glaswolle Materialschicht: Hochlochziegel Materialschicht: Gipsputz Öffnung: Tür-001 Wandtyp: HLZ + Luftschicht + … LayerThickness: 0,14 m Name: Glaswolle Darstellung BIMvision	-***Area*** entspricht der Netto-Oberfläche. -***Volume*** entspricht dem Netto-Volumen. -***Area-Total*** entspricht der Summe der Oberflächen der Wand. -In der IFC-Baumstruktur sind unterhalb der Wand alle Schichten und die Öffnung zu sehen. -Die Größe der Öffnung kann ausgewertet werden, die Schichten erhalten ein eigenes Attribute, das die Stärke der Schicht wiedergibt.

Abbildung 9-96 Ergebnisse unterschiedlicher Einstellungen beim Export der Brutto-Geometrie

Ausgangssituation **Export 2:** Mehrschichtige Wand, Tür, die Einstellung ***Brutto-Geometrie der Elemente exportieren*** der ***Geometriekonvertierung*** ist aktiviert, im Modell-Filter werden ***alle 3D Elemente*** exportiert

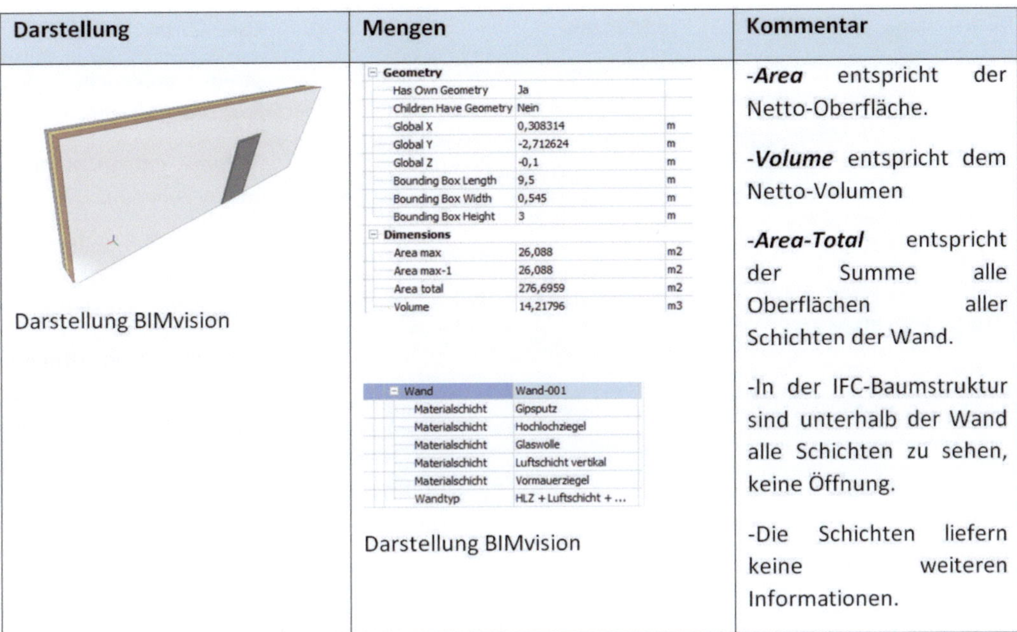

Darstellung	Mengen	Kommentar
Darstellung BIMvision	**Geometry** Has Own Geometry: Ja Children Have Geometry: Nein Global X: 0,308314 m Global Y: -2,712624 m Global Z: -0,1 m Bounding Box Length: 9,5 m Bounding Box Width: 0,545 m Bounding Box Height: 3 m **Dimensions** Area max: 26,088 m2 Area max-1: 26,088 m2 Area total: 276,6959 m2 Volume: 14,21796 m3 Wand: Wand-001 Materialschicht: Gipsputz Materialschicht: Hochlochziegel Materialschicht: Glaswolle Materialschicht: Luftschicht vertikal Materialschicht: Vormauerziegel Wandtyp: HLZ + Luftschicht + ... Darstellung BIMvision	-***Area*** entspricht der Netto-Oberfläche. -***Volume*** entspricht dem Netto-Volumen -***Area-Total*** entspricht der Summe alle Oberflächen aller Schichten der Wand. -In der IFC-Baumstruktur sind unterhalb der Wand alle Schichten zu sehen, keine Öffnung. -Die Schichten liefern keine weiteren Informationen.

Abbildung 9-97 Ergebnisse unterschiedlicher Einstellungen beim Export der Brutto-Geometrie

Ausgangssituation **Export 3:** Mehrschichtige Wand, Tür, die Einstellung ***Brutto-Geometrie der Elemente exportieren*** der ***Geometriekonvertierung*** ist deaktiviert, im Modell-Filter werden alle 3D-Elemente, bis auf *IfcOpening* exportiert

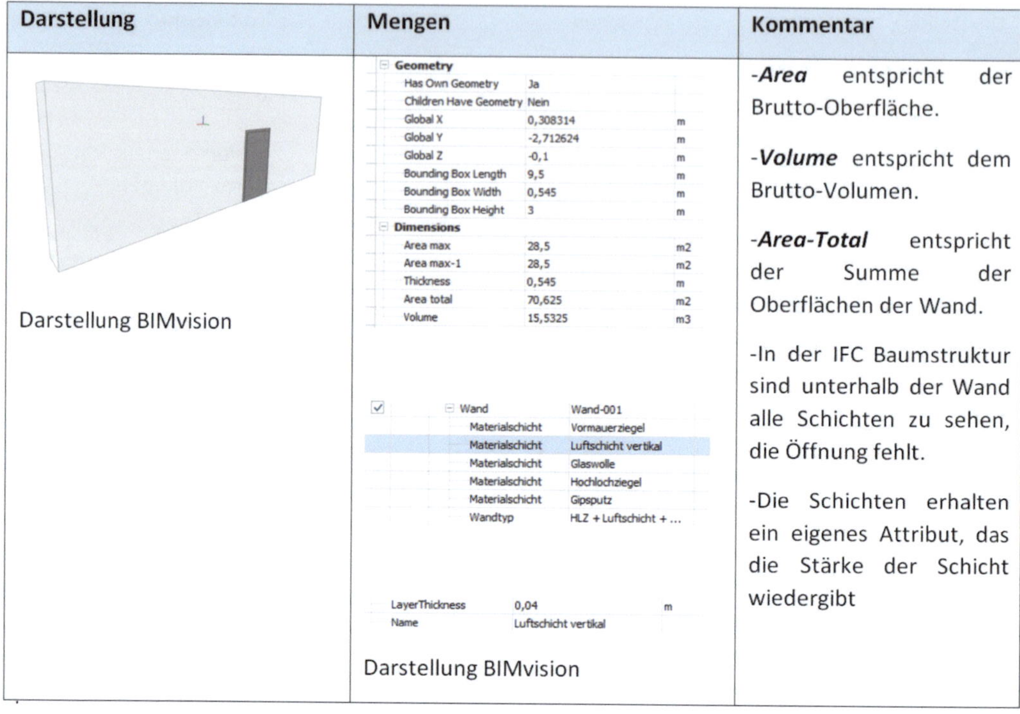

Darstellung	Mengen	Kommentar
Darstellung BIMvision	Geometry Has Own Geometry: Ja Children Have Geometry: Nein Global X: 0,308314 m Global Y: -2,712624 m Global Z: -0,1 m Bounding Box Length: 9,5 m Bounding Box Width: 0,545 m Bounding Box Height: 3 m Dimensions Area max: 28,5 m2 Area max-1: 28,5 m2 Thickness: 0,545 m Area total: 70,625 m2 Volume: 15,5325 m3 Wand: Wand-001 Materialschicht: Vormauerziegel Materialschicht: Luftschicht vertikal Materialschicht: Glaswolle Materialschicht: Hochlochziegel Materialschicht: Gipsputz Wandtyp: HLZ + Luftschicht + ... LayerThickness: 0,04 m Name: Luftschicht vertikal Darstellung BIMvision	-***Area*** entspricht der Brutto-Oberfläche. -***Volume*** entspricht dem Brutto-Volumen. -***Area-Total*** entspricht der Summe der Oberflächen der Wand. -In der IFC Baumstruktur sind unterhalb der Wand alle Schichten zu sehen, die Öffnung fehlt. -Die Schichten erhalten ein eigenes Attribut, das die Stärke der Schicht wiedergibt

Abbildung 9-98 Ergebnisse unterschiedlicher Einstellungen beim Export der Brutto-Geometrie

Ausgangssituation **Export 4:** Mehrschichtige Wand, Tür, die Einstellung ***Brutto-Geometrie der Elemente exportieren*** der ***Geometriekonvertierung*** ist aktiviert, im Modell-Filter werden alle 3D-Elemente, bis auf *IfcOpening* exportiert

So können die Informationen bedarfsorientiert exportiert werden. Es ist empfehlenswert ähnliche Tests mit anderen benötigten Bauelementen durchzuführen, um die Daten gemäß den Vorgaben bzw. dem eigenen Bedarf zu exportieren.

9.23 Beispiele unterschiedlicher Regel-Inhalte

Eigene ***Eigenschaften-Zuordnung*** erstellen zu können ermöglicht es, vom Auftraggeber geforderte ***Eigenschaften*** genauso zu exportieren, wie sie gefordert werden.

Um eine ***Eigenschaft*** als ***Attribut*** eines IFC-Objektes zu übergeben, wird in der ***Eigenschaften-Zuordnung*** ein neues ***Attribut*** (vgl. Abschnitt 6.4.6 Ein neues Property-Set und Attribut erstellen) erstellt. Dies, je nach Anforderung, im eigenen oder einem bereits vorgegebenen ***Property-Set***. Bei der Erstellung muss der ***Wertetyp*** des ***Attributes*** dem Wert der ***Eigenschaft*** entsprechen, ansonsten besteht die Gefahr, dass die ***Eigenschaften*** mit falschen Einheiten oder gar nicht exportiert werden.

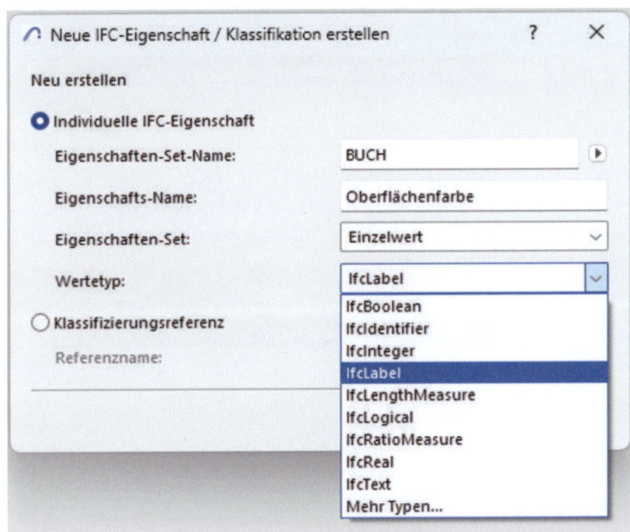

Abbildung 9-99 Eingaben beim Erstellen eines neuen Attributes

Der ***Wertetyp*** des Attributes ist ebenso wichtig beim Import der Eigenschaften der IFC in das Projekt (vgl. Abschnitt 7.1.3 Eigenschaften-Zuordnung). Bei einer falschen Zuordnung wird es Fehler beim Import geben.

Abbildung 9-100 Falscher Wertetyp wird weitergegeben

Möglicherweise sind Hinweise zu den ***Wertetypen*** einzelner ***Eigenschaften*** in Anforderungen der Auftragnehmer dokumentiert, aber auch wenn nicht, sollte man sich überlegen, zu welchen Zwecken die einzelnen ***Attribute*** genutzt werden sollen. Meist betrifft es die Zahlen. Sollen diese als Textblöcke ausgegeben werden, oder werden sie zu weiteren Berechnungen verwendet und müssen diese dann von anderen Programmen erkannt werden? In allen Fällen empfiehlt es sich bereits zu Projektstart Tests durchzuführen.

Die Ergebnisse der ***Zuordnung*** können jederzeit im ***IFC-Manager*** überprüft werden. Mit OK und dem Schließen der Übersetzer-Einstellungen werden diese dort dargestellt, wenn der Übersetzer mit der erstellten ***Eigenschaften-Zuordnung*** als ***Vorschau*** voreingestellt ist und die Eigenschaft einen Sinn ergibt (vgl. Abschnitt 6.1 Übersetzer als Vorschau).

9.23.1 Beispiel 1: Einfache Wiedergabe der Eigenschaft

Nach dem Erstellen eines ***Attributes*** und der dazu gehörenden neuen Regel, wird im Bereich ***Regelinhalt*** der Button Inhalt hinzufügen... angeklickt.

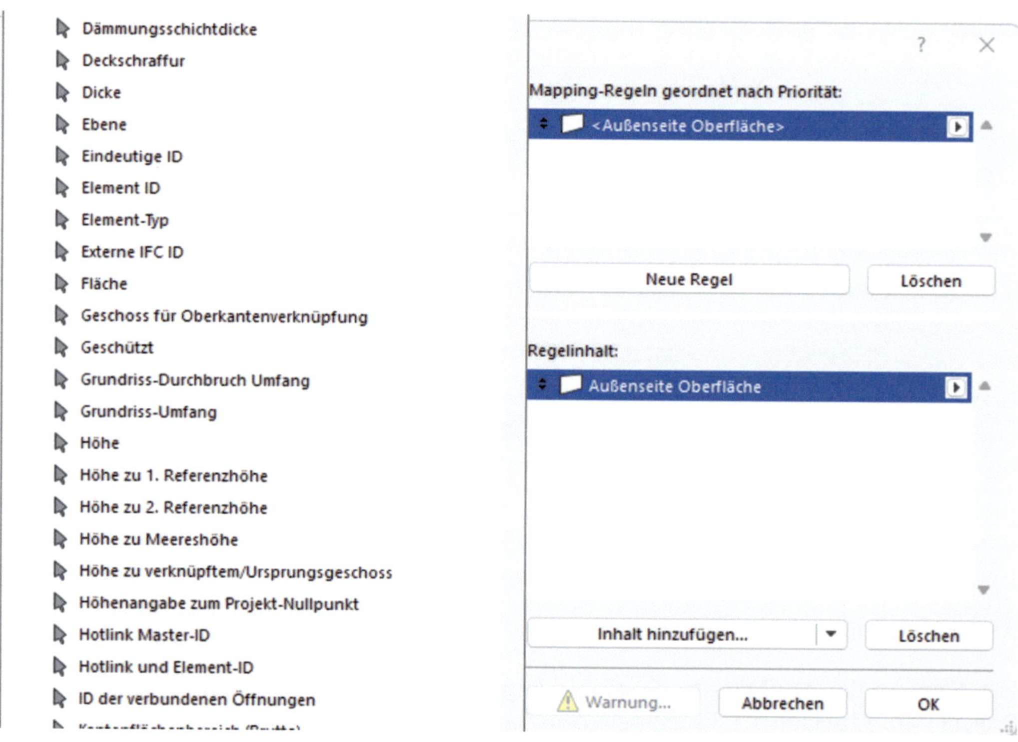

Abbildung 9-101 Auswahl der Eigenschaften

Es erscheint die Auswahl aller möglichen ***Eigenschaften***. Durch einen Doppelklick auf die gewünschte ***Eigenschaft*** wird diese dem ***Regelinhalt*** hinzugefügt.

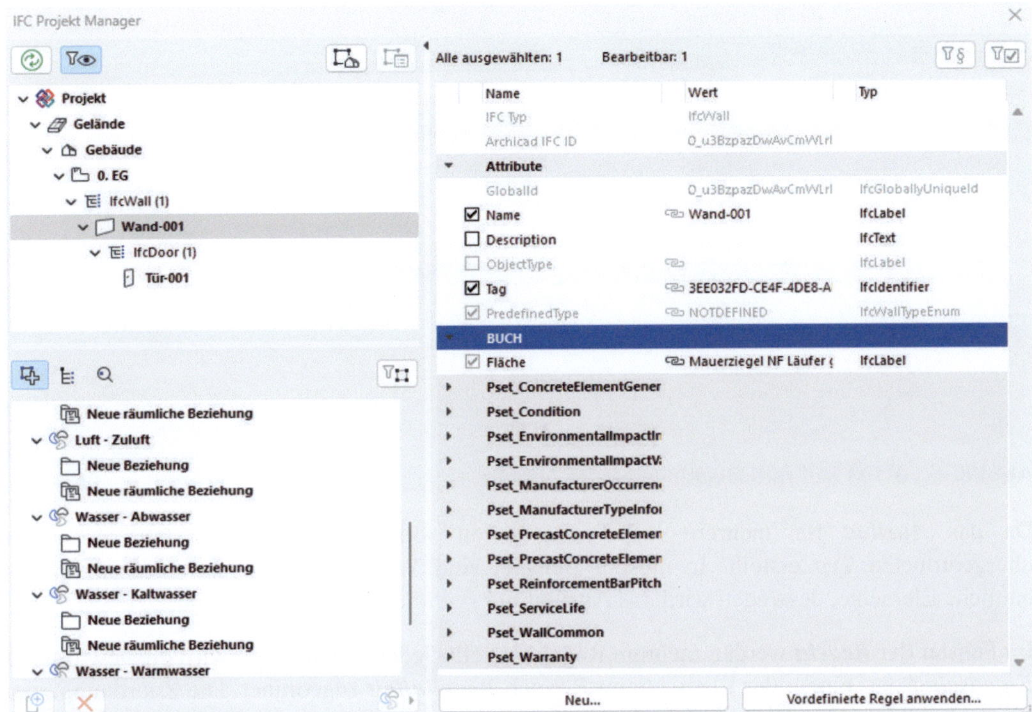

Abbildung 9-102 Attribut im IFC-Manager

9.23.2 Beispiel 2: Gleiche Eigenschaft bei unterschiedlichen Elementen

Bei ***Attributen***, die für mehrere Element-Typen die gleiche Information wiedergeben, die jedoch, z.B. aufgrund der Modellierung mit unterschiedlichen Werkzeugen, nicht durch dieselbe ***Eigenschaft*** verwaltet wird, wird die Nutzung mehrerer ***Regeln*** benötigt. Denkbar ist es beispielsweise, dass die Oberflächenfarben von Wänden, Stützen und Decken gefordert ist.

Ähnlich den ***Berechnungen*** bei Erstellung der ***Eigenschaften*** läuft Archicad beim ***Export*** so lange die Regeln durch, bis ein Ausdruck gefunden ist, der einen Sinn ergibt. Diese Funktion wird für oben genanntes Beispiel genutzt.

Abbildung 9-103 Mehrere Regeln in einem Attribut

Da das ***Attribut*** für mehrere IFC-Typen gelten soll, wird dieses ***Attribut*** in einem übergeordneten ***Typ*** erstellt. In diesem Beispiel sind Wände, Decken und Stützen jeweils bauliche Elemente, deswegen wird das Attribut bei *IfcBuildingElement* erzeugt.

Im Fenster der ***Regeln*** werden mehrere Regeln erstellt. Jeder neuen Regel wird die gewünschte ***Eigenschaft*** aus einem der Elemente im Bereich ***Regelinhalt*** zugeordnet. Die Zuordnung zum Element wird im Fenster der ***Regeln*** durch das entsprechende Icon neben dem Namen der ***Regel*** verdeutlicht.

Mit OK und Schließen der ***Übersetzer-Einstellungen*** können die Ergebnisse im ***IFC-Manager*** betrachtet werden.

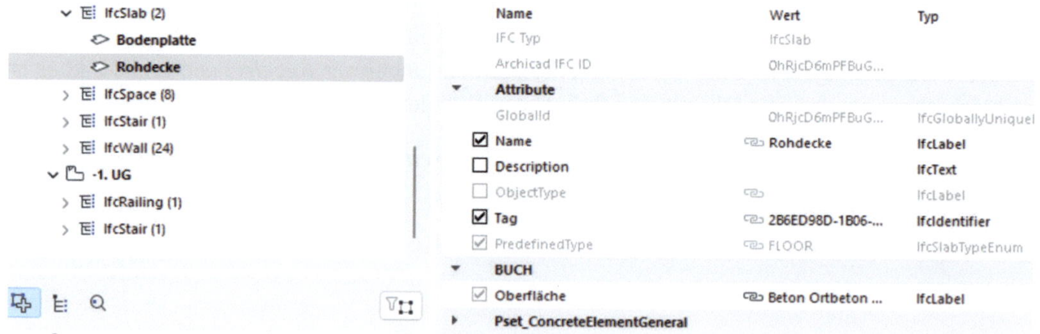

Abbildung 9-104 Ergebnisse im IFC-Manager

9.23.3 Beispiel 3: Attribut, bestehend aus mehreren Eigenschaften

In manchen Fällen benötigt man ein ***Attribut***, das aus mehreren Eigenschaften besteht. Z.B. gibt der Auftraggeber die Benennung von Räumen vor. In diesem Beispiel sollen die Räume nach ***Geschoss Nummer***, ***Geschoss Name*** und ***Element-ID*** benannt werden. Die Syntax lautet wie folgt: ***Geschoss Nummer. Geschoss Name. Element-ID***. Alle Werte müssen mit einem Punkt „.“ voneinander getrennt werden.

Nach dem ***Erstellen*** eines neuen ***Attributes*** in einem ***Property-Set*** bei *IfcSpace* wird für das ***Attribut*** eine neue ***Regel*** angelegt. Entsprechend dem Beispiel 1 werden aus den möglichen ***Eigenschaften Ursprungsgeschoss Nummer***, ***Ursprungsgeschoss Name*** und ***Element ID*** zum ***Regelinhalt*** hinzugefügt. In der Vorschau der ***Regel*** sieht man zwar die einzelnen Werte, diese sind jedoch nicht voneinander getrennt.

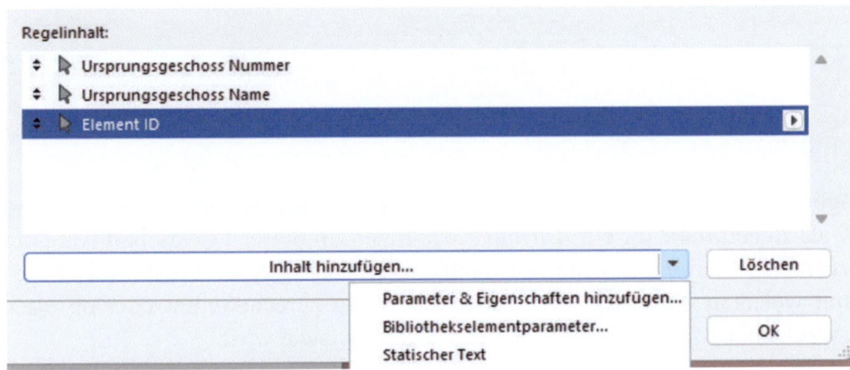

Abbildung 9-105 Statischen Text ergänzen

Rechts am Button Inhalt hinzufügen befindet sich ein Pfeil. Klickt man diesen an, erscheint ein Pull-Down Menü, in dem der Inhalt ***Statischer Text*** ausgewählt wird.

Daraufhin erscheint im Fenster ***Regelinhalt*** eine leere Zeile, die manuell gefüllt werden kann. In dieser Zeile wird das Zeichen „.“ gesetzt. Nach Bedarf kann es auch ein anderer freier Text sein.

Links neben der Zeile befindet sich ein Symbol mit Pfeilen. Damit kann die Reihenfolge jeder Zeile innerhalb des Ausdrucks gesteuert werden.

Abbildung 9-106 Vollständiger Ausdruck

Nach dem Ergänzen um die weiteren statischen Texte und dem Anpassen der Positionierung ist der ***Regelinhalt*** fertig und das Ergebnis kann im ***IFC-Manager*** überprüft werden.

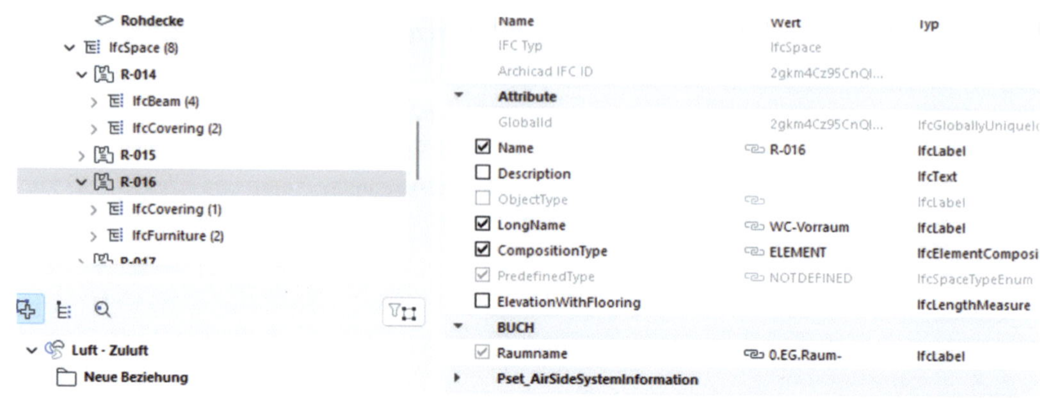

Abbildung 9-107 Ergebnisse im IFC-Manager

Es ist ebenso möglich diesen Ausdruck zuerst über eine neue ***Eigenschaft*** zu erstellen und diese ***Eigenschaft*** als ***Regelinhalt*** für ein ***Attribut*** zuzuordnen. In dieser Eigenschaft wäre der Ausdruck als ***Berechnung*** definiert. Beides ist richtig und liefert gleiche Ergebnisse. Es ist eher eine Frage mit welchem Ausdruck man persönlich besser zurechtkommt oder ob diese spezifische Raumbezeichnung z.B. in der Planbeschriftung verwendet wird.

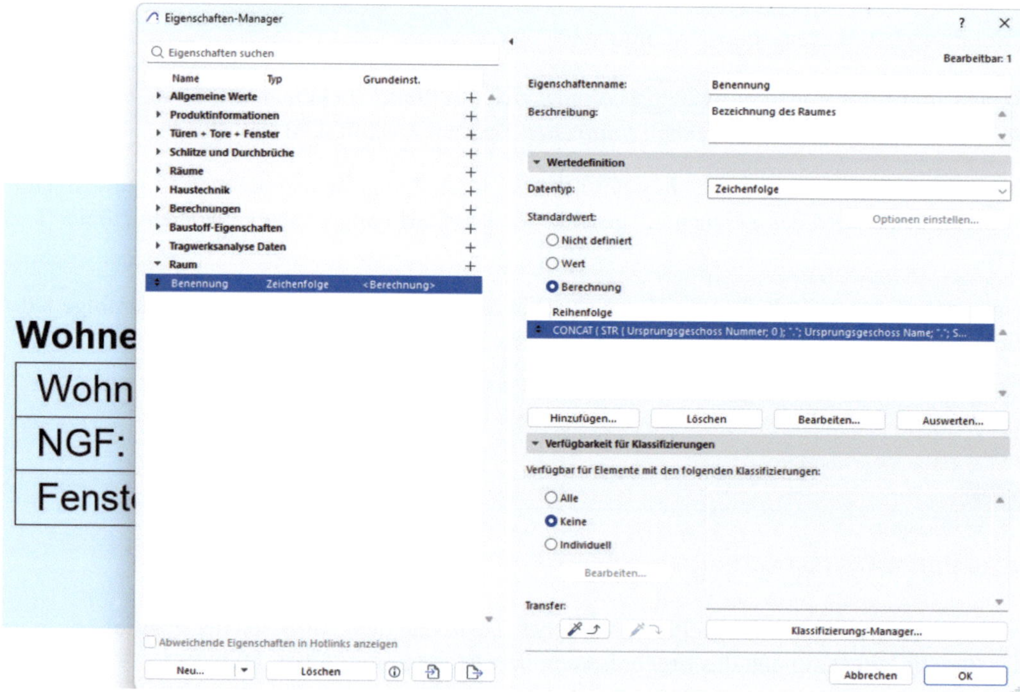

Abbildung 9-108 Geforderte Raumbezeichnung als Berechnung

9.23.4 Beispiel 4: Eigenschaften der Bibliothekselemente

Die bis jetzt gezeigten Beispiele geben nur die ***Eigenschaften*** der Bibliothekselemente, die entweder im ***Eigenschaften-Manager*** verwaltet werden oder für alle Elemente gleich sind (z.B. Breite und Höhe) wieder.

Informationen, die im Bibliothekselement selbst hinterlegt sind, z.B. Material der Türzarge, können mit den bisherigen Möglichkeiten nicht weitergegeben werden.

Hierfür wird ein neues Attribut beim Element *IfcDoor* erstellt und eine neue ***Regel*** angelegt. Im Fenster ***Regelinhalt*** wird der Pfeil, rechts am Button Inhalt hinzufügen... angeklickt und die Option ***Bibliothekselementparameter...*** gewählt.

Es erscheint ein Kommunikationsfenster, in dem alle im Projekt verfügbaren ***Bibliotheken*** aufgelistet werden.

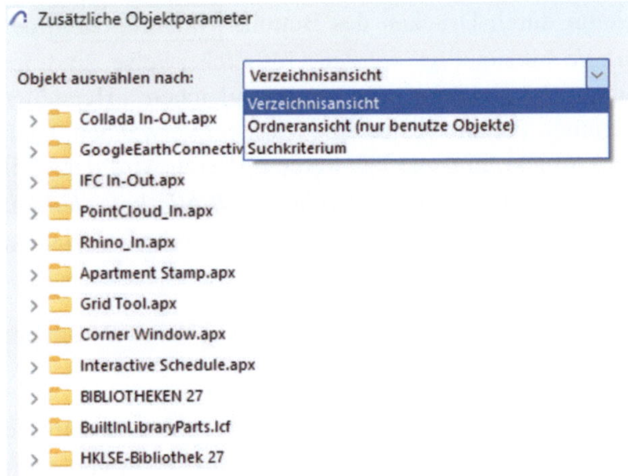

Abbildung 9-109 Auflistung der Bibliothekselemente

Um nach einem Objekt nicht in allen Bibliotheken suchen zu müssen, kann ein Filter verwendet werden. Oberhalb der Auflistung befindet sich eine Zeile mit einem Pull-Down Menü. Wird hier die ***Ordneransicht*** ausgewählt, werden nur die Elemente aufgelistet, die im Projekt verwendet werden. Das erleichtert die Suche erheblich.

Wird das gewünschte Objekt ausgewählt, erscheinen unten links im Fenster, alle verfügbaren Parameter.

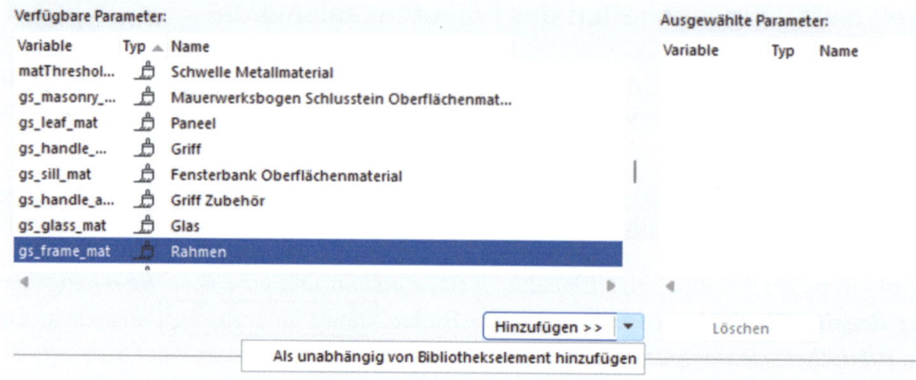

Abbildung 9-110 Auswahl der Parameter

Ist der gewünschte Parameter gewählt, kann durch Drücken des Buttons Hinzufügen>> der entsprechende ***Parameter*** dem ***Regelinhalt*** hinzugefügt werden. Möglicherweise sind im Projekt unterschiedliche Türen eingesetzt. Solange sie vom gleichen Hersteller (Programmierer) stammen und für den gleichen Parameter dieselbe Variabel verwenden, kann der ***Parameter***, unabhängig vom Bibliotheksobjekt, hinzugefügt werden. Hierzu wird der Pfeil am Button Hinzufügen angeklickt und die Option ***Als unabhängig von Bibliothekselement hinzufügen*** gewählt. Der ***Regelinhalt*** wird dadurch für alle Türen mit derselben Variablen gelten.

Werden im Projekt zusätzlich Objekte anderer Hersteller verwendet, müssen deren Parameter in den ***Regelinhalt*** (vgl. Beispiel 2) hinzugefügt werden.

Sind alle gewünschten ***Parameter*** ausgewählt, wird das Fenster mit OK geschlossen und die Parameter werden dem ***Regelinhalt*** hinzugefügt. Hier kann deren Reihenfolge noch verändert werden und ggf. mit einem statischen Text ergänzt werden (vgl. Beispiel 3). Die Ergebnisse der Zuordnung können danach im ***IFC-Manager*** betrachtet werden.

9.23.5 Beispiel 5: Eigenschaften der Räume

Räume stellen einen Sonderfall dar. Betrachtet man die ***Eigenschaften*** der Räume, die man in der allgemeinen ***Eigenschaften-Auswahl*** findet, stellt man fest, dass manche Werte, die man aus dem ***Raumstempel*** kennt, nicht zur Auswahl stehen. Die ***Raumstempel*** sind Bibliothekselemente, deren ***Parameter*** man unter der Option ***Bibliothekselementparameter...*** findet.

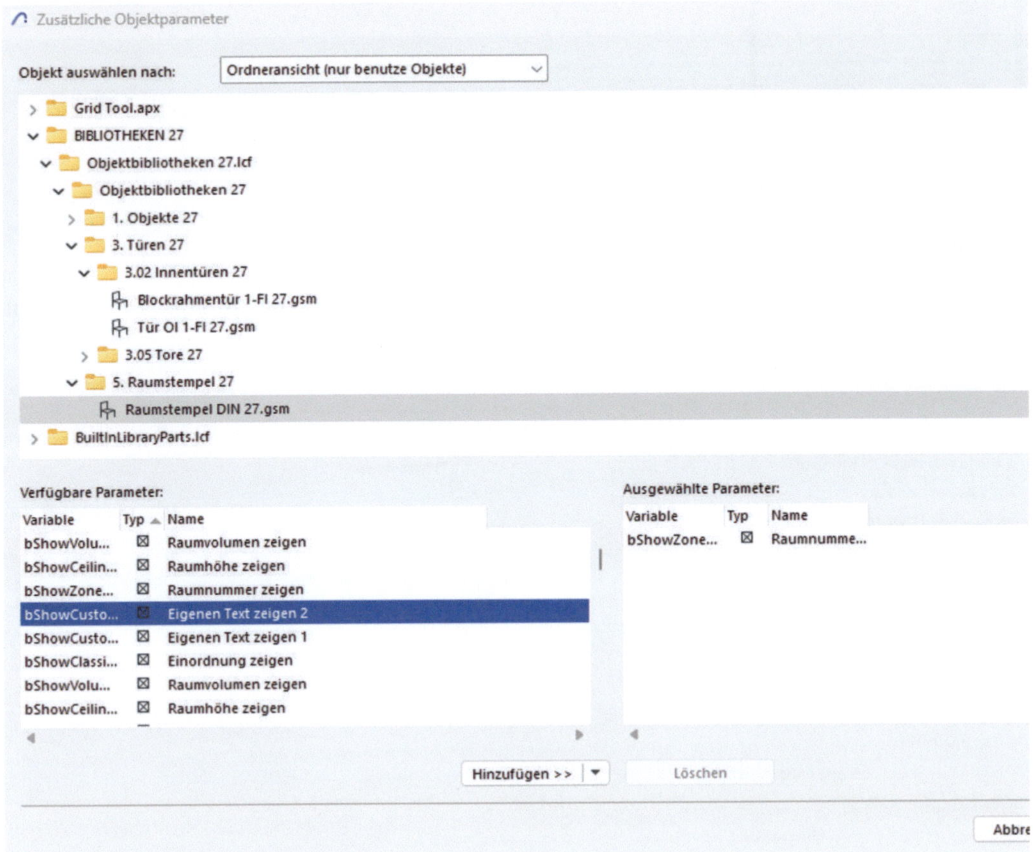

Abbildung 9-111 Raumparameter

Nach der Auswahl des Bibliothekselementes verfährt man weiter gem. Beispiel 4.

9.24 Beispiel: Anlegen eines Publisher-Sets

Für verschiedene Abläufe innerhalb eines Projektes, die sich regelmäßig wiederholen, z.B. dem ***Plotten***, ***Drucken***, dem ***DWG-*** oder dem ***IFC-Export***, gibt es Automatismen, die diese Vorgänge übernehmen. Diese Automatismen werden ***Publisher-Sets*** genannt und werden im ***Organisator*** verwaltet. Zum ***Organisator*** gelangt man über

Dokumentation → Publisher...

Oder über den ***Navigator***, indem der Projekt-Mappe-Icon mit der rechten Maustaste angeklickt wird und der ***Organisator*** ausgewählt wird.

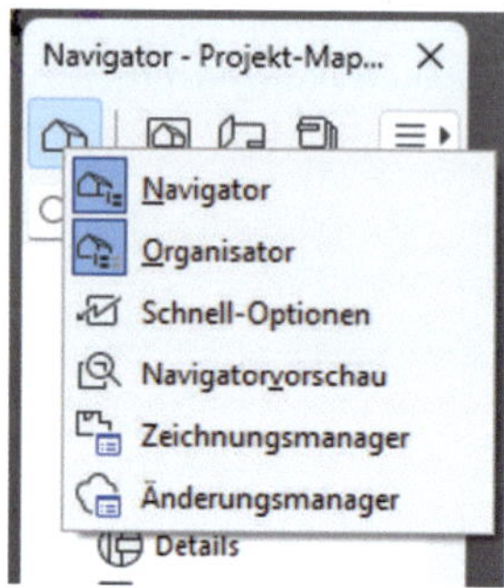

Abbildung 9-112 Auswahl des Organisators

Daraufhin erscheint das Kommunikationsfenster des ***Organisators***, das in zwei Teile getrennt ist.

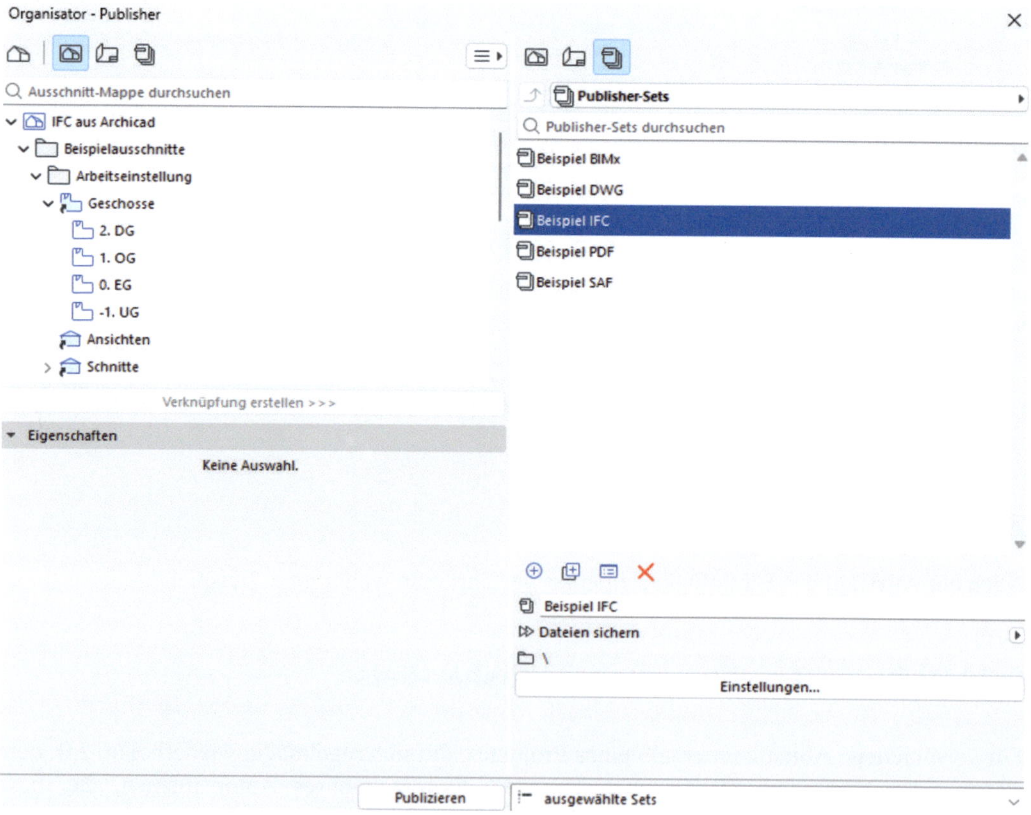

Abbildung 9-113 Organisator für Publisher

Die ***Publisher-Sets*** können für verschieden Aufgaben erstellt werden. Dieses Kapitel beschränkt sich auf das Erstellen eines ***IFC-Export-Publishers***.

Oberhalb des rechten Teilfensters befinden sich die Icons für ***Ausschnitte***, ***Layout-Buch*** und ***Publisher-Sets***. Das letzte Icon wird aktiviert. Im Teilfenster erscheinen standardmäßig mehrere Beispiel-Publisher-Sets.

Abbildung 9-114 Publisher-Sets Einstellungen

Hinter den Icons, unterhalb des Teilfensters, befinden sich unterschiedliche Optionen bzw. Einstellungen für den Publisher. Mit dem ersten Icon wird ein neues ***Publisher-Set*** erstellt, mit dem zweiten kann ein bestehendes ***Publisher-Set*** dupliziert und danach geändert werden. Unter dem dritten Icon befinden sich Einstellungen des ***Publisher-Sets*** und mit dem letzten Icon kann ein Set gelöscht werden.

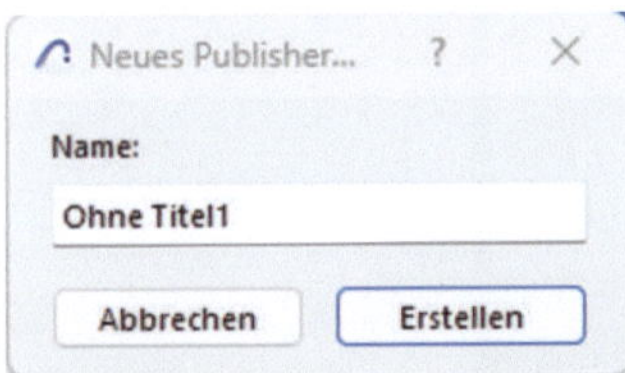

Abbildung 9-115 Neues Publisher-Set

Mit Klicken des Icons + erscheint ein Kommunikationsfenster, in dem der Name eines neuen ***Publisher-Sets*** eingetragen wird.

Mit den ***Einstellungen*** wird nun festgelegt, wie die Daten, die diesem Publisher zugeordnet werden, ausgegeben werden. Zur Auswahl stehen Speicher-, Druck- und Plott-Möglichkeiten.

Bei Bedarf können die IFC-Dateien noch innerhalb des ***Publisher-Sets*** in Unterordnern verwaltet werden.

Im Einstellungsfenster wird die Ausgabe ***Datei sichern*** und ***Verzeichnisstruktur beibehalten/erzeugen*** gewählt, um die interne Struktur des Publisher-Ordners beizubehalten.

Unter Datei ***Details*** wird der Pfad für den ***Export*** festgelegt. Dieser kann entweder ***Lokal*** oder auf der ***BIM-Cloud*** sein.

Sind alle ***Einstellungen*** vorgenommen, wird das Einstellungsfenster mit OK geschlossen. Mit einem Doppelklick auf das neue ***Publisher-Set*** im Teilfenster wird dessen Verzeichnis geöffnet. Da bisher noch nichts definiert wurde, ist das Teilfenster leer. Oberhalb des Teilfensters ist der Name des neuen ***Publisher-Sets*** zu sehen, unterhalb sind zwei Icons zum Erstellen der Ordner und zum Löschen der Elemente zu sehen.

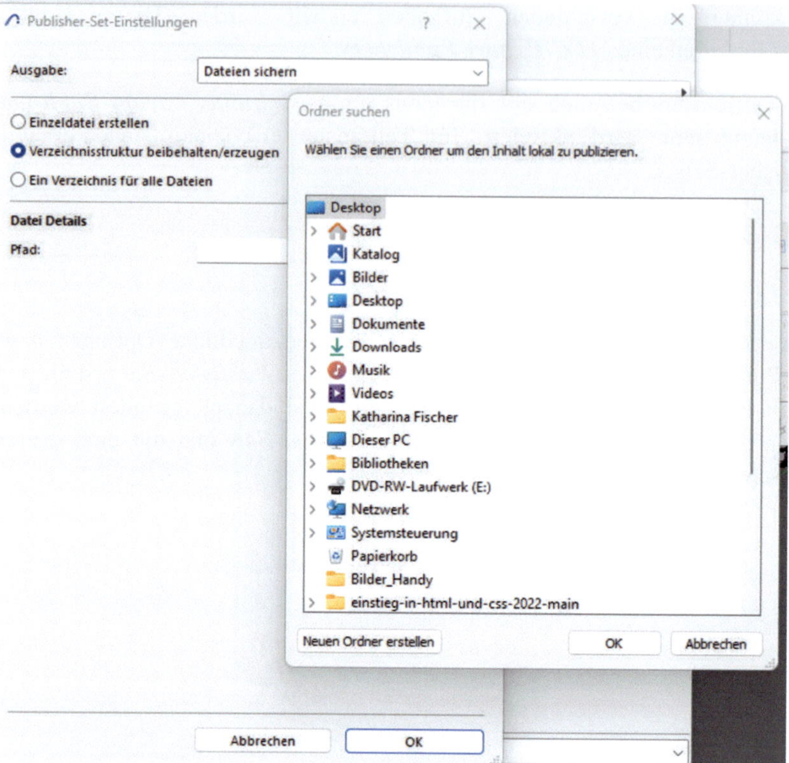

Abbildung 9-116 Einstellungen Publisher

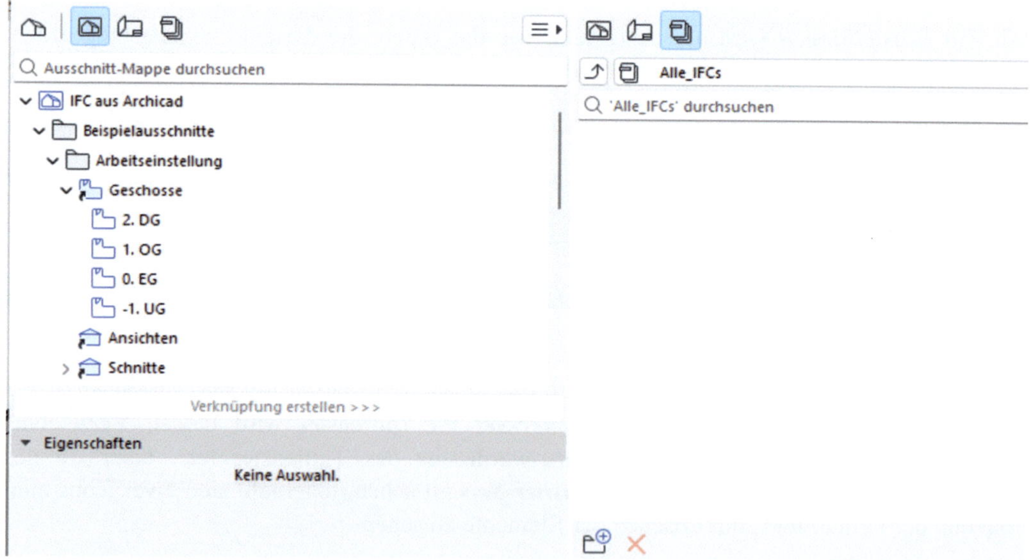

Abbildung 9-117 Inhalt des neuen Publishers

In diesem Teilfenster können unterschiedliche Ordner und Unterordner angelegt werden, um die Export-Struktur nachvollziehbar zu erstellen. Je nach Vorgaben kann es sein, dass Ihre Dateien nach einem bestimmten Muster benannt werden müssen (z.B. bei Online-Plattformen).

Abbildung 9-118 Ordner innerhalb des Publishers

Fürs das weitere Vorgehen müssen für alle gewünschten IFC-Exporte entsprechende ***Ausschnitte*** angelegt sein (vgl. Abschnitt 4.1 Ausschnitt erstellen).

Im linken Teilfenster des Organisators wird die ***Ausschnitt-Mappe*** aktiviert. Das rechte Teilfenster bleibt auf der Einstellung des aktuellen Publisher-Sets.

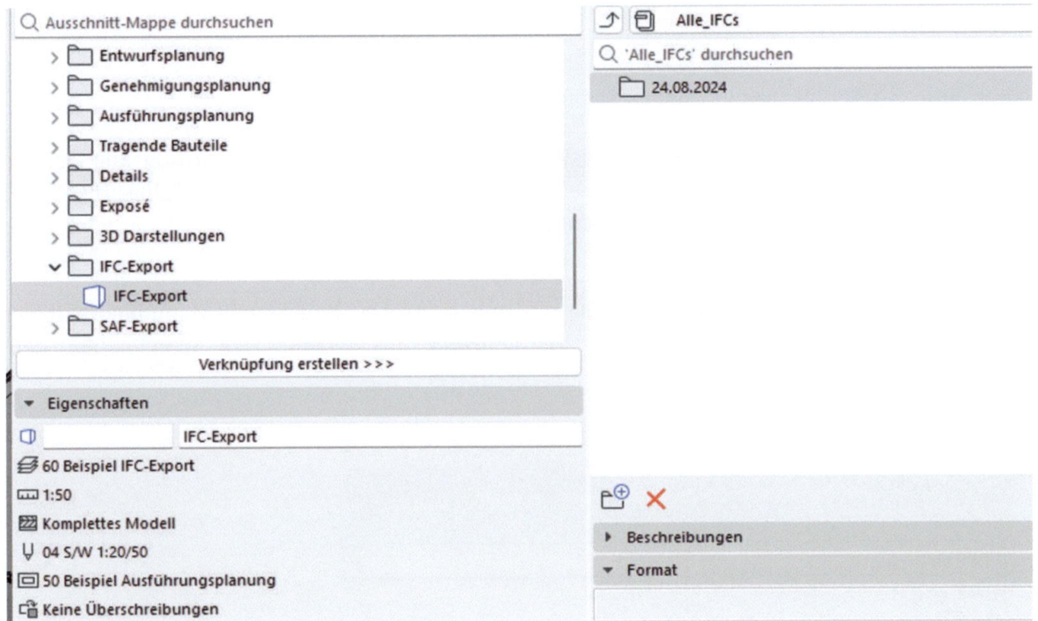

Abbildung 9-119 Ansicht auf Organisator

Auf der linken Seite werden nun die entsprechenden ***Ausschnitte*** ausgewählt, und per ***Drag and Drop***, mit der rechten Maustaste oder durch Anklicken des Buttons Verknüpfung erstellen >>> mit dem Ordner des ***Publisher-Sets*** verknüpft.

Klickt man die ***Ausschnitte*** innerhalb des Publishers an, erkennt man, dass das ***Format*** der ***Ausschnitte*** falsch ist. Dies erkennt man im Untermenü ***Format*** und am Icon neben den Ausschnitt-Namen.

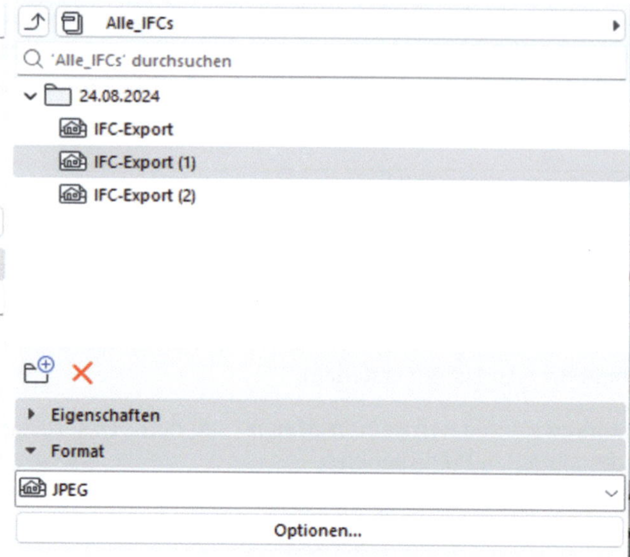

Abbildung 9-120 Falsches Format im Publisher

Der ***IFC-Export*** muss nun manuell eingestellt werden. Diese Einstellung wird für alle Dateien einmalig durchgeführt und gespeichert. Der Vorgang wird für jede einzelne IFC-Datei durchgeführt. Um eine Datei zu bearbeiten und ihr das richtige Format zuzuordnen, wird diese im Publisher-Fenster angeklickt.

Das ***Format*** der zu exportierender Dateien wird angepasst. Das Pull-Down-Menü unterhalb der Zeile Format wird geöffnet und das ***IFC-Format*** ausgewählt. Das Icon neben dem Dateiennamen ändert sich.

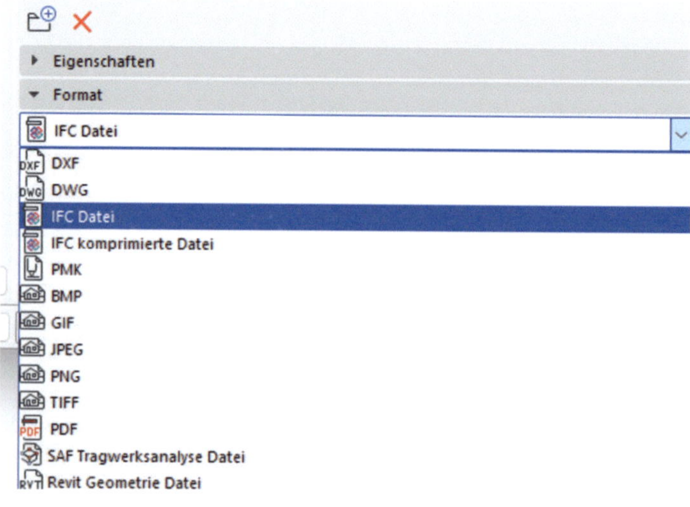

Abbildung 9-121 Format ändern

Nach der Auswahl des ***Formates***, erscheint eine Auswahlleiste, in der der gewünschte ***Export-Übersetzer*** ausgewählt wird. Für jede einzelne Datei innerhalb des ***Publisher-Sets*** kann ein eigener ***Übersetzer*** gewählt werden. Mit dem Button Übersetzer... können die wichtigsten Punkte zur Überprüfung betrachtet werden (***IFC-Version***, ***Umwandlungs-Voreinstellungen*** usw.).

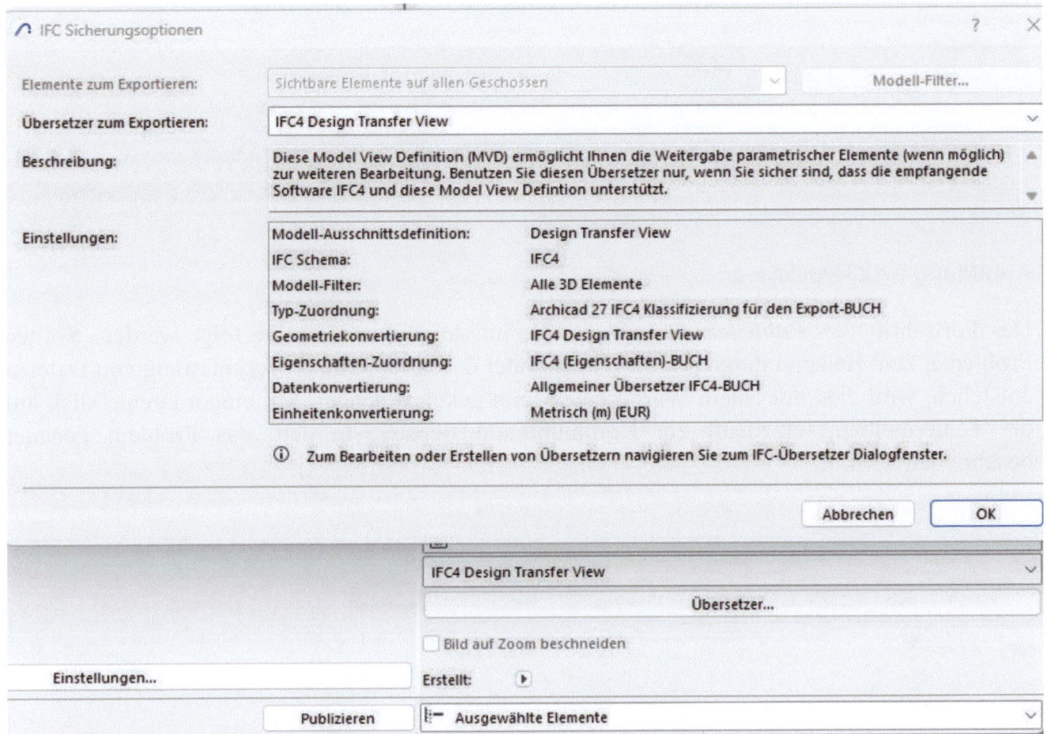

Abbildung 9-122 Informationen zum Übersetzer

Sind alle Einstellungen vorgenommen, kann das ***Set*** publiziert werden. Dabei besteht die Möglichkeit ausgewählte Elemente oder das gesamte ***Set*** zu publizieren.

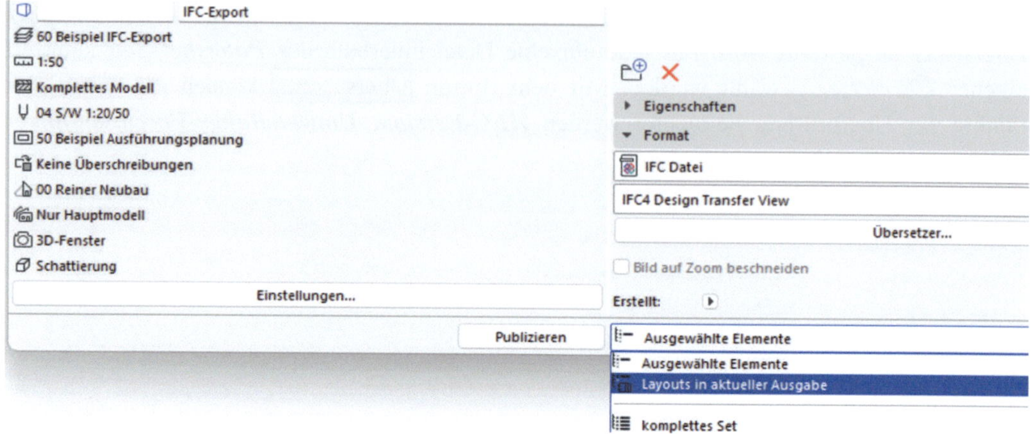

Abbildung 9-123 Publizieren

Der Fortschritt des ***Publizierens*** kann im Kommunikationsfenster verfolgt werden. Sollten Probleme, zum Beispiel durch Sonderzeichen oder durch fehlerhafte Verknüpfung von Dateien entstehen, wird dies mit einem Warndreieck-Icon gekennzeichnet. Mit einem Doppelklick auf die Fehlermeldung erscheint ein Kommunikationsfenster, in dem das Problem genauer beschrieben wird.

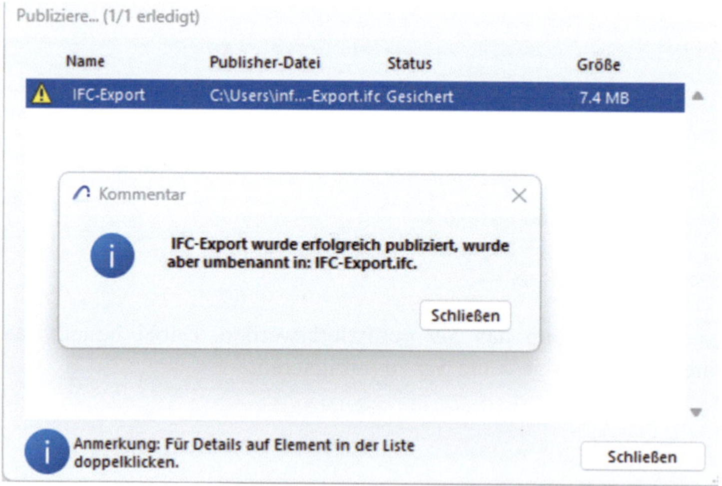

Abbildung 9-124 Warnmeldung beim Publizieren

Angelegte Publisher-Sets können über die Navigator-Palette gewählt und publiziert werden.

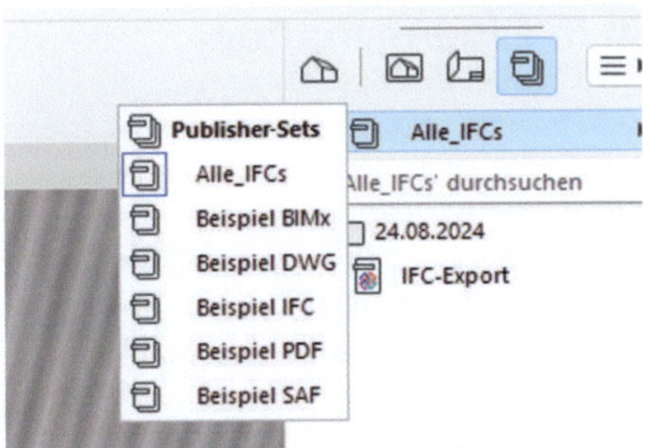

Abbildung 9-125 Publisher-Sets im Navigator

Sind die einzelnen Dateien ausgewählt, kann gleichzeitig geprüft werden, ob die Benennung der zukünftigen IFC-Modelle korrekt ist. Falls die Datei nach bestimmten Vorgaben benannt werden soll, können die ***Elemente*** mit der rechten Maustaste und der Auswahl ***Elemente umbenennen...*** umbenannt werden. Sind mehrere Dateien aktiviert, wird die Umbenennung für alle gleichzeitig festgelegt.

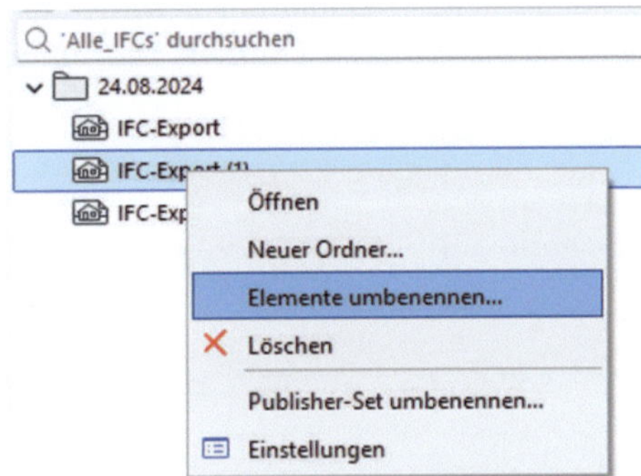

Abbildung 9-126 Elemente umbenennen

Beim Aktivieren des Befehls ***Elemente umbenennen*** erscheint ein Kommunikationsfenster in dem der Name manuell eingetragen oder durch Zusammenstellen mehrerer ***Auto Texte*** generiert wird.

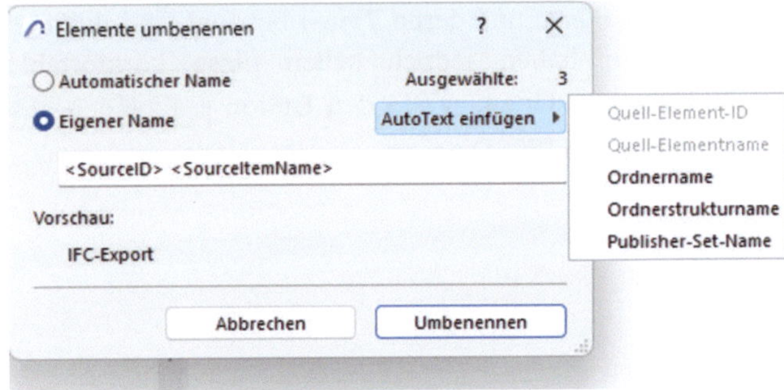

Abbildung 9-127 Umbenennen der Dateien

9.25 Beispiel: IFC-Import, Eigenschaften in Eigenschaften-Zuordnung verknüpfen

Um die ***IFC-Eigenschaften*** den Archicad-***Eigenschaften*** zuzuordnen, wird zuerst geprüft, welche Eigenschaften in der zu importierenden IFC-Datei vorhanden sind und welchen ***Daten-Typ*** sie haben. Hierzu wird der ***IFC-Übersetzer Manager*** geöffnet und bei einem beliebigen ***Import-Übersetzer*** die ***Umwandlungs-Voreinstellung Eigenschaften-Zuordnung*** geöffnet.

Eigenschaften von IFC-Elementen importieren als:

○ IFC-Eigenschaften

● Archicad Eigenschaften

Abbildung 9-128 Änderung der Voreinstellung

Da in diesem Schritt noch nichts angepasst wird, kann auf das Erstellen eines Duplikates einer vorhandenen ***Zuordnung*** verzichtet werden. Der ***Import*** der ***Eigenschaften*** wird per Mausklick auf die ***Archicad Eigenschaften*** umgestellt. Daraufhin wird das Kommunikationsfenster ***IFC-Daten zu vorhandenen Archicad-Eigenschaften zuordnen:*** Aktiv. Die dargestellte Tabelle ist noch leer.

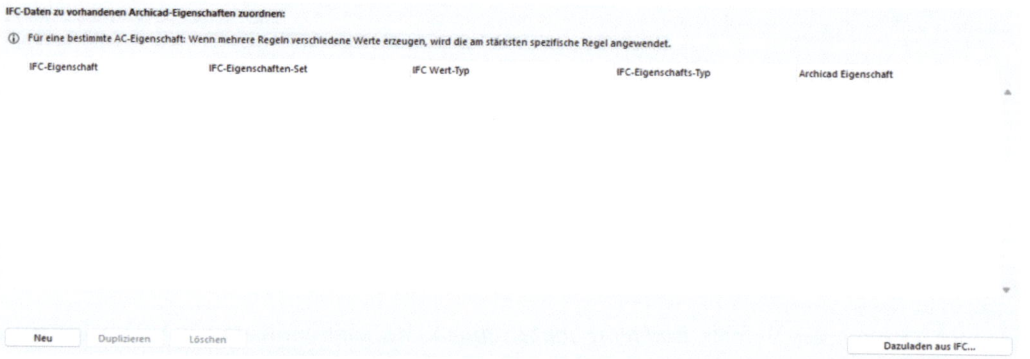

Abbildung 9-129 Aktives Arbeitsfenster

Falls in Ihrem Projekt die ***Eigenschaften***, deren ***Werte*** und deren ***Typen*** bekannt sind, können Sie diesen Schritt überspringen. IFC-Dateien haben jedoch selten diese komfortable Dokumentation. Zum Auffinden der Informationen Drücken Sie den Button Dazuladen aus IFC... und geben Sie den Pfad der zu importierenden IFC-Datei an.

IFC-Eigenschaft	IFC-Eigenschaften-Set	IFC Wert-Typ	IFC-Eigenschafts-Typ	Archicad Eigenschaft
Höhe zu verknüpftem/Ursprungsgeschoss	ArchiCADQuantities	IfcLengthMeasure	Einzelwert	<Nicht spezifiziert>
Abstand zu Ursprungsgeschoss	ArchiCADQuantities	IfcLengthMeasure	Einzelwert	<Nicht spezifiziert>
Abstand Oberkante	ArchiCADQuantities	IfcLengthMeasure	Einzelwert	<Nicht spezifiziert>
Oberflächenbereich	ArchiCADQuantities	IfcAreaMeasure	Einzelwert	<Nicht spezifiziert>
3D-Länge	ArchiCADQuantities	IfcLengthMeasure	Einzelwert	<Nicht spezifiziert>
Dicke	ArchiCADQuantities	IfcLengthMeasure	Einzelwert	<Nicht spezifiziert>
Volumen (konditional)	ArchiCADQuantities	IfcVolumeMeasure	Einzelwert	<Nicht spezifiziert>
Volumen (brutto)	ArchiCADQuantities	IfcVolumeMeasure	Einzelwert	<Nicht spezifiziert>
Dämmungsschichtdicke	ArchiCADQuantities	IfcLengthMeasure	Einzelwert	<Nicht spezifiziert>
Grundriss-Umfang	ArchiCADQuantities	IfcLengthMeasure	Einzelwert	<Nicht spezifiziert>
Oberkante zu erster Referenzhöhe	ArchiCADQuantities	IfcLengthMeasure	Einzelwert	<Nicht spezifiziert>
Oberkante zu Ursprungsgeschoss	ArchiCADQuantities	IfcLengthMeasure	Einzelwert	<Nicht spezifiziert>
Oberkante zu Projektursprung	ArchiCADQuantities	IfcLengthMeasure	Einzelwert	<Nicht spezifiziert>
Oberkante zu Meeresspiegel	ArchiCADQuantities	IfcLengthMeasure	Einzelwert	<Nicht spezifiziert>
Oberkante zu zweiter Referenzhöhe	ArchiCADQuantities	IfcLengthMeasure	Einzelwert	<Nicht spezifiziert>
Unterkante zu erster Referenzhöhe	ArchiCADQuantities	IfcLengthMeasure	Einzelwert	<Nicht spezifiziert>
Unterkante zu Ursprungsgeschoss	ArchiCADQuantities	IfcLengthMeasure	Einzelwert	<Nicht spezifiziert>
Unterkante zu Projektursprung	ArchiCADQuantities	IfcLengthMeasure	Einzelwert	<Nicht spezifiziert>
Unterkante zu Meereshöhe	ArchiCADQuantities	IfcLengthMeasure	Einzelwert	<Nicht spezifiziert>
Unterkante zu zweiter Referenzhöhe	ArchiCADQuantities	IfcLengthMeasure	Einzelwert	<Nicht spezifiziert>
Oberflächenbereich oben (netto)	ArchiCADQuantities	IfcAreaMeasure	Einzelwert	<Nicht spezifiziert>
Kanten-Oberflächenbereich (netto)	ArchiCADQuantities	IfcAreaMeasure	Einzelwert	<Nicht spezifiziert>
Oberflächenbereich unten (netto)	ArchiCADQuantities	IfcAreaMeasure	Einzelwert	<Nicht spezifiziert>

Abbildung 9-130 Importierte Eigenschaften

Die leere Tabelle wird automatisch mit den in der IFC-Datei vorhandenen ***Eigenschaften*** gefüllt. Links neben den Namen der ***Eigenschaften*** wird durch ein Warndreieck gezeigt, welche ***IFC-Eigenschaften*** keine Zuordnung zu ***Archicad-Eigenschaften*** haben.

Als Zwischenschritt werden entweder Screenshots der Tabelle erstellt, oder diese ***Eigenschaften-Zuordnung*** werden in einer parallel geöffneten Datei geöffnet. So kann man die einzelnen ***Eigenschaften***, beim Anlegen der ***Archicad Eigenschaften***, überprüfen.

In der Projekt-Datei wird der ***Übersetzer-Manager*** durch Abbrechen geschlossen und der ***Eigenschaften-Manager*** geöffnet.

Das Arbeiten mit dem ***Eigenschaften-Manager*** ist in einem separaten Abschnitt detailliert beschrieben (vgl. Abschnitt 4.3.1 Eigenschaften-Manager). Im ***Eigenschaften-Manager*** wird zur besseren Übersicht eine eigene ***Gruppe*** erstellt. Außerdem wird überprüft, inwieweit die ***IFC-Eigenschaften*** den bereits vorhandenen ***Eigenschaften*** zugeordnet werden können.

In der neuen Gruppe werden dann nur die Eigenschaften erstellt, die den bereits vorhandenen nicht zugeordnet werden konnten (vgl. Abschnitt 4.3.2 Erstellen eigener Arttribute/Eigenschaften). Wichtig ist darauf zu achten, dass der ***Datentyp*** der Archicad-Eigenschaft dem ***IFC Wert-Typ*** entspricht.

Stimmen die ***Typen*** nicht überein, wird der ***Import*** der ***Eigenschaft*** fehlerhaft.

Sind alle ***Eigenschaften*** für die ***Zuordnung*** erstellt, muss darauf geachtet werden, dass alle ***Eigenschaften*** in den entsprechenden ***Klassifizierungen*** verfügbar sind. Falls die ***Eigenschaften*** klar zuzuordnen sind, kann man genau definieren, für welche Elemente die Eigenschaften verfügbar sind. Falls nicht, kann man die Eigenschaften für alle Klassifizierungen verfügbar machen und nach dem ersten ***Import*** prüfen, bei welchen ***Klassifizierungen*** Werte vorhanden sind, und die Verfügbarkeit entsprechend anpassen. Manchmal geben auch die ***IFC-Eigenschaften-Sets*** einen Hinweis, um welche ***Klassifizierung***

9

es sich handeln kann. Zum Beispiel *Pset_DoorCommon* gibt einen klaren Hinweis auf *IfcDoor*, die Verfügbarkeit dieser ***Eigenschaft*** kann schon im ersten Schritt eingeschränkt werden.

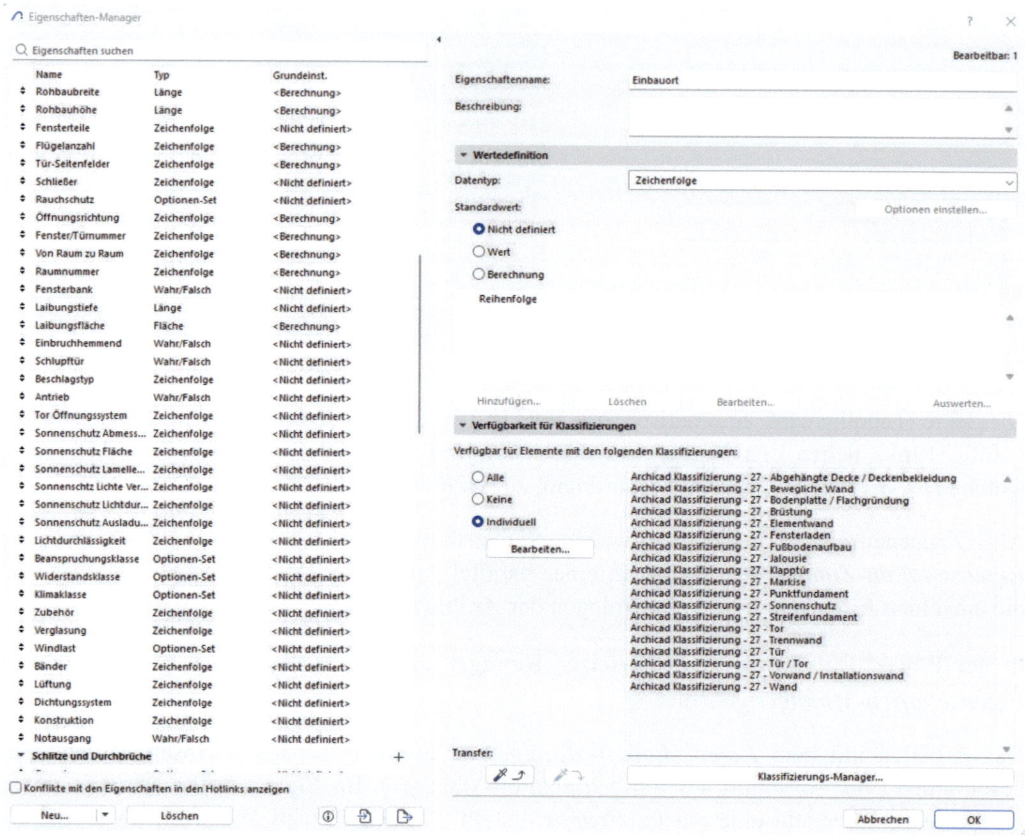

Eigenschaften-Manager

Eigenschaften suchen

Name	Typ	Grundeinst.
Rohbaubreite	Länge	<Berechnung>
Rohbauhöhe	Länge	<Berechnung>
Fensterteile	Zeichenfolge	<Nicht definiert>
Flügelanzahl	Zeichenfolge	<Berechnung>
Tür-Seitenfelder	Zeichenfolge	<Berechnung>
Schließer	Zeichenfolge	<Nicht definiert>
Rauchschutz	Optionen-Set	<Nicht definiert>
Öffnungsrichtung	Zeichenfolge	<Berechnung>
Fenster/Türnummer	Zeichenfolge	<Berechnung>
Von Raum zu Raum	Zeichenfolge	<Berechnung>
Raumnummer	Zeichenfolge	<Berechnung>
Fensterbank	Wahr/Falsch	<Nicht definiert>
Laibungstiefe	Länge	<Nicht definiert>
Laibungsfläche	Fläche	<Berechnung>
Einbruchhemmend	Wahr/Falsch	<Nicht definiert>
Schlupftür	Wahr/Falsch	<Nicht definiert>
Beschlagstyp	Zeichenfolge	<Nicht definiert>
Antrieb	Wahr/Falsch	<Nicht definiert>
Tor Öffnungssystem	Zeichenfolge	<Nicht definiert>
Sonnenschutz Abmess...	Zeichenfolge	<Nicht definiert>
Sonnenschutz Fläche	Zeichenfolge	<Nicht definiert>
Sonnenschutz Lamelle...	Zeichenfolge	<Nicht definiert>
Sonnenschtz Lichte Ver...	Zeichenfolge	<Nicht definiert>
Sonnenschutz Lichtdur...	Zeichenfolge	<Nicht definiert>
Sonnenschutz Ausladu...	Zeichenfolge	<Nicht definiert>
Lichtdurchlässigkeit	Zeichenfolge	<Nicht definiert>
Beanspruchungsklasse	Optionen-Set	<Nicht definiert>
Widerstandsklasse	Optionen-Set	<Nicht definiert>
Klimaklasse	Optionen-Set	<Nicht definiert>
Zubehör	Zeichenfolge	<Nicht definiert>
Verglasung	Zeichenfolge	<Nicht definiert>
Windlast	Optionen-Set	<Nicht definiert>
Bänder	Zeichenfolge	<Nicht definiert>
Lüftung	Zeichenfolge	<Nicht definiert>
Dichtungssystem	Zeichenfolge	<Nicht definiert>
Konstruktion	Zeichenfolge	<Nicht definiert>
Notausgang	Wahr/Falsch	<Nicht definiert>
Schlitze und Durchbrüche		

Konflikte mit den Eigenschaften in den Hotlinks anzeigen

Neu... Löschen

Bearbeitbar: 1

Eigenschaftenname: Einbauort

Beschreibung:

Wertedefinition

Datentyp: Zeichenfolge

Standardwert: Optionen einstellen...

Nicht definiert

Wert

Berechnung

Reihenfolge

Hinzufügen... Löschen Bearbeiten... Auswerten...

Verfügbarkeit für Klassifizierungen

Verfügbar für Elemente mit den folgenden Klassifizierungen:

Alle

Keine

Individuell

Bearbeiten...

Archicad Klassifizierung - 27 - Abgehängte Decke / Deckenbekleidung
Archicad Klassifizierung - 27 - Bewegliche Wand
Archicad Klassifizierung - 27 - Bodenplatte / Flachgründung
Archicad Klassifizierung - 27 - Brüstung
Archicad Klassifizierung - 27 - Elementwand
Archicad Klassifizierung - 27 - Fensterladen
Archicad Klassifizierung - 27 - Fußbodenaufbau
Archicad Klassifizierung - 27 - Jalousie
Archicad Klassifizierung - 27 - Klapptür
Archicad Klassifizierung - 27 - Markise
Archicad Klassifizierung - 27 - Punktfundament
Archicad Klassifizierung - 27 - Sonnenschutz
Archicad Klassifizierung - 27 - Streifenfundament
Archicad Klassifizierung - 27 - Tor
Archicad Klassifizierung - 27 - Trennwand
Archicad Klassifizierung - 27 - Tür
Archicad Klassifizierung - 27 - Tür / Tor
Archicad Klassifizierung - 27 - Vorwand / Installationswand
Archicad Klassifizierung - 27 - Wand

Transfer:

Klassifizierungs-Manager...

Abbrechen OK

Abbildung 9-131 Eigenschaften-Manager

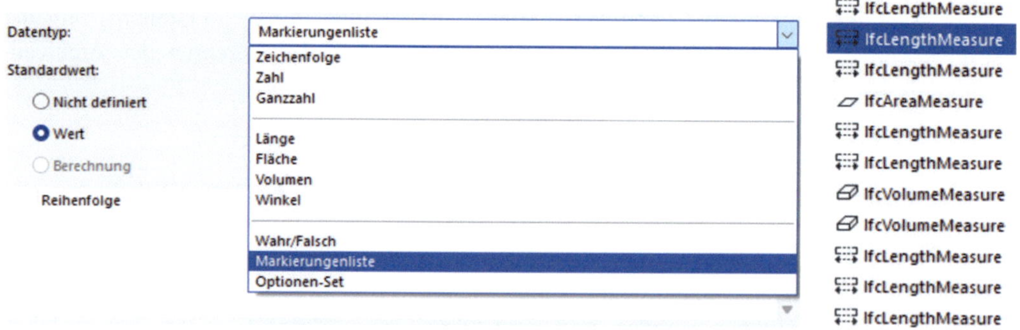

Abbildung 9-132 Zuordnung der Typen: links Archicad Datentyp, rechts IFC Wert-Typ

9.26 Beispiel: Abgleich unterschiedlicher IFC-Stände in Archicad

Archicad ermöglicht den Vergleich unterschiedlicher Stände von IFC-Dateien und dabei die Erstellung von ***Issues***, für Dateien, die in ***IFC 2X3 Schema*** exportiert wurden. Hierzu gibt es den Befehl ***IFC-Modell-Änderungen ermitteln...*** (vgl. Abschnitt 5.11 IFC-Modell Änderungen ermitteln).

Das Beispiel ist unabhängig davon, ob die Dateien dazu geladen, oder über einen ***Hotlink*** platziert wurden. Ein Abgleich kann im aktuellen Projekt durchgeführt werden. Ein erster Abgleich sollte jedoch in einer leeren Datei stattfinden. Erst mit der notwendigen Erfahrung und den richtigen Einstellungen des ***Übersetzers*** vermeidet man, beim Abgleich Projektdaten unabsichtlich zu verändern. ***Dazuladen*** eignet sich als schneller Weg, in einem laufenden Projekt würden wir uns für den ***Hotlink*** entscheiden.

Um einen Abgleich zu erstellen werden die IFC-Dateien – in diesem Beispiel – in ein leeres Archicad-Projekt dazugeladen (vgl. Abschnitt8.2 Hotlink und Dazuladen...). Dabei werden die beiden IFC-Stände beim Import durch die Voreinstellungen der ***Ebenenkonvertierung*** voneinander deutlich getrennt. Das kann durch unterschiedliche ***Ebenen-Erweiterungen*** oder durch unterschiedliche ***Standard-Ebenen*** geschehen (vgl. Abschnitt 7.1.5 Ebenenkonvertierung).

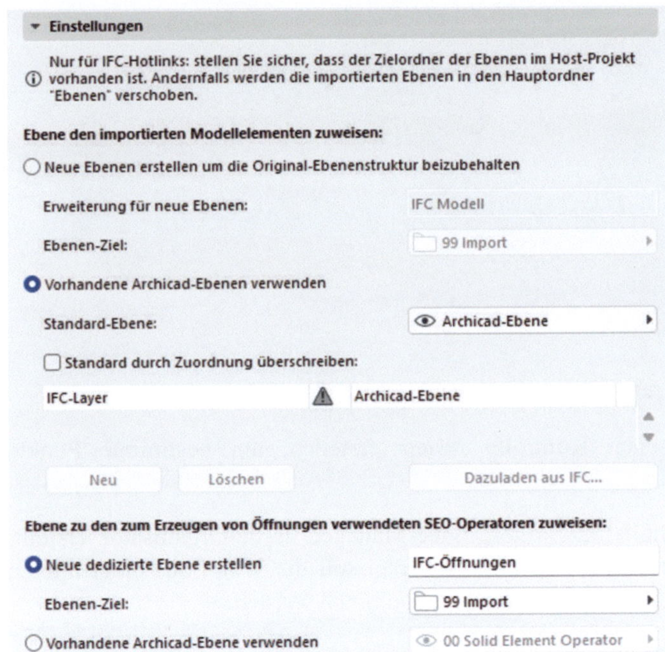

Abbildung 9-133 Einstellungen der Ebenenkonvertierung

Nun werden zwei ***Graphische Überschreibungen*** erstellt, um die beiden IFC-Dateien optisch unterscheiden zu können.

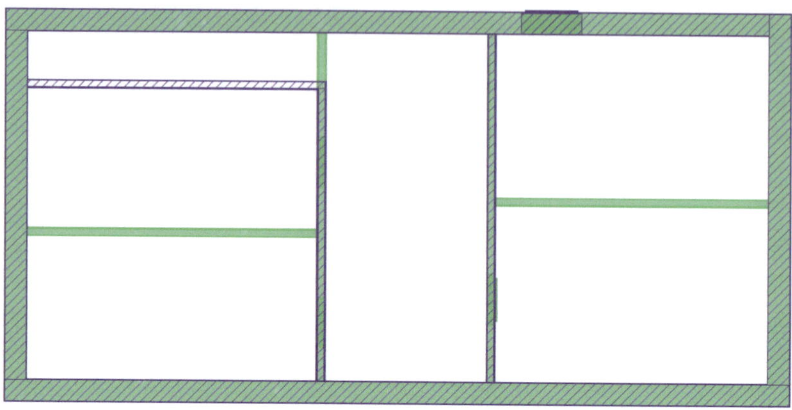

Abbildung 9-134 Zwei IFC-Dateien mit unterschiedlicher Darstellung

Mit einer entsprechenden ***Graphischen Überschreibung*** kann auch ein Abgleich im ***3D-Fenster*** stattfinden.

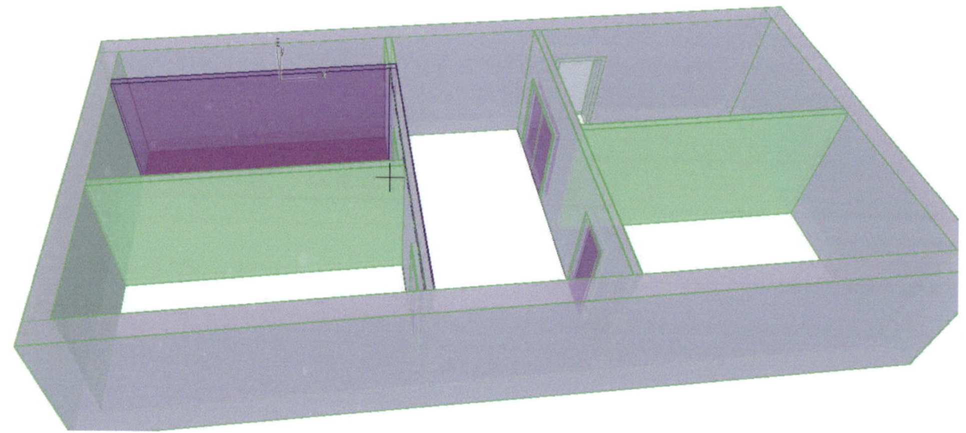

Abbildung 9-135 Abgleich im 3D-Fenster

Sie können zusätzlich zur optischen Kontrolle ***Issues*** erstellen, um bestimmte Punkte hervorzuheben oder weiterzuleiten.

Die ***Issues*** werden, gemäß Abschnitt 5.9 Issues, Issue-Manager, Issue-Organisator erstellt. Wichtig ist dabei eine Kommentierung. In unserem Beispiel soll die Wand aus einer älteren Planung – violett dargestellt – wieder in das Projekt aufgenommen werden.

Bei Elementen, die zerlegt exportiert wurden, kann es sinnvoll sein, alle Einzelteile zum ***Issue*** hinzuzufügen.

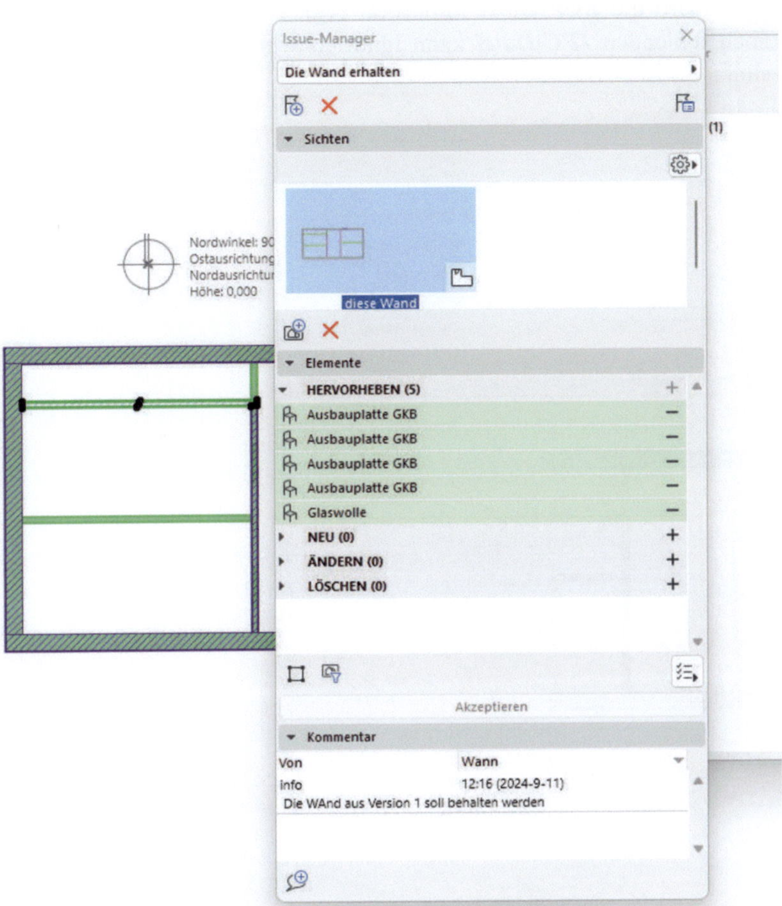

Abbildung 9-136 Issue zur Status der Wand

Die ***Issues*** können zur weiteren Kommunikation als ***BCF-Datei*** mit ihrer ***externen IFC-ID*** oder ***GUID*** exportiert werden.

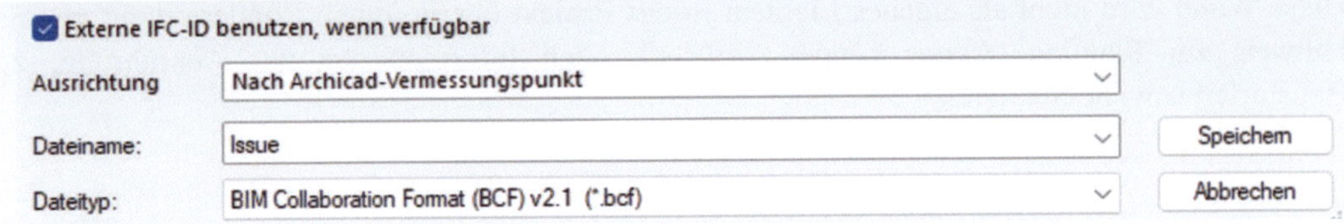

Abbildung 9-137 Externe GUID exportieren

In der Projektdatei müssen die beiden IFC-Stände eingebunden sein. Da die beiden Dateien nur temporär benötigt werden, reicht es aus, diese als ***Hotlinks*** zu platzieren.

Im ***Issue-Organisator*** wird die ***BCF-Datei*** importiert (vgl. Abschnitt 5.10 BCF-Protokolle), die Anfrage der noch fehlenden ***IFC-Datei*** kann ignoriert werden, da die ***BCF-Dateien*** mit ***GUID*** verknüpft sind.

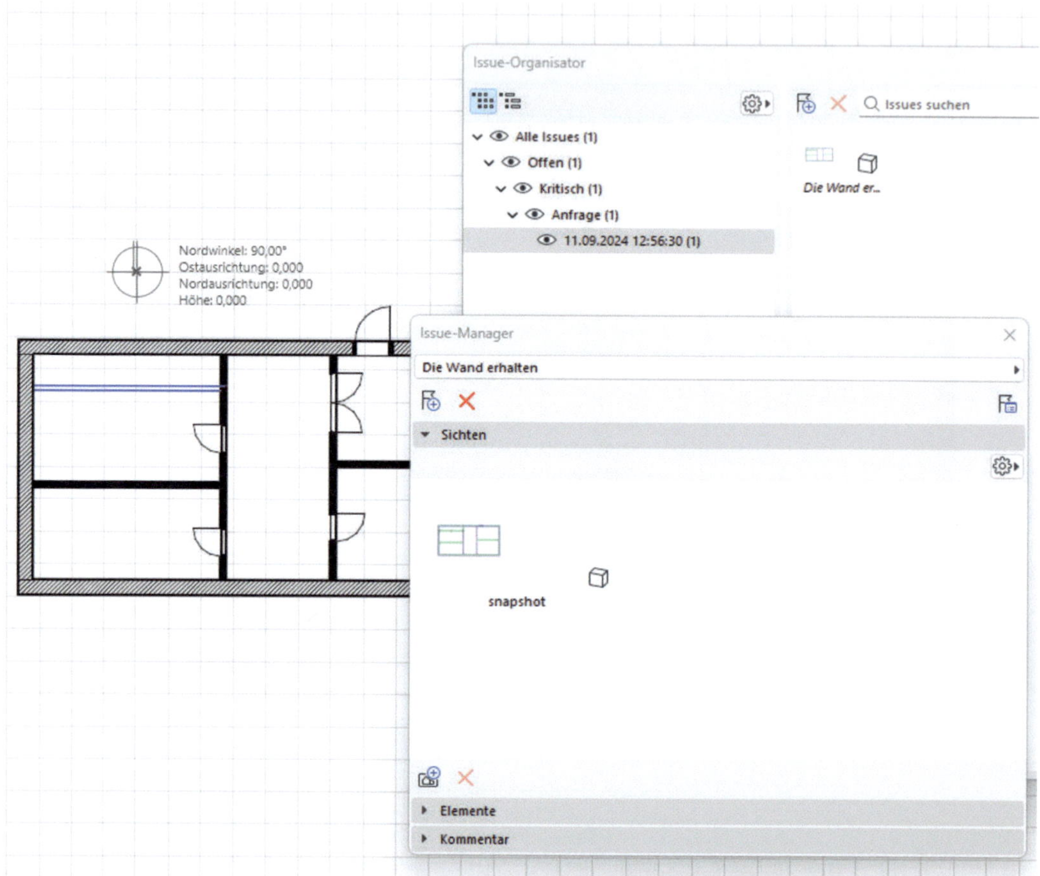

Abbildung 9-138 BCF-Protokoll

Diese Wand wird nicht als eigenes Element in das Projekt übernommen, sondern dient nur als Hinweis zur Planung. ***Issues*** können natürlich auch Informationen zur Ausführung, zu Baustoffen usw. beinhalten.

9.27 Beispiel: Elemente zu IFC-Modell dazuladen

In diesem Beispiel werden für Elemente gleicher Klassifizierung, *IfcWall*, unterschiedliche Anforderungen gestellt. Dabei sollen die Außen- und Innenwände, mit Ausnahme der Trockenwände, in Einzelschichten zerlegt exportiert werden. Eine ***Graphische Überschreibung***, in der die ***Schichten-Trennungen*** der Trockenbauwände ausgeblendet werden, liefert nicht das gewünschte Ergebnis.

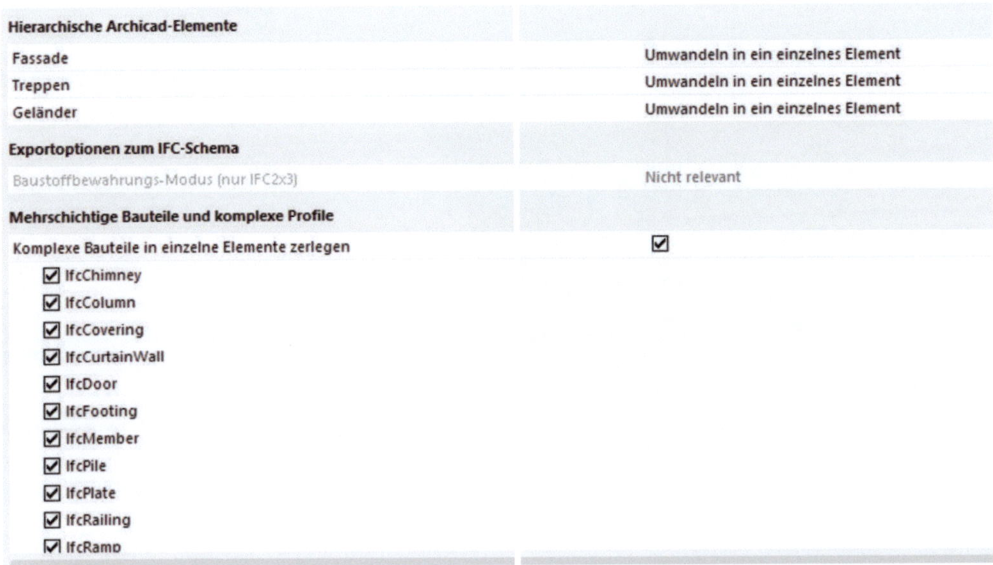

Abbildung 9-139 Mehrschichtige Elemente in einzelne Elemente Zerlegen

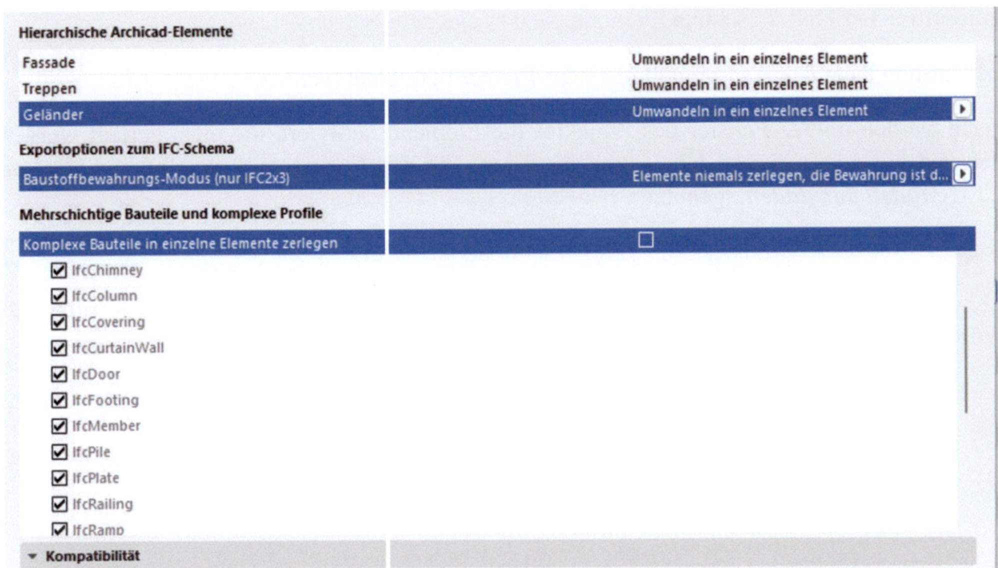

Abbildung 9-140 Mehrschichtige Elemente nicht in einzelne Elemente zerlegen

Zuerst werden zwei Übersetzer benötigt, die sich bei der ***Geometriekonvertierung-Voreinstellung*** unterscheiden (vgl. Abschnitt 6.4.3 Geometriekonvertierung). Einmal werden die Elemente zerlegt, einmal nicht.

Danach werden alle Elemente, die zerlegt exportiert werden sollen, aktiviert und mit dem entsprechenden Übersetzer exportiert. Hierzu ist es sinnvoll, die Elemente nach Ebenen zu trennen.

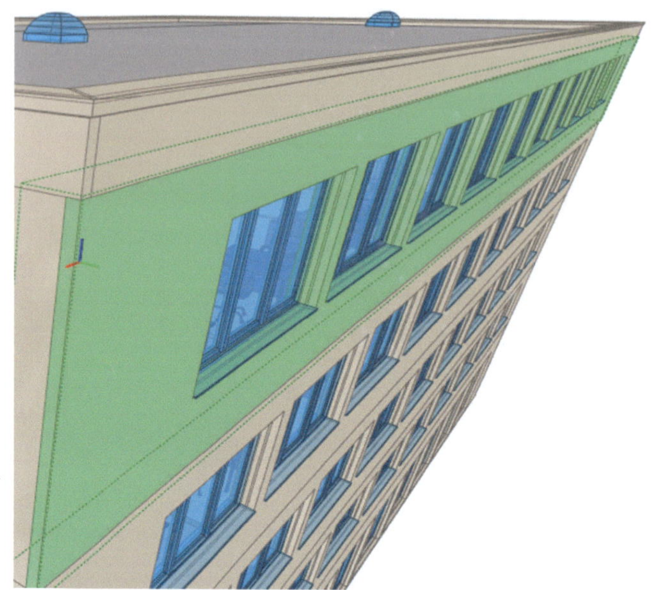

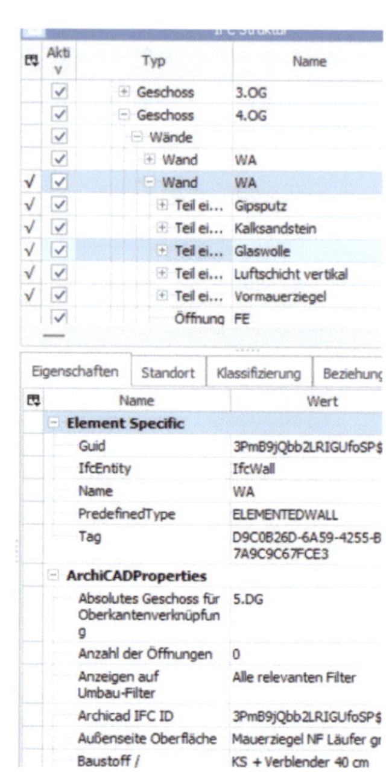

Abbildung 9-141 Mehrschichtige Elemente sind in einzelne Schichten zerlegt/ BIMvision

Zur Kontrolle kann das IFC-Modell in einem ***Viewer*** betrachtet werden.

Danach werden im ***3D-Fenster*** des Projektes die Elemente aktiviert, die nicht zerlegt werden sollen und mit dem weiteren ***Übersetzer*** exportiert. Für den Export wird der Befehl ***Elemente zu IFC-Modell dazuladen***...genutzt.

Ablage → Interoperabilität →IFC →Zu IFC-Modell dazuladen...

Im Kommunikationsfenster werden der Pfad, zu der die IFC-Datei dazu geladen werden soll und der ***Übersetzer*** ausgewählt.

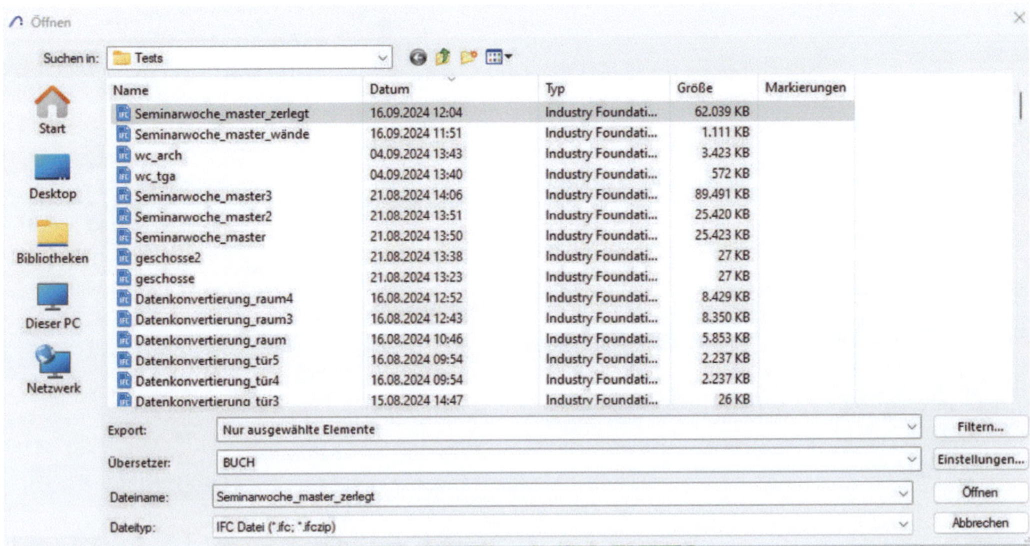

Abbildung 9-142 Pfad der IFC-Datei zum Dazuladen

Darauffolgend öffnet sich ein Kommunikationsfenster mit der ***IFC-Struktur***. Die Wände sollen dem Gebäude hinzugefügt werden. Deswegen wird mit der Maus das Icon für ***Gebäude*** (*IfcBuilding)* angeklickt und der Button Auswählen geklickt.

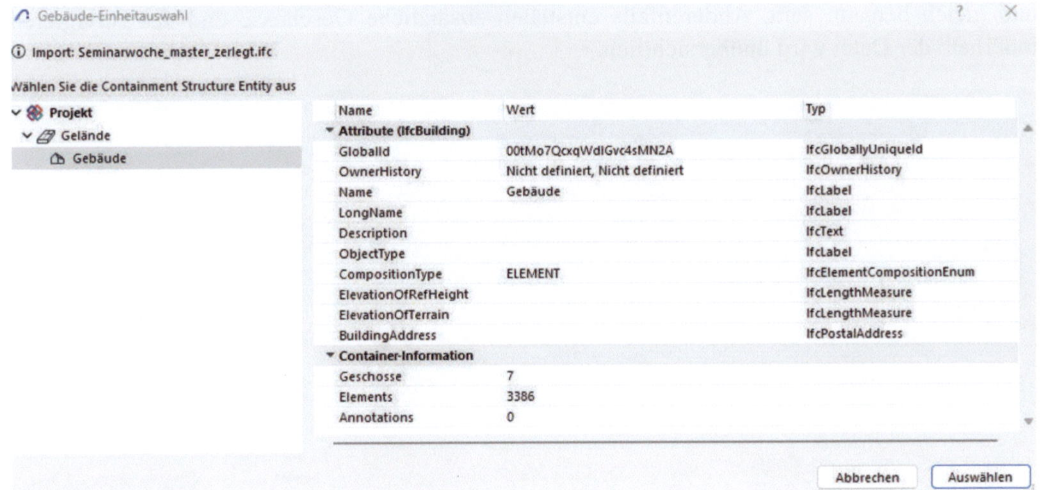

Abbildung 9-143 Auswahl IfcBuilding

Der ***Export*** der Elemente vervollständigt die IFC-Datei gemäß den Vorgaben des Übersetzers.

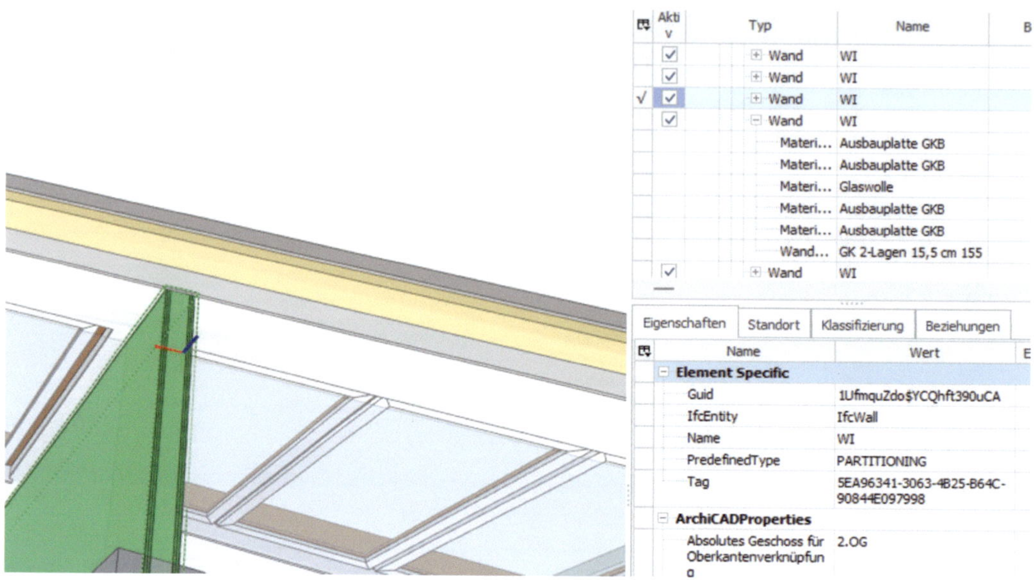

Abbildung 9-144 Innenwände sind nicht zerlegt exportiert/BIMvision

Werden die einzelnen Elemente aus derselben Projektdatei exportiert und zum IFC-Modell dazu geladen, gibt es nichts Weiteres zu beachten. Werden die Elemente jedoch aus unterschiedlichen Dateien dazu geladen, müssen die Geschosse beider Projekte gleich hoch und gleich benannt sein. Anderenfalls entstehen zusätzliche Geschosse und das Navigieren innerhalb der Datei wird unübersichtlich.

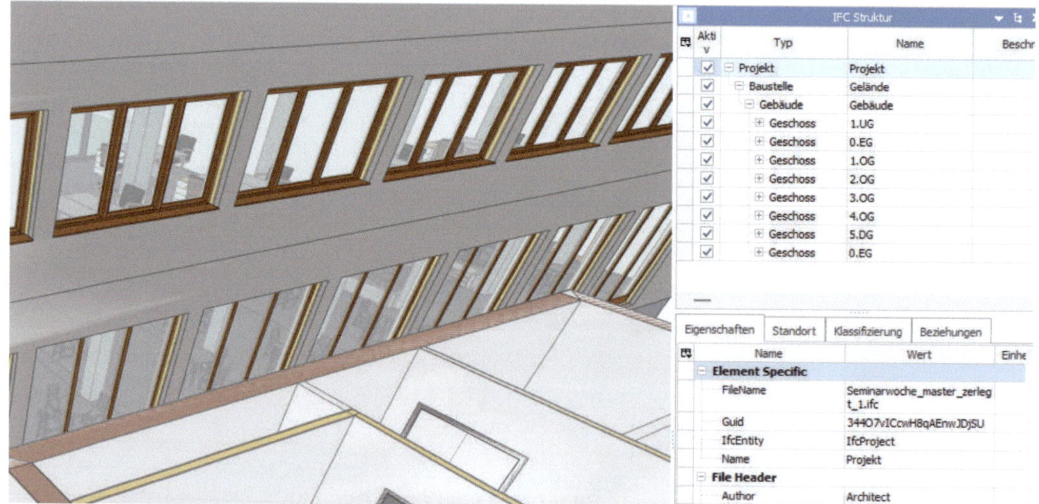

Abbildung 9-145 Unübersichtliche Geschoßstruktur durch unterschiedliche Geschoßhöhen der Projektdateien/BIMvision

Wird beim Dazuladen der Elemente nicht das ***Gebäude***, sondern das ***Gelände*** angeklickt, werden die Elemente, die dazugeladen werden, zu einem neuen Gebäude zusammengefasst.

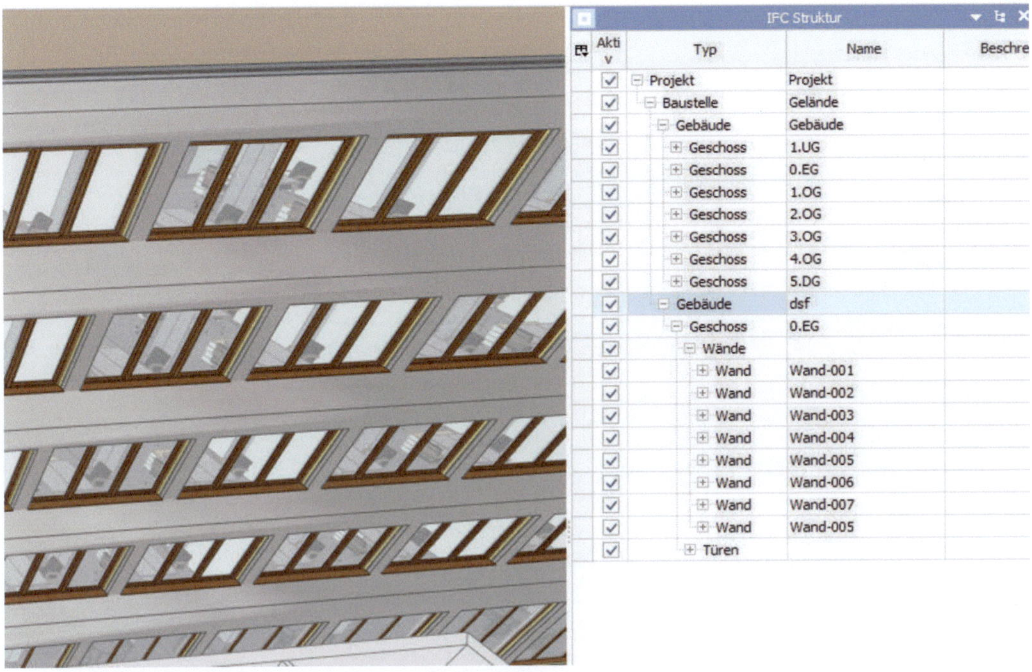

IFC Struktur

Aktiv	Typ	Name	Beschre
✓	⊟ Projekt	Projekt	
✓	⊟ Baustelle	Gelände	
✓	⊟ Gebäude	Gebäude	
✓	⊞ Geschoss	1.UG	
✓	⊞ Geschoss	0.EG	
✓	⊞ Geschoss	1.OG	
✓	⊞ Geschoss	2.OG	
✓	⊞ Geschoss	3.OG	
✓	⊞ Geschoss	4.OG	
✓	⊞ Geschoss	5.DG	
✓	⊟ Gebäude	dsf	
✓	⊟ Geschoss	0.EG	
✓	⊟ Wände		
✓	⊞ Wand	Wand-001	
✓	⊞ Wand	Wand-002	
✓	⊞ Wand	Wand-003	
✓	⊞ Wand	Wand-004	
✓	⊞ Wand	Wand-005	
✓	⊞ Wand	Wand-006	
✓	⊞ Wand	Wand-007	
✓	⊞ Wand	Wand-005	
✓	⊞ Türen		

Abbildung 9-146 Fehler beim Dazuladen der Elemente/BIMvision

9.28 Beispiel: Mehrere IfcBuildings innerhalb einer IFC-Datei

Sollten sich auf einem Grundstück mehrere Gebäude befinden, empfiehlt sich eine Datei mit mehreren *IfcBuilding*. Wenngleich mit einem ***Attribut*** „Gebäudezugehörigkeit" z.B. eine gezielte Mengenermittlung möglich ist, entstehen bei beispielsweise unterschiedlichen Geschosshöhen Probleme.

Die Grundlage für eine klare Trennung zwischen den Gebäuden bildet die ***Projekt-Info*** (vgl. Abschnitt3.2 Projekt-Info).

In diesem Beispiel werden zwei Gebäude mit einer Glasbrücke verbunden und so zu einem Gebäudekomplex zusammengefasst. Die Gebäude und die Brücke werden jeweils als *IfcBuilding* betrachtet.

9

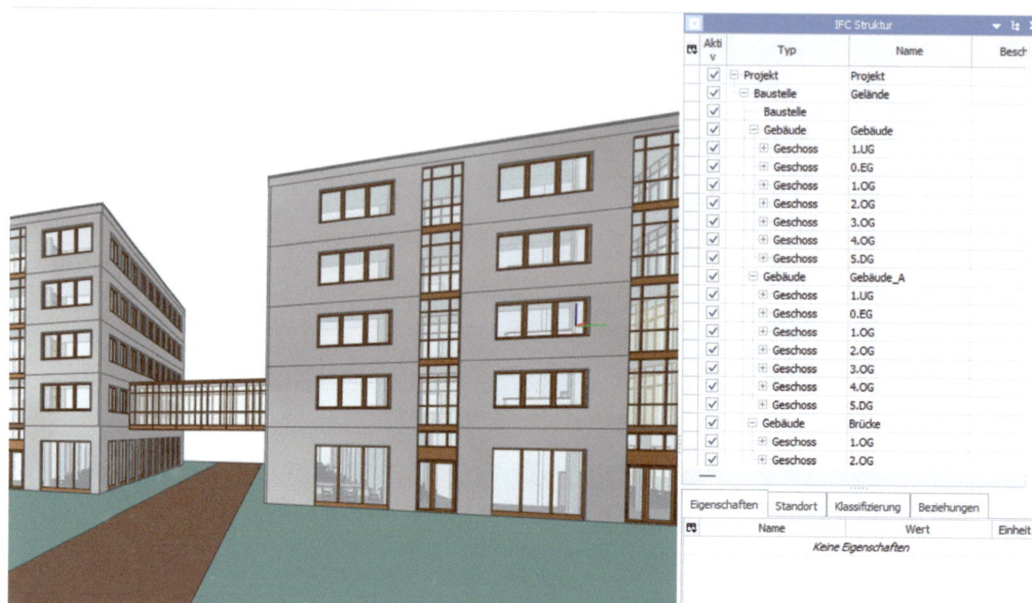

Abbildung 9-147 Gewünschtes Endergebnis/BIMvision

Zuerst wird ein IFC-Modell eines der Gebäude erstellt. Falls vorhanden mit der gesamten Freifläche.

Das zweite Gebäude wird mit dem Befehl ***Elemente zu IFC-Modell dazuladen...*** zum ersten Gebäude hinzugefügt. Zu beachten ist, dass sich der ***Gebäudename*** und die ***Gebäude ID*** in der ***Projekt-Info*** unterscheiden.

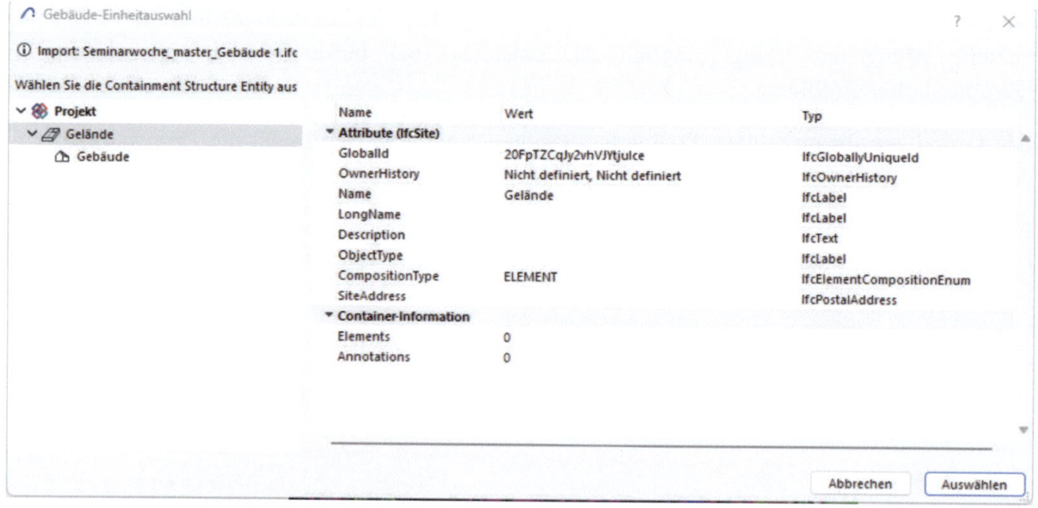

Abbildung 9-148 Dazuladen der Elemente des zweiten Gebäudes

Die Elemente werden dabei nicht dem ***Gebäude*** – wie im vorigen Beispiel – sondern dem ***Gelände*** dazu geladen. Dem Auswählen folgt eventuell ein Hinweis auf doppelte Elemente. Der Hinweis kann ignoriert werden.

Beim ***Dazuladen*** der Brücke werden ebenfalls eine unterschiedliche ***Gebäude ID*** und ein unterschiedlicher ***Gebäudename*** benötigt. Die Brücke wird dem Gelände dazugeladen.

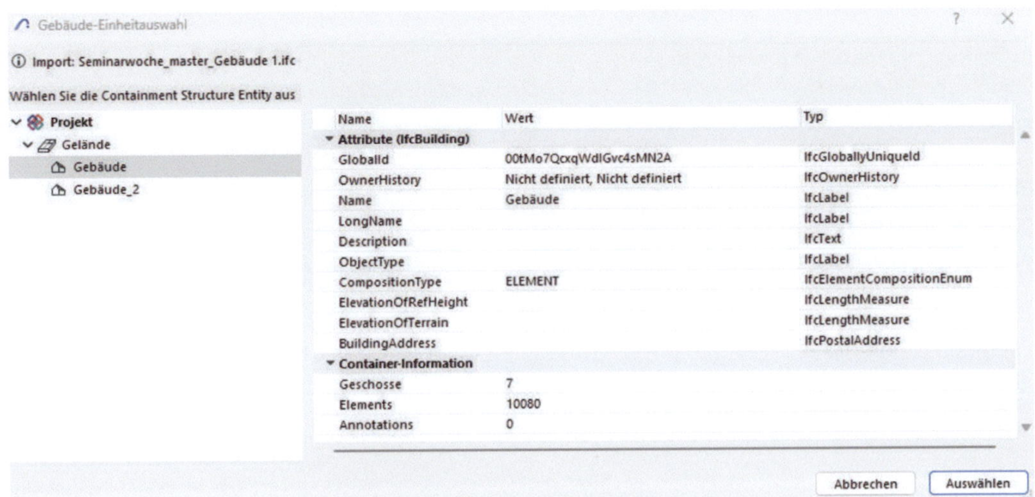

Abbildung 9-149 Zwei IFC-Building in der Struktur der IFC

Die einzelnen Gebäude können innerhalb der ***IFC-Datei*** separat gesteuert werden. Die Elemente behalten ihre Zugehörigkeit zu den Gebäuden und lassen sich auch entsprechend filtern.

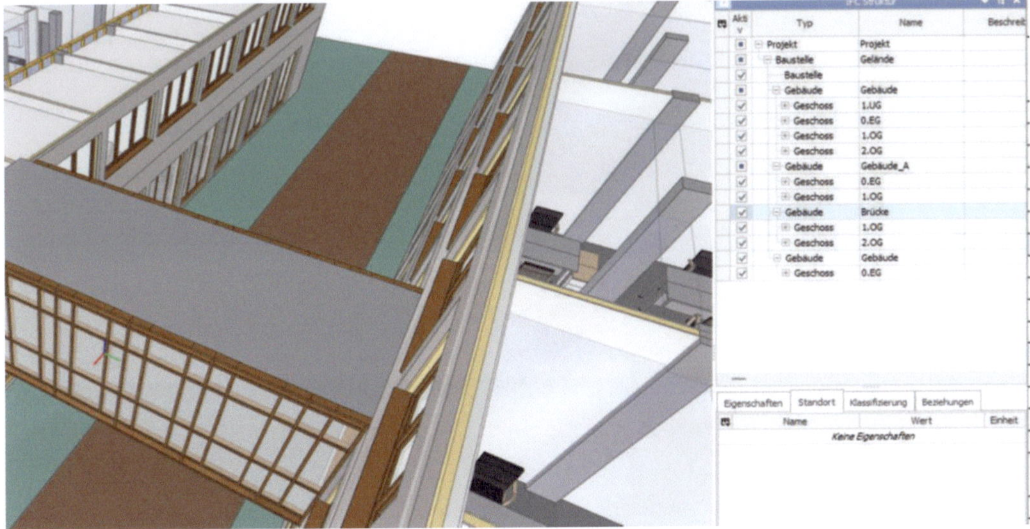

Abbildung 9-150 Gebäude lassen sich separat steuern/ BIMvision

10 Daten der Projekt-Info in der IFC

K. Fischer und F. Fischer, *BIM mit Archicad®*,
https://doi.org/10.1007/978-3-658-49671-5_10

10

Projekt-Info	IFC-Element	Attribut-Name	Kommentar
Projekt			
Projektname	IfcProject	Name	
Projektbeschreibung	IfcProject	Description	
Projekt ID			
Projektcode			
Projektnummer			
Projektstatus	IfcProject	Phase	
Schlüsselwörter			
Anmerkungen			
Projekt Eigene			
Online Training ID			
Grundstück			
Grundstücksname	IfcSite	Name	
Grundstücksbeschreibung	IfcSite	Description	
Grundstück ID			
Grundstück Komplette Adresse	IfcSite IfcBuilding	Adress lines Country Postal Code Town	
Grundstück Bruttoumfang	IfcSite	GrossPerimeter	*BaceQuantities* wird manuell eingetragen
Brutto-Grundstückfläche	IfcSite	GrossArea	
Grundstück Eigene			
Stadtkarte			
Eigentümer:in			
Höhe	IfcSite	RefElevation	
Flurstück			
Gemarkung			
Gebäude			
Gebäudename	IfcBuilding	Name	
Gebäudebeschreibung	IfcBuilding	Description	
Gebäude ID			
Gebäude Eigene			
Planung durch			
Planer:in Kompletter Name			
Planer:in ID			
Planer:in Rolle			
Planer:in Abteilung			
CAD-Fachkraft Kompletter Name			
Planer:in Firma			
Planer: in Firmennummer			
Planer:in Komplette Adresse			
Planer:in E-Mail			
Planer:in Telefonnummer			
Planer:in Fax			
Planer:in Web			
Beauftragung durch			
Auftraggeber:in Kompletter Name	IfcProject	Author Authorisation	
Auftraggeber:in Firma	IfcProject	Organisation	
Auftraggeber:in Komplette Adresse			
Auftraggeber:in E-Mail			
Auftraggeber:in Telefon			
Auftraggeber:in Fax			
Auftraggeber:in Web			

Abbildung 10-1 Daten der Projektinfo

Weiterführende Literatur

Abbaspour, A., Baum, T., & Raps, M. (2021). *BIM-Glossar.* (buildingSMART Deutschland e.V., Hrsg.) bSD Verlag.

Schlitz- und Durchbruchsplanung. (2019). (buildingSMART Deutschland e.V., Hrsg.) bSD Verlag.

Graphisoft. (2024). *Archicad 27 Hilfe*. 4. Juli 2025 von https://help.graphisoft.com/AC/27/GER/index.htm?rhcsh=1&rhnewwnd=0#t=_AC27_Help%2F045_PropertiesClassifications%2F045_PropertiesClassifications-14.htm%23XREF_71171_Simple_Mapping abgerufen

GRAPHISOFT Deutschland GmbH. (2023). *Archicad 27 Modellierungsrichtlinen.* München: Graphisoft Deutschland GmbH.

Prof. Dr. Borrmann, A., Dr. Elixmann, R., Prof. Dr. Eschenbruch, K., Forster, C., Hausknecht, K., Hecker, D., Hochmuth, M., Klempin, C., Kluge, M., Prof.Dr.König, M.,Dr.Liebich, T., Schäferhoff, G., Schmidt, I., Trzeciak, M., Dr.Tulke, J., Vilgertshofer, S., Dr. Wagner, B. (2019). *BIM4INFRA2020.* (Bundesministerium für Verkehr und digitale Infrastruktur, Hrsg.)

Wimmer, R. (04. 02 2020). *https://publications.rwth-aachen.de/.* 4.Juli 2025 von BIM-Informationsmanagement bei der Thermisch-Energetischen Simulation am 4.Juli 2025 von Gebäudetechnischen Anlagen: https://publications.rwth-aachen.de/record/784956/files/784956.pdf abgerufen

K. Fischer und F. Fischer, *BIM mit Archicad®*,
https://doi.org/10.1007/978-3-658-49671-5

Index

A

B

C

D

E

K. Fischer und F. Fischer, *BIM mit Archicad®*,
https://doi.org/10.1007/978-3-658-49671-5

F

G

H

I

K

L

M

O

P

Q

R

S

T

U

V

W

Z

Abbildungsverzeichnis

K. Fischer und F. Fischer, *BIM mit Archicad®*,
https://doi.org/10.1007/978-3-658-49671-5

MIX
Papier aus verantwortungsvollen Quellen
Paper from responsible sources
FSC® C105338

If you have any concerns about our products,
you can contact us on
ProductSafety@springernature.com

In case Publisher is established outside the EU,
the EU authorized representative is:
Springer Nature Customer Service Center GmbH
Europaplatz 3, 69115 Heidelberg, Germany

Printed by Libri Plureos GmbH
in Hamburg, Germany